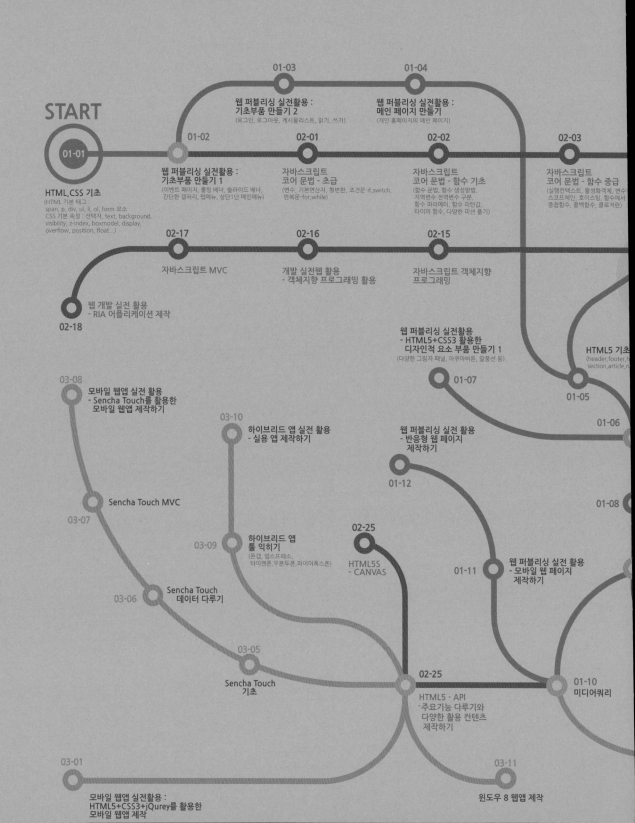

웹동네 스터디맵 ver 3.2 (2013.06.06)

START

01-01
HTML,CSS 기초
(HTML 기본 태그 :
span, p, div, ul, li, ol, form 요소
CSS 기본 속성 : 선택자, text, background,
visibility, z-index, boxmodel, display,
overflow, position, float...)

01-02
웹 퍼블리싱 실전활용 :
기초부품 만들기 1
(이벤트 페이지, 롤링 배너, 슬라이드 배너,
간단한 갤러리, 탭메뉴, 상단1단 메인메뉴)

01-03
웹 퍼블리싱 실전활용 :
기초부품 만들기 2
(로그인, 로그아웃, 게시물리스트, 읽기, 쓰기)

01-04
웹 퍼블리싱 실전활용 :
메인 페이지 만들기
(개인 홈페이지의 메인 페이지)

02-01
자바스크립트
코어 문법 - 초급
(변수, 기본연산자, 형변환, 조건문-if,switch,
반복문-for,while)

02-02
자바스크립트
코어 문법 - 함수 기초
(함수 문법, 함수 생성방법,
지역변수 전역변수 구분,
함수 파라메터, 함수 리턴값,
타이머 함수, 다양한 미션 풀기)

02-03
자바스크립트
코어 문법 - 함수 중급
(실행컨텍스트, 활성화객체, 변수
스코프체인, 호이스팅, 함수에서
중접함수, 콜백함수, 클로저란)

02-17
자바스크립트 MVC

02-16
개발 실전웹 활용
- 객체지향 프로그래밍 활용

02-15
자바스크립트 객체지향
프로그래밍

02-18
웹 개발 실전 활용
- RIA 어플리케이션 제작

웹 퍼블리싱 실전활용
- HTML5+CSS3 활용한
디자인적 요소 부품 만들기 1
(다양한 그림자 패널, 아쿠아버튼, 말풍선 등)

01-07

HTML5 기초
(header,footer,h
section,article,n

01-05

01-06

03-08
모바일 웹앱 실전 활용
- Sencha Touch를 활용한
모바일 웹앱 제작하기

03-10
하이브리드 앱 실전 활용
- 실용 앱 제작하기

웹 퍼블리싱 실전 활용
- 반응형 웹 페이지
제작하기

01-12

01-08

03-07
Sencha Touch MVC

03-09
하이브리드 앱
툴 익히기
(폰갭, 앱스프레소,
타이젠폰,우분투폰,파이어폭스폰)

02-25
HTML5S
- CANVAS

01-11

웹 퍼블리싱 실전 활용
- 모바일 웹 페이지
제작하기

03-06
Sencha Touch
데이터 다루기

03-05
Sencha Touch
기초

02-25
HTML5 - API
-주요기능 다루기와
다양한 활용 컨텐츠
제작하기

01-10
미디어쿼리

03-01
모바일 웹앱 실전활용 :
HTML5+CSS3+jQurey를 활용한
모바일 웹앱 제작

03-11

윈도우 8 웹앱 제작

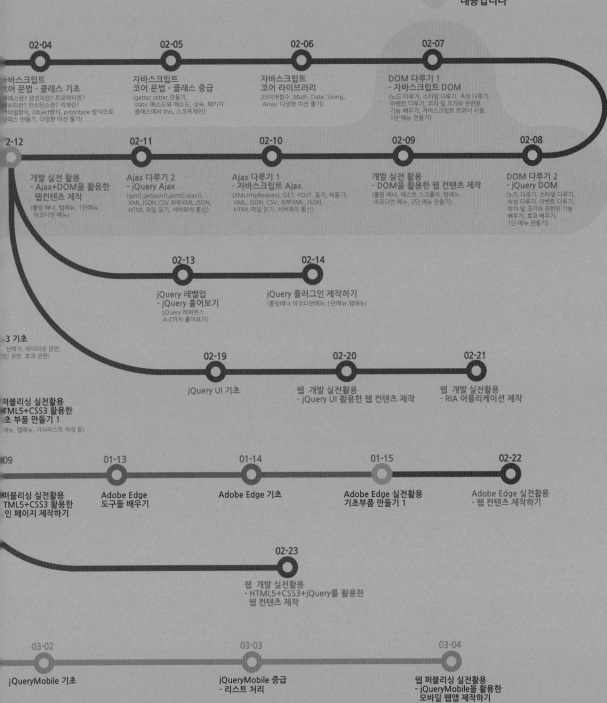

이 책에서 다루는
내용입니다

웹퍼블리싱
웹프론트엔드 개발
웹앱 & 모바일 웹앱 & 하이브리드 앱

02-04
자바스크립트
코어 문법 - 클래스 기초
(클래스란? 생성자란? 프로퍼티란?
메소드란? 인스턴스란? 객체란?
리터럴방식, Object방식, prototype 방식으로
클래스 만들기, 다양한 미션 풀기)

02-05
자바스크립트
코어 문법 - 클래스 중급
(getter,setter 만들기,
static 메소드와 메소드, 상속, 패키지
클래스에서 this, 스코프체인)

02-06
자바스크립트
코어 라이브러리
(타이머함수, Math, Date, String,
Array, 다양한 미션 풀기)

02-07
DOM 다루기 1
- 자바스크립트 DOM
(노드 다루기, 스타일 다루기, 속성 다루기,
이벤트 다루기, 위치 및 크기와 관련된
기능 배우기, 자바스크립트 트위너 사용,
1단 에뉴 만들기)

2-12
개발 실전 활용
- Ajax+DOM을 활용한
웹컨텐츠 제작
(롤링 배너, 탭메뉴, 1단메뉴,
아코디언 메뉴)

02-11
Ajax 다루기 2
- jQuery Ajax
(get(),get json(),post(),ajax(),
XML,JSON,CSV,외부XML,JSON,
HTML 파일 읽기, 서버와의 통신)

02-10
Ajax 다루기 1
- 자바스크립트 Ajax
(XMLHttpRequest, GET, POST, 동기, 비동기,
XML, JSON, CSV, 외부XML, JSON,
HTML 파일 읽기, 서버와의 통신)

02-09
개발 실전 활용
- DOM을 활용한 웹 컨텐츠 제작
(롤링 배너, 텍스트 스크롤러, 탭메뉴,
아코디언 메뉴, 2단 메뉴 만들기)

02-08
DOM 다루기 2
- jQuery DOM
(노드 다루기, 스타일 다루기,
속성 다루기, 이벤트 다루기,
위치 및 크기와 관련된 기능
배우기, 효과 배우기,
1단 메뉴 만들기)

02-13
jQuery 레벨업
- jQuery 훑어보기
(jQuery 레퍼런스
A-Z까지 훑어보기)

02-14
jQuery 플러그인 제작하기
(롤링배너,아코디언메뉴,1단메뉴,탭메뉴)

3 기초
선택자, 레이아웃 관련,
인 관련, 효과 관련)

02-19
jQuery UI 기초

02-20
웹 개발 실전활용
- jQuery UI 활용한 웹 컨텐츠 제작

02-21
웹 개발 실전활용
- RIA 어플리케이션 제작

퍼블리싱 실전활용
TML5+CSS3 활용한
초 부품 만들기 1
메뉴, 탭메뉴, 기사리스트 작성 등)

09
퍼블리싱 실전활용
TML5+CSS3 활용한
인 페이지 제작하기

01-13
Adobe Edge
도구들 배우기

01-14
Adobe Edge 기초

01-15
Adobe Edge 실전활용
기초부품 만들기 1

02-22
Adobe Edge 실전활용
- 웹 컨텐츠 제작하기

02-23
웹 개발 실전활용
- HTML5+CSS3+jQuery를 활용한
웹 컨텐츠 제작

03-02
jQueryMobile 기초

03-03
jQueryMobile 중급
- 리스트 처리

03-04
웹 퍼블리싱 실전활용
- jQueryMobile을 활용한
모바일 웹앱 제작하기
(개인 & 회사 모바일 웹앱 제작하기)

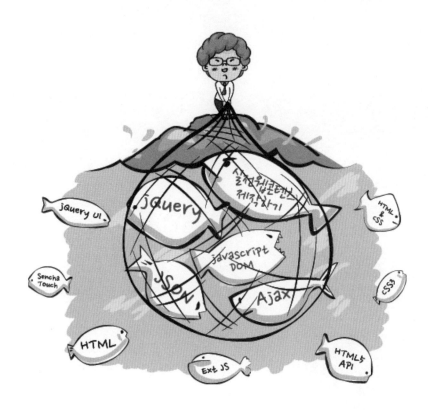

Flash
콘텐츠를
웹 콘텐츠로!

jQuery를 활용한
인터랙티브 웹 콘텐츠 제작
기초부터 실전활용까지

위키북스
www.wikibook.co.kr

jQuery를 활용한
인터랙티브 웹 콘텐츠 제작

기초부터 실전활용까지

지은이 **김춘경**

펴낸이 **박찬규** | 엮은이 **이대엽** | 디자인 **북누리** | 표지디자인 **북누리**

펴낸곳 **위키북스** | 전화 031-955-3658, 3659 | 팩스 031-955-3660

주소 **경기도 파주시 교하읍 문발리 파주출판도시 535-7 세종출판벤처타운 #311**

가격 30,000 | 페이지 656 | 책규격 188 x 240

초판 발행 2012년 02월 29일
3쇄 발행 2013년 06월 15일

ISBN 978-89-92939-39-3(93560)

등록번호 **제406-2006-000036호** | 등록일자 2006년 05월 19일
홈페이지 wikibook.co.kr | 전자우편 wikibook@wikibook.co.kr

이 도서의 국립중앙도서관 출판시도서목록 CIP는
e-CIP 홈페이지 | http://www.nl.go.kr/cip.php에서 이용하실 수 있습니다.
CIP제어번호: CIP2012000794

감사의 글

이 책을 집필하기 시작한 지가 2011년 3월 이었으니 근 1년이라는 시간이 소요된 것 같습니다. 코딩만 할 줄 아는 저에게는 글쓰는 작업 자체가 하나의 도전이었으며 너무도 어려웠던 일이었습니다. 이제 막 글을 쓰기 시작하던 때에는 한 페이지를 가득 채우는 데만 1주일이 넘는 시간도 걸렸으며 도중에 포기하고 싶은 마음도 여러 번 있었습니다. 다행히 그때마다 오랫동안 알고지내온 소중한 분들의 격려가 있었기에 지금 이렇게 책을 마무리 할 수 있었던 것 같습니다.

먼저 가장 힘이 되어 준 나의 소중한 동생들 카오스페이스-도윤이, 무좀유좌-병철이, 세시아-정애, 윤부-부윤이, 암만-민수, 춘아-춘호, 괴물투수-세환이, 진달래형, 지영이 그리고 새로운 웹앱사모 운영진이 된 땡글아-민희, 제니-민희, 같은 사무실에서 무언의 응원을 해준 잭-재기형, 프롤로스-승철이, 책 예제 삽화를 꼭 자기 일처럼 도와주신 고마운 현진님, 책 집필에 많은 조언을 해주신 명희님, 끝으로 열화와 같은 성원을 보내준 우리 웹앱을 만드는 사람들의 모임 회원분들에게 지면을 빌어 감사의 마음을 전합니다.

"고맙습니다."

1990년대 중반 즈음 웹의 발달로 사람들은 단순한 텍스트 형태가 좀더 다이내믹한 뭔가를 원하기 시작

했으며 그 흐름에 맞춰 인기를 얻었던 것 중에 하나가 바로 자바 애플릿이었습니다. 자바 애플릿의 등장

은 지금까지 웹에서 볼 수 없었던 동적이면서도 화려한 웹 콘텐츠 제작을 가능하게 했으며 자바 언어의

든든한 지원하에 가히 하늘을 찌를듯한 인기를 얻을 수 있었습니다. 허나 모든 건 영원할 수 없는 법! 고

리타분한 프로그래밍 언어를 힘겹게 배우지 않아도 아주 쉽게 인터랙티브한 콘텐츠를 만들 수 있는 도구

가 등장했으니 그건 바로 어도비 플래시였습니다. (이 당시에는 매크로미디어사의 플래시였습니다.) 플

래시의 위력은 핵폭탄만큼 폭발적이었으며 자바 애플릿이 차지하고 있던 영역을 하루가 다르게 하나 둘

씩 잠식해 나갔습니다. 그리고 어느덧 사람들의 기억 속에서 자바 애플릿이 서서히 잊혀져 갔으며 그 자

리에는 플래시가 완전히 자리를 차지하게 되었습니다.

이후 근 10년이 흐른 현재의 웹 세상은 또 다른 변화를 예고하고 있습니다. 그 주인공은 바로 천덕꾸러기

로만 알고 있던 순수 웹 기술입니다.

변화의 시작은 작게는 롤링 배너나 메뉴, 갤러리 같은 기존 플래시만의 전유물로 여겨졌던 인터랙티브한

웹 콘텐츠부터 시작해 크게는 제법 규모가 있는 RIA(Rich Internet Application)까지 순수 웹 기술만을

이용해 만들어지고 있습니다.

이는 아마도 하드웨어와 웹 브라우저의 발달로 인해 기존에는 구현하고 싶어도 할 수 없는 것들이 이제

는 다른 플러그인 기술의 도움 없이 표준 웹 기술만으로도 충분히 인터랙티브한 웹 콘텐츠를 제작할 수

있는 환경이 만들어졌기 때문일 것입니다.

이런 흐름에 맞추어 이 책에는 인터렉티브 웹 콘텐츠 제작을 위해서 반드시 알고 있어야 하는 핵심 기술

과 활용 방법이 담겨 있습니다. 이 책이 안내하는 순서대로 하나씩 진행해 나간다면 이제 막 인터랙티브

웹 콘텐츠에 흥미를 느끼거나 제작을 시작한 분들도 쉽고 재미있게 핵심 기술과 활용 방법을 익힐 수 있

을 것입니다.

재! 그럼 시작해 볼까요!?

– 지은이 딴동네 –

Part I
자바스크립트 DOM

01 핵심 내용 길잡이

길잡이 01 _ 자바스크립트를 배운다는 건?·······································19

길잡이 02 _ DOM이란? ··20

길잡이 03 _ DOM은 지켜야 할 약속만 적혀 있는 문서··21

길잡이 04 _ 인터페이스란?···22

길잡이 05 _ DOM과 HTML 페이지와의 관계··26

길잡이 06 _ 노드와 DOM 객체와의 관계 ··27

길잡이 07 _ 핵심 DOM 객체 소개··28

길잡이 08 _ Node 객체··30

길잡이 09 _ Element 객체···31

길잡이 10 _ HTMLElement 객체··32

길잡이 11 _ Document 객체··34

길잡이 12 _ HTMLDocument 객체···35

길잡이 13 _ Text 객체··36

길잡이 14 _ Attribute 객체···37

길잡이 15 _ DOM 객체 간의 관계:DOM 객체의 관계는... 알고 보니 상속 관계였다!··········39

길잡이 16 _ 무작정 메서드만 외우는 개발자 vs. 레퍼런스를 읽을 줄 아는 개발자··············42

02 핵심 내용

2-1. 노드 다루기···46

핵심 내용 01 _ 문서에서 특정 태그 이름을 지닌 노드 찾기··································46

핵심 내용 02 _ 특정 노드의 자식 노드에서 특정 태그 이름을 지닌 노드 찾기·····················48

핵심 내용 03 _ 문서에서 특정 클래스가 적용된 노드 찾기····································49

핵심 내용 04 _ 문서에서 특정 ID를 지닌 노드 찾기·······································50

핵심 내용 05 _ 자식 노드 찾기··51

핵심 내용 06 _ 부모 노드 찾기··55

목차

핵심 내용 07 _ 형제 노드 찾기 ··57

핵심 내용 08 _ Document.createElement( ) 메서드를 사용해서 노드 생성기 및 추가하기 ····················60

핵심 내용 09 _ HTMLElement.innerHTML 프로퍼티를 사용해서 노드 생성기 및 추가하기 ···················63

핵심 내용 10 _ Node.cloneNode( ) 메서드를 사용해서 노드 생성기 및 추가하기 ·····························64

핵심 내용 11 _ 노드 삭제하기 ···65

핵심 내용 12 _ 노드 이동시키기 ···66

핵심 내용 13 _ 텍스트 노드 생성 및 추가하기 ···67

핵심 내용 14 _ 텍스트 노드 내용 변경하기 ···68

2-2. 스타일 다루기 ···69

핵심 내용 01 _ 스타일 속성값 알아내기 ··71

핵심 내용 02 _ 스타일 속성값 설정하기 ··72

핵심 내용 03 _ 스타일 속성 제거하기 ···73

2-3 속성 다루기 ···73

핵심 내용 01 _ 속성값 알아내기 ···74

핵심 내용 02 _ 속성값 설정하기 ···74

핵심 내용 03 _ 속성 제거하기 ···75

2-4 이벤트 다루기 ···75

핵심 내용 01 _ 리스너 추가하기 ···80

핵심 내용 02 _ 리스너 삭제하기 ···81

핵심 내용 03 _ 이벤트 발생 시키기 ···82

핵심 내용 04 _ 사용자 정의 이벤트 만들기 ··84

2-5 위치 및 크기와 관련된 프로퍼티와 메서드 ···85

핵심 내용 01 _ HTMLElement 객체에서 제공하는 크기 및 위치 관련 프로퍼티와 메서드 ···················86

핵심 내용 02 _ Window 객체에서 제공하는 크기 및 위치와 관련된 프로퍼티와 메서드 ·······················89

핵심 내용 03 _ Document 객체에서 제공하는 크기 및 위치와 관련된 프로퍼티와 메서드 ····················90

핵심 내용 04 _ Screen 객체에서 제공하는 크기 및 위치와 관련된 프로퍼티와 메서드 ························91

핵심 내용 05 _ MouseEvent 객체에서 제공하는 크기 및 위치와 관련된 프로퍼티와 메서드 ················92

03 미션 도전

미션 01 _ 핵심 내용 확인 1 ···95

미션 02 _ 핵심 내용 확인 2 ···102

미션 03 _ 이미지 변경하기 ·· 106

미션 04 _ 특정 영역에서 이미지 움직이기 ··· 109

미션 05 _ 이미지 스크롤 ··· 115

미션 06 _ 사각형 영역에서 이미지 움직이기 ·· 121

04 실전 활용 예제

실전활용 01 _ 경품 추첨기 ··· 127

실전활용 02 _ 롤링 배너 ·· 142

Part II
jQuery DOM

OI 핵심 내용 길잡이

1-1 크로스 브라우징 라이브러리 ·· 174

길잡이 01 _ 왜 jQuery인가? ··· 176

길잡이 02 _ jQuery의 기능 ·· 178

길잡이 03 _ jQuery와 CSS와의 관계 ·· 181

길잡이 04 _ jQuery의 정체 ·· 184

02 jQuery 핵심 내용

2-1 jQuery 첫 걸음, 개발 환경 구축 ·· 193

핵심 내용 01 _ 진입점인 ready( ) 함수 설정 ·· 194

2-2 노드 다루기 ·· 196

핵심 내용 01 _ 문서에서 특정 태그 이름에 해당하는 노드 찾기 ·· 197

핵심 내용 03 _ 특정 노드의 자식 노드에서 특정 태그 이름에 해당하는 노드 찾기 ················· 198

핵심 내용 03 _ 문서에서 특정 클래스가 적용된 노드 찾기 ·· 200

핵심 내용 04 _ 문서에서 특정 ID를 지닌 노드 찾기 ·· 201

핵심 내용 05 _ 자식 노드 찾기 ··· 208

핵심 내용 06 _ 부모 노드 찾기 ··· 212

핵심 내용 07 _ 형제 노드 찾기 ··· 214

핵심 내용 08 _ Document.createElement( ) 메서드를 사용하는 경우(jQuery 버전) ·············· 216

목차

핵심 내용 09 _ Element.innerHTML 프로퍼티를 사용하는 경우(jQuery 버전)································219

핵심 내용 10 _ Node.cloneNode( ) 메서드를 사용하는 경우(jQuery 버전)·····························220

핵심 내용 11 _ 노드 삭제··221

핵심 내용 12 _ 노드 이동··222

핵심 내용 13 _ 텍스트 노드 생성 및 추가··223

핵심 내용 14 _ 텍스트 노드의 내용 변경··224

2-3 스타일 다루기··225

핵심 내용 01 _ 스타일 속성값 알아내기··226

핵심 내용 02 _ 스타일 속성값 설정··228

핵심 내용 03 _ 스타일 속성 제거··229

2-4 속성 다루기··229

핵심 내용 01 _ 속성값 알아내기··229

핵심 내용 02 _ 속성값 설정··230

핵심 내용 03 _ 속성 제거··231

2-5 이벤트 다루기··231

핵심 내용 01 _ 리스너 추가··231

핵심 내용 02 _ 리스너 삭제··235

핵심 내용 03 _ 이벤트 발생시키기··236

핵심 내용 04 _ 사용자 정의 이벤트 만들기··239

2-6 위치 및 크기와 관련된 프로퍼티와 메서드······································241

핵심 내용 01 _ jQuery에서 제공하는 엘리먼트와 관련된 프로퍼티와 메서드··························241

핵심 내용 02 _ jQuery에서 제공하는 window 객체와 관련된 프로퍼티와 메서드··················244

핵심 내용 03 _ jQuery에서 제공하는 Document 객체와 관련된 프로퍼티와 메서드············245

핵심 내용 04 _ jQuery에서 제공하는 Screen 객체와 관련된 프로퍼티와 메서드··················246

핵심 내용 05 _ jQuery에서 제공하는 MouseEvent 객체와 관련된 프로퍼티와 메서드··········247

2-7 jQuery 효과 다루기··247

핵심 내용 01 _ 나타나고 사라지는 효과··250

핵심 내용 02 _ 페이드인 페이드아웃 효과··252

핵심 내용 03 _ 슬라이드업, 슬라이드다운 효과··253

핵심 내용 04 _ 사용자 정의 효과 만들기··254

핵심 내용 05 _ 애니메이션 중지하기··257

03 미션 도전

미션 01 _ 핵심 내용 확인 1 : jQuery 버전으로 만들기 ··· 260

미션 02 _ 핵심 내용 확인 2 : jQuery 버전으로 만들기 ··· 269

미션 03 _ 이미지 변경 : jQuery 버전으로 만들기 ··· 273

미션 04 _ 특정 영역에서 이미지 움직이기 : jQuery 버전으로 만들기 ·· 276

미션 05 _ 이미지 스크롤 : jQuery 버전으로 만들기 ··· 282

미션 06 _ 사각형 영역에서 이미지 움직이기 : jQuery 버전으로 만들기 ····································· 287

04 실전 활용 예제

실전활용 01 _ 경품 추첨기 : jQuery 버전으로 만들기 ··· 295

실전활용 02 _ 롤링 배너 만들기 : jQuery 버전으로 만들기 ··· 300

Part III
자바스크립트 Ajax

01 핵심 내용 길잡이

길잡이 01 _ Ajax이란? ··· 309

길잡이 02 _ 왜 Ajax인가? ··· 309

길잡이 03 _ 기존 웹의 통신 vs. Ajax를 이용한 통신 ·· 310

길잡이 04 _ Ajax에서 반드시 알고 있어야 할 내용 ··· 314

길잡이 05 _ Ajax를 이용한 클라이언트와 서버 간의 데이터 연동 ··· 315

길잡이 06 _ XMLHttpRequest란? ··· 322

길잡이 07 _ 응답 이벤트 처리 ··· 326

길잡이 08 _ GET 방식, POST 방식 ·· 328

길잡이 09 _ Ajax 동기/비동기 응답 설정 ·· 331

길잡이 10 _ 응답 형식 ·· 335

02 핵심 내용

2-1. 서버 환경 구축 ··· 342

핵심 내용 01 _ XMLHttpRequest 객체 생성 ··· 348

핵심 내용 02 _ Ajax 작업을 위한 개발 환경 설정 ··· 351

목차

핵심 내용 03 _ GET 방식으로 데이터 보내고 서버에서 동기식으로 CSV 형식의 데이터 응답 받기·············353

핵심 내용 04 _ POST 방식으로 데이터 보내고 서버에서 비동기식으로 CSV 형식의 데이터 응답 받기·············356

핵심 내용 05 _ POST 방식으로 데이터 보내고 서버에서 비동기식으로 XML 형식의 데이터 응답 받기·············359

핵심 내용 06 _ POST 방식으로 데이터 보내고 서버에서 비동기 방식으로 JSON 형식의 데이터 응답 받기·············363

핵심 내용 07 _ 외부 XML 파일 읽기·············366

핵심 내용 08 _ 외부 JSON 파일 읽기·············369

03 도전 미션

미션 01 _ Ajax를 활용한 동적 이미지 노드 생성(XML 버전)·············373

미션 02 _ Ajax를 활용한 동적 이미지 노드 생성(JSON 버전)·············384

미션 03 _ Ajax를 활용한 롤링 배너 제작·············391

04 실전 활용 예제

실전활용 01 _ 외부 페이지 연동·············407

실전활용 02 _ 1단 메뉴 만들기·············420

Part IV
jQuery Ajax

01 핵심 내용 길잡이

길잡이 01 _ jQuery Ajax를 사용하는 이유는?·············457

길잡이 01 _ jQuery Ajax를 이용한 클라이언트와 서버 간의 데이터 연동을 위한 일반적인 작업 순서·············460

길잡이 01 _ jQuery Ajax의 핵심 메서드·············461

02 핵심 내용

핵심 내용 01 _ jQuery Ajax 활용을 위한 개발 환경 설정·············472

핵심 내용 02 _ GET 방식으로 데이터 보내고 서버에서 동기식으로

　　　　　CSV 형식의 응답 받기, jQuery Ajax 버전·············474

핵심 내용 03 _ POST 방식으로 데이터 보내고 비동기식으로
CSV 형식의 데이터 응답 받기: jQuery Ajax 버전─────478

핵심 내용 04 _ POST 방식으로 데이터 보내고 비동기식으로
XML 형식의 데이터 응답 받기: jQuery Ajax 버전─────482

핵심 내용 05 _ POST 방식으로 데이터 보내고 비동기식으로
JSON 형식의 데이터 응답 받기: jQuery Ajax 버전─────486

핵심 내용 06 _ 외부 XML 파일 읽기: jQuery Ajax 버전─────489

핵심 내용 07 _ 외부 JSON 파일 읽기: jQuery Ajax 버전─────493

03 도전 미션

미션 01 _ jQuery Ajax 버전으로 만들기─────498

미션 02 _ jQuery Ajax 버전으로 만들기─────503

미션 03 _ Ajax를 적용한 롤링 배너 만들기: jQuery Ajax 버전으로 만들기─────508

04 실전 활용 예제

실전활용 01 _ 외부 페이지 연동: jQuery Ajax 버전으로 만들기─────516

실전활용 02 _ 1단 메뉴 만들기: jQuery Ajax 버전으로─────522

Part V
실전 활용 예제 만들기

01 실전 활용 예제 만들기 I − 배너 슬라이더─────531

02 실전 활용 예제 만들기 II − 아코디언 메뉴─────560

03 실전 활용 예제 만들기 III − 이미지 갤러리─────585

부록 A─────648

부록 B─────650

전체
로드맵

jQuery

코스는
자바스크립트 DOM, jQuery DOM, 자바스크립트 Ajax, jQuery
Ajax, 실전 활용까지 총 다섯 단계로 구성돼 있습니다.

자바스크립트 기초, CSS 기초,
HTML 기초를 이제 막 정복한 분들은
모두 여기에 모여주세요.

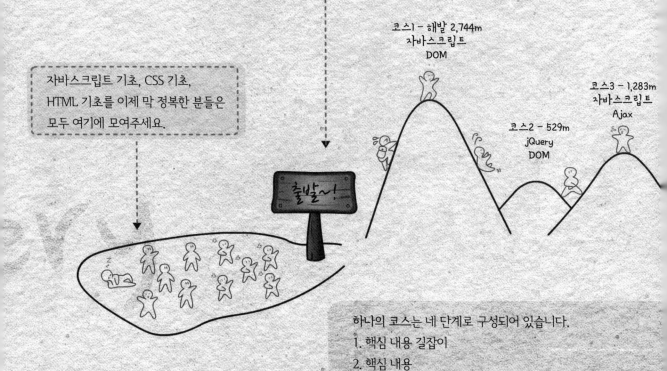

코스1 - 해발 2,744m
자바스크립트
DOM

코스3 - 1,283m
자바스크립트
Ajax

코스2 - 529m
jQuery
DOM

출발~!

하나의 코스는 네 단계로 구성되어 있습니다.
1. 핵심 내용 길잡이
2. 핵심 내용
3. 도전 미션
4. 실전 활용 예제 만들기

이제, 헤어져야 할 시간이군요.
여러분이 어떤 웹 개발을 하든
지금까지 정복한 내용은
가장 유용한 기술이 될 것입니다.

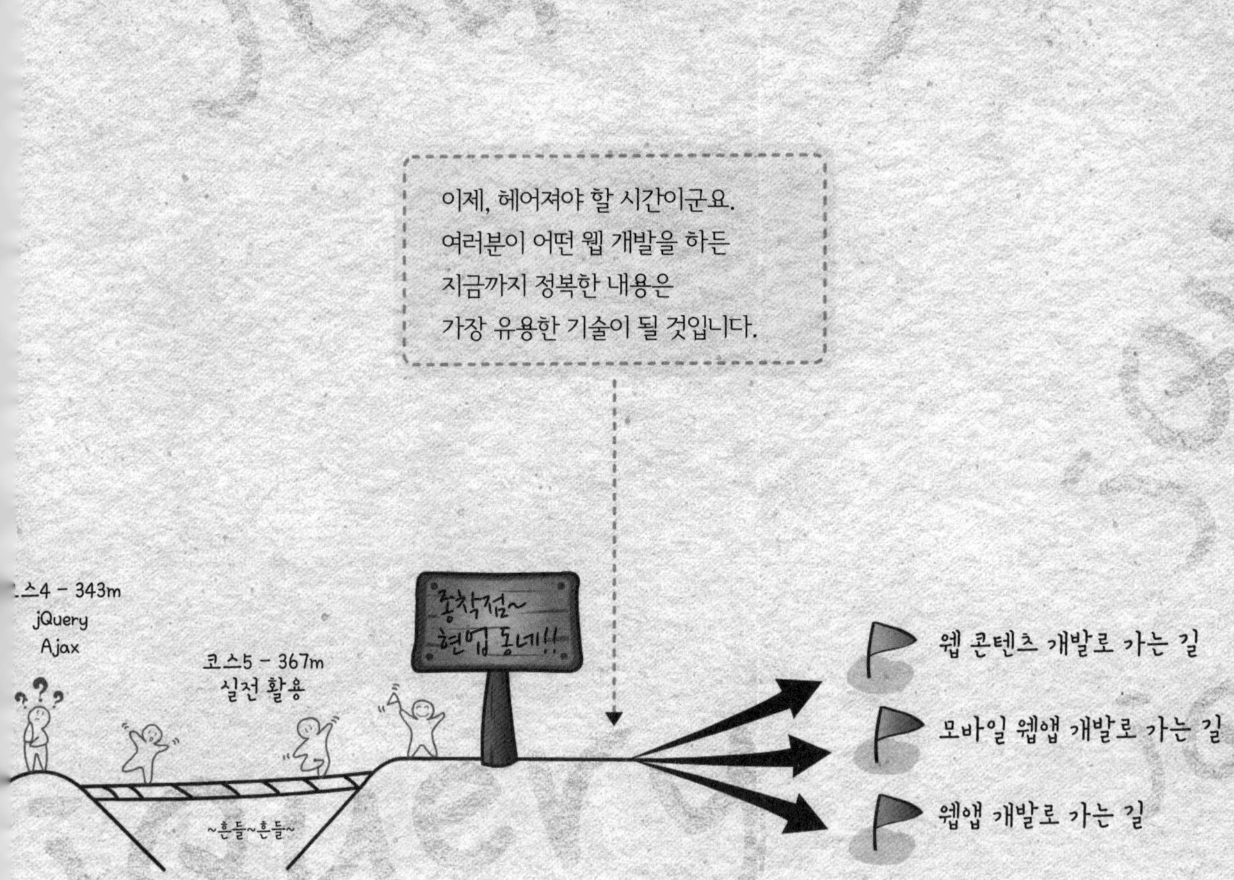

코스4 – 343m
jQuery
Ajax

코스5 – 367m
실전 활용

종착점~
현업 동네!!

~흔들~흔들~

웹 콘텐츠 개발로 가는 길

모바일 웹앱 개발로 가는 길

웹앱 개발로 가는 길

하나의 실전 활용 예제는 네 단계로 나누어 진행됩니다.
1. 요구사항 분석 및 기능 정의
2. 핵심 기능 및 구현 방밥 찾기
3. 기능 구현 단계 나누기
4. 구현하기

대상 독자

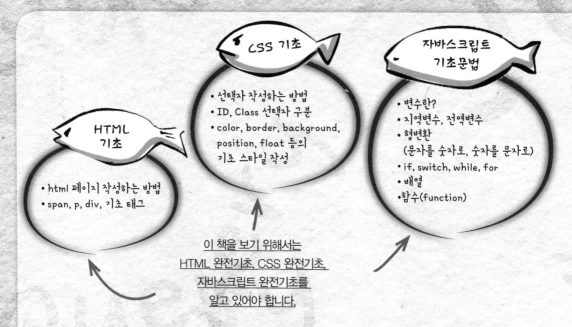

CSS 기초
- 선택자 작성하는 방법
- ID, Class 선택자 구분
- color, border, background, position, float 등의 기초 스타일 작성

자바스크립트 기초문법
- 변수란?
- 지역변수, 전역변수
- 형변환 (문자를 숫자로, 숫자를 문자로)
- if, switch, while, for
- 배열
- 함수(function)

HTML 기초
- html 페이지 작성하는 방법
- span, p, div, 기초 태그

이 책을 보기 위해서는
HTML 완전기초, CSS 완전기초,
자바스크립트 완전기초를
알고 있어야 합니다.

이 책을 보기 위해서는 다음 질문에 모두 '예'라고 답할 수 있어야 합니다.

분류	질문
HTML기초	〈div〉,〈p〉,〈span〉,〈input〉등의 가장 기본적인 태그의 용도와 사용법은 알고 있나요?
	태그는 크게 inline태그(span, input...)와 block태그(div,p...)로 나뉩니다. 알고 있죠?
	여러분이 누구인지 알 수 있도록 이미지 몇 장과 몇 개의 문장이 들어 있는 HTML 페이지 정도는 만들 수 있죠?
CSS 기초	div { color:#ff0000;margin:10px...}와 같은 태그 선택자,
	.header {color:#000000;margin:10px...}와 같은 클래스 선택자, #menu{color:#000000;margin:10px...}와 같은 아이디 선택자를 이용해서 스타일 시트를 작성해본 경험이 있나요?
	position 속성의 값인 absolute, fixed, relative을 구분해서 사용할 수 있나요?
	display 속성의 값인 block, inline, inline-block을 구분해서 사용할 수 있나요?
	float 속성값인 left, right등을 구분해서 사용할 수 있나요?
	기타 color, border, background...등의 가장 기본적인 스타일 속성의 용도와 사용법에 대해서는 이미 알고 있죠?
자바스크립트 기초	변수가 무엇이고 지역변수와 전역변수를 구분해서 사용할 수 있나요?
	숫자를 문자로, 문자를 숫자로 변환(형변환)해서 사용할 수 있죠?
	if, switch, while, for와 같은 조건문과 반복문은 알고 있나요?
	배열이 무엇인지 알고 있고, 배열의 개수와 배열에 접근해서 데이터를 가져올 수 있나요?
	함수가 무엇이고, 함수로 전달하는 인수와 함수의 반환값에 대해 알고 있나요?

이 책에서 소개된 예제 소스는 웹동네 웹사이트의 Book 영역에서 내려받을 수 있습니다.

www.webdongne.com

위키북스 홈페이지에서도 소스 코드를 내려받을 수 있습니다.

www.wikibook.co.kr

예제 소스를 다운 받은 후 압축을 풀면 다음과 같은 디렉토리를 볼 수 있습니다.

- 1_js_dom
- 1_js_dom_ing
- 2_jquery_dom
- 2_jquery_dom_ing
- 3_js_ajax
- 3_js_ajax_ing
- 4_jquery_ajax
- 4_jquery_ajax_ing
- 5_ex
- 5_ex_ing

폴더는 총 10개로 이뤄져 있으며 각 장마다 2개의 폴더로 구성되어 있습니다. 여기에서 ing가 붙어있는 폴더와 그렇지 않은 폴더를 볼 수 있는데, 이 두 폴더에는 다음 소스처럼

ing가 붙어있지 않은 폴더의 소스 내용 (예제 소스가 모두 입력되어 있어요)	ing가 붙어있는 폴더의 소스 내용 (예제 소스가 비어 있어요)

```
<script>
   window.onload=function(){
      // 전체문서에서 태그이름이 div인 Element Node찾기
      var divs = window.document.
                     getElementsByTagName("div");
      alert("전체문서에서 div 엘러먼트 갯수 :
                  "+divs.length);

      for(var i=0;i<divs.length;i++){
         // 찾은 노드에서 n번째 노드를 접근해서
         var div = divs.item(i);
         // 스타일 변경하기.
         div.style.border="4px solid #ff0000";
      }
   }
</script>
```

```
<script>
   window.onload=function(){
      // 전체문서에서 태그이름이 div인 Element Node찾기

      이곳에 책 소스를 코딩하세요.
   }
</script>
```

ing가 붙어있지 않은 폴더에는 예제 소스가 모두 입력된 파일이 들어있으며, ing가 붙어있는 폴더에는 특정 부분의 소스가 비어 있는 파일이 들어있습니다. 그러니 책에 있는 내용을 직접 입력하며 학습하는 독자는 파일을 따로 만들 필요 없이 ing 폴더에 들어 있는 파일을 사용하면 됩니다.

연락처

오류가 없게끔 최선을 다했지만 잘못된 부분이 있을 경우 미리 유감을 표합니다. 이 책의 내용이나 소스 코드에 대한 개인적인 의견이나 질문, 비평은 언제든지 환영합니다. 언제든지 www.webdongne.com 사이트와 ddandongne@naver.com으로 메일을 보내주기 바랍니다.

Part 1
자바스크립트 DOM

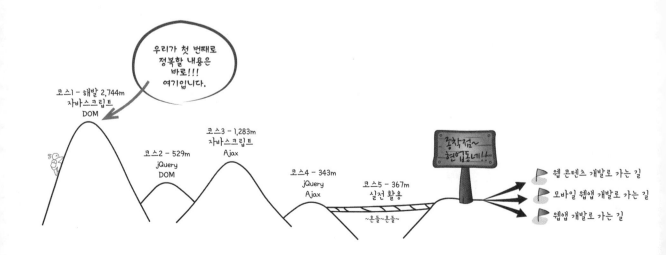

우리가 첫 번째로
정복할 내용은
바로!!!
여기입니다.

코스1 – 해발 2,744m
자바스크립트
DOM

코스2 – 529m
jQuery
DOM

코스3 – 1,283m
자바스크립트
Ajax

코스4 – 343m
jQuery
Ajax

코스5 – 367m
실전 활용

~흔들~흔들~

종착점~
현업동네!!

웹 콘텐츠 개발로 가는 길

모바일 웹앱 개발로 가는 길

웹앱 개발로 가는 길

※ 이번 장에서 진행할 내용

DOM 핵심 내용 길잡이

- DOM이란?
- DOM과 인터페이스 이야기
- DOM과 HTML페이지와의 관계
- DOM을 구성하는 객체
- DOM 객체 간의 관계

핵심 내용을 이해하는 데 필요한 기초 지식과 개념을 습득하는 단계입니다.

특정 프로젝트에서만 사용하는 기능은 No! 1년에 어쩌다 사용할까 말까 한 기능도 No! 오직 실전 작업에 반드시 필요한 내용을, 간단한 예제를 통해 배우는 단계입니다.

DOM 핵심 내용

- DOM 객체의 필수 프로퍼티와 메서드
- 노드 추가, 삭제, 찾기, 이동시키기
- 스타일 추가, 수정, 값 구하기
- 속성 추가, 수정, 값 구하기
- 이벤트 등록, 제거, 발생시키기
- 위치, 크기와 관련된 프로퍼티와 메서드

짧막한 예제를 이용해 지금까지 배운 핵심 내용을 복습함과 동시에 활용 용도를 알아보는 단계입니다.

미션 도전

- 미션1-노드, 스타일, 속성, 이벤트 다루기
- 미션2-숫자 출력기
- 미션3-이미지 전환시키기
- 미션4-특정 영역에서 이미지 움직이기
- 미션5-이미지 스크롤 시키기
- 미션6-사각형 내부에서 이미지를 통통 움직이기

이번 단계는 지금까지 배운 핵심 내용이 실전에서는 어떻게 활용되는지 직접 경험할 수 있는 최종 마무리 단계입니다.

실전 활용

달랑 레퍼런스만 보고 넘어가면 아무런 의미가 없답니다. 실전에 적용해봐야지요~ 그래서 준비했답니다. 다음 단계로 가기 전, 지금까지 배운 내용을 다시 한번 떠올려보며 실전예제를 만들어 보아요~

01. 핵심 내용 길잡이!

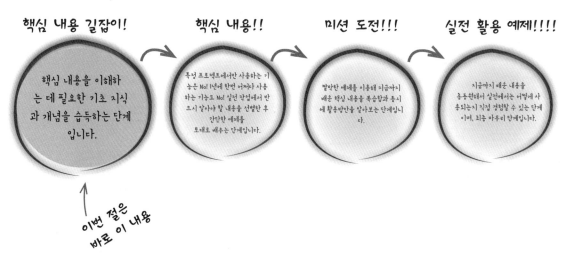

핵심 내용 길잡이!

핵심 내용을 이해하는 데 필요한 기초 지식과 개념을 습득하는 단계입니다.

핵심 내용!!

특정 프로젝트에서만 사용하는 기능은 No! 1년에 한번 어쩌다 사용하는 기능도 No! 실전 작업에서 반드시 알아야 할 내용을 선별한 후 간단한 예제를 토대로 배우는 단계입니다.

미션 도전!!!

짤막한 예제를 이용해 지금까지 배운 핵심 내용을 복습함과 동시에 활용방안을 알아보는 단계입니다.

실전 활용 예제!!!!

지금까지 배운 내용을 종합해서 실전에서는 어떻게 사용되는지 직접 경험할 수 있는 단계이며, 최종 마무리 단계입니다.

이번 절은 바로 이 내용

DOM은 태권도의 정권 지르기처럼 우리가 웹에서 어떤 작업을 하든 반드시 알고 있어야 할 기초 중의 기초이며 별 9,830,427개를 붙여도 될 만큼 필수적인 내용입니다.

그뿐만 아니라 우리가 2장에서 만나게 될 늠름하고 멋진 jQuery도 알고 보면 DOM을 감싼 일종의 래퍼(wrapper)에 불과하므로 DOM을 알고 있다면 jQuery를 배우지 않은 상태라도 이미 절반은 알고 있다고 생각해도 좋습니다. 또한 여러 내용들 중 그 무엇보다 가장 먼저 알고 있어야 할 내용이기도 합니다.

먼저 이번 절에서는 다음 절에서 다룰 자바스크립트 DOM의 핵심 내용을 정복하기 위해 알고 있어야 할 개념과 용어을 살펴보겠습니다.

✱ 시작에 앞서 잠시 안내 말씀!

지금부터 다룰 내용 중에는 여러분이 태어나서 다소 처음 들어보는 용어들이 살짝 나올 수도 있답니다. 그렇다고 너무 놀라거나 걱정하거나 어려워하지 마세요. 처음은 누구에게나 어려운 법! DOM 동네를 더욱 빠르고 정확히 이해하기 위해 반드시 필요한 내용들이니 꼭 눈여겨보길 바랍니다.

주의사항

이번 장에서는 W3C DOM에 명시돼 있는 웹표준 기능만을 다룹니다. 그러므로 예제 가운데 인터넷 익스플로러 7,8 버전에서는 정상적으로 실행되지 않는 예제가 있음을 미리 알려 드립니다. 되도록 W3C DOM을 지원하는 브라우저인 인터넷 익스플로러 9, 크롬, 사파리, 오페라 그리고 파이어폭스에서 예제를 실행하길 바랍니다.

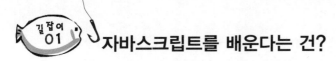

자바스크립트를 배운다는 건?

눈 앞에 보이는 나무를 보기보다 숲을 볼 수 있어야 하듯이 자바스크립트 역시 자바스크립트를 구성하는 큰 구조를 먼저 파악해야 합니다.

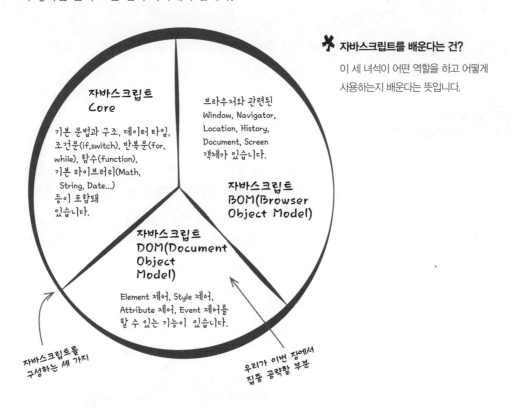

✱ **자바스크립트를 배운다는 건?**

이 세 녀석이 어떤 역할을 하고 어떻게 사용하는지 배운다는 뜻입니다.

자바스크립트 Core

기본 문법과 구조, 데이터 타입, 조건문(if,switch), 반복문(for, while), 함수(function), 기본 라이브러리(Math, String, Date...) 등이 포함돼 있습니다.

브라우저와 관련된 Window, Navigator, Location, History, Document, Screen 객체가 있습니다.

자바스크립트 BOM(Browser Object Model)

자바스크립트 DOM(Document Object Model)

Element 제어, Style 제어, Attribute 제어, Event 제어를 할 수 있는 기능이 있습니다.

자바스크립트를 구성하는 세 가지

우리가 이번 장에서 집중 공략할 부분

자바스크립트는 위의 그림처럼 크게 세 부분으로 구성돼 있습니다.

바로 여러분이 이미 익숙하게 사용하고 있을 자바스크립트 Core와 브라우저와 관련된 기능을 제공하는 자바스크립트 BOM 영역, 끝으로 문서를 조작할 때 사용하는 자바스크립트 DOM 영역입니다.

이 책에서는 오직 자바스크립트 DOM 영역만 배우고, 이 중에서도 웹 콘텐츠 및 모바일 웹앱을 제작할 때 반드시 알아야 하는 내용만을 우선순위별로 선별해 차례대로 배우게 됩니다. 그리고 1년에 한번 어쩌다 사용할까 말까 한 기능과 특정 프로젝트를 할 때만 아주 가끔 사용하는 기능은 모두 과감히 생략했습니다. 그렇다고 너무 걱정할 필요는 없습니다. 핵심 내용을 습득하고 사용할 때 즈음이면 레퍼런스를 보면서 스스로 각 기능을 활용할 수 있는 능력을 갖출 것이므로 여기서 생략한 내용은 필요할 때마다 찾아서 참고할 수 있을 것입니다. 그러니 가벼운 마음으로 저자가 안내하는 대로 따라와 보길 바랍니다. 아마도 하루가 다르게 실력이 향상되는 자신을 발견할 수 있을 것입니다.

참고로 이 책에서는 가장 기초적인 부분인 자바스크립트 Core와 BOM에 대해서는 다루지 않으며 이미 여러분들이 알고 있다는 가정하에 진행합니다.

DOM이란?

웹 페이지 자체를 손수 편집하지 않고 웹 브라우저에 표시된 상태에서 웹 페이지의 특정 부분을 동적으로 지우거나 다른 내용으로 변경하거나, 또는 글자 색과 글자 크기를 바꾸고 싶을 때, 그리고 이미지 위에 마우스 커서가 올려진 경우 그 위로 커다란 말풍선을 멋지게 띄우고 싶을 때도 우리는 모두 DOM(Document Object Model)의 기능을 활용하게 됩니다. DOM에서 제공하는 기능은 아래 이미지처럼 여러 개의 DOM 객체로 구성돼 있으며, 이것이 바로 이번 장에서 배울 내용입니다.

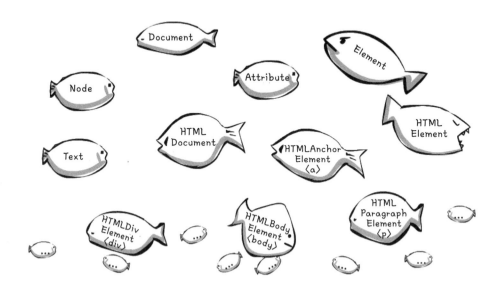

▲ DOM을 구성하는 주요 객체

휴~ 그런데 조금 많죠? 괜찮습니다. 처음엔 많아 보여도 알고 보면 설탕 한 스푼으로 만든 덩치만 커다란 솜사탕처럼 아주 간단한 구조로 되어 있답니다.

그럼 DOM의 정체를 좀더 자세히 알아보고자 DOM의 내부로 한발 더 들어가 보겠습니다. 참, 내용을 진행하는 도중에 어려운 내용이 나올 수도 있으니 저자 뒤에 바짝 붙어서 따라 오시기 바랍니다. 아셨죠?

길잡이 03 DOM은 지켜야 할 약속만 적혀 있는 문서

아마도 이 책을 만나기 전에 많은 분들이 먹이를 찾아 헤매는 굶주린 하이에나처럼 자바스크립트를 배우려고 이곳저곳을 방황하며 다양한 자료와 W3C 문서를 참고하셨을 것입니다. 그리고 이러한 자료에서 적어도 한 번쯤 인터페이스라는 단어를 보셨을 것입니다.

보자마자 "이건 내 먹잇감이 아니야"라며 그냥 못 본 척 지나친 분도 있을 테고, 인터페이스라는 용어가 너무 어렵게 느껴져서 잠시 묻어두고, 다음에 볼 기회를 노리고 있는 분도 있을 겁니다.

하지만 인터페이스는 DOM을 이해하는 데 촉매제가 될 수 있을 만큼 가장 중요한 단서임과 동시에 DOM이라는 미로를 빠져나갈 수 있는 가장 쉬운 출발점이기도 합니다.

먼저 아주 중요한 사실을 하나 알려주자면 우리가 배울 W3C DOM은 웹 페이지(또는 XML 문서) 문서를 조작할 때 지켜야 할 약속(규약 내지는 인터페이스)만 적혀 있는 문서랍니다. 약속만 적혀 있을 뿐 내부는 텅 빈 상자와도 같습니다. 실제로 DOM에는 동작하는 소스 코드가 한 줄도 없습니다. 정말로요!? 동작하는 소스 코드도 없는데 어떻게 동작하냐고요? 이 의문에 대한 해답도 바로 인터페이스에 있습니다.

USB 인터페이스를 적용하기 전

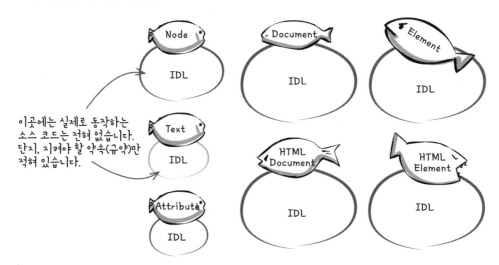

 인터페이스란?

즉 인터페이스란 실체가 존재하지 않는 서로 지켜야 할 약속일 뿐입니다. 좀 허무한가요? 예를 들어보겠습니다.

- 이 기기는 220볼트에서만 동작하는 전용 기기입니다.
- 이 비디오 카드는 HDMI와 DVI를 동시에 지원합니다.
- 이제 모든 PC 주변기기는 USB로 연결이 가능합니다.
- 스마트폰에서 TV를 보고 싶다면 DMB를 이용하면 됩니다.

이처럼 우리가 일상 생활에서 사용하는 대부분의 기기에도 인터페이스가 있습니다.

HDMI, DVI, USB, DMB 등의 기술은 제작사가 지켜야 할 약속입니다. 인터페이스만 맞으면 인터페이스를 지원하는 어느 곳에서도 이러한 기기를 사용할 수 있습니다. 심지어 아직 출시되지 않은 제품까지도요.

USB 인터페이스를 적용하기 전

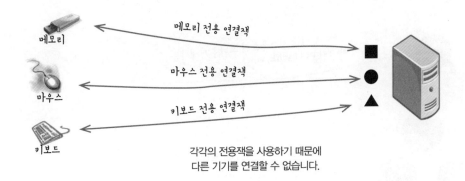

메모리 전용 연결잭

마우스 전용 연결잭

키보드 전용 연결잭

메모리

마우스

키보드

각각의 전용잭을 사용하기 때문에
다른 기기를 연결할 수 없습니다.

USB 인터페이스를 적용한 후

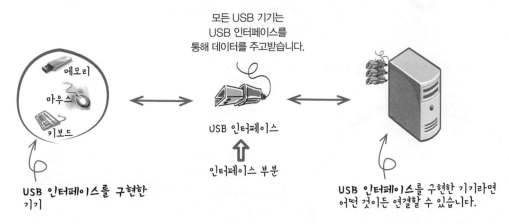

모든 USB 기기는
USB 인터페이스를
통해 데이터를 주고받습니다.

메모리

마우스

키보드

USB 인터페이스

인터페이스 부분

USB 인터페이스를 구현한
기기

USB 인터페이스를 구현한 기기라면
어떤 것이든 연결할 수 있습니다.

DOM 역시 이들과 용도만 다를 뿐 인터페이스입니다. 즉, USB 인터페이스처럼 DOM 인터페이스는 지켜야 할 약속(함수)이 적혀 있는 문서에 지나지 않습니다. DOM은 우리가 사용하는 브라우저와 아주 밀접한 관계를 맺고 있습니다. 바로 브라우저 내부에 우리가 지금까지 찾고 있던 DOM의 실체인 동작하는 소스 코드가 있기 때문이지요.

브라우저 제작사는 DOM에 명시돼 있는 인터페이스에 맞춰 자신들만의 특화된 고유 기술을 이용해 독자적으로 기능을 구현합니다. 이로써 사용자(또는 개발자)는 사용하는 브라우저가 다르더라도 거의 똑같은 결과를 얻을 수 있습니다.

W3C DOM 인터페이스를 적용하기 전

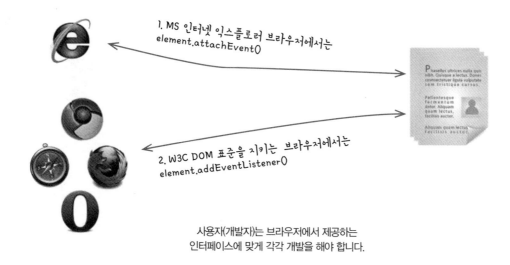

1. MS 인터넷 익스플로러 브라우저에서는
element.attachEvent()

2. W3C DOM 표준을 지키는 브라우저에서는
element.addEventListener()

사용자(개발자)는 브라우저에서 제공하는
인터페이스에 맞게 각각 개발을 해야 합니다.

W3C DOM 인터페이스를 적용한 후

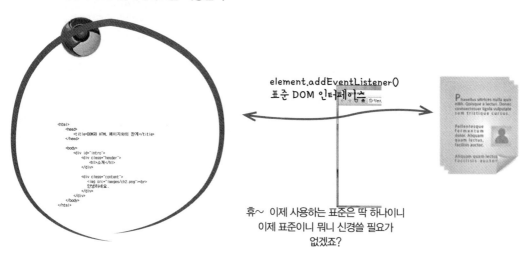

element.addEventListener()
표준 DOM 인터페이스

휴~ 이제 사용하는 표준은 딱 하나이니
이제 표준이니 뭐니 신경쓸 필요가
없겠죠?

바로 이 내용이 W3C DOM 문서의 내용 중 "프로그램의 독립화"이며 DOM은 이 개념을 구현하기 위해 인터페이스 정의 언어인 IDL(Interface Definition Language)로 작성돼 있습니다.

▲ IDL로 작성돼 있는 HTMLDivElement Interface

위의 내용은 여러분이 흔히 사용하는 〈DIV〉 태그의 DOM 객체인 HTMLDivElement의 인터 페이스입니다. 좀 어려워 보이죠?

인터페이스와 마찬가지로 위와 같은 내용도 자바스크립트 동네를 여기저기 둘러봤다면 적어도 한 번은 보셨을 것입니다. 이것이 바로 IDL입니다. 다만, 여러분이 참고하는 책에서는 IDL로 표기하는 대신 우리가 쉽게 볼 수 있게 자바스크립트로 표기돼 있습니다. 그렇다고 IDL을 배워 야 하는 건 아닙니다. 그냥 "DOM 문서는 인터페이스 정의 문서(IDL)로 작성돼 있구나"라고만 알고 있으면 됩니다.

끝으로 특정 브라우저가 DOM에 명시된 기능을 구현하지 않거나 또는 다른 이름으로 똑같은 기능을 구현하면(예: attachEvent와 addEventListener) 표준에 맞지 않다고 하며, 브라우저 에 대해서는 브라우저에서 표준을 지원하지 않는다고 합니다. 아쉽게도 우리는 지금도 이런 현 상을 겪고 있습니다.

지금까지 DOM이란 무엇이고 어떤 기능이 있는지, 그리고 인터페이스가 무엇인지에 대해 알 아봤습니다. 다소 어렵게 느껴지는 용어도 있을 테고, 웹 동네에서 살고 있으면서도 지금까지 모르고 살았다는 걸 자책하는 분도 있을 것입니다. 그렇다고 이런 걸 반드시 이해하고 있어야 하는 건 아닙니다. 하지만 이런 용어와 관계를 알고 있다면 앞으로 여러분이 만나게 될 DOM 과 더욱 빨리 친해질 수 있을거라 확신하며 다음 내용을 이어가겠습니다.

이곳에는 동작하는 구현 소스 코드는
전혀 없습니다.

브라우저들은 자신들만의 특화된 고유 기술을
이용해 DOM 인터페이스를 구현합니다.

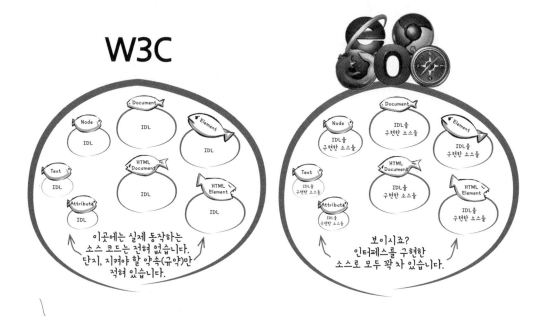

DOM과 HTML 페이지와의 관계

눈에 보이진 않지만 사실 브라우저에 출력된 웹 페이지는 온통 DOM 객체로 구성돼 있습니다. 브라우저가 웹 페이지를 처리하는 과정을 간단히 요약해서 설명하면 먼저 브라우저는 문서 정보에 쉽게 접근하고 조작하고자 HTML 웹 페이지를 읽은 후 파싱 단계를 거칩니다. 이후 웹 페이지에 작성된 노드와 1:1로 매칭되는 DOM 객체로 변환한 후 화면에 출력합니다.

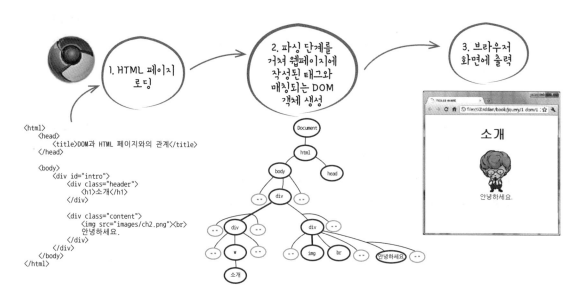

```html
<html>
<head>
    <title>DOM과 HTML 페이지와의 관계</title>
</head>

<body>
    <div id="intro">
        <div class="header">
            <h1>소개</h1>
        </div>

        <div class="content">
            <img src="images/ch2.png"><br>
            안녕하세요.
        </div>
    </div>
</body>
</html>
```

이렇게 변환되어 생성된 객체는 브라우저뿐 아니라 개발자들도 접근해서 사용하게 됩니다. 즉, 앞으로 우리가 하게 될 수많은 작업은 바로 이렇게 생성된 객체 가운데 작업에 필요한 객체를 찾은 후, 해당 객체에서 제공하는 기능을 활용해 원하는 작업을 처리하는 것입니다.

길잡이 06 노드와 DOM 객체와의 관계

노드는 HTML 웹 페이지 구성요소의 가장 작은 단위로, 여러분이 자주 사용하는 〈p〉, 〈div〉 태그뿐 아니라 주석까지 모두 노드에 해당합니다.

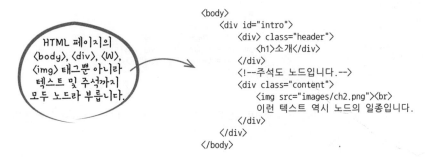

```
<body>
    <div id="intro">
        <div> class="header">
            <h1>소개</div>
        </div>
        <!--주석도 노드입니다.-->
        <div class="content">
            <img src="images/ch2.png"><br>
            이런 텍스트 역시 노드의 일종입니다.
        </div>
    </div>
</body>
```

브라우저는 이런 노드로 가득 찬 웹 페이지를 읽어들여 해석한 후 각 노드에 접근해 제어할 수 있는 DOM 객체를 생성합니다. DOM 객체가 생성되는 순서를 보면 브라우저는 가장 먼저 최상위에 해당하는 HTMLDocument 객체를 생성하며 이후 생성하는 모든 DOM 객체는 부모와 자식 간의 관계를 형성하며 일종의 트리 구조를 갖춥니다. 아래처럼 말이죠.

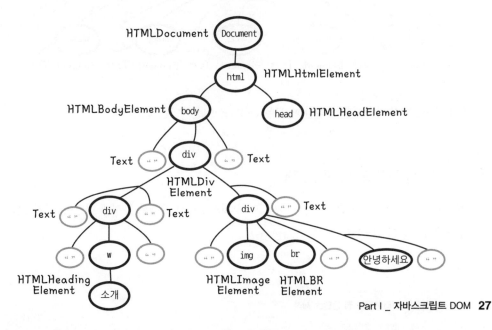

예를 들어 웹 페이지에 〈img src="test.png"〉 태그 노드가 있다면 브라우저에 의해 HTMLImageElement라는 DOM 객체가 생성됩니다. 이 객체는 다른 DOM 객체와 달리, 이미지를 읽어들이는 특별한 기능이 있어 실행 시에 "test.png"라는 외부 이미지 파일을 읽어들입니다. 즉, 문서상의 노드는 "브라우저군, 이 노드를 보고 알맞은 DOM 객체를 생성해 주세요"라는 의미일뿐 모든 작업은 이제 브라우저에서 만들어낸 DOM 객체로 처리합니다.

사실 이 개념은 HTML 페이지뿐 아니라 XML 문서를 다룰 때도 그대로 적용됩니다.

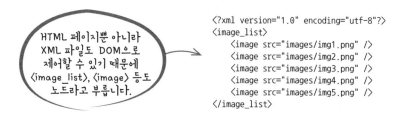

```xml
<?xml version="1.0" encoding="utf-8"?>
<image_list>
    <image src="images/img1.png" />
    <image src="images/img2.png" />
    <image src="images/img3.png" />
    <image src="images/img4.png" />
    <image src="images/img5.png" />
</image_list>
```

HTML 페이지뿐 아니라 XML 파일도 DOM으로 제어할 수 있기 때문에 〈image_list〉, 〈image〉 등도 노드라고 부릅니다.

XML 파일의 〈image_list〉 등도 노드라고 하며, 브라우저에서 파싱한 HTML 페이지와 똑같은 트리 구조로 DOM 객체가 만들어집니다.

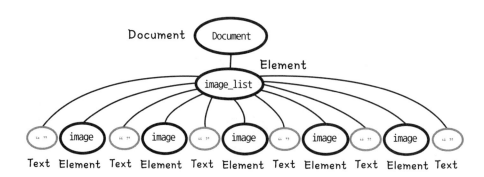

즉, HTML, XML의 노드를 조작할 때 모두 DOM을 이용한다는 뜻입니다.

핵심 DOM 객체 소개

앞에서 언급한 대로 DOM은 하나가 아닌, 여러 개의 DOM 객체로 구성돼 있으며, 각자 고유의 책임과 기능이 있습니다.

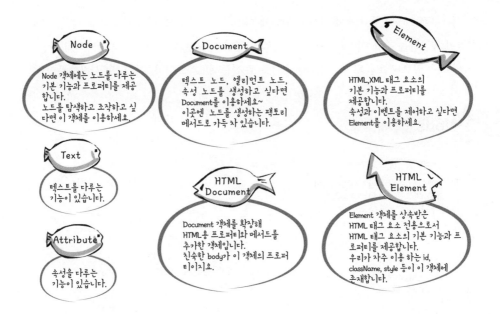

이것들은 다시 타입에 따라 여러 개의 그룹으로 나뉘는데, 여기서는 이 가운데 가장 자주 사용
하는 네 가지 그룹에 대해 알아보겠습니다.

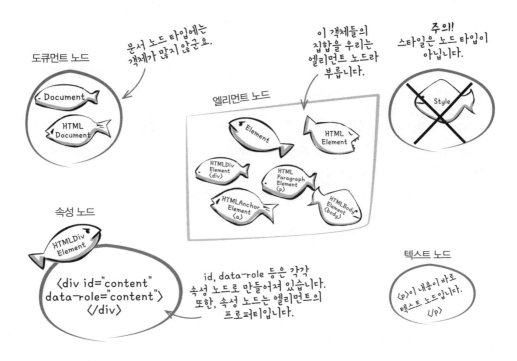

그럼 지금부터 DOM 동네에서 서로 조화롭게 살고 있는 객체 중 가장 핵심적인 객체를 만나 이것들이 제공하는 주요 기능과 프로퍼티를 직접 알아보겠습니다. 그리고 첫 만남이니 만큼 다소 어색할 수 있으니 조금씩 알아간다는 느낌으로 접근해보겠습니다. 자! 다시 시작해볼까요?

길잡이 08 ▸ Node 객체

> HTML 페이지의 <body>, <div>, <h1>, <img> 태그뿐 아니라 텍스트및 주석까지 모두 노드라고 부릅니다.

> HTML 페이지뿐 아니라 XML 파일도 DOM으로 컨트롤할 수 있기 때문에 <image_list>, <image> 등도 노드라고 부릅니다.

```
<body>
    <div id="intro">
        <div> class="header">
            <h1>소개</div>
        </div>
        <!--주석도 노드입니다.-->
        <div class="content">
            <img src="images/ch2.png"><br>
            이런 텍스트 역시 노드의 일종입니다.
        </div>
    </div>
</body>
```

```
<?xml version="1.0" encoding="utf-8"?>
<image_list>
    <image src="images/img1.png" />
    <image src="images/img2.png" />
    <image src="images/img3.png" />
    <image src="images/img4.png" />
    <image src="images/img5.png" />
</image_list>
```

W3C DOM 동네에 막 들어서면 가장 먼저 DOM 동네의 가장 어르신인 Node 객체를 만나게 됩니다. DOM 동네 역시 유명한 객체지향 프로그래밍 동네의 영향을 받아 DOM 후손 객체는 태어날 때부터 Node 객체에서 제공하는 모든 기능을 모두 물려받습니다.

즉, Node 객체는 DOM 객체 가운데 가장 최상위 객체이자 노드를 조작하기 위한 가장 기본적인 프로퍼티와 메서드가 정의돼 있는 Node 인터페이스를 구현한 객체입니다. Node 객체에서 제공하는 기능을 이용하면 노드 타입을 파악하거나 부모, 형제 그리고 자식 노드를 알아내서 접근하거나, 또는 자식 노드를 추가, 삭제, 교체할 수 있습니다.

노드
- 노드 타입을 알 수 있는 속성
- 부모 노드에 접근하는 기능
- 형제 노드에 접근하는 기능
- 자식 노드에 접근하는 기능
- 자식 노드에 추가, 삭제, 교체하는 기능

> Node 객체에는 모든 DOM 객체가 기본적으로 가지고 있어야 할 기본 기능과 속성이 있습니다. 사람으로 치면 이름, 성별, 나이, 성별이 되겠죠?

예를 들어, Node 객체의 프로퍼티 가운데 nodeType을 이용하면 현재 사용 중인 객체가 어떤 노드 타입인지 알 수 있습니다. nodeType을 이용하면 아래 예제처럼 문서에서 특정 노드 타입에 해당하는 요소만 골라 제어할 수 있습니다. 예제를 보면 매우 낯선 구문이 등장하는데 이러한 부분은 앞으로 우선순위에 따라 하나씩 차근차근 배워나갈 예정이니, 지금은 "음... DOM 기능이 이렇게 사용되는군" 정도로 생각하며 가벼운 마음으로 넘어가면 됩니다.

```javascript
window.onload=function(){
    // body의 자식 노드를 모두 구합니다.
    var nodes = window.document.body.childNodes;
    // 자식 노드 전체 개수를 구합니다.
    var nLength = nodes.length;
    for(var i=nLength-1;i>=0;i--){
        // N번째에 해당하는 자식 노드에 접근합니다.
        var node = nodes.item(i); // 또는 nodes[i];
        // 자식 노드 가운데 텍스트 노드만 찾아 모두 제거합니다.
        if(node.nodeType==3)
          document.body.removeChild(node);
    }
}
```

길잡이 09 Element 객체

Element 객체 역시 노드의 한 종류이며 Element 인터페이스의 내용이 실제 구현돼 있는 객체입니다. 또한 Element 객체는 Node 객체의 자식이므로 Node 객체가 가지고 있는 기능을 모

HTML 페이지의 <body>, <div>, <h1>, <img>와 같은 태그를 모두 통틀어 엘리먼트 노드라고 부릅니다.

XML의 <image_list>, <image> 등도 엘리먼트 노드라고 부릅니다.

주의!
문서의 주석 노드와 텍스트 노드는 엘리먼트 노드가 아닙니다.

```html
<body>
    <div id="intro">
        <div> class="header">
            <h1>소개</div>
        </div>
        <!--주석도 노드입니다.-->
        <div class="content">
            <img src="images/ch2.png"><br>
            이런 텍스트 역시 노드의 일종입니다.
        </div>
    </div>
</body>
```

```xml
<?xml version="1.0" encoding="utf-8"?>
<image_list>
    <image src="images/img1.png" />
    <image src="images/img2.png" />
    <image src="images/img3.png" />
    <image src="images/img4.png" />
    <image src="images/img5.png" />
</image_list>
```

두 사용할 수도 있습니다. 여기에 추가적으로 HTML과 XML의 태그 노드를 조작하기 위한 기본적인 프로퍼티와 메서드가 포함돼 있습니다.

Element 객체의 주요 기능으로는 태그 이름이 담긴 프로퍼티와 속성(Attribute)을 알아내고 설정하는 기능과 이벤트를 추가하거나 삭제하거나 발생시키는 기능이 있습니다.

노드
- 노드 타입을 알 수 있는 속성
- 부모 노드에 접근하는 기능
- 형제 노드에 접근하는 기능
- 자식 노드에 접근하는 기능
- 자식 노드를 추가, 삭제, 교체하는 기능

상속

Element
- 태그 이름을 알 수 있는 속성
- 속성 제거 및 속성값을 구하고, 설정하는 기능
- 이벤트와 관련된 기능

Element 객체 기능
- 노드 타입을 알 수 있는 속성
- 부모 노드에 접근하는 기능
- 형제 노드에 접근하는 기능
- 자식 노드에 접근하는 기능
- 자식 노드를 추가, 삭제, 교체하는 기능
- 태그 이름을 알 수 있는 속성
- 속성 제거 및 속성값을 구하고, 설정하는 기능
- 이벤트와 관련된 기능

Element 객체에는 Node 객체의 모든 기능을 물려(상속)받기 때문에 Node 객체의 기능 + Element 객체에 새롭게 추가된 기능까지 모두 이용할 수 있습니다.

길잡이 10 HTMLElement 객체

HTMLElement 객체에는 오직 HTML 문서 중 ⟨body⟩, ⟨div⟩, ⟨h1⟩과 같은 HTML 태그와 관련된 공통된 기능이 추가적으로 담겨 있습니다.

HTMLElement 객체는 XML 문서와는 관련이 전혀 없답니다.

```
<body>
    <div id="intro">
        <div> class="header">
            <h1>소개</div>
        </div>
        <!--주석도 노드입니다.-->
        <div class="content">
            <img src="images/ch2.png"><br>
            이런 텍스트 역시 노드의 일종입니다.
        </div>
    </div>
</body>
```

```
<?xml version="1.0" encoding="utf-8"?>
<image_list>
    <image src="images/img1.png" />
    <image src="images/img2.png" />
    <image src="images/img3.png" />
    <image src="images/img4.png" />
    <image src="images/img5.png" />
</image_list>
```

HTMLElement 객체에는 Element 객체의 기능 외에도 오직 HTML 페이지의 p, div 태그와 같은 HTML 태그에서만 쓸 수 있는 속성과 기능이 포함돼 있습니다. 이곳에는 앞으로 여러분이 가장 자주 사용하게 될 id와 className 프로퍼티가 정의돼 있습니다. 또한 HTMLElement 객체는 HTMLDivElement, HTMLImageElement, HTMLBodyElement와 같은 객체의 부모 객체이기도 합니다.

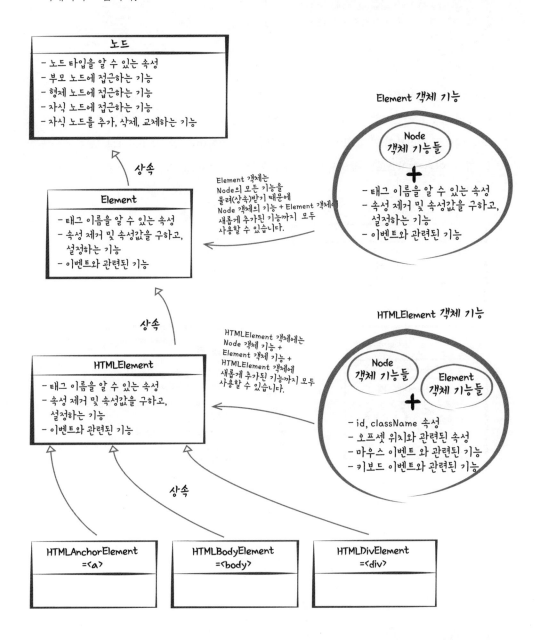

Document 객체

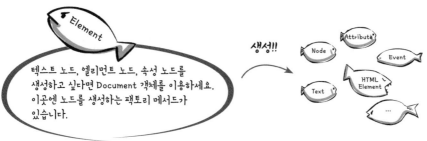

> 텍스트 노드, 엘리먼트 노드, 속성 노드를
> 생성하고 싶다면 Document 객체를 이용하세요.
> 이곳엔 노드를 생성하는 팩토리 메서드가
> 있습니다.
>
> 생성!!
>
> Node Attribute Event HTML Element Text ...

Document 객체 역시 Node 객체의 하위 객체이며, HTML 문서와 XML 문서의 루트 객체로서 엘리먼트 노드와 이벤트, 속성 노드, 텍스트 노드, 주석 노드까지 생성하는 팩토리 기능, 그리고 앞으로 여러분이 가장 많이 사용하게 될 id, className, tagName으로 특정 노드를 찾는 기능, 여기에 이벤트를 발생시키고 등록시키는 이벤트 모델 기능까지 갖춘 아주 중요한 객체입니다.

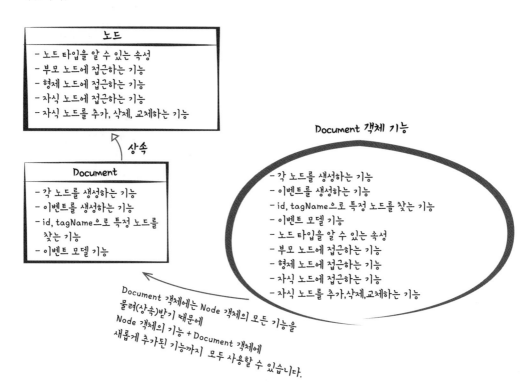

노드
- 노드 타입을 알 수 있는 속성
- 부모 노드에 접근하는 기능
- 형제 노드에 접근하는 기능
- 자식 노드에 접근하는 기능
- 자식 노드를 추가, 삭제, 교체하는 기능

상속

Document
- 각 노드를 생성하는 기능
- 이벤트를 생성하는 기능
- id, tagName으로 특정 노드를 찾는 기능
- 이벤트 모델 기능

Document 객체 기능
- 각 노드를 생성하는 기능
- 이벤트를 생성하는 기능
- id, tagName으로 특정 노드를 찾는 기능
- 이벤트 모델 기능
- 노드 타입을 알 수 있는 속성
- 부모 노드에 접근하는 기능
- 형제 노드에 접근하는 기능
- 자식 노드에 접근하는 기능
- 자식 노드를 추가,삭제,교체하는 기능

Document 객체에는 Node 객체의 모든 기능을 물려(상속)받기 때문에 Node 객체의 기능 + Document 객체에 새롭게 추가된 기능까지 모두 사용할 수 있습니다.

HTMLDocument 객체

HTMLDocument 객체는 HTML 문서 전용 Document 객체입니다. 이에 따라 body와 같은 HTML 문서 전용 프로퍼티와 메서드가 포함돼 있습니다. 그리고 HTMLDocument 객체에는 HTML 페이지 로딩 후 파싱 단계에서 만들어진 html, head, body 객체를 비롯해 페이지에 작성된 태그와 일대일로 매칭되는 모든 Node 객체를 가지고 있는 객체이기도 합니다.

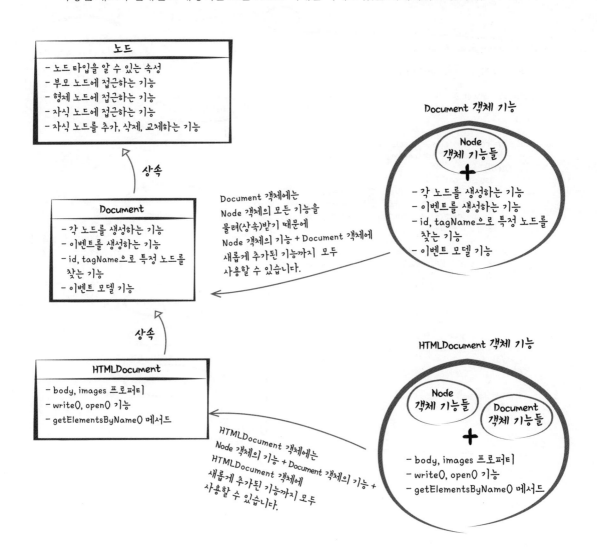

Text 객체 또한 Node 객체의 하위 객체이며 텍스트 노드를 조작하는 기능이 포함돼 있습니다. 텍스트 노드는 일반적으로 엘리먼트 노드의 자식 노드로 존재하므로 Text 객체 역시 Element 객체의 자식 객체로 존재합니다. 주의할 점은 아래처럼 눈에 보이진 않지만 개행 문자도 텍스트 노드라는 사실을 꼭 기억하세요.

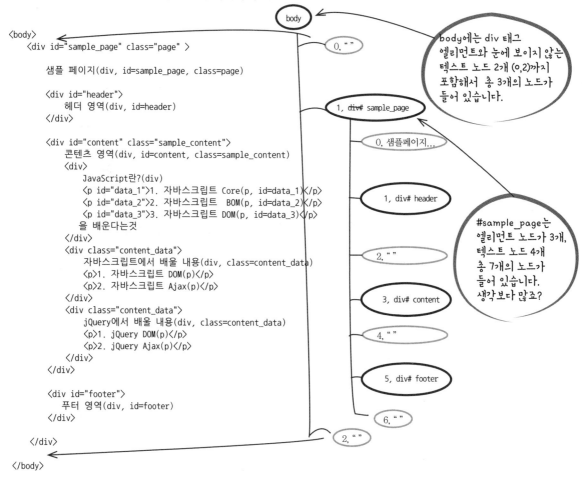

즉, body에는 다음과 같이 Text 노드 2개와 HTML 엘리먼트 노드가 포함돼 있습니다.

1. 개행 문자가 들어 있는 텍스트 노드

2. 〈div #smaple_page〉 HTML 엘리먼트 노드

3. 개행 문자가 들어 있는 텍스트 노드

Attribute 객체

이 노드에는 id와 class 그리고 style 이렇게 총 3개의 속성이 있군요.

```
<div id="sample_page" class="page" style="color:#ff0000">
      샘플 페이지 입니다.
</div>
```

Attribute 객체 역시 Node 객체의 하위 객체이며 id와 같은 태그의 속성 정보를 조작하는 기본 프로퍼티와 메서드가 포함돼 있습니다.

Attribute 객체에 접근하려면 먼저 Element 객체의 프로퍼티 가운데 attributes가 어떤 객체의 인스턴스인지 알아야 합니다.

attributes의 프로퍼티 객체 타입은 NamedNodeMap 객체의 인스턴스로서 일종의 NodeList와 같은 컬렉션 객체입니다. 이 객체에는 태그에 설정돼 있는 속성과 일대일 매칭되는 Attribute 객체의 인스턴스를 요소로 가지고 있습니다. 즉, 그림처럼 div 태그에 id, data-role, style로 3개의 속성이 정의돼 있다면 Element 객체의 attributes 프로퍼티에는 총 3개의 Attribute 객체 인스턴스가 존재하며, 이를 이용해 속성값을 제어할 수 있습니다. 이에 대한 내용은 추후 "속성 수정, 추가, 삭제하기" 부분에서 자세히 다룹니다.

참고로 Style은 노드 종류에 포함되지 않습니다.

휴~ 일단 여기까지!
너무 쉴 새 없이 달려온 것 같군요. 여기서 잠시 정리하며 쉬어가겠습니다.

지금까지 DOM 동네에서 살고 있는 대표 객체인 Node, Element, HTMLElement Document, HTMLDocument 등을 만나 저마다의 고유 기능에 대해 알아봤습니다.

이 밖에도 DOM 동네에는 다양한 DOM 객체가 살고 있지만 나머지 객체는 대부분 HTMLElement 객체의 고유 기능을 물려받은 후손이랍니다. 따라서 HTMLElement 객체만 제대로 알고 있다면 나머지 요소는 그리 큰 어려움 없이 활용할 수가 있습니다.

그럼 지금까지 우리가 만난 DOM 객체를 표로 정리해서 다시 한번 살펴보겠습니다.

	Node	Document	HTMLDocument	Element	HTTPElement
상속구조	Node	Node → Document	Node → Document → HTMLDocument	Node → Element	Node → Element → HTTPElement
기능	노드를 탐색하고 조작하기 위한 기본적인 프로퍼티와 메서드	텍스트 노드, 엘리먼트 노드 등을 생성하는 팩토리 메서드	HTML 태그 전용 프로퍼티와 메서드	속성을 다루는 기능. 이벤트 모델 구현	HTML 태그 전용 프로퍼티와 메서드
주요 프로퍼티	Attr [ ] attributes Node [ ] childNodes Node firstChild Node LastChild Node nextSibling Node previousSibling Node parentNode String nodeValue String nodeName unsigned short node Type		HTMLElement body String cookie HTMLCollection images HTMLCollection links	String tagName	String className String id String innerHTML CSS2Properties style int offsetWidth int offsetHeight int offsetLeft int offsetTop
주요 메서드	hasAttributes( ) hasChildNodes( ) cloneNode( ) appendChild( ) insertBefore( ) removeChild( ) replaceChild( )	createAttribute( ) createElement( ) createEvent( ) createTextNode( ) Element getElementById( ) Element [ ] getElementsByTagName( ) addEventListener( ) dispatchEvent( ) removeListener( )	close( ) open( ) write( ) Element [ ] getElementsByName( )	Element [ ] getElementsByTagName( ) hasAttribute( ) getAttribute( ) removeAttribute( ) setAttribute( ) addEventListener( ) dispatchEvent( ) removeListener( )	onkeydown onkeypress onkeyup onclick ondbclick onmousedown onmousemove onmouseout onmouseover onmouseup

어떤가요? 이렇게 표로 정리해서 보니 지금까지 배운 내용이 한눈에 들어오지 않나요? 표에 나온 내용은 우리가 원하는 작업을 원활하게 진행하기 위해 반드시 알고 있어야 할 내용입니다. 그러니 다음 내용을 읽기 전에 다시 한번 앞의 내용을 살펴보길 바랍니다.

✱ **여기서 잠깐**

혹시 여러분 가운데 특정 아이디를 지닌 노드를 찾기 위해 getElementById("test1") 메서드를 호출할 때 무작정 메서드 이름만 알고 호출하진 않으셨나요? 중요한 건 getElementById() 메서드는 Document **객체의 기능 중 일부라는 사실입니다.**

✱ **돌발 퀴즈**

```
<div id="test1">
    <img src="sample1.jpg" id="img_1">
</div>
```

일 때, 동적으로 이미지를 변경하는 예제에서

```
var img1 = document.getElementById("img_1");
img1.getAttribute("src","sample2.jpg");
```

와

```
var img1 = document.getElementById("img_1");
img1.src = "sample2.jpg";
```

의 차이점은?

퀴즈 정답

getAttribute() 메서드는 Element 객체에서 제공하는 기능이고, src는 HTMLImageElement 객체에서 제공하는 속성 값입니다. 즉 둘의 차이처럼 사용할 기능이 어떤 객체에서 제공하는지 판단할 수 있어야 합니다.

 길잡이 15

DOM 객체 간의 관계:DOM 객체의 관계는. . .
알고 보니 상속 관계였다!

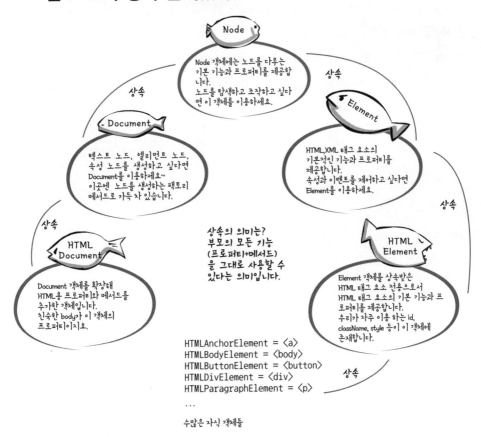

HTMLAnchorElement = ⟨a⟩
HTMLBodyElement = ⟨body⟩
HTMLButtonElement = ⟨button⟩
HTMLDivElement = ⟨div⟩
HTMLParagraphElement = ⟨p⟩
...

수많은 자식 객체들

▲ DOM 객체의 상속 다이어그램

앞에서 살펴본 내용에서 "상속"이란 용어를 보고 눈치챈 분들도 있겠지만 이전 페이지에 나온 DOM 객체 간의 상속 다이어그램에서처럼 객체지향 프로그래밍에 익숙한 개발자라면 아마 DOM이 자식 인터페이스에서 부모 인터페이스를 상속받은 구조로 되어 있다는 사실을 알 수 있을 것입니다. 그럼 이런 질문을 할지도 모릅니다. "그렇다면 객체지향 프로그래밍을 먼저 공부해야 한다는 의미인가요?" 아니요! 절대 그렇진 않습니다. 객체지향 프로그래밍에 대해 몰라도 무방하고, 저 또한 여러분이 객체지향 프로그래밍을 모른다는 가정하에 모든 내용을 진행하고 있습니다. 다만 그냥 "객체지향 프로그래밍"이라는 동네의 개념이 DOM에도 사용됐구나" 정도만 알고 있으면 됩니다.

말이 나온 김에 상속에 대해 간단히 설명하자면 슈퍼맨의 자식이 태어날 때부터 초능력을 물려받아 태어나는 것처럼 DOM 객체 간에도 부모와 자식의 개념이 있어 부모에게서 기능을 물려받고 또 자식이 부모가 되어 이들의 자식 노드에게 기능들을 물려주게 됩니다.

즉, Node 객체는 아무것도 상속받지 않은 최상위 객체라서 우리는 Node 객체에 나열된 기능만 사용할 수밖에 없습니다. 이와 달리 Element 객체는 Node 객체를 상속받고 있으므로 Element 객체의 기능뿐 아니라 Element 객체의 상위 인터페이스에 나열된 Node 객체의 기능까지 사용할 수 있습니다. 이와 같은 논리로 HTMLElement 객체는 Element 객체와 Node 객체의 기능까지 모두 사용할 수가 있습니다.

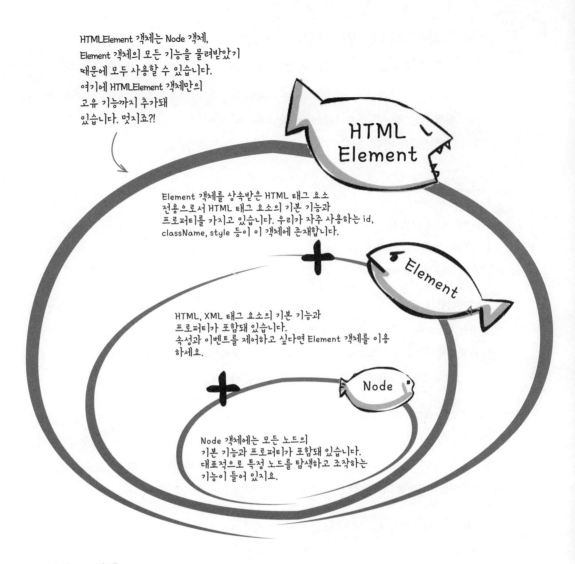

HTMLElement 객체는 Node 객체,
Element 객체의 모든 기능을 물려받았기
때문에 모두 사용할 수 있습니다.
여기에 HTMLElement 객체만의
고유 기능까지 추가돼
있습니다. 멋지죠?!

HTML
Element

Element 객체를 상속받은 HTML 태그 요소
전용으로서 HTML 태그 요소의 기본 기능과
프로퍼티를 가지고 있습니다. 우리가 자주 사용하는 id,
className, style 등이 이 객체에 존재합니다.

Element

HTML, XML 태그 요소의 기본 기능과
프로퍼티가 포함돼 있습니다.
속성과 이벤트를 제어하고 싶다면 Element 객체를 이용
하세요.

Node

Node 객체에는 모든 노드의
기본 기능과 프로퍼티가 포함돼 있습니다.
대표적으로 특정 노드를 탐색하고 조작하는
기능이 들어 있지요.

▲ HTMLElement의 기능

즉, DOM 객체는 모두 패밀리 관계로 되어 있습니다. 이는 처음에 DOM을 어떻게 학습해야
할 것인가에 대한 커다란 힌트가 됩니다. 모든 객체지향 프로그래밍 학습법이 그렇듯이 상위
인터페이스의 기능을 먼저 익힌 후 하위 인터페이스를 배우는 순서를 따르면 됩니다. 다시 말
해, 상위 인터페이스에 나열된 기능은 이미 알고 있으므로 하위 인터페이스의 고유 기능만 배
우면 됩니다.

무작정 메서드만 외우는 개발자 vs.
레퍼런스를 읽을 줄 아는 개발자

"DOM 객체의 구조" 부분을 끝내며 Node 객체의 기능을 정리한 표를 읽을 수 있느냐 없느냐는 상당히 중요한 의미가 있습니다. 예를 들어 웹 페이지에 "〈div〉DOM 안녕~〈/div〉"를 동적으로 추가하는 경우 진행 순서는 일반적으로 다음과 같을 것입니다.

1. DIV 노드 생성

2. 텍스트 노드 생성

3. 텍스트 노드에 값 설정

4. 텍스트 노드를 DIV 하위 노드로 추가

5. DIV 노드를 Body 하위 노드로 추가

첫 번째 작업인 "1. DIV 노드 생성"을 하려면 먼저 노드 생성 기능이 어떤 DOM 객체에 있는지 파악해야 합니다. 그리고 나면 메서드의 매개변수에 맞게 값을 채워 사용하면 됩니다. "어디 보자... 노드 생성 기능이 어떤 객체에 있더라..." 찾으셨나요?(같이 찾아보죠) 아! Document 객체에 있네요. 우리는 바로 이런 식으로 DOM 기능을 이용해 웹 페이지 코드를 조작하면 됩니다.

특히 프로그래밍을 처음 배우는 분들은 우선적으로 이와 같이 레퍼런스를 보고 읽을 줄 알아야 합니다. 왜냐하면 객체의 모든 기능을 모두 배우고 외울 수는 없기 때문입니다. 저뿐만 아니라 대부분의 개발자도 필요할 때마다 어떤 기능이 필요할 때마다 레퍼런스를 참조해가며 작업합니다. 그러니 모르는 부분이 나오면 언제든지 레퍼런스를 참고하는 습관을 기르길 바랍니다.

지금까지 DOM이 무엇이고, 어떤 요소로 구성돼 있으며 그리고 DOM을 구성하는 객체의 주요 기능까지 살펴봤습니다. 살짝 어려운 내용도 없지 않아 있었지만 이로써 우리는 다음 단계인 핵심 내용을 선별한 후 우선순위별로 하나씩 익히는 "핵심 내용" 단계로 접어들었습니다.

여기서 다룬 내용은 "핵심 내용"단계를 더욱 쉽게 익히는 데 결정적인 역할을 하게 되며 이것의 의미는 다음 단계에서 피부로 와닿을 것입니다. 그럼 계속해서 진행해 볼까요?

02. 핵심 내용!!

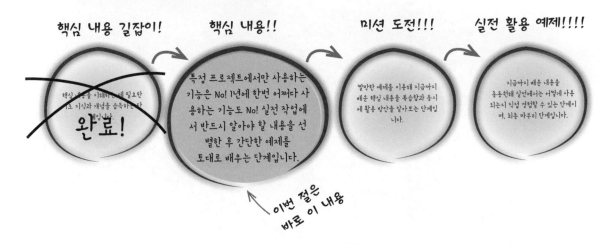

핵심 내용 길잡이!   핵심 내용!!   미션 도전!!!   실전 활용 예제!!!!

핵심 내용을 이해하는 데 필요한
기초 지식과 개념을 습득하는 단계입니다.
완료!

특정 프로젝트에서만 사용하는
기능은 No! 1년에 한번 어쩌다 사
용하는 기능도 No! 실전 작업에
서 반드시 알아야 할 내용을 선
별한 후 간단한 예제를
토대로 배우는 단계입니다.

짤막한 예제를 이용해 지금까지
배운 핵심 내용을 복습함과 동시
에 활용 방안을 알아보는 단계입
니다.

지금까지 배운 내용을
총동원해 실전에서는 어떻게 사용
되는지 직접 경험할 수 있는 단계이
며, 최종 마무리 단계입니다.

이번 절은
바로 이 내용

이 장부터 지금까지 배운 DOM 핵심 내용 길잡이 내용을 바탕으로 DOM에서 반드시 알아
야 할 필수 핵심 내용과 실전 업무를 진행할 때 반드시 알아야 할 필수 핵심 기능을 배웁니
다. 진행 방식은 미리 언급한 것처럼 먼저 선행해야 할 내용을 우선순위별로 나열한 후 각
요소를 이해하기 쉽게 특정 크기로 조각낸 다음 하나씩 배워 나가겠습니다.

보세요!
1. 우리가 배울 핵심주제를 선정한 후
   우선순위별로 나열합니다.

자바스크립트 DOM
jQuery DOM.
자바스크립트 Ajax
jQuery Ajax
실전활용1
실전활용2
실전활용3

겟!
자바스크립트
핵심 메소드와
프로퍼티

노드 추가,
삭제,
찾기,
이동

속성 추가,
수정,
값 구하기

스타일
다루기

자~죽욱!

자바스크립트
DOM 조각
나누기입니다.

2. 배우기 쉽도록 작은 조각으로 나눕니다.

✱ 여러분이 반드시 알아야 할 내용

1. 노드 다루기

- 문서에서 특정 태그 이름을 지닌 노드 찾기
- 특정 노드의 자식 노드에서 특정 태그 이름을 지닌 노드 찾기
- 문서에서 특정 클래스가 적용된 노드 찾기
- 문서에서 특정 ID를 가진 노드 찾기

- 자식 노드 찾기
- 부모 노드 찾기
- 형제 노드 찾기

- Document.createElement( ) 메서드를 사용해서 노드 생성 및 추가하기
- HTMLElement.innerHTML 프로퍼티를 사용해서 노드 생성 및 추가하기
- Node.cloneNode( ) 메서드를 사용해서 노드 생성 및 추가하기
- 노드 삭제하기
- 노드 이동시키기

- 텍스트 노드 생성 및 추가하기
- 텍스트 노드 내용 변경하기

2. 스타일 다루기

- 스타일 속성값 구하기
- 스타일 속성값 설정하기
- 스타일 속성 제거하기

3. 속성 다루기

- 속성값 구하기
- 속성값 설정하기
- 속성 제거하기

4. 이벤트 다루기

- 이벤트 리스너 추가하기
- 이벤트 리스너 삭제하기
- 이벤트 발생시키기
- 사용자 정의 이벤트 만들기

5. 위치 및 크기와 관련된 프로퍼티와 메서드

- HTMLElement 객체에서 제공하는 크기 및 위치와 관련된 프로퍼티와 메서드
- Window 객체에서 제공하는 크기 및 위치와 관련된 프로퍼티와 메서드
- Screen 객체에서 제공하는 크기 및 위치와 관련된 프로퍼티와 메서드
- Document 객체에서 제공하는 크기 및 위치와 관련된 프로퍼티와 메서드
- MouseEvent 객체에서 제공하는 크기 및 위치와 관련된 프로퍼티와 메서드

HTML 문서

```html
<html>
<head>
    <meta http-equiv="Content-Type"
          content="text/html; charset=UTF-8">
    <title></title>
    <style>
        body{
            font-size:9pt;
            font-family:"굴림";
        }
        div, p{
            border:1px #eeeeee solid;
            margin:10px;
        }
    </style>

</head>

<body>
    <div id="sample_page" class="page" >
        샘플 페이지(div, id=sample_page, class=page)
        <div id="header">
            헤더 영역(div, id=header)
        </div>
        <div id="content" class="sample_content">
            콘텐츠 영역(div, id=content,
                            class=sample_content)
        <div>
            JavaScript란?(div)
            <p id="data_1">1. 자바스크립트 Core(p, id=data_1)</p>
            <p id="data_2">2. 자바스크립트 BOM(p, id=data_2)</p>
            <p id="data_3">3. 자바스크립트 DOM(p, id=data_3)</p>
            을 배운다는것.
        </div>
        <div class="content_data">
            JavaScript에서 배울 내용(div, class=content_data)
            <p>1. JavaScript DOM(p)</p>
            <p>2. JavaScript Ajax(p)</p>
        </div>
        <div class="content_data">
            jQuery에서 배울 내용(div, class=content_data)
            <p>1. jQuery DOM(p)</p>
            <p>2. jQuery Ajax(p)</p>
        </div>
    </div>
    <div id="footer">
        푸터 영역(div, id=footer)
    </div>
</div>
</body>
</html>
```

이 페이지는 이번 단계에서
공통적으로 사용됩니다.

실행 전 화면

샘플 페이지(div, id=sample_page, class=page)
헤더 영역(div, id=header)
컨텐츠 영역(div, id=content, class=sample_content)
JavaScript란?(div)
1. 자바스크립트 Core(p, id=data_1)
2. 자바스크립트 BOM(p, id=data_2)
3. 자바스크립트 DOM(p, id=data_3)
을 배운다는 것
자바스크립트에서 배울 내용(div, class=content_data)
1. 자바스크립트 DOM(p)
2. 자바스크립트 Ajax(p)
jQuery에서 배울 내용(div, class=content_data)
1. jQuery DOM(p)
2. jQuery Ajax(p)
푸터 영역(div, id=footer)

실행 결과를 한눈에 볼 수 있게
해당 노드에 border를 굵게 추가시켰습니다.
실행 결과가 어떻게 나올지 실행하기 전에
추측해 보세요.

실행 전 화면

샘플 페이지(div, id=sample_page, class=page)
헤더 영역(div, id=header)
컨텐츠 영역(div, id=content, class=sample_content)
JavaScript란?(div)
1. 자바스크립트 Core(p, id=data_1)
2. 자바스크립트 BOM(p, id=data_2)
3. 자바스크립트 DOM(p, id=data_3)
을 배운다는 것
자바스크립트에서 배울 내용(div, class=content_data)
1. 자바스크립트 DOM(p)
2. 자바스크립트 Ajax(p)
jQuery에서 배울 내용(div, class=content_data)
1. jQuery DOM(p)
2. jQuery Ajax(p)
푸터 영역(div, id=footer)

2-1. 노드 다루기

노드 다루기 핵심 내용 진행 단계

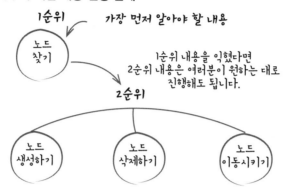

문서의 내용을 동적으로 변경하려면 먼저 원하는 노드를 찾아야 합니다. 이때 가장 일반적인 방법은 아래에 나열한 것처럼 네 가지가 있습니다.

 ## 문서에서 특정 태그 이름을 지닌 노드 찾기

소스 • 1_js_dom/2_keypoint/1_element/key1_document_getElementsTagName.html

```
//문서에서 태그 이름이 div인 엘리먼트 노드 찾기
var divs = window.document.getElementsByTagName("div");
alert("문서 내의 div 엘리먼트 개수: " + divs.length);
```

실행 결과

```
샘플 페이지(div, id=sample_page, class=page)
  헤더 영역(div, id=header)
  컨텐츠 영역(div, id=content, class=sample_content)
    JavaScript란?(div)
      1. 자바스크립트 Core(p, id=data_1)
      2. 자바스크립트 BOM(p, id=data_2)
      3. 자바스크립트 DOM(p, id=data_3)
    을 배운다는 것
    자바스크립트에서 배울 내용(div, class=content_data)
      1. 자바스크립트 DOM(p)
      2. 자바스크립트 Ajax(p)

    jQuery에서 배울 내용(div, class=content_data)
      1. jQuery DOM(p)
      2. jQuery Ajax(p)


  푸터 영역(div, id=footer)
```

Document 객체의 getElementsByTagName( )를 이용하면 전체 문서에서 태그 이름이 div인 엘리먼트를 모두 찾을 수 있습니다. 예를 들어, p 태그를 찾고 싶다면 매개변수 값에 div 대신 p를 전달하기만 하면 됩니다. 이렇게 찾아낸 div 태그 엘리먼트의 스타일 속성 중 border를 변경하고 싶다면? 아래 예제처럼 각 엘리먼트에 접근해 속성값을 변경하면 됩니다. 스타일 변경에 대해서는 조금 나중에 자세히 다루겠습니다.

소스 • 1_js_dom/2_keypoint/1_element/key1_document_getElementsTagName.html

```
// 전체 문서에서 태그 이름이 div인 엘리먼트 찾기
var divs = window.document.getElementsByTagName("div");
alert("전체 문서에서의 div 엘리먼트의 개수: " + divs.length);
for(var i=0;i<divs.length;i++){
    // 찾은 노드에서 n번째 노드에 접근해
    var div = divs.item(i);
    // 스타일 변경하기
    div.style.border = "1px solid #ff0000";
}
```

NodeList 객체

방금 전에 알게 된 getElementsByTagName( )의 결과 값은 검색된 모든 노드를 NodeList 라는 객체에 담아 반환됩니다. NodeList는 여러분이 자주 사용하는 배열과 비슷한 일종의 컬렉션(Collection) 객체로서, DOM의 객체 중 하나입니다. NodeList 객체에서 제공하는 프로퍼티와 메서드는 length와 item( ) 메서드 둘뿐입니다. length에는 결과값의 전체 개수 정보가 담겨 있으며, item( )은 결과값 항목별로 접근할 때 사용합니다. item( ) 대신 배열을 사용하듯 divs[0]과 같은 식으로도 특정 항목에 접근할 수 있습니다.

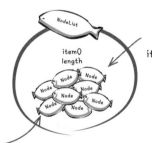

NodeList에는 다양한 노드가 들어 있습니다. 내부에 들어 있는 첫 번째 노드에 접근하고 싶다면 item(0)또는 [0]식으로 접근 합니다.

var divs=document. getElementsByTagName("div")를 실행한 경우라면 divs에는 HTMLDivElement 객체가 담긴 NodeList가 반환돼 담깁니다.

NodeList는 앞으로 다룰 예제에서도 계속해서 사용하니 꼭 알아두길 바랍니다.

특정 노드의 자식 노드에서 특정 태그 이름을 지닌 노드 찾기

소스 • 1_js_dom/2_keypoint/1_element/key2_element_getElementsTagName.html

```
var divs = window.document.getElementsByTagName("div");
// 찾은 노드 가운데 2번째 노드의 자식 노드 중 태그 이름이 div인 엘리먼트 찾기
var div2 = divs[2];
var div2Child = div2.getElementsByTagName("div");
for(var i=0;i<div2Child.length;i++){
    div2Child[i].style.border = "4px solid #ff0000";
 }
```

실행 결과

```
샘플 페이지(div, id=sample_page, class=page)
 헤더 영역(div, id=header)
 컨텐츠 영역(div, id=content, class=sample_content)
  JavaScript란?(div)
   1. 자바스크립트 Core(p, id=data_1)
   2. 자바스크립트 BOM(p, id=data_2)
   3. 자바스크립트 DOM(p, id=data_3)
  을 배운다는 것
  자바스크립트에서 배울 내용(div, class=content_data)
   1. 자바스크립트 DOM(p)
   2. 자바스크립트 Ajax(p)
  jQuery에서 배울 내용(div, class=content_data)
   1. jQuery DOM(p)
   2. jQuery Ajax(p)
 푸터 영역(div, id=footer)
```

문서 전체가 아닌 특정 노드의 자식 노드 가운데 특정 태그 이름을 가진 엘리먼트를 찾고 싶은 경우 Document 객체의 메서드인 getElementsByTagName( ) 대신 Element 객체의 메서드인 getElementsByTagName( )을 사용합니다.

예제에서 살펴본 것처럼 이 두 메서드는 같은 이름에 같은 기능, 그리고 반환값 역시 같지만 검색 대상이 문서 전체냐 아니면 특정 노드냐에 따라 완전히 달라지므로 혼동스러울 때가 있습니다. 이 점을 꼭 기억하세요.

문서에서 특정 클래스가 적용된 노드 찾기

소스 • 1_js_dom/2_keypoint/1_element/key3_getElementsByClassName.html

```javascript
// 문서 전체에서 content_data라는 클래스가 적용된 엘리먼트 찾기
var contentData = window.document.getElementsByClassName("content_data");
for(var i=0;i< contentData.length;i++){
    contentData[i].style.border = "4px solid #ff0000";
}
```

실행 결과

```
샘플 페이지(div, id=sample_page, class=page)
┌─────────────────────────────────────────────┐
│ 헤더 영역(div, id=header)                      │
├─────────────────────────────────────────────┤
│ 컨텐츠 영역(div, id=content, class=sample_content)│
│  ┌──────────────────────────────────────┐   │
│  │ JavaScript란?(div)                     │   │
│  │  ┌────────────────────────────────┐  │   │
│  │  │ 1. 자바스크립트 Core(p, id=data_1) │  │   │
│  │  ├────────────────────────────────┤  │   │
│  │  │ 2. 자바스크립트 BOM(p, id=data_2)  │  │   │
│  │  ├────────────────────────────────┤  │   │
│  │  │ 3. 자바스크립트 DOM(p, id=data_3)  │  │   │
│  │  └────────────────────────────────┘  │   │
│  │ 을 배운다는 것                          │   │
│  └──────────────────────────────────────┘   │
│  ┌──────────────────────────────────────┐   │
│  │ 자바스크립트에서 배울 내용(div, class=content_data)│
│  │  ┌────────────────────────────────┐  │   │
│  │  │ 1. 자바스크립트 DOM(p)            │  │   │
│  │  ├────────────────────────────────┤  │   │
│  │  │ 2. 자바스크립트 Ajax(p)           │  │   │
│  │  └────────────────────────────────┘  │   │
│  └──────────────────────────────────────┘   │
│  ┌──────────────────────────────────────┐   │
│  │ jQuery에서 배울 내용(div, class=content_data)│
│  │  ┌────────────────────────────────┐  │   │
│  │  │ 1. jQuery DOM(p)                │  │   │
│  │  ├────────────────────────────────┤  │   │
│  │  │ 2. jQuery Ajax(p)               │  │   │
│  │  └────────────────────────────────┘  │   │
│  └──────────────────────────────────────┘   │
├─────────────────────────────────────────────┤
│ 푸터 영역(div, id=footer)                      │
└─────────────────────────────────────────────┘
```

태그 이름이 아닌 클래스 이름을 알고 있거나 이 클래스가 적용된 엘리먼트를 문서 전체에서 찾고 싶을 때 Document 객체의 getElementsByClassName( )을 사용합니다.

🔧 메모

HTML4의 W3C DOM에 명시돼 있는 메서드는 아니지만 W3C DOM을 지원하는 크롬, 사파리, 오페라 그리고 파이어폭스에서 모두 지원하고 있기 때문에 사용해도 됩니다. 그리고 이 메서드는 HTML5에서 W3C DOM에 정식으로 등록됐습니다. 즉, 이 메서드는 인터넷 익스플로러 9 이하 버전을 제외한 모든 브라우저에서 정상적으로 동작합니다.

문서에서 특정 ID를 지닌 노드 찾기

소스 ・ 1_js_dom/2_keypoint/1_element/key4_getElementById.html

```
var header = window.document.getElementById("header");
header.style.border = "4px solid #ff0000";
```

실행 결과

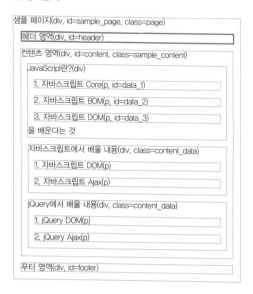

Document 객체에는 문서 전체에서 아이디(id) 값으로 특정 엘리먼트를 찾는 getElementById( ) 메서드를 제공합니다. 일반적으로 아이디는 문서상에 오직 하나만 존재하므로 이 메서드는 기존 메서드와는 달리 검색된 노드만 알려줍니다.

이처럼 가장 기본적인 검색 방법 4가지를 알아봤습니다. 그렇게 어렵진 않았죠? 다음 절에서는 특정 노드의 부모, 형제, 자식 노드를 찾는 방법을 알아보겠습니다.

핵심내용 05 자식 노드 찾기

Node의 childNodes 프로퍼티에는 모든 자식 노드가 들어 있습니다.

Node의 firstChild 프로퍼티를 이용하면 자식 노드 중에서 첫 번째 노드를 바로! 접 근할 수 있습니다.

#sample_page의 자식 노드를 모두 얻고 싶을때
var page=document.getElementById("sample_page")
page.childNodes

3.
page.firstChild,
page.childNodes[0],
page.childNodes.item(0)

```
<body>
    <div id="sample_page" class="page">
        샘플페이지(div, id=sample_page, class=page)
        <div id="header">
            헤더 영역(div, id=header)
        </div>
        <div id="content" class="sample_content">
            콘텐츠 영역(div, id=content, class=sample_content)
            <div>
                JavaScript란?(div)
                <p id="data_1">1. 자바스크립트 Core(p, id=data_1)</p>
                <p id="data_2">2. 자바스크립트  BOM(p, id=data_2)</p>
                <p id="data_3">3. 자바스크립트 DOM(p, id=data_3)</p>
                을 배운다는것.
            </div>
            <div class="content_data">
                JavaScript에서 배울 내용(div, class=content_data)
                <p>1. JavaScript DOM(p)</p>
                <p>2. JavaScript Ajax(p)</p>
            </div>
            <div class="content_data">
                jQuery에서 배울 내용(div, class=content_data)
                <p>1. jQuery DOM(p)</p>
                <p>2. jQuery Ajax(p)</p>
            </div>
        </div>
        <div id="footer">
            푸터 영역(div, id=footer)
        </div>
    </div>
</body>
```

1.
#content 노드의 모든 자식 노드를 얻고 싶을 때도
var content = document.getElementById("content");
content.childNodes;

2.
자식 노드 중 n번째 요소에 접근하고 싶을 때는?
var child =content[n]
또는
var child = content.item(n);

4.
page.lastChild,
page.childNodes[9],
page.childNodes.item(9)

언제 어디서든 자식 노드의 마지막 노드에 접근하고 싶을 때는 lastChild 프로퍼티를 이용하세요.

소스 • 1_js_dom/2_keypoint/1_element/key5_childNodes.html

```
// 1. 특정 노드 찾기
var page = window.document.getElementById("sample_page");
// childNodes 역시 NodeList 객체입니다.
var nodes = page.childNodes;
alert("#sample_page의 자식 노드 개수는? "+ nodes.length);

// 2. 자식 노드에 하나씩 접근하기
```

```
for(var i=0;i<nodes.length;i++){
    var node = nodes.item(i);

    //노드 타입이 엘리먼트인 경우에만 스타일을 변경한다.
  if(node.nodeType==1)
        node.style.border = "1px solid #ff0000";
}

// 3. 첫 번째 자식 노드 접근하기
var firstChild = page.firstChild;

// 현재 firstChild는 텍스트 노드라서 스타일을 적용할 수 없습니다.
firstChild.style.color = "#ff0000";

//4. 마지막 번째 자식 노드에 접근하기
var lastChild = page.lastChild;
// 현재 lastChild는 텍스트 노드라서 스타일을 적용할 수 없습니다.
 lastChild.style.color = "#ff0000";
```

실행 결과

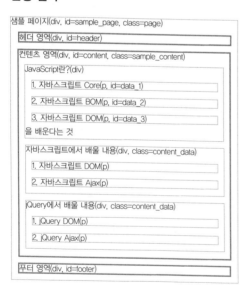

첫 번째 – 자식 노드를 모두 구하고 싶을 때

먼저 특정 엘리먼트의 하위 노드인 자식 노드에 접근하고 싶을 때는 Node 객체의 프로퍼티인 childNodes를 사용하면 됩니다. 이 프로퍼티에는 하위 노드가 모두 들어 있으며, 객체 타입은 앞 절에서 본 NodeList입니다. 예를 들어, id가 sample_page인 〈div〉의 하위 노드의 개수를 알고 싶다면 기존 NodeList에서 다룬 것처럼 page.childNodes.length;를 이용하면 됩니다.

두 번째 – 자식 노드 중 N번째 노드에 접근하고 싶을 때

하위 노드 가운데 N번째 요소(N값은 0부터 시작됨)에 접근하고 싶다면 var node = page.childNodes[N] 또는 node=page.childNodes.item(N)과 같은 식으로 하면 됩니다.

세 번째 – 첫 번째 자식 노드에 바로 접근하고 싶을 때

Node에는 firstChild라는 프로퍼티가 있어서 이를 이용하면 자식 노드 중 첫 번째 자식 노드에 바로 접근할 수 있습니다.

네 번째 – 마지막 자식 노드에 바로 접근하고 싶을 때

마지막 자식 노드에도 lastChild라는 프로퍼티가 있어서 이를 이용하면 바로 마지막 자식 노드에 접근할 수 있습니다.

앞에서 몇 번 언급한 적이 있지만 자식 노드에 접근해 작업할 때 주의해야 할 사항이 하나 있습니다.

예를 들어,

```
<div id="test_1">
    <p>테스트1</p>
</div>
```

라는 노드가 있을 때 〈div〉의 하위 노드 개수는 〈p〉 노드 하나와 눈에 보이진 않지만 〈p〉 노드의 앞뒤에 개행문자로 된 텍스트 노드 두 개가 더 있어서 총 3개입니다.

이와 달리

```
<div id="test_1"><p>테스트1</p></div>
```

에는 〈div〉 주위에 개행문자가 없어서 하위 노드는 오직 〈p〉 노드 하나밖에 없습니다. 종종 실수할 수 있는 부분이므로 메모해 두길 바랍니다.

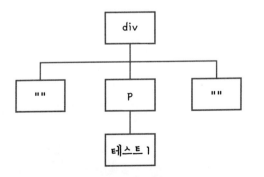

눈에 보이진 않지만 개행 문자가 포함된 텍스트 노드가 두 개 더 있어서 총 3개의 자식 노드가 포함돼 있습니다.

즉, 이러한 원리를 바탕으로 예제에서 사용한 HTML의 내부 구조를 살펴보면 다음과 같습니다.

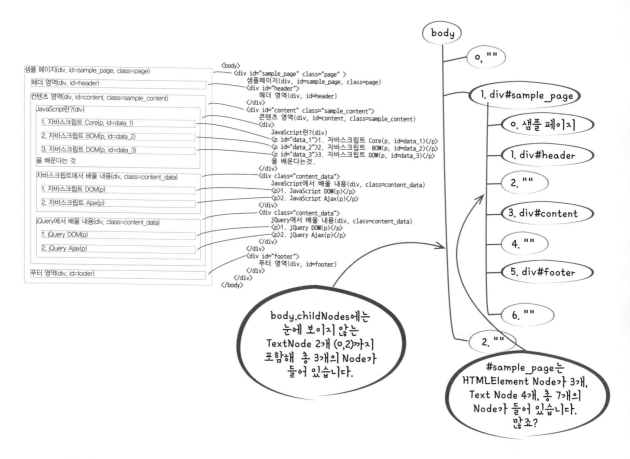

❋ 메모

인터넷 익스플로러 9 이하 버전에서는 개행 문자만 포함된 문자열은 텍스트 노드로 생성되지 않습니다.
즉, 다음 이미지처럼 body의 자식 노드는 1개, #sample_page의 자식 노드는 4개입니다.

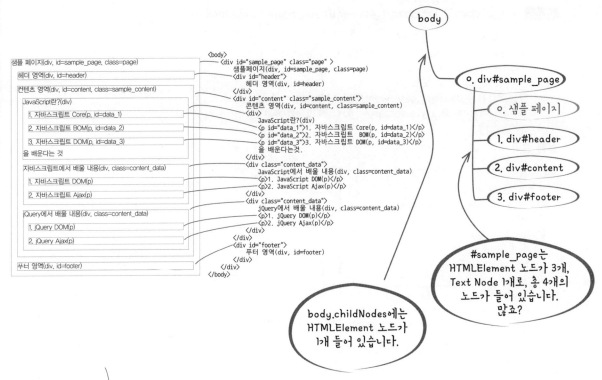

부모 노드 찾기

핵심내용 06

```
<body>
    <div id="sample_page" class="page" >
        샘플페이지(div, id=sample_page, class=page)
        <div id="header">
            헤더 영역(div, id=header)
        </div>
        <div id="content" class="sample_content">
            콘텐츠 영역(div, id=content, class=sample_content)
            <div>
                JavaScript란?(div)
                <p id="data_1">>1. 자바스크립트 Core(p, id=data_1)</p>
                <p id="data_2">>2. 자바스크립트  BOM(p, id=data_2)</p>
                <p id="data_3">>3. 자바스크립트 DOM(p, id=data_3)</p>
                을 배운다는것.
            </div>
            <div class="content_data">
                JavaScript에서 배울 내용(div, class=content_data)
                <p>1. JavaScript DOM(p)</p>
                <p>2. JavaScript Ajax(p)</p>
            </div>
            <div class="content_data">
                jQuery에서 배울 내용(div, class=content_data)
                <p>1. jQuery DOM(p)</p>
                <p>2. jQuery Ajax(p)</p>
            </div>
        </div>
        <div id="footer">
            푸터 영역(div, id=footer)
        </div>
    </div>
</body>
```

〈div class="content_data"〉
노드의 부모 노드를 구하고
싶을 때는?

소스 • 1_js_dom/2_keypoint/1_element/key6_parentNode.html

```
// #header의 부모 노드는?
var header = document.getElementById("header");
header.parentNode.style.border = "4px solid #ff0000";
// #data_1의 부모 노드는?
var data1 = document.getElementById("data_1");
data1.parentNode.style.border = "4px solid #ff0000";
```

실행 결과

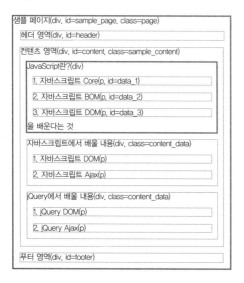

특정 엘리먼트의 부모 노드에 접근하고 싶을 때는 Node 객체의 기본 프로퍼티인 parentNode를 사용합니다.

예를 들면,

- document.body.parentNode는? 〈html〉 노드입니다.

- document.getElementById("content").parentNode는 〈div id="sample_page"〉 노드를 가리킵니다.

형제 노드 찾기

> Node의 previousSibling 프로퍼티를
> 이용하면 바로 앞의 형제노드를,
> nextSibling 프로퍼티를 이용하면
> 바로 뒤의 형제노드를 알아낼 수 있습니다.

```
<body>

    <div id="sample_page" class="page" >

        샘플페이지(div, id=sample_page, class=page)

        <div id="header">
            헤더 영역(div, id=header)
        </div>

        <div id="content" class="sample_content">
            콘텐츠 영역(div, id=content, class=sample_content)
            <div>
                JavaScript란?(div)
                <p id="data_1">1. 자바스크립트 Core(p, id=data_1)</p>
                <p id="data_2">2. 자바스크립트 BOM(p, id=data_2)</p>
                <p id="data_3">3. 자바스크립트 DOM(p, id=data_3)</p>
                을 배운다는것.
            </div>
            <div class="content_data">
                JavaScript에서 배울 내용(div, class=content_data)
                <p>1. JavaScript DOM(p)</p>
                <p>2. JavaScript Ajax(p)</p>
            </div>
            <div class="content_data">
                jQuery에서 배울 내용(div, class=content_data)
                <p>1. jQuery DOM(p)</p>
                <p>2. jQuery Ajax(p)</p>
            </div>
        </div>

        <div id="footer">
            푸터 영역(div, id=footer)
        </div>

    </div>

</body>
```

주의하세요.
여기에는 개행문자(₩n)로
된 텍스트노드가 있습니다.

여기에도
개행문자(₩n)로 된
텍스트 노드가 있습니다.

#content에서 #header로
이동하려면
previousSibling을 두 번
호출해줘야 합니다.

#content에서 #footer로
이동하려면
nextSibling을 두 번
호출해줘야 합니다.

소스 • 1_js_dom/2_keypoint/1_element/key7_previous_nextSibling.html

```
// 기준이 되는 #content를 구한 후
var content = document.getElementById("content");
// content 노드에서 형제 노드인 #header에 접근하기
content.previousSibling.previousSibling.style.border = "4px solid #ff0000";

// content 노드에서 형제 노드인 #footer에 접근하기
content.nextSibling.nextSibling.style.border = "4px solid #ff0000";
```

실행 결과

```
샘플 페이지(div, id=sample_page, class=page)
 ┌─────────────────────────────────────────────┐
 │ 헤더 영역(div, id=header)                      │
 └─────────────────────────────────────────────┘
 컨텐츠 영역(div, id=content, class=sample_content)
   JavaScript란?(div)
    ┌────────────────────────────────────────┐
    │ 1. 자바스크립트 Core(p, id=data_1)        │
    └────────────────────────────────────────┘
    ┌────────────────────────────────────────┐
    │ 2. 자바스크립트 BOM(p, id=data_2)         │
    └────────────────────────────────────────┘
    ┌────────────────────────────────────────┐
    │ 3. 자바스크립트 DOM(p, id=data_3)         │
    └────────────────────────────────────────┘
   을 배운다는 것
   자바스크립트에서 배울 내용(div, class=content_data)
    ┌────────────────────────────────────────┐
    │ 1. 자바스크립트 DOM(p)                    │
    └────────────────────────────────────────┘
    ┌────────────────────────────────────────┐
    │ 2. 자바스크립트 Ajax(p)                   │
    └────────────────────────────────────────┘
   jQuery에서 배울 내용(div, class=content_data)
    ┌────────────────────────────────────────┐
    │ 1. jQuery DOM(p)                         │
    └────────────────────────────────────────┘
    ┌────────────────────────────────────────┐
    │ 2. jQuery Ajax(p)                        │
    └────────────────────────────────────────┘
 ┌─────────────────────────────────────────────┐
 │ 푸터 영역(div, id=footer)                     │
 └─────────────────────────────────────────────┘
```

여기서 형제 노드란 같은 깊이(depth)에 있는 노드를 말합니다. 〈div id="content"〉의 형제 노드는

1. TextNode (샘플 페이지입니다.)

2. 〈div id="header"〉

3. TextNode(눈에 보이지 않는 개행문자가 있습니다.)

4. 〈div id="content"〉

5. TextNode(눈에 보이지 않는 개행문자가 있습니다.)

6. 〈div id="foooter"〉

7. TextNode(눈에 보이지 않는 개행문자가 있습니다.)

이렇게 총 7개입니다. 많죠? #content 노드의 부모 노드인 〈div id="sample_page"〉 입장에서 보면 모든 자식 노드는 childNodes 프로퍼티에 들어 있는데 바로 이 노드들은 형제 노드라는 그룹으로 묶입니다. 현실과 비교하면 #sample_page 노드는 여러분의 부모님이고, childNodes 프로퍼티에 들어 있는 형제 노드는 여러분의 형, 오빠, 언니, 누나, 동생이 되는 셈이지요.

DOM에서는 이런 형제 노드를 쉽게 찾을 수 있게 몇 가지 유용한 프로퍼티를 제공합니다. 예를 들어, Node 객체의 프로퍼티인 previousSibling와 nextSibling을 이용하면 앞뒤로 인접한 형제 노드에 각각 접근할 수 있습니다.

자! 이쯤에서 잠시 정리하며 쉬어 가겠습니다

이번 절 초반부에서는 "특정 노드 찾기"에 대해 다뤘습니다. 동적으로 특정 노드의 텍스트 내용을 변경하고 싶거나 글자 색, 글자 크기, 외각선, 배경 이미지 등의 스타일 속성을 변경하거나, 또는 id, className 등의 속성을 변경할 때도 가장 먼저 해야 하는 일은 바로 대상 노드를 찾는 일입니다. 그래서 이 내용을 다른 핵심 내용보다 먼저 다룬 것입니다.

이제 웹 페이지 요소에 동적으로 접근해 제어하는 데 필요한 가장 필수적인 기능을 알아둔 상태이니, 이 절의 나머지 내용은 원하는 순서대로 진행해도 됩니다. 아니면 저를 따라 다음 핵심 내용으로 옮겨가도 됩니다.

노드 다루기 핵심 내용 진행 단계

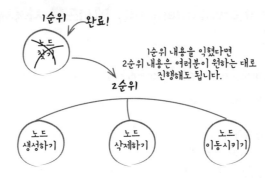

노드 생성 및 추가하기

노드를 생성하고 추가하는 방법은 아래의 세 가지가 있습니다.

- Document.createElement( ) 메서드 사용
- HTMLElement.innerHTML 프로퍼티 사용
- Node.cloneNode( ) 메서드 사용

이 세 가지 방법을 경우에 따라 적절하게 독립적으로 또는 서로 조합해서 사용하면 됩니다.
이 부분에 대해서는 간단한 예제를 이용해 진행하겠습니다.

첫 번째,
여기에 새로운 내용으로
`<p>추가내용1</p>`
를 추가하고 싶을 때는?

두 번째,
여기에 새로운 내용으로
`< div>`
  생성할 노드가 많은 경우,
  `<span>`어떤 방법을?
  `</span>` 사용해야 할까요?
`</div>`
를 추가하고 싶을 때는?

세 번째,
여기에 새로운 내용으로
`<p>추가내용2</p>`
를 추가하고 싶을 때는?

```html
<body>

    <div id="sample_page" class="page" >
    샘플 페이지(div, id=sample_page, class=page)

        <div id="header">
            헤더 영역(div, id=header)
        </div>

    <div id="content" class="sample_content">
        콘텐츠 영역(div, id=content, class=sample_content)
        <div>
            JavaScript란?(div)
            <p id="data_1">1. 자바스크립트 Core(p, id=data_1)</p>
            <p id="data_2">2. 자바스크립트  BOM(p, id=data_2)</p>
            <p id="data_3">3. 자바스크립트 DOM(p, id=data_3)</p>
            을 배운다는것.
        </div>
        <div class="content_data">
            JavaScript에서 배울 내용(div, class=content_data)
            <p>1. JavaScript DOM(p)</p>
            <p>2. JavaScript Ajax(p)</p>
        </div>
        <div class="content_data">
            jQuery에서 배울 내용(div, class=content_data)
            <p>1. jQuery DOM(p)</p>
            <p>2. jQuery Ajax(p)</p>
        </div>
    </div>

        <div id="footer">
            푸터 영역(div, id=footer)
        </div>

    </div>

</body>
```

Document.createElement() 메서드를 사용해서 노드 생성 및 추가하기

소스 • 1_js_dom/2_keypoint/1_element/key8_createElement.html

```javascript
var page = document.getElementById("sample_page");
```

첫 번째 영역에 추가하기

```javascript
//1-1. 기준이 되는 노드 찾기
var firstChild = page.firstChild;
```

```
//1-2.<p> 태그 엘리먼트를 동적으로 생성
var p1 = document.createElement("p");
//1-3. 텍스트 노드 생성
var text1 = document.createTextNode("추가 내용1");
//1-4. p1의 자식 노드로 text1을 추가
p1.appendChild(text1);
p1.style.border = "4px solid #ff0000";
//1-5. p1을 #sample_page 첫 번째 자식 노드 앞에 추가
page.insertBefore(p1, firstChild);
```

두 번째 영역에 추가하기

```
// 2-1. 기준이 되는 위치 찾기
var content = document.getElementById("content");
// 2-2. <div> 엘리먼트를 동적으로 생성.
var div1 = document.createElement("div");
// 2-3. div의 내부 자식 노드를 동적으로 생성하기
var text2_1 = document.createTextNode("생성할 Node의 양이 많은 경우.");
var span = document.createElement("span");
var spanText = document.createTextNode("어떤 방법을 ");
span.appendChild(spanText);
var text2_2 = document.createTextNode("사용해야 할까요?");

// 2-4. div의 자식 노드로 콘텐츠를 추가
div1.appendChild(text2_1);
div1.appendChild(span);
div1.appendChild(text2_2);
div1.style.border = "4px solid #ff0000";

//2-5.생성된 div1을 #content의 위쪽에 추가
page.insertBefore(div1,content);
```

세 번째 영역에 추가하기

```
//3-1. <p> 엘리먼트를 동적으로 생성
var p2 = document.createElement("p");
//3-2. 텍스트 노드 생성
var text2 = document.createTextNode("추가 내용2");
//3-3. p2의 자식 노드로 text2를 추가
p2.appendChild(text2);
p2.style.border = "4px solid #ff0000";
//3-4. p2을 #sample_page 노드 마지막 위치에 추가
page.appendChild(p2);
```

실행 결과

```
추가 내용 1
샘플 페이지(div, id=sample_page, class=page)
헤더 영역(div, id=header)
생성할 Node의 양이 많은 경우, 어떤 방법을 사용해야 할까요?
컨텐츠 영역(div, id=content, class=sample_content)
    JavaScript란?(div)
        1. 자바스크립트 Core(p, id=data_1)
        2. 자바스크립트 BOM(p, id=data_2)
        3. 자바스크립트 DOM(p, id=data_3)
    을 배운다는 것
    자바스크립트에서 배울 내용(div, class=content_data)
        1. 자바스크립트 DOM(p)
        2. 자바스크립트 Ajax(p)
    jQuery에서 배울 내용(div, class=content_data)
        1. jQuery DOM(p)
        2. jQuery Ajax(p)
푸터 영역(div, id=footer)
추가 내용 2
```

Document 객체의 createElement( ) 메서드를 사용해 노드를 생성하는 방법은 가장 일반적인 방법이며, 주로 간단한 노드를 생성할 때 많이 씁니다. 제작한 예제를 간단하게 살펴보면,

첫 번째는

1. 먼저 새로 생성할 노드를 추가할 위치의 기준이 되는 엘리먼트의 첫 번째 자식 노드를 찾습니다.

2. createElement( ) 메서드를 이용해 새로운 노드를 생성합니다.

3. 새롭게 생성한 텍스트를 추가하기 위해 createTextNode( ) 메서드를 이용해 텍스트 노드를 생성합니다.

4. 이렇게 생성한 텍스트 노드를 2번에서 생성한 자식 노드로 appendChild( ) 메서드를 이용해 추가합니다.

5. 끝으로 page.insertBefore(추가 노드, 기준 노드) 함수를 이용해 #sample_page 노드의 형제노드로 새로 생성된 노드를 추가합니다.

두 번째

첫 번째와 같은 순서로 진행됩니다. 다만 새로 생성되는 노드의 자식 노드가 많기 때문에 자식 노드를 모두 만들어준 후 새로 생성된 노드에 추가하는 구문이 작성돼 있습니다.

그런데 만약 추가해야 할 자식 노드가 100개라면? 네, 맞습니다. 수고스럽지만 100개를 모두 생성해야 합니다. 그럼 혹시 이 방법 말고 다른 방법은 정녕 없는 건가요? 걱정 마세요. 이에 대한 의문은 다음 주제인 innerHTML에서 풀립니다.

세 번째

이번 내용 역시 첫 번째와 같은 순서로 진행됩니다. 다른 부분이라면 새로 생성된 노드의 추가되는 위치가 #sample_page 노드의 자식 노드로 추가되고, 이를 위해 insertBefore( ) 메서드 대신 appendChild( ) 메서드를 사용했다는 점이 다릅니다.

HTMLElement.innerHTML 프로퍼티를 사용해서 노드 생성 및 추가하기

소스 • 1_js_dom/2_keypoint/1_element/key9_innerHTML.html

```
var page  = document.getElementById("sample_page");
```

첫 번째 영역에 추가하기
```
page.innerHTML= "<p style='border:4px solid #ff0000'>추가내용1</p>"+
                page.innerHTML;
```

두 번째 영역에 추가하기
```
var content = document.getElementById("content");
var div = window.document.createElement("div");
div.style.border = "4px solid #ff0000";
div.innerHTML = "생성할 노드가 많은 경우 <span class='myStyle'>어떤 방법을
                </span> 써야 할까요?"
page.insertBefore(div, content );
```

세 번째 영역에 추가하기
```
page.innerHTML += "<p style='border:4px solid #ff0000'>추가내용2</p>";
```

일단 직접 눈으로 확인할 수 있듯이 createElement( )에 비해 아주 간결해진 느낌이 듭니다. 먼저 HTMLElement 객체의 innerHTML 프로퍼티를 설명하자면 Element의 내부에 들어 있는 모든 자식을 문자열로 담은 프로퍼티입니다.

즉, 아래처럼 읽기용으로 사용하면

```
var page = document.getElementById("sample_page");
var strHTML = page.innerHTML;
```

strHTML에는 page 내부의 모든 DOM 구조가 문자열로 변환되어 저장됩니다.

이와 달리 쓰기용으로 사용하면

```
var page = document.getElementById("sample_page");
var strHTML = "<p> 신규노드</p>";
page.innerHTML = strHTML;
```

page의 innerHTML의 정보가 대입되는 순간! 브라우저가 HTML 페이지 문서를 읽어 DOM 객체로 변환했던 것처럼 바뀐 innerHTML 정보를 가지고 파싱 단계를 거쳐 태그와 일대일 매칭되는 DOM 객체를 생성한 후 화면에 출력해줍니다.

이런 innerHTML 프로퍼티의 기능을 사용하면 새로 추가할 노드를 DOM 메서드를 이용해 일일이 생성하지 않고 문자열로 만들어 대입해주기만 하면 됩니다.
즉, innerHTML을 이용하면 방금 앞에서 createElement( )와 appendChild( )를 이용해 했던 방식과 똑같은 결과를 얻을 수 있습니다.

두 가지 모두 비교한 내용에서도 알 수 있듯이 실전에서는 innerHTML을 이용해 많은 작업을 처리합니다. 하지만 경우에 따라 createElement( )도 자주 사용하게 되니 두 가지 방법을 모두 알고 있어야 합니다.

Node.cloneNode() 메서드를 사용해서 노드 생성 및 추가하기

소스 • 1_js_dom/2_keypoint/1_element/key10_cloneNode.html

```
var page    = document.getElementById("sample_page");
```

첫 번째 영역에 추가하기
```
//1-1. 기준이 되는 위치 찾기
var firstChild = page.firstChild;
//1-2.<p> 태그 엘리먼트를 동적으로 생성
var p1 = document.createElement("p");
//1-3. 텍스트 노드 생성
var text1 = document.createTextNode("추가 내용1");
//1-4. p1의 자식 노드로 text1을 추가
p1.appendChild(text1);
p1.style.border ="4px solid #ff0000";
```

```
//1-5. p1을 #sample_page 첫 번째 자식 노드 앞에 추가
page.insertBefore(p1, firstChild);
```

세 번째 영역에 추가하기
```
//3-1. p1 노드를 그대로 복사
var p2 = p1.cloneNode(true);
//3-2. 텍스트 노드를 수정
p2.firstChild.nodeValue="추가내용2";
//3-3. p2를 #sample_page 노드의 마지막 위치에 추가
page.appendChild(p2);
```

만약 생성하고 싶은 내용이 이미 생성돼 있는 요소와 똑같거나 다소 비슷하다면 Node 객체에서 제공하는 cloneNode( ) 메서드를 이용해 똑같은 노드를 복사해서 생성할 수 있습니다. 그러고 나서 원하는 작업에 맞게 수정해서 사용합니다.

예제에서도 알 수 있듯이 중복되는 내용이 많으면 많을수록 cloneNode( )는 아주 유용하게 사용할 수 있습니다.

노드 삭제하기

소스 • 1_js_dom/2_keypoint/1_element/key11_removeElement.html

```
//1. 지우려고 하는 노드가 포함된 부모 노드를 찾습니다.
var page = document.getElementById("sample_page");
//2. 지우려는 노드를 찾습니다.
var content = document.getElementById("content");
//3. 부모 노드의 removeChild() 메서드를 이용해 노드를 삭제합니다.
page.removeChild(content);
```

실행 결과

삭제 역시 지금까지 배운 노드 처리 방법과 일치합니다. 즉, 지우려는 노드를 찾은 다음 Node 객체의 메서드인 removeChild( )를 removeChild(제거 대상 노드)와 같은 형식으로 호출합니다.

핵심내용 12 노드 이동시키기

샘플 페이지(div, id=sample_page, class=page)

헤더 영역(div, id=header)

컨텐츠 영역(div, id=content, class=sample_content)

JavaScript란?(div)

1. 자바스크립트 Core(p, id=data_1)

2. 자바스크립트 BOM(p, id=data_2)

3. 자바스크립트 DOM(p, id=data_3)

을 배운다는 것

이미 생성돼 있는 노드를 이쪽으로 옮기고 싶어요.

자바스크립트에서 배울 내용(div, class=content_data)

1. 자바스크립트 DOM(p)

2. 자바스크립트 Ajax(p)

jQuery에서 배울 내용(div, class=content_data)

1. jQuery DOM(p)

2. jQuery Ajax(p)

푸터 영역(div, id=footer)

소스 • 1_js_dom/2_keypoint/1_element/key12_move_node.html

```
// 1. 이미 생성돼 있는 노드 가운데 이동시킬 대상을 찾습니다.
var header = document.getElementById("header");
// 2. 이동 위치의 노드를 구합니다.
var content = document.getElementById("content");
// 3.header를 content의 자식 노드로 이동시킵니다.
content.appendChild(header);
header.style.border = "4px solid #ff0000";
```

실행 결과

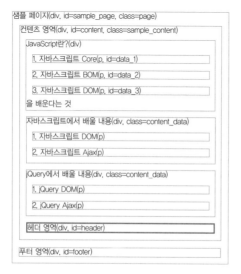

66

이미 생성돼 있는 노드를 특정 위치로 옮기려면 "노드 생성 및 추가"에서 사용한 appendChild( ), insertBefore( )를 그대로 사용하면 됩니다.

즉, 이 두 함수를 실행할 때 매개변수로 전달하는 노드가 신규로 생성된 노드라면 해당 위치에 보일 수 있게 추가해 주며, 이미 특정 위치의 노드에 존재하는 노드라면 기존 위치에서 제거한 후 신규 노드처럼 옮기고자 하는 위치에 추가합니다.

핵심내용 13 텍스트 노드 생성 및 추가하기

텍스트 노드는 일반 엘리먼트 노드와 성격이 달라서 생성하는 방법이 조금 다릅니다. 다만 노드 생성 담당자인 Document 객체의 기능을 이용하는 건 같습니다. 텍스트 노드를 생성하려면 생성하는 기능인 팩토리 메서드로 가득 찬 Document 객체의 createTextNode( ) 메서드를 이용하면 됩니다. 일반적인 작업 순서 역시 지금까지 예제에서 확인한 것처럼 대상 노드를 찾는 부분부터 작성해줍니다.

소스 • 1_js_dom/2_keypoint/1_element/key13_createTextNode.html

```
//1. 텍스트 노드를 추가할 부모 노드를 먼저 찾습니다.
var content = document.getElementById("content");
//2. 텍스트 노드를 생성합니다.
var newTextNode = document.createTextNode("추가내용1");

//3. 일반 노드처럼 appendChild()를 이용해 생성한 텍스트 노드를 추가합니다.
content.appendChild(newTextNode);
```

실행 결과

```
샘플 페이지(div, id=sample_page, class=page)
 ┌─────────────────────────────────────────────┐
 │ 헤더 영역(div, id=header)                      │
 └─────────────────────────────────────────────┘
 컨텐츠 영역(div, id=content, class=sample_content)
 ┌─────────────────────────────────────────────┐
 │ JavaScript란?(div)                            │
 │  ┌────────────────────────────────────────┐  │
 │  │ 1. 자바스크립트 Core(p, id=data_1)       │  │
 │  └────────────────────────────────────────┘  │
 │  ┌────────────────────────────────────────┐  │
 │  │ 2. 자바스크립트 BOM(p, id=data_2)        │  │
 │  └────────────────────────────────────────┘  │
 │  ┌────────────────────────────────────────┐  │
 │  │ 3. 자바스크립트 DOM(p, id=data_3)        │  │
 │  └────────────────────────────────────────┘  │
 │ 을 배운다는 것                                 │
 │ 자바스크립트에서 배울 내용(div, class=content_data) │
 │  ┌────────────────────────────────────────┐  │
 │  │ 1. 자바스크립트 DOM(p)                   │  │
 │  └────────────────────────────────────────┘  │
 │  ┌────────────────────────────────────────┐  │
 │  │ 2. 자바스크립트 Ajax(p)                  │  │
 │  └────────────────────────────────────────┘  │
 │                                               │
 │ jQuery에서 배울 내용(div, class=content_data)  │
 │  ┌────────────────────────────────────────┐  │
 │  │ 1. jQuery DOM(p)                        │  │
 │  └────────────────────────────────────────┘  │
 │  ┌────────────────────────────────────────┐  │
 │  │ 2. jQuery Ajax(p)                       │  │
 │  └────────────────────────────────────────┘  │
 │                                               │
 │ 추가내용 1                                     │
 └─────────────────────────────────────────────┘
 ┌─────────────────────────────────────────────┐
 │ 푸터 영역(div, id=footer)                      │
 └─────────────────────────────────────────────┘
```

텍스트 노드는 대부분 엘리먼트의 하위 노드에 속합니다. 그리고 텍스트 노드는 자식 노드를 가질 수 없습니다.

 ## 텍스트 노드 내용 변경하기

소스 • 1_js_dom/2_keypoint/1_element/key14_updateTextNode.html

```
//1. 텍스트 노드를 추가할 부모 노드를 먼저 찾습니다.
var header = document.getElementById("header");
header.firstChild.nodeValue = "헤더의 내용이 변경되었죠?!";
```

실행 결과

```
샘플 페이지(div, id=sample_page, class=page)
┌─────────────────────────────────────────────────┐
│ 헤더의 내용이 변경되었죠?                          │
└─────────────────────────────────────────────────┘
컨텐츠 영역(div, id=content, class=sample_content)
  JavaScript란?(div)
  ┌───────────────────────────────────────────┐
  │ 1. 자바스크립트 Core(p, id=data_1)          │
  └───────────────────────────────────────────┘
  ┌───────────────────────────────────────────┐
  │ 2. 자바스크립트 BOM(p, id=data_2)           │
  └───────────────────────────────────────────┘
  ┌───────────────────────────────────────────┐
  │ 3. 자바스크립트 DOM(p, id=data_3)           │
  └───────────────────────────────────────────┘
  을 배운다는 것

  자바스크립트에서 배울 내용(div, class=content_data)
  ┌───────────────────────────────────────────┐
  │ 1. 자바스크립트 DOM(p)                       │
  └───────────────────────────────────────────┘
  ┌───────────────────────────────────────────┐
  │ 2. 자바스크립트 Ajax(p)                      │
  └───────────────────────────────────────────┘

  jQuery에서 배울 내용(div, class=content_data)
  ┌───────────────────────────────────────────┐
  │ 1. jQuery DOM(p)                            │
  └───────────────────────────────────────────┘
  ┌───────────────────────────────────────────┐
  │ 2. jQuery Ajax(p)                           │
  └───────────────────────────────────────────┘

푸터 영역(div, id=footer)
```

앞에서 살펴본 것처럼 텍스트 노드는 대부분 엘리먼트의 하위 노드에 존재하므로 먼저 수정하려는 텍스트 노드가 포함된 부모 노드를 찾아야 합니다. 이렇게 찾은 대상에서 다시 한번 하위 노드인 텍스트 노드를 찾아 Node 객체의 프로퍼티인 nodeValue에 원하는 값을 대입하면 내용을 변경할 수 있습니다.

지금까지 우리가 알고 있는 정보에 따라 특정 요소를 찾는 방법과 특정 요소의 부모, 형제, 자식 노드까지 선택하는 방법을 배웠습니다. 아울러 노드를 생성 · 추가 · 제거하는 방법도 배웠으며, 마지막으로 텍스트 노드를 제어하는 방법까지 배웠습니다.

지금까지 배운 노드 다루기는 다음 절의 내용인 스타일 및 속성, 그리고 이벤트를 다루는 내용을 진행하는 데 반드시 필요하며, 동시에 동적으로 웹 콘텐츠를 제작하기 위한 핵심입니다. 그러니 숙지하지 못한 부분이 있다면 다음 절로 넘어가기 전에 다시 한번 반드시 살펴보길 바랍니다. 그럼 다음 절에서 다시 만나 뵙겠습니다.

2-2. 스타일 다루기

태그 엘리먼트에 스타일을 적용하는 방법은 크게 두 가지가 있습니다.

1. CSS 구문으로 다양한 스타일 속성을 그룹(선택자)으로 만들어 스타일을 적용하는 방법(내부 스타일 정의와 외부 스타일 정의 모두 포함).

2. 엘리먼트에 직접 스타일 속성을 작성하는 방법(인라인 스타일)

이렇게 정의된 스타일은 서로 병합되어 엘리먼트에 적용됩니다.

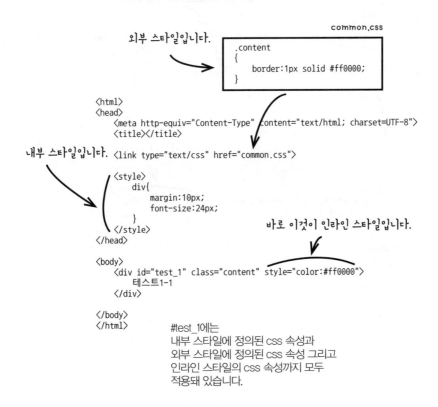

이후 동적으로 엘리먼트의 스타일을 다루는 방법 역시 두 가지 경우로 나뉩니다.

1. 여러 개의 스타일 정의가 모인 스타일 그룹 선택자를 변경할 때는 HTMLElement 객체의 className 프로퍼티를 이용

2. 스타일 속성 중 특정 속성을 변경하거나 값을 얻고 싶을 경우 HTMLElement의 style 프로퍼티 (CSS2Property 객체의 인스턴스)를 이용

즉, 그룹을 변경할 때는 className 프로퍼티를, 단일 속성을 변경할 때는 style 프로퍼티를 사용합니다. 이때 스타일을 다룰 때 반드시 알아야 할 핵심 내용이 있습니다. 바로 style 프로퍼티의 정체입니다.

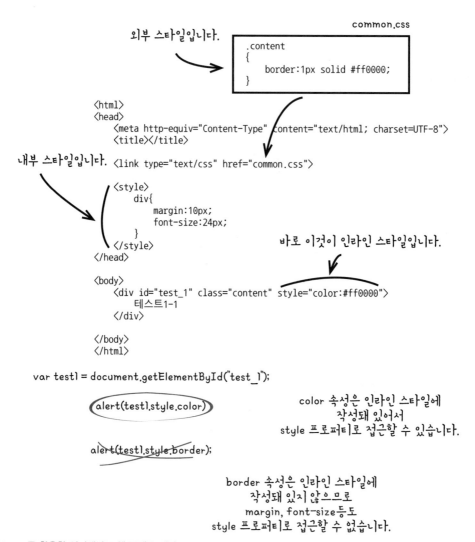

외부 스타일입니다.

```
                                                    common.css
.content
{
    border:1px solid #ff0000;
}
```

```
<html>
<head>
    <meta http-equiv="Content-Type" content="text/html; charset=UTF-8">
    <title></title>
```
내부 스타일입니다.
```
    <link type="text/css" href="common.css">

    <style>
        div{
            margin:10px;
            font-size:24px;
        }
    </style>
</head>

<body>
    <div id="test_1" class="content" style="color:#ff0000">
        테스트1-1
    </div>

</body>
</html>
```

바로 이것이 인라인 스타일입니다.

```
var test1 = document.getElementById("test_1");

alert(test1.style.color)
```
color 속성은 인라인 스타일에
작성돼 있어서
style 프로퍼티로 접근할 수 있습니다.

```
alert(test1.style.border);
```
border 속성은 인라인 스타일에
작성돼 있지 않으므로
margin, font-size등도
style 프로퍼티로 접근할 수 없습니다.

style 프로퍼티는 엘리먼트에 적용된 스타일 속성 가운데 오직 인라인 스타일로 적용된 스타일 정보만 가지고 있으며, 이를 통해 인라인 스타일 정보에만 접근할 수 있습니다.

스타일 구문으로 정의된 속성에 접근하고 싶다면 window.getComputedStyle( ) 메서드를 이용해야 합니다. 더불어 이 메서드를 이용하면 스타일 구문뿐 아니라 현재 엘리먼트에 적용돼 있는 모든 스타일 속성값을 구할 수 있습니다. 하지만 모두 읽기만 할 수 있을 뿐 값을 수정할 수는 없습니다. 이 부분에 대해서는 아래 예제를 다루면서 좀더 보충 설명을 하겠습니다.

핵심내용 01 스타일 속성값 알아내기

먼저 HTML 페이지가 다음과 같이 작성돼 있다는 가정하에 진행하겠습니다. 시작이니만큼 아주 간단한 것부터 해보겠습니다.

HTML 소스

```
<style>
    div{
        border:1px #000000 solid;
        margin:20px;
        font-size:24px;
    }
</style>

<body>
    <div id="test_1" style="color:#ff0000">
        테스트1-1
    </div>
</body>
```

Element에 적용된 style 속성 중 color가 어떤 색인지 알 수 있는 예제를 만들어 보겠습니다.

자바스크립트 소스 • 1_js_dom/2_keypoint/2_style/key1_get_style.html

```
var test1 = document.getElementById("test_1");
alert(test1.style.color);    //결과 : rgb(255, 0, 0)
```

어떤가요? 간단하죠?

위에서 언급한 것처럼 스타일의 특정 속성값을 구하려면 HTMLElement의 style 프로퍼티
를 사용하면 됩니다.

이번에는 test1.style.fontSize를 알아내 보겠습니다.

```
var test1 = document.getElementById("test_1");
alert(test1.style.fontSize);              // 결과 : null
```

코드를 실행하면 예상과 달리 값이 없다고 나옵니다. 분명 화면상의 크기는 24px로 돼 있는
데도 말이지요.

왜 그럴까요? 그 이유는 바로 윗부분에서 알아본 것처럼 style로 접근할 수 있는 속성은 오
직 인라인 스타일로 정의된 내용이어야만 하기 때문입니다. fontSize는 인라인 스타일로 정
의된 스타일 속성이 아니라서 절대 접근할 수 없습니다. 따라서 인라인 스타일이 아닌 스타
일 구문으로 엘리먼트에 적용된 스타일 속성을 알아내고 싶다면 style 프로퍼티 대신 다음과
같이 window의 getComputedStyle( ) 메서드를 이용해야 합니다.

```
var test1 = document.getElementById("test_1");
var style = window.getComputedStyle(test1,null);
alert(style.fontSize);                    // 결과 : 24px;
```

특히 이 부분은 중요하면서도 실수를 많이 하는 부분이니 꼭 알아두길 바랍니다.

핵심내용 02 스타일 속성값 설정하기

동적으로 태그 엘리먼트의 특정 스타일 속성값을 변경하려면 모두 style 프로퍼티를 사용합
니다. 인라인 스타일에 정의된 스타일이라면 새로운 값으로 변경되며, 그렇지 않은 경우 인
라인 스타일에 새롭게 추가됩니다.

소스 • 1_js_dom/2_keypoint/2_style/key2_set_style.html

```
var test1 = document.getElementById("test_1");

test1.style.position = "absolute";
test1.style.left = "100px";
test1.style.color = "#ff0000";
```

그럼 이건 어떻게 될까요?

```
test.style.top = (parseInt(test.style.top)+50)+"px";
```

네, 맞습니다. "스타일 항목 값 알아내기"에서 알아본 것처럼 top 속성값은 인라인 스타일에서 적용한 속성이 아니라서 style 프로퍼티로는 접근할 수 없습니다. 즉, 아무리 현재 top의 위치가 50px 위치에 있다 하더라도 style.top으로는 알아낼 수 없습니다.

다만

```
test.style.top="10px"
test.style.top = (parseInt(test.style.top)+50)+"px";
```

구문을 실행하면 test.style.top="10px"이 실행되는 순간 〈div id="test_1" style="top:10px"〉와 같아져서 style 프로퍼티로 top의 값을 알아낼 수 있기 때문에 정상적으로 실행이 됩니다.

 ## 스타일 속성 제거하기

소스 • 1_js_dom/2_keypoint/2_style/key3_remove_style.html

```
var test1 = document.getElementById("test_1");
test1.style.removeProperty("border");
test1.style.removeProperty("margin");
```

스타일을 제거하는 방법 역시 지금까지 했던 순서와 거의 일치합니다. 먼저 스타일을 제거하려는 엘리먼트를 찾은 후 CSSStyleDeclaration 객체의 인스턴스인 style의 removeProperty( ) 메서드를 이용하면 아주 쉽게 스타일 속성을 제거할 수 있습니다. 이 역시 인라인 스타일 프로퍼티만 제거할 수 있으며, 제거하는 즉시 화면에 나타난 엘리먼트에 적용됩니다.

✱ 메모

인터넷 익스플로러 9 이하 버전에서는 removeProperty 메서드를 제공하지 않습니다.

2-3. 속성 다루기

스타일과는 달리 속성(Attribute)은 미리 별도로 알아둬야 할 내용은 없습니다. 다루는 방식이 스타일과 다소 비슷한 부분이 많아서 어렵지 않게 이해할 수 있을 것입니다.

HTML 소스

```
<div id="test_1" style="color:#ff0000;font-size:14px" data-value="data1">
    테스트1-1
</div>
```

자바스크립트 소스 • 1_js_dom/2_keypoint/3_attribute/key1_get_attribute.html

```
var test1 = document.getElementById("test_1");
// 모든 속성값이 담겨 있는 객체
alert(test1.attributes);
alert(test1.getAttribute("id"));          // 결과 : test_1
alert(test1.getAttribute("data-value"));   // 결과 : data1

// 바로 접근하기.
alert(test1.id);                          // 결과 : test_1
```

앞절의 DOM 핵심 내용 길잡이 내용 중 Attribute 객체 절 마지막 부분의 돌발 퀴즈에서도
알아본 것처럼 속성값을 구하는 방법은 Node 객체의 getAttribute( ) 메서드를 이용하는 방
법과 id 속성과 같이 Element 객체의 하위 객체에 각각 정의돼 있는 프로퍼티일 경우 직접
호출하는 방법이 있습니다. 상황에 맞게 두 가지 방법 중 하나를 선택해서 쓰면 됩니다.

 속성값 설정하기

HTML 소스

```
<div id="test_1" style="color:#ff0000;font-size:14px" data-value="data1">
    테스트1-1
</div>
```

자바스크립트 소스 • 1_js_dom/2_keypoint/3_attribute/key2_set_attribute.html

```
var  test1 = document.getElementById("test_1");

// 기본적으로 제공하는 속성인 경우 바로 속성값 설정하기
test1.className = "myClass";

// 사용자 정의 속성인 경우 setAttribute() 메서드를 이용해 속성값 설정하기
test1.setAttribute("data-value", "new-data1");
```

속성값 설정 역시 Node의 setAttribute( ) 메서드를 이용하는 방법과 Element 하위 객체에
각각 정의돼 있는 고유 프로퍼티인 경우 직접 값을 설정하는 방법이 있습니다.

 **속성 제거하기**

HTML 소스

```
<div id="test_1" style="color:#ff0000;font-size:14px" data-value="data1">
    테스트1-1
</div>
```

자바스크립트 소스 • 1_js_dom/2_keypoint/3_attribute/key3_remove_attribute.html

```
var test1 = document.getElementById("test_1");
test1.attributes.removeNamedItem("data-value");
```

속성 제거는 Attribute 객체의 removeNamedItem( ) 메서드를 이용하면 지울 수 있습니다. 이렇게 해서 속성과 관련된 핵심 기능을 알아봤습니다. 이어서 이벤트에 대해 살펴보겠습니다.

2-4. 이벤트 다루기

주의사항

이번 절에서는 이벤트 모델 가운데 W3C에 명시돼 있는 표준 이벤트 모델(DOM Level 2)만 알아보겠습니다. 그러므로 이벤트 예제가 인터넷 익스플로러 9 이하 버전에서는 정상적으로 실행할 수 없음을 미리 알려드립니다. 그렇다고 너무 걱정하지 않아도 됩니다. 2장에서 살펴볼 크로스 브라우징 라이브러리인 jQuery를 이용하면 이러한 이벤트 관련 문제를 깔끔하게 해결할 수 있습니다.

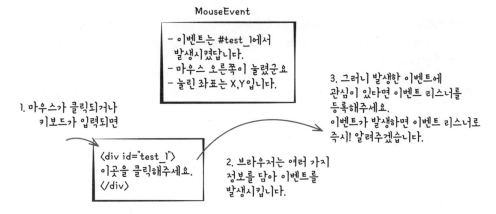

자바스크립트를 이용해 인터랙티브한 웹 콘텐츠를 제작하려면 이벤트 이해가 필수입니다. 사실 이벤트와 관련된 내용은 상당히 방대합니다. 하지만 이벤트 역시 이 모든 내용을 항상 사용하는 건 아닙니다. 그러니 여기서는 실전에서 꼭 필요한 핵심 이벤트 관련 내용과 기초 용어 및 개념만 살펴보겠습니다.

이벤트란?

이벤트를 사용하는 경우	이벤트를 사용하지 않는 경우
무슨일이 생기면 (이벤트로) 알려줄 테니, 안심하시고 다른 일을 하셔도 됩니다.	무슨 일이 일어났는지 직접 수시로 확인해야합니다. 그렇다고 비서를 둘 수도 없고...
예) • 따리리링~ 전화가 왔네요. • "딩동" 초인종이 울리는 군요. 누가 왔나 봅니다. • 친구 녀석이 방금 메일을 보냈나 봅니다. 휴대폰으로 문자를 받았습니다.	예) • 전화가 오고 있는지 수시로 전화기를 들어봐야 합니다. • 누가 왔는지 밖에 나가서 기다리고 있어야 합니다. 해야 할 일이 산더미인데, 다른 걸 못하고 있네요. • 친구 녀석이 메일을 보낸다고 했는데 왔는지 1분마다 계속해서 체크하고 있습니다. 참으로 귀찮군요.

위 예시처럼 우리는 일상생활에서 이미 이벤트의 개념을 사용하고 있습니다. 웹 페이지에서 사용자가 링크를 마우스로 클릭하거나 입력 창에서 값을 입력하려고 키보드를 누르면 브라우저는 이런 사실을 이벤트로 알려줍니다. 이때 이 이벤트에는 눌린 마우스 버튼과 위치 정보와 같은 여러 가지 정보가 담겨 있습니다.

그럼 실전 예제를 다루기 전에 반드시 알고 있어야 할 이벤트 용어와 개념부터 먼저 알아보겠습니다.

이벤트 종류

이벤트는 크게 네 그룹으로 나눌 수 있습니다.

마우스 이벤트: 사용자가 마우스 버튼을 눌렀을 때 발생하는 이벤트. 이때 이벤트에는 화면상에서 마우스 버튼이 눌린 위치를 나타내는 좌표 정보와 Ctrl 키 또는 Alt 키를 누른 상태에서 마우스 버튼을 눌렀는지를 나타내는 정보가 담깁니다.

키보드 이벤트: 사용자가 키보드를 눌렀을 때 발생하는 이벤트. 이때 눌린 키에 대한 정보가 이벤트에 담깁니다.

엘리먼트 고유 이벤트: 엘리먼트마다 발생하는 고유의 이벤트. 예를 들어, 〈img〉 엘리먼트의 경우 이미지가 모두 로드되면 onload 이벤트가 발생해서 이미지가 성공적으로 로드됐음을 알리며, input 엘리먼트의 경우 입력한 정보가 바뀌면 onchange 이벤트가 발생해서 입력 정보가 변경됐음을 알립니다.

사용자 정의 이벤트: 주로 개발자가 특정 기능을 수행하는 클래스를 만들고 어떤 작업이 끝났음을 사용자에게 알려줄 때 사용되는 이벤트입니다.

이벤트 단계

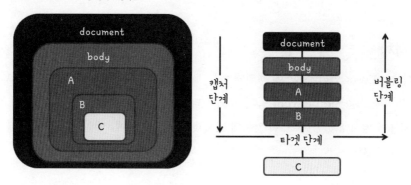

B에서 이벤트가 발생한 경우

자바스크립트 이벤트를 이해하려면 이벤트 흐름을 반드시 알고 있어야 합니다. 이벤트는 크게 3단계에 걸쳐 발생합니다.

캡처(Capture) 단계

가장 먼저 실행되는 단계로서, document에서 시작해 실제 이벤트를 발생시킨 타겟까지 이동합니다. 이를 캡처링이라고 합니다. 이때 리스너가 등록돼 있다면 등록된 리스너가 바로 실행됩니다.

타겟(Target) 단계

캡처 단계를 거쳐 실제 이벤트를 발생시킨 타겟에 도착한 상태를 말합니다.

버블(Bubble) 단계

타겟 단계까지 오면 이벤트 흐름은 다시 타겟 단계의 역순으로 움직이기 시작합니다. 이 흐름을 버블링(bubbling)이라고 합니다.

예를 들어, 사용자가 B에서 마우스를 클릭하는 순간 이벤트는

1. 캡처 단계는 document→body→A→B까지 이동하며, 캡처 단계에 등록된 이벤트 리스너를 실행합니다.

2. 타겟 단계를 거쳐

3. 버블 단계에 접어듭니다. 흐름은 캡처 단계의 역순인 B→A→body→document까지 이동하며 버블 단계에 등록된 이벤트 리스너를 실행시키며 소멸됩니다.

이벤트 하나가 발생할 때마다 내부에서 이런 일련의 작업이 진행된다니 놀랍지 않나요? 그러면 이제 원하는 작업에 맞게 캡처 단계와 버블 단계에 이벤트를 등록해 이벤트를 통해 전달되는 정보를 사용하면 됩니다.

다만 모든 이벤트마다 캡처링과 버블링이 발생하진 않습니다. 또한 버블링을 도중에 중지시킬 수도 있습니다. 이와 관련된 내용을 좀더 자세히 알아보겠습니다.

Event 객체

Event 객체는 Event 인터페이스에 정의돼 있는 모든 기능이 실제 구현돼 있는 객체입니다. Event 인터페이스는 MouseEvent 등의 부모 인터페이스이며, 이벤트와 관련된 공통 프로퍼티와 기능이 명시돼 있습니다. 이 가운데 반드시 알고 있어야 할 핵심 프로퍼티와 메서드는 다음과 같습니다.

eventPhase

이 프로퍼티에는 현재 이벤트의 위치에 관한 정보가 담겨 있습니다.

1 = capture 단계

2 = target 단계

3 = bubbling 단계

type

발생한 이벤트 이름입니다.

target

실제 이벤트를 발생시킨 대상입니다.

currentTarget

캡처링 단계와 버블링 단계를 거치면서 만나게 되는 객체에 이벤트 리스너가 등록돼 있을 경우 리스너가 실행되는데, 이때 리스너를 가지고 있는 대상이 담겨 있습니다. 이벤트 단계에 따라 target과 currentTarget은 같을 수도 있고 다를 수도 있습니다.

bubbles와 stopPropagation()

bubbles가 true라면 현재 발생한 이벤트는 버블링이 발생하는 이벤트이며 이때 버블링을 도중에 중지시켜야 하는 경우 stopPropagation( ) 메서드를 사용하면 됩니다.

cancelable과 preventDefault()

이 프로퍼티와 메서드를 이해하려면 기본 행동(default behavior)에 대해 알아야 합니다. 예를 들어, 〈a href="http://www.ddandongne.com"〉ddandongne〈/a〉 태그에서 링크를 클릭하면 마우스 이벤트가 발생한 후 http://www.ddandongne.com 페이지로 이동합니다. 바로 이것을 기본 행동이라 하며, cancelable 프로퍼티의 값이 true인 경우 preventDefault( )를 이용해 기본 행동이 실행되지 않게 취소할 수 있습니다.

또 한 가지 예를 들면,

```
<body>
    <input id="txt_1" value="입력방지">
</body>

txt_1.addEventListener("mousedown", on_MouseDown);
function on_MouseDown(e) {
    if(e.cancelable)
        e.preventDefault();
}
```

일 때 input 엘리먼트의 mousedown 이후 기본 입력 포커스가 실행되지 않습니다. 이로써 사용자에게서 입력을 받을 수 없는 기능을 만들 수 있습니다. 읽기 전용 속성인 readonly="true"를 했을 때와 비슷하지만 기본 자체를 중지시켰기 때문에 "입력 방지"라는 글자를 마우스로 긁어 선택할 수도 없습니다.

참고로 이벤트 명세서에는 버블링 발생 여부와 기본 행동의 취소 가능 여부가 모두 작성돼 있습니다.

EventType	Bubbles	Cancelable
load	X	X
click	O	O
mousedown	O	O
mouseover	O	O
mousemove	O	X
blur	X	X
change	O	X
resize	O	X
scroll	O	X
focus	X	X

여기까지 이벤트와 관련된 핵심 기능과 용어를 알아봤습니다. 이를 바탕으로 실제 이벤트를 처리할 때 반드시 알아야 할 핵심 내용 4가지(리스너 추가, 리스너 삭제, 이벤트 발생, 사용자 정의 이벤트 생성)를 살펴보겠습니다.

 리스너 추가하기

소스 • 1_js_dom/2_keypoint/4_event/key1_addEvent.html

```html
<html>
<head>
    <meta http-equiv="Content-Type" content="text/html; charset=UTF-8">
    <title></title>
    <script>
        window.onload=function(){
            // DOM Level 0 방식으로 이벤트 리스너를 등록
            var btn_1 = window.document.getElementById("btn_1");
            // 1-1. 일반 함수를 이벤트 리스너로 사용하는 경우
            btn_1.onclick = this.on_Click;
            // 1-2. 임의의 함수를 이벤트 리스너로 사용하는 경우
            btn_1.onmouseover = function(e){
                alert("마우스가 오버되었습니다. ");
            }

            // DOM Level 2방식으로 이벤트 리스너 등록하기
            var btn_2 = window.document.getElementById("btn_2");
            // 2-1. 일반 함수를 이벤트 리스너로 사용하는 경우
            btn_2.addEventListener("click", this.on_Click,false);
            // 2-2. 임의의 함수를 이벤트 리스너로 사용하는 경우
            btn_2.addEventListener("mouseover",function(e){
                alert("마우스가 오버되었습니다.");
            },false);
        }

        function on_Click(e){
            alert("버튼이 클릭되었습니다.");
        }
    </script>
</head>
<body>
    <button id="btn_1">DOM Level 0방식 테스트 - 마우스를 올려보거나 클릭해 보세요.
    </button><br>
    <button id="btn_2">DOM Level 2방식 테스트 - 마우스를 올려보거나 클릭해 보세요.
    </button>
</body>
</html>
```

이벤트를 등록하는 방법은 위의 예제처럼 크게 두 가지가 있습니다.

1. DOM Level 0 방식: 이벤트 핸들러에 특정 함수를 설정

2. DOM Level 2 방식: 이벤트 모델 방식을 이용해 특정 함수를 이벤트 리스너로 등록

그리고 이벤트 발생 시 실행할 이벤트 리스너를 지정하는 방법도 크게 두 가지입니다.

1. 특정 이름을 지닌 일반 함수를 이벤트 리스너로 사용
2. 이름이 없는 익명 함수를 이벤트 리스너로 사용

권장하는 방법은 DOM Level 2 방식이지만 저자의 경우 DOM Level 0이 DOM Level 2에 비해 간결하기 때문에 개발할 때 테스트를 목적으로 DOM Level 0 방식도 자주 사용하곤 합니다. 물론 마지막에는 DOM Level 2로 변경하죠.

메모

인터넷 익스플로러 9 이하 버전에서는 아래처럼 addEventListener 메서드 대신 attachEvent 메서드를 사용해야 합니다.

```
// 2-1. 일반 함수를 이벤트 리스너로 사용하는 경우
btn_2.attachEvent("onclick", this.on_Click);
// 2-2. 임의의 함수를 이벤트 리스너로 사용하는 경우
btn_2.attachEvent("onmouseover",function(e){
   alert("마우스가 오버되었습니다.");
});
```

핵심내용 02 리스너 삭제하기

등록된 리스너 가운데 사용하지 않는 리스너는 삭제해야 합니다. 리스너를 삭제하는 방법 역시 이벤트를 추가할 때처럼 두 가지 방식이 있습니다.

먼저 DOM Level 0 방식

예: 이벤트 리스너를 btn_1.onclick=on_Click처럼 설정했다면 이벤트 삭제는 btn_1.onclick=null;

DOM Level 2 방식

예: 이벤트 리스너를 btn_1.addEventListener("click", on_click, false)로 등록했다면 btn_1.removeEventListener("click", on_click, false)처럼 해서 이벤트 리스너를 제거할 수 있습니다.

단 DOM Level 2에서는 익명 함수를 만들어 사용한 경우 제거할 수 없습니다. 주의하세요.

인터넷 익스플로러 9 이하 버전에서는 아래처럼 removeEventListener 메서드 대신 detachEvent 메서드를 사용해야 합니다.

```
// 2-1. 일반 함수를 이벤트 리스너로 사용하는 경우
btn_2.detachEvent("onclick", this.on_Click);
// 2-2. 임의의 함수를 이벤트 리스너로 사용하는 경우
btn_2.detachEvent("onmouseover",function(e){
    alert("마우스가 오버되었습니다.");
});
```

핵심내용 03 이벤트 발생 시키기

어!?
버튼1을 클릭했는데
버튼2에 등록된 리스너가 실행돼요!
어떻게 된 거죠?

[버튼1] [버튼2]

소스 • 1_js_dom/2_keypoint/4_event/key3_dispatchEvent.html

```
<html>
<head>
    <meta http-equiv="Content-Type" content="text/html; charset=UTF-8">
    <title></title>
    <script>
        window.onload=function(){
            var btn_1 = window.document.getElementById("btn_1");
            var btn_2 = window.document.getElementById("btn_2");

            btn_1.addEventListener("click", function(e){
                //1. 이벤트 생성
                var mouseEvent = document.createEvent("MouseEvent");
                //2. 이벤트 객체에 이벤트와 함께 담아 보낼 데이터 추가
                mouseEvent.clientX = 100;
                mouseEvent.clientY = 100;
                //3. 이벤트 초기화
                mouseEvent.initEvent("click",false,false);
                //4. 이벤트 발생
                btn_2.dispatchEvent(mouseEvent);
            });

            btn_2.addEventListener("click",function(e){
```

```
            alert("click이벤트 발생, target = "+e.target.id+", clientX = "+e.cli-
entX+", clientY = "+e.clientY);
        });
    }
    </script>
</head>

<body>
    <button id="btn_1">버튼1</button>
    <button id="btn_2">버튼2</button>
</body>
</html>
```

실행 결과

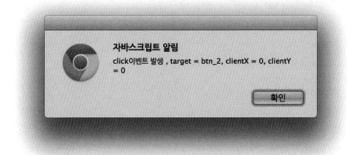

종종 click과 mouseover와 같은 이벤트를 브라우저가 아닌 개발자가 동적으로 직접 발생시켜야 할 때가 있습니다. 이럴 때는 다음과 같은 순서로 구문을 작성하면 됩니다.

1. document의 createEvent( )를 이용해 발생시키려는 이벤트 객체를 생성

2. 이벤트와 함께 담아서 보낼 데이터를 이벤트 객체에 추가

3. 1번에서 생성한 이벤트 객체의 initEvent( )를 호출해 이벤트를 초기화

4. 생성한 이벤트 객체를 dispatchEvent( )의 매개변수 값으로 전달해 실행

그럼 예제에서처럼 #btn_1을 눌러 #btn_2에 click 이벤트를 동적으로 발생시켜 #btn_2를 클릭하지 않았어도 클릭한 것처럼 만들 수 있습니다. 이 내용은 다음 핵심 주제인 사용자 정의 이벤트에서도 똑같이 적용됩니다.

✹ 메모

dispatchEvent( )를 이용해서 clientX, clientY와 같은 좌표값을 담아 MouseEvent를 발생시키는 경우 이 값들은 0으로 초기화 됩니다..

 사용자 정의 이벤트 만들기

소스 • 1_js_dom/2_keypoint/4_event/key4_customEvent.html

```html
<html>
<head>
    <meta http-equiv="Content-Type" content="text/html; charset=UTF-8">
    <title></title>
    <script>
        window.onload=function(){
            var btn_1 = window.document.getElementById("btn_1");
            var btn_2 = window.document.getElementById("btn_2");

            btn_1.addEventListener("click",function(e){
            //1. 이벤트 생성
            var myEvent = document.createEvent("Event");
            //2. 이벤트 객체에 이벤트와 함께 담아 보낼 데이터 추가
            myEvent.data1 = "이 정보를 이벤트에 담아서 보내주세요.";
            //3. 이벤트 초기화
            myEvent.initEvent("myEvent",false,false);
            //4. 이벤트 발생
            btn_2.dispatchEvent(myEvent);
        });

            btn_2.addEventListener("myEvent",function(e){
                alert("myEvent 이벤트 발생, target = "+e.target.id+", data1 = "+e.data1);
            });
        }
    </script>
</head>

<body>
    <button id="btn_1">버튼1</button>
    <button id="btn_2">버튼2</button>
</body>
</html>
```

실행 결과

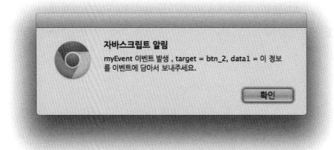

대부분의 개발자들은 개발 실력이 어느 정도 수준에 이르면 자신만의 라이브러리를 제작해서 좀더 쉽게 업무를 처리합니다. 이때 변경된 정보를 이벤트에 담아 외부에 알려주게 되는데, 기본 이벤트에는 담을 수 없는 내용이 대다수입니다. 이럴 때 사용자 정의 이벤트 제작이 필수적입니다. 사용자 정의 이벤트를 제작하는 방법은 예제에서 확인할 수 있듯이 이벤트 발생시키기와 거의 같습니다.

1. 먼저 사용자 정의 이벤트를 나타내고자 document의 createEvent( )의 매개변수 값에 "Event"를 전달

2. 이벤트와 함께 담아 전달할 데이터를 이벤트 객체에 추가

3. 이벤트 초기화를 위해 initEvent( ) 호출 시 첫 번째 매개변수 값에 여러분이 발생시킬 이벤트 타입 이름 지정

4. 생성한 이벤트 객체를 dispatchEvent( )의 매개변수 값으로 전달해서 실행

이것으로 핵심 내용 가운데 첫 번째 주제인 DOM을 다루는 방법을 자세히 알아봤습니다.

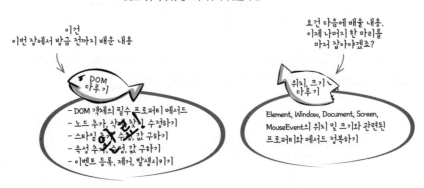

❋ 메모

초보자가 반드시 알아야할 자바스크립트 DOM 핵심 프로퍼티 및 메서드는 부록 I(648쪽) 참조.

2-5. 위치 및 크기와 관련된 프로퍼티와 메서드

인터랙티브한 웹 콘텐츠를 제작하려면 추가적으로 위치와 크기 정보를 제어할 줄 알아야 합니다. 다행히 이번 내용은 지금까지 배운 DOM과 비교했을 때 힘겹게 이해해야 할 예제는 거의 없습니다. 그냥 편안하게 "음... 이런 프로퍼티가 있군" 또는 "아! 위치를 이동시키려면 이 프로퍼티를 사용하면 되겠군" 정도로 살펴보면 됩니다.

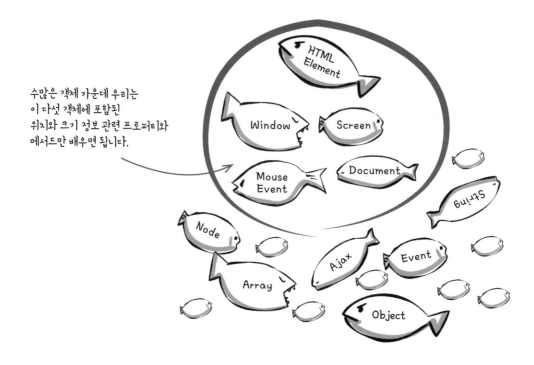

수많은 객체 가운데 우리는
이 다섯 객체에 포함된
위치와 크기 정보 관련 프로퍼티와
메서드만 배우면 됩니다.

여기서는 수많은 객체 가운데 위치 및 크기와 관련이 많은 Element, Window, Screen, Document, MouseEvent 객체를 중점적으로 살펴보겠습니다.

아래 내용은 지금까지 DOM을 보느라 수고하신 여러분을 위해 저자가 자바스크립트 동네를 직접 발로 뛰며 반드시 알아야 할 핵심 내용만 간추린 것입니다.

HTMLElement 객체에서 제공하는 크기 및 위치 관련 프로퍼티와 메서드

HTMLElement 객체는 다섯 객체 가운데 위치 및 크기와 관련된 프로퍼티와 메서드를 가장 많이 포함한 객체이며, 핵심 내용 길잡이에서 살펴본 것처럼 브라우저 화면에 보이는 대부분의 객체는 HTMLElement 객체를 상속받았기 때문에 동적으로 요소를 움직여야 하는 경우 대부분 이 객체의 프로퍼티와 메서드를 사용합니다.

먼저 프로퍼티를 살펴보면 서로 비슷한 것 같으면서도 약간 다른 정보를 갖고 있다는 사실을 발견할 수 있습니다. 예를 들어, padding이 포함된 크기인지, 스크롤바 영역까지 포함된 크기인지 등등... 살짝 혼란스러울 만한 내용이 있습니다. 그렇죠? 이런 분을 위해 용도에 따라 크게 세 부분으로 나눠서 쉽게 볼 수 있게 표로 정리했습니다.

엘리먼트의 위치 및 크기와 관련된 프로퍼티와 메서드

그룹	프로퍼티/메서드	내용
offset 그룹	Element offsetParent	offsetLeft, offsetTop의 기준 좌표계가 되는 컨테이너 엘리먼트. 일반적인 경우 : Document 동적 위치인 경우 : 동적 위치가 적용된 상위 엘리먼트
	int offsetWidth, offsetHeight	엘리먼트의 너비와 높이.(단, margin 제외, border, padding, scrollBar 포함)
	int offsetLeft,offsetTop	컨테이너(offsetParent)를 기준으로 엘리먼트가 위치한 x, y좌표.
scroll 그룹	int scrollWidth, scrollHeight	엘리먼트의 너비와 높이.(단, overflow:scroll인 경우 화면에 보이지 않는 영역까지 포함됨. 이러한 경우 offsetWidth, offsetHeight보다 scroll 값이 큼.)
	int scrollLeft, scrollTop	스크롤된 x, y 좌표.
client 그룹	int clientWidth, clientHeight	엘리먼트 내부의 클라이언트 영역의 너비와 높이.(단, margin, border, padding, scrollBar 제외)
	int clientLeft, clientTop	엘리먼트 내부에서 클라이언트가 위치한 x, y 좌표. border 값과 같음.
	getBoundingClientRect()	Document를 기준으로 엘리먼트의 left, top, right, bottom, width, height을 반환.

처음 볼 때 한번 집중해서 눈여겨보고 "이런 것이 있구나"라고 넘어가도 좋습니다. 사실 자주 사용하다 보면 저절로 알게 됩니다. 단, 한 번 정도는 직접 코드를 작성해 보면서 프로퍼티의 값을 확인해보길 권장합니다.

아마도 나중에 "이번에는 스크롤 영역이 포함되지 않은 엘리먼트의 크기를 알아내야 하는데, A 프로퍼티였던가... B 프로퍼티였던가..."라고 생각이 들면서 방금 살펴본 내용이 아련히 떠오를 날이 올 겁니다. 바로 이때 여기서 소개한 내용을 좀더 쉽게 볼 수 있게 그룹별로 프로퍼티를 아래처럼 정리했습니다.

1. offset 그룹

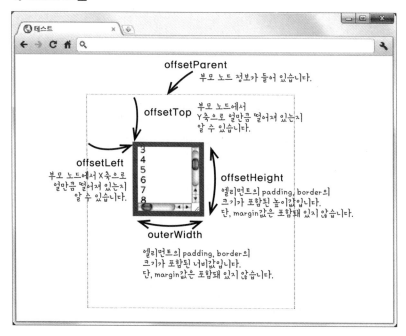

2. scroll 그룹

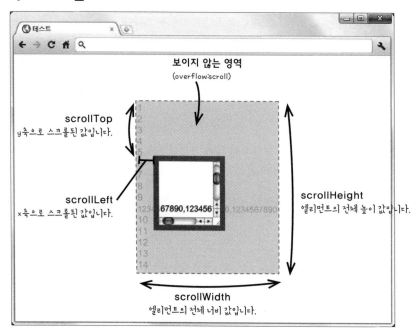

3. client 그룹

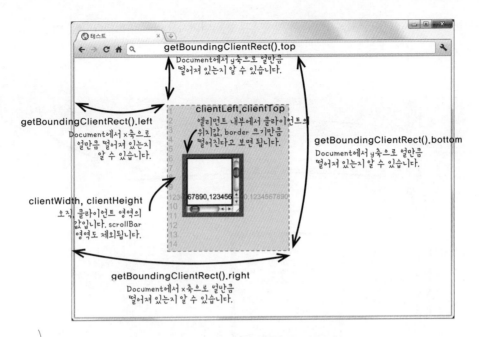

Window 객체에서 제공하는 크기 및 위치와 관련된 프로퍼티와 메서드

이번에 다룰 객체는 BOM(Browser Object Model) 객체 가운데 우두머리격인 Window 객체입니다. Window 객체는 여러분이 잘 알다시피 웹 페이지가 열려 있는 window와 관련된 다양한 정보와 기능을 제공합니다. 여기서는 그러한 내용 가운데 위치 및 크기와 관련된 프로퍼티와 메서드만 살펴보겠습니다.

Window 객체의 위치 및 크기와 관련된 프로퍼티와 메서드

프로퍼티/메서드	설명
int innerWidth, innerHeight	메뉴바, 툴바, 스크롤바 크기를 제외한 window의 너비와 높이
int outerWidth, outerHeight	메뉴바, 툴바, 스크롤바 크기를 포함한 window의 너비와 높이
int pageXOffset, pageYOffset	스크롤된 x, y 좌표
int screenLeft, screenTop	브라우저의 좌측 상단 모서리 x, y좌표
int screenX, screenY	브라우저의 좌측 상단 모서리 x, y좌표
scrollTo(posX,posY)	posX, posY으로 스크롤
scrollBy(dx,dy)	현재 스크롤 값에서 dx, dy만큼만 스크롤

이 역시 엘리먼트처럼 여러분을 위해 좀더 이해하기 쉬운 이미지를 하나 준비했습니다. 어떤가요? 괜찮죠?

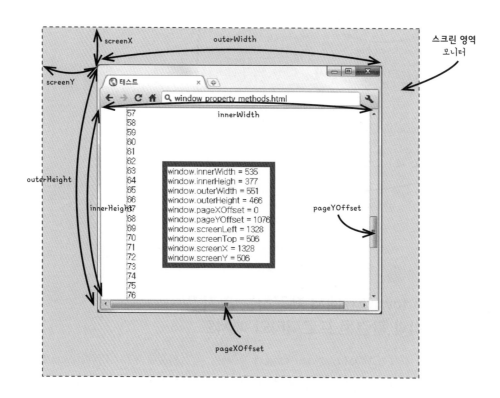

Document 객체에서 제공하는 크기 및 위치와 관련된 프로퍼티와 메서드

Document 객체에서 제공하는 위치 및 크기와 관련된 프로퍼티는 아래 표처럼 3가지밖에 없습니다.

Document 객체의 위치 및 크기와 관련된 프로퍼티와 메서드

프로퍼티/메서드	내용
document.body.scrollWidth	Document 영역의 전체 너비
document.body.scrollHeight	Document 영역의 전체 높이
Element elementFromPoint(float x, float y)	x, y 위치에 있는 엘리먼트

Document의 크기와 관련된 프로퍼티는 따로 제공하지 않습니다. 대신 HTMLDocument의 body 프로퍼티의 scrollWidth, scrollHeight를 이용하면 너비와 높이를 구할 수 있습니다.

elementFromPoint( ) 메서드를 이용하면 마우스 포인터의 x, y 위치에 있는 엘리먼트를 구할 수 있습니다. 이 기능은 종종 사용하게 될 때가 있으니 알아두면 도움이 됩니다.

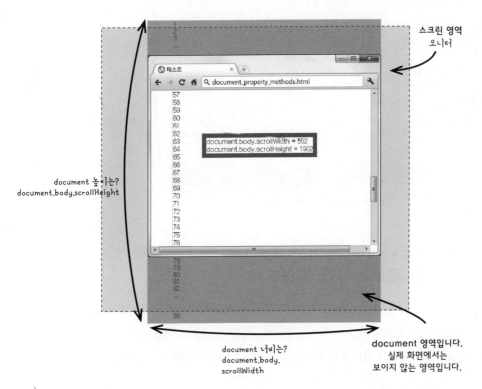

 ## Screen 객체에서 제공하는 크기 및 위치와 관련된 프로퍼티와 메서드

Screen 객체에서 제공하는 크기 및 위치와 관련된 프로퍼티는 아래 표와 같습니다. width, height 프로퍼티는 여러분이 보고 있는 모니터 해상도라고 생각하면 되며, availWidth, availHeight는 width, height에서 운영체제의 작업 표시줄 영역 크기만큼 뺀 크기입니다.

프로퍼티/메서드	내용
int availWidth, availHeight	작업 표시줄을 제외한 화면 크기
int width, height	작업 표시줄을 포함한 전체 화면 크기

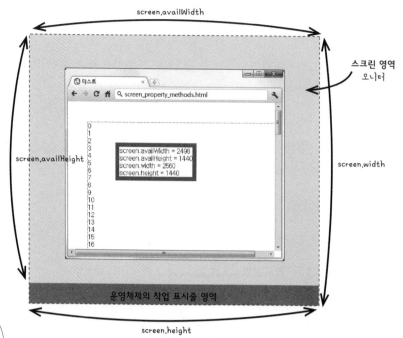

MouseEvent 객체에서 제공하는 크기 및 위치와 관련된 프로퍼티와 메서드

MouseEvent에서 제공하는 크기 및 위치와 관련된 프로퍼티는 아래 표와 같습니다. 모두 유용하게 사용될 때가 있으니 꼭 알아두기 바랍니다. 더불어 clientX, clientY, offsetX, offsetY는 표준 Event 프로퍼티가 아니지만 최신 브라우저에서 대부분 제공하므로 사용해도 됩니다.

MouseEvent 객체의 크기 및 위치 정보와 관련된 프로퍼티와 메서드

프로퍼티/메서드	내용
int clientX, clientY	브라우저 화면상 가장 위쪽 지점에서부터 마우스 포인터의 x, y 위치. 스크롤 이동값은 무시됨.
int pageX, pageY	clientX, clientY와 같지만 문서가 스크롤되는 경우 스크롤된 부분까지 포함한 마우스 포인터의 x, y 위치.
int offsetX, offsetY	이벤트가 발생한 엘리먼트 내부에 위치한 마우스 포인터의 x, y 위치. local x, y로 이해하면 됩니다.
int screenX, screenY	사용자 모니터의 상단 좌측 지점을 기준으로 한 마우스 포인터의 x, y위치.

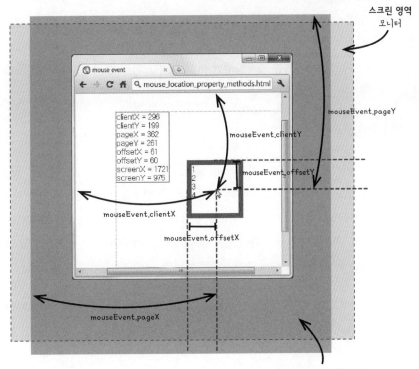

실전 업무를 진행하기 위해 반드시 알아야 할 핵심 기초 내용은
DOM 다루기와 위치, 크기 다루기가 있습니다.

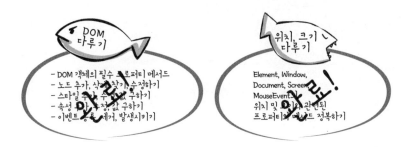

자! 지금까지 실전 업무를 진행하는 데 필요한 DOM 핵심 내용을 아주 자세히 살펴봤습니다. 장담컨대 여기까지 오면서 마주친 다양한 기능과 개념을 정복했다면 이후의 나머지 내용은 산책하는 것처럼 가벼운 마음으로 습득할 수 있을 거라 확신합니다. 그만큼 DOM의 핵심 내용은 기초 중의 기초이며, 웹 콘텐츠를 제작하려면 어떤 작업을 하든 반드시 알고 있어야 할 내용입니다.

모든 것은 시작과 끝이 중요한 법.

이쯤 되면 많은 분들이 아마도 "정말 내가 알고 있는 걸까? 이 정도면 정말 DOM 학습이 끝난 걸까? 다른 내용은 안 봐도 되는 거야?!"라는 의문을 품고 있을 텐데요, 이런 분들을 위해 다음 절에서 다룰 미션 도전에서는 지금까지 배운 내용을 총정리할 수 있는 미션을 준비했습니다. 지금까지 살펴본 내용을 제대로 익힌 분이라면 쉽게 풀 수 있는 내용이며, 다음 주제인 jQuery 로 넘어갈 수 있는 실력까지 충분히 갖췄다고 생각해도 됩니다.

초반에는 어떻게 진행해야 할지 망설이는 분을 위해 미션 곳곳에 길잡이 메모를 적어뒀으니 꼭 참고하길 바랍니다. 여러분! 파이팅입니다. Go!

03. 미션 도전!!!

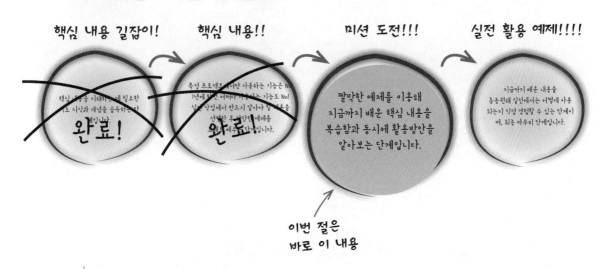

핵심 내용 길잡이! 핵심 내용!! 미션 도전!!! 실전 활용 예제!!!!

핵심 내용을 이해하는 데 필요한 기초 지식과 개념을 습득하는 단계입니다. **완료!**

특정 프로젝트에서만 사용하는 기능은 No! 1년에 한번 어쩌다 사용하는 기능도 No! 실전 작업에서 반드시 알아야 할 내용을 선별한 후 단계별 예제를 통해 배우는 단계입니다. **완료!**

짤막한 예제를 이용해 지금까지 배운 핵심 내용을 복습함과 동시에 활용방안을 알아보는 단계입니다.

지금까지 배운 내용을 종합해 실전에서는 어떻게 사용되는지 직접 경험할 수 있는 단계이며, 최종 마무리 단계입니다.

이번 절은 바로 이 내용

핵심 내용 확인 1

미션 1에서는 인터랙티브한 웹 콘텐츠를 제작하는 데 필요한 문서 다루는 방법을 모두 제대로 익혔는지 확인하는 관문입니다. 지금까지 설명한 DOM과 관련된 내용을 다시 한번 떠올리며 동시에 앞장의 내용을 참고해 이번 미션에 도전해보길 바랍니다.

도전과제

테스트1

#m_1: 글자색을 빨간색으로 변경해주세요.

테스트2

#m_2: 클래스 active를 적용시켜 주세요.

테스트3

#m_3: 에고 이 이미지가 아닌데... 이미지를 ch3.png로 변경해주세요.

테스트4

#m_4: 훗! 항목 4까지 있어야 하는건데, 바쁜 나머지 실수를 했군요. 항목4를 제일 뒤에 추가해주시겠어요?

항목1
항목2
항목3

테스트5

#m_5: 이번에는 항목4가 더 추가됐네요. 즉시 삭제해주세요.

항목1
항목4
항목2

테스트6

#m_6: 이런! 이 부분은 전혀 필요없는 내용인데 왜 있는 거죠? #m_6부터 헤더 태그까지 모두 삭제해 주세요.

DOM(Document Object Model)이란?
웹페이지 문서를 조작하기 위해 지켜야 할 약속(Interface)만 달랑 적혀 있는 문서랍니다. 약속만 있을 뿐 내부는 텅빈 상자랍니다. 우리가 알고 있는 W3C DOM에는 구현 소스가 한 줄도 존재하지 않습니다.
그럼 실제 구현 소스는??

풀이

테스트1 – 스타일 변경

소스 • 1_js_dom/3_mission/mission1/mission1_s.html

```
function solveM1(){
    // 노드 찾기
    var m1 = document.getElementById("m_1");
    // 스타일 변경
    m1.style.color = "#ff0000";
}
```

글자 색을 변경하려면 스타일을 변경해야 한다는 사실만 알면 테스트1은 쉽게 해결할 수 있습니다.

진행순서

1. 대상 노드 찾기

실제 스타일을 변경하려면 가장 먼저 대상 노드를 찾아야 합니다. 여기서는 id, className, tagName 중 id를 알고 있으니 Document 객체의 getElementById( )를 이용하면 됩니다.

2. 스타일 속성 변경

스타일 속성을 변경(설정)할 때는 앞에서 배웠듯이 HTMLElement의 style 프로퍼티를 이용하면 됩니다.

이런 식으로 지금까지 배운 내용을 그대로 이용해 하나씩 풀어나가면 됩니다.

테스트2 – 스타일 그룹 변경

소스

```
function solveM2(){
    // 노드 찾기
    var m2 =document.getElementById("m_2");
    // 클래스 이름 변경
    m2.className = "active";
}
```

이 테스트는 스타일 속성을 일일이 변경하기보다 여러 개의 스타일 속성이 모인 스타일 그룹을 이용해 스타일을 설정하는 방법을 알기 위한 것입니다.

진행 순서

1. 대상 노드 찾기

2. 클래스 이름 변경

먼저 클래스 이름을 변경 또는 적용할 대상 노드를 찾습니다. 적용하려는 클래스가 하나인 경우 클래스 이름을 Element의 className 프로퍼티에 대입합니다. 하나 이상의 클래스이름을 적용하고 싶다면 m2.className="active newSelector"와 같은 식으로 공백으로 구분한 문자열을 작성해 className에 대입하면 됩니다.

테스트3 – 속성 변경

소스

```
function solveM3(){
    // 노드 찾기
    var m2 = document.getElementById("m_3");
    // 자식 노드 가운데 <img> 태그만 찾아 첫 번째 태그를 구한다.
    var img = m2.getElementsByTagName("img")[0];
    // Element의 setAttribute(0)를 이용해 이미지를 변경하는 경우
    img.setAttribute("src", "ch3.png");
}
```

이번 테스트는 속성 변경(설정) 테스트입니다.

진행 순서

   1. 대상 노드 찾기

   2. 속성 변경

먼저 앞 미션과 똑같이 대상 노드를 찾습니다. 그런 다음 속성을 변경하면 되겠죠? 속성을 설정하는 방법은 소스에 나와 있듯이 Node의 setAttribute( )을 이용하거나 이 경우 img에 대입돼 있는 객체가 HTMLImageElement 객체이므로 img.src="ch3.png"처럼 HTMLImageElement의 src 프로퍼티를 이용해 이미지를 변경할 수도 있습니다.

테스트4 – 노드 생성

소스

```
function solveM4(){
    // <p> 태그 생성
    var p4 = document.createElement("p");
    // 텍스트 설정
    p4.innerHTML = "항목4";
    // 새로 생성한 <p> 태그를 추가할 부모 노드 찾기
    var m4 = document.getElementById("m_4");
    // <p> 태그를 부모 노드에 추가
    m4.appendChild(p4);
}

function solveM4_2(){
    // <p> 태그 노드 생성
    var p4 = document.createElement("p");
    // 텍스트 노드 생성
    var text = document.createTextNode();
    // 텍스트 설정
    text.nodeValue = "항목4";
    p4.appendChild(text);

    // 새로 생성한 <p> 태그를 추가할 부모 노드 찾기
    var m4 = document.getElementById("m_4");
    // <p> 태그를 부모 노드에 추가
    m4.appendChild(p4);
}
```

이번 테스트는 노드를 생성하는 방법을 알고 있는지 확인하는 문제입니다.

진행 순서

1. 〈p〉 태그 엘리먼트 생성

2. 텍스트 노드 생성

3. 텍스트 노드를 〈p〉 태그 엘리먼트의 자식 노드로 추가

4. 1번 노드를 추가할 부모 노드 찾기

5. 부모 노드에 1번에서 생성한 엘리먼트를 자식 노드로 추가

새로 생성하는 노드라서 createElement( )를 이용해 〈p〉 태그 엘리먼트를 생성합니다. 그런 다음 이어서 텍스트 노드를 생성해야겠죠? 텍스트를 포함하는 엘리먼트를 생성하는 방법은 위의 소스처럼 innerHTML을 이용하는 방법과 createTextNode( )를 이용하는 방법이 있습니다. 상황에 따라 두 방법 중 하나를 선택해서 사용하면 됩니다.

노드를 생성하고 나서 화면에 보이게끔 반드시 부모 노드에 추가해야 한다는 점을 잊지 마세요. 그리고 가장 마지막 부분에 추가돼야 하니 추가 메서드 가운데 appendChild( )을 사용하는 것이 가장 적절할 것입니다.

테스트 5 – 노드 제거

소스

```
function solveM5(){
    // 부모 노드 찾기
    var m5 = document.getElementById("m_5");
    // m5의 자식 노드에서 <p> 태그만 찾기
    var ps = m5.getElementsByTagName("p");

    for(var i=0;i<ps.length;i++){
        var p = ps[i];

        // p.firstChild는 텍스트 노드입니다.
        var text = p.firstChild.nodeValue;

        // <p> 태그 중 텍스트 값으로 항목4가 담긴 노드를 찾아 삭제
        if(text.indexOf("항목4")!=-1){
            m5.removeChild(p);
            break;
        }
    }
}
```

이번 내용은 노드를 제거하는 방법을 알고 있는지 묻는 테스트입니다.

진행 순서

1. 대상 노드 찾기

2. 부모 노드에서 1번에서 찾은 노드 지우기

테스트5 풀이는 다양한 방법이 있을 수 있습니다. 가장 일반적인 풀이의 경우 "항목4"가 포함된 〈p〉 태그가 가변적으로 위치가 변경된다는 가정하에 Node 객체에서 제공하는 기본 메서드를 사용하지 않고 자식 노드 가운데 텍스트가 "항목4"인 노드를 직접 찾는 루틴을 만들어 사용했습니다. 이제 노드를 찾았으니 지우기만 하면 되겠죠?

만약 〈p〉항목4〈/p〉의 위치가 항상 2번째에 있다면

```
function solveM5_2(){
    var m5 = document.getElementById("m_5");
    var ps = m5.getElementsByTagName("p");

    m5.removeChild(ps[1]);
    // 또는 m5.removeChild(ps.item(1)
}
```

와 같은 방식으로 해결할 수도 있습니다.

테스트 6 – 노드 제거

소스

```
function solveM6(){
    // 제거할 노드와 가장 근접한 노드를 찾습니다.
    var m6 = document.getElementById("m_6");
    // 제거
    document.body.removeChild(m6.parentNode);
}
```

진행 순서

1. 제거할 노드 찾기

2. 부모 노드에서 1번에서 찾은 노드를 지우기

이번 테스트는 테스트 5와 진행 순서는 같지만 조금 차이가 있습니다. 이 문제를 풀기 위한 핵심은 Node 객체의 parentNode 프로퍼티입니다. 이 프로퍼티만 알고 있다면 풀이 소스처럼 쉽게 해결할 수 있습니다.

이 밖에도 다음과 같은 방법으로 해결할 수도 있습니다.

```
function solveM6_2(){
    // 제거할 노드와 가장 근접한 노드를 찾습니다.
    var divs = document.getElementsByTagName("div");
    // 제거
    document.body.removeChild(divs[10]);
}
```

하지만 이렇게 해결하는 경우 중간에 〈div〉 태그가 추가된다면 다시 #m_6 노드가 몇 번째에 있는지 위치를 매번 확인해야 합니다.

이것으로 지금까지 배운 DOM 컨트롤에 대한 내용을 미션1 테스트를 통해 알아봤습니다. 손에 익지 않은 프로퍼티나 메서드도 있고 손에 착착 감기는 기능도 있었을 겁니다. 바로 이런 느낌을 함께 느껴보고자 이 미션을 만든 것입니다.

 ## 핵심 내용 확인 2

이번 미션의 난이도는 미션1의 응용 테스트 정도로 보면 될 것 같습니다. 요구사항은 다음과 같습니다.

요구사항

- 숫자는 1부터 시작해 0.02초마다 1씩 증가하며
- 이 숫자 정보를 〈span〉1〈/span〉처럼 〈span〉 태그에 넣습니다.
- 이렇게 생성된 〈span〉 태그를 #panel에 자식 노드로 계속해서 추가해 다음과 같은 실행 결과가 나오게 하면 됩니다.
- 아참! 마지막 요구사항은 폰트 크기는 10px~50px 사이로, 글자 색은 무작위로 출력하면 됩니다.

출력 화면 레이아웃은 여러분이 미션에만 집중할 수 있게 다음과 같이 스타일 부분을 미리 작성해 뒀습니다.

미션1을 할 수 있다면 미션2도 충분히 해결할 수 있으니 자신감을 갖고 앞 절에서 다룬 내용을 참조하면서 미션을 풀어 보길 바랍니다.

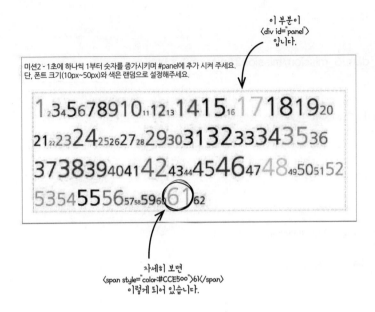

풀이

이번 미션은 엘리먼트 생성과 추가, 그리고 스타일을 변경하는 방법 등이 혼합된 내용입니다. 즉, 이 세 가지를 할 줄 안다면 서로 조합해서 이번 미션을 해결할 수 있습니다.

그럼 이번 미션을 해결하는 데 가장 필요한 기능은 뭘까요? 네, 맞습니다. 이번 미션의 핵심 이슈는 0.02초에 한 번씩 〈span〉 태그를 생성한 후 글자 색과 크기를 생성하는 함수를 실행하는 것입니다. 이에 대한 해결책은 이미 우리가 알고 있는 setInterval( ) 함수를 이용하면 0.02초에 한 번씩 특정 메서드를 호출할 수 있습니다. 이번 미션을 해결하는 과정은 다음과 같습니다.

1. 〈span〉 태그 생성

2. 〈span〉 태그에 숫자 정보 추가. (innerHTML 또는 텍스트 노드를 생성해 자식 노드로 추가하면 되겠죠?)

3. 스타일 설정

4. 부모 노드인 #panel 마지막에 생성한 〈span〉 태그를 추가

이때 이러한 작업을 수행하는 함수를 타이머를 이용해 0.02초마다 한 번씩 호출하도록 구문을 작성하면 됩니다.

그럼 전체 소스를 확인해 보겠습니다.

전체 소스 • 1_js_dom/3_mission/mission2/mission2_s.html

```
<html>
<head>
    <meta http-equiv="Content-Type" content="text/html; charset=UTF-8">
    <title></title>
    <style>
        body{
            font-size:9pt;
        }

        div{
            border: 1px solid #999999;
            margin:20px;
            margin-bottom:20px;
        }

        div div{
            border: 1px dotted #CCC;
            font-size:20px;
        }

        #panel {
            width:600px;
            overflow:visible;
        }
    </style>
    <script>
        var nCount = 0;
        var panel = null;
        window.onload=function(){
            // 초기화
            this.init();
            // 타이머 시작
            this.start();
        }

        // 초기화
        function init(){
            //1. 새로 생성할 <span> 태그를 추가할 부모 노드를 찾아냅니다.
            this.panel = document.getElementById("panel");
        }
```

```javascript
            // 타이머 시작
            function start(){
                //2. 0.02초마다 addTag() 함수를 실행하는 타이머를 실행합니다.
                setInterval(this.addTag,20);
            }

            // 새로운 span 요소 생성
            function addTag(){
                this.nCount++;
                // 3. 새로운 <span> 태그를 생성합니다.
                var span = document.createElement("span");
                // 4. 글자 크기와 글자 색을 무작위로 설정합니다.
                span.style.color = "#"+(parseInt(Math.random()*0xffffff)).toString(16);
                span.style.fontSize = (10+parseInt(Math.random()*40))+"px";

                // 5. <span> 태그의 display 방식을 inline-block으로 만듭니다.
                span.style.display = "inline-block";

                // 6. 숫자값을 span의 내부 텍스트 값으로 설정합니다.
                span.innerHTML = this.nCount;

                // 7. 신규로 생성한 <span> 태그를 부모 노드에 추가합니다.
                this.panel.appendChild(span);

                // 8. 추가되는 내용을 확인하기 위해 스크롤합니다.
                this.window.scrollTo(0,window.document.body.scrollHeight);
            }
        </script>
    </head>

    <body>
        <div>
            <h4>미션2 - 1초에 하나씩 1부터 숫자를 증가시키며, #panel에 추가해 주세요.<br>
단, 폰트 크기(10px~ 50px)와 색은 무작위로 설정해 주세요.</h4>
            <div id="panel">
            </div>
        </div>
    </body>
</html>
```

엘리먼트 생성과 스타일 설정 등에 관한 내용은 이미 핵심 내용과 미션1에서도 많이 살펴봤으므로 대부분의 소스는 쉽게 이해할 수 있을 것입니다.

참고로 아래 소스는 ⟨span⟩ 태그에 기본적으로 포함돼 있는 inline 특성을 inline-block 특성으로 바꾸는 구문으로서, panel에 ⟨span⟩ 태그가 추가될 때 자동으로 줄바꿈되게 하려고 사용한 스타일 속성입니다.

```
// 5. ⟨span⟩ 태그의 display 방식을 inline-block으로 만듭니다.
span.style.display  = "inline-block";
```

이미지 변경하기

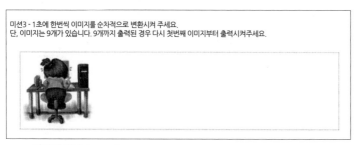

미션3 - 1초에 한번씩 이미지를 순차적으로 변환시켜 주세요.
단, 이미지는 9개가 있습니다. 9개까지 출력된 경우 다시 첫번째 이미지부터 출력시켜주세요.

이미지 경로: image/
이미지 이름: img1.jpg, img2. jpg … img9. jpg

이번 미션은 실전 활용 예제에서 만나게 될 롤링 배너의 기초가 되는 부분이며 사용자의 눈을 사로잡을 만한 인터랙션은 없지만 간단한 롤링배너로 바로 실전에서 활용할 수 있는 것을 만들어 보겠습니다.

풀이

이번 미션을 풀려면 1, 2, 3, 4, 5, 6, 7, 8, 9...라는 숫자를 계속해서 반복되게 만들어 낼 수 있어야 합니다. 즉, 이처럼 계속해서 반복되는 숫자에 이미지 경로와 이미지 이름인 "image/img"를 붙인 결과를 ⟨img⟩ 태그의 src 속성값에 대입하기만 하면 우리가 원하는 결과를 구할 수 있습니다.

실제 구현한 소스는 다음과 같습니다.

```html
<html>
<head>
    <meta http-equiv="Content-Type" content="text/html; charset=UTF-8">
    <title></title>
    <style>
        body{
            font-size:9pt;
        }

        div {
            border: 1px solid #999999;
            margin:20px;
            margin-bottom:20px;
        }

        div div {
            border: 1px dotted #CCC;
            font-size:20px;
        }
    </style>
    <script>
        var nCount = 0;
        var panel = null;
        var img1 = null;
        window.onload=function(){
            // 초기화
            this.init();
            // 타이머 시작
            this.start();
        }

        // 초기화
        function init(){
            // 앞으로 계속해서 사용하게 될 내용이니 전역 변수에 담아두겠습니다.
            this.panel = document.getElementById("panel");
            this.img1 = document.getElementById("img1");
        }

        // 타이머 시작
        function start(){
            // 1초에 한 번씩 changeImage() 함수를 호출하는 타이머를 실행합니다.
            setInterval(this.changeImage,1000);
        }
```

```
        // 이미지 변경
        function changeImage(){
            this.nCount++;
            // 현재 숫자 값이 10을 넘으면 다시 1로 만듭니다.
            if(this.nCount>=10)
                this.nCount =1;
            // 이미지 변경
            this.img1.src = "images/img"+this.nCount+".jpg";
        }
    </script>

</head>
<body>
    <div>
        <h4>미션3 - 1초에 한 번씩 이미지를 순차적으로 변경합니다.<br> 단 이미지는 9개가
있습니다. 9개까지 출력된 경우, 다시 첫 번째 이미지부터 출력합니다.</h4>
        <div id="panel">
            <img id="img1" src="images/img1.jpg">
        </div>
    </div>
</body>
</html>
```

휴~

수고하셨습니다. 여기서 잠시 쉬면서 여러분이 작성한 코드와 제가 작성한 코드를 비교해 보겠습니다. 중요한 건 프로그래밍에는 정답이 없다는 것입니다. 여러분이 작성한 코드와 저자가 작성한 코드는 커피 취향처럼 저마다 스타일이 다른 것이 당연합니다. 하지만 정답은 없어도 효율적인 코드는 있습니다. 즉, 다른 사람의 코드를 분석하는 건 좀더 나은 효율적인 코드를 만들기 위한 수단이 됩니다.

여기서 방금 해결한 미션 1, 2, 3의 경우는 노드 다루기에 초점을 맞춘 예제였습니다. 이제 이와 달리 이어서 만날 미션 4, 5, 6은 위치 및 크기 다루기를 복습하기 위한 내용으로 채워져 있습니다. 드디어 "위치 및 크기와 관련된 프로퍼티와 메서드"에서 저자가 여러분을 위해 만들어 둔 표를 꺼낼 때가 됐군요. 원활한 미션 진행을 위해 위치 및 크기 관련 프로퍼티 메서드 표를 쉽게 참고할 수 있는 위치에 두고 시작하는 것도 좋은 방법이 될 것 같습니다. 자! 그럼 다시 시작할까요?

미션 04 특정 영역에서 이미지 움직이기

#img1을 #bar의 영역 내에서 좌우로 계속해서 움직이게끔 만들어 주세요.

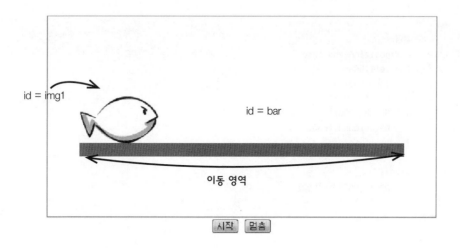

요구사항

다음은 여러분이 구현에만 집중할 수 있게 스타일 및 HTML 레이아웃, 시작 버튼과 멈춤 버튼의 click 이벤트와 관련된 코드를 이미 작성해둔 것입니다. 그러면 이제 처음 시작할 때는 멈춰 있다가 시작 버튼을 클릭하면 #img1을 이동 영역에서 좌우로 계속해서 움직이게 만들기만 하면 됩니다. 이때 멈춤 버튼을 클릭하면 움직임을 정지해 줍니다.

주의할 점은 아래 레이아웃 소스에 스타일과 HTML 요소를 추가한다거나 수정하면 안 된다는 것입니다. 이 소스를 그대로 이용하되 자바스크립트 부분만 여러분의 의도에 맞게 작성하면 됩니다. 그럼 망설일 필요 없이 바로 작업을 시작해보죠!

레이아웃 • 1_js_dom/3_mission/mission4/mission4_q.html

```html
<html>
<head>
    <meta http-equiv="Content-Type" content="text/html; charset=UTF-8">
    <title></title>
    <style>
        body{
            font-size:9pt;
        }
```

```
            #panel{
                width:600px;
                height:300px;
                border:1px solid #999;
                position:relative;
            }

            #bar{
                position:absolute;
                left:50px;
                top:190px;
                width:500px;
                height:20px;
                background:#F30;
            }

            #img1{
                position:absolute;
                left:50px;
                top:80px;
            }

            #nav{
                text-align:center;
                width:600px;
            }
        </style>

        <script>

            window.onload=function(){
                this.initEventListener();
            }

            function initEventListener(){
                document.getElementById("btn_start").addEventListener("click",function(){
                    alert("시작");
                 },false);

                document.getElementById("btn_stop").addEventListener("click",function(){
                    alert("멈춤");
                },false);
            }
        </script>
</head>
<body>
    <div>
        <h4>#img1을 #bar의 영역에서 계속 좌우로 움직이도록 만들어주세요. </h4>
```

```
        <div id="panel">
            <div id="bar"> </div>
            <div id="img1">
                <img src="img1.jpg">
            </div>
        </div>
        <div id="nav">
            <button id="btn_start">시작</button>
            <button id="btn_stop">멈춤</button>
        </div>
    </div>
</body>
</html>
```

핵심 이슈 찾기

지금까지 해온 것처럼 미션 풀이의 시작은 직접 개발자의 수준에 따른 핵심 이슈를 찾는 것입니다. 이번 미션의 핵심 이슈는 이동 영역이 시작하고 끝나는 위치를 알아내는 것입니다.

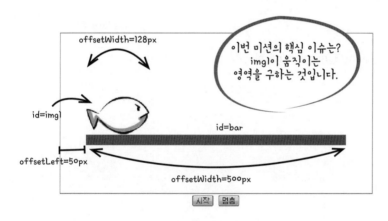

해결책
초기 시작 위치 = bar.offsetLeft;
최종 위치 = bar.offsetLeft+bar.offsetWidth-img1.offsetWidth;

먼저 초기 시작 위치부터 알아볼까요? CSS 및 HTML 구조를 보면 알 수 있듯이 #bar와 #img1는 #panel의 자식 노드로 돼 있으며, position:absolute이라서 같은 좌표 체계를 사용합니다. 즉, 시작 위치는 #bar의 left 값으로 #img1의 left를 설정하면 됩니다. 단 px가 포함된 #bar의 style.left에서는 문자열 위치값보다는 부모 노드인 #panel에서 어느 정도 떨어진 left 위치인지 알아낼 수 있는 정수형 offsetLeft 프로퍼티를 사용하는 게 훨씬 효과적입니다.

다음 내용은 최종 위치 값을 구하는 것입니다. 이는 앞 절에서 배운 위치 관련 프로퍼티를 조합해서 해결해야 합니다. 먼저 우리가 구하는 값은 bar의 너비가 아닌 #img1이 움직여야 할 최종 위치 값임을 알아야 합니다. 즉, 최종 위치는 다음과 같이 구할 수 있습니다.

최종위치 = bar.offsetLeft+bar.offsetWidth−img1.offsetWidth;

여기서 bar의 너비값을 구할 수 있는 프로퍼티는 기본 너비에 패딩, 테두리가 포함된 offsetWidth, 그리고 기본 너비만(margin, border, 스크롤바 영역 제외)을 의미하는 clientWidth도 있습니다. CSS를 보면 알 수 있듯이 패딩이나 스크롤바 영역, 그리고 border의 크기가 전혀 적용돼 있지 않으므로 이번 미션에서는 두 가지 요소 중 아무거나 사용해도 됩니다. 그렇지 않은 경우에는 상황에 맞게 둘 중 하나를 선택해서 사용해야 합니다. 이 방식은 #img1에 그대로 적용됩니다.

핵심 이슈가 해결됐으니 나머지는 쉽게 해결될 것 같습니다. 그렇죠? 전체 소스는 다음과 같습니다.

풀이 소스 • 1_js_dom/3_mission/mission4/mission4_s.html

```
<script>
    var nEndX;
    var nCurrentX;
    var nStartX;
    var nTimerID;
    var nStep;
    var objIMG;

    window.onload=function(){
❶
        // 요소 초기화
        this.init();
        // 이벤트 초기화
        this.initEventListener();
    }
❷
    function initEventListener(){
        // 시작 버튼 이벤트 리스너 등록
        document.getElementById("btn_start").addEventListener("click",function(){
            start();
        },false);

        // 정지 버튼 이벤트 리스너 등록
```

```
        document.getElementById("btn_stop").addEventListener("click",function(){
            stopMove();
        },false);
    }
```

❸
```
    function init(){
        var objBar = document.getElementById("bar");

        // 시작 위치 파악
        this.nStartX = objBar.offsetLeft;

        // 마지막 위치(시작 위치 + bar의 너비 - 이미지 너비)
        this.nEndX = objBar.clientWidth;
        this.nEndX += this.nStartX;
        this.nEndX -= 128;

        // 이미지의 현재 위치를 시작 위치로 설정
        this.nCurrentX = this.nStartX;

        this.nStep = 2;
        this.nTimerID = 0;

         // 계속해서 사용하게 될 이미지 엘리먼트를 변수에 저장
        this.objIMG = document.getElementById("img1");
    }
```

❹
```
    // 타이머 실행
    function start(){
        if(this.nTimerID==0)
            this.nTimerID = setInterval(this.startMove,30);
    }
```

❺
```
    // 이미지 움직이기
    function startMove(){
        // nStep만큼 이동
      this.nCurrentX += this.nStep;

        // 위치 값이 마지막 위치 값을 넘어가는 순간,
        // 마지막 위치에서 시작 위치로 이동할 수 있게 방향을 바꾼다.
        if(this.nCurrentX>this.nEndX){
            this.nCurrentX = this.nEndX;
            this.nStep = -2;
        }
        // 위치 값이 시작 위치 값을 넘어가는 순간,
        // 시작 위치에서 마지막 위치로 이동할 수 있게 방향을 바꾼다.
        if(this.nCurrentX<this.nStartX){
            this.nCurrentX = this.nStartX;
            this.nStep = 2;
```

```
        }

        // 최종적으로 조절된 위치 값을 left에 적용한다.
        this.objIMG.style.left = this.nCurrentX+"px";
    }
❻
    // 타이머 정지시키기
    function stopMove(){
        if(this.nTimerID!=0) {
            clearInterval(this.nTimerID);
            this.nTimerID = 0;
        }
    }
</script>
```

소스 설명

❶ 문서가 모두 로딩되면 #img1을 움직이기 위한 초기화 작업을 담당하는 init( )과 이벤트 초기화 작업을 담당하는 initEventListener( )를 호출합니다.

❷ init( ) 함수에서는 핵심 이슈에서 구한 풀이에 맞게 #img1가 움직이게 될 시작 위치와 마지막 위치 값을 미리 구해 전역변수에 담아 둡니다. 그리고 #img1를 움직일 것이므로 #img1를 찾아 전역 변수인 objIMG 변수에 담아둡니다.

❸ initEventListener( )에는 시작 버튼과 멈춤 버튼에 click 이벤트 리스너를 추가한 후 각각 #img1를 움직이기 시작하는 start( ) 함수와 멈추게 하는 stopMove( )를 호출해줍니다.

❹ 시작 버튼이 눌리면 start( ) 함수가 실행되어 setInterval( ) 함수에 의해 0.03초에 한 번씩 startMove( ) 함수가 실행됩니다.

❺ startMove( ) 함수에서는 매번 실행될 때마다 이동해야 할 위치 값을 구한 후 #img1을 움직일 수 있게 style.left에 대입합니다.

❻ 멈춤 버튼이 눌리면 stop( ) 함수가 실행되어 타이머가 멈춤과 동시에 #img1의 움직임도 멈춥니다.

이미지 스크롤

#image_view 안에는 9개의 이미지가 있습니다. 이미지가 보일 수 있게 계속해서 상하로 스크롤 해주세요.

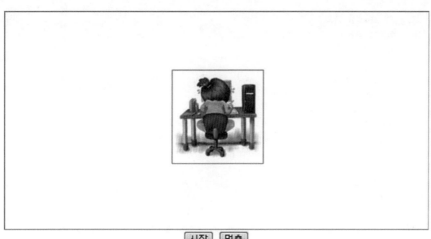

요구사항

이번 미션의 목적은 스크롤 관련 프로퍼티의 활용에 있습니다. #image_view의 CSS 프로퍼티에는 overflow:hidden이 적용되어 이 안에 들어 있는 모든 이미지가 보이지 않지만 총 9개의 이미지가 들어 있습니다. 이번 미션은 바로 전체 이미지가 보일 수 있게 image_view를 상하로 스크롤하는 것입니다. 이번 미션 역시 자바스크립트 구현에만 전념할 수 있게 CSS와 HTML 레이아웃을 미리 잡아뒀습니다.

레이아웃 • 1_js_dom/3_mission/mission5/mission5_q.html

```html
<html>
<head>
    <meta http-equiv="Content-Type" content="text/html; charset=UTF-8">
    <title></title>
    <style>
        body{
            font-size:9pt;
        }
```

```
        #panel{
            width:600px;
            height:300px;
            border:1px solid #999;
            position:relative;
        }

        #panel #image_view{
            left:236px;
            top:80px;
            width:128px;
            height:128px;
            border:1px solid #999;
            position:relative;
            overflow:hidden;
        }

    #nav{
            text-align:center;
            width:600px;
    }
    </style>
    <script>
        window.onload=function(){
            this.initEventListener();
        }

        function initEventListener(){
            document.getElementById("btn_start").addEventListener("click",function(){
                alert("시작");
            },false);

            document.getElementById("btn_stop").addEventListener("click",function(){
                alert("멈춤");
            },false);
        }
    </script>
</head>

<body>
    <div>
        <h4>#image_view 안에는 9개의 이미지가 있답니다. 이미지가 보일 수 있게 계속해서 상하
로 스크롤해주세요.</h4>
        <div id="panel">
            <div id="image_view">
                <img src="images/img1.jpg">
                <img src="images/img2.jpg ">
                <img src="images/img3.jpg">
```

```
                    <img src="images/img4.jpg ">
                    <img src="images/img5.jpg ">
                    <img src="images/img6.jpg ">
                    <img src="images/img7.jpg ">
                    <img src="images/img8.jpg ">
                    <img src="images/img9.jpg ">
                </div>
            </div>
            <div id="nav">
                <button id="btn_start">시작</button>
                <button id="btn_stop">멈춤</button>
            </div>
        </div>
    </body>
</html>
```

핵심 이슈 찾기

미션4의 경우와 비슷해 보이는 면도 없지 않아 보입니다. 여러분이 생각하기에 이번 미션의 핵심 이슈는 뭐라고 생각하나요? 일단 상하로 움직여야 하기 때문에 상하와 관련된 프로퍼티를 먼저 찾아봐야겠군요. 후보 프로퍼티를 뽑아볼까요? 가장 유력한 후보인 top과 scrollTop이 있습니다. 이 가운데 하나를 이용해야 하는데 어떤 걸 선택하느냐에 따라 미션을 해결하는 방법이 달라집니다.

먼저 top 프로퍼티를 이용하는 경우

- 좌표계를 만들기 위해 #panel과 #image_view의 position 스타일 속성을 absolute이나 relative로 설정합니다. 그래야 #panel의 offsetParent가 되어 #image_view를 정상적으로 움직이게 할 수 있습니다.

- 즉, 좌표계를 만든 후 특정 좌표에 맞게 움직이고 싶을 때 top을 이용하면 됩니다.

- 예를 들면, #image_view.style.top="-100px"를 실행하면 위로 -100만큼 이동합니다.

scrollTop 프로퍼티를 이용하는 경우

- top 속성과 달리 좌표계를 만들지 않아도 되므로 #image_view의 position 스타일 속성값이 absolute 또는 relative가 아니어도 됩니다.

- 이름에서도 알 수 있듯이 스크롤 전용 프로퍼티입니다.

- 즉, 좌표계 없이 그냥 좌우 또는 아래에서 위로 스크롤하고 싶을 때 scrollTop을 이용하면 됩니다.

- 예를 들면, #image_view.scrollTop=100을 실행하면 위로 100만큼 스크롤됩니다.

이번 예제에서는 아래에서 위로 움직이는 것이므로 scrollTop을 이용하겠습니다.

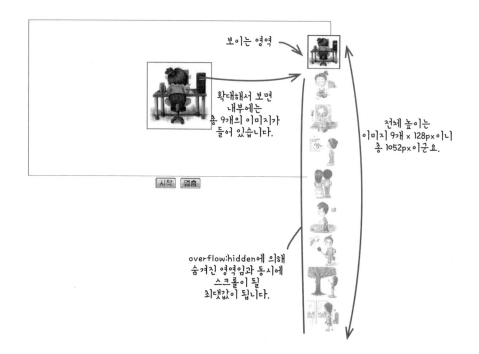

보이는 영역

확대해서 보면
내부에는
총 9개의 이미지가
들어 있습니다.

전체 높이는
이미지 9개 x 128px이니
총 1052px이군요.

overflow:hidden에 의해
숨겨진 영역임과 동시에
스크롤이 될
최댓값이 됩니다.

시작 멈춤

방금 알아본 것처럼 #image_view.scrollTop=100을 넣으면 위로 100만큼 스크롤됩니다. 이런 원리를 이용해 #image_view를

- 위쪽으로는 0에서 #image_view.scrollHeight − #image_view.clientHeight만큼 스크롤
- 아래쪽으로 #image_view.scrollHeight − #image_view.clientHeight에서 0만큼 스크롤

이 작업을 번갈아가며 반복하면 원하는 결과물을 얻을 수 있습니다. 지금까지 설명한 것이 바로 핵심 이슈의 해결책입니다. 전체 코드는 다음과 같습니다.

소스 • 1_js_dom/3_mission/mission5/mission5_s.html

```
<script>
    var objImageView;
    // 전체 이미지 스크롤 높이값을 담을 변수
    var nImageScrollHeight;
    // 현재 스크롤의 위치 값
    var nCurrentY;

    var nTimerID;
```

```javascript
// 한 번에 이동하게 될 이동 값
var nStep;

❶
window.onload=function(){
    // 요소 초기화
    this.init();
    // 이벤트 초기화
    this.initEventListener();
}

❷
// 요소 초기화
function init(){
    // 계속해서 사용할 이미지뷰 엘리먼트를 변수에 담아둡니다.
    this.objImageView = document.getElementById("image_view");
    // 전체 이미지 스크롤의 높이 값 구하기
    this.nImageScrollHeight = this.objImageView.scrollHeight;
    this.nImageScrollHeight -= this.objImageView.offsetHeight;
    this.nStep = 2;
    this.nTimerID = 0;
    this.nCurrentY = 0;
}

❸
// 타이머 실행
function start(){
    if(this.nTimerID==0)
        this.nTimerID = setInterval(this.startMove,20);
}

❹
function initEventListener(){
    // 스크롤 시작 버튼에 대한 이벤트 리스너 등록
    document.getElementById("btn_start").addEventListener("click",function(){
        start();
    },false);
    // 스크롤 멈춤 버튼에 대한 이벤트 리스너 등록
    document.getElementById("btn_stop").addEventListener("click",function(){
        stopMove();
    },false);
}

❺
// 이미지를 상하로 스크롤시키는 함수
function startMove(){
    this.nCurrentY += this.nStep;
    // 현재 스크롤 위치가 마지막 위치인지 판단
    if(this.nCurrentY>this. nImageScrollHeight) {
        nCurrentY = this. nImageScrollHeight;
        nStep = -2;
    }
```

```
            // 현재 스크롤 위치가 시작 위치인지 판단
            if(nCurrentY<0) {
                nCurrentY = 0;
                nStep = 2;
            }

            // scrollTop 프로퍼티를 이용한 이미지 스크롤
            this.objImageView.scrollTop = nCurrentY;
        }
❻
        // 타이머 멈추기
        function stopMove(){
            if(nTimerID!=0) {
                clearInterval(nTimerID);
                nTimerID = 0;
            }
        }
    }
</script>
```

소스 설명

이번 미션의 풀이는 미션4와 많은 부분이 닮아 있습니다. 즉, 미션4에서는 움직임이 왼쪽에서 오른쪽으로, 또는 그 반대로 움직임을 주기 위해 style의 left를 사용했지만 미션5에서는 움직임이 위쪽에서 아래쪽으로, 또는 그 반대로 움직임을 주기 위해 속성값 scrollTop을 사용했다는 점입니다. 따라서 구현도 거의 일치합니다.

❶ 문서가 모두 로딩되면 #image_view를 움직이기 위한 초기화 작업을 담당하는 init( )과 이벤트 초기화 작업을 담당하는 initEventListener( )를 호출합니다.

❷ init( ) 함수에서는 이미지가 담겨 있는 #image_view를 전역 변수에 담은 후 핵심 이슈에서 구한 풀이에 맞게 스크롤할 최댓값을 구합니다.

❸ initEvventListener( )에는 시작 버튼과 멈춤 버튼에 click 이벤트 리스너를 추가한 후 각각 #image_view를 움직이기 시작하는 start( ) 함수와 멈추게 하는 stopMove( )를 호출합니다.

❹ 시작 버튼이 눌리면 start( ) 함수가 실행되어 setInterval( ) 함수에 의해 0.02초에 한 번씩 startMove( ) 함수가 실행되게 합니다.

❺ startMove( ) 함수에서는 매번 실행될 때마다 이동해야 할 스크롤 값을 구한 후 #image_view을 움직일 수 있게 속성값 scrollTop에 대입합니다.

❻ 멈춤 버튼이 눌리면 stop( ) 함수가 실행되어 타이머가 멈춤과 동시에 #image_view의 움직임도 멈추게 됩니다.

사각형 영역에서 이미지 움직이기

#img1을 #panel 영역 내에서 움직이게 만들기. 외각에 부딪치는 경우 튕겨져야 함.

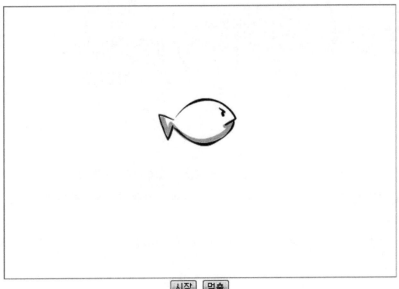

시작 멈춤

요구사항

처음에는 임의의 위치에서 시작해 2px씩 움직이게 만듭니다. 이동 중 벽에 부딪히게 되는 경우 반대 방향으로 이동시키면 됩니다.

핵심이슈 찾기

이번 미션의 핵심 이슈는 상하좌우 충돌 체크입니다. 이동 중 벽에 부딪히는 경우 반대 방향으로 움직일 수 있게 알고리즘을 만들어야 합니다. 다행히 이미 미션4에서 좌우 충돌 처리를 해결한 적이 있습니다(생각나시죠?). 따라서 여기에 상하 충돌 처리만 추가하면 됩니다.

상하 충돌 역시 좌우 충돌 처리와 매우 비슷합니다. 좌우 충돌 처리에서 x(가상 위치값), width, left 프로퍼티를 사용했다면 상하 충돌 처리에서는 이 프로퍼티 대신 각 y(가상 위치값), height, top만을 사용하기만 하면 상하 충돌을 체크할 수 있습니다.

```
// 가상 위치 값 처리
this.nCurrentX+=this.nStepX;

//오른쪽 벽 충돌 검사
if(this.nCurrentX>this.nEndX)
{
    this.nCurrentX=this.nEndX;
    this.nStepX=-2;
}

//왼쪽 벽 충돌 검사
if(this.nCurrentX<this.nStartX)
{
    this.nCurrentX=this.nStartX;
    this.nStepX=2;
}

// 가상 위치 값을 실제 위치값에 적용
this.objIMG.style.left=this.nCurrentX+"px";
```

미션4에서 해결했던 좌우 충돌처리에서 x(가상 위치값), width, left 프로퍼티를 이용했다면, 상하 충돌처리에서는 y(가상 위치값), height, top 프로퍼티를 이용하기만 하면 된답니다.

```
// 가상 위치 값 처리
this.nCurrentY+=this.nStepY;

//아래쪽 벽 충돌 검사.
if(this.nCurrentY>this.nEndY)
{
    this.nCurrentY=this.nEndY;
    this.nStepY=-2;
}

//위쪽 벽 충돌 검사
if(this.nCurrentY<this.nStartY)
{
    this.nCurrentY=this.nStartY;
    this.nStepY=2;
}

// 가상 위치 값을 실제 위치값에 적용
this.objIMG.style.top=this.nCurrentY+"px";
```

이제 두 코드를 합치면 상하좌우로 튕기는 기능을 구현할 수 있습니다. 전체 코드는 다음과 같습니다. 코드를 보면 알겠지만 기존 코드와 거의 같기 때문에 추가로 설명은 하지 않겠습니다.

풀이 소스 • 1_js_dom/3_mission/mission6/mission6_s.html

```
<html>
<head>
    <meta http-equiv="Content-Type" content="text/html; charset=UTF-8">
    <title></title>
    <style>
        body{
            font-size:9pt;
        }
        #panel{
            width:600px;
            height:400px;
            border:1px solid #999;
            position:relative;
        }
        #img1{
            position:absolute;
            left:236px;
            top:136px;
        }
        #nav{
            text-align:center;
            width:600px;
        }
    </style>
```

```
<script>
    var nX = 0;
    var nY = 0;
    var nStepSize = 4;
    var nStepX = nStepSize;
    var nStepY = nStepSize;
    // 움직임을 줄 대상인 #img1을 저장할 변수
    var img1;
    var nTimerID = 0;
    var nEndX = 0;
    var nEndY = 0;

    window.onload=function(){
        // 요소 초기화
        this.init();
        // 이벤트 초기화
        this.initEventListener();
    }

    // 요소 초기화
    function init(){
        this.nTimerID = 0;

        var panel = document.getElementById("panel");
        this.img1 = document.getElementById("img1");

        // 이미지가 움직일 최종 X, Y값을 구한다.
        this.nEndX = panel.offsetWidth-img1.offsetWidth;
        this.nEndY = panel.offsetHeight-img1.offsetHeight;
    }

    // 이벤트 초기화
    function initEventListener(){
        document.getElementById("btn_start").addEventListener("click",function(){
            start();
        },false);

        document.getElementById("btn_stop").addEventListener("click",function(){
            stopMove();
        },false);
    }

    // 타이머 시작
    function start(){
        if(this.nTimerID==0)
            this.nTimerID = setInterval(this.startMove,20);
    }
```

```
        // 이미지 움직이기
    function startMove(){
        this.nX += this.nStepX;
        this.nY += this.nStepY;

        // 오른쪽 벽과 부딪혔는지 체크
        if(this.nX>this.nEndX)
            this.nStepX = -this.nStepSize;
        // 왼쪽 벽과 부딪혔는지 체크
        if(this.nX<0)
            this.nStepX = this.nStepSize;

        // 아래쪽 벽과 부딪혔는지 체크
        if(this.nY>this.nEndY)
            this.nStepY = -this.nStepSize;
        // 위쪽 벽과 부딪혔는지 체크
        if(this.nY<0)
            this.nStepY = this.nStepSize;

        // 최종 이동 값을 left, top에 대입
        img1.style.left = this.nX+"px";
        img1.style.top = this.nY+"px";
    }

        // 타이머 멈춤
    function stopMove(){
        if(this.nTimerID!=0) {
            clearInterval(this.nTimerID);
            this.nTimerID = 0;
        }
    }
    </script>
</head>

<body>
    <div>
        <h4>#img1을 #panel 영역 내에서 움직이게 만들기. 외각에 부딪히는 경우 튕겨져야 함. </h4>
        <div id="panel">
            <div id="img1">
                <img src="img1.jpg ">
            </div>
        </div>
        <div id="nav">
            <button id="btn_start">시작</button>
            <button id="btn_stop">멈춤</button>
        </div>
    </div>
</body>
</html>
```

04. 실전 활용 예제!!!

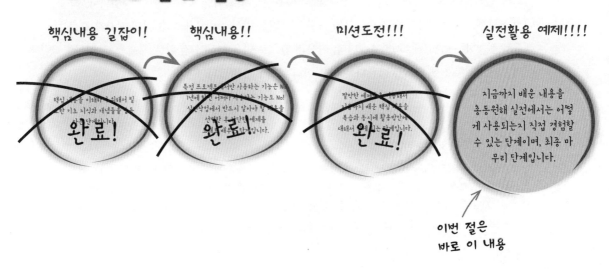

핵심내용 길잡이! 핵심내용!! 미션도전!!! 실전활용 예제!!!!

핵심 내용을 이해하기 위해서 필요한 기초 지식과 개념들을 습득하는 단계입니다. **완료!**

특정 프로젝트에서만 사용하는 기능은 No! 1년에 한 번 어쩌다 사용하는 기능도 No! 실전작업에서 반드시 알아야 할 내용을 선별한 후 단계별로 배우는 단계입니다. **완료!**

짤막한 예제를 통해서 지금까지 배운 핵심 내용을 복습과 동시에 활용방안에 대해서 배우는 단계입니다. **완료!**

지금까지 배운 내용을 총동원해 실전에서는 어떻게 사용되는지 직접 경험할 수 있는 단계이며, 최종 마무리 단계입니다.

이번 절은
바로 이 내용

1장의 핵심 내용 길잡이에서는 DOM과 관련된 다양한 개념부터 시작해 이를 바탕으로 반드시 알아야 할 핵심 내용을 배웠습니다. 그리고 앞 절에서는 다양한 미션 도전 과제를 풀면서 DOM과 친해지는 시간을 보냈습니다.

우선 이곳까지 오느라 모두 수고 많으셨습니다. 이곳은 DOM장의 마지막 단계인 "실전 활용 예제 만들기"입니다. 여기서는 지금까지 배운 모든 내용을 총동원해 실전에서 사용할 수 있는 예제를 만들어보겠습니다.

이번 절에서 만들 예제는 다음과 같습니다.

1. 경품 추첨기 버전 0.1
2. 롤링배너 버전 0.1

여기서 만든 예제는 나중에 jQuery와 Ajax를 배울 때마다 조금씩 업그레이드할 예정입니다.

그럼 먼저 경품 추첨기를 만들어 보겠습니다.

여러분은 프로젝트를 어떻게 진행하나요?

프로젝트를 진행하는 방식은 회사의 업무 환경이나 개발자의 취향에 따라 다를 것입니다. 그래서 프로젝트를 진행하기 전에 여러분의 프로젝트 진행 방식과 비교해볼 수 있게 저자가 프로젝트를 진행하는 방법을 소개하겠습니다. 아울러 앞으로 나올 모든 실전 활용 예제 프로젝트는 이러한 프로젝트 진행 방식을 따른다는 점을 미리 알아두기 바랍니다.

진행순서

1. 요구사항 분석 및 기능 정의

가장 먼저 사용자 요구사항을 분석한 후 정확히 무엇을 만들고자 하며, 프로그램이 어떻게 동작해야 할지 확실히 알고 있어야 합니다. 특히 인터랙티브한 웹 콘텐츠 제작은 콘텐츠의 움직임에 따라 구조가 완전히 달라지므로 요구사항을 정확히 분석한 후 기능을 결정해야 합니다. 참고로 이와 관련한 내용은 주로 개발자보다 기획자와 같은 프로젝트 진행자가 주로 결정하게 됩니다.

2. 핵심 기능 및 구현 방법 찾기

혹시 지금까지 무턱대고 코딩부터 시작하지 않으셨나요?

이래선 안됩니다. 무작정 개발을 시작하지 마세요. 핵심 기능이 해결되지 않으면 어떤 프로젝트도 끝낼 수가 없습니다. 분석이 끝난 1번의 요구사항 및 기능 정의 내용 가운데 실제로 프로젝트를 수행하는 개발자의 능력에 맞게 핵심 이슈, 즉 프로젝트에서 가장 중요하다고 생각되는 부분이나 처음 접하는 기술, 그리고 핵심 이슈의 처리 방안을 미리 찾아내야 합니다. 혹 해법을 찾지 못한 부분이 있다면 이 부분은 삭제하거나 다른 대안을 찾아야 합니다. 첫 번째와 달리 이단계의 내용은 거의 대부분 개발자가 결정하게 됩니다.

3. 기능 구현 단계 나누기

여기까지 왔다면 최종적으로 구현해야 할 내용과 프로젝트 구현 시 큰 어려움이 될 수 있는 핵심 기능에 대한 해결책까지 모두 준비된 상태입니다. 즉, 바로 실제 코딩을 할 수 있는 단계로 보면 됩니다. 다만 바로 코딩을 하기보다는 프로젝트에서 구현해야 할 내용을 작은 단위로 나누어 우선순위별로 나열합니다. 그러면 개발 작업이 좀더 수월해지며, 프로젝트 진행 상황을 파악하거나 개발 기간까지도 미리 산정할 수 있습니다. 그렇다고 단계 나누기에 너무 많은 고민과 시간을 투자하지는 마세요. 프로젝트를 진행하다 보면 알겠지만 프로젝트 요구사항은 수시로 바뀝니다. 그러니 정말 대략 생각나는 대로만 작성하면 됩니다.

4. 구현하기

이제 드디어 직접 코딩할 시간입니다. 작은 조각으로 나눈 기능을 차례차례 하나씩 구현해 나가면 됩니다. 아마도 막상 프로젝트를 진행하다 보면 3번에서 생각하지 못했던 내용이 추가되거나 삭제되기도 할 것입니다. 추가되는 작업의 경우에는 프로젝트 기간에 산정되지 않은 내용이니 가급적 가장 뒤로 몰아두길 바랍니다.

5. 완료 후 리팩토링

클라이언트는 우리가 만든 코드가 예술적인 디자인 패턴과 객체지향 프로그래밍을 아주 잘 활용해서 유지보수하기 쉬운 구조로 만들어졌든 해석할 수 없을 만큼 헝클어진 스파게티 코드로 만들어졌든 상관하지 않습니다. 단지 완료일에 결과물을 보고 싶어할 뿐입니다. 최선을 다해 만든 최종 결과물을 사용자에게 전달했다면 이제 사용자의 수정사항을 유지보수하기 쉽게 임시로 만들어 둔 변수나 코드를 제거하고 합치는 리팩토링을 해야 합니다. 이때 드디어 자신의 프로그래밍 능력이 빛을 발할 것입니다.

경품 추첨기

경품추첨기 - ver 0.1

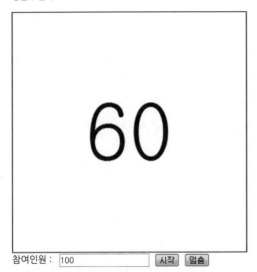

참여인원 : [100]　[시작] [멈춤]

사용자 요구사항

이번에 진행할 프로젝트는 스터디 또는 세미나에서 활용할 수 있는 경품 추첨기입니다. 동작 방식은 다음과 같습니다.

1. 시작 버튼을 누르면 1에서 참여 인원으로 입력한 내용을 기준으로 무작위로 화면에 출력되게 합니다. 단, 보는 사람이 긴장감을 느낄 수 있게 효과를 더해주길 바랍니다.

2. 멈춤 버튼을 누르면 출력을 정지하고 당첨자가 나오게 합니다. 이 역시 당첨자를 확실히 알 수 있게 표현했으면 좋겠습니다.

요구사항 분석 및 기능 정의

사용자가 생각하는 경품추첨기는 구현하는 데 크게 어려운 부분이 없는 듯합니다. 그렇죠? 만약 그런 부분이 있다면 아마 일반 사용자가 어떻게 긴장감을 느끼게 할 것인가일 것입니다. 그럼 먼저 이 효과 부분을 어떻게 처리할지 함께 고민해보겠습니다.

1. 출력 효과 구현
   - 0.02초마다 1부터 참여 인원에 입력된 수 가운데 특정 숫자를 무작위로 출력
   - 글자 크기는 20px~120px 사이 값 중 무작위로 선택
   - 글자 색 역시 무작위로 선택합니다.

2. 당첨자 출력 효과 구현
   - 숫자가 무작위로 출력될 때 멈춤 버튼을 누르면 현재 보이는 숫자를 가진 참여자가 당첨자가 되는 것입니다.
   - 당첨 숫자를 돋보이도록 글자 크기를 200px으로, 글자 색을 빨간색으로 보이게 합니다.

이렇게 사용자 요구사항을 분석해 기능 정의를 해봤습니다.

핵심 기능 및 구현 방법 찾기

방금 요구사항 분석을 통해 사용자 요구사항을 어떻게 만들 것인지 기능 정의를 내렸습니다.

이번 단계에서는 요구사항 분석 단계와 기능 정의 단계에서 결정한 내용이 정말 개발 가능한지, 불가능할지, 또는 자료조사 및 학습을 통해 해결할 수 있는지 판단한 후 최종 결정을 내려야 합니다. 예를 들어, 0.02초마다 무작위로 숫자를 만들어내려면 window 객체에서 제공하는 setInterval( )을 미리 알고 있어야 합니다. 이 함수를 모른다면 긴장감을 줄 수 있는 효과를 만들 수 없습니다. 만약 setInterval( )을 이용해 개발할 수 없다면 출력 효과를 개발 가능한 수준에 맞게 바꿔야 합니다.

다시 본론으로 돌아와서 setInterval( )의 경우 자바스크립트의 기초 라이브러리에 해당하는 부분이므로 여러분이 setInterval( )을 이미 알고 있다는 가정하에 이번 프로젝트에서는 따로 핵심 기능으로 잡진 않겠습니다. 즉, 이번 프로젝트는 핵심 이슈가 없는 프로젝트가 되는 것입니다.

단계 나누기

이번 단계에서는 실전 작업을 하기 전에 대략 어떤 식으로 프로젝트를 쪼개서 진행하겠다라는 내용을 작성하면 됩니다. 여러분도 연습 삼아 한번 작성해 보길 바랍니다. 나눠본 분은 아래 내용과 비교해보세요.

단계 #1
- 무작위로 1부터 100 사이의 정수 만들기(20분)

단계 #2
- 0.02초에 한 번씩 무작위로 1부터 100사이의 정수 만들기(20분)

단계 #3
- 레이아웃 구성(30분, 숫자가 출력될 영역, 시작 버튼, 당첨 버튼 등이 있어야겠죠?)

단계 #4
- 단계 1~2에서 만든 숫자를 레이아웃에 출력(10분)

단계 #5
- 시작 버튼을 클릭했을 때 무작위로 숫자가 출력되게 만들기(30분)

단계 #6
- 당첨 버튼을 클릭했을 때 숫자 출력을 정지시키기
- 당첨 번호를 부각시키고자 글자 색을 빨간색으로, 크기를 200px로 만들기(30분)

단계 #7
- 1에서 참여 인원수 중에서 무작위 숫자 만들기(20분)

저자는 대략 이런 순서로 개발을 진행하면 될 것 같아서 일단 생각나는 대로 적어봤습니다. 개발 기간을 모두 합하니 총 160분이 걸리는 프로젝트로 나오는군요.

이제 여기서 만들 프로그램이 어떻게 동작하는지 정확히 알았을 뿐더러 프로젝트가 대략 언제 끝날지도 알 수 있게 됐습니다. 그럼 망설일 필요 없이 바로 코딩 작업을 시작해야겠죠

구현하기

단계 #1

무작위로 1부터 100 사이의 정수 만들기(20분)

소스 • 1_js_dom/4_ex/ex1/step_1.html

```
window.onload=function(){
    var nNum = 1+Math.floor(Math.random()*100);
    alert(nNum);
}
```

소스 설명

임의 숫자를 만들어 내는 방법은 Math 객체의 random( ) 함수를 사용하면 아주 쉽게 해결됩니다.

단계 #2

0.02초에 한 번씩 무작위로 1부터 100 사이의 정수 만들기(20분)

소스 • 1_js_dom/4_ex/ex1/step_2.html

```
window.onload=function(){
    setInterval(function(){
        var nNum = 1+Math.floor(Math.random()*100);
    },20);
}
```

소스 설명

setInterval( )을 이용하면 0.02초마다 한 번씩 특정 함수를 호출할 수 있습니다. 이 함수에서는 단계 1에서 작성한 내용을 그대로 추가하면 됩니다.

단계 #2-1

리팩토링

단계 2까지 구현하려고 하는 요구조건에 맞게 0.02초에 한 번씩 임의 숫자를 만들어 냈습니다. 다만, 나중에 이 부분은 계속해서 사용해야 하니 소스가 더 복잡해지기 전에 소스를 조금 다듬어 보겠습니다.

```
window.onload=function(){
    this.startTimer();
}

❶
function startTimer(){
    // 0.02초에 한 번씩 createNumber() 함수를 실행해 줍니다.
    setInterval(this.createNumber,20);
}

❷
// 무작위로 1에서 100 사이의 숫자를 만들어 냅니다.
function createNumber(){
    var nNum = 1+Math.floor(Math.random()*100);
}
```

소스 설명

❶ 먼저 startTimer( ) 함수를 새로 만든 후 0.02마다 실행되는 타이머를 이곳에 작성합니다.

❷ 임의 숫자를 만들어내는 구문도 전용 함수인 createNumber( )를 만들어 이곳으로 옮겨줍니다.

어떤가요? 기존 소스와 비교해볼 때 함수는 좀 많아졌지만 코드 가독성뿐 아니라 추후 재사용 및 유지보수하기도 쉽게 코드가 바뀌었습니다.

단계 #3

레이아웃 구성(30분 – 숫자가 출력될 영역, 시작버튼, 당첨 버튼 등이 있어야겠죠?)

단계 #1~#2번을 통해 이번 프로젝트에서 가장 핵심이 되는 부분을 완성했습니다. 이제 본격적인 작업을 진행하기 위해 화면UI를 만들어보겠습니다.

경품추첨기 - ver 0.1

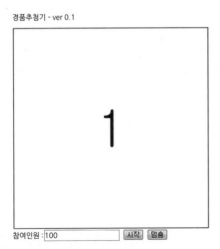

참여인원 :100　　시작　멈춤

```html
<html>
<head>
    <meta http-equiv="Content-Type" content="text/html; charset=UTF-8">
    <title></title>

    <style>
        body{
            font-size:9pt;
        }
        #panel1{
            border:1px #000000 solid;
            line-height:400px;
            font-size:100px;
            width:400px;
            height:400px;
            text-align:center;
            vertical-align:middle;
        }
    </style>
</head>

<body>
    <div>
        <h4>경품추첨기-ver 0.1</h4>
        <div id="panel1" > 1
            <!-- 이곳에 숫자가 출력됩니다. -->
        </div>
        <div id="nav">
            참여 인원 : <input type="text" id="lab_total" value="100"></input>
            <button id="btn_start">시작</button>
            <button id="btn_stop">멈춤</button>
        </div>
    </div>
</body>
</html>
```

소스 설명

이렇게 해서 화면 UI도 완성됐습니다. 참고로 화면을 구성하는 엘리먼트 중 ID 값이 붙어 있는
엘리먼트가 있는데요. 이는 자바스크립트에서 자주 사용 될 엘리먼트라는 뜻입니다

단계 #4

단계 #1~2에서 만든 숫자를 레이아웃에 출력하기(10분)

시작 버튼 클릭 시 출력효과가 동작되게 만들어야 합니다. 그전에 먼저 숫자가 화면에 정상적으로 출력되는지 테스트해보겠습니다.

우리는 숫자 값을 #panel1에 출력해야 합니다. 그럼 가장 먼저 뭘 해야 할까요? 네 맞습니다. 우리가 지금까지 해왔던 것처럼 #panel1을 찾아야 합니다. 소스는 다음과 같습니다.

소스 • 1_js_dom/4_ex/ex1/step_4.html

```
<script>
    var panel1;
    window.onload=function(){
        this.init();
        this.startTimer();
    }

    function init(){
        // 숫자가 출력될 #panel1을 찾아 전역변수에 담아둡니다.
        this.panel1 = document.getElementById("panel1");
    }
    . . . .
    // 랜덤하게 1~100 숫자를 만들어 냅니다.
    function createNumber(){
        var nNum = 1+Math.floor(Math.random()*100);

        //만들어진 숫자를 innerHTML에 대입시켜 줍니다.
        this.panel1.innerHTML =nNum;
    }
</script>
```

❶

❷

소스 설명

❶ 전역변수와 같이 프로젝트에서 사용하게 될 요소들을 미리 초기화할 초기화 전문함수인 init( )이라는 새로운 함수를 만든 후 getElementById( ) 메서드를 이용해 #panel1을 찾는 구문을 추가해 줍니다. #panel1은 앞으로 계속해서 사용하게 되니 전역변수인 panel1에 담아 둡니다.

❷ 이후 createNumber( ) 함수 내에서 무작위로 생성된 숫자 값을 #panel1의 innerHTML 프로퍼티에 대입하여 화면에 보이게 했습니다.

소스를 모두 입력했다면 정상적으로 동작하는지 확인해 보죠. 아마도 화면에 임의 숫자가 계속해서 출력되는 모습을 확인할 수 있을 것입니다. 드디어 프로젝트가 서서히 감춰졌던 모습이 드러나기 시작했습니다.

단계 #5

시작 버튼을 클릭했을 때 무작위로 숫자가 출력되게 만들기. 3(0분)

이번 단계에서 시작 버튼을 클릭했을 때 타이머를 실행시켜 무작위로 숫자가 출력되도록 만들어 보겠습니다.

소스 • 1_js_dom/4_ex/ex1/step_5.html

```
<script>
    var panel1;
❶
    var nTimerID;
    window.onload=function(){
        this.init();
        this.initEventListener();
    }

    function init(){
        // 숫자가 출력될 #panel1을 찾아 전역변수에 담아둡니다.
        this.panel1 = document.getElementById("panel1");
❷
        this.nTimerID = 0;
    }
❹
    // 이벤트 초기화
    function initEventListener(){
        var btnStart = document.getElementById("btn_start");
        btnStart.addEventListener("click", function(){
            startTimer();
        }, false);
    }
    // 0.2초에 한 번씩 createNumber() 함수를 실행합니다.
    function startTimer(){
❸
        if(this.nTimerID==0)
            this.nTimerID = setInterval(this.createNumber,20);
    }
    // 무작위로 1에서 100 사이의 숫자를 만들어 냅니다.
    function createNumber(){
        var nNum = 1+Math.floor(Math.random()*100);
        // 만들어진 숫자를 innerHTML에 대입합니다.
        this.panel1.innerHTML = nNum;
```

❺
```
            // 글자 크기를 100에서 200 사이로 무작위로 설정해줍니다.
            this.panel1.style.fontSize = 100+(Math.random()*100)+"px";
        }
</script>
```

소스 설명

❶ 먼저 타이머 아이디를 담을 전역변수인 nTimerID를 만듭니다.

❷ 초기화 전문 담당 함수인 init( ) 함수에 nTimerID를 0으로 초기화합니다.

❸ nTimerID를 이용해 타이머가 중복으로 생성되지 않게 구문을 작성합니다.

❹ init( ) 함수가 초기화 전문 함수라면 initEventListener( )는 이벤트 처리 전문 함수입니다. 이 함수를 새로 만든 다음 이곳에 시작 버튼에 대한 click 이벤트 리스너를 등록합니다. 그리고 리스너 내부에는 startTimer( ) 함수가 호출되도록 구문을 작성해 줍니다.

❺ 글자 크기도 무작위로 설정합니다.

코드를 모두 입력했다면 정상적으로 동작하는지 확인해봐야겠죠? 시작 버튼을 누르면 화면에 새로운 숫자가 계속해서 출력될 것입니다

단계 #6

- 멈춤 버튼을 클릭했을 때 임의 숫자의 출력을 정지시키기
- 당첨 번호를 부각시키고자 글자 색을 빨간색으로, 크기를 200px로 만들기(30분)

이번 프로젝트도 어느덧 거의 막바지에 다다랐군요. 이번 단계에서는 당첨 효과를 구현하겠습니다.

소스 • 1_js_dom/4_ex/ex1/step_6.html

```
// 이벤트 초기화
function initEventListener(){
    . . .
❶
    var btnStop = document.getElementById("btn_Stop");
    btnStop.addEventListener("click", function(){
        stopTimer();
    },false);
}
❷
// createNumber() 함수를 호출하는 타이머를 멈춥니다.
function stopTimer(){
```

```
        if(nTimerID){
            clearInterval(nTimerID);
            nTimerID =0;
❸
            // 당첨자를 알리기 위해 #panel_1의 글자 색과 크기를 바꿉니다.
            panel1.style.color ="#ff0000";
            panel1.style.fontSize ="250px";
        }
    }
```

소스 설명

❶ 먼저 이벤트 처리 전문 담당 함수인 initEventListener( )에 멈춤 버튼에 대한 click 이벤트 리스너를 등록
합니다. 그리고 리스너 내부에는 stopTimer( ) 함수가 호출되도록 구문을 작성합니다.

❷ stopTimer( ) 함수를 만든 다음 타이머를 멈추는 구문을 넣어줍니다.

❸ 타이머가 멈춘 다음 당첨자를 알 수 있게 #panel1의 글자 색과 크기를 변경합니다.

단계 #6-1

리팩토링

단계 #6에서 작성한 소스 중 3. 당첨 효과 부분은 좀더 화려하게 만들기 위해 계속해서 수정하
게 될 것입니다. 그렇다면 이 부분을 하나의 함수로 독립시킵니다. 아래 소스처럼 말이지요

소스

변경 전

1_js_dom/4_ex/ex1/step_6.html

```
// createNumber()함수 호출하는 타이머를 멈춥니다.
function stopTimer(){
    if(this.nTimerID){
        clearInterval(this.nTimerID);
        this.nTimerID = 0;

        // 당첨자를 알 수 있도록 #panel_1의
        // 글자색과 크기를 변경시켜줍니다.
        this.panel1.style.color = "#ff0000";
        this.panel1.style.fontSize = "200px";
    }
}
```

변경 후

1_js_dom/4_ex/ex1/step_6_1.html

```
// createNumber()함수 호출하는 타이머를 멈춥니다.
function stopTimer(){
    if(this.nTimerID){
        clearInterval(this.nTimerID);
        this.nTimerID = 0;

        //출력효과 추가.
        this.showWinner();
    }
}
```

```
// 출력효과 추가.
function showWinner(){
    // 당첨자를 알리기 위해서 #panel_1의
    // 글자색과 크기를 변경시켜줍니다.
    this.panel1.style.color = "#ff0000";
    this.panel1.style.fontSize = "200px";
}
```

소스 설명

방법은 간단합니다. 먼저 showWinner( )라는 새로운 함수를 만든 후 이 함수 내부에 단계 #6 에서 추가한 구문을 그대로 넣어줍니다.

어떤가요? 훨씬 괜찮아지지 않았나요? 이렇게 작성해 놓으면 추후 출력 효과를 수정하게 되는 경우 여기저기 찾아 헤맬 필요 없이 showWinner( ) 함수의 내용만 수정하면 됩니다.

단계 #7

출력 패널 스타일 초기화

멈춤 버튼이 클릭되는 순간 타이머는 멈추고 #panel1의 글자 색은 showWinner( ) 함수에 의해 빨간 색으로 변경돼 있을 것입니다. 이때 시작 버튼을 다시 한번 누르면 타이머에 의해 createNumber( ) 함수가 호출되어 임의 숫자가 #panel1에 출력되기 시작할 것입니다. 하지 만 우리의 기대와는 달리 글자 색이 검정 색이 아닌 빨간 색으로 출력될 것입니다.

이유는 showWinner( ) 함수가 실행되면서 #panel1의 스타일이 변경됐기 때문이지요. 즉, 당 첨자 선택이 한번 실행되면 #panel1의 스타일 상태는 당첨 효과가 적용된 상태라서 출력 효과 가 다시 시작되기 전에 출력 패널 스타일을 초기화해야 합니다.

이처럼 생각지도 못했던 부분이 프로젝트 진행 도중 추가될 수 있습니다. 이럴 때는 전혀 걱정 하지 말고 먼저, 추가되는 내용이 지금 당장 구현해야 하는 내용인지 판단하세요. 만약 그렇다 면 구현하면 되고 그렇지 않다면 일단 작업 우선순위를 가장 뒤로 미뤄 두세요. 그리고 예정된 작업을 모두 진행한 후 이때 미뤄 둔 작업을 진행하면 됩니다.

이번 기능은 미룰 수 없는 기능이라서 바로 이어서 구현하겠습니다.

자, 그럼 초기화하는 구문을 어디에 넣으면 좋을까요? 아래처럼 startTimer( ) 함수에 setInterval( )이 실행되기 전에 실행되게 하면 되겠죠?

소스 • 1_js_dom/4_ex/ex1/step_7.html

```
// 0.2초에 한 번씩 createNumber() 함수를 실행시켜 줍니다.
function startTimer(){
    if(this.nTimerID==0){
```

```
❷
                // 타이머 시작 시 #panel1의 글자 색을 초기화합니다.
            this.resetPanelStyle();
            this.nTimerID=setInterval(this.createNumber,20);
        }
    }
❶
// 출력 패널의 스타일을 초기화합니다.
function resetPanelStyle(){
        this.panel1.style.color="#000000";
}
```

소스 설명

❶ 이 부분도 단계 #6에서 단계 #6-1로 변경한 것처럼 resetPanelStyle( )이라는 새로운 함수를 만들어 스타일 초기화를 전담시키는 것입니다.

❷ 그리고 ❶에서 만든 resetPanelStyle( ) 함수를 호출합니다.

단계 #8

1에서 참여인원수 내에서 임의 숫자 만들기(20분)

끝으로 정적으로 고정돼 있는 최대 임의 숫자 값인 100을 지우고, 입력된 참여 인원수로 변경하는 작업을 해보겠습니다.

소스 • 1_js_dom/4_ex/ex1/step_8.html

```
❶
var labTotal;
var nTotalMember;

function init(){
    // 숫자가 출력될 #panel1을 찾아 전역변수에 담아둡니다.
    this.panel1 = document.getElementById("panel1");
    this.nTimerID =0;
❷
    // 참여 인원 정보가 입력된 <input> 태그 엘리먼트를 찾아 전역변수에 담아둡니다.
    this.labTotal = document.getElementById("lab_total");
    this.nTotalMember =0;
}
// 0.2초에 한 번씩 createNumber() 함수를 실행시켜 줍니다.
function startTimer(){
    if(nTimerID==0){
```

❸
```
        // 입력된 참여인원수를 구해옵니다.
        nTotalMember = Number(labTotal.value);
        // 타이머 시작 시 #panel_1의 글자 색을 초기화합니다.
        resetPanelStyle();
        nTimerID=setInterval(createNumber,20);
    }
}

// 무작위로 1에서 100 사이의 숫자를 만들어 냅니다.
function createNumber(){
    // 기존소스.
    //var nNum = 1+Math.floor(Math.random()*100);
```

❹
```
    var nNum   = 1+Math.floor(Math.random()*this.nTotalMember);


    // 만들어진 숫자를 innerHTML에 대입합니다.
    this.panel1.innerHTML =nNum;
    // 폰트 크기를 100에서 200 사이로 무작위로 설정해줍니다.
    this.panel1.style.fontSize= 100+(Math.random()*100)+"px";
}
```

소스 설명

❶ 먼저 입력 정보를 가지고 있을 〈input〉 태그 엘리먼트와 전체 참여 인원을 담을 전역변수를 만들어줍니다.

❷ 초기화 담당 함수인 init( ) 끝부분에 참여 인원 정보가 입력된 #lab_total 엘리먼트를 찾아 labTotal 전역 변수에 담아둡니다. 그리고 시작 시 참여 인원은 0으로 초기화합니다.

❸ 참여 인원은 타이머가 실행되기 전에 #lab_total에 입력된 정보로 설정해 줍니다.

❹ 끝으로 하드코딩된 100을 지우고 이 자리에 현재 입력된 참여 인원수가 담긴 전역변수 nTotalMember 를 적어줍니다.

이렇게 총 8단계에 걸쳐서 우리의 첫 번째 실전 활용 예제인 경품추첨기 0.1 버전이 만들어졌습니다. 한 단계 한 단계 진행되면서 점점 완성돼 가는 모습을 보면서 어떤 프로그래밍이 주는 묘한 재미를 느꼈을지도 모르겠습니다. 이제 갓 프로그래밍을 접하시는 분이나 좀더 체계적으로 프로그래밍을 배우려는 분에게는 좋은 학습 방법이 됐을 것입니다.

이 내용은 나중에 여러분의 기억 속에서 사라지려 할 때 즈음 jQuery를 마무리하는 단계에서 다시 한번 만나게 됩니다. 그때를 기약하며 다음 실전 활용 예제로 넘어가보겠습니다

```html
<html>
<head>
    <meta http-equiv="Content-Type" content="text/html; charset=UTF-8">
    <title></title>
    <style>
        body{
            font-size:9pt;
        }
        #panel1{
            border:1px #000000 solid;
            line-height:400px;
            font-size:100px;
            width:400px;
            height:400px;
            text-align:center;
            vertical-align:middle;

        }
    </style>
    <script>
        var panel1;
        var nTimerID;
        var labTotal;
        var nTotalMember;
        window.onload=function(){
            // 요소 초기화 실행
            this.init();
            // 이벤트 초기화 실행
            this.initEventListener();
        }
        // 요소 초기화
        function init(){
            // 숫자가 출력될 #panel1을 찾아 전역변수에 담아둡니다.
            this.panel1 = document.getElementById("panel1");
            this.nTimerID = 0;
            // 참여 인원 정보가 입력된 패널을 찾아 전역변수에 담아둡니다.
            this.labTotal = document.getElementById("lab_total");
            this.nTotalMember = 0;

        }

        // 이벤트 초기화
        function initEventListener(){
            var btnStart = document.getElementById("btn_start");
            btnStart.addEventListener("click", function(){
                startTimer();
            },false);
```

```javascript
            var btnStop = document.getElementById("btn_stop");
            btnStop.addEventListener("click",function(){
                stopTimer();
            },false);
        }
        // 0.2초에 한 번씩 createNumber() 함수를 실행해 줍니다.
        function startTimer(){
            if(this.nTimerID==0) {
                // 입력된 참여 인원수를 구해옵니다.
                this.nTotalMember = Number(this.labTotal.value);
                // 타이머 시작 시 #panel1의 글자 색을 초기화합니다.
                this.resetPanelStyle();
                this.nTimerID = setInterval(this.createNumber,20);
            }
        }

        // createNumber() 함수를 호출하는 타이머를 멈춥니다.
        function stopTimer(){
            if(this.nTimerID) {
                clearInterval(this.nTimerID);
                this.nTimerID = 0;
                // 출력 효과 추가
                this.showWinner();
            }
        }

        // 무작위로 1에서 100 사이의 숫자를 만들어 냅니다.
        function createNumber(){
            var nNum = 1+Math.floor(Math.random()*this.nTotalMember);
            // 만들어진 숫자를 innerHTML에 대입합니다.
            this.panel1.innerHTML = nNum;
            // 글자 크기를 100에서 200 사이로 무작위로 설정합니다.
            this.panel1.style.fontSize = 100+(Math.random()*100)+"px";

        }
        // 출력 효과 추가
        function showWinner(){
            // 당첨자를 알 수 있게 #panel1의 글자 색과 크기를 변경합니다.
            this.panel1.style.color = "#ff0000";
            this.panel1.style.fontSize = "200px";
        }

        // 출력 패널의 스타일을 초기화합니다.
        function resetPanelStyle(){
            this.panel1.style.color = "#000000";
        }
    </script>
</head>
<body>
```

```
<div>
    <h4>경품추첨기 ver 0.1</h4>
    <div id="panel1" >
    </div>

    <div id="nav">
        참여 인원 : <input type="text" id="lab_total" value="100"></input>
        <button id="btn_start">시작</button>
        <button id="btn_stop">멈춤</button>
    </div>
</div>
</body>
</html>
```

 롤링 배너

롤링 배너 – 버전 0.1, 아래와 같이 실행되게 만들어주세요.

사용자 요구사항

이번에 진행할 프로젝트는 쇼핑몰 같은 사이트에서 자주 볼 수 있는 상품 롤링 배너입니다

1. 저희 쇼핑몰에서 판매하는 제품을 많은 사람들이 볼 수 있게 효과적으로 노출시켜 줬으면 합니다.

2. 상품 목록을 쉽게 변경할 수 있게 만들어 줬으면 합니다..

요구사항 분석과 기능 정의

사용자 요구사항을 분석한 결과, 흔히 볼 수 있는 롤링배너라 판단한 후 다음과 같이 개발 기능 정의를 내려보겠습니다.

출력 효과

- 2초 정도에 한 번씩 상품이 롤링되면서 변경되게 하기

- 효과는 이전 상품은 출력 화면 영역에서 위쪽(top)으로 이동하면서 페이드 아웃(fadeOut) 효과로 서서히 사라지게 합니다.

- 다음 상품은 아래쪽(bottom)에서 출력 화면 영역 쪽으로 이동하면서 페이드 인(fadeIn) 효과로 서서히 나타나게 합니다.

현재배너는 페이드아웃되며 서서히 사라지고
다음배너는 페이드인되며 서서히 나타납니다.

상품 목록 연동 처리

얼마 전에 롤링 배너를 플래시 버전으로 만든 적이 있으니 호환성을 유지하고자 XML 정보를 그대로 사용하겠습니다.

용어 정리

원활한 의사소통을 위해 화면에 등장하는 부분에 이름을 붙여보겠습니다.

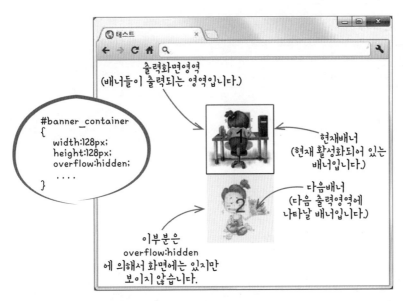

- **출력 화면 영역**: 배너가 출력되는 영역입니다.
- **현재 배너**: 현재 활성화돼 있는 배너입니다.
- **다음 배너**: 다음 출력 영역에 나타날 배너입니다.

이렇게 사용자 요구사항을 분석해서 기능 정의가 만들어졌습니다.

핵심 기능과 구현 방법 찾기

이번 프로젝트에는 뭔가 핵심 이슈가 있을 것 같은 불안감이 느껴지는군요. 다시 한번 기능 정의를 살펴볼까요?

1. 출력 효과 처리에서 특정 시간마다 특정 함수를 호출하는 건 기존 경품추첨기에서 사용한 setInterval을 이용하면 될 것 같습니다. 그리고 페이드 인 페이드 아웃 효과도 스타일 속성 중 opacity 값을 이용하면 구현하는 데 문제가 없어 보입니다. 다만 그러자면 현재 배너와 다음 배너를 계속해서 찾아내야 하는데, 느낌상 어렵지 않게 해결될 것 같습니다. 예를 들어, 총 배너가 열 개라면 다음과 같이 현재 배너 인덱스와 다음 배너 인덱스를 구한 다음 이에 맞는 배너에 접근해 스타일 정보를 변경하면 될 것 같습니다

현재 배너 인덱스	다음 배너 인덱스
0	1
1	2
2	3
3	4
5	6
6	7
7	8
8	9
9	0
0	1
1	2
2	3
…	…

여러분도 느낌이 오죠? 좋습니다. 그러면 앞으로 만들어야 할 롤링 배너가 어떻게 동작해야 할지 가상 시나리오를 통해 다시 한번 처음부터 끝까지 꼼꼼히 살펴보겠습니다.

1. 레이아웃 잡기

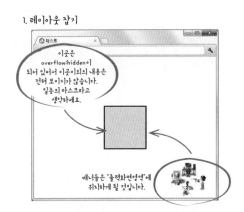

2. 초기화

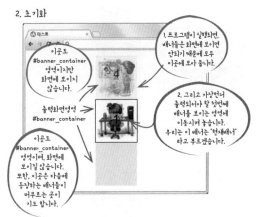

3. 롤링준비

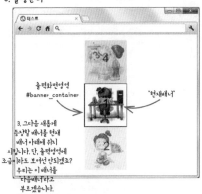

4. 첫 번째 롤링 시작

5. 첫번째 롤링 완료.

6. 2~4번 롤링 반복

7. 1번부터 롤링 제시작

이제 실제로 만들게 될 롤링 배너가 어떻게 동작해야 할지 살펴봄과 동시에 개발을 위해 레이아웃을 어떻게 잡아야 할지 힌트도 얻었습니다. 또한 이를 토대로 실전 코드 제작에 앞서 핵심 이슈가 되는 현재 배너와 다음 배너를 구하는 소스까지 아래처럼 만들 수 있습니다.

핵심 이슈 풀이 • 1_js_dom/4_ex/ex2/step_0.html

```html
<html>
<head>
    <meta http-equiv="Content-Type" content="text/html; charset=UTF-8">
    <title></title>
    <script>

        // 현재 활성화돼 있는 배너 인덱스 값
        var nCurrentIndex;
        // 전체 배너 개수.
        var nBannerCount;

        window.onload=function(){
            // 요소 초기화
            this.init();
            // 배너를 움직이기 시작
            this.startTimer();
        }

        // 요소 초기화
        function init(){
            // 현재 활성화돼 있는 배너 인덱스 값
            this.nCurrentIndex = 0;
            // 배너 이미지가 10개라는 가정.
            this.nBannerCount  = 10;
        }
```

```
function startTimer(){
    // 3초마다 한 번씩 startMove() 함수를 실행.
    setInterval(startMove,3000)
}

// 배너 이동시키기
function startMove(){
// 상품 인덱스 값이 배너 개수보다 많으면 다시 첫 번째 상품을 선택하도록
// 변경합니다.
if(this.nCurrentIndex+1)=this.nBannerCount)
    this.showBannerAt(0);
else{
    // 현재 선택된 index에 +1을 더해 다음 배너 정보의 인덱스 값을 전달합니다.
    this.showBannerAt(this.nCurrentIndex+1);
}
}

// nIndex에 해당하는 배너를 활성화합니다.
function showBannerAt(nIndex){
    // 현재 선택돼 있는 인덱스를 이전 index에 저장.
    var oldIndex = this.nCurrentIndex;
    // 새로 선택돼야 할 인덱스를 newIndex에 저장합니다.
    var newIndex =nIndex;

    // 우리가 원하는 인덱스인지 확인
    alert("oldIndex="+ oldIndex + " newIndex="+newIndex);

    /*
    - oldIndex에 해당하는 배너를 구한 후 페이드 아웃 효과와 함께
      화면 위쪽으로 사라지게 만듭니다.
    - newIndex에 해당하는 배너를 구한 후 페이드 인 효과와 함께
      아래쪽에서 출력 영역으로 나타나게 만듭니다.
    */

    // 다시 newIndex를 현재 인덱스로 변경합니다.
    this.nCurrentIndex =newIndex;

}
</script>
</head>
<body>
</body>
</html>
```

문제는 2. 상품 목록 연동 처리입니다. 아직 XML을 연동하는 방법은 배우지 않았습니다(이 내용은 2장 jQuery를 지나 3장 자바스크립트 Ajax 부분에서 살펴봅니다). 즉, XML 연동 처리는 지금으로서는 무리인 셈이지요. 이러한 상황에 처했다면 다음과 같은 판단을 내릴 수 있습니다.

1. XML 연동과 관련된 내용을 학습한다.

2. XML 연동과 관련된 부분에 대해서만 도움을 받는다.

3. 해결 가능한 또 다른 대안을 찾는다.

4. 상품 목록 연동 처리는 이번 프로젝트에서 구현하지 않는다.

현재로서는 가장 이상적인 해결책은 "3. 해결 가능한 또 다른 대안을 찾는다"입니다. 먼저 HTML 자체가 공개돼 있으니 플래시처럼 원본 파일을 열어서 소스를 수정한 후 컴파일해서 재배포하는 일은 하지 않아도 됩니다. 또한 상품 목록도 XML처럼 마음대로 추가/수정/삭제를 할 수 있습니다. 다만 기존 XML을 사용하지 못한다는 게 해결되지 않는 미제로 남습니다.

좋습니다. XML 연동은 아쉽지만 이번 프로젝트는 HTML 자체에서 XML과 유사하게 누구든지 쉽게 상품 정보를 변경할 수 있기 때문에 XML 연동 부분을 빼는 걸로 하겠습니다. (이 작업은 2장 Ajax에서 다시 만나게 됩니다.)

정리하자면 핵심 이슈는

1. 현재 상품, 다음 상품 알아내기
해결 방안: 핵심 이슈를 해결하는 방법처럼 표에 나와 있는 상품의 index 값을 구한 후 컨트롤하기

2. 상품 목록 연동 처리
XML 연동 제외. HTML 또한 누구든지 상품을 추가/수정/삭제할 수 있기 때문에 일반 HTML 방식 그대로 사용

단계 나누기

커다랗고 어렵게만 보이는 프로젝트도 기능별로 분류한 후 작은 조각 단위로 개발하면 경품추첨기에서 경험한 것처럼 더욱 쉽게 프로젝트를 진행할 수 있습니다. 이번 프로젝트에서는 조각을 어떻게 나눠볼까요? 저는 다음과 같이 나눠서 작업할 계획을 세웠습니다.

단계 #1
• 배너 구조 잡기(1시간)

단계 #2
• 배너 하나를 위쪽으로 움직여보기(10분)

단계 #3

- 배너 하나를 아래에서 출력 영역으로 움직여보기(10분)

단계 #4

- 2, 3단계를 합해서 두 개를 동시에 움직이게 하기(10분)

단계 #5

- 4단계를 JSTweener를 이용해 변경해보기(2시간)

단계 #6

- 핵심 이슈 1을 적용해 롤링 배너 구현하기(1시간)

단계 #7

- 페이드 인, 페이드 아웃 효과 추가하기(10분)

"경품 추첨기"에서도 경험한 것처럼 이렇게 단계를 나눈다고 해서 정확히 단계대로 진행되진않습니다. 또한 단계는 프로젝트를 진행할 때 반드시 지켜야 할 것이 아니라 원활한 진행을 위한 가상의 기준점일 뿐입니다. 그러니 마음 편하게 생각나는 대로 마음 가는 대로 단계를 나누면 됩니다.

좋습니다. 프로젝트 도중에 우발적인 상황이 일어나지만 않는다면 계획한 일정에 따라 앞으로 4시간 40분 후에 이 프로젝트가 완료될 겁니다. 여러분이 잡은 일정은 어떻게 되나요? 무척 궁금하군요.

여기까지 이제 개발할 준비를 아주 완벽하게 마무리했습니다. 생각은 50분, 코딩은 10분이란 말이 있듯이 현란한 코딩 솜씨로 총 7개로 나눈 단계를 하나씩 조립해 나가겠습니다

구현하기

단계 #1
배너 구조 잡기(1시간)

```html
<html>
<head>
    <meta http-equiv="Content-Type" content="text/html; charset=UTF-8">
    <title></title>

    <style>
        #banner_container{
            position:relative;
            width:128px;
            height:128px;
            top:100px;
            left:100px;

            border:1px solid #cccccc;
            overflow:hidden;
        }

        /* banner Item */
        #banner_container div{
            position:absolute;
    width:128px;
    height:128px;
    background:#ffffff;
    opacity:0.5;
    }
</style>
</head>

<body>
    <div id="banner_container" >
        <div>
            <img src="images/img1.png">
        </div>
        <div>
            <img src="images/img2.png">
        </div>
    </div>
</body>
</html>
```

앞으로 여러분이 움직임을 주게 될 배너는 모두 #banner_container 내부에 들어 있으며 #banner_container의 크기는 배너 크기와 동일하게 한 후 overflow에 hidden 값을 설정해 이 영역 이외의 내용은 모두 가려지도록 마스크 처리를 했습니다.

레이아웃 제작은 이 정도로 마무리하고 본격적으로 자바스크립트 코드를 작성해 보겠습니다.

단계 #2

배너 하나를 위쪽으로 움직여보기(10분)

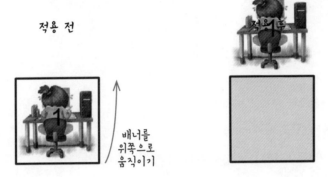

초보 프로그래머의 경우 시작부터 너무 큰 덩어리를 처리하려면 도대체 무엇부터 처리해야 할지 몰라 갈팡질팡하는 경우가 많습니다. 이럴 때는 큰 덩어리를 작은 조각으로 나눠서 작업한 후 조각을 다시 큰 덩어리로 조립하는 방법이 가장 무난합니다. 롤링 배너 역시 여러 개의 배너를 롤링하기 전에 일단 배너 하나를 움직여보겠습니다.

소스 • 1_js_dom/4_ex/ex2/step_2.html

```
<script>
    var bannerContainer;
    var banner1;
    var nY;
    window.onload=function()
    {
❶
        // bannerContainer 찾기.
        this.bannerContainer    = document.getElementById("banner_contaner");
❷
        // banner중 0번째 배너를 구한다.
        this.banner1 = this.bannerContainer.getElementsByTagName("div")[0];
        this.banner1.style.top ="0px";
❸
        // 위쪽으로 움직이기.
        this.nY =0;
        var nTimerID =setInterval(function(){
            nY-=2;       // 위치를 -2만큼씩 감소시킵니다.
            if(nY<-128)  // 위치 값이 top:-128 위치에 도달했다면 동작을 멈춰야겠죠?
            {
```

```
                    clearInterval(nTimerID);
                    nY=-128;
                }
                // 이동값을 top에 대입합니다.
                banner1.style.top =nY+"px";

        },100);

    }
</script>
```

소스 설명

❶ 먼저 배너가 담긴 배너 컨테이너를 찾아 전역변수에 담아둡니다.

❷ 배너 가운데 우리가 움직임을 줄 0번째 배너를 구합니다.

❸ setInterval( ) 함수를 이용해 0.1초에 한 번씩 배너를 2px만큼 위쪽으로 움직이게 합니다.

단, top 위치 값이 −128을 넘게 되는 경우 움직임을 중지시킵니다.

단계 #3

– 배너 하나를 아래에서 출력 영역으로 움직여보기(10분)

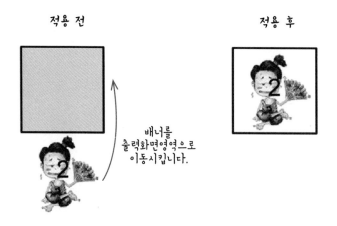

2단계에서는 현재 배너를 움직였다면 이번에는 "다음 배너"를 출력 화면 영역으로 위치로 옮겨
보겠습니다. 이 방법 역시 2단계와 같습니다. 아래 소스를 보면 알 수 있듯이 바뀐 건 초기 위
치 값과 최종 위치밖에 없으며, 나머지는 2단계와 동일합니다

소스 • 1_js_dom/4_ex/ex2/step_3.html

```
<script>
    var bannerContainer;
    var banner1;
    var nY;
    window.onload=function(){
        // bannerContainer 찾기.
        this.bannerContainer   = document.getElementById("banner_contaner");

        // banner 중 1번째 배너를 구한다.
        this.banner2 = this.bannerContainer.getElementsByTagName("div")[1];
        this.banner2.style.top ="128px";
        // 아래 쪽으로 움직이기.
        this.nY =128;
        var nTimerID = setInterval(function(){
            nY -= 2;    // 가상 위치를 -2만큼씩 감소시킵니다.
            if(nY<0) { // 가상 위치 값이 top=0 위치에 도달했다면 동작을 멈춰야겠죠?
                clearInterval(nTimerID);
                nY = 0;
            }
            banner2.style.top = nY+"px";
        },100);
    }
</script>
```

단계 #4
단계2, 3단계를 합해서 두 개를 동시에 움직이기(10분)

이번 작업은 단계2, 3을 이해했다면 아주 쉽게 이해할 수 있을 것입니다.

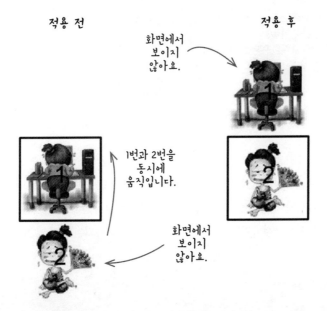

```
<script>
    var bannerContainer;
    var currentBanner;
    var nextBanner;
    var nY1;
    var nY2;
    window.onload=function(){
        // bannerContainer 찾기.
        this.bannerContainer = document.getElementById("banner_container");

        // banner 중 0번째 배너를 구한다. (현재 배너)
        this.currentBanner = this.bannerContainer.getElementsByTagName("div")[0];
        this.currentBanner.style.top = "0px";

        // banner 중 1번째 배너를 구한다. (다음 배너)
        this.nextBanner = this.bannerContainer.getElementsByTagName("div")[1];
        this.nextBanner.style.top = "128px";

        this.nY1 = 0;
        this.nY2 = 128;

        // 타이머에 의해 배너가 움직이기(롤링) 시작합니다.
        var nTimerID = setInterval(function(){
        // 위치를 -2만큼씩 감소시킵니다.
            nY1 -= 2;
            nY2 -= 2;

            if(nY2<0) // 가상 위치 값이 top=0 위치에 도달했다면 동작을 멈춰야겠죠?
                clearInterval(nTimerID);

            // 현재 배너 이동
            currentBanner.style.top = nY1+"px";
            // 다음 배너 이동
            nextBanner.style.top = nY2+"px";
        },100);
    }
</script>
```

소스 설명

제작된 소스는 대부분 단계2, 3으로 구현한 소스이며 이 소스를 조합한 후 일부 변수의 이름을 변경해서 완성한 소스입니다. 이렇게 해서 간단한 롤링 효과를 구현해봤습니다. 사실 여러분에게 아직 말은 안 했지만 여기까지 진행하면서 목적은 단 한가지였습니다. 바로 "최대한 빨리 우리가 원하는 인터랙티브 효과를 구현하기"였죠. 소스가 엉망이건 중복되는 소스가 있건 없건

상관없이 일단 간단하게 롤링 효과를 구현하는 게 4단계까지의 최종 목표였습니다. 이제 원하는 바를 달성했으니 다음 단계의 기능을 구현하기 전에 소스에서 냄새 나는 부분을 찾아 없애주는 작업인 리팩토링을 진행해 보겠습니다. 과연 우리의 냄새 나는 소스가 어떻게 바뀔 수 있는지 시작해보죠

단계 #4-1
리팩토링 – 커다란 함수를 여러 개의 조각으로 나누기

리팩토링 대상은 주로 똑같은 소스가 중복되어 사용되는 부분이나 이번처럼 한 함수의 크기가 무지막지하게 큰 경우입니다. 먼저 예쁘게 변경된 소스를 먼저 본 후 설명을 이어가겠습니다

적용 전

1_js_dom/4_ex/ex2/step_4.html

```
var bannerContainer;
var currentBanner;
var nextBanner;
var nY1;
var nY2;
window.onload=function(){
    // bannerContainer 찾기.
    this.bannerContainer = document.getElementById("banner_container");
    // banner중 0번째 배너를 구한다. (현재 배너)
    this.currentBanner = this.bannerContainer.getElementsByTagName("div")[0];
    // banner중 1번째 배너를 구한다. (다음 배너)
    this.nextBanner = this.bannerContainer.getElementsByTagName("div")[1];

    // 위치 설정하기.
    this.nY1 = 0;
    this.nY2 = 128;
    this.currentBanner.style.top = this.nY1+"px";
    this.nextBanner.style.top = this.nY2+"px";

    // 타이머에 의해 배너가 움직이기(롤링) 시작합니다.
    var nTimerID = setInterval(function(){
        // 위치를 -2만큼씩 감소시킵니다.
        nY1 -= 2;
        nY2 -= 2;
        if(nY2<0)// 가상위치값이 top=0위치에 도달았다면 동작을 멈춰야겠죠?
        clearInterval(nTimerID);
        // 현재 배너 이동.
        currentBanner.style.top = nY1+"px";
        // 다음 배너 이동.
        nextBanner.style.top = nY2+"px";
    },100);
}
```

적용 후

1_js_dom/4_ex/ex2/step_4_1.html

```
var bannerContainer;
var currentBanner;
var nextBanner;

var nY1;
var nY2;

window.onload = function(){
    // 요소 초기화.
    init();
    // 배너 위치 설정하기.
    setBannerPosition();
    // 배너 움직이기.
    startMove();
}

// 요소 초기화.
function init(){
    // bannerContainer 찾기.
    this.bannerContainer = document.getElementById("banner_container");
    // banner중 0번째 배너를 구한다. (현재 배너)
    this.currentBanner = this.bannerContainer.getElementsByTagName("div")[0];
    // banner중 1번째 배너를 구한다. (다음 배너)
    this.nextBanner = this.bannerContainer.getElementsByTagName("div")[1];
}

// 배너 위치 설정하기.
function setBannerPosition(){
    this.nY1 = 0;
    this.nY2 = 128;
    this.currentBanner.style.top = this.nY1+"px";
    this.nextBanner.style.top = this.nY2+"px";
}

// 배너 움직이기.
function startMove(){
    // 타이머에 의해 배너가 움직이기(롤링) 시작합니다.
    var nTimerID=setInterval(function(){
        // 위치를 -2만큼씩 감소시킵니다.
        nY1 -= 2;
        nY2 -= 2;

        // 가상위치값이 top=0위치에 도달았다면 동작을 멈춰야겠죠?
        if(nY2<0)
            clearInterval(nTimerID);
        // 현재 배너 이동.
        currentBanner.style.top = nY1+"px";
        // 다음 배너 이동.
        nextBanner.style.top = nY2+"px";
    },100);
}
```

❹

❶

❷

❸

소스 설명

경우에 따라 덩치가 클 수밖에 없는 함수가 있기 때문에 덩치만 크다고 해서 무작정 나눌 수 있는 함수라고 판단하면 안 됩니다. 먼저 onload( ) 영역의 내용에서 함수로 독립시킬 수 있는 부분이 있는지 판단해야 합니다. 기존 소스를 살펴보면

- 롤링에서 사용하는 요소를 미리 찾아 전역변수에 담아놓는 초기화 부분
- 현재 배너와 다음 배너의 초기 위치 값 설정
- 타이머를 이용해 배너를 움직이는 부분

총 3개의 그룹으로 되어 있는 것을 확인할 수 있습니다. 즉, 3개의 작은 함수로 나눠질 수 있다는 의미입니다. 함수를 조각내는 방법은 간단합니다.

❶ 먼저 init( ) 함수를 만든 후 기존 소스에서 1번 영역의 소스를 그대로 복사해 init( ) 함수에 넣습니다. 이와 같은 방법으로

❷ setBannerPosition( ) 함수를 만든 후 현재 배너와 다음 배너의 초기 위치 값을 설정하는 부분을 넣어줍니다.

❸ startMove( ) 함수를 만든 후 배너를 움직이는 구문을 모두 복사해서 함수 내부에 붙여줍니다.

❹ 끝으로 모두 조각내어 사라진 기존 자리에서 새롭게 만든 함수를 호출합니다.

자! 여기까지 리팩토링 작업을 진행해봤습니다. 어떤가요? 비록 기존 소스의 양보다 약간 늘긴 했지만 그 대신 가독성과 유연성이 뛰어난 코드를 확보했습니다. 그럼 새롭게 탄생한 코드를 바탕으로 다음 단계의 내용을 구현해보겠습니다.

단계 #5
4단계를 JSTweener를 이용해 변경해보기(2시간)

이번 단계에서는 여러 개의 배너를 롤링하기 전에 움직임을 좀더 강화해보겠습니다. 플래시 콘텐츠를 보다 보면 이미지와 같은 특정 요소가 특정 시간 동안 서서히 빠르게 움직인다든지 서서히 빠르게 느려진다든지 용수철처럼(elastic) 움직이는 효과를 종종 볼 수 있습니다. 바로 이런 기능은 대부분 Tweener라고 하는 라이브러리를 이용해 만듭니다. 자바스크립트에서도 아주 멋진 Tweener 라이브러리를 제공합니다. 이번에 사용할 외부 자바스크립트 라이브러리는

바로 JSTweener입니다. 사용법도 플래시에서 사용하는 Tweener와 거의 유사합니다. 플래시를 사용해본 경험이 있는 개발자라면 아주 반가운 느낌이 들 겁니다.

그럼 간단하게 JSTweener 사용법을 배워보겠습니다.

준비 단계

JSTweener를 비롯해 모든 자바스크립트 라이브러리는 사용하기 전에 다음과 같이 링크를 추가 해야 합니다.

```
<script src="JSTweener.js" type="text/javascript"></script>
```

Tweener객체 생성

사용법은 간단합니다.

```
JSTweener.addTween(트윈이 적용될 속성이 담긴 객체, {
    time: 트윈 적용 시간,
    transition: 전환 효과,
    // 이곳에 트윈을 적용할 속성값을 작성해주세요.
});

    예)

    currentBar.style.left="0px";
    currentBar.style.opacity=1;
    JSTweener.addTween(this.currentBanner.style, {
        time: 2,
        transition: 'easeInQuad',
        left:300,
        opacity:0
});
```

이렇게 실행하면 currentBar의 left, opacity 값이 2초 동안 'easeInQuad' 전환 효과로 서서히 변합니다. JSTweener에서 지원하는 전환 효과 및 자세한 설명은 JSTweener 홈페이지를 참고하세요.

여기까지 이번 프로젝트에서 필요한 JSTweener 사용법을 알아봤습니다. 그럼 아쉽긴 하지만 앞에서 열심히 setInterval( )를 이용해 만든 모션 효과 대신 JSTweener를 적용해서 변경해 보겠습니다.

소스 • 1_js_dom/4_ex/ex2/step_5.html

변경 전

```
var nY1;
var nY2;
```
❶

```
// 배너 위치 설정하기.
function setBannerPosition(){
    this.nY1 = 0;
    this.nY2 = 128;
    this.currentBanner.style.top = this.nY1+"px";
    this.nextBanner.style.top = this.nY2+"px";
}
```

```
// 배너 움직이기.
function startMove(){
    // 타이머에 의해서 배너들이 움직이기(롤링) 시작합니다.
    var nTimerID=setInterval(function(){
        // 위치를 -2만큼씩 감소시킵니다.
        nY1 -= 2;
        nY2 -= 2;

        // 가상위치값이 top=0위치에 도달았다면 동작을 멈춰야겠죠?
        if(nY2<0)
            clearInterval(nTimerID);

        // 현재 배너 이동.
        currentBanner.style.top = nY1+"px";
        // 다음 배너 이동.
        nextBanner.style.top = nY2+"px";
    },100);
}
```

변경 후

```
// 배너 위치 설정하기.
function setBannerPosition(){
    this.currentBanner.style.top="0px";
    this.nextBanner.style.top="128px";
}
```
❷

```
// 배너 움직이기.
function startMove(){
    // 현재배너를 위쪽으로 움직이기.
    JSTweener.addTween(this.currentBanner.
style, {
        time: 0.5,
        transition: 'easeInQuad',
        top:-128
    });

    // 다음배너를 출력화면영역으로 움직이기.
    JSTweener.addTween(this.nextBanner.
style, {
        time: 0.5,
        transition: 'easeInQuad',
        top:0
    });
}
```
❸

핵심 이슈 찾기

❶ 먼저 현재 배너와 다음 배너의 위치 값을 담고 있던 nY1, nY2는 더는 사용하지 않으므로 제거합니다.

❷ 이에 맞게 setBannerPosition( ) 함수에서도 nY1, nY2를 지웁니다.

❸ 타이머를 이용해 움직임을 줬던 부분을 모두 JSTweener로 변경합니다.

이렇게 JSTweener를 이용해 모션 적용 시간부터 전환 효과까지 아주 쉽게 적용 및 변경할 수 있게 됐습니다. time 값도 변경해보고 transition 효과도 변경해보면서 JSTweener의 기능을 테스트를 한 후 여러분이 맘에 드는 효과를 구현해보세요. 그럼 저는 그동안 다음 단계에서 기다리고 있겠습니다.

단계 #6

이번 단계는 이번 프로젝트의 핵심 이슈를 처리하는 부분입니다. 우리는 이미 이 부분을 핵심 이슈로 다룰 때 해법까지 마련해둔 상태였습니다. 여기서는 바로 이 해법을 그대로 적용하겠습니다. 다시 한번 강조하지만 구현 단계 부분에서는 "이걸 어떻게 해야 할까?"라는 고민을 하는 단계가 아닙니다. 이런 핵심 이슈는 실제로 코딩하기 전에 충분히 다양한 방법을 동원해 고민한 후 최적의 해결책을 찾아둬야 합니다.

그럼 해법을 적용하기 전에 여기서 만들어야 할 결과물의 동작 방식을 다시 한 번 살펴보겠습니다. 아래 그림 생각나죠?

3. 롤링준비

4. 첫 번째 롤링 시작

5. 첫번째 롤링 완료.

6. 2~4번 롤링 반복

7. 1번부터 롤링 재시작

이곳에서 구현할 내용은 3번 롤링 준비부터 시작되어 7번까지 순서를 계속해서 반복하면서 이미지가 롤링되게 만드는 것입니다. 자! 그럼 바로 "핵심 기능과 구현 방법 찾기"에서 만들어둔 핵심 이슈 해법을 적용해보겠습니다

소스 • 1_js_dom/4_ex/ex2/step_6.html

```
<script>
    var bannerItems;
    var bannerContainer;
    var currentBanner;
    var nextBanner;
    window.onload = function(){
        // 요소 초기화
        this.init();
        // 배너 위치 설정
        this.setBannerPosition();
        // 배너 움직이기.
        this.startMove();
    }
❶
    // 요소 초기화.
    function init(){
        // 계속해서 사용할 요소이므로 전역 변수에 담아 둡니다.
        this.bannerContainer = document.getElementById("banner_container");
        this.bannerItems = this.bannerContainer.getElementsByTagName("div");
        this.nCurrentIndex = 0;
        this.nTimerID = 0;
        // 전체 배너 개수.
        this.nBannerCount = this.bannerItems.length;
    }
```

❷
```javascript
// 현재 배너와 다음 배너의 위치를 초기화합니다.
function setBannerPosition(){
    // 모든 배너의 opacity 값을 초기값으로 0으로 만든다.
    for(var i=0;i<this.nBannerCount;i++)
    {
        var item =this.bannerItems.item(i);
        item.style.top = IMAGE_HEIGHT+"px";
    }
    // 첫 번째 배너 = 현재 배너를 화면에 활성화한다.
    this.bannerItems[0].style.top ="0px";
}
```

❸
```javascript
// 배너 움직이기
function startMove(){
    this.nTimerID = setInterval(this.on_StartMove,1000)
}
```

❹
```javascript
// 다음배너 계산하기
function on_StartMove(){
    if(this.nCurrentIndex+1)=this.nBannerCount)
        this.showBannerAt(0);
    else
        this.showBannerAt(this.nCurrentIndex+1);
}
```

❺
```javascript
// nIndex에 해당하는 배너를 현재 배너로 활성화함
function showBannerAt(nIndex)
{
    // 현재배너를 구한다.
    var currentBanner = this.bannerItems.item(this.nCurrentIndex);
    // 다음배너를 구한다.
    var nextBanner = this.bannerItems.item(nIndex);

    // 현재 배너를 위쪽으로 움직이기
    JSTweener.addTween(currentBanner.style, {
        time: 0.5,
        transition: 'easeInQuad',
        top:-128
    });

    // 다음 배너를 움직이기 전에 다음 배너의 시작 위치 설정
    nextBanner.style.top = 128+"px";

    // 다음배너를 출력화면영역으로 움직이기
    JSTweener.addTween(nextBanner.style, {
        time: 0.5,
        transition:'easeInQuad',
```

```
            top:0
        });

        // 현재 배너의 인덱스를 업데이트
        this.nCurrentIndex =nIndex;
    }
</script>
```

소스 설명

❶ 먼저 프로젝트 전반적인 부분에서 사용될 요소를 초기화하는 init( ) 함수에 우리가 움직일 배너를 모두 찾아 전역변수 bannerItems에 넣어주는 부분과 전체 배너 개수를 알아낸 후 전역변수인 nBannerCount에 대입하는 부분을 추가합니다. 더불어 현재 활성화된 배너가 몇 번째인지를 가리키는 nCurrentIndex 전역변수도 0으로 초기화합니다.

❷ 5단계까지는 테스트를 목적으로 두 개의 이미지만 가지고 롤링 효과를 구현했다면 이제는 #banner_container에 들어 있는 자식 노드 개수만큼 롤링 효과를 구현해야 하기 때문에 일단 모든 배너를 출력 화면 영역에서 보이지 않게 한 후 배너 중에서 시작 시 화면에 나타나야 할 0번째 배너의 위치 값을 0으로 설정합니다.

❸ 계속해서 롤링되도록 setInterval 함수를 이용해 1초에 한 번씩 on_StartMove( ) 함수를 호출합니다.

❹ 이 함수는 앞에서 본 표의 내용 가운데 다음 상품의 인덱스 값을 만들어 주는 역할을 합니다.

현재 상품 인덱스	다음 상품 인덱스
0	1
1	2
2	3
3	4
5	6
6	7
7	8
8	9
9	0
0	1
1	2
2	3
...	...

❺ 이곳에서는 먼저 4번에서 전달된 다음 배너의 인덱스 값과 현재 활성화돼 있는 배너를 가리키는 nCurrentIndex에 들어 있는 값을 이용해 현재 배너와 다음 배너를 구합니다. 그리고 이렇게 구한 배너를 JSTweener를 이용해 움직여줍니다.

이렇게 해서 가장 어려운 핵심 이슈까지 구현했습니다.

단계 #7

페이드 인, 페이드 아웃 효과 추가하기(10분)

이번 프로젝트도 어느덧 마무리 단계까지 온 것 같습니다. 이번 단계의 미션은 페이드 인, 페이드 아웃 효과를 구현하는 것입니다. 이를 위해 스타일 속성 중 opacity 값을 조절해야 하는데 과연 이 코드를 어디에 추가해야 할까요? 네, 맞습니다. 바로 아래처럼 JSTweener 부분에 opacity를 추가하면 우리가 원하는 기능이 자연스럽게 만들어집니다.

소스 • 1_js_dom/4_ex/ex2/step_7.html

```
// 현재 배너와 다음 배너의 위치를 초기화합니다.
function setBannerPosition(){
    // 모든 배너의 위치 값을 출력 화면 영역에서 보이지 않게 만든다.
    for(var i=0;i<this.nBannerCount;i++){
        var item = this.bannerItems.item(i);
        item.style.top = IMAGE_HEIGHT+"px";

        item.style.opacity  = 0;
    }
    // 첫 번째 배너=현재 버너를 화면에 활성화한다.
    this.bannerItems[0].style.top ="0px";

    this.bannerItems[0].style.opacity =1;
}

// nIndex에 해당하는 배너를 현재 배너로 활성화
function showBannerAt(nIndex)
{
    . . . . .

    // 현재 배너를 위쪽으로 움직이기
    JSTweener.addTween(currentBanner.style, {
        time: 0.5,
        transition: 'easeInQuad',
        top:-128,
        opacity:0
    });
```

❶

❷

❸

❹
```
    // 다음 배너를 움직이기 전에 다음 배너 위치의 시작 위치를 설정
    nextBanner.style.top = "128px";
    nextBanner.style.opacity = 0;
```

❺
```
    // 다음 배너를 출력 화면 영역으로 움직이기
    JSTweener.addTween(nextBanner.style, {
        time: 0.5 ,
        transition:'easeInQuad',
        top:0,
        opacity:1
    });
    // 현재 배너의 인덱스를 업데이트
    this.nCurrentIndex =nIndex;
}
```

소스 설명

❶ 먼저 모든 배너의 opacity 값을 0으로 초기화합니다. 그래야 Tweener에 의해 opacity 값이 0에서 1로 변하며, 페이드 인 효과를 구현할 수 있습니다.

❷ 첫 번째 배너인 현재 배너는 초기 시작 시 화면에 보여야 되기 때문에op acity를 1로 만듭니다.

❸ showBannerAt( ) 함수에서 addTween( ) 함수에 opacity 값을 0으로 추가합니다. 이 함수가 실행되면 현재 배너의 opacity 값이 1에서 0으로 점점 변하면서 사라집니다.

❹ 다음 배너는 opacity 값이 0에서 1로 변하면서 등장해야 하기 때문에 우선 opacity 값을 0으로 만듭니다.

❺ 이후 addTween( ) 함수가 실행되면 다음 배너의 opacity 값이 0에서 1로 부드럽게 변하면서 등장합니다.

일단 여기까지 코드를 작성했다면 정상적으로 동작하는지 실행해보겠습니다.

이렇게 최종 단계까지 모두 구현해서 최종 목표인 롤링 배너 프로젝트를 마무리 지었습니다.

잠시 휴식을 취하면서 코드를 좀더 깔끔하게 다듬는 리팩토링을 해보겠습니다

단계 #7-1

리팩토링 - 소스 정리 및 버그 수정

"근데 방금 끝났다고 하지 않았나요?"라는 여러분의 원성 어린 말이 제 귀에 맴돌고 있네요. 네, 맞습니다. 프로젝트는 끝났습니다. 다만 혹시 모를 요구사항 추가 및 수정사항에 대비해 소스를 정비해야 할 필요가 있습니다. 그리고 자신이 아닌 다른 개발자가 코드를 볼 수 있으므로

이를 위해 주석도 추가하고 줄도 맞추고 들여쓰기를 비롯해 너무 큰 함수의 경우 특정 기능에 따라 조각을 내는 작업과 중복 코드 제거 등의 작업도 해두는 겁니다. 이를 리팩토링이라고 합니다.

그럼 지금까지 작성한 코드에서도 이런 리팩토링 대상이 될 만한 내용이 있는지 살펴보겠습니다.

우선 가장 쉬운 들여쓰기 및 함수 구분을 위한 공백 줄을 추가하는 작업을 해봅시다. 그리고 또 뭐가 있을까요? 아! 트윈 적용 시간 및 배너의 높이 등은 상수로 빼는 게 훨씬 좋은데 이런 걸 그냥 뒀군요. 그럼 바로 변경해 보겠습니다.

소스 • 1_js_dom/4_ex/ex2/step_7_1.html

❶
```
var ANIMATION_DURATION =0.5;
var IMAGE_HEIGHT =128;

// 현재 배너와 다음 배너의 위치를 초기화합니다.
function setBannerPosition(){
    // 모든 배너의 위치 값을 출력 화면 영역에서 보이지 않게 만든다.
    for(var i=0;i<this.nBannerCount;i++){
        var item = bannerItems.item(i);
```
❷
```
        item.style.top = IMAGE_HEIGHT+"px";
        item.style.opacity   = 0;
    }

    // 첫 번째 배너 = 현재 버너를 화면에 활성화한다.
    bannerItems[0].style.top ="0px";
    bannerItems[0].style.opacity =1;
 }

// nIndex에 해당하는 배너를 현재 배너로 활성화
function showBannerAt(nIndex){
    · · · · ·

    // 현재 배너를 위쪽으로 움직이기
    JSTweener.addTween(currentBanner.style, {
```
❸
```
        time: ANIMATION_DURATION,
        transition: 'easeInQuad',
        top:-IMAGE_HEIGHT,
        opacity:0
    });
```

❹
```
        // 다음 배너를 움직이기 전에 다음 배너의 시작 위치를 설정
        nextBanner.style.top = IMAGE_HEIGHT+"px";
        nextBanner.style.opacity = 0;

        // 다음 배너를 출력 화면 영역으로 움직이기
        JSTweener.addTween(nextBanner.style, {
```
❺
```
            time: ANIMATION_DURATION,
            transition:'easeInQuad',
            top:0,
            opacity:1
        });

        // 현재 배너의 인덱스를 업데이트
        nCurrentIndex =nIndex;
    }
```

소스 설명

❶ 먼저 배너 하나의 높이가 들어 있는 IMAGE_HEIHGT 상수와 애니메이션의 지연시간 값이 담긴 ANIMATION_DURATION 상수를 자바스크립트 영역의 최상위 부분에 추가합니다.

❷, ❸, ❹, ❺

지금까지 작성한 소스 가운데 상수가 적용될 수 있는 부분을 모두 찾아 변경합니다.

모든 내용을 작성했다면 정상적으로 동작하는지 실행해 봅니다.

자! 여기까지 길고 긴 롤링 배너 제작 프로젝트를 진행했습니다. 아마도 지금까지 작성한 결과물을 플래시 개발자에게 보여준다면 분명 "이거 플래시로 만든 거 아냐?"라는 의문을 품으며 마우스 오른쪽 버튼을 눌러볼 것입니다. 그리고 플래시 메뉴가 뜨지 않는 것을 보고 다시 한번 깜짝 놀라지 않을까 상상이 되는군요. 비록 간단한 예제지만 이 예제를 통해 웹 기술만으로도 충분히 인터랙티브한 웹 콘텐츠를 제작할 수 있다는 사실을 직접 눈으로 확인할 수 있었습니다.

최종 코드는 다음과 같습니다.

소스 • 1_js_dom/4_ex/ex2/step_7_1.html

```html
<html>
<head>
    <meta http-equiv="Content-Type" content="text/html; charset=UTF-8">
    <title></title>
<style>
    #banner_container{
        position:relative;
        width:128px;

        height:128px;
        border:1px solid #cccccc;
        top:100px;
        left:100px;
        overflow:hidden;;
    }

    #banner_container div{
        position:absolute;
        width:128px;
        height:128px;

        top:0;
        background:#ffffff;
    }


</style>

<script src="JSTweener.js" type="text/javascript"></script>
<script>
    var ANIMATION_DURATION=0.5;
    var IMAGE_HEIGHT     =128;

    var bannerItems;
    var bannerContainer;

    var nCurrentIndex;
    var nBannerCount;
    var nTimerID;

    window.onload = function(){
        // 요소 초기화
        this.init();
```

```
        // 배너 위치 설정
        this.setBannerPosition();
        // 배너 움직이기
        this.startMove();

    }

    // 요소 초기화
    function init(){
        // 계속해서 사용할 요소이므로 전역변수에 담아 둡니다.
        this.bannerContainer = document.getElementById("banner_container");
        this.bannerItems = this.bannerContainer.getElementsByTagName("div");
        this.nCurrentIndex = 0;
        this.nTimerID = 0;
        // 전체 배너 개수.
        this.nBannerCount = this.bannerItems.length;

    }

    // 현재 배너와 다음 배너의 위치를 초기화합니다.
    function setBannerPosition(){
        // 모든 배너의 위치 값을 출력 화면 영역에서 보이지 않게 만듭니다.
        for(var i=0;i<this.nBannerCount;i++){
            var item    = this.bannerItems.item(i);
            item.style.top = IMAGE_HEIGHT+"px";
            item.style.opacity = 0;
        }

        // 첫 번째 배너 = 현재 버너를 화면에 활성화
        this.bannerItems[0].style.top ="0px";
        this.bannerItems[0].style.opacity          =1;
    }

    // 배너 움직이기
    function startMove(){
        this.nTimerID = setInterval(this.on_StartMove,1000)
    }

    // 다음 배너 계산
    function on_StartMove(){
        if(this.nCurrentIndex+1)=this.nBannerCount)
            this.showBannerAt(0);
        else
            this.showBannerAt(this.nCurrentIndex+1);
    }
```

```
// nIndex에 해당하는 배너를 현재 배너로 활성화
function showBannerAt(nIndex){
    if(this.nCurrentIndex==nIndex || nIndex<0 || nIndex>=this.nBannerCount)
        return;

    // 현재 배너를 구한다.
    var currentBanner = bannerItems.item(this.nCurrentIndex);
    // 다음 배너를 구한다.
    var nextBanner = this.bannerItems.item(nIndex);

    // 현재 배너를 위쪽으로 움직이기
    JSTweener.addTween(currentBanner.style, {
        time: ANIMATION_DURATION,
        transition: 'easeInQuad',
        top:-IMAGE_HEIGHT,
        opacity:0
    });

    // 다음 배너를 움직이기 전에 다음 배너의 시작 위치를 설정
    nextBanner.style.top = IMAGE_HEIGHT+"px";
    nextBanner.style.opacity         = 0;

    // 다음 배너를 출력 화면 영역으로 움직이기
    JSTweener.addTween(nextBanner.style, {
        time: ANIMATION_DURATION,
        transition:'easeInQuad',
        top:0,
        opacity:1
    });

    // 현재 배너의 인덱스를 업데이트
    this.nCurrentIndex =nIndex;
}
</script>
</head>

<body>
    <div id="banner_container" >
        <div>
            <img src="images/img1.png" >
        </div>
        <div>
            <img src="images/img2.png" >
        </div>
        <div>
            <img src="images/img3.png" >
        </div>
```

```
        <div>
            <img src="images/img4.png" >
        </div>
        <div>
            <img src="images/img5.png" >
        </div>
        <div>
            <img src="images/img6.png" >
        </div>
    </div>
</body>
</html>
```

이렇게 1장 자바스크립트 DOM에 대해서는 여기에서 마무리하겠습니다. 그럼 다음 장에서 다시 만나 뵙겠습니다.

현재 여러분이 위치하고 있는 곳은 바로 여기입니다

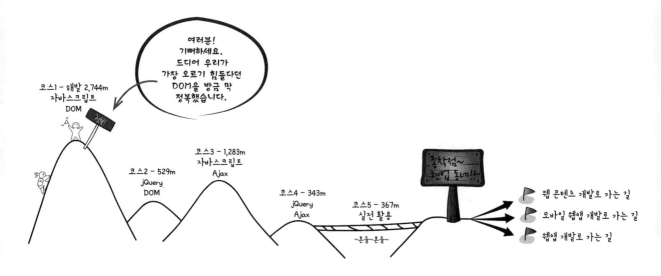

Part II
jQuery DOM

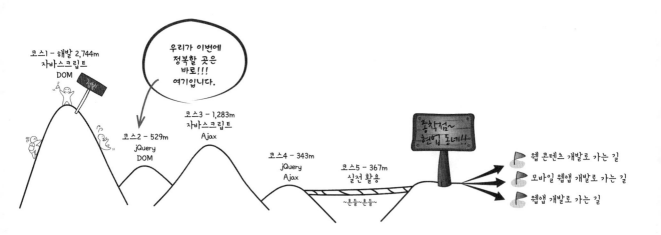

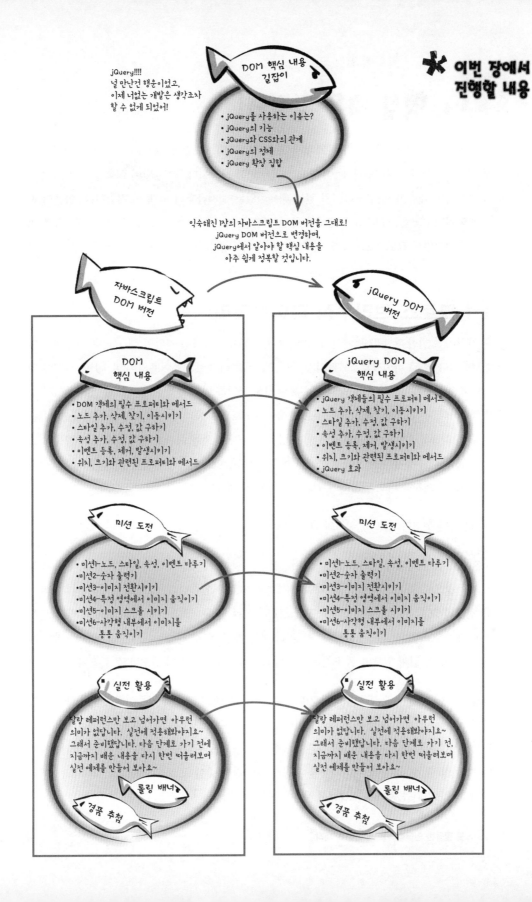

jQuery!!!!
널 만난건 행운이었고,
이제 너없는 개발은 생각조차
할 수 없게 되었어!

DOM 핵심 내용
길잡이

* 이번 장에서
진행할 내용

• jQuery를 사용하는 이유는?
• jQuery의 기능
• jQuery와 CSS와의 관계
• jQuery의 정체
• jQuery 확장 집합

익숙해진 1장의 자바스크립트 DOM 버전을 그대로!
jQuery DOM 버전으로 변경하며,
jQuery에서 알아야 할 핵심 내용을
아주 쉽게 정복할 것입니다.

자바스크립트
DOM 버전

jQuery DOM
버전

DOM
핵심 내용

jQuery DOM
핵심 내용

• DOM 객체의 필수 프로퍼티와 메서드
• 노드 추가, 삭제, 찾기, 이동시키기
• 스타일 추가, 수정, 값 구하기
• 속성 추가, 수정, 값 구하기
• 이벤트 등록, 제거, 발생시키기
• 위치, 크기와 관련된 프로퍼티와 메서드

• jQuery 객체들의 필수 프로퍼티 메서드
• 노드 추가, 삭제, 찾기, 이동시키기
• 스타일 추가, 수정, 값 구하기
• 속성 추가, 수정, 값 구하기
• 이벤트 등록, 제거, 발생시키기
• 위치, 크기와 관련된 프로퍼티와 메서드
• jQuery 효과

미션 도전

미션 도전

• 미션1-노드, 스타일, 속성, 이벤트 다루기
• 미션2-숫자 출력기
• 미션3-이미지 전환시키기
• 미션4-특정 영역에서 이미지 움직이기
• 미션5-이미지 스크롤 시키기
• 미션6-사각형 내부에서 이미지를
   통통 움직이기

• 미션1-노드, 스타일, 속성, 이벤트 다루기
• 미션2-숫자 출력기
• 미션3-이미지 전환시키기
• 미션4-특정 영역에서 이미지 움직이기
• 미션5-이미지 스크롤 시키기
• 미션6-사각형 내부에서 이미지를
   통통 움직이기

■ 실전 활용

■ 실전 활용

달랑 레퍼런스만 보고 넘어가면 아무런
의미가 없답니다. 실전에 적용해봐야지요~
그래서 준비했답니다. 다음 단계로 가기 전에
지금까지 배운 내용을 다시 한번 떠올려보며
실전 예제를 만들어 보아요~

달랑 레퍼런스만 보고 넘어가면 아무런
의미가 없답니다. 실전에 적용해봐야지요~
그래서 준비했답니다. 다음 단계로 가기 전,
지금까지 배운 내용을 다시 한번 떠올려보며
실전 예제를 만들어 보아요~

롤링 배너

롤링 배너

경품 추첨

경품 추첨

01. 핵심 내용 길잡이!

먼저 이 책의 내용 중 가장 험난하고 높은 코스였던 자바스크립트 DOM 단계를 넘어 이곳까지 무사히 오느라 수고하셨습니다. 이제 "고생 끝, 행복 시작이다."라는 말이 어울릴 만큼 이전 장에서 학습한 내용이 얼마나 값어치 있는 내용이었는지 지금부터 알게 될 것입니다. 아울러 지금까지 자바스크립트 DOM을 배워야 했던 이유를 여러분 스스로 알게 될 것입니다. 바로 이 장의 주제이면서 크로스 브라우징 라이브러리의 대표 주자인 jQuery를 통해서 말이죠.

1-1 크로스 브라우징 라이브러리

웹 세상이 출현한 후 1996년에서 1999년 사이에 첫 번째이자 마지막인 웹 브라우저 전쟁이 일어났습니다. 바로 마이크로소프트의 인터넷 익스플로러와 넷스케이프의 내비게이터 사이에 일어난 전쟁이죠. 이 기간 중에 양사는 수많은 최신 무기를 만들어 내며 웹 세상을 집어삼키려 노력했습니다. 근 3년여간의 전쟁은 비로소 마이크로소프트 동네의 승리로 끝이 납니다. 허나 종전 후 평화롭고 편리할 줄만 알았던 웹 세상은 양사가 전쟁을 이기기 위해 무턱대고 만들어 냈던 비표준 최신 무기 때문에 아주 큰 혼란에 빠집니다. 이로부터 웹을 만드는 사람들은 각 브라우저별로 페이지를 따로 만들어야 했죠. 지금까지도요.

여기까지가 우리가 알고 있는 웹의 역사입니다.

이후 참혹했던 결과만 남기고 끝난 웹 전쟁만큼은 아니지만 웹 세상은 다시 수많은 웹 브라우저의 등장으로 등이 오싹할 만큼 치열한 경쟁을 치르고 있습니다. 그래도 다행히 비효율적인 웹 전쟁의 교훈 때문인지 새롭게 등장한 브라우저는 웹 동네의 UN본부인 W3C의 웹 표준을 지켜 개발하고 있기 때문에 선의의 경쟁이라 보는 게 맞을 것 같습니다. 하지만 아직까지도 전쟁의 후유증은 남아 있으며 웹 표준으로 통일되기에는 오랜 시간이 필요할 것 같습니다.

그렇다고 이런 날이 오기를 무작정 기다릴 수만은 없겠죠? 그래서 만들어진 평화유지군이 있습니다. 바로 크로스 브라우징 라이브러리입니다. 크로스 브라우징인 라이브러리는 브라우저별 통합 기능뿐 아니라 마법과도 같은 다양한 기능을 제공합니다. 또한 각 라이브러리는 저마다 가장 잘 할 수 있는 고유한 기능을 제공하므로 진행 중인 프로젝트에 따라 하나 또는 여러 개의 라이브러리를 동시에 조합해서 사용하기도 합니다.

크로스 브라우징 라이브러리는 공통적으로 DOM을 쉽게 사용할 수 있는 기능을 나름의 고유한 표현법으로 제공합니다. 일종의 매크로 함수처럼 말이지요. 예를 들어, 어떤 작업을 처리하는 데 자바스크립트 DOM을 이용하는 경우 20줄 정도의 코드가 필요하다면 크로스 브라우징 라이브러리는 2~3줄에 해결할 수 있을 만큼 편리하고 강력한 기능을 제공합니다. (여러분은 잠시 후에 마법과도 같은 예제를 만나게 됩니다.)

여러 크로스 브라우징 라이브러리 가운데 여기서는 DOM을 제어하는 데 감히 누구도 흉내 낼 수 없을 만큼 막강한 기능을 자랑하는 jQuery를 알아보겠습니다.

이 장의 진행 방식은 1장과 마찬가지로 총 4개의 단계를 거쳐 jQuery를 마스터할 것입니다.

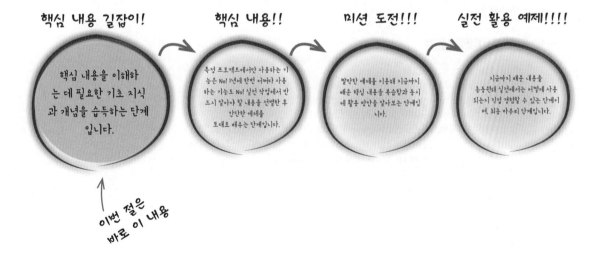

일단 왜 jQuery를 사용해야 하고, jQuery를 사랑할 수밖에 없는 이유를 직접 느낄 수 있게 간단한 예제를 보여드리겠습니다. (주의: 가끔 jQuery를 광적으로 사랑하게 되는 분들이 더러 있더군요. 조심하세요.)

```html
<body>
    <div>
        <div class="sample" data-id="1">
        데이터 1
        </div>
        <div class="content">
            <p class="sample" data-id="1">
            데이터 2
            </p>
        </div>
        <div >
            <div>
                <p class="sample" data-id="2">데이터 3</p>
            </div>
        </div>
        <div class="sample" data-id="2">
        데이터 4
        </div>
    </div>
</body>
```

이 내용을
"완전 중요 데이터"로
바꾸고 싶어요.

자바스크립트 소스

```javascript
function solve_1(){
    var samples=document.getElementsByClassName("sample");
    for(var i=0;i<samples.length;i++){
        var sample = samples.item(i);
        if(sample.nodeName=="p" && sample.getAttribute("data-id")=="2"){
            sample.firstChild.nodeValue ="완전 중요 데이터";
            sample.style.color ="#ff0000";
        }
    }
}

function solve_2(){
    var samples = document.getElementsByTagName("p");
    for(var i=0;i<samples.length;i++){
        var sample = samples.item(i);
        if(sample.getAttribute("data-id")=="2"){
```

```
                    sample.firstChild.nodeValue = "완전 중요 데이터";
                    sample.style.color = "#ff0000";
                }
            }
        }

    function solve_3(){
        var samples=document.getElementsByClassName("sample");
         samples[2].firstChild.nodeValue = "완전 중요 데이터";
         samples[2].style.color = "#ff0000";
     }
```

일반 자바스크립트 DOM으로는 위와 같은 방식으로 문제를 해결할 수 있습니다. 그렇다면
jQuery는 어떨까요? 기대하셔도 좋습니다. 짠!

jQuery 소스

```
    function solve_1(){
        var $p_sample_2 = $("p.sample[data-id=2]");
        $p_sample_2.text("완전 중요 데이터");
        $p_sample_2.css("color", "#ff0000" );
    }

    function solve_2(){
        var $p_sample_2 = $("p[data-id=2]");
        $p_sample_2.text("완전 중요 데이터");
        $p_sample_2.css("color","#ff0000" );
    }

    function solve_3(){
        var $p_sample_2 = $("p").filter("[data-id=2]");

        $p_sample_2.text("완전 중요 데이터");
        $p_sample_2.css("color","#ff0000" );
    }

    function solve_4(){
        var $p_sample_2 = $("div div div p");

        $p_sample_2.text("완전 중요 데이터").css("color","#ff0000" );
    }

    function solve_5(){
        var $p_sample_2 = $("p:eq(1)");

        $p_sample_2.text("완전 중요 데이터").css("color","#ff0000" );
    }
```

for 문 하나 없이 대상 노드를 단 한 줄만으로 찾은 후 날렵하게 속성까지 변경하는 jQuery의 센스!

워워~ 너무 놀라셨군요. 거 봐요. jQuery를 보는 순간 사랑에 빠지게 된다고 미리 얘기했잖아요. 자! 이제 여러분은 jQuery의 매력에서 벗어날 수 없을 겁니다. 하지만 이건 시작에 불과합니다. jQuery의 마법은 여러분이 상상하는 그 이상이며, 웹 동네에서의 생활을 지금보다 훨씬 윤택하고 편리하게 만들어 줍니다. 정말 한번 사용하게 되면 마약처럼 절대 포기할 수 없을 만큼 여러분이 앞으로 제작하게 될 수많은 프로젝트에서 가장 핵심적인 라이브러리로 활용하게 될 것입니다.

그럼 jQuery가 지닌 매력을 하나씩 알아보겠습니다.

길잡이 02 jQuery의 기능

대부분의 크로스 브라우징 라이브러리가 그렇듯 jQuery 역시 jQuery만의 독창적인 기술과 표현법으로 수많은 작업을 아주 쉽게 처리해주는 다양한 함수의 집합으로 구성돼 있습니다. 이 집합은 아래처럼 크게 4가지로 나뉩니다.

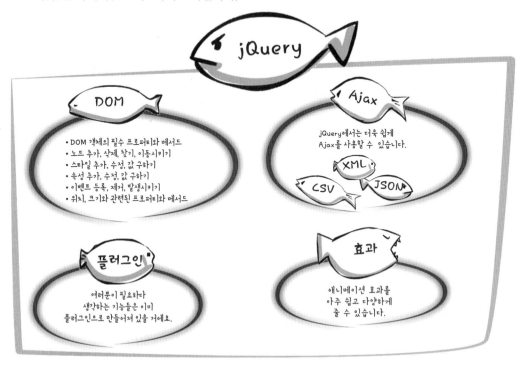

jQuery DOM

jQuery DOM에서는 1장에서 배운 다양한 DOM 관련 작업을 아주 쉽게 처리할 수 있게 다양한 기능을 제공합니다. 이 내용은 이번 장의 핵심 내용이기도 합니다.

jQuery Ajax

jQuery Ajax에서는 3장에서 배울 자바스크립트 Ajax를 아주 쉽게 다룰 수 있게 다양한 기능을 제공합니다. 그뿐만 아니라 jQuery DOM과 연계할 수 있는 기능까지 제공하고 있어 동적인 화면을 쉽게 제작할 수 있습니다. 이 멋진 기능은 4장에서 자세히 다룹니다. 기대하세요.

jQuery 효과

1장에서 잠깐 다룬 JSTweener 생각나시죠? 바로 JSTWeener처럼 인터랙티브한 웹 콘텐츠 제작에 반드시 필요한 효과 기능을 기본적으로 제공합니다. 이 역시 DOM과 직접 연계돼 있어 아주 쉽게 DOM 요소에 효과를 적용할 수 있습니다. 이 내용은 핵심 내용의 마지막 부분에서 다루겠습니다.

jQuery 플러그인

jQuery가 수많은 크로스 브라우징 라이브러리의 경쟁 속에서 살아남아 소위 대세가 될 수 있었던 이유 가운데 하나는 바로 다양한 플러그인이 있기 때문입니다. "이런 기능이 필요한데!"라고 생각하는 대부분의 기능은 jQuery 세상에 살고 있는 멋진 선배님들이 여러분의 수고를 덜어주기 위해 이미 만들어 뒀다고 생각해도 될 만큼 유용한 플러그인이 아주 많습니다. 또한 RIA(Rich Internet Application) 제작을 위한 라이브러리로 많이 사용되는 jQueryUI를 비롯한 다양한 플러그인이 있으며 계속해서 만들어지고 있습니다.

덧붙이자면 앞으로 여러분이 모바일 분야에 관심을 갖고 있다면 조만간 만나게 될 jQueryMobile 프레임워크 역시 jQuery에 기반을 두고 있으며, 데이터 연동 처리를 비롯한 UI 컨트롤은 모두 jQuery를 활용해서 만듭니다. 즉, jQuery를 알고 있다면 jQueryMobile을 활용한 모바일 웹앱 제작도 쉽게 할 수 있는 기본을 익히는 것과 같습니다. 다만 이렇게 나뉜 jQuery를 한번에 모두 학습하기란 쉬운 일이 아닙니다. jQuery를 좀 더 쉽게 이해하려면 일단 내부를 좀더 자세히 들여다봐야 합니다.

jQuery 카테고리

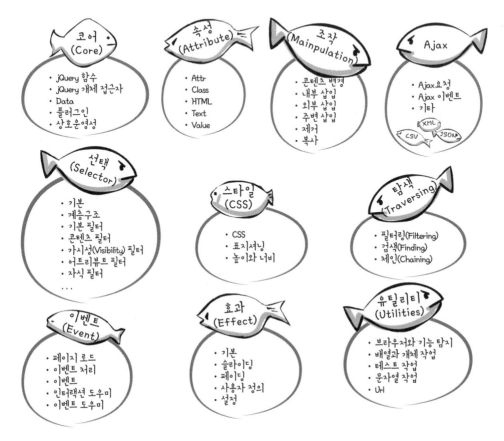

휴~ 많기도 하죠? 좋긴 좋은데 이걸 언제 배우나, 라면서 한숨을 쉬고 있는 분도 있겠군요. 그래서 준비했습니다. 이런 분들을 위해 jQuery 역시 자바스크립트 DOM에서처럼 다음과 같은 내용은 제외하고 웹 콘텐츠와 모바일 웹앱을 제작하거나 실제 업무를 진행할 때 반드시 알아야 할 핵심 내용을 위주로 살펴보겠습니다.

- 1년에 어쩌다 한번 사용하는 기능
- 특정 프로젝트를 할 때만 아주 가끔씩 사용하는 기능

제외된 기능은 핵심 기능을 능수능란하게 사용할 즈음이면 레퍼런스를 참고해가면서 스스로 충분히 활용할 수 있을 것입니다.

다음 단계인 "jQuery 핵심 내용"을 다루기 전에 반드시 알아둬야 할 내용이 있습니다. 바로 jQuery와 CSS와의 관계입니다. 이 관계를 알고 jQuery를 보는 경우와 그렇지 않은 경우 학습 능률의 차이가 하늘과 땅 차이일 만큼 중요한 내용입니다. 이렇게 이야기를 시작하니 더욱 궁금하겠군요. 그럼 여러분의 궁금증을 바로 풀어 나가겠습니다. 자세히 봐주세요.

먼저 jQuery는 jQuery라는 이름 자체에서도 알 수 있듯이 특정 노드를 찾기 위해 일종의 Query(질의)를 함수의 매개변수로 전달합니다. 바로 이 매개변수가 우리가 알고 있는 CSS의 선택자 개념과 일치하며, 아직 표준화가 진행 중인 CSS3 선택자까지도 제공합니다. 이렇게 설명만 하니 어떤 의미인지 쉽게 와 닿지 않죠? 그럼 아래 내용을 보겠습니다.

```
<style>
div
{
    color:#ff0000;
}
div.sample p
{
    font-size:12pt;
    color:#eeeeee;
    margin:10px;
}

#page div.content .footer
{
    padding:10px;
    border:4px solid #ff0000;

}
</style>
```

선택자   선언   선언

P   { color:red;   font-size:1.5emp;   }

프로퍼티   값   프로퍼티   값

CSS에서 위의 구문의 의미를 알고 있을 것입니다.

```
div
{
}
```

여기서 div를 선택자라고 하며, 선택자에 선언된 스타일 속성값은 문서상의 모든 〈div〉 태그에 적용됩니다. 즉, DOM API를 이용해 설명하자면 document.getElementsByTagName("div") 메서드를 실행한 것과 같은 의미입니다. 이와 같은 방식으로 나머지 선택자를 해석하면 div.samaple p는 div 요소 가운데 sample 클래스가 적용된 div 자식 노드 중 p 노드를 의미하며, 이 노드에 스타일이 적용됩니다.

하지만 아쉽게도 자바스크립트 DOM에서는 "div.sample p"라는 선택자를 이용해 바로 노드를 찾을 수 없습니다. 해당 노드를 찾으려면 1장에서 배운 것처럼 다음과 같은 단계를 밟아야 합니다.

1. sample이 적용된 엘리먼트를 모두 찾음

2. 〈div〉 태그만 추출

3. 이 중에서 〈p〉 태그를 자식 노드로 포함하는 〈div〉 태그를 선택

```
<script>
    window.onload=function(){
        var results = new Array();

        // 1. sample 클래스가 적용된 모든 엘리먼트를 찾습니다.
        var samples = document.getElementsByClassName("sample");
        for(var i=0;i<samples.length;i++){
            var sample = samples[i];

            // 2. sample이 적용된 엘리먼트 가운데 〈div〉 태그만 찾아냅니다.
            if(sample.tagName=="DIV"){
                // 3. 자식 노드 중 〈p〉 태그를 찾아냅니다.
                var p = sample.getElementsByTagName("P");
                if(p){
                    results.push(p);
                }
            }
        }
        alert("찾은 개수: "+results.length);
    }
</script>
```

휴.. 많은 일을 해야 하는군요. 아울러 지금까지 배운 내용만으로는 이와 같은 방법밖에는 없습니다.

"그렇다면 혹시... jQuery는 이런 방식으로 우리가 원하는 노드를 찾을 수 있다는 이야기인가요?" 네! 맞습니다. 바로 jQuery의 가장 강력한 기능은 CSS 선택자를 그대로 이용해 우리가 원하는 노드를 찾을 수 있습니다.

다음처럼 말이지요.

```
var ps = $("div.sample p");
```

ps에는 찾고자 했던 div 요소 중 sample 클래스가 적용된 div 자식 노드 중 p 노드가 모두 담겨져 있습니다.

이런 논리를 적용하면 아래 내용 역시 이해할 수 있을 것입니다.

```
var divs = $("div");
```

전체 문서에서 div 태그를 모두 선택합니다.

```
var ps = $("p");
```

전체 문서에서 p 태그를 모두 선택합니다.

```
var sample = $(".sample");
```

전체 문서에서 sample 클래스가 적용된 모든 태그를 선택합니다.

```
var divs = $("div.sample");
```

전체 문서에서 sample 클래스가 적용된 div 태그만 선택합니다.

```
var footer = $("#page div.content .footer");
```

id가 page인 요소 가운데 하위 노드가 div인 태그 중 content 클래스가 적용된 요소의 하위 노드에서 footer 클래스가 적용된 요소만을 찾아냅니다.

어떤가요? 놀랍지 않나요?

```
var footer = $("#page div.content .footer");
```

와 같은 기능을 수행하는 내용을 그대로 자바스크립트 DOM을 이용해 작성한다면 아마 상당한 양의 코드가 필요할 것입니다.

이처럼 jQuery와 CSS는 밀접한 관계가 있습니다. 혹시 CSS 기본 선택자에 대해 모르는 분들을 위해 반드시 알고 있어야 할 CSS 관련 핵심 내용을 아래에 준비해뒀으니 꼭 숙지하기 바랍니다.

CSS 선택자	jQuery	설명
*	$("*")	모든 엘리먼트 선택
#I	$("#I")	아이디가 I인 모든 엘리먼트 선택
E	$("E")	태그 이름이 E인 모든 엘리먼트 선택
.C	$(".C");	클래스 이름이 C인 모든 엘리먼트 선택
E F	$("E F")	E의 자식 노드이면서 이름이 F인 모든 엘리먼트 선택
E.C	$("E.C")	클래스 이름이 C인 모든 E 엘리먼트 선택
E .C	$("E .C")	E의 자식 노드이면서 클래스 선택자를 가지는 모든 엘리먼트 선택
E 〉F	$("E 〉F")	E의 바로 아래 F 엘리먼트 선택
E+F	$("E+F")	E의 형제 엘리먼트로 바로 다음 형제 F엘리먼트 선택
E~F	$("E~F")	E의 형제 엘리먼트로 다음에 나오는 모든 F 엘리먼트 선택

이 외에도 자주 사용하는 CSS 선택자가 있으며, 이와 관련된 내용은 다음 절에서 다루겠습니다.

jQuery의 정체

앞 절에서는 다음과 같은 구문을 사용해 전체 문서에서 〈div〉 태그를 모두 찾아냈습니다.

```
var $divs = $("div");
```

이를 자바스크립트 DOM으로 표현한다면 다음과 같이 작성할 수 있습니다.

```
var divs = document.getElementsByTagName("div")
```

그리고 이미 알고 있듯이 getElementsByTagName( ) 메서드는 실행 결과를 NodeList 객체의 인스턴스에 담아 반환합니다. 그렇다면, 다음 코드를 실행하면 어떤 결과가 반환될까요?

```
var $divs = $("div");
```

이 내용을 이해하려면 먼저 $( )의 정체, 즉 jQuery의 정체를 알아야 합니다.

$()의 정체

자바스크립트에서 함수를 호출하는 방법은 "함수이름( )"입니다. 왜 뜬금없이 함수 호출에 대한 이야기를 하냐고요? 바로 $( )이 함수이기 때문입니다. 함수 이름이 $이죠. $의 원래 함수 이름은 jQuery이며 jQuery의 축약형으로 jQuery 대신 $를 주로 사용합니다. 즉, jQuery( )와 $( )는 같으며 $("div")와 jQuery("div") 역시 같습니다.

이제 본론으로 돌아와서 $("div") 함수를 호출한 결과는 jQuery 기능이 담긴 확장 집합(wrapper set)이라고 하는 객체입니다. 이 확장 집합은 NodeList처럼 일종의 컬렉션 객체이며, length 프로퍼티와 size( )라는 메서드를 이용해 확장 집합 안에 들어 있는 요소의 개수를 알아낼 수 있습니다. 다시 한번 강조하지만 이 개수의 의미는 확장 집합의 개수가 아닌 확장 집합 안에 들어 있는 Node의 개수를 의미합니다. 이에 대해서는 잠시 후에 좀더 자세히 다루겠습니다. 더욱 중요한 사실은 확장 집합 객체는 검색 결과를 jQuery만의 고유한 기능으로 감싼 일종의 래퍼라는 것입니다.

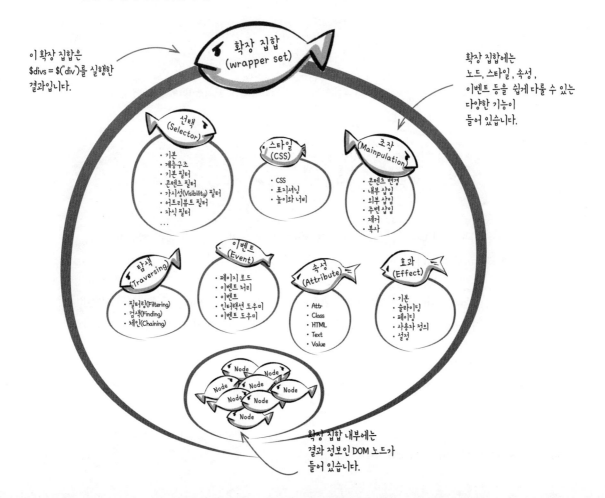

즉,

$divs = $("div")라는 구문이 실행되는 경우
$divs에는 확장 집합이 반환되므로
$divs.css("color","#ff0000")와 같은 확장 기능을 사용할 수 있습니다.

$divs.css( )에는 분명 우리가 했던 것처럼 jQuery 내부에는 다음과 같은 코드가 존재합니다.

1번

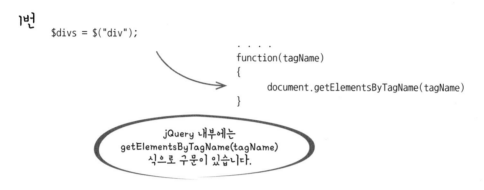

```
$divs = $("div");
                            . . . .
                            function(tagName)
                            {
                                document.getElementsByTagName(tagName)
                            }
```

jQuery 내부에는
getElementsByTagName(tagName)
식으로 구문이 있습니다.

2번

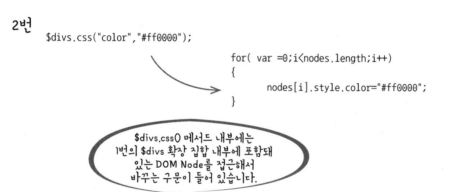

```
$divs.css("color","#ff0000");
                            for( var =0;i<nodes.length;i++)
                            {
                                nodes[i].style.color="#ff0000";
                            }
```

$divs.css() 메서드 내부에는
1번의 $divs 확장 집합 내부에 포함돼
있는 DOM Node를 접근해서
바꾸는 구문이 들어 있습니다.

바로 jQuery가 이처럼 뻔한 작업을 도맡아 해주기 때문에 우리는 이보다 좀더 핵심적인 기능 구현에만 몰두하면 됩니다.

참고로 아래 코드에서 divs라는 변수 이름 앞에 $를 붙여준 이유는 jQuery 동네에서는 일반적으로 확장 집합을 담은 변수라는 의미로 $를 붙여서 변수 이름을 만들기 때문입니다.

```
$divs = $("div")
```

확장 집합 메서드의 반환값은 대부분 확장 집합입니다

한 가지 또 알아야 할 중요한 사실은 대부분의 확장 메서드의 반환값 역시 확장 집합이라는 것입니다.

즉,

```
$result = $divs.css("color", "#ff0000");
$result.attr("id","sample");
```

또는

```
$divs.css("color", "#ff0000").attr("id","sample")
```

와 같이 체인 구조로 계속해서 반환값을 활용할 수 있다는 뜻입니다.

더불어 다음과 같은 HTML 코드가 있을 때

```
<div>
    <p>data1<p>
    <p>data2<p>
    <p>data3<p>
</div>
```

다음과 같은 코드를 실행해 반환된 $ps를 대상으로 $ps.size( )를 호출하면 결과는 3입니다.

```
$ps = $("p");
```

왜냐하면 앞에서 두 번이나 계속해서 강조했던 것처럼 size( ) 메서드는 확장 집합에 들어 있는 Node의 개수를 의미하기 때문입니다. 예를 들어, jQuery에는 eq(n)라는 확장 집합 메서드가 있습니다. 이 메서드는 오직 단일한 N번째 노드를 감싼 확장 요소를 반환합니다. 아래처럼 말이지요.

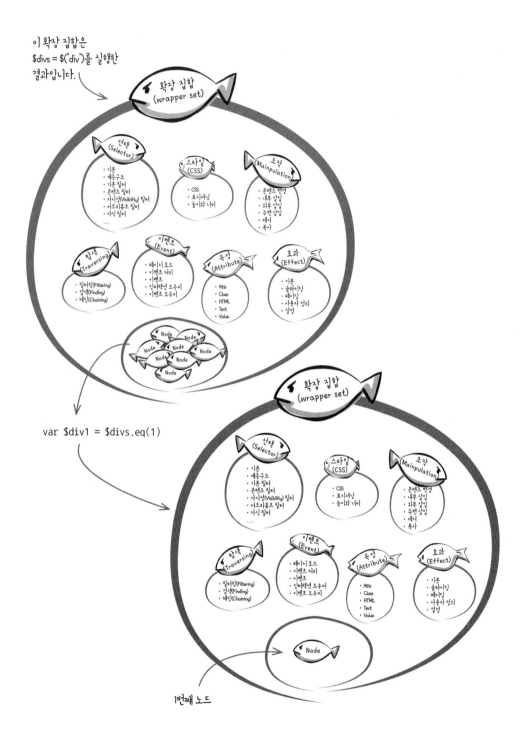

이 확장 집합은
$divs = $("div")를 실행한
결과입니다.

확장 집합
(wrapper set)

선택
(Selector)
• 기본
• 계층구조
• 기본 필터
• 콘텐츠 필터
• 가시성(Visibility) 필터
• 어트리뷰트 필터
• 자식 필터
...

스타일
(CSS)
• CSS
• 포지셔닝
• 높이와 너비

조작
(Mainpulation)
• 콘텐츠 변경
• 내부 삽입
• 외부 삽입
• 주변 삽입
• 제거
• 복사

탐색
(Traversing)
• 필터링(Filtering)
• 검색(Finding)
• 체인(Chaining)

이벤트
(Event)
• 페이지 로드
• 이벤트 처리
• 이벤트
• 인터랙션 도우미
• 이벤트 도우미

속성
(Attribute)
• Attr
• Class
• HTML
• Text
• Value

효과
(Effect)
• 기본
• 슬라이딩
• 페이딩
• 사용자 정의
• 설정

Node Node Node Node Node Node Node

var $div1 = $divs.eq(1)

확장 집합
(wrapper set)

선택
(Selector)
• 기본
• 계층구조
• 기본 필터
• 콘텐츠 필터
• 가시성(Visibility) 필터
• 어트리뷰트 필터
• 자식 필터
...

스타일
(CSS)
• CSS
• 포지셔닝
• 높이와 너비

조작
(Mainpulation)
• 콘텐츠 변경
• 내부 삽입
• 외부 삽입
• 주변 삽입
• 제거
• 복사

탐색
(Traversing)
• 필터링(Filtering)
• 검색(Finding)
• 체인(Chaining)

이벤트
(Event)
• 페이지 로드
• 이벤트 처리
• 이벤트
• 인터랙션 도우미
• 이벤트 도우미

속성
(Attribute)
• Attr
• Class
• HTML
• Text
• Value

효과
(Effect)
• 기본
• 슬라이딩
• 페이딩
• 사용자 정의
• 설정

Node

1번째 노드

즉, 확장 집합은 대부분 확장 집합 안에 포함돼 있는 노드를 대상으로 우리가 해야 할 각종 작업을 간편하게 처리해줍니다.

확장 집합 내부의 노드에 접근하기

아마도 이즈음에서 노드에 어떻게 접근하는지 궁금할 테니 바로 알아보겠습니다. 다시 한번 이야기하지만 jQuery는 만능이 아닙니다. jQuery는 자바스크립트 DOM의 모든 내용을 감싸고 있지는 않으며, 종종 자바스크립트 DOM의 기능을 사용해야 할 때도 있습니다. 이러한 경우 확장 집합에 들어 있는 노드에 접근해야 하며, jQuery에서는 확장 집합의 노드에 접근할 수 있는 몇 가지 기능을 제공합니다.

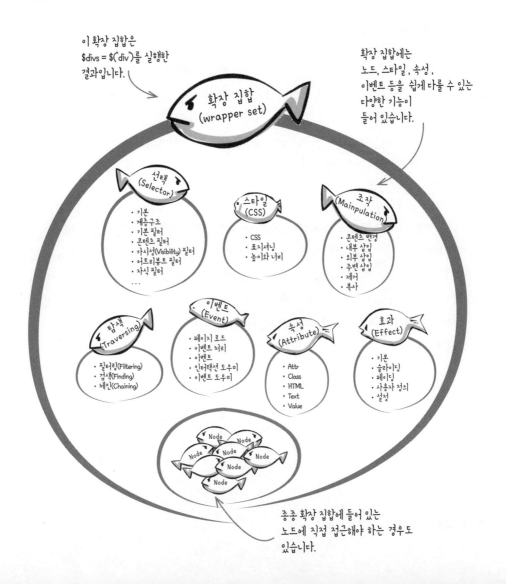

$divs = $("div")일 경우 다음과 같은 방법으로 특정 노드에 접근할 수 있습니다.

배열 방식으로 접근
```
var div0 = $divs[0]
```

get() 메서드를 이용
```
var div0 = $divs.get(0)
```

이 두 가지는 자주 사용되는 방법이니 꼭 알아두시기 바랍니다.

참고로 변수 div0에 $를 붙이지 않은 이유는 get(0)과 divs[0]에서 반환되는 값이 jQuery와는 관련이 없는 DOM Node이기 때문입니다. 이 점도 꼭 잊지 말아 주세요.

일단 여기까지 jQuery 핵심 내용을 진행하는 데 필요한 내용을 알아봤습니다.

자바스크립트 DOM 길잡이에 비하면 양이 별로 되지 않습니다. 여기서는 이미 jQuery의 기본이 되는 DOM과 관련된 기본 개념과 사용법까지 익혔기 때문에 이렇게 쉽게 jQuery를 학습하는 데 필요한 기본 개념을 익힐 수 있었습니다. 혹시 기억하나요? 1장 마지막 즈음에 자바스크립트 DOM이 가장 높은 단계이며, 이 단계만 정복한다면 다음 단계의 내용은 정말 산책로 걷듯 콧노래를 부르며 지날 수 있다는 말이지요. 바로 이런 날이 오리라는 사실을 알고 있었기에 필자가 자신만만했던 것입니다.

그리고 혹시 이제 자바스크립트 DOM은 잊어도 되지 않을까, 라고 생각하는 분이 있을 것 같아서 미리 이야기하지만 절대 그렇지 않습니다. 자바스크립트 DOM을 모르고서는 jQuery를 확실히 이해할 수 없을 뿐더러 jQuery가 전해주는 편이성을 절대 만끽할 수 없습니다. 또한 jQuery는 만능이 아닙니다. jQuery로도 해결하지 못하는 부분은 수시로 접할 것이며, 이러한 경우 자바스크립트 DOM을 이용해 해결해야 합니다. 그러므로 자바스크립트 DOM도 반드시 알고 있어야 합니다.

02. 핵심 내용!!

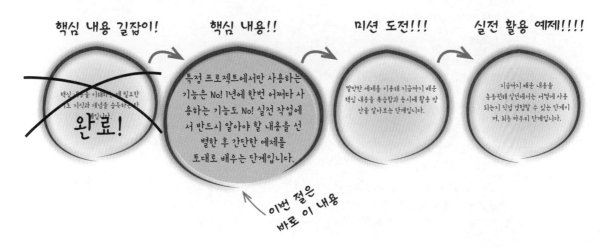

핵심 내용 길잡이!   핵심 내용!!   미션 도전!!!   실전 활용 예제!!!!

핵심 내용을 이해하는 데 필요한 기초 지식과 개념을 습득하는 단계입니다.
완료!

특정 프로젝트에서만 사용하는 기능은 No! 1년에 한번 어쩌다 사용하는 기능도 No! 실전 작업에서 반드시 알아야 할 내용을 선별한 후 간단한 예제를 토대로 배우는 단계입니다.

짤막한 예제를 이용해 지금까지 배운 핵심 내용을 복습함과 동시에 활용 방안을 알아보는 단계입니다.

지금까지 배운 내용을 총동원해 실전에서는 어떻게 사용되는지 직접 경험할 수 있는 단계이며, 최종 마무리 단계입니다.

이번 절은 바로 이 내용

이 장부터 지금까지 배운 jQuery 핵심 내용 길잡이 내용을 바탕으로 반드시 알아야 할 필수 핵심 내용과 실전 업무에 필요한 필수 핵심 기능을 배울 것입니다. 진행 방식은 미리 언급한 것처럼 선행해야 할 내용을 우선순위에 따라 나열한 후 각 요소를 이해하기 쉽게 특정 크기로 조각낸 다음 하나씩 살펴보겠습니다.

보세요!

1. 우리가 배울 핵심 주제를 선정한 후 우선순위별로 나열합니다.

자바스크립트 DOM
jQuery DOM
자바스크립트 Ajax
jQuery Ajax
실전활용1
실전활용2
실전활용3

컥!

자바스크립트 핵심 메서드와 프로퍼티

노드 추가, 삭제, 찾기, 이동

속성 추가, 수정, 값 구하기

스타일 다루기

자~ 주욱!

자바스크립트 DOM 조각 나누기입니다.

2. 배우기 쉽도록 작은 조각으로 나눕니다.

✱ 앞으로 jQuery를 활용해 배울 내용

1. jQuery 개발환경 구축
- 진입점인 ready( ) 함수 설정

2. 노드 다루기
- 문서에서 특정 태그 이름을 지닌 노드 찾기
- 특정 노드의 자식 노드에서 특정 태그 이름을 지닌 노드 찾기
- 문서에서 특정 클래스가 적용된 노드 찾기
- 문서에서 특정 ID를 지닌 노드 찾기

- 자식 노드 찾기
- 부모 노드 찾기
- 형제 노드 찾기

- Document.createElement( ) 메서드를 사용해서 노드 생성 및 추가하기(jQuery 버전)
- HTMLElement.innerHTML 프로퍼티를 사용해서 노드 생성 및 추가하기(jQuery 버전)
- Node.cloneNode( ) 메서드를 사용해서 노드 생성 및 추가하기(jQuery 버전)
- 노드 삭제하기
- 노드 이동시키기

- 텍스트 노드 생성 및 추가하기
- 텍스트 노드 내용 변경하기

3. 스타일 다루기
- 스타일 속성값 구하기
- 스타일 속성값 설정하기
- 스타일 속성 제거하기

4. 속성 다루기
- 속성값 구하기
- 속성값 설정하기
- 속성 제거하기

5. 이벤트 다루기
- 이벤트 리스너 추가하기
- 이벤트 리스너 삭제하기
- 이벤트 발생시키기
- 사용자 정의 이벤트 만들기

6. jQuery에서 제공하는 위치 및 크기와 관련된 프로퍼티와 메서드
- HTMLElement
- Window
- Screen
- Document
- MouseEvent

어디서 많이 본듯한 내용이죠? 네, 맞습니다. 자바스크립트 DOM에서 익힌 핵심 내용과 거의 일치합니다. 아울러 jQuery는 DOM을 다루는 데 그 어떤 크로스 브라우징 라이브러리보다 강력한 기능을 제공합니다.

이번 장에서는 jQuery의 가장 큰 특징으로 꼽을 수 있는 DOM 조작 방법을 배웁니다. 먼저 이장의 내용을 가장 쉽게 마스터할 수 있는 팁을 알려주자면 1장에서 배운 내용과 앞으로 배울 내용을 일대일로 비교하면서 진행한다면 1장의 내용을 복습함과 동시에 jQuery의 막강한 기능을 몸소 느낄 수 있을 것입니다.

예) 문서에서 〈div〉 태그를 모두 찾은 후 글자 색을 빨간색으로 변경해 주세요.

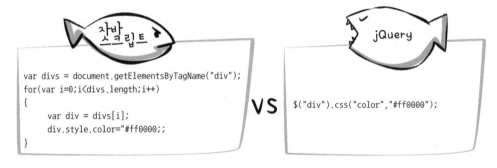

```
var divs = document.getElementsByTagName("div");
for(var i=0;i<divs.length;i++)
{
    var div = divs[i];
    div.style.color="#ff0000;;
}
```

```
$("div").css("color","#ff0000");
```

그럼 지금부터 너무도 강력한 기능으로 여러분을 놀라게 할 jQuery의 각 기능을 알아보기 전에 먼저 개발 환경을 구축하는 방법을 알아보겠습니다.

2-1 jQuery 첫 걸음, 개발 환경 구축

가장 먼저 해야 할 일은 jQuery를 사용하기 위한 개발 환경을 구축하는 것입니다. 방법은 아주 간단합니다.

1. jQuery 라이브러리를 삽입

2. 진입점인 ready( ) 함수를 설정

jQuery 라이브러리를 삽입

일반 자바스크립트 라이브러리처럼 jQuery 역시 웹 페이지에 라이브러리를 먼저 삽입해야 합니다. jQuery 라이브러리를 삽입하는 방법은 크게 두 가지입니다.

CDN(Content Delivery Network)에 올려져 있는 jQuery 파일을 이용하는 방법

CDN이란 콘텐츠를 여러 서버에 분산 배치해서 콘텐츠를 전송하는 과정에서 발생하는 트래픽 집중 & 병목 현상 및 데이터 손실을 해결하기 위한 기술입니다. 이러한 목적으로 jQuery 파일도 아래 CDN에 올려져 있는데, 이 파일을 웹 페이지에 삽입하는 방법입니다.

- 구글 Ajax API CDN: http://ajax.googleapis.com/ajax/libs/jquery/1.7.1/jquery.min.js
- 마이크로소프트 CDN: http://ajax.aspnetcdn.com/ajax/jQuery/jquery-1.7.1.min.js
- jQuery CDN(via Media Temple): http://code.jquery.com/jquery-1.7.1.min.js
- jQuery 홈페이지에서 최신 파일을 내려 받아 웹 사이트에 직접 올려 사용하는 방법

jQuery홈페이지에서 최신 파일을 내려 받아 웹 사이트에 직접 올려 사용하는 방법

jQuery 홈페이지에서 최신 파일을 내려 받아 다음과 같이 링크를 웹 페이지에 삽입하는 방법입니다.

```
<script type="text/javascript" src=" jquery-1.7.1.min.js"></script>
```

두 방법 모두 위치만 다를 뿐 적용하는 방법은 모두 다음과 같습니다.

```
<script type="text/javascript" src="CDN 또는 사이트에 올린 jQuery 라이브러리 파일의 주
소" ></script>
```

이 책에서는 jQuery 최신 버전을 직접 내려 받아 쓰는 방법을 이용하겠습니다.

진입점인 ready() 함수 설정

대부분의 프로그래밍 언어에는 진입점에 해당하는 main( ) 함수가 있습니다. 지금까지 사용해 온 자바스크립트 역시 window.onload=function( ){}이 주요 진입점이었으며, 자바나 C 언어에도 이에 해당하는 main( ) 함수가 있습니다. jQuery에서도 이와 비슷한 진입점을 제공하는데, 바로 ready( )라는 메서드입니다.

이 메서드는 DOM이 모두 로딩됐을 때 호출할 일종의 콜백 함수를 전달받습니다. 단 매개변수로 전달된 콜백 함수가 실행되는 시점은 DOM만 로드됐을 뿐 image, swf와 같은 무거운 콘텐츠는 아직 로딩되지 않은 시점입니다. 이것이 바로 window.onload 이벤트와 다른 점이지요. window.onload는 DOM뿐 아니라 웹 페이지의 모든 내용이 로드된 시점에 발생하는 이벤트입니다. 즉, 좀더 빠르게 DOM에 접근하고 싶을 때 ready( ) 메서드를 이용하며, jQuery는 다음과 같이 다양한 방법으로 ready( ) 메서드를 정의할 수 있습니다.

소스 • 2_jquery_dom/2_keypoint/1_element/key1_ready.html

```
<html>
<head>
    <meta http-equiv="Content-Type" content="text/html; charset=UTF-8">
    <title>jQuery 사용 준비!</title>
    <style>
        body{
            font-size:9pt;
            font-family:"굴림";
        }
    </style>
    <script  type="text/javascript" src="libs/jquery-1.7.1.min.js"> </script>
    <script>
        // 1번
        jQuery(document).ready(function(){
            jQuery("div").text("image, swf 같은 내용은 로딩되지 않았지만 dom을
                            사용할 준비가 되었답니다.");
        });

        // 2번
        // 1번을 좀더 간소화한다면?
        jQuery(function(){
            jQuery("div").text("image, swf 같은 내용은 로딩되지 않았지만 dom을
                            사용할 준비가 되었답니다.");
        });

        // 3번
        // 1번에서 jQuery 함수 대신 $ 함수로 변경. 좀더 간소화됐죠?
        $(document).ready(function(){
            $("div").text("image, swf같은 내용은 로딩되지 않았지만 dom을
                            사용할 준비가 되었답니다.");
        });

        // 4번
        // 3번을 좀더 간소화한다면?
        $(function(){
```

```
        $("div").text("image, swf 같은 내용은 로딩되지 않았지만 dom을 사용할 준비가
되었답니다.");
        });
    </script>
</head>

<body>
    <div>
        test1
    </div>
</body>
</html>
```

이 책에서는 가장 표준 방식인 3번째 방법을 이용해 진입점을 정의하겠습니다. 아울러 앞으로 만나게 될 코드에서 특별히 언급하지 않는 한 메인은 항상 $(document).ready(function( ){ })에서 시작한다고 알아두면 됩니다.

지금까지 jQuery를 사용하기 위한 개발 환경을 구축했습니다. 이 작업이 마무리됐다면 이제 jQuery를 사용할 수 있습니다.

2-2 노드 다루기

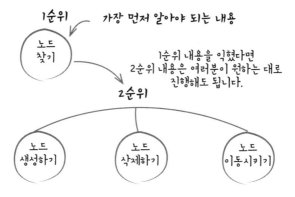

노드 다루기 핵심 내용 진행 단계

jQuery에서도 가장 먼저 익혀야 할 내용은 바로 원하는 노드를 찾는 방법입니다. 1장에서 배운 자바스크립트 DOM을 이용한 노드 찾기가 jQuery를 만났을 때 과연 어떻게 바뀌는지 새로운 충격 속으로 지금부터 함께 빠져 보시죠!

 **문서에서 특정 태그 이름에 해당하는 노드 찾기**

자바스크립트 DOM • 1_js_dom/2_keypoint/1_element/key1_element_getElementsTagName.html

```javascript
// 문서에서 태그 이름이 div인 엘리먼트 찾기
var divs = window.document.getElementsByTagName("div");
alert("문서에서 div 엘리먼트 개수: "+divs.length);
for(var i=0;i<divs.length;i++){
    // 찾은 노드에서 n번째 노드에 접근해서
    var div = divs.item(i);
    // 스타일 변경
    div.style.border = "1px solid #ff0000";
}
```

jQuery DOM • 2_jquery_dom/2_keypoint/2_element/key1_document_getElementsTagName.html

```javascript
$(document).ready(function(){
    // 전체 문서에서 태그 이름이 div인 엘리먼트 찾기
    var $divs = $("div");
    $divs.css("border", "1px solid #ff0000");
});
```

실행 결과

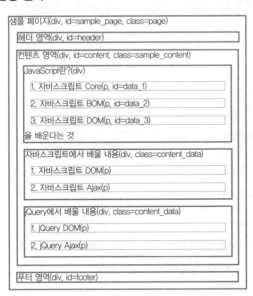

자바스크립트에서 특정 태그 이름에 해당하는 엘리먼트를 찾을 때 Document의 기다란 getElementsByTagName( ) 메서드를 이용했다면 jQuery에서는 다음과 같이 단순히 $("태그 이름")만 입력하면 됩니다.

```
$("div")
```

너무 간단하죠? 결과값은? 핵심 내용 길잡이에서 살펴본 것처럼 NodeList와 유사한 확장 요소에 검색한 모든 정보가 담긴 채로 반환됩니다. 역시 jQuery 내부에서 모든 것을 처리해주니 for 문을 전혀 사용하지 않고도 깔끔하게 단 한 줄로 원하는 요소를 찾아 스타일까지 적용할 수 있다니 몇 번을 봐도 정말 놀라운 기능입니다.

이미 앞에서 확장 집합이 DOM을 어떻게 다루는지 앞 절에서 확인했습니다. 혹시 기억이 나지 않는다면 핵심 내용 길잡이 내용 중 확장 집합과 관련된 부분을 다시 한번 참고하길 바랍니다. 스타일 변경에 대한 내용은 잠시 후에 자세히 다루겠습니다.

 ## 특정 노드의 자식 노드에서 특정 태그 이름에 해당하는 노드 찾기

자바스크립트 DOM • 1_js_dom/2_keypoint/1_element/key2_element_getElementsTagName.html

```javascript
var divs = window.document.getElementsByTagName("div");
// 찾은 노드 중에서 2번째 노드의 자식 노드 중 태그 이름이 div인 엘리먼트 찾기
var div2 = divs[2];
var div2Child =div2.getElementsByTagName("div");

for(var i=0;i<div2Child.length;i++)
{
    div2Child[i].style.border = "4px solid #ff0000";
}
```

jQuery DOM • 2_jquery_dom/2_keypoint/1_element/key2_element_getElementsTagName.html

```javascript
// div 2번째 노드의 자식 노드 가운데 태그 이름이 div인 엘리먼트 찾기
var $div2Child = $("div:eq(2) div");

$div2Child.css("border", "4px solid #ff0000");
```

실행 결과

```
샘플 페이지(div, id=sample_page, class=page)
  헤더 영역(div, id=header)
  컨텐츠 영역(div, id=content, class=sample_content)
    JavaScript란?(div)
      1. 자바스크립트 Core(p, id=data_1)
      2. 자바스크립트 BOM(p, id=data_2)
      3. 자바스크립트 DOM(p, id=data_3)
    을 배운다는 것
    자바스크립트에서 배울 내용(div, class=content_data)
      1. 자바스크립트 DOM(p)
      2. 자바스크립트 Ajax(p)
    jQuery에서 배울 내용(div, class=content_data)
      1. jQuery DOM(p)
      2. jQuery Ajax(p)
  푸터 영역(div, id=footer)
```

자바스크립트를 이용하는 경우 먼저 부모 노드를 찾은 후 엘리먼트의 getElementsBy TagName( ) 메서드를 이용해 원하는 메서드를 찾았습니다. jQuery에서도 진행 순서는 같지만 CSS 선택자를 사용해 원하는 노드를 찾을 수 있으므로 다양한 방법으로 원하는 노드를 찾을 수 있습니다.

이번 예제의 경우는 먼저 부모 노드를 찾아야 합니다. 이때 div:eq(2)라는 고유의 jQuery 선택자를 사용해 div 리스트에서 2번째(인덱스는 0부터 시작한다는 사실을 주의하세요) div를 선택합니다.

이는 자바스크립트 DOM의 window.document.getElementsByTagName("div")[2]와 일치합니다. 다만 다른 점이라면 결과값이 단순한 노드가 아닌 노드를 쉽게 조작하기 위한 다양한 기능이 추가된 확장 집합이라는 것입니다. 이후 div:eq(2) 다음의 div는 div:eq(2)의 자식 노드 가운데 모든 ⟨div⟩ 태그를 나타냅니다. 그래서 우리가 원하는 노드를 구할 수 있는 것입니다.

이 외에도

```
var $div2Child = $("#content div");
$div2Child.css("border", "4px solid #ff0000");
```

와 같이 CSS 선택자를 지정하듯 $("선택자")에 "#content div" 선택자를 이용하는 방법도 있습니다. 이런 식으로 jQuery에서는 상황에 맞게 적절한 선택자를 이용해 원하는 노드를 찾을 수 있습니다. jQuery에서 사용할 수 있는 선택자에서 대해서는 잠시 후에 좀더 자세히 알아보겠습니다.

 문서에서 특정 클래스가 적용된 노드 찾기

자바스크립트 DOM • 1_js_dom/2_keypoint/1_element/key3_getElementsByClassName.html

```javascript
// 문서 전체에서 content_data라는 클래스가 적용된 엘리먼트 찾기
var contentData = window.document.getElementsByClassName("content_data");
for(var i=0;i<contentData.length;i++)
{
    contentData[i].style.border = "4px solid #ff0000";
}
```

jQuery DOM • 2_jquery_dom/2_keypoint/2_element/key3_getElementsByClassName.html

```javascript
$(document).ready(function(){
    // 문서 전체에서 content_data라는 클래스가 적용된 엘리먼트 찾기
    var $contentData = $(".content_data");

    $contentData.css("border", "4px solid #ff0000");
});
```

실행 결과

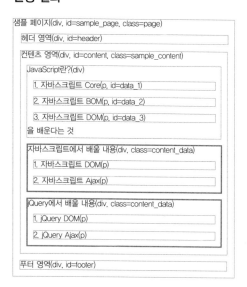

기존 자바스크립트에서는 이 클래스가 적용된 노드를 문서 전체에서 찾을 때 document. getElementsByClassName( ) 메서드를 사용했습니다.

하지만 jQuery에서는 $("클래스이름")만 작성하면 끝납니다. 단, 주의해야 할 점이 하나 있는데, $( )에 전달해야 할 정보가 CSS 선택자인 만큼 반드시 .(점)+"클래스 이름" 형태로 지정해야 한다는 것입니다.

문서에서 특정 ID를 지닌 노드 찾기

자바스크립트 DOM · 1_js_dom/2_keypoint/1_element/key4_getElementById.html

```
// 문서에서 아이디가 header인 엘리먼트 찾기
var header = window.document.getElementById("header");
header.style.border = "4px solid #ff0000";
```

jQuery DOM · 2_jquery_dom/2_keypoint/2_element/key4_getElementById.html

```
// 문서에서 아이디가 header인 엘리먼트 찾기
var $header = $("#header");

$header.css("border", "4px solid #ff0000");
```

실행 결과

샘플 페이지(div, id=sample_page, class=page)
> 헤더 영역(div, id=header)
>
> 컨텐츠 영역(div, id=content, class=sample_content)
> > JavaScript란?(div)
> > > 1. 자바스크립트 Core(p, id=data_1)
> > >
> > > 2. 자바스크립트 BOM(p, id=data_2)
> > >
> > > 3. 자바스크립트 DOM(p, id=data_3)
> >
> > 을 배운다는 것
> >
> > 자바스크립트에서 배울 내용(div, class=content_data)
> > > 1. 자바스크립트 DOM(p)
> > >
> > > 2. 자바스크립트 Ajax(p)
> >
> > jQuery에서 배울 내용(div, class=content_data)
> > > 1. jQuery DOM(p)
> > >
> > > 2. jQuery Ajax(p)
>
> 푸터 영역(div, id=footer)

자바스크립트에서 document.getElementById( )라는 메서드를 사용한 적이 있을 겁니다. jQuery에서는 $("아이디 이름")을 작성하면 됩니다. 단, 클래스 이름과 마찬가지로 CSS를 정의하듯 "#아이디" 형태로 선택자를 지정해야 한다는 것입니다.

자~ 여기서 잠시! 열공 모드로 지금쯤 녹초가 되었을 눈과 손가락을 잠시 쉬게 해 줄 겸 휴식 시간을 가져보겠습니다. 우리는 앞장에서 했던 순서 그대로 jQuery에서도 가장 기본적인 검색 방법 4가지를 알아봤습니다. 일종의 몸풀기였는데 다들 어떤 느낌이었는지 무척 궁금하네요. "이건 사기야! 뭐니 뭐니 해도 자바스크립트 DOM을 이용해 할 줄 알아야 진정한 실력자지!"라면서 새로운 흐름을 거부하는 분도 있을 것 같고 "편하긴 한데 이렇게 사용하면 너무 느리지 않을까?"라고 생각하는 분도 있을 것이며, "그래도 뭔가 좋은 것 같은데 정말 이렇게 사용해도 되는 걸까?"라는 의문의 표정을 짓는 분도 있을 것 같습니다.

이런 생각은 사실 저자도 jQuery를 처음 접했을 때 느꼈던 생각이었습니다. 그래도 jQuery를 처음 시작했을 때의 저나 이제 막 시작한 여러분이 공통적으로 느낄 수 있는 부분은 아마 "정말 CSS 선택자를 이용해 원하는 노드를 찾을 수 있군"이라는 생각일 것입니다. 즉 CSS에 대한 기본 지식이 절실히 필요하다는 의미이기도 합니다.

이런 이유로 jQuery를 사용할 때 반드시 알고 있어야 할 기본 선택자에 대해 알아보겠습니다. 선택자를 확인하는 데 사용할 예제는 다음과 같습니다.

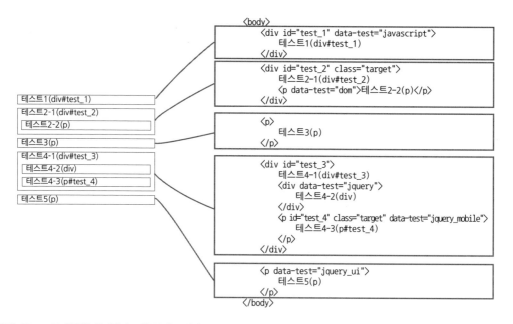

선택자	jQuery 예	설명
*	$("*")	모든 요소를 선택 예 : $("*").css("border", "4px solid #ff0000"); 테스트1(div#test_1) 테스트2-1(div#test_2) 테스트2-2(p) 테스트3(p) 테스트4-1(div#test_3) 테스트4-2(div) 테스트4-3(p#test_4) 테스트5(p)
#I	$("#I")	아이디가 I인 모든 요소를 선택 예 : $("#test_3").css("border", "4px solid #ff0000"); 테스트1(div#test_1) 테스트2-1(div#test_2) 테스트2-2(p) 테스트3(p) 테스트4-1(div#test_3) 테스트4-2(div) 테스트4-3(p#test_4) 테스트5(p)
E	$("E")	태그 이름이 E인 모든 요소를 선택 예 : $("p").css("border", "4px solid #ff0000"); 테스트1(div#test_1) 테스트2-1(div#test_2) 테스트2-2(p) 테스트3(p) 테스트4-1(div#test_3) 테스트4-2(div) 테스트4-3(p#test_4) 테스트5(p)
.C	$(".C");	클래스 이름 C가 지정된 모든 요소를 선택 예 : $(".target").css("border", "4px solid #ff0000"); 테스트1(div#test_1) 테스트2-1(div#test_2) 테스트2-2(p) 테스트3(p) 테스트4-1(div#test_3) 테스트4-2(div) 테스트4-3(p#test_4) 테스트5(p)
E F	$("E F")	E 요소의 자식 요소 가운데 태그 이름이 F인 모든 요소를 선택 예 : $("div p").css("border", "4px solid #ff0000"); 테스트1(div#test_1) 테스트2-1(div#test_2) 테스트2-2(p) 테스트3(p) 테스트4-1(div#test_3) 테스트4-2(div) 테스트4-3(p#test_4) 테스트5(p)

| E.C | $("E.C") | E 요소 가운데 클래스 이름이 C인 모든 요소를 선택 |

예 : $("p.target").css("border", "4px solid #ff0000");

```
테스트1(div#test_1)
  테스트2-1(div#test_2)
    테스트2-2(p)
  테스트3(p)
  테스트4-1(div#test_3)
    테스트4-2(div)
      테스트4-3(p#test_4)
  테스트5(p)
```

| E .C | $("E .C") | E 요소의 자식 노드 가운데 클래스 이름인 C인 모든 요소를 선택 |

예 : $("body .target").css("border", "4px solid #ff0000");

```
테스트1(div#test_1)
  테스트2-1(div#test_2)
    테스트2-2(p)
  테스트3(p)
  테스트4-1(div#test_3)
    테스트4-2(div)
      테스트4-3(p#test_4)
  테스트5(p)
```

| E 〉F | $("E 〉F") | E 요소의 자식 요소 가운데 다음에 위치하는 모든 F 요소를 선택 |

예 : $("div〉p").css("border", "4px solid #ff0000");

```
테스트1(div#test_1)
  테스트2-1(div#test_2)
    테스트2-2(p)
  테스트3(p)
  테스트4-1(div#test_3)
    테스트4-2(div)
      테스트4-3(p#test_4)
  테스트5(p)
```

| E+F | $("E+F") | E의 형제 요소 가운데 바로 다음에 위치하는 F 요소를 선택 |

예 : $("div+div").css("border", "4px solid #ff0000");

```
테스트1(div#test_1)
  테스트2-1(div#test_2)
    테스트2-2(p)
  테스트3(p)
  테스트4-1(div#test_3)
    테스트4-2(div)
      테스트4-3(p#test_4)
  테스트5(p)
```

| E~F | $("E~F") | E의 형제 요소 가운데 다음에 위치하는 모든 F 요소를 선택 |

예 : $("div~p").css("border", "4px solid #ff0000");

```
테스트1(div#test_1)
  테스트2-1(div#test_2)
    테스트2-2(p)
  테스트3(p)
  테스트4-1(div#test_3)
    테스트4-2(div)
      테스트4-3(p#test_4)
  테스트5(p)
```

| E:has(F) | $("E:has(F)") | F 요소를 하나 이상 포함하는 E 요소를 선택 |

예 : $("div:has(p)").css("border", "4px solid #ff0000");

```
테스트1(div#test_1)
  테스트2-1(div#test_2)
    테스트2-2(p)
  테스트3(p)
  테스트4-1(div#test_3)
    테스트4-2(div)
      테스트4-3(p#test_4)
  테스트5(p)
```

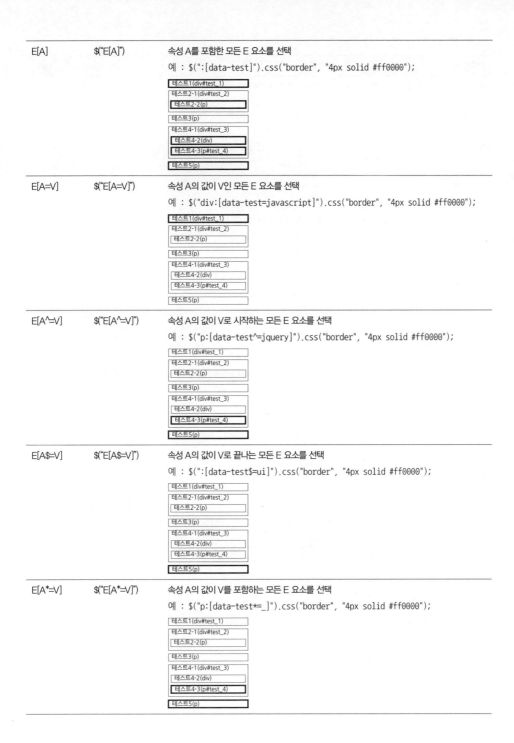

| E[A] | $("E[A]") | 속성 A를 포함한 모든 E 요소를 선택 |

예 : $(":[data-test]").css("border", "4px solid #ff0000");

| E[A=V] | $("E[A=V]") | 속성 A의 값이 V인 모든 E 요소를 선택 |

예 : $("div:[data-test=javascript]").css("border", "4px solid #ff0000");

| E[A^=V] | $("E[A^=V]") | 속성 A의 값이 V로 시작하는 모든 E 요소를 선택 |

예 : $("p:[data-test^=jquery]").css("border", "4px solid #ff0000");

| E[A$=V] | $("E[A$=V]") | 속성 A의 값이 V로 끝나는 모든 E 요소를 선택 |

예 : $(":[data-test$=ui]").css("border", "4px solid #ff0000");

| E[A*=V] | $("E[A*=V]") | 속성 A의 값이 V를 포함하는 모든 E 요소를 선택 |

예 : $("p:[data-test*=_]").css("border", "4px solid #ff0000");

선택자	jQuery 예	설명
:first	$("div:first")	전체 리스트의 첫 번째 요소를 선택 예 : $("div:first").css("border", "4px solid #ff0000"); 테스트1(div#test_1) 테스트2-1(div#test_2) 테스트2-2(p) 테스트3(p) 테스트4-1(div#test_3) 테스트4-2(div) 테스트4-3(p#test_4) 테스트5(p)
:first-child	$("div:first-child")	각 리스트의 첫 번째 요소를 선택 예 : $("div:first-child").css("border", "4px solid #ff0000"); 테스트1(div#test_1) 테스트2-1(div#test_2) 테스트2-2(p) 테스트3(p) 테스트4-1(div#test_3) 테스트4-2(div) 테스트4-3(p#test_4) 테스트5(p)
:last	$("div:last")	전체 리스트의 마지막 요소를 선택 예 : $("p:last").css("border", "4px solid #ff0000"); 테스트1(div#test_1) 테스트2-1(div#test_2) 테스트2-2(p) 테스트3(p) 테스트4-1(div#test_3) 테스트4-2(div) 테스트4-3(p#test_4) 테스트5(p)
:last-child	$("div:last-child");	각 리스트의 마지막 요소를 선택 예 : $("p:last-child").css("border", "4px solid #ff0000"); 테스트1(div#test_1) 테스트2-1(div#test_2) 테스트2-2(p) 테스트3(p) 테스트4-1(div#test_3) 테스트4-2(div) 테스트4-3(p#test_4) 테스트5(p)
:only-child	$("div:only-child")	형제 노드가 없는 모든 요소를 선택 예 : $(":only-child").css("border", "4px solid #ff0000"); 테스트1(div#test_1) 테스트2-1(div#test_2) 테스트2-2(p) 테스트3(p) 테스트4-1(div#test_3) 테스트4-2(div) 테스트4-3(p#test_4) 테스트5(p)

:even :odd	$("div:even")	전체 리스트에서 짝수(even) 또는 홀수(odd) 번째에 위치한 모든 요소를 선택
		예 : $("p:even").css("border", "4px solid #ff0000");

테스트1(div#test_1)
테스트2-1(div#test_2)
테스트2-2(p)

테스트3(p)
테스트4-1(div#test_3)
테스트4-2(div)
테스트4-3(p#test_4)

테스트5(p)

:nth-child(n)	$("div:nth-child(1)")	각 리스트의 N번째에 해당하는 요소를 선택
		예 : $("div:first").css("border", "4px solid #ff0000");

테스트1(div#test_1)
테스트2-1(div#test_2)
테스트2-2(p)

테스트3(p)
테스트4-1(div#test_3)
테스트4-2(div)
테스트4-3(p#test_4)

테스트5(p)

:eq(n)	$("div:eq(1)")	리스트 전체에서 N번째에 해당하는 요소를 선택
		예 : $("p:eq(1)").css("border", "4px solid #ff0000");

테스트1(div#test_1)
테스트2-1(div#test_2)
테스트2-2(p)

테스트3(p)
테스트4-1(div#test_3)
테스트4-2(div)
테스트4-3(p#test_4)

테스트5(p)

:gt(n)	$("div:gt(1)");	리스트 전체에서 N번째 이후의 모든 요소를 선택
		예 : $("p:gt(1)").css("border", "4px solid #ff0000");

테스트1(div#test_1)
테스트2-1(div#test_2)
테스트2-2(p)

테스트3(p)
테스트4-1(div#test_3)
테스트4-2(div)
테스트4-3(p#test_4)

테스트5(p)

:lt(n)	$("div:lt(1)");	리스트 전체에서 N번째 이전의 모든 요소를 선택
		예 : $("p:lt(2)").css("border", "4px solid #ff0000");

테스트1(div#test_1)
테스트2-1(div#test_2)
테스트2-2(p)

테스트3(p)
테스트4-1(div#test_3)
테스트4-2(div)
테스트4-3(p#test_4)

테스트5(p)

자식 노드 찾기

jQuery에서는 다양한 방법으로 첫 번째 노드에 바로 접근할 수 있습니다.

#sample_page의 자식 노드를 모두 얻고 싶을 때
```
var $page=$("#sample_page")
$page.contents();
```

3.
```
$page.contents(":first"),
$page.contents().first(),
$page.contents()(0)
```

1.
#content 노드의 모든 자식 노드를 얻고 싶을 때도
```
var $content = $("#content");
$content.contents();<-텍스트 노드를 포함해서 모든 자식 노드를 얻고 싶을 때
$content.child();<-자식 노드에서 오직 태그 노드만을 얻고 싶을
```

```html
<body>
    <div id="sample_page" class="page" >
        샘플페이지(div, id=sample_page, class=page)
        <div id="header">
            헤더 영역(div, id=header)
        </div>
        <div id="content" class="sample_content">
            콘텐츠 영역(div, id=content, class=sample_content)
            <div>
                JavaScript란?(div)
                <p id="data_1">1. 자바스크립트 Core(p, id=data_1)</p>
                <p id="data_2">2. 자바스크립트  BOM(p, id=data_2)</p>
                <p id="data_3">3. 자바스크립트 DOM(p, id=data_3)</p>
                을 배운다는것.
            </div>
            <div class="content_data">
                JavaScript에서 배울 내용(div, class=content_data)
                <p>1. JavaScript DOM(p)</p>
                <p>2. JavaScript Ajax(p)</p>
            </div>
            <div class="content_data">
                jQuery에서 배울 내용(div, class=content_data)
                <p>1. jQuery DOM(p)</p>
                <p>2. jQuery Ajax(p)</p>
            </div>
        </div>
        <div id="footer">
            푸터 영역(div, id=footer)
        </div>
    </div>
</body>
```

2.
자식 노드 중 n번째 요소에 접근하고 싶을 때는?
```
var $child =$content.eq(n);
```

4.
```
$page.contents(":last"),
$page.contents().last(),
$page.contents().eq(5)
```

언제 어디서든 자식 노드의 마지막 노드에 접근하고 싶을 때는 이렇게 하세요.

```
// 1. 특정 노드 찾기
var page = window.document.getElementById("sample_page");
// childNodes 역시 NodeList 객체입니다.
var nodes = page.childNodes;
alert("#sample_page의 자식 노드 개수는? "+nodes.length);

// 2. 자식 노드에 하나씩 접근하기
for(var i=0;i<nodes.length;i++)
{
    var node = nodes.item(i);

    // 노드 타입이 엘리먼트인 경우에만 스타일을 변경
    if(node.nodeType==1)
        node.style.border ="1px solid #ff0000";
}

// 3. 첫 번째 자식 노드에 접근
var firstChild = page.firstChild;

// 현재 firstChild는 텍스트 노드이므로 스타일을 적용할 수 없음
firstChild.style.color = "#ff0000";

// 4. 마지막 자식 노드에 접근
var lastChild = page.lastChild;
// 현재 lastChild는 텍스트 노드이므로 스타일을 적용할 수 없음
lastChild.style.color = "#ff0000";
```

```
//1. 모든 자식 노드 찾기
//1-1. 텍스트 노드를 포함한 모든 자식 노드를 찾을 때
var $nodes1 = $("body").contents();
alert("body의 자식 노드 갯수는 ? "+$nodes1.size());

//1-2. 텍스트 노드를 제외한 태그 노드만 찾고 싶을 때
var $nodes2 = $("body").children();
alert("body의 자식 노드의 수는? "+$nodes2.size());
//2. 자식 노드에 하나씩 접근하기
var $nodes3 = $("#sample_page").children();
for(var i=0;i<$nodes3.length;i++)
{
    // i번째 노드를 감싼 확장 집합을 구합니다.
    var $node = $nodes3.eq(i);
    $node.css("border", "4px solid #ff0000");

    //또는,
```

```
    // i번째 노드를 직접 구합니다.
    var node = $nodes3.get(i); // 또는 $nodes[i]
    node.style.border ="1px solid #ff0000";
}

// 3. 첫 번째 자식 노드에 접근
var $firstChild = $("body").contents(":first");
var $firstChild = $("body").contents().first();
var $firstChild = $("body").contents(":eq(0)");
var $firstChild = $("body").contents().eq(0);

// 4. 마지막 자식 노드에 접근
var $lastChild = $("body").contents(":last");
var $lastChild = $("body").contents().last();
var $lastChild = $("body").contents(":eq(9)");
var $lastChild = $("body").contents().eq(9);
```

jQuery에서는 하위 노드를 구하는 다양한 방법을 제공합니다.

첫 번째 – 자식 노드를 모두 구하고 싶을 때

먼저 모든 자식 노드를 구하고 싶을 때는 contents( ) 함수와 children( ) 함수를 사용합니다. contents( ) 함수는 앞에서 배운 Node의 프로퍼티인 childNodes처럼 텍스트 노드부터 일반 태그 노드까지 모든 노드를 구할 수 있습니다. 이와 달리 children( )를 이용하면 자식 노드 가운데 텍스트 노드를 제외한 태그 노드만 구할 수 있습니다. 그리고 실전에서는 children( ) 함수를 더 많이 사용합니다.

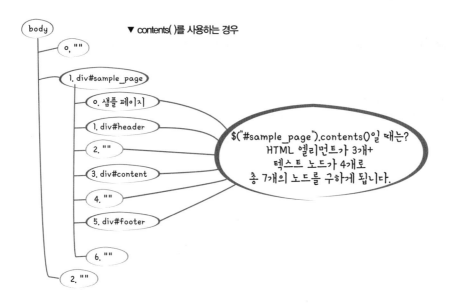

▼ contents( )를 사용하는 경우

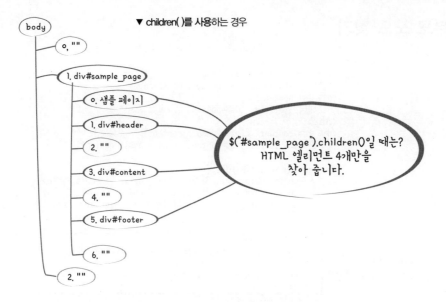

▼ children( )를 사용하는 경우

body

o, ""

1. div#sample_page

0. 샘플 페이지

1. div#header

2. ""

3. div#content

4. ""

5. div#footer

6. ""

2. ""

$("#sample_page").children()일 때는?
HTML 엘리먼트 4개만을
찾아 줍니다.

두 번째 – 자식 노드 가운데 N번째 노드에만 접근하고 싶을 때

결과값에서 n번째에 해당하는 노드만 감싼 jQuery 확장 집합을 원한다면 여러 방법 중 주로 eq( ) 메서드를 많이 이용합니다. 이와 달리 노드에 직접 접근하고 싶을 때는 핵심 내용 길잡이에서 배운 것처럼 get(n) 메서드를 이용하거나 [n]과 같은 배열 표현식을 써서 확장 집합 내부의 노드에 직접 접근할 수 있습니다.

세 번째 – 첫 번째 노드에 접근하고 싶을 때

자바스크립트 DOM에서의 firstChild와 비슷한 ":first" 선택자나 first( ) 메서드를 사용하면 됩니다.

```
$("body").contents(":first");
$("body").contents().first();
```

아니면 다음과 같이 :eq 선택자나 eq( ) 메서드를 사용해도 됩니다.

```
$("body").contents(":eq(0)");
$("body").contents().eq(0);
```

네 번째 – 마지막 노드에 접근하고 싶을 때

마지막 노드에 접근하고 싶은 경우 역시 자바스크립트 DOM에서의 lastChild와 비슷한 ":last" 선택자나 last( ) 메서드를 사용하면 됩니다.

```
$("body").contents(":last");
$("body").contents().last();
$("body").contents(":eq(9)");
$("body").contents().eq(9);
```

핵심내용 06 부모 노드 찾기

```
<body>
    <div id="sample_page" class="page" >
        샘플페이지(div, id=sample_page, class=page)
        <div id="header">
            헤더 영역(div, id=header)
        </div>
        <div id="content" class="sample_content">
            콘텐츠 영역(div, id=content, class=sample_content)
            <div>
                JavaScript란?(div)
                <p id="data_1">1. 자바스크립트 Core(p, id=data_1)</p>
                <p id="data_2">2. 자바스크립트  BOM(p, id=data_2)</p>
                <p id="data_3">3. 자바스크립트 DOM(p, id=data_3)</p>
                을 배운다는것.
            </div>
            <div class="content_data">
                JavaScript에서 배울 내용(div, class=content_data)
                <p>1. JavaScript DOM(p)</p>
                <p>2. JavaScript Ajax(p)</p>
            </div>
            <div class="content_data">
                jQuery에서 배울 내용(div, class=content_data)
                <p>1. jQuery DOM(p)</p>
                <p>2. jQuery Ajax(p)</p>
            </div>
        </div>
        <div id="footer">
            푸터 영역(div, id=footer)
        </div>
    </div>
</body>
```

〈div class="content_data"〉
노드의 부모 노드를 구하고 싶을 때는?

자바스크립트 DOM • 1_js_dom/2_keypoint/1_element/key6_parentNode.html

```
// #header의 부모 노드는?
var header = document.getElementById("header");
header.parentNode.style.border = "1px solid #ff0000";

// #data_1의 부모 노드는?
var data1 = document.getElementById("data_1");
data1.parentNode.style.border = "1px solid #ff0000";
```

jQuery DOM • 2_jquery_dom/2_keypoint/2_element/key6_parentNode1.html

```
// #header의 부모 노드는?
var $header = $("#header");
$header.parent().css("border", "4px solid #ff0000");

// #data_1의 부모 노드는?
$("#data_1").parent().css("border", "4px solid #ff0000");
```

실행 결과

```
샘플 페이지(div, id=sample_page, class=page)
  헤더 영역(div, id=header)
  컨텐츠 영역(div, id=content, class=sample_content)
    JavaScript란?(div)
      1. 자바스크립트 Core(p, id=data_1)
      2. 자바스크립트 BOM(p, id=data_2)
      3. 자바스크립트 DOM(p, id=data_3)
    을 배운다는 것
    자바스크립트에서 배울 내용(div, class=content_data)
      1. 자바스크립트 DOM(p)
      2. 자바스크립트 Ajax(p)
    jQuery에서 배울 내용(div, class=content_data)
      1. jQuery DOM(p)
      2. jQuery Ajax(p)
  푸터 영역(div, id=footer)
```

특정 노드의 부모 노드를 알고 싶을 때 자바스크립트 DOM에서는 Node 객체의 기본 프로퍼티인 parentNode를 사용했습니다. jQuery에서는 이와 이름이 비슷한 parent( )라는 메서드를 제공합니다.

추가적으로 jQuery에서는 parents( )라는 메서드를 제공하는데 이것은 바로 상위의 부모 노드뿐 아니라 〈img〉 태그가 속한 모든 상위의 부모 노드를 구할 수 있으며, 선택자를 이용해 원하는 상위 부모 노드만 구할 수도 있습니다.

소스 • 2_jquery_dom/2_keypoint/2_element/key6_parentNode2.html

```
#data_1의 모든 상위 부모 노드 구하기
$("#data_1").parents().css("border", "4px solid #ff0000");
```

```
샘플 페이지(div, id=sample_page, class=page)
  헤더 영역(div, id=header)
  컨텐츠 영역(div, id=content, class=sample_content)
    JavaScript란?(div)
      1. 자바스크립트 Core(p, id=data_1)
      2. 자바스크립트 BOM(p, id=data_2)
      3. 자바스크립트 DOM(p, id=data_3)
    을 배운다는 것
    자바스크립트에서 배울 내용(div, class=content_data)
      1. 자바스크립트 DOM(p)
      2. 자바스크립트 Ajax(p)
    jQuery에서 배울 내용(div, class=content_data)
      1. jQuery DOM(p)
      2. jQuery Ajax(p)
  푸터 영역(div, id=footer)
```

소스 · 2_jquery_dom/2_keypoint/2_element/key6_parentNode3.html

#data_1의 모든 상위 부모 노드 가운데 id가 sample_page인 노드 구하기
```
$("#data_1").parents("#sample_page").css("border", "4px solid #ff0000");
```

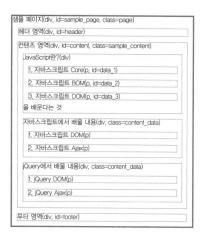

역시 jQuery의 센스가 돋보이는 부분입니다. 앞으로 계속해서 이러한 기능을 살펴보겠습니다.

형제 노드 찾기

자바스크립트 DOM · 1_js_dom/2_keypoint/1_element/key7_previous_nextSibling.html

```
// 기준이 되는 #content를 구한 후
var content = document.getElementById("content");

// content 노드에서 형제 노드인 #header에 접근
content.previousSibling.previousSibling.style.border = "4px solid #ff0000";

// content 노드에서 형제 노드인 #footer에 접근
content.nextSibling.nextSibling.style.border = "4px solid #ff0000";
```

jQuery DOM · 2_jquery_dom/2_keypoint/2_element/key7_previous_nextSibling.html

```
// 기준이 되는 #content를 구한 후
var $content = $("#content");

// content 노드에서 형제 노드인 #header에 접근
$content.prev().css("border", "4px solid #ff0000");

// content 노드에서 형제 노드인 #footer에 접근하기
$content.next().css("border", "4px solid #ff0000");
```

실행 결과

```
샘플 페이지(div, id=sample_page, class=page)
┌─────────────────────────────────────────────────────┐
│ 헤더 영역(div, id=header)                             │
├─────────────────────────────────────────────────────┤
│ 컨텐츠 영역(div, id=content, class=sample_content)    │
│  JavaScript란?(div)                                   │
│   ┌────────────────────────────────────────────┐    │
│   │ 1. 자바스크립트 Core(p, id=data_1)          │    │
│   ├────────────────────────────────────────────┤    │
│   │ 2. 자바스크립트 BOM(p, id=data_2)           │    │
│   ├────────────────────────────────────────────┤    │
│   │ 3. 자바스크립트 DOM(p, id=data_3)           │    │
│   └────────────────────────────────────────────┘    │
│   을 배운다는 것                                      │
│  자바스크립트에서 배울 내용(div, class=content_data)  │
│   ┌────────────────────────────────────────────┐    │
│   │ 1. 자바스크립트 DOM(p)                       │    │
│   ├────────────────────────────────────────────┤    │
│   │ 2. 자바스크립트 Ajax(p)                      │    │
│   └────────────────────────────────────────────┘    │
│  jQuery에서 배울 내용(div, class=content_data)        │
│   ┌────────────────────────────────────────────┐    │
│   │ 1. jQuery DOM(p)                             │    │
│   ├────────────────────────────────────────────┤    │
│   │ 2. jQuery Ajax(p)                            │    │
│   └────────────────────────────────────────────┘    │
├─────────────────────────────────────────────────────┤
│ 푸터 영역(div, id=footer)                            │
└─────────────────────────────────────────────────────┘
```

jQuery에서는 prev( ) 함수와 next( ) 함수를 이용해 각 이전 형제 노드와 다음 형제 노드에 쉽게 접근할 수 있습니다. 여기서도 알 수 있듯이 "자식 노드 찾기"에서 언급한 것처럼 jQuery에서 제공하는 함수는 일반적으로 텍스트 노드를 제외한 일반 엘리먼트만 반환값으로 전달하는 경우가 많습니다.

예제에서도 $("#content").prev( ) 함수가 실행되는 경우 개행 문자가 들어 있는 텍스트 노드가 아닌 일반 엘리먼트인 #header가 반환됩니다. 아울러 next( )를 호출하면 $footer가 반환됩니다. 실전 업무를 진행할 때도 일반적인 경우가 아닌 이상 텍스트 노드에 직접 접근해서 사용하는 경우는 많지 않습니다.

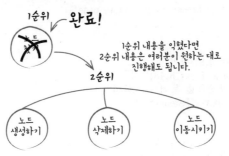

노드 다루기 핵심 내용 진행 단계

노드 생성 및 추가

첫 번째,
여기에 새로운 내용으로
\<p\>추가내용1\</p\>
를 추가하고 싶을 때는?

두 번째,
여기에 새로운 내용으로
\< div\>
　생성할 노드가 많은 경우,
　\<span\>어떤 방법을?
　\</span\> 사용해야 할까요?
\</div\>
를 추가하고 싶을 때는?

세 번째,
여기에 새로운 내용으로
\<p\>추가내용2\</p\>
를 추가하고 싶을 때는?

```
<body>

    <div id="sample_page" class="page" >
        샘플페이지(div, id=sample_page, class=page)

        <div id="header">
            헤더 영역(div, id=header)
        </div>

        <div id="content" class="sample_content">
            콘텐츠 영역(div, id=content, class=sample_content)
            <div>
                JavaScript란?(div)
                <p id="data_1">1. 자바스크립트 Core(p, id=data_1)</p>
                <p id="data_2">2. 자바스크립트 BOM(p, id=data_2)</p>
                <p id="data_3">3. 자바스크립트 DOM(p, id=data_3)</p>
                을 배운다는것.
            </div>
            <div class="content_data">
                JavaScript에서 배울 내용(div, class=content_data)
                <p>1. JavaScript DOM(p)</p>
                <p>2. JavaScript Ajax(p)</p>
            </div>
            <div class="content_data">
                jQuery에서 배울 내용(div, class=content_data)
                <p>1. jQuery DOM(p)</p>
                <p>2. jQuery Ajax(p)</p>
            </div>
        </div>

        <div id="footer">
            푸터 영역(div, id=footer)
        </div>

    </div>

</body>
```

핵심내용 08 🎣 Document.createElement() 메서드를 사용하는 경우(jQuery 버전)

자바스크립트 DOM • 1_js_dom/2_keypoint/1_element/key8_createElement.html

```
var page = document.getElementById("sample_page");
```

첫 번째 영역에 추가

```
// 1-1. 기준이 되는 노드 찾기
var firstChild = page.firstChild;
// 1-2.<p> 태그 엘리먼트를 동적으로 생성
var p1 = document.createElement("p");

// 1-3. 텍스트 노드 생성
var text1 = document.createTextNode("추가 내용1");
// 1-4. p1의 자식 노드로 text1을 추가
p1.appendChild(text1);

p1.style.border = "4px solid #ff0000";
// 1-5. p1을 #test2의 위쪽에 추가
page.insertBefore(p1, firstChild);
```

두 번째 영역에 추가

```javascript
// 2-1. 기준이 되는 위치 찾기
var content = document.getElementById("content");
// 2-2. <div> 태그 엘리먼트를 동적으로 생성
var div1 = document.createElement("div");
// 2-3. div1의 내부 자식 노드를 동적으로 생성
var text2_1 = document.createTextNode("생성할 Node의 양이 많은 경우,");
var span = document.createElement("span");
var spanText = document.createTextNode("어떤 방법을 ");
span.appendChild(spanText);

var text2_2 = document.createTextNode("사용해야 할까요?");

// 2-4. div1의 자식 노드로 콘텐츠 추가
div1.appendChild(text2_1);
div1.appendChild(span);
div1.appendChild(text2_2);

div1.style.border ="4px solid #ff0000";

// 2-5.생성된 div1을 #content의 앞에 추가
page.insertBefore(div1,content);
```

세 번째 영역에 추가

```javascript
// 3-1. <p> 태그 엘리먼트를 동적으로 생성
var p2 = document.createElement("p");
// 3-2. 텍스트 노드 생성
var text2 = document.createTextNode("추가 내용2");
// 3-3. p2의 자식 노드로 text2를 추가
p2.appendChild(text2);
p2.style.border = "4px solid #ff0000";
// 3-4. p2을 #sample_page 노드 마지막 위치에 추가
page.appendChild(p2);
```

jQuery DOM · 2_jquery_dom/2_keypoint/2_element/key8_createElement.html

```javascript
var $page = $("#sample_page");
```

첫 번째 영역에 추가

```javascript
var $firstNode = $page.contents().first();
var $p1 = $("<p>추가내용1</p>");
$p1.css("border", "4px solid #ff0000");
$p1.insertBefore($firstNode);
//또는
//$firstNode.before($p1);
```

두 번째 영역에 추가하기

```
var $content = $("#content");
var $div1 = $("<div>생성할 Node가 많은 경우 <span>어떤 방법을?</span> 사용해야 할까
요?</div>");
$div1.css("border", "4px solid #ff0000");
$div1.insertBefore($content);
```

세 번째 영역에 추가

```
var $p2 = $("<p>추가내용3</p>");
$p2.css("border", "4px solid #ff0000");
$page.append($p2);

//또는
//$div2.appendTo($page);
```

실행 결과

jQuery에서 노드를 생성하는 방법은 간결하면서도 무궁무진합니다. 가장 일반적인 방법은 $( ) 함수에 선택자 대신 태그 정보가 담긴 HTML 문자열을 인자로 전달하면 노드가 생성됨과 동시에 노드를 감싸고 있는 확장 집합이 만들어집니다. 이렇게 만들어진 내용을

- 특정 노드와 같은 형제 노드로 추가하고 싶은 경우(다르게 표현하면 노드와 노드 사이에 끼워 넣고 싶은 경우) 주로 insertBefore( )와 InsertAfter( ), 그리고 before( )와 after( )를 사용합니다. 이 두 그룹의 차이점은 아주 간단합니다. 아래처럼 단지 위치하는 순서의 차이일 뿐 실행 결과는 똑같습니다.

$추가노드.insertBefore($기준노드) == $기준노드.before($추가노드)
$추가노드.insertAfter($기준노드) == $기준노드.after($추가노드)

- 특정 노드의 자식 노드로 추가하고 싶다면 주로 append( )와 appendTo( ) 함수를 사용합니다. 이 역시 아래 공식과 마찬가지로 실행 결과는 같습니다.

$기준노드.append($추가노드) == $추가노드.appendTo($기준노드)

Element.innerHTML 프로퍼티를 사용하는 경우(jQuery 버전)

자바스크립트 DOM • 1_js_dom/2_keypoint/1_element/key9_innerHTML.html

```
var page = document.getElementById("sample_page");
```

첫 번째 영역에 추가

```
page.innerHTML = "<p style='border:4px solid #ff0000'>추가내용1</p>"
+page.innerHTML
```

두 번째 영역에 추가

```
var content = document.getElementById("content");
var div = window.document.createElement("div");
div.style.border = "4px solid #ff0000";
div.innerHTML = "생성할 노드가 많은 경우<span class='myStyle'>어떤 방법을</span>사용해
야 할까요?"
page.insertBefore(div, content );
```

세 번째 영역에 추가

```
page.innerHTML +="<p style='border:4px solid #ff0000'>추가내용2</p>";
```

jQuery DOM • 2_jquery_dom/2_keypoint/2_element/key9_innerHTML.html

```
var $page = $("#sample_page");
```

첫 번째 영역에 추가

```
$page.html("<p style='border:4px solid #ff0000'>추가내용1</p>"+$page.html());
```

두 번째 영역에 추가

```
var $content = $("#content");
var $div1 = $("<div style='border:4px solid #ff0000'></div>");
$div1.html("생성할 노드가 많은 경우<span>어떤 방법을?</span> 사용해야 할까요?");
$div1.insertBefore($content);
```

세 번째 영역에 추가

```
$page.html($page.html()+"<p style='border:4px solid #ff0000'>추가내용2</p>");
```

jQuery에서도 innerHTML과 같은 기능을 하는 html( ) 메서드를 제공하며, 단지 프로퍼티가
아닌 메서드라는 점만 다를 뿐 기능은 같습니다.

핵심내용 10 ⤴ Node.cloneNode() 메서드를 사용하는 경우(jQuery 버전)

자바스크립트 DOM • 1_js_dom/2_keypoint/1_element/key10_cloneNode.html

```
var page = document.getElementById("sample_page");
```

첫 번째 영역에 추가

```
// 1-1. 기준이 되는 위치 찾기
var firstChild = page.firstChild;
// 1-2. <p> 태그 엘리먼트를 동적으로 생성
var p1 = document.createElement("p");

// 1-3. 텍스트 노드 생성
var text1 = document.createTextNode("추가 내용1");
// 1-4. p1의 자식 노드로 text1을 추가
p1.appendChild(text1);

p1.style.border ="4px solid #ff0000";
// 1-5. p1을 #test2의 위쪽에 추가
page.insertBefore(p1, firstChild);
```

세 번째 영역에 추가

```
// 3-1. p1노드를 그대로 복사
var p2 = p1.cloneNode(true);
// 3-2. 텍스트 노드를 수정
p2.firstChild.nodeValue = "추가내용2";

// 3-3. p2을 #sample_page 노드의 마지막 위치에 추가
page.appendChild(p2);
```

jQuery DOM • 2_jquery_dom/2_keypoint/2_element/key10_cloneNode.html

```
var $page = $("#sample_page");
```

첫 번째 영역에 추가

```
var $firstNode = $page.contents().first();
var $p1 = $("<p>추가내용1</p>");
$p1.css("border", "4px solid #ff0000");
$p1.insertBefore($firstNode);
```

세 번째 영역에 추가

```
var $p2 = $p1.clone();
$p2.text("추가내용3");
$page.append($p2);
```

jQuery에도 cloneNode( )와 같은 기능을 수행하는 clone( )이라는 메서드가 있습니다. 다른 점이라면 노드가 아닌 확장 집합을 복사하는 것입니다. 이 함수를 이용해 첫 번째 $p1을 그대로 복사한 후 텍스트 내용만 수정한 채로 그대로 사용했습니다. 기존에 비해 훨씬 간결해졌죠? 이처럼 중복된 부분이 많을수록 clone( )은 유용하게 사용됩니다.

노드 삭제

자바스크립트 DOM • 1_js_dom/2_keypoint/1_element/key11_removeElement.html

```
//1. 지우려고 하는 노드를 포함하는 부모 노드를 찾습니다.
var page = document.getElementById("sample_page");
//2. 지우려는 노드를 찾습니다.
var content = document.getElementById("content");
//3. 부모 노드의 removeChild() 메서드를 이용해 노드를 삭제합니다.
page.removeChild(content);
```

jQuery DOM • 2_jquery_dom/2_keypoint/2_element/key11_removeElement.html

```
$("#content").remove();
```

실행 결과

샘플 페이지(div, id=sample_page, class=page)
헤더 영역(div, id=header)
푸터 영역(div, id=footer)

자바스크립트 DOM에서는 특정 노드를 삭제하려면 항상 부모 노드의 도움을 받아야 했는데, 조금 번거로웠던 것은 사실입니다. 이와 달리 jQuery에서는 다음과 같이 노드를 포장하고 있는 확장 집합의 기능 중 하나인 remove( )를 호출하면 아주 쉽게 노드를 삭제할 수 있습니다.

```
$("#content").remove();
```

이렇듯 jQuery를 이용하면 부모 노드의 도움 없이 노드 스스로 할 수 있는 일이 많아집니다.

노드 이동

```
샘플 페이지(div, id=sample_page, class=page)

  헤더 영역(div, id=header)

  컨텐츠 영역(div, id=content, class=sample_content)

    JavaScript란?(div)

      1. 자바스크립트 Core(p, id=data_1)

      2. 자바스크립트 BOM(p, id=data_2)

      3. 자바스크립트 DOM(p, id=data_3)

    을 배운다는 것

    자바스크립트에서 배울 내용(div, class=content_data)

      1. 자바스크립트 DOM(p)

      2. 자바스크립트 Ajax(p)

    jQuery에서 배울 내용(div, class=content_data)

      1. jQuery DOM(p)

      2. jQuery Ajax(p)

  푸터 영역(div, id=footer)
```

이미 생성돼 있는
노드를 이쪽으로
이동시키고 싶어요.

자바스크립트 DOM · 1_js_dom/2_keypoint/1_element/key12_move_node.html

```javascript
// 1. 이미 생성돼 있는 노드 가운데 이동시킬 대상을 찾습니다.
var header = document.getElementById("header");

// 2. 이동 위치의 노드를 구합니다.
var content = document.getElementById("content");
// 3. header를 content의 자식 노드로 옮깁니다.
content.appendChild(header);
header.style.border = "4px solid #ff0000";
```

jQuery DOM · 2_jquery_dom/2_keypoint/2_element/key12_move_node.html

```javascript
$header = $("#header");
$header.css("border", "4px solid #ff0000");
$("#content").append($header);
//또는
$header.appendTo($("#content"));
```

실행 결과

```
샘플 페이지(div, id=sample_page, class=page)
    컨텐츠 영역(div, id=content, class=sample_content)
        JavaScript란?(div)
            1. 자바스크립트 Core(p, id=data_1)
            2. 자바스크립트 BOM(p, id=data_2)
            3. 자바스크립트 DOM(p, id=data_3)
        을 배운다는 것
        자바스크립트에서 배울 내용(div, class=content_data)
            1. 자바스크립트 DOM(p)
            2. 자바스크립트 Ajax(p)
        jQuery에서 배울 내용(div, class=content_data)
            1. jQuery DOM(p)
            2. jQuery Ajax(p)

    헤더 영역(div, id=header)
    푸터 영역(div, id=footer)
```

jQuery를 이용한 노드 이동 역시 1장, '노드 이동'에서 이미 경험한 것처럼 "노드 생성 및 추가 하기"에서 사용한 메서드를 그대로 이용하게 됩니다. 즉, 이미 생성돼 있는 노드가 함수의 매개 변수 값으로 전달되는 경우 기존 위치에서 제거한 후 신규 노드처럼 이동 위치에 추가됩니다.

텍스트 노드 생성 및 추가

자바스크립트 DOM • 1_js_dom/2_keypoint/1_element/key13_createTextNode.html

```
// 1. 텍스트 노드를 추가할 부모 노드를 먼저 찾습니다.
var content = document.getElementById("content");

// 2. 텍스트 노드를 생성합니다.
var newTextNode = document.createTextNode("추가내용1");

// 3. 일반 노드처럼 appendChild()를 이용해 생성한 텍스트 노드를 추가합니다.
content.appendChild(newTextNode);
```

실행 결과

자바스크립트 DOM에서는 텍스트 노드를 생성하기 위한 createTextNode( )를 제공하지만 jQuery에서는 텍스트 노드를 생성하는 기능은 제공하지 않습니다. 어쩌면 제공하지 않는다기보다 굳이 필요하지 않기 때문에 만들지 않았다고 보는 게 맞는 듯합니다. 아래처럼 다른 방법으로도 훨씬 간결하게 텍스트를 생성할 수 있기 때문입니다.

jQuery DOM · 2_jquery_dom/2_keypoint/2_element/key13_createTextNode.html

```
$("#content").append("추가내용");
```

텍스트 노드의 내용 변경

자바스크립트 DOM · 1_js_dom/2_keypoint/1_element/key14_updateTextNode.html

```
// 1. 텍스트 노드를 추가할 부모 노드를 먼저 찾습니다.
var header = document.getElementById("header");
header.firstChild.nodeValue = "헤더의 내용이 변경되었죠?!";
```

jQuery DOM · 2_jquery_dom/2_keypoint/2_element/key14_updateTextNode.html

```
$("#header").text("헤더의 내용이 변경되었죠?!");
$("#header").css("border", "4px solid #ff0000");
```

실행 결과

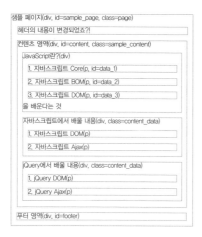

jQuery에서는 Text 객체의 nodeValue 프로퍼티에 텍스트를 대입한 것과 같은 기능을 수행하는 text( ) 메서드를 제공합니다. 이를 이용하면 예제에서처럼 아주 쉽게 내용을 변경할 수 있습니다.

이렇게 해서 이번 장에서는 1장에서 배운 자바스크립트 DOM의 핵심 내용을 그대로 jQuery 표현법으로 변경하는 방법을 알아봤습니다. 이와 동시에 여러분의 기억 속에서 지금쯤이면 살짝 흐려지고 있을 자바스크립트 DOM과 관련한 핵심 내용을 복습할 수 있게 설명 곳곳에 기존 내용을 추가했습니다. 다음 절에서도 이와 같은 방식으로 자바스크립트 DOM을 복습하면서 새로운 jQuery를 배워 나가겠습니다.

2-3 스타일 다루기

jQuery에서도 DOM을 다룰 때처럼 기본 개념과 용어는 그대로입니다. 그러니 앞에서 다룬 스타일 관련 내용을 다시 한번 되새기며 아래 내용을 봐주시기 바랍니다.

지금까지 다룬 jQuery의 내용을 나름 이해하고 있는 분이라면 아마 "자바스크립트 DOM을 활용한 스타일 처리를 jQuery가 얼마나 우아하게 만들어줄까?"라는 행복한 상상을 하며 이 절을 읽고 있을지도 모르겠습니다. 여러분이 상상한 만큼 스타일에서도 jQuery의 마술이 이어집니다.

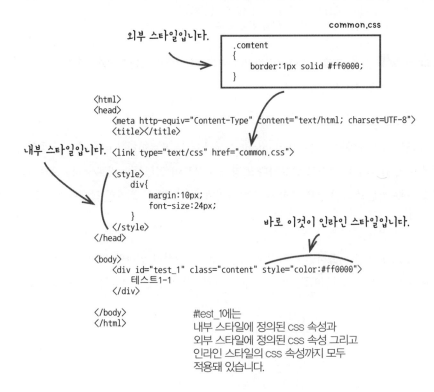

외부 스타일입니다.

```
common.css

.comtent
{
    border:1px solid #ff0000;
}
```

```
<html>
<head>
    <meta http-equiv="Content-Type" content="text/html; charset=UTF-8">
    <title></title>
```

내부 스타일입니다. `<link type="text/css" href="common.css">`

```
    <style>
        div{
            margin:10px;
            font-size:24px;
        }
    </style>
</head>
```

바로 이것이 인라인 스타일입니다.

```
<body>
    <div id="test_1" class="content" style="color:#ff0000">
        테스트1-1
    </div>

</body>
</html>
```

#test_10에는
내부 스타일에 정의된 css 속성과
외부 스타일에 정의된 css 속성 그리고
인라인 스타일의 css 속성까지 모두
적용돼 있습니다.

스타일 속성값 알아내기

HTML 소스

```
<style>
    div
    {
        border:1px #000000 solid;
        margin:20px;
        font-size:24px;
    }
</style>

<body>
    <div id="test_1" style="color:#ff0000">
        테스트1-1
    </div>
</body>
```

자바스크립트 DOM · 1_js_dom/2_keypoint/3_style/key1_get_style.html

```
var test1 = document.getElementById("test_1");
alert(test1.style.color); //결과 : rgb(255, 0, 0);
alert(test1.style.fontSize);   //결과 : null;
```

jQuery DOM · 2_jquery_dom/2_keypoint/2_style/key1_get_style.html

```
var $test1 = $("#test_1");
alert($test1.css("color"));        // 결과 : rgb(255,0,0)
alert($test1.css("fontSize"));     // 결과 : 24px
```

자바스크립트 DOM에서는 HTMLElement 객체의 style 프로퍼티를 이용해 스타일 항목 값을 알아낼 수 있었습니다. 그리고 중요하다고 강조한 부분이 있었는데 바로 style 프로퍼티를 이용해 얻을 수 있는 스타일 값은 오직 태그에 정의돼 있는 인라인 스타일 값에만 접근할 수 있다는 점입니다.

이와 달리 jQuery를 사용하면 구하고자 하는 스타일 속성이 인라인 스타일이든 CSS 구문을 이용해 정의한 내부 스타일이든, 또는 외부 스타일이든 상관없이 원하는 속성 정보를 곧바로 얻을 수 있습니다.

즉, 다음과 같이 ⟨div⟩ 태그에 스타일이 인라인 스타일과 CSS 구문으로 적용돼 있을 때

```
#test_1
{
    font-size:12pt;
    position:absoute;
    top:100px;
    left:100px;
}
<div id="test_1" style="color:#ff0000">
```

$("#test1").css("fontSize")와 같은 식으로 fontSize의 스타일 속성값을 구할 수 있다는 의미입니다. 어떤가요? 괜찮은 기능이지 않나요?

"뭐 이건 굳이 jQuery를 이용하지 않아도 크게 불편함 없이 사용하고 있는 건데요. 뭐 다른 기능은 없는 건가요?" 성격이 너무 급하군요. 당연히 아주 훌륭한 또 다른 기능이 있습니다.

방금 살펴본 예제에서는 스타일 구문을 이용해 정의할 때와 스타일 속성값을 구할 때 스타일 속성을 다르게 이용했습니다. 글자 크기로 예를 들면 CSS에서는 "font-size"라는 이름으로, 자바스크립트에서는 test1.style.fontSize처럼 fontSize라는 이름을 이용했습니다. 이는 익히 알고 있다시피 일종의 규칙이며 속성 이름에 "－"가 들어 있는 경우 자바스크립트로 접근할 때는 "－"를 제거하고, 그다음 단어는 대문자로 시작하는 낙타 표기법을 사용하게 돼 있습니다. 하지만 이렇게 사용하다 보면 종종 "－"를 넣는 오류를 범하게 됩니다.
바로 jQuery에서는 다음과 같이 이러한 구분 없이 둘 모두 사용할 수 있습니다.

```
$("#test1").css("fontSize");
$("#test1").css("font-size");
```

자! 어떤가요? 이제 여러분이 살짝 한눈을 판 사이에 실수할 만한 내용도 jQuery를 이용하면 말끔히 해결됩니다. 아울러 이 기능은 다음 절에 나오는 스타일 항목 값 설정하기에서도 그대로 적용됩니다.

```
var test1 = document.getElementById("test_1");
test1.style.fontSize="12pt";
```

CSS 속성 이름은
자바스크립트에서 사용할 때와
CSS를 정의할때 다른 이름을 사용합니다.
그래서 종종 실수를 하게 됩니다.

```
#test1
{
        . . .
        font-size:12pt;
        . . .
}
```

스타일 속성값 설정

자바스크립트 DOM ・ 1_js_dom/2_keypoint/2_style/key2_set_style.html

```
var test1 = document.getElementById("test_1");

test1.style.position="absolute";
test1.style.left = "100px";
test1.style.color = "#ff0000";
```

jQuery DOM ・ 2_jquery_dom/2_keypoint/3_style/key2_set_style.html

방법 1
```
$("#test_1").css("position", "absolute");
$("#test_1").css("left", "100px");
$("#test_1").css("color", "#ff0000");
```

방법 2
```
$("#test_1").css({position:"absolute", left:"100px", color:"#ff0000"});
```

방법 3
```
$("#test_1").css({position:"absolute", left:100, color:"#ff0000"});
```

방법 1

jQuery에서는 스타일 속성에 값을 설정할 때도 앞 절에서 배운 css( )를 그대로 이용합니다. 첫 번째 매개변수에는 스타일 속성 이름을, 두 번째 매개변수에는 스타일 속성 값만 전달하면 됩니다.

방법 2

읽기와 달리 여러 개의 스타일 속성을 설정해야 할 때는 방법 2처럼 아주 간결하게 작성할 수도 있습니다.

방법 3

더욱 뛰어난 기능은 left와 같은 위치 관련 스타일에는 "100px"와 같은 문자열 대신 숫자를 바로 사용할 수도 있습니다. (기본으로 px가 적용됩니다.)

핵심내용 03 · 스타일 속성 제거

자바스크립트 DOM · 1_js_dom/2_keypoint/2_style/key3_remove_style.html

```
var test1 = document.getElementById("test_1");
test1.style.removeProperty("border");
test1.style.removeProperty("margin");
```

jQuery DOM · 2_jquery_dom/2_keypoint/3_style/key3_remove_style.html

```
$("#test_1")[0].style.removeProperty("border");
$("#test_1")[0].style.removeProperty("margin");
```

jQuery에서는 스타일 속성을 제거하는 기능은 제공하지 않습니다. 바로 이럴 때를 대비해 이 책에서 자바스크립트 DOM을 배운 것이랍니다. 아울러 jQuery를 배웠다고 해서 자바스크립트 DOM을 잊어버려선 안 될 이유이기도 합니다.

2-4 속성 다루기

핵심내용 01 · 속성값 알아내기

HTML 소스

```
<div id="test_1" style="color:#ff0000;font-size:14px" data-value="data1">
    테스트1-1
</div>
```

자바스크립트 DOM · 1_js_dom/2_keypoint/3_attribute/key1_get_attribute.html

```
var test1 = document.getElementById("test_1");

// 모든 속성값이 담겨 있는 객체
alert(test1.attributes);
alert(test1.getAttribute("id"));              // 결과 : test_1
alert(test1.getAttribute("data-value"));      // 결과 : data1

// 바로 접근하기
alert(test1.id);                              // 결과 : test_1
```

jQuery DOM · 2_jquery_dom/2_keypoint/4_attribute/key1_get_attribute.html

```
var $test1 = $("#test_1");
```

방법1

```
$test1.attr("sample1");
$test1.attr("id");
$test1.attr("data-value");
```

방법2

```
$test1[0].id;
$test1.get(0).id;
```

방법1

jQuery에서는 속성 항목의 값을 좀더 쉽게 알아낼 수 있게 attr( )이라는 메서드를 제공합니다.

아주 간단하죠?

방법2

속성값 알아낼 때도 jQuery와 자바스크립트 DOM을 함께 사용할 수가 있습니다. 가끔 사용되기도 하지만 방법1을 사용할 것을 권장합니다.

핵심내용 02 속성값 설정

`HTML 소스`

```
<div id="test_1" style="color:#ff0000;font-size:14px" data-value="data1">
        테스트1-1
</div>
```

`자바스크립트 DOM` · 1_js_dom/2_keypoint/3_attribute/key2_set_attribute.html

```
var  test1 = document.getElementById("test_1");

// 기본적으로 제공하는 속성인 경우 바로 속성값 설정

test1.className = "myClass";

// 사용자 정의 속성인 경우 setAttribute() 메서드를 이용한 속성값 설정
test1.setAttribute("data-value", "new-data1");
```

`jQuery DOM` · 2_jquery_dom/2_keypoint/4_attribute/key2_set_attribute.html

```
var $test1 = $("#test_1");
```

방법1

```
$test1.attr("class","myClass");
$test1.attr("data-value","new-data1");
```

방법2

```
$test1.attr({class:"myClass","data-value":"new-data1"});
```

어디서 본 듯한 느낌이죠? 네, 맞습니다. 속성에 값을 설정하는 방법은 앞 절에서 다룬 스타일 속성값 설정하기와 같은 방식입니다. 차이점이라면 속성 값을 추가로 전달한다는 것 뿐이죠.

 **속성 제거**

HTML 소스

```
<div id="test_1" style="color:#ff0000;font-size:14px" data-value="data1">
        테스트1-1
</div>
```

자바스크립트 DOM • 1_js_dom/2_keypoint/3_attribute/key3_remove_attribute.html

```
var test1 = document.getElementById("test_1");
test1.attributes.removeNamedItem("data-value");
```

jQuery DOM • 2_jquery_dom/2_keypoint/4_attribute/key3_remove_attribute.html

```
$("#test_1").removeAttr("data-value");
```

jQuery에서는 스타일과는 달리 속성을 제거하는 removeAttr( )이라는 메서드를 제공합니다.

2-5 이벤트 다루기

jQuery에서는 다른 내용과 마찬가지로 이벤트와 관련된 다양한 기능을 제공합니다. 만약 1장에서 살펴본 핵심 내용의 이벤트 부분만 자세히 알고 있다면 jQuery 이벤트는 마른 땅의 단비처럼 아주 흡족한 선물이 될 것입니다.

 **리스너 추가**

자바스크립트 DOM • 1_js_dom/2_keypoint/4_event/key1_addEvent.html

```
<html>
<head>
    <meta http-equiv="Content-Type" content="text/html; charset=UTF-8">
```

```
<title></title>
  <script>
    window.onload=function()
    {
      // DOM Level 0 방식으로 이벤트 리스너 등록
      var btn_1 = window.document.getElementById("btn_1");
      // 1-1. 일반 함수를 이벤트 리스너로 사용하는 경우
      btn_1.onclick = this.on_Click;
      // 1-2. 임의의 함수를 이벤트 리스너로 사용하는 경우
      btn_1.onmouseover = function(e){
        alert("마우스가 오버되었습니다. ");
      }

      // DOM Level 2 방식으로 이벤트 리스너 등록
      var btn_2 = window.document.getElementById("btn_2");

      // 2-1. 일반 함수를 이벤트 리스너로 사용하는 경우
      btn_2.addEventListener("click", this.on_Click,false);

      // 2-2. 임의의 함수를 이벤트 리스너로 사용하는 경우
      btn_2.addEventListener("mouseover",function(e){
        alert("마우스가 오버되었습니다.");
      },false);
    }

    function on_Click(e)
    {
      alert("버튼이 클릭됐습니다.");
    }
  </script>
</head>
<body>
    <button id="btn_1">DOM Level 0방식 테스트 - 마우스를 올려보거나 클릭해 보세요.
    </button><br>
    <button id="btn_2">DOM Level 2방식 테스트 - 마우스를 올려보거나 클릭해 보세요.
    </button>
</body>
</html>
```

jQuery DOM • 2_jquery_dom/2_keypoint/5_event/key1_addEvent.html

```
<html>
<head>
    <meta http-equiv="Content-Type" content="text/html; charset=UTF-8">
    <title></title>
    <script  type="text/javascript" src="../libs/jquery-1.7.1.min.js">
    </script>
```

```
<script>
    $(document).ready(function(){
        var $btn_1 = $("#btn_1");

        $btn_1.click(on_Click);
        $btn_1.mouseover(function(){
            alert("마우스가 오버됐습니다. ");
        });

        var $btn_2 = $("#btn_2");

        $btn_2.bind("click", on_Click);

        $btn_2.bind("mouseover",function(e){
            alert("마우스가 오버됐습니다.");
        });
    });

    function on_Click(e)
    {
        alert("버튼이 클릭됐습니다.");
    }
</script>
</head>
<body>
    <button id="btn_1">DOM Level 0방식 테스트 - 마우스를 올려보거나 클릭해 보세요.
    </button><br>
    <button id="btn_2">DOM Level 2방식 테스트 - 마우스를 올려보거나 클릭해 보세요.
    </button>
</body>
</html>
```

jQuery에서는 이벤트를 등록하는 네 가지 방식을 지원합니다.

방법1

예)

```
$("#btn_1").bind("mouseover,function(e){
});
```

bind( ) 메서드를 이용해 이벤트를 등록하는 방법은 가장 일반적인 방법 중 하나입니다.

DOM Level2 방식인 addEventListener( )와 같이 첫 번째 매개변수는 이벤트 타입이며, 두 번째 매개변수는 이벤트 발생 시 실행될 리스너로 사용될 함수입니다.

방법2

이 방법은 DOM Level 0인 이벤트 함수와 비슷한 느낌이 나는 단축 메서드입니다.

예)
```
$("#btn_1").mouseover(function1(){
});
```

형식은 $("#btn_1").eventType(리스너)처럼 eventType을 그대로 메서드 이름으로 사용하면 됩니다. 단축 메서드라는 표현에서 알 수 있듯이 이 메서드에는 $("#btn_1").bind("mouseover", 리스너)와 같은 소스가 담겨져 있습니다. 다만 모든 이벤트 타입을 단축 이벤트로 지원하진 않습니다. 아래 내용은 jQuery에서 지원하는 단축 이벤트 목록입니다.

```
blur, change, load,unload, resize,scroll, select, submit,
click, dbclick, mousedown, mousemove, mouseout,mouseover,
mouseup, focus, keydown, keypress, keyup,
```
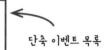
단축 이벤트 목록

예)
```
$("div").click(function(e){
});
```

방법3

예)
```
-$("#btn_1").bind("mouseover click",functione(e){
});
```

jQuery에서는 이렇게 여러 개의 이벤트를 동시에 등록하는 기능도 제공합니다. 가끔 편리하게 사용되니 알아두세요.

방법4

예)
```
$("#btn_1").bind("mouseover.myEventGroup", function(e){
});

$("#btn_1").bind("click.myEventGroup", function(e){
});
```

이 방법은 리스너 삭제와 관련이 있는 기능입니다. 모든 것은 사용하고 나면 언젠가는 버려야 하는 법. 리스너 역시 다 사용한 후 삭제해야 할 때가 있습니다. 그런데 리스너를 너무 많이 등록해서 지우는 것도 일이 되는 경우가 있습니다. 이럴 때 이벤트 리스너를 하나의 그룹으로 묶은 후 단 한 번의 명령으로 등록된 모든 리스너를 제거할 수 있습니다.

이 밖에도 다양한 이벤트 등록 방법이 있습니다. 이런 기능은 실전 활용 예제에서 종종 등장할 테니 그때 가서 다시 설명하겠습니다.

메서드	설명
bind	이벤트를 등록하는 가장 일반적인 방법입니다.
unbind	이벤트를 제거하는 가장 일반적인 방법입니다.
one	이벤트가 발생하는 경우 등록한 이벤트 리스너는 실행된 후 자동으로 제거됩니다. 즉, 이벤트 리스너가 오직 한 번만 실행되게 하고 싶을 때 주로 사용합니다.
live	bind와 똑같은 기능을 하지만 차이점이라면 현재 문서에 존재하지 않는 요소, 즉 앞으로 생성될 수 있는 요소에게도 이벤트를 등록할 수 있다는 점입니다.
die	live로 등록한 이벤트를 제거한 함수입니다.

 리스너 삭제

자바스크립트 DOM • 1_js_dom/2_keypoint/4_event/key2_removeEvent.html

DOM Level0 방식
btn_1.onClick = on_Click처럼 했다면
삭제는 btn_1.onClick = null;

DOM Level2 방식
btn_1.addEventListener("mouseover",on_MouseOver,false)인 경우
삭제는
btn_1.removeEventListener("click",on_click,false)

jQuery DOM • 2_jquery_dom/2_keypoint/5_event/key2_removeEvent.html

방법 1
* $("#btn_1").bind("mouseover", on_MouseOver);
* $("#btn_1").mouseover(on_MouseOver);

* $("#btn_1").unbind("mouseover", on_MouseOver);

방법 2
* $("#btn_1").bind("mouseover,function(e){
  });

* $("#btn_1").unbind("mouseover")

방법 3
* $("#btn_1").bind("mouseover.myEventGroup", function(e){
  });

```
• $("#btn_1").bind("click.myEventGroup", function(e){
  });
• $("#btn_2").bind("moutout.myEventGroup", function(e){
  });

• $("*").unbind(".myEventGroup");
```

방법 4
```
• $("#btn_1").unbind();
```

방법 1은 등록한 이벤트 리스너 가운데 특정 리스너를 제거하고 싶을 때 사용하며, 지우고 싶은 리스너를 전달하기만 하면 됩니다.

방법 2는 특정 이벤트 타입에 할당된 모든 리스너를 한꺼번에 제거하고 싶을 때 사용하는 방법입니다. 예제처럼 이름 없는 인라인 함수를 지울 때 유용합니다.

방법 3은 이벤트를 등록할 때 그룹으로 묶은 경우 unbind( ) 메서드에 그룹 이름을 첫 번째 매개변수로 전달하면 그룹에 해당하는 모든 이벤트를 제거할 수 있습니다. 다른 엘리먼트라 하더라도 그룹으로 묶어서 제어할 수 있으므로 종종 유용하게 사용됩니다.

방법 4는 이것저것 따지지 않고 그냥 엘리먼트에 할당된 이벤트 리스너를 모두 지우고 싶을 때 사용합니다. 이때 아무런 매개변수 없이 그냥 unbind( ) 메서드만 호출하면 됩니다. 아주 깔끔하죠?

이벤트 발생시키기

어!?
버튼1을 클릭했는데
버튼2에 등록된 리스너가 실행되요!
어떻게 된 거죠?

버튼1 버튼2

자바스크립트 DOM • 1_js_dom/2_keypoint/4_event/key3_dispatchEvent.html

```
<html>
<head>
    <meta http-equiv="Content-Type" content="text/html; charset=UTF-8">
```

```
<title></title>
<script>
    window.onload=function()
    {
            var btn_1 = window.document.getElementById("btn_1");
            var btn_2 = window.document.getElementById("btn_2");

            btn_1.addEventListener("click",function(e){
                // 1. 이벤트 생성
                 var mouseEvent = document.createEvent("MouseEvent");
                // 2. 이벤트 객체에 이벤트와 함께 담아 보낼 데이터 추가
                mouseEvent.clientX = 100;
                mouseEvent.clientY = 100;
                // 3. 이벤트 초기화
                mouseEvent.initEvent("click",false,false);
                // 4. 이벤트 발생
                btn_2.dispatchEvent(mouseEvent);
            });


            btn_2.addEventListener("click",function(e){
                alert("click 이벤트 발생, target = "+e.target.id+",
                clientX = "+e.clientX+", clientY = "+e.clientY);
            });
    }
</script>
</head>

<body>
    <button id="btn_1">버튼1</button>
    <button id="btn_2">버튼2</button>
</body>
</html>
```

jQuery DOM · 2_jquery_dom/2_keypoint/5_event/key3_dispatchEvent.html

```
<html>
<head>
    <meta http-equiv="Content-Type" content="text/html; charset=UTF-8">
    <title></title>
    <script type="text/javascript" src="../libs/jquery-1.7.1.min.js"></script>
    <script>
        $(document).ready(function(){
            var $btn_1 = $("#btn_1");
            var $btn_2 = $("#btn_2");

            $btn_1.bind("click", function(e){
            // 1. 이벤트 생성
```

```
                var mouseEvent = jQuery.Event("click");
                // 2. 이벤트 객체에 이벤트와 함께 담아 보낼 데이터 추가
                mouseEvent.clientX = 100;
                mouseEvent.clientY = 100;

                // 3. 이벤트 발생
                $btn_2.trigger(mouseEvent);
            });

            $btn_2.bind("click", function(e){
                alert("click 이벤트 발생, target = "+e.target.id+",
                        clientX = "+e.clientX+", clientY = "+e.clientY);
            });
        });
    </script>
</head>

<body>
    <button id="btn_1">버튼1</button>
    <button id="btn_2">버튼2</button>
</body>
</html>
```

이벤트 발생의 경우 자바스크립트 DOM을 이용한 코드를 보면 jQuery를 이용해 얼마만큼 단축할 수 있는지 짐작할 수 있을 것입니다. jQuery를 이용해 이벤트를 발생시키는 순서는 다음과 같습니다.

1. jQuery.Event( ) 함수에 발생시키려는 이벤트 객체 타입을 전달하면 해당 타입의 이벤트 객체가 생성됩니다.

2. 이벤트와 함께 실어서 보낼 데이터를

   mouseEvent.보낼 데이터 키 = "데이터 값"

   또는

   jQuery.Event("click", { 데이터키:"데이터값" ...});
   과 같은 방식으로 설정합니다.

3. 이벤트 초기화 작업은 하지 않아도 됩니다. jQuery가 알아서 해준답니다.

4. 끝으로 생성한 이벤트 객체를 DOM의 dispatchEvent( ) 메서드 대신 jQuery의 trigger라는 메서드의 매개변수로 전달해서 실행하면 됩니다.

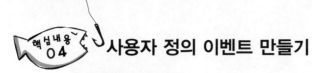 **사용자 정의 이벤트 만들기**

자바스크립트 DOM · 1_js_dom/2_keypoint/4_event/key4_customEvent.html

```html
<html>
<head>
    <meta http-equiv="Content-Type" content="text/html; charset=UTF-8">
    <title></title>
    <script>
        window.onload=function(){
            var btn_1 = window.document.getElementById("btn_1");
            var btn_2 = window.document.getElementById("btn_2");

            btn_1.addEventListener("click", function(e){
                // 1. 이벤트 생성
                var myEvent = document.createEvent("Event");
                // 2. 이벤트 객체에 이벤트와 함께 담아 보낼 데이터 추가
                myEvent.data1 = "이 정보를 이벤트에 담아서 보내주세요.";
                // 3. 이벤트 초기화
                myEvent.initEvent("myEvent",false,false);
                // 4. 이벤트 발생
                btn_2.dispatchEvent(myEvent);
            });

            btn_2.addEventListener("myEvent", function(e){
                alert("myEvent 이벤트 발생, target = "+e.target.id+",
                        data1 = "+e.data1);
            });
        }
    </script>
</head>

<body>
    <button id="btn_1">버튼1</button>
    <button id="btn_2">버튼2</button>
</body>
</html>
```

jQuery DOM · 2_jquery_dom/2_keypoint/5_event/key4_customEvent.html

```html
<html>
<head>
    <meta http-equiv="Content-Type" content="text/html; charset=UTF-8">
    <title></title>
    <script type="text/javascript" src="../libs/jquery-1.7.1.min.js"></script>
    <script>
        $(document).ready(function(){
```

```
            var $btn_1 = $("#btn_1");
            var $btn_2 = $("#btn_2");

            $btn_1.bind("click", function(e){
                // 1. 이벤트 생성
                var myEvent = jQuery.Event("myEvent")
                // 2. 이벤트 객체에 이벤트와 함께 담아 보낼 데이터 추가
                myEvent.data1 = "이 정보를 이벤트에 담아서 보내주세요.";

                // 3. 이벤트 발생
                $btn_2.trigger(myEvent);
            });

            $btn_2.bind("myEvent", function(e){
                alert("myEvent 이벤트 발생, target = "+e.target.id+",
                        data1 = "+e.data1);
            });
        });
    </script>
</head>

<body>
    <button id="btn_1">버튼1</button>
    <button id="btn_2">버튼2</button>
</body>
</html>
```

사용자 정의 이벤트 생성은 방금 전에 살펴본 이벤트 발생시키기와 100% 일치합니다. jQuery.
Event( ) 메서드에 일반 이벤트 타입 대신 사용자 정의 이벤트 타입을 할당한 후 추가로 이벤트
에 담아 보낼 데이터를 넣어주기만 하면 됩니다.

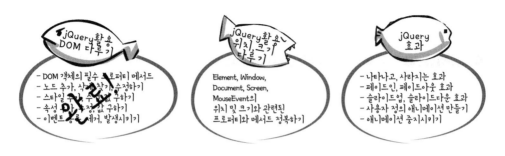

jQuery를 활용해 실전 업무를 할 때 반드시 알아야 할 핵심 기초 내용은
DOM 다루기와 위치,크기 다루기 그리고 jQuery 효과가 있습니다.

✱ 메모

초보자가 반드시 알아야할 자바스크립트 DOM 핵심 프로퍼티 및 메서드는 부록 II(650쪽) 참조.

2-6 위치 및 크기와 관련된 프로퍼티와 메서드

jQuery를 이용해 인터랙티브한 웹 콘텐츠를 제작 하려면 자바스크립트 DOM에서처럼 위치 및 크기와 관련된 프로퍼티와 메서드를 반드시 알고 있어야 합니다. 다행히 이번 절의 내용은 1장에서 배운 "위치 및 크기와 관련된 프로퍼티와 메서드"와 내용이 거의 일치하므로 별도로 배워야 할 내용은 그렇게 많지 않습니다. 다만 몇 가지 다른 부분은 쉽게 확인할 수 있게 각 부분에 표로 자세히 설명해 놨으니 기존에 배운 내용을 다시 한번 되새기면서 보면 더욱 효과적일 것입니다.

핵심내용 01) jQuery에서 제공하는 엘리먼트와 관련된 프로퍼티와 메서드

특정 엘리먼트를 내부에 포함하고 있는 jQuery의 확장 집합 역시 위치 및 크기와 관련된 다양한 프로퍼티와 메서드를 제공합니다. 전과 마찬가지로 이번에도 용도에 따라 크게 세 부분으로 나누어 쉽게 살펴볼 수 있게 표로 정리했습니다. 자! 우선 표를 살펴볼까요?

jQuery에서 제공하는 엘리먼트의 위치 및 크기와 관련된 프로퍼티와 메서드

그룹	jQuery 프로퍼티/메서드	자바스크립트 DOM 프로퍼티/메서드	내용
offset 그룹	offsetParent()	Element offsetParent	offsetLeft, offsetTop의 기준 좌표계가 될 컨테이너 엘리먼트 일반적인 경우 : Document 동적 위치인 경우 : 동적 위치가 적용된 상위 엘리먼트
	outerWidth() outerHeight()	int offsetWidht, offsetHeight	엘리먼트의 너비와 높이 (단 margin 제외, border, padding, scrollBar 포함)
	position().left position().top	int offsetLeft, offsetTop	컨테이너(offsetPanrent)를 기준으로 엘리먼트가 위치한 x, y 좌표
scroll 그룹	X	int scrollWidth, scrollHeight	엘리먼트의 너비와 높이 (단 overflow:scroll인 경우 화면에 보이지 않는 영역까지 포함됨. 이러한 경우 offsetWidth, offsetHeight보다 scroll 값이 큼.)
	scrollLeft() scrollTop()	int scrollLeft, scrollTop	스크롤된 x, y 값

그룹	jQuery 프로퍼티/메서드	자바스크립트 DOM 프로퍼티/메서드	내용
client 그룹	X	int clientWidth, clientHeight	엘리먼트 내부의 클라이언트 영역의 너비와 높이(단 margin, border, padding, scrollBar 제외)
	X	int clientLeft, clientTop	엘리먼트 내부에서 클라이언트가 위치한 x, y 좌표(border 값 과 같음)
	offset().left offset().top	getBoundingClientRect()	Document를 기준으로 엘리먼트의 left, top, right, bottom, width, height를 모두 알아낼 수 있음
	width() height()	X	style에 작성된 너비와 높이
	innerWidth() innerHeight()	X	엘리먼트의 너비와 높이(단 margin와 border 제외, padding 과 scrollBar 포함)

보다시피 자바스크립트 DOM에서 제공한 기능을 모두 jQuery에서 제공하지 않으며, 반대로 자바스크립트 DOM에 없는 기능을 jQuery에서 제공하는 것을 확인할 수 있습니다. "jQuery는 만병통치약이 아니다"라고 했던 말 혹시 기억나나요? 이번 기회를 통해 자바스크립트 DOM을 왜 알고 있어야 하는지 다시 한번 확인할 수 있습니다. 예를 들어, clientLeft 프로퍼티를 사용하고 싶은데 jQuery에서 지원하지 않으므로 이 경우 DOM에 직접 접근해서 clientLeft를 사용할 수밖에 없습니다.

그럼 좀더 쉽게 확인할 수 있게 그림을 통해 다시 한번 알아보겠습니다.

❶ offset 그룹

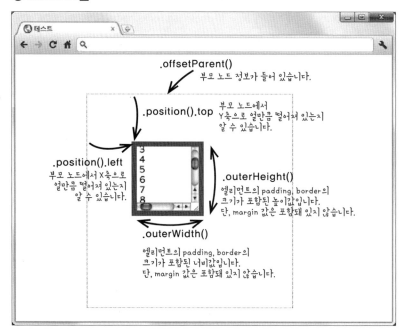

❷ scroll 그룹

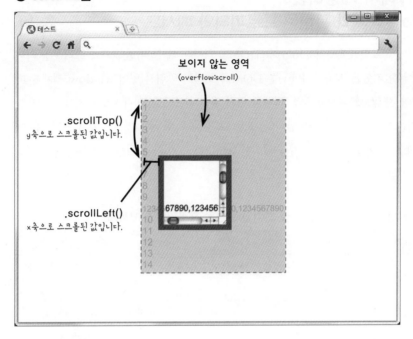

❸ client 그룹

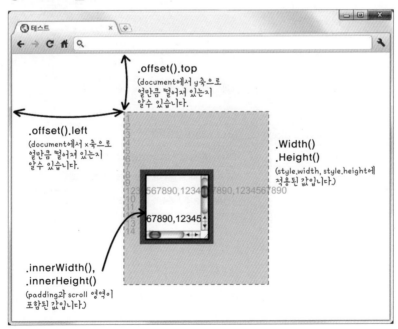

jQuery에서 제공하는
window 객체와 관련된 프로퍼티와 메서드

이 장의 초반부에서도 언급했듯이 jQuery는 DOM을 다루는 데 그 어떤 크로스 브라우징 라이브러리보다 탁월한 기능을 제공합니다. 즉, DOM에 초점이 맞춰져 있어 window 객체를 따로 캡슐화하고 있지 않으므로 window 객체의 위치 및 크기 프로퍼티 메서드의 기능이 필요한 경우 대부분 기존 방식대로 사용해야 합니다. 표를 보면 알 수 있듯이 jQuery에서 지원하는 메서드로는 메뉴바, 툴바, 스크롤바 크기를 제외한 window 너비와 높이를 반환하는 width( ), height( )가 유일합니다.

jQuery에서 제공하는 window의 위치 및 크기와 관련된 프로퍼티와 메서드

jQuery 프로퍼티/메서드	DOM 프로퍼티/메서드	내용
X	int innerWidth, innerHeight	window 너비와 높이(단 메뉴바와 툴바 제외, 스크롤바 크기 포함)
X	int outerWidth, outerHeight	window 너비와 높이(단 메뉴바, 툴바, 스크롤바 크기 포함)
X	int pageXOffset, pageYOffset	스크롤된 x, y값
X	int screenLeft screenTop,	브라우저의 좌측 상단 모서리에 대한 x, y 좌표.
X	int screenX, screenY	브라우저의 좌측 상단 모서리에 대한 x, y 좌표.
X	scrollTo(posX,posY)	posX, posY으로 스크롤
X	scrollBy(dx,dy)	현재 스크롤 값에서 dx, dy만큼만 스크롤
$(window).width()	X	window 너비(단 메뉴바, 툴바, 스크롤바 크기 제외)
$(window).height()	X	window 높이(단 메뉴바, 툴바, 스크롤바 크기 제외)

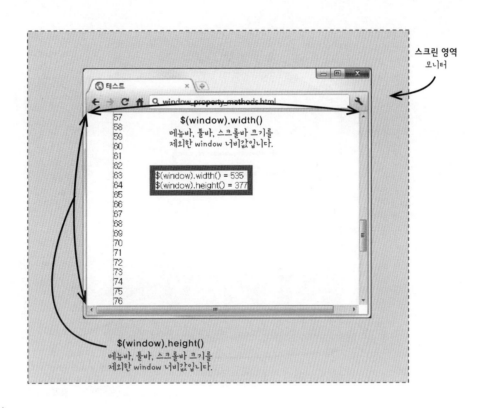

스크린 영역
모니터

$(window).height()
메뉴바, 툴바, 스크롤바 크기를
제외한 window 너비값입니다.

jQuery에서 제공하는
Document 객체와 관련된 프로퍼티와 메서드

Document 객체 역시 Window 객체와 마찬가지로 jQuery에서는 document의 전체 너비와
높이를 알 수 있는 메서드인 $(document).width( ), $(document).height( )만을 제공할 뿐
다른 기능은 따로 제공하지 않습니다.

jQuery에서 제공하는 Document의 위치 및 크기와 관련된 프로퍼티와 메서드

jQuery 프로퍼티/메서드	DOM 프로퍼티/메서드	내용
$(document).width()	document.body.scrollWidth	document 영역의 전체 너비
$(document).height()	document.body.scrollHeight	document 영역의 전체 높이
X	Element elementFromPoint(float x, float y);	x, y 위치에 있는 엘리먼트

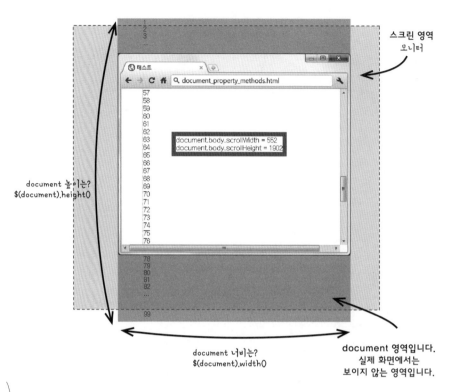

스크린 영역
모니터

document 높이는?
$(document).height()

document.body.scrollWidth = 552
document.body.scrollHeight = 1902

document 너비는?
$(document).width()

document 영역입니다.
실제 화면에서는
보이지 않는 영역입니다.

jQuery에서 제공하는 Screen 객체와 관련된 프로퍼티와 메서드

아래 표에서도 알 수 있듯이 jQuery에서는 Screen 객체와 관련된 기능은 따로 제공하지 않습니다. 역시 jQuery의 관심사는 BOM 객체가 아닌 일반 DOM에 초점이 맞춰져 있다는 사실을 다시 한번 확인할 수 있습니다.

jQuery에서 제공하는 Screen의 위치 및 크기와 관련된 프로퍼티와 메서드

jQuery 프로퍼티/메서드	DOM 프로퍼티/메서드	내용
X	int availWidth, availHeight	작업표시줄을 제외한 화면 크기
X	int width height	작업표시줄을 포함한 전체 화면 크기

jQuery에서 제공하는
MouseEvent 객체와 관련된 프로퍼티와 메서드

이벤트가 발생하는 경우 jQuery 내부에서는 DOM에서 전달받은 Event 객체를 그대로 복사해서 사용하므로 아래 표처럼 MouseEvent의 프로퍼티를 모두 사용할 수 있습니다.

jQuery에서 제공하는 MouseEvent의 위치 및 크기와 관련된 프로퍼티와 메서드

jQuery MouseEvent 프로퍼티/메서드	자바스크립트 MouseEvent 프로퍼티/메서드	내용
int clientX, clientY	int clientX, clientY	컨테이너가 아닌 브라우저의 화면상 가장 위쪽 지점을 기준으로 한 마우스 포인터의 x, y 위치. 스크롤 이동 값은 무시됨.
int pageX, pageY	int pageX, pageY	clientX, clientY와 같지만 문서가 스크롤되는 경우, 스크롤된 부분까지 포함한 마우스 포인터의 x, y 위치.
int offsetX, offsetY	int offsetX, offsetY	이벤트가 발생한 element 내부의 마우스 포인터의 x, y위치(local x, y로 이해하면 됨)
int screenX, screenY	int screenX, screenY	사용자 모니터의 상단 좌측 지점을 기준으로 한 마우스 포인터의 x, y 위치

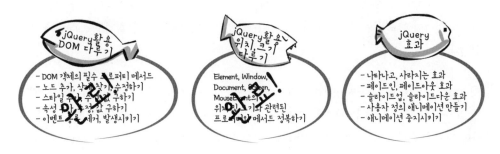

jQuery를 활용해 실전 업무를 진행할 때 반드시 알아야 할 핵심 기초 내용으로 DOM 다루기와 위치, 크기 다루기 그리고 jQuery 효과가 있습니다.

2-7 jQuery 효과 다루기

자바스크립트 DOM과는 달리 jQuery에서는 추가적으로 알아야 할 핵심 내용이 하나 더 있습니다. 바로 플래시 콘텐츠와 같은 인터랙티브한 웹 콘텐츠를 제작할 때 자주 사용할 jQuery 효과입니다.

얼마전까지만 해도 '인터랙티브 웹 콘텐츠 제작 = 플래시'라는 수식이 성립할 만큼 플래시는 거의 독보적인 존재였습니다. 하지만 요즈음에는 플래시만의 전유물처럼 여겨졌던 인터랙티브한 웹 콘텐츠부터 시작해 규모가 있는 RIA(Rich Internet Application)까지 자바스크립트 기술만을 이용해 만들어지고 있습니다.

이는 아마도 새롭게 등장하는 모바일 기기의 특성상 플래시보다는 순수 웹을 지향하고 있기 때문입니다. 또한 거의 분기마다 놀라운 속도를 자랑하는 새로운 자바스크립트 엔진과 향상된 기능으로 중무장한 웹 브라우저의 출시로 이제는 웹 기술만으로도 충분히 플래시와 같은 인터랙티브한 웹 콘텐츠를 제작할 수 있게 되었습니다. 이처럼 현재의 웹 세상은 자바스크립트만으로도 충분히 사용자의 시선을 끌수 있는 다양한 효과를 자연스럽게 보일 수 있게 구현할 수 있는 환경이 갖춰졌습니다.

이번 절에서는 jQuery가 제공하는 단순하면서도 강력한 효과 기능을 살펴보겠습니다. 이 내용 역시 '위치 및 크기와 관련된 프로퍼티와 메서드'처럼 이해하는 데 크게 어려움이 없을 것입니다. "아, 이 메서드는 이런 기능을 하는군"이라는 식으로 하나씩 직접 실행해보며 눈으로 익히길 바랍니다. 그럼 시작해볼까요?

easing 플러그인 추가

여기서 easing은 특정 움직임을 뜻합니다. 예를 들어, 처음에는 느리게 움직이다가 시간이 지날수록 서서히 빠르게 움직이게 한다거나 용수철과 같이 튀어오르는 움직임도 easing에 포함됩니다.

jQuery에는 기본적으로 swing과 linear라는 두 개의 easing 함수가 내장돼 있습니다. 아쉽게도 이 두가지 효과만으로는 플래시 콘텐츠와 같은 인터랙티브한 콘텐츠를 만들기에는 다소 부족한 면이 있습니다. 다행히도 다양한 easing 효과를 제공하는 플러그인이 있어서 아주 쉽게 다양한 효과를 사용할 수가 있습니다. 여기서는 이 중에서 일반적으로 많이 사용하는 "jQuery Easing"이라는 플러그인을 추가해서 사용하겠습니다.

이 플러그인에서는 30여개의 새로운 easing 함수를 제공합니다.
추가하는 방법은 간단합니다. 먼저 아래 사이트에서 jQuery Easing Plugin 파일을 내려받습니다.

http://gsgd.co.uk/sandbox/jquery/easing/

이후 아래처럼 링크를 추가해 줍니다.

```
// jQuery
<script type="text/javascript" src="../libs/jquery-1.7.1.min.js"></script>
// 여기에 easing 플러그인을 추가합니다.
<script type="text/javascript" src="jquery.easing.1.3.js"></script>
```

아래 그림은 각 easing 함수가 어떤 식으로 동작하는지 나타내는 표입니다. easing 함수를 처음 사용해보는 분이라면 이 표가 약간 낯설게 느껴질 텐데, 플러그인 사이트를 방문해 각 easing 함수가 어떻게 동작하는지 한번 실행해 본 후 다시 표를 보면 쉽게 이해할 수 있을 것입니다.

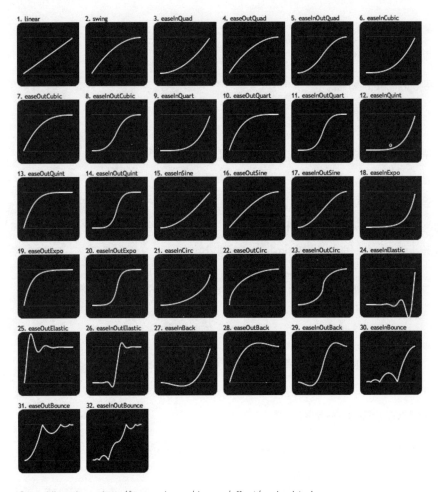

jQueryUI easing – http://jqueryui.com/demos/effect/easing.html

사용법 역시 간단합니다. 잠시 후에 만나게 될 jQuery Effect 함수의 인자 가운데 easing을 지정하는 부분이 있는데, 여기에 원하는 easing 함수의 이름을 문자열로 지정하기만 하면 됩니다.

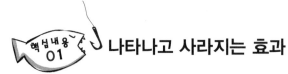

나타나고 사라지는 효과

구문:

.show( )

.show(duration, [callback]);

.show([duration], [easing], [callback]);

.hide( );

.hide(duration, [callback]);

.hide([duration], [easing], [callback]);

.toggle([duration], [callback]);

.toggle([duration], [easing], [callback]);

show( ), hide( ) 메서드를 이용하면 특정 엘리먼트를 아주 쉽게 나타나거나 사라지게 하는 효과를 구현할 수 있습니다. 이 메서드의 내부에서는 스타일 속성 중 opacity(불투명)와 width, height 값을 조절해서 효과를 구현합니다. 아울러 이 두 메서드와 연관된 toggle( )이라는 메서드도 있는데, 이 메서드는 엘리먼트가 감춰져 있다면 show( ) 함수를 실행하고, 화면에 나타나 있다면 hide( ) 함수를 번갈아 가면서(toggle) 실행합니다.

사용법을 설명하자면 아래에 설명한 매개변수를 효과 함수를 호출할 때 적절하게 지정하면 됩니다.

duration : 효과가 지속될 시간 값(duration).
  단위는 1/1000초이며 문자열(slow, normal, fast)도 사용 가능

easing : 앞 절에서 배운 easing 값으로서, 원하는 easing 함수 이름을 문자열로 지정

callback : 효과가 완료됐을 때 호출할 콜백 함수

이 매개변수는 show( ), hide( ) 효과 메서드뿐 아니라 이어서 알아볼 효과 메서드에서도 그대로 사용됩니다.

```html
<html>
<head>
    <meta http-equiv="Content-Type" content="text/html; charset=UTF-8">
    <title></title>
    <style>
        #test_1{
            border:1px #000000 solid;
            width:200px;
            height:120px;
            text-align:center;
        }
    </style>

    <script  type="text/javascript" src="../libs/jquery-1.7.1.min.js"></script>
    <script  type="text/javascript" src="../libs/jquery.easing.1.3.js"></script>
    <script>
        $(document).ready(function(){
            // 움직일 대상 찾기
            var $img1 = $("#test_1");

            // 나타나는 효과 시작
            $("#btn_show").bind("click", function(){
                $img1.show(3000,"easeInElastic",function(){
                    alert("show 완료");
                });
            });

            // 사라지는 효과 시작
            $("#btn_hide").bind("click", function(){
                $img1.hide(3000,"easeOutCubic",function(){
                    alert("hide 완료");
                });
            });
        });
    </script>

</head>
<body>
    <div id="test_1">
        <img id="img_1" src="ch2.png">
    </div>

    <div>
        <button id="btn_show">show</button>
        <button id="btn_hide">hide</button>
    </div>
</body>
</html>
```

실행 결과

실행 전	실행 중

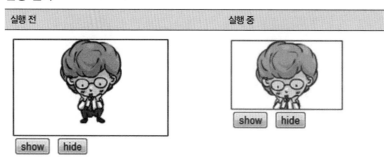

 페이드인, 페이드아웃 효과

구문

> .fadeIn([duration], [callback]);
>
> .fadeIn([duration], [easing], [callback]);
>
> .fadeOut([duration], [callback]);
>
> .fadeOut([duration], [easing], [callback]);

엘리먼트를 서서히 사라지게 하거나 나타나게 하고 싶은 경우 fadeIn( ), fadeOut( )을 사용하면 됩니다. show( ), hide( ) 메서드와 달리 이 메서드는 크기 변경 없이 opacity(불투명) 값만 변경합니다.

소스 • 2_jquery_dom/2_keypoint/7_animation/key2_fade_in_out.html

```
<script>
$(document).ready(function()
{
    // 움직일 대상 찾기
    var $img1 = $("#test_1");
    $("#btn_show").bind("click", function(){
        $img1.fadeIn(3000,"easeInCubic",function(){
            alert("show 완료");
        });
    });

    $("#btn_hide").bind("click", function(){
        $img1.fadeOut(3000,"easeOutCubic",function(){
```

```
                alert("hide 완료");
            });
        });
    });
    </script>
```

실행 결과

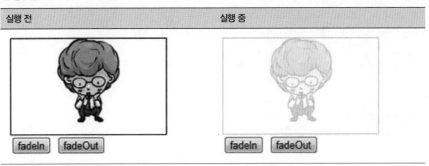

 ## 슬라이드업, 슬라이드다운 효과

구문

.slideUp([duration], [callback]);

.slideUp([duration], [easing], [callback]);

.slideDown([duration], [callback]);

.slideDown([duration], [easing], [callback]);

.slideToggle([duration], [callback]);

.slideToggle([duration], [easing], [callback]);

이번에는 특정 엘리먼트가 위에서 아래로, 또는 아래에서 위로 펼쳐지는 듯한 효과를 내는 slideUp( ), slideDown( )을 알아보겠습니다. 이 메서드가 실행되는 방식을 살펴보면 slideDown( )의 경우, 상단은 고정돼 있는 상태에서 높이값이 늘어납니다. 이와 반대로 slideUp( ) 역시 상단은 고정된 상태에서 높이값이 작아집니다. 아울러 toggle( ) 메서드와 마찬가지로 이와 기능이 같은 slideToggle( ) 메서드가 있어서 좀더 쉽게 슬라이드업, 슬라이드다운 효과를 구현할 수 있습니다.

```
<script>
$(document).ready(function()
{
    // 움직일 대상 찾기
    var $test1 = $("#test_1");

    $("#btn_show").bind("click", function(){
        $test1.slideUp(1000,"easeInCubic",function(){
            alert("slideUp 완료");
        });
    });

    $("#btn_hide").bind("click", function(){
        $test1.slideDown(200,"easeOutCubic",function(){
            alert("slideDown 완료");
        });
    });
});
</script>
```

실행 결과

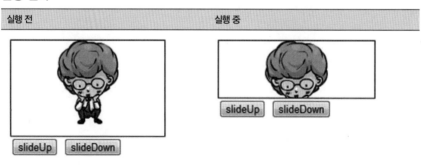

실행 전	실행 중

![slideUp slideDown]

사용자 정의 효과 만들기

구문

1. animate(properties, [duration], [easing], [complete]);

2. animate(properties, options);

앞 절에서 알아본 내용은 가장 일반적으로 사용하는 효과였습니다. 일종의 매크로 함수라고 생각해도 될 것 같습니다. 하지만 실전에서는 이런 효과뿐 아니라 좀더 다양한 효과를 구현해야 합니다. 이를 위해 jQuery 효과에서는 사용자 정의 효과를 만들 수 있게 animate( )라는 메서드를 제공합니다. 참고로 show( ), hide( ), fadeIn( ), fadeOut( ), slideUp( ), slideDown( ) 등의 메서드 내부는 animate( ) 메서드로 구현돼 있습니다.

먼저 animate( )의 매개변수부터 살펴보겠습니다.

매개변수

properties : 애니메이션을 적용할 CSS 스타일 프로퍼티와 값이 담길 객체

duration : 효과가 지속될 시간. 단위는 1/1000초이며 문자열(slow, normal, fast)도 사용 가능

easing : 앞 절에서 배운 easing 값으로서, 원하는 easing 함수 이름을 문자열로 지정

complete : 효과가 완료됐을 때 호출할 콜백 함수

options : duration, easing, complete 매개변수를 하나의 객체로 묶어 간결하게 매개변수를 전달할 수 있음

사용법

사용자 정의 애니메이션을 만들려면 먼저 애니메이션을 적용할 CSS 프로퍼티와 최종 값이 담길 properties 매개변수를 만들어야 합니다.

예를 들어, #img_1 엘리먼트가 최초 left 값이 0인 지점에 있다가 최종적으로 300까지 이동하는데, 처음에는 천천히 움직이다가 점점 빨리 움직이는 효과를 만들고 싶다면 다음과 같이 작성하면 됩니다.

소스 • 2_jquery_dom/2_keypoint/7_animation/key4_animate_move.html

```
<script>
$(document).ready(function()
{
    // 대상 찾기
    var $img1 = $("#img_1");
    $("#btn_show").click(function(){
        // left를 0으로 초기화
        $img1.css("left", 0);
        $img1.animate({left:300},3000,"easeInCubic");
    });
});
</script>
```

실행 결과

실행 전	실행 중

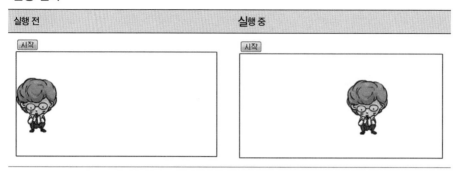

이런 식으로 animate( )을 이용해 페이드아웃 효과를 구현할 수 있습니다.

소스 • 2_jquery_dom/2_keypoint/7_animation/key4_animate_fadeOut.html

```
window.onload=function()
{
    //  대상 찾기
    var $img1 = $("#img_1");
    $img1.animate({opacity:0},1000,"easeInCubic");
}
```

실행 결과

실행 전	실행 중

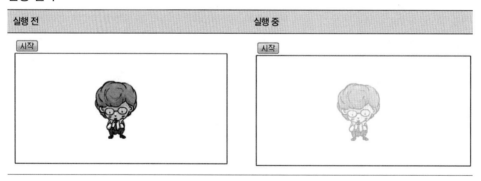

fadeOut( ) 메서드 내부에는 이와 같은 식으로 구현돼 있을 것입니다. 아울러 animate( ) 메서드를 이용하면 아주 쉽게 다양한 형태의 효과를 만들 수 있습니다.

그리고 애니메이션이 적용되는 내용은 CSS 속성값만 적용 된다는 점을 꼭 기억해두세요.

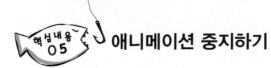 애니메이션 중지하기

구문

.stop( );

진행 중인 효과를 멈춰야 할 때 stop( ) 메서드를 사용하면 됩니다. 첨부한 예제는 페이드인, 페이드아웃 효과를 animate( ) 메서드를 이용해 만든 예제인데, 여기서 stop( )은 상당히 중요한 역할을 합니다.

예제에서 의도한 동작은 페이드인 효과가 진행되고 있는 도중에 페이드아웃 효과를 실행하면 페이드인 효과가 멈춘 상태에서 바로 페이드아웃 효과가 동작하는 것입니다. 예를 들어, 페이드아웃 효과가 진행되면서 1.5초가 흘렀을 때 opacity 값이 0.5라면 페이드인 효과가 동작하는 경우 opacity는 0.5부터 1로 바뀌어야 합니다.

하지만 stop( )을 넣지 않으면 animate( ) 메서드는 opacity를 1에서 0으로 만드는 작업을 모두 완료한 후, 다시 0에서 1로 만드는 작업을 실행합니다. 따라서 예제와 같은 효과를 내고 싶다면 먼저 animate( ) 메서드를 실행하기 전에 stop( ) 메서드를 반드시 실행해 기존에 실행 중이던 animate( ) 메서드를 멈추고 새로 animate( ) 메서드를 실행해야 합니다. 이 팁은 상당히 유용하며, 앞으로 만들 대부분의 예제에서 활용할 것입니다.

소스 • 2_jquery_dom/2_keypoint/7_animation/key5_stop.html

```
<script>
$(document).ready(function()
{
    // 대상 찾기
    var $img1 = $("#img_1");

    // fadeIn
    $("#btn_show").click(function(){
        $img1.stop();
        $img1.animate({opacity:1},3000,"easeInCubic");
    });

    // fadeOut
    $("#btn_hide").click(function(){
        $img1.stop();
        $img1.animate({opacity:0},3000,"easeInCubic");
    });
});
</script>
```

지금까지 1장에서 배운 DOM의 핵심 내용 길잡이와 핵심 내용을 토대로 jQuery가 무엇이고 jQuery가 왜 이토록 수많은 웹 개발자에게 큰 호응을 얻고 있는지를 직접 사용해보면서 알아 봤습니다. jQuery는 단순하면서도 쉬운 문법을 비롯해 확장성까지 갖춘 크로스 브라우징 라이 브러리라서 요즘음 거의 대부분의 웹 프로젝트에서 사용되고 있으며, 또 다른 웹 표준 언어라 고 불릴 만큼 반드시 알고 있어야 할 라이브러리이기도 합니다.

자! 그럼 지금까지 배운 jQuery를 다시 한번 정리하면서 배운 내용을 확인하는 미션 단계로 출 발해보겠습니다.

03. 미션 도전!!!

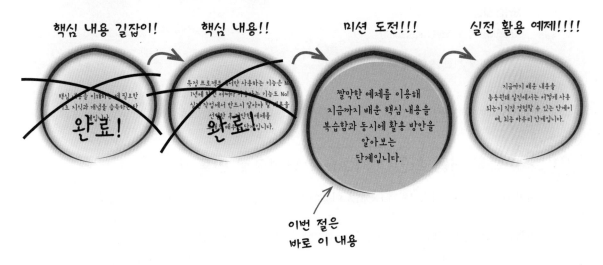

핵심 내용 길잡이!   핵심 내용!!   미션 도전!!!   실전 활용 예제!!!!

핵심 내용을 이해하는데 필요한 기초 지식과 개념을 습득하는 단계입니다.
완료!

특정 프로젝트에서만 사용하는 기능은 No! 1년에 한번 어쩌다 쓰이는 기능도 No! 실전 작업에서 반드시 알아야 할 내용을 선별한 후 단계별 예제로 배우는 단계입니다.
완료!

짧막한 예제를 이용해 지금까지 배운 핵심 내용을 복습함과 동시에 활용 방안을 알아보는 단계입니다.

지금까지 배운 내용을 응용함으로 실전에서는 어떻게 사용되는지 직접 경험할 수 있는 단계이며, 최종 마무리 단계입니다.

이번 절은
바로 이 내용

jQuery 핵심 내용 길잡이를 지나 어느새 도전 미션 단계에 이르렀습니다. 이번 단계는 짧막한 예제를 이용해 지금까지 배운 jQuery 핵심 내용을 복습함과 동시에 확인하는 단계입니다.

이번 미션의 가장 큰 목적은 여러분이 최대한 빨리 가장 효과적인 방법으로 jQuery 기본기에 익숙해지게 하는 것입니다.

이를 위해 1장에서 자바스크립트 DOM 버전으로 풀이했던 미션을 모두 jQuery 버전으로 바꿔보겠습니다. 이미 진행해본 미션이라서 어떤 순서로 처리해야 할지 잘 알고 있을 것입니다. 즉, jQuery로 뭘 어떻게 처리해야 할지에 대한 알고리즘을 고민하지 않고 오직 jQuery 문법에만 초점을 맞출 수 있습니다. 이전 장의 미션을 풀이하면서 남겨둔 기존 발자취를 천천히 따라가며 자바스크립트 DOM으로 구현했던 부분을 jQuery를 활용해 구현해보기 바랍니다.

시작하기에 앞서 모든 미션 풀이는 다음과 같이 jQuery를 사용할 환경이 구축돼 있다는 가정하에 진행되므로 아직 개발 환경을 구축하지 않았다면 이전 장의 내용을 참고해서 개발 환경을 구축하기 바랍니다.

jQuery 라이브러리 설정

```
<script type="text/javascript" src=" jquery.min.js"></script>
```

진입점 설정

```
$(document).ready(function()
{
    여기에 미션 풀이 소스가 시작됩니다.
});
```

이제 jQuery를 사용할 수 있는 준비가 다 된 것 같습니다. 그럼 출발해 볼까요?

핵심 내용 확인 1 : jQuery 버전으로 만들기

이번 미션은 기존 자바스크립트 DOM을 이용해 풀었던 내용을 jQuery로 이용해 푸는 것입니다.

미션 1에서는 인터랙티브한 웹 콘텐츠를 제작할 때 가장 기본적인 문서를 다루는 능력을 현재 정복한 상태인지 확인하기 위한 관문입니다. 지금까지 배운 내용을 다시 한번 떠올리면서 앞 장의 내용을 적극 참고해서 미션에 도전해보길 바랍니다.

도전과제

테스트1

#m_1: 글자색을 빨간색으로 변경해주세요.

테스트2

#m_2: 클래스 active를 적용시켜 주세요.

테스트3

#m_3: 에고 이 이미지가 아닌데... 이미지를 ch3.png로 변경해주세요.

테스트4

#m_4: 훗! 항목 4까지 있어야 하는건데, 바쁜 나머지 실수를 했군요. 항목4를 제일 뒤에 추가해주시겠어요?

항목1
항목2
항목3

테스트5

#m_5: 이번에는 항목4가 더 추가됐네요. 즉시 삭제해주세요.

항목1
항목4
항목2

테스트6

#m_6: 이런! 이 부분은 전혀 필요없는 내용인데 왜 있는 거죠? #m_6부터 헤더 태그까지 모두 삭제해 주세요.

DOM(Document Object Model)이란?
웹페이지 문서를 조작하기 위해 지켜야 할 약속(Interface)만 달랑 적혀 있는 문서랍니다. 약속만 있을 뿐 내부는 텅빈 상자랍니다. 우리가 알고 있는 W3C DOM에는 구현 소스가 한 줄도 존재하지 않습니다.
그럼 실제 구현 소스는??

미션 1 - 풀이

2_jquery_dom/3_mission/mission1/mission1_s.html

테스트 1 - 스타일 변경

자바스크립트 DOM

```
function solveM1()
{
    // 1. 대상 노드 찾기
    var m1 = document.getElementById("m_1");
    // 2. 스타일 속성 변경(설정)
    m1.style.color = "#ff0000";
}
```

jQuery DOM

```
function solveM1()
{
    // 1. 대상 노드 찾기
    var $m1 = $("#m_1");
    // 2. 스타일 속성 변경(설정)
    $m1.css("color", "#ff0000");
}
```

이번 절의 미션에 대해서 다시 한번 설명하자면 이번 미션에서 해야 할 일은 "미션을 어떻게 풀지?"라고 고민하는 게 아닙니다. 이런 고민은 1장에서 이미 끝난 상태입니다. 대신 기존 자바스크립트 DOM을 이용한 풀이에서 jQuery 구문으로 바꿀 수 있는 부분을 찾아내어 변경하는 것입니다.

자바스크립트 DOM 대신 jQuery를 사용하더라도 진행 순서는 다음과 같이 1장에서 진행한 순서와 같습니다.

1. 대상 노드 찾기
2. 스타일 속성 변경

대상 노드 찾기

먼저 스타일 속성을 변경할 대상을 찾아야 합니다. 여기서 찾을 대상은 아이디가 m_1인 엘리먼트입니다. 자바스크립트 DOM에서는 Document의 getElementById( )라는 메서드를 이용했습니다.

반면 jQuery는 $( )에 CSS 선택자를 그대로 사용해서 원하는 엘리먼트를 찾을 수 있습니다. 그럼 $m1에 대입되는 값은 뭘까요? 네, 맞습니다. 아이디가 #m_1인 엘리먼트를 포장하고 있는 jQuery 확장 집합입니다.

스타일 속성 변경

이제 반환된 확장 집합의 기능 중 스타일을 변경하기 위해 css( ) 메서드를 이용해 color 스타일 속성을 변경합니다. 끝으로 작성한 내용이 기존 내용과 일치하는지 확인해 보겠습니다.

여기까지 미션1-테스트 1을 풀어봤습니다. 여러분이 작성한 코드와 거의 차이가 없을 것입니다. 바로 이런 식으로 앞 절에서 배운 핵심 내용 길잡이와 핵심 내용을 활용해 남은 미션을 계속해서 풀어나가겠습니다.

테스트 2 – 스타일 그룹 변경

자바스크립트 DOM

```
function solveM2()
{
    // 1. 노드 찾기
    var m2 = document.getElementById("m_2");
```

```
      // 2. 클래스 이름 변경
      m2.className = "active";
   }
```

```
   function solveM2()
   {
      //1. 노드 찾기
      var $m2 = $("#m_2");
      // 2. 클래스 이름 변경
      m2.attr("class","active");
   }
```

이번 테스트는 CSS 클래스 적용에 관한 내용입니다. 앞 절의 핵심 내용에서 알아본 것처럼 jQuery에서는 클래스를 적용하는 다양한 방법을 제공합니다. 가장 일반적인 방법은 속성 변경 메서드인 attr( )을 이용해 class 속성 값을 변경하는 것입니다.

여러 개의 클래스를 적용해야 할 경우 기존에는 m2.className="active newSelector"와 같이 했다면 jQuery에서는 addClass( )와 removeClass( )를 이용해 클래스를 좀더 쉽게 추가하고 삭제할 수 있습니다.

테스트 3 – 속성 변경

```
   function solveM3()
   {
      // 노드 찾기
      var m2 =document.getElementById("m_3");
      // 자식 노드 가운데 <img> 태그만 찾은 후 첫 번째 태그를 얻어옴
      var img =m2.getElementsByTagName("img")[0];

      // Element의 setAttribute() 메서드를 이용해 이미지를 변경하는 경우
      img.setAttribute("src", "ch3.png");
   }
```

```
   function sloveM3()
   {
      // 노드 찾기
      var $img = $("#m_3 img");
```

```
    // attr() 메서드를 이용해 이미지를 변경
    $img.attr("src", "ch3.png");
}
```

이번 테스트는 속성 변경 테스트였습니다. 이를 위해 HTMLImageElement의 src 속성을 동적으로 변경했는데, 자바스크립트 DOM에서는 setAttribute( )라는 메서드를 사용한 반면 jQuery에서는 이와 유사한 attr( )이라는 메서드를 이용해 똑같은 작업을 할 수 있습니다.

참고로 $img[0].src="ch3.png"와 같이 이미지를 동적으로 변경할 수도 있습니다. 하지만 jQuery에서는 이런 식으로 많이 사용하지 않는다는 점을 다시 한번 기억해두세요.

테스트 4 – 노드 생성

자바스크립트 DOM

```
function solveM4()
{
    // <p>태그 생성
    var p4 = document.createElement("p");
    // 텍스트 설정
    p4.innerHTML = "항목4";
    // 새로 생성한 <p> 태그를 추가할 부모 노드 찾기
    var m4 = document.getElementById("m_4");
    // <p> 태그를 부모 노드에 추가
    m4.appendChild(p4);
}

function solveM4_2()
{
    // <p> 태그 노드 생성
    var p4 = document.createElement("p");
    // 텍스트 노드 생성
    var text = document.createTextNode();
    // 텍스트 설정
    text.nodeValue = "항목4";
    p4.appendChild(text);

    // 새로 생성한 <p> 태그를 추가할 부모 노드 찾기
    var m4 = document.getElementById("m_4");
    // <p> 태그를 부모 노드에 추가
    m4.appendChild(p4);
}
```

jQuery DOM

```
function solveM4(){
    // <p> 태그 노드 생성
    var $p4 = $("<p> </p>");
    // 텍스트 설정
    $p4.html("항목4");
    // 새로 생성한 <p> 태그를 추가할 부모 노드 찾기
    var $m4 = $("#m_4");

    //< p> 태그를 부모 노드에 추가
    $m4.append ($p4);
}

function solveM4_2(){
    $("#m_4").append("<p>항목4</p>");
}
```

풀이에 나와 있듯이 jQuery에서는 노드 생성을 위한 다양한 방법을 제공한다는 사실을 핵심 내용을 학습하면서 이미 알고 있을 것입니다. 여러 가지 방법 중 먼저 테스트 4의 자바스크립 트 DOM 버전의 풀이를 가장 효과적으로 변경할 수 있는 jQuery 버전을 찾아보겠습니다.

jQuery DOM의 풀이 solveM4( ) 함수는 다음과 같이 동작합니다.

1. 먼저 태그 노드를 포장한 확장 집합을 만듭니다.

2. html( ) 메서드를 이용해 innerHTML의 정보를 설정합니다. 즉, 텍스트를 설정하는 것과 같겠죠? 이 메서 드 말고 text( )를 사용해도 같은 결과를 얻을 수 있습니다.

3. 이렇게 생성된 노드를 화면에 나타내려면 부모 노드에 추가해야 합니다. 그러면 부모 노드를 찾아야겠죠?

4. 이제 찾은 부모 노드에 생성된 노드를 추가합니다.
   추가할 때도 insertAfter( ), insertBefore( )와 같은 메서드를 이용할 수 있지만 자식 노드로 추가해야 하 므로 여기서는 append( )를 사용해야 합니다. 물론 appendTo( ) 메서드를 이용해 $p4.appendTo($m4) 처럼 추가해도 됩니다.

사실 solveM4( ) 함수에서 보여준 풀이는 일반적으로 사용하는 방법은 아닙니다. jQuery답지 않게 군더더기 소스가 너무 많습니다. 이 방법은 단지 jQuery를 복습하기 위한 풀이였습니다.

대신 solveM4_2( )가 jQuery의 일반적인 활용법을 보여줍니다. solveM4( )와 solveM4_2( ) 는 같은 기능을 하는 코드입니다.

테스트5 - 노드 제거

자바스크립트 DOM

```
function solveM5()
{
    // 부모 노드 찾기
    var m5 = document.getElementById("m_5");
    // m5의 자식 노드에서 <p>태그만 모두 찾기
    var ps = m5.getElementsByTagName("p");

    for(var i=0;i<ps.length;i++)
    {
        var p = ps[i];
        // p.firstChild는 텍스트 노드입니다.
        var text = p.firstChild.nodeValue;

        // <p> 태그 엘리먼트 가운데 텍스트 값이 항목 4를 가지고 있는 노드를 찾아 삭제
        if(text.indexOf("항목4")!=-1)
        {
            m5.removeChild(p);
            break;
        }
    }
}

function solveM5_2()
{
    var m5 = document.getElementById("m_5");
    var ps = m5.getElementsByTagName("p");

    m5.removeChild(ps[2]);
    // 또는 m5.removeChild(ps.item(2))
}
```

jQuery DOM

```
function solveM5()
{
    //1. 부모 노드 찾기
    var $m5 = $("#m_5");
    //2. m5의 자식 노드에서 <p>태그만 모두 찾기
    var $ps = $m5.find("p");
    for(var i=0;i<$ps.size();i++)
    {
        var  $p = $ps.eq(i);

        var text = $p.text();
```

```
     // 3. 텍스트 값이 "항목4"인 요소를 구함
    if(text.indexOf("항목4")!=-1)
    {
        //4. 제거
        $p.remove();
        break;
    }
    }
}

function solveM5_2()
{
    // nth-child()의 인덱스 값은 1부터 시작
    $("#m_5 p:nth-child(2)").remove();
}
```

이번 테스트는 노드를 제거하는 방법을 알고 있는지 묻는 테스트입니다. 먼저 solveM5( )는 항목4가 포함된 p노드가 가변적으로 위치가 변경된다는 가정하에 동작하는 코드입니다. 이 자바스크립트 DOM과 최대한 동일하게 jQuery 버전으로 변경해 보겠습니다. solveM5( ) 함수의 동작 방식은 다음과 같습니다.

1. 먼저 〈p〉 태그 엘리먼트를 포함하고 있는 아이디가 m_5인 부모 노드를 찾습니다.

2. 다음으로 자식 엘리먼트 중에서 〈p〉 태그 엘리먼트를 모두 찾아냅니다.

3. 이제 〈p〉 태그 엘리먼트 가운데 텍스트 값이 "항목4"인 요소를 구합니다.

4. 3에서 발견한 요소가 있다면 remove( )를 이용해 지웁니다.

이와 달리 자바스크립트 DOM에서 solveM5_2( )은 "항목4"를 지닌 〈p〉 태그 엘리먼트의 위치가 항상 똑같은 위치에 있는 경우에 맞게 제작한 소스였습니다. 이 역시 jQuery 버전으로 변경한다면 다음과 같이 동작합니다.

1. #m_5 p:nth-child(2)라는 선택자를 이용해 〈p〉 태그 엘리먼트를 찾은 다음

2. 바로 이어서 remove( ) 메서드를 이용해 지웁니다.

이 밖에도 jQuery를 이용한다면 다양하게 solveM5_2( )을 처리할 수 있습니다. 따라서 혹시 저자가 만든 소스와 여러분이 작성한 코드가 다르다고 해서 여러분이 작성한 코드가 잘못된 것은 아니라는 점을 알려드립니다. 아마 여러분의 미션 풀이가 바로 다양한 방법 중 하나일지도 모릅니다.

테스트6 - 노드 제거

자바스크립트 DOM

```
function solveM6()
{
    // 제거할 노드와 가장 근접한 노드를 찾습니다.
    var m6 = document.getElementById("m_6");
    // 제거
    document.body.removeChild(m6.parentNode);
}
```

jQuery DOM

```
function solveM6()
{
    $("#m_6").parent().remove();
}
```

이번 테스트에서는 Node 객체의 parentNode 프로퍼티를 활용하는 것이 핵심입니다. 다행히 jQuery에는 거의 같은 기능을 수행하는 메서드가 있다는 사실을 핵심 내용에서 확인한 바 있습니다. 따라서 풀이 방법은 다음과 같습니다.

1. 위 코드처럼 $("#m_6")를 먼저 구한 다음

2. 결과 엘리먼트의 부모 엘리먼트를 구하기 위해 parent( ) 메서드를 바로 사용합니다.

3. 이 엘리먼트가 바로 우리가 지워야 할 대상입니다. remove( ) 메서드를 이용해 제거합니다.

이처럼 기존의 자바스크립트 DOM을 이용해 푼 미션1을 jQuery 버전으로 바꿔봤습니다. 참고로 이번 미션을 푸는 데 큰 어려움이 없었다면 이미 jQuery 기초를 정복했다고 생각해도 좋습니다. 여기서 다룬 내용은 여러분이 어떤 업무를 하든 반드시 알고 있어야 할 내용입니다. 혹시 변경하는 데 오랜 시간이 걸렸다면 다음 미션으로 가기 전에 풀이한 내용을 모두 지우고 다시 한번 미션 1에 재도전해 보길 바랍니다. 이유는 다음 미션은 미션1을 풀 수 있는 정도의 실력을 요구하기 때문입니다.

핵심 내용 확인 2: jQuery 버전으로 만들기

이번 미션의 난이도는 미션1의 응용 수준에 불과합니다. 요구사항은 다음과 같습니다.

요구사항

- 숫자는 1부터 시작해 0.02초마다 1씩 증가하며
- 이 숫자 정보를 〈span〉1〈/span〉처럼 〈span〉 태그에 넣습니다.
- 이렇게 생성된 〈span〉 태그를 #panel의 자식 노드로 계속해서 추가해 다음과 같은 화면이 나오게 합니다.
- 참고로 폰트 크기는 10px~50px 사이의 크기로, 글자 색은 무작위로 출력되게 합니다.

출력 화면 레이아웃은 여러분이 미션에만 집중할 수 있게 다음과 같이 스타일과 관련된 부분을 미리 작성해 뒀습니다.

미션 1을 해결할 수 있다면 미션 2도 충분히 해결할 수 있으니 자신감을 갖고 앞 절에서 다룬 내용을 참고하면서 미션을 풀어보길 바랍니다.

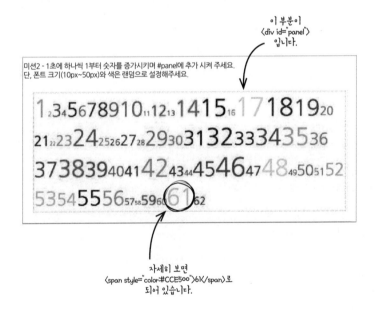

풀이

```
<script>
    var nCount = 0;
    var panel = null;
    window.onload=function(){
        // 초기화
        this.init();
        // 타이머 시작
        this.start();
    }

    // 초기화
    function init(){
        // 1. 새로 생성할 <span> 태그를 추가할 부모 노드를 찾아냅니다.
        this.panel = document.getElementById("panel");
    }

    // 타이머 시작
    function start(){
        // 2. 0.02초마다 addTag() 함수를 실행하는 타이머를 실행합니다.
        setInterval(this.addTag,20);
    }

    // 새로운 <span> 태그 생성
    function addTag(){
        this.nCount++;
        // 3. 새로운 <span>태그를 생성합니다.
        var span = document.createElement("span");
        // 4. 글자 크기와 글자 색을 무작위로 설정합니다.
        span.style.color = "#"+(parseInt(Math.random()*0xffffff)).toString(16);;
        span.style.fontSize = (10+parseInt(Math.random()*40))+"px";

        // 5. <span> 태그의 display 방식을 inline-block으로 지정합니다.
        span.style.display = "inline-block";

        // 6. 숫자값을 span의 내부 텍스트 값으로 설정합니다.
        span.innerHTML = this.nCount;
        // 7. 신규로 생성한 <span>태그를 부모 노드에 추가합니다.
        this.panel.appendChild(span);

        // 8. 추가되는 내용을 확인하고자 스크롤합니다.
        this.window.scrollTo(0,window.document.body.scrollHeight);
    }
</script>
```

```
<script>
    var nCount = 0;
    var $panel = null;
❶
    // 시작 이벤트 설정
    jQuery(document).ready(function()
    {
        // 초기화
        init();
        // 타이머 시작
        start();
    });

    // 초기화
    function init()
    {
❷
        // #panel 엘리먼트 구하기
        $panel = $("#panel");
    }

    // 타이머 시작
    function start()
    {
        setInterval(addTag,20);
    }

    function addTag()
    {
        nCount++;
❸
        // 새로운 <span> 태그 생성
        var $span   =$("<span></span>");

        var color = "#"+(parseInt(Math.random()*0xffffff)).toString(16);;
        var fontSize = (10+parseInt(Math.random()*40))+"px";
        var display = "inline-block";
❹
        // CSS 설정
        $span.css("color",color);
        $span.css("fontSize",fontSize);
        $span.css("display",display);
        $span.html(nCount);
❺
        // #panel 엘리먼트에 새로 생성한 <span> 태그 엘리먼트 추가
        $panel.append($span);
        this.window.scrollTo(0,window.document.body.scrollHeight);
    }
</script>
```

1장에서는 오직 자바스크립트 DOM밖에 몰랐습니다. 하지만 지금 여러분의 손에는 자바스크립트 DOM과 jQuery라는 도구가 들려 있습니다. 어떤 도구를 사용하든 그것은 여러분의 자유입니다. 단지 가장 효과적이고 쉽게 끝낼 수 있도록 도구를 사용하면 됩니다.

이번 미션에서도 기존 풀이 내용 중 자바스크립트 DOM 내용을 모두 걷어내고 jQuery 버전으로 변경해보겠습니다. 일단 가장 먼저 jQuery를 이용하기 위해 환경설정을 해줘야 합니다. 먼저 jQuery를 사용할 수 있게 설정한 후

```
<script type="text/javascript" src="libs/jquery.min.js"></script>
```

❶ ready() 함수를 이용해 시작 함수 설정

jQuery를 사용할 때 가장 먼저 해야 하는 환경설정 잊지 않으셨죠? 혹시 깜빡 잊어버리고 진행하실 분이 있을 것 같아서 다시 한번 언급해봤습니다. 다음 미션부터는 환경설정과 관련된 설명은 생략하겠습니다.

이제 여러분이 찾아야 할 부분은 알고리즘 부분이 아닌 jQuery구문을 이용해 바꿀 수 있는 자바스크립트 DOM이 적용된 부분을 찾는 것입니다. 따라서 함수의 이름을 변경한다거나 하는 작업은 없을 것입니다. 그럼 저인망 레이더를 켜고 바꿀 수 있는 부분을 꼼꼼히 찾아내어 수정해보겠습니다.

❷ #panel 엘리먼트 구하기

여러분도 발견했나요? init( ) 메서드에 아이디가 panel인 엘리먼트를 찾는 부분을 jQuery 코드로 변경합니다.

❸ 새로운 〈span〉태그 생성

addTag( ) 함수의 〈span〉 태그 엘리먼트를 생성하는 부분을 jQuery 구문을 이용해 변경합니다.

❹ CSS 설정

이어서 생성한 〈span〉 태그 엘리먼트에 스타일 속성값을 설정하는 구문이 나오는군요. 이 부분 역시 jQuery로 바꿀 수 있는 부분입니다.

❺ #panel 엘리먼트에 새로 생성한 〈span〉 태그 엘리먼트 추가

이렇게 생성된 〈span〉 태그를 #panel 엘리먼트에 추가하는 구문을 마지막으로 jQuery로 변경하면 작업이 마무리됩니다.

자, 이 정도면 이제 된 것 같나요? 그런데 다시 한번 살펴보니 1~2군데 정도 고쳤으면 하는 부분이 보이네요.

리팩토링

앞의 코드에서 다음과 같은 부분이 있었습니다.

```
$span.css("color",color);
$span.css("fontSize",fontSize);
$span.css("display",display);
```

3개의 스타일 속성을 설정해야 했기에 css( ) 메서드를 3번 호출했습니다. 이 부분을 다음과 같이 스타일을 그룹화한 매개변수 값을 전달하면 css( ) 메서드를 오직 한 번만 호출해서 처리할 수 있습니다.

```
$span.css({color:color, fontSize:fontSize, display:display});
```

좀더 괜찮아졌죠? 그리고 다음과 같은 부분을

3. 새로운 〈span〉 태그 생성

4. CSS 설정

5. #panel 엘리먼트에 새로 생성한 〈span〉 태그 엘리먼트 추가

아래 코드와 같이 통합해서 처리할 수도 있습니다.

```
$("<span></span>")
    .html(nCount)
    .css({color:color, fontSize:fontSize, display:display})
    .appendTo($panel);
```

이렇듯 jQuery를 이용하면 기존 자바스크립트 DOM만을 이용했을 때보다 훨씬 간결하고 다양한 방법으로 처리할 수 있습니다.

이미지 변경:jQuery 버전으로 만들기

미션3 - 1초에 한번씩 이미지를 순차적으로 변환시켜 주세요.
단, 이미지는 9개가 있습니다. 9개까지 출력된 경우 다시 첫번째 이미지부터 출력시켜주세요.

이미지 경로: image/
이미지 이름: img1.png, img2.png… img9.png

풀이

미션을 시작하기에 앞서 앞에서 언급한 대로 "미션을 어떻게 해결해야 하지?"라는 고민은 이미 1장에서 끝난 상태입니다. 따라서 이번 미션에서도 기존 코드에서 jQuery를 이용해 바꿀 수 있는 부분을 찾아 변경하는 것이 목적입니다.

자! 그럼 jQuery를 사용하기 위한 환경설정을 먼저 한 후 기존 소스를 처음부터 끝까지 훑어보겠습니다.

자바스크립트 DOM • 1_js_dom/3_mission/mission3/mission3_s.html

```
<script>
    var nCount = 0;
    var panel = null;
    var img1 = null;
    window.onload=function()
    {
        // 초기화
        this.init();
        // 타이머 시작
        this.start();
    }

    // 초기화
    function init()
    {
        // 앞으로 계속해서 사용하게 될 내용이니 전역 변수에 담아두겠습니다.
        this.panel = document.getElementById("panel");
        this.img1 = document.getElementById("img1");
    }

    // 타이머 시작
    function start()
    {
        // 1초에 한 번씩 changeImage() 함수를 호출하는 타이머를 실행합니다.
        setInterval(this.changeImage,1000);
    }

    // 이미지 변경은 여기에서
    function changeImage()
    {
        this.nCount++;
        // 현재 숫자 값이 10을 넘으면 다시 1로 만들어주면 되겠죠?
```

```
        if(this.nCount>=10)
            this.nCount = 1;

        // 이미지 변경
        this.img1.src = "images/img"+this.nCount+".png";
    }
</script>
```

jQuery DOM • 2_jquery_dom/3_mission/mission3/mission3_s.html

```
<script>
    var nCount = 0;
    var $img1 = null;

    jQuery(document).ready(function()
    {
        // 초기화
        init();
        // 타이머 시작
        start();
    });

    function init()
    {
❶
      // #img1 엘리먼트 구하기
        this.$img1 = $("#img1");
    }

    function start()
    {
        // 1초에 한 번씩 changeImage() 함수를 호출하는 타이머를 실행합니다.
        setInterval(this.changeImage,1000);
    }

    // 이미지 변경은 여기에서
    function changeImage()
    {
        this.nCount++;
        // 현재 숫자 값이 10을 넘으면 다시 1로 만들어주면 되겠죠?
        if(this.nCount>=10)
            this.nCount = 1;
❷
        // #img1 속성 변경
        this.$img1.attr("src","images/img"+this.nCount+".jpg");
    }
</script>
```

❶ #img1 엘리먼트 구하기

#img1 선택자를 이용해 속성을 변경할 대상 엘리먼트를 구합니다.

❷ #img1 속성 변경

attr( ) 메서드를 이용해 #img1의 src 속성을 변경합니다.

위 코드에서도 알 수 있지만 대부분의 구문은 그대로인 상태에서 jQuery 구문으로 변경할 수 있는 부분만을 골라 변경했습니다. 기존 소스와 비교해보면 훨씬 간결하고 가독성이 높아졌다는 사실을 확인할 수 있습니다.

특정 영역에서 이미지 움직이기: jQuery 버전으로 만들기

#img1을 #bar의 영역 내에서 좌우로 무한 반복하면서 움직이도록 만들어 주세요.

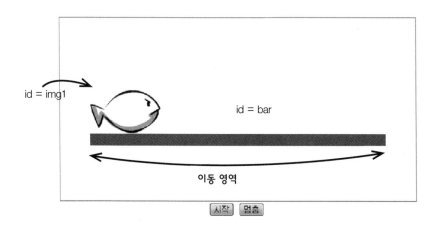

자바스크립트 DOM • 1_js_dom/3_mission/mission4/mission4_s.html

```
<script>
    var nEndX;
    var nCurrentX;
    var nStartX;
    var nTimerID;
    var nStep;
    var objIMG;
```

```
window.onload=function()
{
    // 요소를 초기화합니다.
    this.init();
    // 이벤트를 초기화합니다.
    this.initEventListener();
}

function initEventListener()
{
    // 시작 버튼 이벤트 리스너 등록
    document.getElementById("btn_start").addEventListener("click",function(){
        start();
    },false);

    // 정지 버튼 이벤트 리스너 등록
    document.getElementById("btn_stop").addEventListener("click",function(){
        stopMove();
    },false);
}

function init()
{
    var objBar = document.getElementById("bar");

    // 시작 위치 구하기
    this.nStartX = objBar.offsetLeft;

    // 마지막 위치(시작 위치 + bar의 너비 - 이미지 너비)
    this.nEndX = objBar.clientWidth;
    this.nEndX += this.nStartX;
    this.nEndX -= 128;

    // 이미지의 현재 위치를 시작 위치로 설정
    this.nCurrentX = this.nStartX;

    this.nStep = 2;
    this.nTimerID = 0;

    // 계속해서 사용하게 될 이미지 엘리먼트를 변수에 저장
    this.objIMG = document.getElementById("img1");
}

// 타이머 실행
function start()
{
    if(this.nTimerID==0)
    this.nTimerID = setInterval(this.startMove,30);
}
```

```javascript
// 이미지 움직이기
function startMove()
{
    // nStep만큼 이동합니다.
    this.nCurrentX += this.nStep;

    // 위치값이 마지막 위치 값을 넘어가는 순간,
    // 시작 위치<--- 마지막 위치로 이동될 수 있게 방향을 바꿔준다.
    if(this.nCurrentX>this.nEndX)
    {
        this.nCurrentX = this.nEndX;
        this.nStep = -2;
    }
    // 위치값이 시작 위치 값을 넘어가는 순간,
    // 시작 위치 ---->마지막 위치로 이동될 수 있게 방향을 바꿔준다.
    if(this.nCurrentX<this.nStartX)
    {
        this.nCurrentX = this.nStartX;
        this.nStep = 2;
    }

    // 최종적으로 조절된 위치 값을 left에 적용한다.
    this.objIMG.style.left=this.nCurrentX+"px";
}
// 타이머 정지
function stopMove()
{
    if(this.nTimerID!=0)
    {
        clearInterval(this.nTimerID);
        this.nTimerID = 0;
    }
}
</script>
```

jQuery DOM • 2_jquery_dom/3_mission/mission4/mission4_s.html

```javascript
<script  type="text/javascript" src="../libs/jquery-1.7.1.min.js"></script>
<script>
    var nEndX;
    var nCurrentX;
    var nStartX;
    var nTimerID;
    var nStep;
    var $objIMG;
❶   // 시작 함수 설정
    window.onload=function()
    {
```

```
        // 요소를 초기화합니다.
        init();
        // 이벤트를 초기화합니다.
        initEventListener();
    }

❷   // 이벤트 설정
    function initEventListener()
    {
        // 시작 버튼 이벤트 리스너 등록
        $("#btn_start").bind("click",function()
        {
            start();
        });

        // 정지 버튼 이벤트 리스너 등록
        $("#btn_stop").bind("click",function()
        {
            stopMove();
        });
    }

    function init()
    {
❸   // #bar 엘리먼트 찾기
        var $objBar = $("#bar");

❹   // #bar 엘리먼트의 위치 관련 속성값 설정

        // 시작 위치 구하기.
        this.nStartX = $objBar.position().left;
        // 마지막 위치(시작 위치 + bar의 너비 - 이미지 너비)
        this.nEndX = $objBar.width();
        this.nEndX += this.nStartX;

        // 이미지의 현재 위치를 시작 위치로 설정
        this.nCurrentX = this.nStartX;

        nStep = 2;
        nTimerID = 0;
❺   // #img1 엘리먼트 찾기
        // 계속해서 사용하게 될 이미지 엘리먼트를 변수에 저장
        this.$objIMG = $("#img1");
        this.nEndX-= this.$objIMG.width()
    }

    // 타이머 실행
    function start()
    {
```

```
            // 0.03초에 한 번씩 startMove() 함수를 실행.
            if(this.nTimerID==0)
                this.nTimerID = setInterval(this.startMove,30);
        }

        // 이미지를 상하로 스크롤하는 함수
        function startMove()
        {
            this.nCurrentX += this.nStep;
            // 현재 스크롤 위치가 마지막 위치인지 판단
            if(this.nCurrentX>this.nEndX)
            {
                this.nCurrentX = this.nEndX;
                this.nStep = -2
            }
            // 현재 스크롤 위치가 시작 위치인지 판단
            if(this.nCurrentX<this.nStartX)
            {
                this.nCurrentX = this.nStartX;
                this.nStep = 2;
            }
❻        // 스타일 설정
            this.$objIMG.css("left",this.nCurrentX);
        }

        // 타이머 중지
        function stopMove()
        {
            if(this.nTimerID!=0)
            {
                clearInterval(this.nTimerID);
                this.nTimerID = 0;
            }
        }
    </script>
```

풀이

이번 미션 역시 자바스크립트 DOM 버전에서 jQuery로 변경할 수 있는 부분을 찾아내서 변경하는 것이 목적입니다.

❶ 시작 함수 설정

jQuery 라이브러리 파일을 로드한 후 시작 함수를 설정합니다. 그런데 $(document).ready(function( ){});
를 사용하지 않고 기존 코드처럼 window.onload( )를 이용한 것을 확인할 수 있습니다. 이를 마치 저자가
실수라도 한 것처럼 느끼는 분도 있을 겁니다. 여러분 가운데 jQuery의 ready( ) 메서드를 이용해 이번 문
제를 풀었다면 아마도 #img1이 bar 영역을 정확히 #img1의 너비만큼 더 이동하는 실행 결과를 얻었을
것입니다. 이후 다시 브라우저를 새로고침하면 정상적으로 실행되어 제대로 동작하는 것처럼 보이지만 브
라우저를 닫고 다시 HTML 파일을 열면 똑같은 증상이 발생합니다.

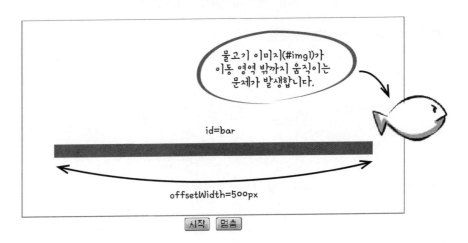

문제는 바로 "❹ #bar 위치 관련 속성값 설정"에서 발생합니다. #img1이 움직이는 최종 위치 값을 구하기
위해 bar의 시작 위치에 bar의 너비를 더했습니다. 이후 #img1를 구한 후 이 값에서 #img1의 너비를 빼
는 부분이 나오는데, 여기서 #img1의 너비가 바로 0이 나오기 때문에 이와 같은 증상이 발생합니다.

그렇다면 왜 #img1의 너비 값이 0이냐고요? 이에 대한 해답은 ready( )에 있습니다. 이번 장의 핵심 내용
에서도 알아봤듯이 ready( )는 DOM 문서가 모두 로딩됐을 때 실행되는 메서드이고 window.onload( )
이벤트는 DOM 문서를 비롯해 DOM에 포함돼 있는 플래시 파일 및 이미지가 모두 로딩됐을 때 발생하는
이벤트입니다. 즉, ready( )를 사용하면 아직 이미지가 로드돼 있지 않은 상태에서 이미지의 너비를 구하
기 때문에 0이 나오는 것입니다. 이와 달리 이미지가 모두 로딩된 시점인 window.onload 이벤트를 사용
하면 정상적으로 #img1의 너비 값을 구할 수가 있습니다. 그러니 jQuery를 쓸 때는 항상 "$(document).
ready(function( ){});를 사용한다"라는 식의 습관은 버려야 합니다. 특히 초기 이미지와 관련된 프로퍼티를
다뤄야 할 경우 대부분 ready( ) 대신 window.onload 이벤트를 주로 사용한다는 점을 알아두길 바랍니다.

❷ 이벤트 설정

이벤트를 변경하는 부분은 지금까지 다룬 미션 중에서 처음 나오는 내용입니다. 혹시 jQuery 이벤트 부분
이 살짝 낯설게 느껴진다면 눈치볼 것 없이 바로 2장의 핵심 내용 중 이벤트 부분을 참고해서 이번 미션을
해결하면 됩니다.

jQuery에서 이벤트 리스너를 등록하는 방법은 두 가지가 있었습니다. 첫 번째 풀이 내용처럼 addEventListener( ) 대신 bind( )를 이용하는 방법과 인라인 이벤트와 유사한 $("#btn_start"). click(function( ){});와 같은 단축 표현식을 이용하는 방식이 있었습니다. 이 가운데 어떤 방법으로 해도 결과는 같습니다.

❸ #bar 엘리먼트 찾기

이곳에도 jQuery로 변경할 수 있는 부분이 있군요. 바로 #img1의 이동 영역인 #bar를 찾는 부분입니다. 여기서는 간단하게 "#bar" 선택자를 사용해 #bar 엘리먼트를 구합니다.

❹ #bar 엘리먼트의 위치 관련 속성값 설정

#bar의 너비와 위치 값을 얻어내기 위해 jQuery에서 제공하는 width( )와 position( )을 이용해 기존 자바 스크립트 DOM 버전을 바꿨습니다.

❺ #img1 엘리먼트 찾기
❻ 스타일 설정

이 두 가지 부분은 기존에도 많이 다룬 내용이라서 굳이 설명하지 않아도 쉽게 이해할 수 있을 것입니다.

이렇게 해서 미션4도 jQuery버전으로 무사히 변경했습니다.

이미지 스크롤: jQuery 버전으로 만들기

#image_view안에는 9개의 이미지가 있습니다. 이미지가 보일 수 있게 계속해서 상하로 스크롤 해주세요.

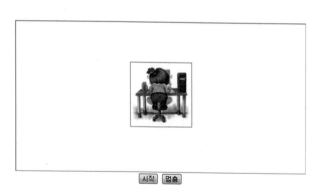

```
<script>

    var objImageView;
    // 전체 이미지 스크롤 높이 값을 담을 변수
    var nImageScrollHeight;
    // 현재 스크롤 위치 값을 담을 변수
    var nCurrentY;

    var nTimerID;
    // 한 번에 이동하게 될 이동 값
    var nStep;

    window.onload=function()
    {
        // 요소 초기화
        this.init();
        // 이벤트 초기화
        this.initEventListener();
    }

    // 요소 초기화
    function init()
    {
        // 계속해서 사용할 이미지뷰 엘리먼트를 변수에 담아둡니다.
        this.objImageView = document.getElementById("image_view");

        // 전체 이미지 스크롤 높이값 구하기
        this.this.nImageScrollHeight = this.objImageView.scrollHeight;
        this.this.nImageScrollHeight -=this.objImageView.offsetHeight;

        this.nStep  = 2;
        this.nTimerID =0;
        this.nCurrentY = 0;
    }

    // 타이머 실행
    function start()
    {
        if(this.nTimerID==0)
            this.nTimerID = setInterval(this.startMove,20);
    }

    function initEventListener()
    {
        // 스크롤 시작 버튼에 대한 이벤트 리스너 등록
        document.getElementById("btn_start").addEventListener("click",function(){
```

```
                start();
        },false);

        // 스크롤 멈춤 버튼에 대한 이벤트 리스너 등록
        document.getElementById("btn_stop").addEventListener("click",function(){
            stopMove();
        },false);
    }

    // 이미지를 상하로 스크롤하는 함수
    function startMove()
    {
        this.nCurrentY += this.nStep;

        // 현재 스크롤 위치가 마지막 위치인지 판단
        if(this.nCurrentY>this.nImageScrollHeight)
        {
            nCurrentY=this.nImageScrollHeight;
            nStep = -2;
        }

        // 현재 스크롤 위치가 시작 위치인지 판단
        if(nCurrentY<0)
        {
            nCurrentY = 0;
            nStep = 2;
        }

        // scrollTop 프로퍼티를 이용한 이미지 스크롤
        this.objImageView.scrollTop=nCurrentY;
    }

    // 타이머 멈추기
    function stopMove()
    {
        if(nTimerID!=0)
        {
            clearInterval(nTimerID);
            nTimerID = 0;
        }
    }
}
</script>
```

```
<script type="text/javascript" src="../libs/jquery-1.7.1.min.js"></script>

<script>
    var $objImageView;

    // 전체 이미지 스크롤 높이 값을 담을 변수
    var nImageScrollHeight;
    // 현재 스크롤 위치 값을 담을 변수
    var nCurrentY;
    var nTimerID;

    // 한 번에 이동하게 될 이동 값
    var nStep;

    window.onload=function()
    {
        // 요소 초기화
        this.init();

        // 이벤트 초기화
        this.initEventListener();
    }

    // 타이머 실행
    function start()
    {
        if(this.nTimerID==0)
            this.nTimerID = setInterval(this.startMove,20);
    }

    function initEventListener()
    {
        // 스크롤 시작 버튼에 대한 이벤트 리스너 등록
        $("#btn_start").bind("click",function(){
            start();
        });

        // 스크롤 멈춤 버튼에 대한 이벤트 리스너 등록
        $("#btn_stop").bind("click",function(){
            stopMove();
        });
    }
```

```
        // 타이머 실행
        function init()
        {
            // 계속해서 사용할 이미지뷰 엘리먼트를 변수에 담아둡니다.
            this.$objImageView =$("#image_view");

❶          // 전체 이미지 스크롤 높이값 구하기
            this.nImageScrollHeight = this.$objImageView[0].scrollHeight;
            this.nImageScrollHeight-= this.$objImageView.height();

            this.nStep  = 2;
            this.nTimerID = 0;
            this.nCurrentY = 0;
        }

        // 이미지를 상하로 스크롤하는 함수
        function startMove()
        {
            this.nCurrentY += this.nStep;

            // 현재 스크롤 위치가 마지막 위치인지 판단
            if(this.nCurrentY>this.nImageScrollHeight)
            {
                this.nCurrentY = this.nImageScrollHeight;
                this.nStep = -2;
            }

            // 현재 스크롤 위치가 시작 위치인지 판단
            if(this.nCurrentY<0)
            {
                this.nCurrentY = 0;
                this.nStep = 2;
            }


❷          // scrollTop 메서드를 이용한 이미지 스크롤
            this.$objImageView.scrollTop(this.nCurrentY);
        }

        // 타이머 중지
        function stopMove()
        {
            if(this.nTimerID!=0)
            {
                this.clearInterval(this.nTimerID);
                this.nTimerID = 0;
            }
        }
    }
</script>
```

풀이

이제 jQuery를 이용해 특정 노드를 찾거나 속성을 변경하고 이벤트를 다루는 데는 이미 익숙해졌으리라 믿고 이번 미션 풀이에서는 새롭게 등장한 내용을 중심으로 설명을 진행하겠습니다.

❶ 전체 스크롤 높이 구하기

이 부분을 보면 다음과 같이 jQuery 확장 집합의 기능이 아닌 자바스크립트 DOM의 프로퍼티인 scrollHeight를 이용합니다.

```
. . .
nImageScrollHeight = $objImageView[0].scrollHeight;
. . .
```

그 이유는 기타 다른 프로퍼티와 달리 자바스크립트 DOM의 scrollHeight 프로퍼티는 jQuery에서 따로 제공하지 않기 때문입니다. 따라서 자바스크립트 DOM에 직접 접근해서 사용해야 합니다.

바로 우리가 자바스크립트 DOM을 알고 있어야 하는 이유에 대한 내용을 다시 한번 만나게 되는군요. 이와 관련된 내용은 핵심 내용에서 수없이 중요하다고 강조한 바 있습니다.

참고로 방금 설명한 코드는 nImageScrollHeight = $objImageView.get(0).scrollHeight와 일치합니다.

❷ 이미지 스크롤

jQuery에서는 기존 scrollTop 프로퍼티 대신 scrollTop( ) 메서드를 이용해 이미지가 모두 담긴 #image_view를 위아래로 스크롤할 수 있습니다.

사각형 영역에서 이미지 움직이기: jQuery 버전으로 만들기

#img1을 #panel 영역 내에서 움직이게 만들기. 외각에 부딪치는 경우 튕겨져야 함.

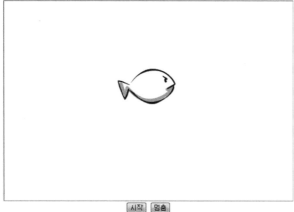

시작 멈춤

요구사항

- 처음에는 임의 위치에서 시작해 2px씩 움직이게 합니다.
- 이동 중 벽에 부딪히면 반대 방향으로 이동해야 합니다.

자바스크립트 DOM · 1_js_dom/3_mission/mission6/mission6_s.html

```
<script>
    var nX = 0;
    var nY = 0;
    var nStepSize = 4;
    var nStepX = nStepSize;
    var nStepY = nStepSize;
    // 움직임을 줄 대상인 #img1을 저장할 변수
    var img1;
    var nTimerID = 0;
    var nEndX = 0;
    var nEndY = 0;

    window.onload=function()
    {
        // 요소 초기화
        this.init();
        // 이벤트 초기화
        this.initEventListener();
    }

    // 요소 초기화
    function init()
    {
        this.nTimerID = 0;
```

```
        var panel = document.getElementById("panel");
        this.img1 = document.getElementById("img1");
        // 이미지가 움직일 최종 X, Y값을 구한다.
        this.nEndX = panel.offsetWidth-img1.offsetWidth;
        this.nEndY = panel.offsetHeight-img1.offsetHeight;

}

// 이벤트 초기화
function initEventListener()
{
    document.getElementById("btn_start").addEventListener("click",function(){
        start();
    },false);

    document.getElementById("btn_stop").addEventListener("click",function(){
        stopMove();
    },false);
}


// 타이머 시작
function start()
{
    if(this.nTimerID==0)
        this.nTimerID = setInterval(this.startMove,20);
}

// 이미지 움직이기
function startMove()
{
    this.nX += this.nStepX;
    this.nY += this.nStepY;

    // 오른쪽 벽에 부딪혔는지 검사
    if(this.nX>this.nEndX)
        this.nStepX = -this.nStepSize;
    // 왼쪽 벽에 부딪혔는지 검사
    if(this.nX<0)
        this.nStepX = this.nStepSize;

    // 아래쪽 벽에 부딪혔는지 검사
    if(this.nY>this.nEndY)
        this.nStepY = -this.nStepSize;

    // 위쪽 벽에 부딪혔는지 검사
    if(this.nY<0)
        this.nStepY = this.nStepSize;
```

```
            // 최종 이동 값을 left, top에 대입
            img1.style.left = this.nX+"px";
            img1.style.top = this.nY+"px";
        }


        // 타이머 멈춤
        function stopMove()
        {
            if (this.nTimerID!=0)
            {
                clearInterval(this.nTimerID);
                this.nTimerID = 0;
            }
        }
    }
</script>
```

jQuery DOM • 2_jquery_dom/3_mission/mission6/mission6_s.html

```
<script  type="text/javascript" src="../libs/jquery-1.7.1.min.js"></script>
<script>
    var nX = 0;
    var nY = 0;
    var nStepSize = 4;
    var nStepX = nStepSize;
    var nStepY = nStepSize;
❶   // 움직일 이미지 엘리먼트를 담을 변수 선언
    var $img1;
    var nTimerID = 0;
    var nEndX = 0;
    var nEndY = 0;

    window.onload=function()
    {
        // 이벤트 초기화
        this.initEventListener();
        // 요소 초기화
        this.init();
    }

❷   // 이벤트 설정
    function initEventListener()
    {
        $("#btn_start").bind("click",function(){
            start();
        });
```

```
        $("#btn_stop").bind("click",function(){
            stopMove();
        });
    }

    function init()
    {
        this.nTimerID = 0;
```

❸   // 움직일 #img1 엘리먼트 찾기
```
        this.$img1 = $("#img1");
```

❹   // 오른쪽과 하단 충돌 지점을 구합니다.
```
        var $panel = $("#panel");
        this.nEndX = $panel.outerWidth()-this.$img1.width();
        this.nEndY = $panel.outerHeight()-this.$img1.height();
    }

    // 타이머 시작
    function start()
    {
        if(this.nTimerID==0)
        this.nTimerID = setInterval(this.startMove,20);
    }

    // 이미지 움직이기
    function startMove()
    {
        this.nX += this.nStepX;
        this.nY += this.nStepY;

        // 우측 영역으로 벗어났는지 여부 판단
        if(this.nX>this.nEndX)
            this.nStepX = -this.nStepSize;

        // 좌측 영역으로 벗어났는지 여부 판단
        if(this.nX<0)
            this.nStepX = this.nStepSize;

        // 아래쪽으로 벗어났는지 여부 판단
        if(this.nY>this.nEndY)
            this.nStepY = -this.nStepSize;

        // 위쪽으로 벗어났는지 여부 판단
        if(this.nY<0)
            this.nStepY = this.nStepSize;
```

```
❺   // 스타일 설정
    this.$img1.css({left:this.nX, top:this.nY});

}

// 타이머 멈춤
function stopMove()
{
    if(this.nTimerID!=0)
    {
        clearInterval(this.nTimerID);
        this.nTimerID = 0;
    }
}
</script>
```

풀이

드디어 마지막 미션이군요. 이번 미션에서도 여러분이 직접 작성한 자바스크립트 DOM 버전의 풀이 코드에서 jQuery로 바꿀 수 있는 부분을 모두 찾아내서 변경하는 것이 목적입니다. 아래 내용은 저자 나름대로 기존 풀이 코드를 분석한 후 jQuery 구문을 이용해 바꿀 수 있는 부분을 모두 찾아낸 내용입니다. 그럼 함께 살펴보겠습니다.

❶ 움직일 이미지 엘리먼트를 담을 변수 선언

먼저 계속해서 사용하게 될 이미지 엘리먼트를 담을 변수에 확장 집합을 담을 변수라는 의미로 $를 붙여줍니다. 이렇게 하면 일반 변수와 확연히 구분될 겁니다.

❷ 이벤트 설정

여기서는 인라인 이벤트 스타일인 click( ) 메서드 대신 자바스크립트 DOM의 addEventListener( )를 bind( ) 메서드를 이용해 변경했습니다. 이벤트와 관련해서 변경한 부분은 앞 절의 미션에서도 자주 다뤘으니 추가 설명은 하지 않고 넘어가겠습니다.

❸ 움직일 #img1 엘리먼트 찾기

1번에서 만들어둔 변수에 앞으로 움직이게 될 이미지 엘리먼트를 찾는 부분으로서 $("#img1")라는 jQuery 문법으로 변경합니다

❹ 오른쪽과 하단의 충돌 지점을 구합니다.

오른쪽과 아래쪽의 충돌 지점을 구하기 위해 전체 영역에서 움직이게 될 이미지 엘리먼트의 너비와 높이를 빼는 부분도 jQuery로 바꿀 수 있습니다. 너비와 높이를 구하기 위해 사용할 수 있는 메서드는

outerWidth( )와 outerHeight( ), clientWidth( )와 clientHeight( ), 그리고 width( )와 height( )가 있지만 이미지 엘리먼트에 margin, border, padding 등의 CSS 속성 값이 전혀 적용돼 있지 않으므로 이 가운데 어떤 것을 사용해도 동일한 결과를 얻을 수 있습니다.

❺ 스타일 설정

4번을 변경하고 아래로 내려오다 보면 충돌 검사를 마친 최종 위치 값을 이미지 엘리먼트에 적용하는 부분이 나옵니다. 이 부분 역시 jQuery를 이용하면 좀더 효과적으로 변경할 수 있습니다. 즉, 아래 코드처럼 left, top 속성을 동시에 적용하면서 동시에 자바스크립트 DOM에서 귀찮게 해야만 했던 "px" 문자열도 붙여주지 않아도 됩니다.

```
img1.css({"left":nX, "top":nY});
```

04. 실전 활용 예제!!!

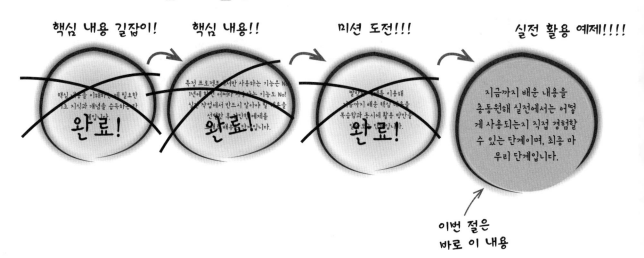

핵심 내용 길잡이!   핵심 내용!!   미션 도전!!!   실전 활용 예제!!!!

핵심 내용을 이해하는 데 필요한
기초 지식과 개념을 습득하는 단
계입니다.
완료!

특정 프로젝트에서만 사용하는 기능은 No!
1년에 한 번 어쩌다 쓰이는 기능도 No!
실전 작업에서 반드시 알아야 할 내용을
선별한 후 여러분께 제공
해 드리는 단계입니다.
완료!

짧고 예제를 이용해
지금까지 배운 핵심 내용을
복습함과 동시에 활용 방안을
알려주는 단계입니다.
완료!

지금까지 배운 내용을
총동원해 실전에서는 어떻
게 사용되는지 직접 경험할
수 있는 단계이며, 최종 마
무리 단계입니다.

이번 절은
바로 이 내용

벌써 마지막 단계인 실전 활용 예제입니다. 일단 여기까지 무사히 온 분들은 jQuery를 실전에
서 사용할 수 있는 단계에 올라섰다고 판단해도 됩니다. 그런 의미에서 이번 실전 활용 예제 만
들기에서도 기존 자바스크립트 DOM으로 만든 내용을 jQuery버전으로 변경해보겠습니다.

이 장의 진행 순서 역시 1장에서 했던 방식과 같으므로 기존 내용에서 jQuery로 바꿀 수 있는
부분만 찾아서 적절한 구문으로 바꿔보겠습니다.

그럼 먼저 경품 추첨기부터 만들어보죠.

경품 추첨기: jQuery 버전으로 만들기

경품추첨기 - ver 0.1

참여인원 : 100   시작   멈춤

사용자 요구사항

이번에 진행할 프로젝트는 각종 행사장에서 활용할 수 있는 경품 추첨기입니다. 동작 방식은 다음과 같습니다.

1. 시작 버튼을 누르면 1에서 참여 인원으로 입력한 숫자 사이에서 하나를 무작위로 뽑아 화면에 출력합니다. 단 보는 사람들이 긴장감을 느낄 수 있게 효과를 구현해 주세요.

2. 멈춤 버튼을 누르면 출력을 정지하고 당첨자가 나오게 해주세요. 이 역시 당첨자를 확실히 알 수 있게 표현했으면 좋겠습니다.

1장에서는 경품 추첨기를 만들기 위해 다음과 같은 식으로 진행했습니다.

1. 사용자 요구사항을 토대로 개발 요구사항 분석 및 기능 정의

2. 개발 전에 반드시 해결해야 할 핵심 이슈 도출 후 해결 방법 모색

3. 개발 기간을 추산하기 위해 프로젝트를 작은 조각으로 나눔

4. 개발

이 순서는 jQuery를 이용해 개발할 때도 그대로 적용됩니다. 따라서 이미 경품 추첨기를 만들기 위한 사전 작업은 이미 마친 상태이며 이제 jQuery를 이용해 개발하기만 하면 됩니다. 다만 다른 점이라면 기존에는 자바스크립트 DOM이었다면 jQuery라는 막강한 무기가 추가된 것일 뿐 이전과 같습니다.

그럼 나머지 부분은 모두 건너뛰고 바로 개발 단계부터 시작해보겠습니다. 먼저 1장에서 작성한 자바스크립트 DOM 버전의 코드를 살펴보고 jQuery 버전으로 바꿀 수 있는 부분을 미리 확인해보길 바랍니다.

자바스크립트 DOM • 1_js_dom/4_ex/ex1/step_8.html

```
<script>
    var panel1;
    var nTimerID;
    var labTotal;
    var nTotalMember;
    window.onload=function(){
        // 요소 초기화
        this.init();
        // 이벤트 초기화
        this.initEventListener();
    }

    // 요소 초기화
    function init(){
        // 숫자가 출력될 #panel1을 찾아 전역변수에 담아둡니다.
        this.panel1 = document.getElementById("panel1");
        this.nTimerID = 0;
        // 참여 인원 정보가 입력된 패널을 찾아 전역변수에 담아둡니다.
        this.labTotal = document.getElementById("lab_total");
        this.nTotalMember = 0;
    }

    // 이벤트 초기화
    function initEventListener()
    {
        var btnStart = document.getElementById("btn_start");
        btnStart.addEventListener("click", function(){
            startTimer();
        },false);

        var btnStop = document.getElementById("btn_stop");
        btnStop.addEventListener("click",function(){
            stopTimer();
        },false);
    }
```

```
        // 0.2초에 한 번씩 createNumber() 함수를 실행합니다.
        function startTimer(){
            if(this.nTimerID==0) {
                // 입력된 참여 인원수를 구합니다.
                this.nTotalMember = Number(this.labTotal.value);

                // 타이머 시작 시 #panel1의 글자 색을 초기화합니다.
                this.resetPanelStyle();
                this.nTimerID = setInterval(this.createNumber,20);
            }
        }

        // createNumber() 함수를 호출하는 타이머를 멈춥니다.
        function stopTimer(){
            if(this.nTimerID){
                clearInterval(this.nTimerID);
                this.nTimerID = 0;
                //출력 효과 추가
                this.showWinner();
            }
        }

        // 무작위로 1에서 100 사이의 숫자를 만들어 냅니다.
        function createNumber(){
            var nNum = 1+Math.floor(Math.random()*this.nTotalMember);

            //만들어진 숫자를 innerHTML에 대입합니다.
            this.panel1.innerHTML = nNum;
            // 폰트 크기를 100에서 200 사이로 임의로 설정합니다.
            this.panel1.style.fontSize = 100+(Math.random()*100)+"px";
        }

        // 출력 효과 추가
        function showWinner(){
            // 당첨자를 알리기 위해 #panel1의 글자 색과 글자 크기를 변경합니다.
            this.panel1.style.color = "#ff0000";
            this.panel1.style.fontSize = "200px";
        }

        // 출력 패널의 스타일을 초기화합니다.
        function resetPanelStyle(){
            this.panel1.style.color = "#000000";
        }
</script>
```

```
<script type="text/javascript" >
    var $panel1;
    var nTimerID;
    var labTotal;
    var nTotalMember;
❶
    $(document).ready(function(){
        // 요소 초기화
        init();
        // 이벤트 초기화
        initEventListener();

    });

    // 요소 초기화
    function init(){
❷
        // 숫자가 출력될 #panel1을 찾아 전역변수에 담아둡니다.
        this.$panel1 = $("#panel1");
        this.nTimerID = 0;
        // 참여 인원 정보가 입력된 패널을 찾아 전역변수에 담아둡니다.
        this.$labTotal = $("#lab_total");
        this.nTotalMember = 0;
    }

    // 이벤트 초기화
    function initEventListener()
    {
❸
        var $btnStart = $("#btn_start");
        $btnStart.bind("click", function(){
            startTimer();
        });

        var $btnStop = $("#btn_stop");
        $btnStop.bind("click",function(){
            stopTimer();
        });
    }

    // 0.2초에 한 번씩 createNumber() 함수를 실행합니다.
    function startTimer(){
        if(this.nTimerID==0) {
            // 입력된 참여 인원수를 구합니다.
❹.
            this.nTotalMember = Number(this.$labTotal.val());
            // 타이머 시작 시 #panel_1의 글자 색을 초기화합니다.
```

```
                this.resetPanelStyle();
                this.nTimerID=setInterval(this.createNumber,20);
            }
        }

        // createNumber() 함수를 호출하는 타이머를 멈춥니다.
        function stopTimer(){
            if(this.nTimerID) {
                clearInterval(this.nTimerID);
                this.nTimerID = 0;
                //출력 효과 추가
                this.showWinner();
            }
        }

        // 무작위로 1에서 100 사이의 숫자를 만들어 냅니다.
        function createNumber(){
            var nNum = 1+Math.floor(Math.random()*this.nTotalMember);

            // 만들어진 숫자를 innerHTML에 대입합니다.
            this.$panel1.html(nNum);

            // 폰트 크기를 100~200으로 무작위로 설정합니다.
            this.$panel1.css("fontSize", 100+(Math.random()*100));
        }
        // 출력 효과 추가
        function showWinner(){

            // 당첨자를 알리기 위해 #panel1의 글자 색과 글자 크기를 변경합니다.
            this.$panel1.css({color:"#ff0000",fontSize:"200px"});
        }


        // 출력 패널의 스타일을 초기화합니다.
        function resetPanelStyle(){
            this.$panel1.css({color:"#000000"});
        }
</script>
```

❺

❻

❼

❽

풀이

❶ jQuery를 사용하려면 가장 먼저 해야 할 일은? 네, 맞습니다. 먼저 jQuery.js 파일을 사용할 수 있게 설정한 후 진입점으로 ready( ) 메서드를 사용할지 window.onload 이벤트를 사용해서 처리할지 상황에 맞게 판단해야 합니다. 이번 예제에서는 이미지와 같은 내용에 접근하지 않기 때문에 ready( ) 메서드를 사용해 모든 초기화를 처리합니다.

❷ 전체 참여 인원 정보가 담긴 Element와 임의 숫자를 출력할 엘리먼트를 찾는 부분을 jQuery 문법을 이용해 변경했습니다. 그리고 jQuery 확장 집합 정보가 담기는 변수라는 사실을 쉽게 알아볼 수 있게 변수명 앞에 $를 붙여줍니다.

❸ 시작과 멈춤 버튼에 대한 이벤트 처리를 jQuery 버전으로 변경합니다. 물론 $("#btn_stop").bind("click", stopTimer);과 같이 한 줄로 줄여서 쓸 수도 있습니다.

❹ 타이머를 시작하기 전에 전체 참여 인원 정보를 알아내는 부분에서 val( ) 메서드를 이용해 〈input〉 태그 엘리먼트에서 입력된 정보 값을 구합니다.

❺ innerHTML대신 jQuery의 html( ) 메서드를 이용해 HTML 내용을 변경합니다.

❻, ❼, ❽ 이 세 부분 모두 CSS를 설정하는 부분입니다. 그러니 망설일 필요 없이 모두 변경합니다.

롤링 배너 만들기: jQuery 버전으로 만들기

롤링 배너 – 버전 0.1, 다음과 같이 실행되게 만들어주세요.

사용자 요구사항

이번에 진행할 프로젝트는 쇼핑몰 같은 사이트에서 흔히 볼 수 있는 상품 롤링 배너입니다.

사용자가 원하는 내용은 다음과 같습니다.

1. 저희 쇼핑몰에서 판매 중인 제품을 많은 사람들이 볼 수 있게 효과적으로 노출해 줬으면 합니다.

2. 상품 목록을 쉽게 변경할 수 있게 만들어 주세요.

자바스크립트 DOM

```
<script src="JSTweener.js" type="text/javascript"></script>
<script>

    var ANIMATION_DURATION = 0.5;
    var IMAGE_HEIGHT = 128;

    var bannerItems;
    var bannerContainer;

    var nCurrentIndex;
    var nBannerCount;
    var nTimerID;

    window.onload = function(){
        // 요소 초기화
        this.init();
        // 배너 위치 설정
        this.setBannerPosition();
        // 배너 움직이기
        this.startMove();
    }

    // 요소 초기화
    function init(){
        // 계속해서 사용할 요소이므로 전역변수에 담아 둡니다.
        this.bannerContainer = document.getElementById("banner_container");
        this.bannerItems = this.bannerContainer.getElementsByTagName("div");
        this.nCurrentIndex = 0;
        this.nTimerID = 0;
        // 전체 배너 갯수.
        this.nBannerCount = this.bannerItems.length;
    }

    // 현재 배너와 다음 배너의 위치를 초기화합니다.
    function setBannerPosition(){
        // 모든 배너의 위치값을 출력 화면 영역에서 보이지 않게 만듭니다.
        for(var i=0;i<this.nBannerCount;i++){
            var item = this.bannerItems.item(i);
            item.style.top = IMAGE_HEIGHT+"px";
            item.style.opacity = 0;
        }

        // 첫 번째 배너(현재 버너)를 화면에 활성화합니다.
        this.bannerItems[0].style.top = "0px";
        this.bannerItems[0].style.opacity = 1;
    }
```

```javascript
    // 배너 움직이기
    function startMove(){
        this.nTimerID = setInterval(this.on_StartMove,1000)
    }

    // 다음 배너 계산
    function on_StartMove(){
        if(this.nCurrentIndex+1>=this.nBannerCount)
            this.showBannerAt(0);
        else
            this.showBannerAt(this.nCurrentIndex+1);
    }

    // nIndex에 해당하는 배너를 현재 배너로 활성화
    function showBannerAt(nIndex){
        if(this.nCurrentIndex==nIndex || nIndex<0 || nIndex>=this.nBannerCount)
            return;

        // 현재 배너
        var currentBanner = bannerItems.item(this.nCurrentIndex);
        // 다음 배너
        var nextBanner = this.bannerItems.item(nIndex);


        // 현재 배너를 위쪽으로 옮깁니다.
        JSTweener.addTween(currentBanner.style, {
            time: ANIMATION_DURATION,
            transition: 'easeInQuad',
            top:-IMAGE_HEIGHT,
            opacity:0
        });

        // 다음 배너를 옮기기 전에 다음 배너가 위치할 시작 위치를 설정
        nextBanner.style.top = IMAGE_HEIGHT+"px";
        nextBanner.style.opacityx = 0;

        // 다음 배너를 출력 영역으로 이동
        JSTweener.addTween(nextBanner.style, {
            time: ANIMATION_DURATION,
            transition:'easeInQuad',
            top:0,
            opacity:1
        });
        // 현재 배너의 index를 업데이트한다.
        this.nCurrentIndex = nIndex;
    }

</script>
```

jQuery DOM • 2_jquery_dom/4_ex/ex2/step_7_1.html

```
<script type="text/javascript" src="../libs/jquery-1.7.1.min.js"></script>
<script type="text/javascript" src="../libs/jquery.easing.1.3.js"></script>
<script type="text/javascript">

    var ANIMATION_DURATION = 500;
    var IMAGE_HEIGHT = 128;

    var $bannerItems;
    var $bannerContainer;

    var nCurrentIndex;
    var nBannerCount;
    var nTimerID;
```
❶
```
    window.onload = function(){
        // 요소 초기화
        this.init();
        // 배너 위치 설정
        this.setBannerPosition();
        // 배너 움직이기
        this.startMove();
    }
```
❷
```
    // 요소 초기화
    function init(){
        // 계속해서 사용할 요소이므로 전역 변수에 담아 둡니다.
        this.$bannerContainer = document.getElementById("#banner_container");
        this.$bannerItems = $("#banner_container div");
        this.nCurrentIndex = 0;
        this.nTimerID = 0;
        // 전체 배너 갯수.
        this.nBannerCount = this.$bannerItems.length;

    }
```
❸
```
    // 현재 배너와 다음 배너의 위치를 초기화
    function setBannerPosition(){
        // 모든 배너의 위치 값을 출력 영역에서 보이지 않게 만든다.
        this.$bannerItems.css({opacity:0, top:IMAGE_HEIGHT});

        // 첫 번째 배너(현재 버너)를 화면에 활성화한다.
        this.$bannerItems.eq(0).css({opacity:1, top:0});
    }

    // 배너 이동
    function startMove(){
        this.nTimerID = setInterval(this.on_StartMove,1000)
    }
```

Part II _ jQuery DOM **303**

```
        // 다음 배너 계산
        function on_StartMove(){
            if(this.nCurrentIndex+1>=this.nBannerCount)
                this.showBannerAt(0);
            else
                this.showBannerAt(this.nCurrentIndex+1);
        }
❹
        // nIndex에 해당하는 배너를 현재 배너로 활성화
        function showBannerAt(nIndex)
        {
            if(this.nCurrentIndex==nIndex || nIndex<0 || nIndex>=this.nBannerCount)
                return;
            // 현재 배너를 구한다.
            var $currentBanner = this.$bannerItems.eq(this.nCurrentIndex);
            // 다음 배너를 구한다.
            var $nextBanner = this.$bannerItems.eq(nIndex);

            // 현재 배너를 위쪽으로 움직이기
            $currentBanner.animate({top:-IMAGE_HEIGHT,opacit:0},
                ANIMATION_DURATION,
                "easeOutQuint"
            );

            // 다음 배너를 움직이기 전에 다음 배너 위치의 시작 위치를 설정
            $nextBanner.css({top:IMAGE_HEIGHT, opacity:0});
            $nextBanner.animate({top:0,opacity:1},
                ANIMATION_DURATION,
                "easeOutQuint"
            );

            // 현재 배너의 index 값을 업데이트
            this.nCurrentIndex = nIndex;
        }
</script>
```

풀이

❶ jQuery를 사용하려면 가장 먼저 불러올 jQuery.js 파일을 페이지에 선언해야 합니다. 그러고 나서 window.onload 이벤트를 사용할지 ready( )를 사용할지 판단해야겠죠? 시작하고 초기화하는 부분을 살펴보면 DOM 요소만 사용하기 때문에 이러한 요소가 모두 로드된 시점에서 실행되는 ready( ) 메서드를 이용하면 됩니다. 반면 이미지와 같은 요소에 접근한다면 window.onload 이벤트를 사용해야 합니다.

❷ 이 부분은 앞으로 움직이게 될 배너 항목을 미리 찾아내서 변수에 담아놓는 구문입니다.

아래처럼 셀렉터를 이용해 배너 항목을 모두 찾아냅니다.

```
this.$bannerItems = $("#banner_container div");
```

jQuery 확장 집합이 담겨 있다는 의미로 bannerItems 변수 앞에 $를 붙여줍니다. 그리고 배너의 개수를 알아내는 부분도 jQuery 구문으로 변경합니다.

```
this.$bannerItems.length;
```

length 대신 size( )라는 메서드를 사용해도 됩니다. 그럼 계속해서 다음 내용을 살펴보겠습니다.

❸ 이 부분은 배너를 움직이기에 앞서 배너 정보를 초기화하는 부분입니다. 기존에는 배너의 개수만큼 for 문을 이용해 각 배너에 하나씩 접근한 후 속성을 바꿨지만 배너 엘리먼트를 내부에 감싸고 있는 jQuery 확장 집합에서는 단순히 css( ) 메서드만 호출하면 됩니다.

❹ 끝으로 "현재 배너"와 "다음 배너"를 찾아 사라지고 나타나는 효과를 주는 부분입니다. 먼저 배너 목록에서 특정 배너를 접근할 경우 자바스크립트 DOM에서는 NodeList의 item( ) 메서드를 이용했다면 jQuery에서는 eq( ) 메서드를 이용합니다. 여기서 꼭 알고 있어야 할 부분은 eq( )의 반환값 역시 n번째 Node를 감싸고 있는 확장 집합이라는 것입니다.

이렇게 알아낸 현재 배너와 다음 배너에 효과를 주기 위해 JSTweener 라이브러리 대신 jQuery에서 기본적으로 제공하는 animate( ) 메서드를 사용했습니다. 애니메이션 효과와 관련된 부분은 2장의 핵심 내용에서 다뤘던 부분입니다.

지금까지 jQuery를 이해하는 데 필요한 내용과 반드시 알고 있어야 할 핵심 내용, 그리고 이를 활용한 다양한 미션과 실전 활용 예제까지 다뤘습니다. 이 시점에서 현재 여러분이 위치하고 있는 곳은 바로 이곳입니다.

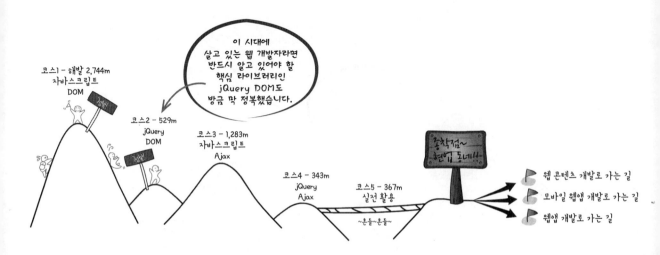

Part III
자바스크립트 Ajax

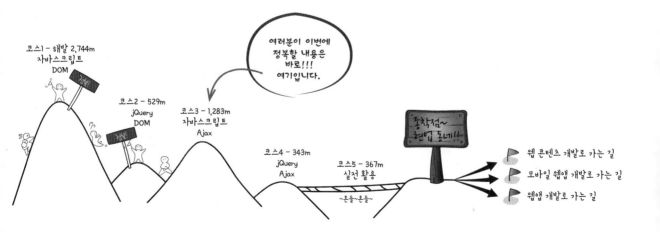

코스1 - 해발 2,744m
자바스크립트
DOM

코스2 - 529m
jQuery
DOM

코스3 - 1,283m
자바스크립트
Ajax

여러분이 이번에
정복할 내용은
바로!!!
여기입니다.

코스4 - 343m
jQuery
Ajax

코스5 - 367m
실전 활용

~흔들~흔들~

종착점~
현업 흐느네!!

웹 콘텐츠 개발로 가는 길

모바일 웹앱 개발로 가는 길

웹앱 개발로 가는 길

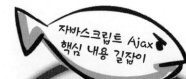

자바스크립트 Ajax
핵심 내용 길잡이

핵심 내용을 이해하는 데 필요한
기초 지식과 개념을 습득하는 단
계입니다.

특정 프로젝트에서만 사용하는 기능은 No!
1년에 어쩌다 사용할까? 말까? 하는 기능도
No! 오직 실전 작업을 위해 반드시 필요한
내용들을, 간단한 예제를 통해 배우는 단계
입니다.

- Ajax이란?
- Ajax를 사용하는 이유는?
- 기존 웹 통신 방식 vs. Ajax를 이용한
  웹 통신 방식
- Ajax에서 반드시 알고 있어야 하는 내용들
- Ajax를 이용한 클라이언트(↔)서버 간의
  데이터 연동 처리를 위한 일반적인 작업 순서
- XMLHttpRequest란?
- 응답 이벤트 처리(CSV,XML,JSON)
- GET 방식, POST 방식
- Ajax- 동기, 비동기
- 응답 형식

Ajax
핵심 내용

- XMLHttpRequest 객체 생성하기
- Ajax 작업을 위한 개발 환경설정 하기
- get 방식으로 데이터 보내고 서버에서
  동기식으로 CSV 형식의 데이터 응답 받기
- post 방식으로 데이터 보내고 서버에서
  비동기식으로 CSV 형식의 데이터 응답 받기
- post 방식으로 데이터 보내고 서버에서
  비동기식으로 XML 형식의 데이터 응답 받기
- post 방식으로 데이터 보내고 서버에서
  비동기식으로 JSON 형식의 데이터 응답 받기
- 외부 XML 파일 읽기
- 외부 JSON 파일 읽기

짧막한 예제를 이용해 지금까지
배운 핵심 내용들을 복습함과 동
시에 활용 용도를 알아보는 단계
입니다.

미션 도전

- 미션1 - Ajax를 활용한 동적으로
  이미지 노드 만들기: XML 버전
- 미션2 - Ajax를 활용한 동적으로
  이미지 노드 만들기: JSON 버전
- 미션3 - Ajax를 적용한 롤링 배너 만들기

이 단계는 지금까지 배운 핵심 내용
이 실전에서는 어떻게 사용되는지
직접 경험할 수 있는 최종 마무리 단
계입니다.

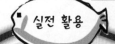

실전 활용

달랑 레퍼런스만 보고 넘어가면 아무런
의미가 없답니다. 실전에 적용해봐야지요~
그래서 준비했답니다. 다음 단계로 가기 전,
지금까지 배운 내용을 다시 한번 떠올려보며
실전 예제를 만들어 보아요~

1단 메뉴

외부 페이지
연동

01. 핵심 내용 길잡이!

마이크로소프트 인터넷 익스플로러와 넷스케이프의 내비게이터 간의 길고 긴 웹 전쟁이 끝난 후 평화롭기만 하던 웹 세상에 가히 일대 혁신을 몰고 온 이가 있었으니, 그 주인공은 바로 Ajax를 앞세운 구글이었습니다. 작게는 검색어 자동 완성 기능부터 크게는 전 세계를 안 방에서 한눈에 훤히 들여다볼 수 있는 구글 지도 서비스, 그리고 한 번도 가보지 못한 나라의 거리를 마치 자기 동네마냥 간접 체험할 수 있는 스트리트 뷰 등을 시작으로 기존 데스크톱에서나 가능했던 오피스 애플리케이션까지 웹 애플리케이션으로 속속 만들어 보이며 천대받고 보잘것 없었던 자바스크립트를 백마 탄 왕자로 탈바꿈시켰습니다.

그 이후로 심심하기 짝이 없던 정적인 웹은 서서히 동적인 웹으로 변모하기 시작했으며, 이제 사용자는 "뻔쩍!"하며 전체 페이지 내용이 새로운 화면으로 바뀌기를 지루하게 기다리지 않게 되었습니다. 이와 더불어 최신 표준 기술인 HTML5의 등장으로 기존에는 상상밖에 할 수 없었던 것들을 이제는 순수 웹 표준 기술만으로도 만들 수 있게 되어 이제 웹 기술은 그 누구도 부정할 수 없는 최강의 도구이며 재미있는 내용으로 가득 찬 보물상자임에 틀림없습니다.

이번 장에서는 이러한 웹 서비스 제작의 핵심 기술 가운데 웹 기술의 꽃이라고 할 수 있는 Ajax를 이용한 데이터 연동 중심으로 살펴보겠습니다.

진행 방식은 이전 장과 마찬가지로 총 4개의 단계를 거쳐 Ajax를 집중 탐구해 보겠습니다.

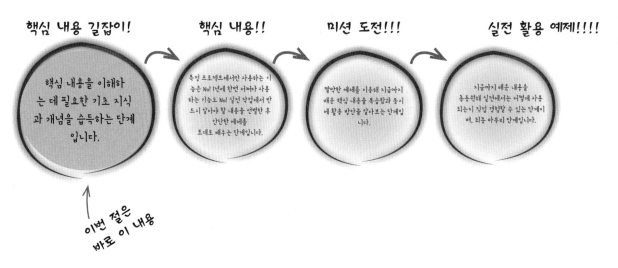

핵심 내용 길잡이!
핵심 내용!!
미션 도전!!!
실전 활용 예제!!!!

핵심 내용을 이해하는 데 필요한 기초 지식과 개념을 습득하는 단계입니다.

특정 프로젝트에서만 사용하는 기능은 No! 1년에 한번 어쩌다 사용하는 기능도 No! 실전 작업에서 반드시 알아야 할 내용을 선별한 후 간단한 예제를 토대로 배우는 단계입니다.

짤막한 예제를 이용해 지금까지 배운 핵심 내용을 복습함과 동시에 활용 방안을 알아보는 단계입니다.

지금까지 배운 내용을 종합적해 실전에서는 어떻게 사용되는지 직접 경험할 수 있는 단계이며, 최종 마무리 단계입니다.

이번 절은 바로 이 내용

길잡이 01 Ajax이란?

"웹 2.0이 뭔가요?"라는 질문에 다양한 답변이 나오듯 Ajax라는 용어 역시 말하는 이들마다 조금씩 다르게 표현하곤 합니다. 어떤 이는 클라이언트와 서버 간의 데이터 연동을 다루는 것만을 Ajax라고 정의 내리기도 하고 또 어떤 이는 클라이언트 UI를 동적으로 움직이는 기능까지 Ajax라고 부르기도 합니다. 하지만 요즈음에는 후자 쪽의 정의가 더 맞는 것 같습니다. 그래서 정리하면 혹시 여러분에게 누군가가 "Ajax가 뭔가요?"라고 물어온다면 다음과 같이 간단하면서도 멋지게 대답하면 됩니다.

Ajax(Asynchronous JavaScript and XML)이란?

HTML, CSS, 자바스크립트를 활용해 동적이면서 인터랙티브한 사용자 화면 조작은 물론 서버와의 비동기 데이터 통신을 통해 응답성 좋은 데이터 처리를 가능케 하는 웹 개발 기법.

길잡이 02 왜 Ajax인가?

그럼 왜 Ajax를 사용할까요? 아니 이 질문을 살짝 바꿔서 Ajax를 사용하면 기존과 다르게 어떤 것을 차별화할 수 있는지에 대해 이야기하는 편이 더 나을 것 같습니다.

이미 여러분은 Ajax를 활용한 결과물을 자주 가는 웹 사이트 곳곳에서 경험했을 것입니다. 특히 요즈음에는 기존에 플래시로 많이 만들었던 인터랙티브한 콘텐츠를 웹 기술만을 이용해 구현하거나 스마트폰이 대중화됨에 따라 Ajax를 활용해 만든 모바일 웹앱이 네이티브 앱과 구분이 안 갈 정도로 만들어진 광경을 흔히 접할 수 있습니다.

즉 Ajax를 이용하면 다음과 같은 이점이 있습니다.

- 새로고침을 통해 새로운 콘텐츠를 반영해야 하는 정적인 페이지가 아닌 뭔가 살아 있는 듯한 동적인 웹 페이지를 만들 수 있습니다.
- 전체 페이지에서 실제로 바뀌어야 할 내용이 특정 부분에만 해당한다면 이 영역의 데이터만을 따로 서버에서 받아올 수 있으므로 경우에 따라 서버의 네트워크 부하를 최대한 줄일 수 있습니다(이 내용은 잠시 후에 자세히 다루겠습니다.)
- 인터랙티브한 효과를 활용해 사용자에게 바뀐 부분을 부각시켜 보여줄 수 있습니다.

이처럼 Ajax를 활용하면 더욱 효과적인 웹, 더 나아가서는 좀더 규모 있는 웹앱을 만들 수 있습니다.

기존 웹의 통신 vs. Ajax를 이용한 통신

이번 절에서는 Ajax의 데이터 통신 방식에 대해 좀더 자세히 살펴보겠습니다. 백문이불여일견!
구구절절 Ajax에 대해 설명하기보다 기존 웹의 통신 방식과 Ajax를 이용한 웹의 통신 방식을
직접 비교해보겠습니다. 이해를 돕고자 아래처럼 특정 상품을 클릭하면 정보 창에 선택한 정보
가 나오는 간단한 웹 콘텐츠를 제작하는 예제를 가지고 설명하겠습니다.

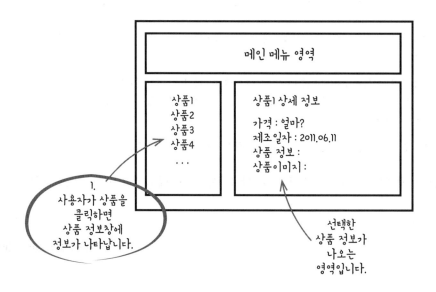

화면 구조는 크게 메인 메뉴 영역과 상품 목록 영역, 선택한 상품에 해당하는 상품 정보창으로 3개의 영역으로 구성돼 있습니다.

사용자가 상품 목록 영역에서 상품을 선택하면 상품 정보창에 상품의 상세 정보가 나타납니다. 여기서 중요한 점은 바로 선택한 상품 정보가 변경된다 하더라도 메인 메뉴 영역과 상품 목록에 대한 내용은 처음 시작할 때 설정한 값이 그대로 유지된다는 점입니다. 그럼 이 부분에 유념해서 아래 내용을 보겠습니다.

기존 웹 페이지의 통신 방식

먼저 기존 웹이 동작하는 방식입니다.

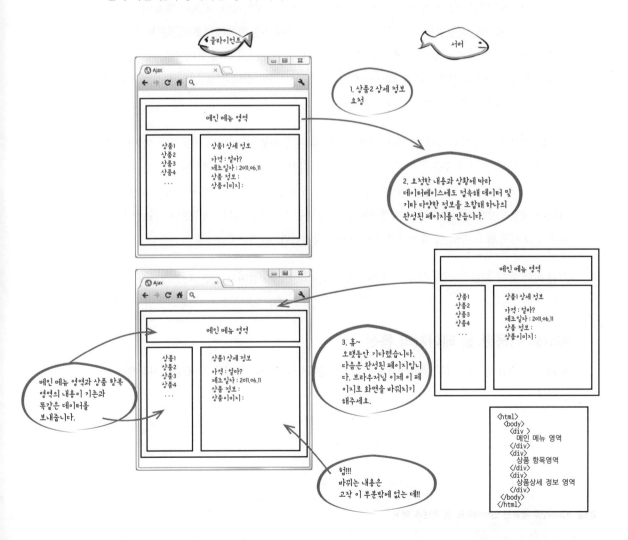

기본적으로 상품 1에 대한 상세 정보가 선택돼 있다는 가정하에 사용자가 상품2에 대한 상품 정보를 보기 위해 클릭하면 다음과 같은 일이 일어납니다.

1. 브라우저(클라이언트)는 선택된 제품 정보를 담아 서버에 요청을 보냅니다.

2. 서버는 요청한 내용과 상황에 따라 데이터베이스에 있는 데이터를 비롯해 기타 다양한 정보를 조합해 하나의 커다란 완성된 페이지를 만듭니다.

3. 이제 서버는 완성한 페이지를 브라우저에게 응답으로 보냅니다.

4. 끝으로 브라우저는 페이지를 새로고침(refresh)하면서 기존 페이지 대신 새 페이지를 화면에 보여줍니다.

그럼 기존 방식의 문제점은 과연 뭘까요? 바로 상품 2에 대한 정보를 출력할 때 기존과 똑같은 정보라도 기존에 출력된 내용을 모두 지우고 갱신하는 구조로 돼 있어서 메인 메뉴 영역과 상품 목록 영역에 대한 정보까지 반드시 함께 보내줘야 한다는 것입니다. 배보다 배꼽이 크다라는 속담이 바로 이럴 때를 가리키는 말입니다. 즉, 바뀌는 부분은 전체에서 10퍼센트도 안 되는데 이 부분을 위해 바뀌지 않는 나머지 90퍼센트에 달하는 부분까지 함께 보내야 하는 구조! 여기에 설상가상 격으로 상품 목록을 데이터베이스에서 가져와야 한다면 상품 상세 정보를 요청할 때마다 서버 부하가 증가하는 결과가 초래됩니다.

문제는 여기서 끝나지 않습니다. 모든 내용이 갱신되는 구조로 돼 있어서 사용자는 화면이 모두 갱신될 때까지 다른 것을 전혀 하지 못한 채 페이지가 갱신되기만을 계속해서 기다려야 합니다. 데스크톱에서는 그럭저럭 실행된다 하더라도 모바일상에서 실행한다면 이런 문제점은 더더욱 사용자에게 답답함으로 느껴져 아마도 사용자는 인내심을 잃고 여러분이 공들여 만든 내용을 보지도 않고 바로 웹 페이지에서 나가버릴 것입니다.

그럼 이와 달리 Ajax는 어떤 식으로 데이터 통신을 처리하는지 살펴보겠습니다.

Ajax를 이용한 웹 페이지의 통신

Ajax를 이용한 웹 페이지의 통신에서도 기존 웹 페이지의 방식과 똑같은 상태에서 시작해보겠습니다.

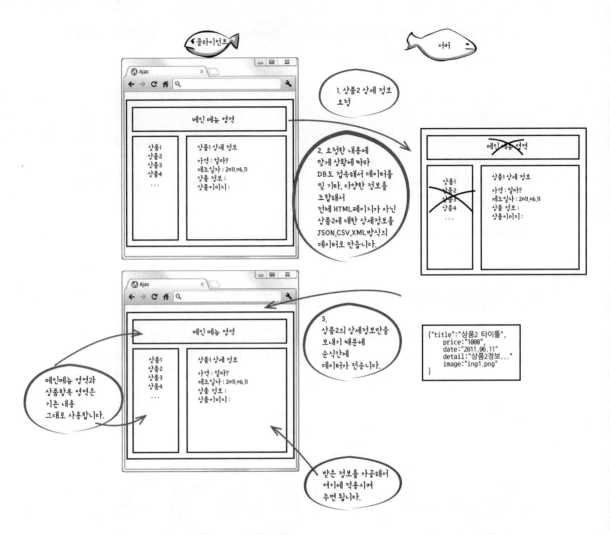

기본적으로 상품1에 대한 상세 정보가 선택돼 있다는 가정하에 사용자가 상품2에 대한 상품 정보를 보기 위해 클릭하면 다음과 같은 일이 일어납니다.

1. 브라우저는 선택한 제품 정보를 담아 서버에 요청을 보냅니다.

2. 서버는 요청한 내용에 따라 데이터베이스에 있는 데이터를 비롯해 기타 다양한 정보를 조합해 하나의 커다란 완성된 웹 페이지가 아닌, 상품2에 대한 상세 정보만을 미리 약속한 데이터 형식(JSON, CSV, XML)으로 만듭니다.

3. 이제 서버는 완성한 데이터를 브라우저에 응답으로 보냅니다.

4. 끝으로 이미 만들어 놓은 데이터 처리용 Ajax 자바스크립트가 브라우저에 의해 실행되면서 응답으로 받은 상품 2의 상세 정보를 상세 정보 영역에 표시합니다.

Ajax를 이용한 웹 페이지의 통신 방식은 기존 웹 페이지의 통신 방식과 다음과 같은 차이점이 있습니다.

- 페이지의 전체 내용이 아닌 변경되는 영역의 데이터만 받습니다. 따라서 경우에 따라 트래픽이 현저히 줄어듭니다.
- 사용자 요청에 대한 응답성이 빨라집니다.
- 데이터를 처리할 때 각종 효과를 추가해 인터랙티브한 화면을 만들 수 있습니다.
- 데이터 요청이 비동기로 처리되므로 사용자는 서버에서 응답이 오기 전까지 다른 작업을 하면서 기다릴 수 있습니다.

바로 이런 점 때문에 Ajax가 다양하게 사용되는 것입니다.

 ## Ajax에서 반드시 알고 있어야 할 내용

앞 절까지는 개념 위주로 설명했다면 지금부터는 개발과 직접적으로 관련된 내용을 다뤄보겠습니다. 아래 내용이 바로 여러분이 반드시 알고 있어야 할, Ajax를 구성하는 핵심 주제입니다. 먼저 어떤 내용이 있는지 간단하게 알아보겠습니다.

Ajax 핵심 주제

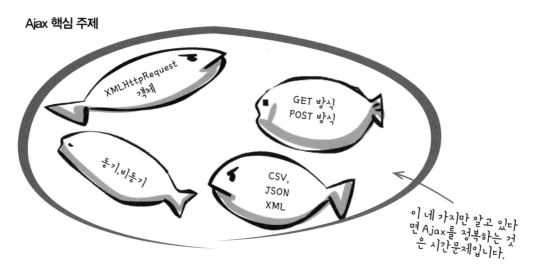

이 네 가지만 알고 있다면 Ajax를 정복하는 것은 시간문제입니다.

 주의

이번 절에서는 기존 절에 비해 한여름의 굵은 소나기처럼 새로운 용어가 대거 쏟아질 것입니다. 그렇다고 절대 당황하거나 어려워할 필요는 없습니다. 1장과 2장에서도 그랬듯이 처음엔 누구나 낯설고 어려운 법이니까요. 처음에만 살짝 어려운 느낌이 들뿐 거의 공식처럼 통용되는 내용이니 여기서 소개하는 내용을 하나씩 익힌다면 이번 절의 내용도 자바스크립트 DOM과 jQuery DOM처럼 쉽게 배울 수 있으리라 확신합니다.

XMLHttpRequest 객체

이 객체는 클라이언트와 서버 간의 데이터 요청 및 응답 처리를 담당합니다. 가장 먼저 생성해야 하는 객체이기도 합니다. 즉 Ajax의 핵심이지요.

GET 방식, POST 방식

서버에 보낼 데이터를 URL에 포함시켜서 보낼지(GET 방식), 아니면 요청 메시지 몸체에 담아 보낼지(POST 방식)와 관련된 부분입니다.

동기, 비동기

서버에 요청을 보내고 서버 측 응답이 올 때까지 다음 코드를 실행하지 않고 무작정 기다릴 것인지(동기), 아니면 다른 것을 처리하면서 서버 측 응답이 왔다는 소식을 브라우저에 의해 이벤트로 받을 것인지(비동기) 선택하는 부분입니다. Ajax에서 A가 비동기를 의미하듯 여기서는 이 가운데 비동기를 주로 사용합니다.

데이터 교환 방식

서버에서 클라이언트로 요청에 대한 응답을 보내는 방식을 설정합니다. 이때 데이터를 하나로 모두 묶어서 보낼 것인지(CSV, Comma Separated Value) 아니면 널리 사용하는 XML 형식으로 보낼지, 또는 리터럴(Literal) 방식의 자바스크립트 객체를 의미하는 JSON(JavaScript Object Notation) 방식으로 보낼지 설정합니다. 상황에 따라 3가지 방식을 모두 사용할 때도 있으니 모두 알고 있어야 하는 내용입니다.

이와 같은 부분은 로봇을 구성하는 다양한 부품처럼 각자 맡은 역할이 달라서 앞으로 하게 될 Ajax 관련 작업에서 다양하게 활용될 것입니다.

예를 들면 다음과 같은 작업에 활용할 수 있습니다.

1. 서버에 데이터를 GET 방식으로 보내고 서버 측 응답을 동기 방식으로 받겠다.
2. 데이터가 많으니 서버에 데이터를 POST 방식으로 보내고 서버 측 응답을 비동기 방식으로 받겠다.

이처럼 요구사항에 따라 다양한 Ajax 작업에 이러한 요소들을 활용할 수 있습니다.

Ajax를 이용한 클라이언트와 서버 간의 데이터 연동

조립식 장난감을 맞추기 위해 상세한 설계도가 있듯이 Ajax 역시 핵심 요소를 조립하는 순서는 이미 정해져 있습니다. 아래는 Ajax를 이용한 클라이언트와 서버 간의 데이터 연동를 위한 일반적인 작업 순서입니다.

1. XMLHttpRequest (요청) 객체 생성

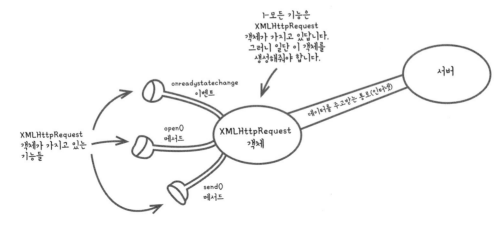

모든 Ajax 작업은 XMLHttpRequest 객체를 생성하는 것으로 시작합니다. 이후 나머지 작업에서는 모두 이 객체에서 제공하는 기능을 이용합니다.

2. 처리 결과를 받을 이벤트 리스너 등록

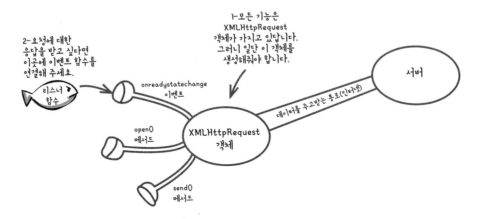

서버에서 보내는 데이터를 받기 위한 이벤트 리스너를 등록합니다. 리스너로 등록하는 함수의 본문은 6번째 단계인 응답 처리 영역에 만들어져 있습니다.

3. 서버로 보낼 데이터 생성

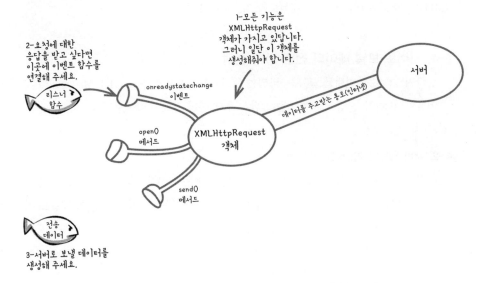

서버에 요청을 하면서 추가적으로 보내야 할 내용이 있다면 이곳에서 만듭니다. 이 경우 "&"를 구분자로 써서 "key=value&key=value"와 같은 식으로 문자열을 만들면 됩니다. 참고로 서버에 보낼 데이터가 없다면 이 단계를 생략해도 됩니다.

4. 클라이언트와 서버 간의 연결 요청 준비(open() 메서드 이용)

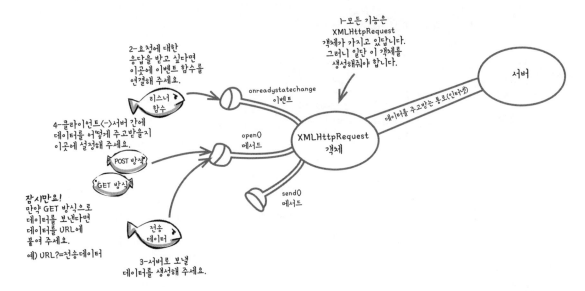

이 단계에서는 클라이언트와 서버 간에 데이터를 주고받는 방법을 설정합니다. 이때 XMLHttpRequest의 open( ) 메서드를 이용합니다.

4-1. 서버로 보낼 데이터 전송 방식 선택

클라이언트의 데이터를 보내는 방법은 몇 가지가 있지만 주로 GET 방식과 POST 방식을 이용합니다. 이 두 방식의 차이점은 잠시 후에 좀더 자세히 알아보겠습니다.

4-2. 서버 응답(동기, 비동기) 선택

클라이언트가 서버에 요청을 보냈다면 분명 서버는 요청에 대한 응답을 해줄 것입니다. 응답을 기다리는 방법 역시 동기와 비동기로 두 가지 방식이 있습니다. 이 내용도 잠시 후에 자세히 알아보겠습니다.

5. 실제 데이터 전송

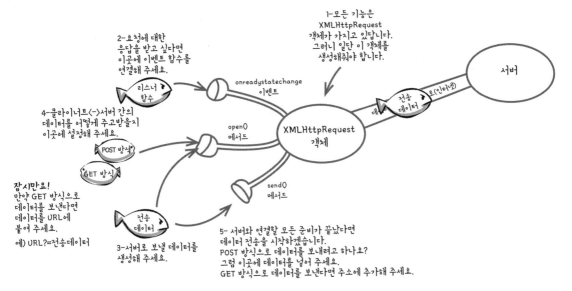

4번까지는 일종의 준비 단계에 불과하며, 클라이언트와 서버 사이에 어떤 일도 일어나지 않습니다. 쉽게 말해 출항 전 부두에 선박해 있는 유람선에 여행에 필요한 물품을 가득 채우는 것과 같습니다. 모든 준비가 끝났다면 내렸던 닻을 올리고 저 넓고 푸른 바다로 떠나야겠죠?

Ajax에서도 통신을 위한 모든 준비가 끝나고 실제 통신을 시작하려면 XMLHttpRequest 객체에서 제공하는 send( ) 메서드를 호출해야 합니다.

6. 응답 처리

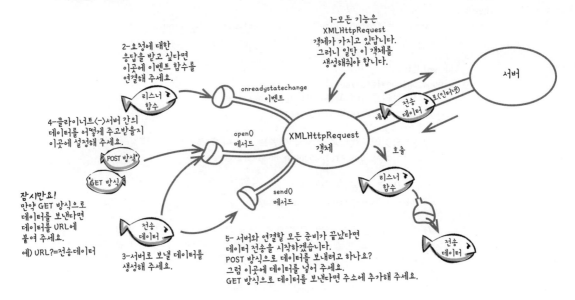

2단계에서 등록한 onreadystatechange 이벤트의 리스너로 등록한 함수는 클라이언트와 서버 간의 데이터 전송 상태가 바뀔 때마다 실행되며, 5단계에서 send( )가 실행되면서 클라이언트와 서버 사이에서 미리 약속한 방식으로 몇 번에 걸쳐 데이터를 주고받게 됩니다. 이 과정에서 통신이 아무런 문제 없이 정상적으로 끝났으면 그 시점이 언제인지 알아내야 합니다. 이 시점은 바로 xmlHttp.readyState 값이 4이고 xmlHttp.status의 값이 200인 경우입니다.

7. 데이터 처리

클라이언트와 서버 간의 통신이 아무런 이상 없이 정상적으로 끝났다면 이후 서버에서 받은 데이터 형식 방식에 따라 데이터를 가공해서 사용하게 됩니다. 이렇게 해서 XMLHttpRequest 객체를 이용한 클라이언트와 서버 간의 데이터 통신이 어떻게 이뤄지는지 아주 자세히 알아봤습니다. 물론 상황에 따라 앞뒤 순서가 조금 바뀔 수도 있지만 이 순서는 거의 공식처럼 그대로 사용됩니다.

자! 이제 설명은 이 정도로 하고 지금까지 다룬 내용이 실제 코드로 어떻게 표현되는지 알아보겠습니다.

```html
<html>
<head>
    <meta http-equiv="Content-Type" content="text/html; charset=UTF-8">
    <title></title>
    <script>
      var xmlHttp;
       window.onload=function(){
            // 1. 브라우저에 따른 XMLHttpRequest 생성
            xmlHttp = createXMLHTTPObject();

            // 2. 요청에 대한 응답 처리 이벤트 리스너 등록
            xmlHttp.onreadystatechange=on_ReadyStateChange;

          // 3. 서버로 보낼 데이터 생성
          var data = "key1=value1&key2=value2";

            // 4. 클라이언트와 서버 간의 연결 요청 준비(open() 메서드 이용)
            // 4-1. 서버로 보낼 데이터 전송 방식 설정. 대부분 GET, POST 중 하나를 지정
            // 4-2. 서버 측 응답 방식 설정. 동기, 비동기 중 선택

            // 5. 실제 데이터 전송(send() 메서드 이용)

            // T. 동기/비동기 실행 테스트를 위한 부분
            alert("전송 시작!");
       }

      // 1. 브라우저에 따른 XMLHttpRequest 생성
      function createXMLHTTPObject(){
          var xhr = null;
          if (window.XMLHttpRequest) {
              // IE7 이상, 크롬, 사파리, 파이어폭스, 오페라 등 거의 대부분의
              // 브라우저에서는 XMLHttpRequest 객체를 제공
              xhr = new XMLHttpRequest();
          }
          else {
              // IE5, IE6 버전에서는 다음과 같이 XMLHttpRequest 객체를 생성해야 합니다.
              xhr = new ActiveXObject("Microsoft.XMLHTTP");
          }

          return xhr;
      }
```

```
        // 6. 응답 처리
        function on_ReadyStateChange(){
                // 4=데이터 전송 완료. (0=초기화 전, 1=로딩 중, 2=로딩됨, 3=대화 상태)
            if(xmlHttp.readyState==4) {
    // 200은 에러 없음. (404 = 페이지가 존재하지 않음)
                if(xmlHttp.status==200) {
                    // 7. 이제 이 부분에서 서버에서 보낸 데이터를
                    // 타입(XML, JSON, CSV)에 따라 처리합니다.
                }
                else{
                    alert("처리 중 에러가 발생했습니다.");
                }
            }
        }
    </script>
</head>
<body>
</body>
</html>
```

처음 보는 구문으로 가득 차 있다고요? 괜찮습니다. 여러분을 위해 이어서 나오는 절에 이 코드를 설명하는 내용을 준비해 뒀으니 지금은 그냥 "음... Ajax를 사용하려면 이런 순서로 작업을 해야 하는구나"라고만 알아두면 됩니다. 다시 한번 언급하자면 위 코드는 정말 공식과도 같아서 자바스크립트 Ajax를 사용하게 되는 곳이면 어디든지 똑같이 사용되는 것을 직접 눈으로 확인할 수 있을 것입니다.

이해를 돕기 위해 위 코드에 대한 설명을 조금 덧붙인다면 이 코드에는 크게 변경하지 않고 그대로 사용하는 부분과 여러분이 반드시 채워줘야 하는 부분으로 나눌 수 있습니다.

먼저 아무런 변경 없이 그대로 사용하게 되는 부분은 1, 2, 3, 5, 6번 내용입니다. 이와 달리 여러분이 반드시 채워야 할 부분은 서버에 데이터를 GET 또는 POST 방식으로 보낼지와 서버 응답을 동기 또는 비동기로 받을지 선택하는 부분입니다. 이 부분에 대한 설정은 다음과 같은 조합이 가능합니다.

1. GET 방식으로 데이터를 보내고 동기로 응답 받기

2. GET 방식으로 데이터를 보내고 비동기로 응답 받기

3. POST 방식으로 데이터를 보내고 동기로 응답 받기

4. POST 방식으로 데이터를 보내고 비동기로 응답 받기

7번 부분에서는 다음과 같이 클라이언트 요청에 대한 서버 응답 형식에 둘 중 하나를 선택해서 지정합니다.

1. CSV와 JSON인 경우 responseText 프로퍼티를 사용

2. XML인 경우 reponseHTML 프로퍼티를 사용

이 내용을 그림으로 다시 한 번 정리하면 다음과 같습니다.

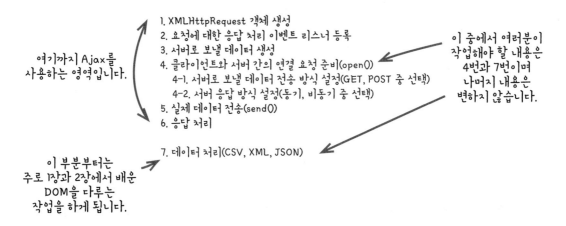

여기까지 Ajax를 사용하는 영역입니다.

1. XMLHttpRequest 객체 생성
2. 요청에 대한 응답 처리 이벤트 리스너 등록
3. 서버로 보낼 데이터 생성
4. 클라이언트와 서버 간의 연결 요청 준비(open())
   4-1. 서버로 보낼 데이터 전송 방식 설정(GET, POST 중 선택)
   4-2. 서버 응답 방식 설정(동기, 비동기 중 선택)
5. 실제 데이터 전송(send())
6. 응답 처리

7. 데이터 처리(CSV, XML, JSON)

이 중에서 여러분이 작업해야 할 내용은 4번과 7번이며 나머지 내용은 변하지 않습니다.

이 부분부터는 주로 1장과 2장에서 배운 DOM을 다루는 작업을 하게 됩니다.

일단 여기까지 이번 절에서 다루고자 했던 내용은 모두 언급한 것 같습니다. 이번 절의 내용은 이번 장에서 가장 중요한 내용이니만큼 다시 한번 복습해보면서 내용을 확실히 숙지하길 바랍니다.

이제 앞에서 예고한 대로 처리 순서를 좀더 자세히 살펴보는 내용으로 넘어가겠습니다.

XMLHttpRequest란?

여기서는 아래의 실행 순서에서 1단계와 관련된 내용을 설명합니다.

1. XMLHttpRequest 객체 생성

2. 요청에 대한 응답 처리 이벤트 리스너 등록

3. 서버로 보낼 데이터 생성

4. 클라이언트와 서버 간의 연결 요청 준비(open( ) 메서드 이용)

   4-1. 서버로 보낼 데이터 전송 방식 설정(GET, POST 중 선택).

   4-2. 서버 응답 방식 설정(동기, 비동기 중 선택).

5. 실제 데이터 전송(send( ) 메서드 이용).

T. 동기, 비동기 실행 테스트

6. 응답 처리

7. 데이터 처리(CSV, XML, JSON).

드디어 베일에 싸여 있던 XMLHttpRequest 객체를 만났습니다. 이 객체는 Ajax의 핵심이며 클라이언트와 서버 간의 통신을 담당하는 객체입니다. 또한 클라이언트와 서버 간에 통신할 때 가장 먼저 생성해야 하는 객체이기도 합니다. 하지만 아쉽게도 웹 브라우저 전쟁의 상처로 브라우저마다 객체를 생성하는 방법이 약간씩 다릅니다. 좀더 정확히 말하면 인터넷 익스플로러 5, 6버전과 7 이상(현재 인터넷 익스플로러 9까지 나온 상태입니다) 버전과 크롬, 사파리, 파이어폭스, 오페라 등에서 이 객체를 생성하는 방법이 다르다고 할 수 있습니다.

다행인 점은 생성하는 방법만 다를 뿐 제공하는 메서드나 프로퍼티 등은 모두 동일하기 때문에 이 객체를 생성할 때만 살짝 신경 쓰면 된다는 것입니다. 그럼 코드를 살펴보겠습니다.

다음은 두 영역의 브라우저에서 XMLHttpRequest 객체를 생성하는 코드입니다.

```
<script>
    window.onload=function()
    {
        // 1. 브라우저에 따른 XMLHttpRequest 생성
        var xmlHttp = createXMLHTTPObject();
    }

    // 1. 브라우저에 따른 XMLHttpRequest 생성
    function createXMLHTTPObject()
    {
        var xhr = null;
        if (window.XMLHttpRequest) {
            // IE7 버전 이상, 크롬, 사파리, 파이어폭스, 오페라 등 거의 대부분의
            // 브라우저에서는 XMLHttpRequest 객체를 제공합니다.
            xhr = new XMLHttpRequest();
        }
        else {
```

```
        // IE5, IE6 버전에서는 다음과 같은 방법으로 XMLHttpRequest 객체를 생성해야 합니다.
        xhr = new ActiveXObject("Microsoft.XMLHTTP");
    }
    return xhr;
}
</script>
```

요즈음에는 IE6도 서서히 사용하지 않는 추세이고 대부분의 브라우저에서 XMLHttpRequest 객체를 제공하고 있기 때문에 먼저 XMLHttpRequest 객체를 찾아 생성하는 부분을 앞에 위치 시켰으며, 그렇지 않은 경우 IE5, IE6 버전일 것이므로 이 두 브라우저에서 XMLHttpRequest 객체를 생성하기 위해 공통적으로 지원하는 ActiveXObject("Microsoft.XMLHTTP") 구문으로 XMLHttpRequest 객체를 생성했습니다. 물론 이 방법 말고도 주로 사용하는 또 다른 방법도 있습니다. 이 내용은 "핵심 내용"에서 좀더 자세히 다루겠습니다.

사실 이 부분도 거의 공식처럼 사용되는 코드입니다. 이 책뿐만 아니라 Ajax를 다루는 다른 책에서도 이와 거의 같은 코드를 쉽게 볼 수 있을 것입니다. (jQuery Ajax 내부에도 이와 같은 방식으로 XMLHttpRequest 객체를 생성합니다.) 그러니 이 부분은 이렇게 하나의 함수로 만들어 필요할 때마다 코드를 재사용할 수 있게 캡슐화하는 편이 좋습니다. 미리 귀띔하자면 4장에서 다룰 jQuery Ajax에는 바로 이와 같은 귀찮은 작업이 모두 포장돼 있어 좀더 건설적인 작업에만 몰두할 수 있습니다.

"그럼 바로 jQuery Ajax를 사용하면 안 되나요?"라는 소리가 여기저기서 들리는 듯하네요. 아니요. 절대 안 됩니다. 하루 이틀 개발할 거라면 모르겠지만 중요한 건 원리를 이해하는 것입니다. 1장에서 자바스크립트의 기본 개념과 이를 활용한 DOM 다루기를 배웠기에 jQuery와 jQuery를 활용해 DOM을 다루는 방법을 아주 쉽게 배울 수 있었던 것처럼 jQuery Ajax 역시 자바스크립트 Ajax를 단순히 포장하고 있는 라이브러리에 불과하므로 Ajax를 이해하는 것이 반드시 필요합니다.

이어서 XMLHttpRequest 객체에서 반드시 알고 있어야 할 주요 메서드와 프로퍼티를 알아보 겠습니다.

주요 메서드

주요 프로퍼티

프로퍼티	설명
readyState	요청 상태를 나타내며, 이 프로퍼티를 이용하면 클라이언트와 서버 간의 데이터 통신이 현재 어디까지 진행되고 있는지 알 수 있습니다. 아래는 주요 상태 정보입니다. 0 = 초기화되지 않은 상태. 1 = 로드되지 않은 상태. 즉 send() 메서드가 호출되지 않은 상태. 2 = 로드된 상태. 헤더와 상태는 받았지만 아직 응답을 받지 못한 상태. 3 = 상호작용 상태. 데이터의 일부분만 받은 상태. 4 = 완료 상태. 모든 데이터를 받아서 완료된 상태.

프로퍼티	설명
onreadystatechange	요청 상태가 변경될 때 발생하는 이벤트입니다. 이 부분은 잠시 후에 좀더 자세히 다루겠습니다.
responseText	서버 응답에 반환된 본문 콘텐츠입니다.
responseXML	서버 응답이 XML인 경우 이 프로퍼티에 XML 본문 콘텐츠로 채워집니다.
status	서버 응답 상태를 나타냅니다. 　200 = 성공 　404 = 페이지를 찾을 수 없음.
statusText	응답으로 반환된 상태 메시지입니다.

 응답 이벤트 처리

여기서는 아래의 실행 순서에서 2, 6단계와 관련된 내용을 살펴보겠습니다.

~~1. XMLHttpRequest 객체 생성 완료~~

2. 요청에 대한 응답 처리 이벤트 리스너 등록

3. 서버로 보낼 데이터 생성

4. 클라이언트와 서버 간의 연결 요청 준비(open( ) 메서드 이용)

　　4-1. 서버로 보낼 데이터 전송 방식 설정(GET, POST 중 선택)

　　4-2. 서버 응답 방식 설정(동기, 비동기 중 선택)

5. 실제 데이터 전송(send( ) 메서드 이용)

T. 동기, 비동기 실행 테스트

6. 응답 처리

7. 데이터 처리(CSV, XML, JSON 중 선택)

XMLHttpRequest 객체의 onreadystatechange 이벤트는 클라이언트와 서버 간의 데이터 전송 상태가 바뀔 때마다 발생하는 이벤트입니다. 즉, 서버가 클라이언트가 요청한 응답으로 보내는 데이터를 얻으려면 이 이벤트를 사용해야 한다는 의미입니다. 이를 위해는 먼저 실제 데이터 전송이 이뤄지기 전에 다음과 같이 이벤트 리스너를 등록해야 합니다.

```
// 1. 브라우저에 따른 XMLHttpRequest 생성
var xmlHttp = createXMLHTTPObject();
```

```
    // 2. 요청에 대한 응답 처리 이벤트 리스너 등록
    xmlHttp.onreadystatechange=on_ReadyStateChange;
```

이후 연결 요청 준비(open( ) 메서드) 단계와 실제 데이터 전송(send( ) 메서드 이용)이 이뤄지
면 방금 전에 이벤트 리스너로 등록한 on_ReadyState( ) 리스너 함수가 실행되기 시작합니다.
그리고 나면 데이터를 주고받는 과정에서 통신이 정상적으로 이뤄졌고 그 시점이 언제인지를
알아내기만 하면 됩니다.

이러한 시점을 알아내는 방법은 아주 간단합니다(아래 코드 참고).

```
    // 6. 응답 처리
    function on_ReadyStateChange()
    {
        // 4=데이터 전송 완료. (0=초기화 전, 1=로딩 중, 2=로딩됨, 3=대화 상태)
        if(xmlHttp.readyState==4)
        {
            // 200은 에러 없음.(404=페이지가 존재하지 않음)
            if(xmlHttp.status==200) {
                // 7. 이제 이 부분에서 서버에서 보낸 데이터를
                // 타입(XML, JSON, CSV)에 따라 처리합니다.
            }
            else{
                alert("처리 중 에러가 발생했습니다.");
            }
        }
    }
```

먼저 status 프로퍼티 값이 응답 성공을 나타내는 200이고 readyState 프로퍼티가 클라이언트
에서 요청한 모든 데이터를 모두 받았음을 나타내는 4인 경우 정상적으로 서버와의 통신이 완
료됐다는 뜻이므로 이때 서버에서 보내온 데이터가 담긴 responseText와 responseXML 프
로퍼티를 알맞게 사용하면 됩니다. (데이터를 처리하는 내용은 잠시 후에 자세히 다룹니다.)

일단 여기까지 응답 이벤트 처리와 관련된 설명을 마무리 짓겠습니다. 아마도 지금 보면 이상
한 코드가 많아서 뭔가 어려운 수학 공식처럼 느껴질 분도 있을 텐데, 이런 분들을 위해 다시
한번 이야기하지만 여기서 살펴본 내용은 거의 공식처럼 그대로 사용되니 절대 의기소침하지
말고 "음… 이렇게 실행되는군!" 정도만 알아두면 됩니다.

GET 방식, POST 방식

이번에는 아래의 실행 순서에서 4-1단계와 관련된 내용을 살펴보겠습니다.

~~1. XMLHttpRequest 객체 생성~~

~~2. 요청에 대한 응답 처리 이벤트 리스너 등록~~

~~3. 서버로 보낼 데이터 생성.~~

4. 클라이언트와 서버 간의 연결 요청 준비(open( ) 메서드 이용)

    4-1. 서버로 보낼 데이터 전송 방식 설정(GET, POST 중 선택).

    4-2. 서버 응답 방식 설정(동기, 비동기 중 선택).

5. 실제 데이터 전송(send( ) 메서드 이용).

T. 동기, 비동기 실행 테스트

~~6. 응답 처리~~

7. 데이터 처리(CSV, XML, JSON 중 선택).

GET과 POST는 HTTP 메서드의 한 종류이며, HTTP 메서드는 클라이언트 데이터(매개변수)를 서버로 보내는 방식을 의미합니다. HTTP 메서드로는 GET, POST 말고도 PUT, TRACE와 같은 메서드가 있으며, 대표적으로 GET과 POST라는 두 가지 방식을 가장 많이 사용합니다.

GET 방식

서버로 보낼 클라이언트의 데이터를 URL에 포함시켜 보내는 방법을 GET 방식이라고 합니다.

형식

```
http://주소?매개변수=값&매개변수=값....
```

GET 방식으로 서버에 데이터를 보내는 경우는 이렇게 주소 다음에 "?"를 넣은 후 매개변수=값을 넣어주면 됩니다. 여러 개인 경우 구분자로 "&"를 넣어주세요.

예)

```
http://www.ddandongne.com/test.php?name=ddandongne&pw=1234
```

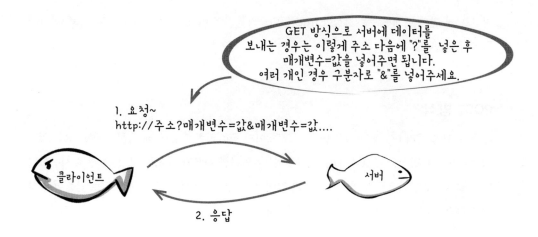

GET 방식으로 서버에 데이터를
보내는 경우는 이렇게 주소 다음에 "?"를 넣은 후
매개변수=값을 넣어주면 됩니다.
여러 개인 경우 구분자로 "&"를 넣어주세요.

1. 요청~
http://주소?매개변수=값&매개변수=값....

클라이언트

서버

2. 응답

GET 방식으로는 보낼 수 있는 데이터의 양이 정해져 있습니다. 그래서 간단한 데이터를 보낼 때 주로 사용합니다. 또한 URL에 포함시켜 보내다 보니 전송하는 내용이 모두 눈에 보이기 때문에 민감한 내용인 경우 GET 방식으로는 보내지 않는 편이 바람직합니다.

적용 방법

GET 메서드를 적용하는 방법은 아주 간단합니다.

먼저 XMLHttpRequest의 open( ) 메서드의 첫 번째 매개변수로 "GET"을 넣고, 서버로 보낼 데이터가 있는 경우 다음과 같이 요청 URL에 데이터를 문자열로 덧붙인 값을 두 번째 인자로 지정합니다.

```
var data ="id=ddandongne&pw=sample";
request.open("GET", "test.php?"+data", true);
```

또는 데이터를 변수에 담지 않고 요청 URL에 바로 붙여서 설정하는 방법도 있습니다.

```
request.open("GET", "test.php?id=ddandongne&pw=sample", true);
```

물론 서버로 보낼 데이터가 없는 경우라면 요청 URL만 작성하면 됩니다.

```
request.open("GET", "test.php", true);
```

끝으로 request.send(null) 메서드를 실행하면 통신이 시작됩니다.

참고로 세 번째 매개변수로 지정한 true는 비동기를 뜻하며 동기/비동기를 다룰 때 좀더 자세히 다루겠습니다.

POST 방식

GET 방식과 달리 POST 방식은 많은 양의 데이터를 한꺼번에 보낼 때 특히 유용합니다. 일반적으로 POST 방식은 주로 폼(Form) 태그 안에 입력한 사용자 정보를 보낼 때 주로 사용합니다. 만약 GET 방식으로 보낸다면 다음과 같이 전송해야 할 내용을 모두 문자열로 만들어야 하니 이것만으로도 아주 번거로운 작업이 됩니다.

url+?매개변수=값&매개변수=값…

바로 이럴 때 POST 방식을 이용하면 이런 작업을 하지 않고도 폼 태그 내부에 정보를 한번에 보낼 수 있기 때문에 아주 쉽게 데이터를 전송할 수 있습니다.

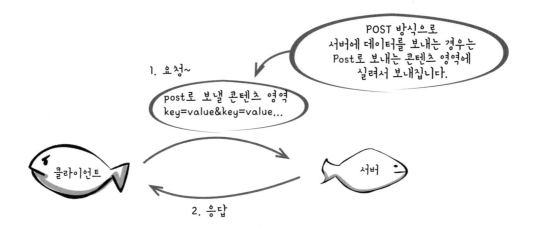

하지만 Ajax에서는 POST 방식으로 데이터를 보낼 때 폼 태그에 실어서 보내는 게 아니라 GET 방식처럼 다음과 같이 약간의 번거로운 작업이 필요합니다.

적용 방법

POST 방식으로 데이터를 보내려면 먼저 open( ) 메서드의 첫 번째 매개변수에 GET 대신 POST를 넣는 것으로 시작합니다. 두 번째 매개변수에는 서버로 보낼 데이터를 뺀 요청 URL 만 지정합니다. 대부분 비동기로 응답을 받기 때문에 세 번째 매개변수에 true를 지정합니다.

```
request.open("POST","test.php", true);
```

그리고 POST 방식으로 보낼 때는 다음과 같이 헤더에 콘텐츠 타입이 form-urlencoded임을
지정해야 합니다.

```
request.setRequestHeader("Content-Type","application/x-www-form-urlencoded");
```

이제 POST 방식으로 요청할 준비가 끝났으니 서버로 보낼 데이터를 설정해야겠죠? GET 방
식에서는 send( ) 메서드에 null을 지정했던 것과 달리 POST 방식에서는 send( ) 메서드의 매
개변수 값으로 서버로 보낼 데이터를 넣어서 실행하면 통신이 시작됩니다.

```
request.send("id=ddandongne&pw=sample");
```

이렇게 해서 4-1단계를 자세히 살펴봤습니다.

Ajax 동기/비동기 응답 설정

이번에는 아래의 실행 순서에서 4-2단계와 관련된 내용을 살펴보겠습니다.

1. XMLHttpRequest 객체 생성.

2. 요청에 대한 응답 처리 이벤트 리스너 등록.

3. 서버로 보낼 데이터 생성.

4. 클라이언트와 서버 간의 연결 요청 준비(open( ) 메서드 이용).

    4-1. 서버로 보낼 데이터 전송 방식 설정(GET, POST 중 선택)

    4-2. 서버 응답 방식 설정(동기, 비동기 중 선택)

5. 실제 데이터 전송(send( ) 메서드 이용).

T. 동기/비동기 실행 테스트

6. 응답 처리

7. 데이터 처리(CSV, XML, JSON 중 선택).

동기/비동기는 서버에 원하는 요청을 보내고 이에 대한 응답이 올 때까지 어떤 식으로 기다릴
지를 나타냅니다.

동기(Synchronous) 방식

동기 방식에서는 5단계의 send( ) 메서드에 의해 서버 통신이 본격적으로 시작되면 send( ) 이후의 5, 6, 7단계를 실행하며, 클라이언트와 서버 간의 요청과 응답이 모두 마무리된 후 비로소 T번의 내용이 실행됩니다. 이렇게 실행되기 때문에 동기 방식이라고 합니다.

적용 방법

```
xmlHttp.open("GET","test.php?user=ddandongne", false);
```

↑

1. open() 메서드의 세 번째 인수에 동기 방식을 의미하는 값인 false를 넣어줍니다.

동기 방식으로 응답을 받고 싶다면 그냥 open( ) 메서드의 세 번째 매개변수로 false를 지정하기만 하면 됩니다. 다만 방금 전에도 알아본 것처럼 동기 방식은 특성상 언제 올지 모르는 요청에 대한 응답을 아무것도 하지 못 한 채로 계속해서 기다려야 하기 때문에 특별한 경우를 제외하고는 거의 사용하지 않습니다.

예제를 하나 살펴보겠습니다.

소스

```
<script>
    var xmlHttp;
    window.onload=function(){
        // 1. 요청 객체 생성: 웹 표준 지원 브라우저일 경우
        xmlHttp = new XMLHttpRequest();
        // 2. 요청에 대한 응답 처리 이벤트 리스너 등록
        xmlHttp.onreadystatechange=on_ReadyStateChange;
        // 3. 서버로 보낼 매개변수 생성
        var strParam = "id=ddandongne&pw=sample"
        // 4. 클라이언트와 서버 간의 연결 요청 준비(open() 메서드 이용)
        xmlHttp.open("GET", "data.php?"+strParam, false);
        // 5. 실제 데이터 전송(send() 메서드 이용)
        xmlHttp.send("id=ddandongne&pw=sample");
        // T. 동기/비동기 실행 테스트
        alert("전송 시작");
    }
```

```
        // 6. 응답 처리
        function on_ReadyStateChange(e){
            // 4=데이터 전송 완료(0=초기화 전,1=로딩 중,2=로딩됨,3=대화 상태)
            if(xmlHttp.readyState==4){
                // 200은 에러 없음(404=페이지가 존재하지 않음)
                if(xmlHttp.status==200){
                    // 7. CSV, XML, JSON에 따른 데이터 처리
                    alert("이 부분에서 데이터를 처리합니다.")
                }
                else{
                    alert("처리 중 에러가 발생했습니다.");
                }
            }
        }
    </script>
```

실행 과정

여기서는 5단계의 send( ) 메서드에 의해 실제 데이터 전송이 이뤄지면 잠시 후 클라이언트에 대한 요청 응답이 정상적으로 이뤄진 경우 on_ReadyStateChange( ) 함수 내부의 7단계에 해당하는 alert("이 부분에서 데이터를 처리합니다.") 구문이 실행됩니다. 이와 관련된 모든 처리가 끝나면 비로소 T단계인 alert("전송 시작") 구문이 실행됩니다.

비동기(Asynchronous) 방식

비동기 방식은 동기 방식의 반대라고 생각하면 됩니다. 서버 요청에 대한 응답을 무턱대고 기다리는 게 아닌 응답을 보낸 후 바로 다음 작업을 진행할 수 있습니다. 이 방식은 이후 응답이 오면 요청에 대한 응답 처리 이벤트 리스너로 등록해 둔 함수가 실행되는 구조입니다. 그래서 실행 순서는 동기 방식과 달리 5, T, 6, 7단계 순으로 실행됩니다.

적용 방법

```
xmlHttp.open("GET","test.php?user=ddandongne",true);
```

1. open() 메서드의 세 번째 인수에 비동기 방식을 의미하는 값인 true 를 넣어줍니다.

비동기 방식에서는 open( ) 메서드의 세 번째 매개변수로 false 대신 true를 지정하기만 하면 비동기로 응답을 받을 수 있습니다.

비동기 역시 예를 들어 설명하자면

소스

```
<script>
    var xmlHttp;
    window.onload=function(){
        // 1. 요청 객체 생성(웹 표준 지원 브라우저일 경우)
        xmlHttp = new XMLHttpRequest();
        // 2. 요청에 대한 응답 처리 이벤트 리스너 등록
        xmlHttp.onreadystatechange=on_ReadyStateChange;
        // 3. 서버로 보낼 매개변수 생성
        var strParam= "id=ddandongne&pw=sample"
        // 4. 클라이언트와 서버 간의 연결 요청 준비(open() 메서드 이용)
        xmlHttp.open("GET", "data.php?"+strParam, true);
        // 5. 실제 데이터 전송(send() 메서드 이용)
        xmlHttp.send("id=ddandongne&pw=sample");
        // T. 동기/비동기 실행 테스트
        alert("전송 시작");
    }

    // 6. 응답 처리
    function on_ReadyStateChange(e){
        // 4=데이터 전송 완료.(0=초기화 전,1=로딩 중,2=로딩됨,3=대화 상태)
        if(xmlHttp.readyState==4){
            // 200은 에러 없음(404=페이지가 존재하지 않음)
            if(xmlHttp.status==200){
                // 7. CSV, XML, JSON에 따른 데이터 처리
                alert("이 부분에서 데이터를 처리합니다.")
            }
            else{
                alert("처리 중 에러가 발생했습니다.");
            }
        }
    }

</script>
```

실행 과정

여기서는 5단계의 send( ) 메서드에 의해 실제 데이터가 전송되면 T단계에 해당하는 alert("전송 시작") 구문이 아무런 기다림 없이 바로 실행됩니다. 잠시 후, 클라이언트에 대한 요청이 모

두 정상적으로 이뤄지면 7번에 해당하는 alert("이 부분에서 데이터를 처리합니다") 구문이 실행됩니다.

즉, 동기 방식과 비동기 방식의 가장 큰 차이점은 request.send( ) 메서드를 실행해 클라이언트 요청을 서버로 보낸 후 응답이 올 때까지 다음 구문(7단계)을 실행하지 않고 그 자리에서 아무것도 하지 않은 채로 기다릴지(동기 방식), 아니면 기다리지 않고 바로 이어서 그 다음 문을 실행할 것인지(비동기 방식)에 있습니다. 이 부분을 제외하면 동기와 비동기의 차이점은 전혀 없습니다.

응답 형식

XMLHttpRequest의 send( ) 함수가 실행되면 요청이 서버로 전송되기 시작합니다. 얼마 후 서버는 요청에 대한 응답으로 데이터를 보내주는데, 이때 서버에서는 주로 CSV, XML 그리고 JSON이라는 세 가지 형식 중 하나를 선택한 후 이 형식에 맞게 데이터를 가공해서 보내줍니다. 그리고 클라이언트에서는 이렇게 받은 응답 데이터를 데이터 형식에 맞게 변환해서 사용하게 되는 것이죠. 이번 절에서는 이러한 세 가지 데이터 형식에 대해 자세히 알아보겠습니다.

~~1. XMLHttpRequest 객체 생성~~

~~2. 요청에 대한 응답 처리 이벤트 리스너 등록~~

~~3. 서버로 보낼 데이터 생성~~

~~4. 클라이언트와 서버 간의 연결 요청 준비(open( ) 메서드 이용)~~

~~4-1. 서버로 보낼 데이터 전송 방식 설정(GET, POST 중 선택)~~

~~4-2. 서버 응답 방식 설정(동기, 비동기 중 선택)~~

~~5. 실제 데이터 전송(send( ) 메서드 이용)~~

~~7. 동기/비동기 실행 테스트~~

~~6. 응답 처리~~

7. 데이터 처리(CSV, XML, JSON 중 선택).

시작하기에 앞서 여러분 가운데 아마 CSV나 JSON과 같은 용어를 이 책에서 처음 접하는 분이 있을 것입니다. 또는 JSON이란 용어가 웹 동네에서 소문이 잘 못나서 왠지 내공이 충만한 고수만이 알고 있는 있다고 생각하는 분들도 주위에서 많이 접했습니다. 하지만 결론적으로 새로운 용어가 등장했다고 해서 너무 두려워할 필요는 전혀 없습니다.

그럼 정말 단순한 용어에 불과한지 지금 바로 자세히 살펴보겠습니다.

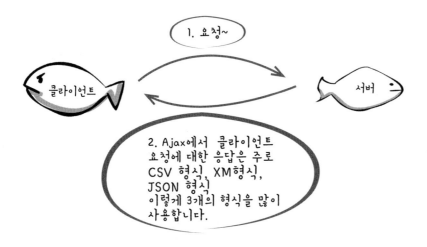

CSV(Comma Separated Value)

그냥 들으면 뭔가 왠지 뭔가 있어 보이는 용어처럼 들리지만 알고 보면 이름만 번지르르하지 세 가지 형식 중 가장 단순하면서 지극히 평범한 텍스트 형식입니다. CSV는 이름에서도 알 수 있듯이 서버 측 응답 내용에 특정 구분자를 추가해서 하나의 문자열로 보내는 방식을 말합니다. 구분자로는 콤마(Comma) 말고도 사용자가 원하는 문자를 사용할 수 있습니다.

그럼 예를 들어볼까요?

서버에서는 다음과 같이 클라이언트 요청에 대한 결과값을 특정 구분자로 묶어 하나의 기다란 문자열로 만들어 응답으로 보냅니다.

```
사용된 구분자 =","
"ddandongne,12345"

사용된 구분자 ="||"
"id=ddandongne||pw=12345"
```

```
사용된 구분자 ="&"
"id=ddandongne&pw=12345"
```

그러면 클라이언트에서는 이 응답을 받아 서버에서 사용한 구분자를 그대로 이용해 결과값을 분리해서 데이터를 처리합니다.

```
var aryData = request.responseText.split("¦¦");
var objResult = {};
for(var i=0;i<aryData.length;i++)
{
    var keyValue  = aryData[i].split("=");
    objResult[keyValue[0]]=keyValue[1];
}
```

바로 이렇게 사용되는 형식을 CSV라고 합니다. 어떤가요? 정말 간단하죠?!

XML

XML 형식은 웹 이외에도 방대하게 사용되는 형식이라서 이 책에서는 여러분이 XML을 이미 알고 있다는 가정하에 진행하겠습니다. XML을 처음 접하는 분이라면 먼저 XML에 대해 알아본 후에 아래 내용을 읽어주시길 바랍니다.

서버에서는 다음과 같은 형태로 응답을 XML 형식으로 클라이언트에 보내줍니다.

```
header("Content-Type:text/xml; charset=utf-8");
<result>
    <success>1</success>
    <id>ddandongne</id>
    <pw>123456</pw>
</result>
```

그러면 클라이언트에서는 다음과 같은 식으로 XML을 파싱해서 데이터를 처리합니다.

```
var xmlHttp = new XMLHttpRequest();
 . . . . . . . . .
```

JavaScript DOM

```
var xmlInfo = xmlHttp.responseXML;
var id = xmlInfo.getElementsByTagName("id")[0];
var pw = xmlInfo.getElementsByTagName("pw")[0];
alert("id="+id.firstChild.nodeValue);
alert("pw="+pw.firstChild.nodeValue);
```

jQuery DOM

```
$xmlInfo=$(xmlHttp.responseXML);
var id = $xmlInfo.find("id").text()
var pw = $xmlInfo.find("pw").text();
alert("id="+id);
alert("pw="+ pw);
```

자바스크립트에서는 XML도 DOM의 한 종류이므로 1장에서 배운 자바스크립트 DOM과 2장에서 배운 jQuery DOM을 이용해 응답으로 받은 데이터를 처리하면 됩니다.

JSON

앞에서도 언급했듯이 JSON이라는 용어가 다소 고급스럽게 과대포장돼 있어서 자바스크립트를 이제 막 시작한 초보자 분들이 약간 어렵게 생각할 때가 있습니다. 하지만 JSON도 CSV와 마찬가지로 특정 규칙이 정해진 형식일 뿐 어려운 부분은 전혀 없습니다.

사실 JSON(JavaScript Object Notation)은 여러분에게 너무도 친숙한 자바스크립트 객체 구조를 지닌 문자열에 불과합니다. 아래는 리터럴 방식으로 정의한 자바스크립트 객체입니다.

```
{
    id:"ddandongne",
    pw:"123456"
}
```

이 객체를 그대로 다음과 같이 문자열로 만들어

```
var str='{';
str+='    "id":"ddandongne",';
str+='    "pw":"123456"';
str+='}';
```

서버에서 클라이언트에게 보내는데, 바로 이런 스타일을 JSON 형식이라고 합니다. 이번에는 실제 예를 들어보겠습니다.

서버에서는 다음과 같이 응답을 JSON 형식 문자열로 클라이언트에 보냅니다.

```
$result='{';
    $result.='"id":"ddandongne",';
    $result.='"pw":"123456"';
$result.='}';

echo($result);
```

그러면 클라이언트에서는 응답으로 받은 JSON 형식 문자열을 자바스크립트 객체로 만들어 처리합니다.

```
var xmlHttp = new XMLHttpRequest();
. . . . . . . .
var objResult = eval("("+xmlHttp.responseText+")");
alert("id = "+objResult.id);
alert("pw = "+ objResult.pw);
```

이것으로 Ajax와 관련된 기초적인 내용과 용어를 모두 알아봤으며, 핵심 내용 길잡이의 핵심 주제였던 Ajax를 활용한 서버와의 통신 순서를 이해하는 데 필요한 내용까지 모두 자세하게 살펴봤습니다.

이번 장에서 배운 내용을 어느 정도 숙지했다는 자신감이 든다면 다음 장에서 다룰 내용이 아주 쉽게 느껴질 것입니다. 그러니 이번 장의 내용이 다소 어렵게 느껴지는 분이라면 다시 한번 이번 장의 내용을 차근차근 읽어보길 권장합니다.

그럼 잠시 휴식을 취한 후 Ajax의 심장부인 핵심 내용 단계로 넘어가겠습니다.

02. 핵심 내용!!

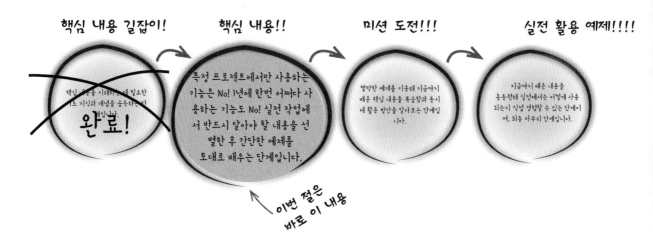

핵심 내용 길잡이!

핵심 내용을 이해하는데 필요한 기초 지식과 개념을 습득하는 단계입니다.

완료!

핵심 내용!!

특정 프로젝트에서만 사용하는 기능은 No! 1년에 한번 어쩌다 사용하는 기능도 No! 실전 작업에서 반드시 알아야 할 내용을 선별한 후 간단한 예제를 토대로 배우는 단계입니다.

이번 절은 바로 이 내용

미션 도전!!!

짤막한 예제를 이용해 지금까지 배운 핵심 내용을 복습함과 동시에 활용 방안을 알아보는 단계입니다.

실전 활용 예제!!!!

지금까지 배운 내용을 종합하여 실전에서는 어떻게 사용되는지 직접 경험할 수 있는 단계이며, 최종 마무리 단계입니다.

이 절부터 지금까지 배운 자바스크립트 Ajax 핵심 내용 길잡이 내용을 바탕으로 Ajax에서 반드시 알아야 할 필수 핵심 기초 내용과 실전업무를 진행할 때 반드시 알아야 할 필수 핵심기능을 배우게 됩니다. 진행 방식은 미리 언급했던 것처럼 먼저 선행해야 하는 내용을 우선순위별로 나열한 후 각 요소를 이해하기 쉽도록 특정 크기로 조각낸 다음 하나씩 하나씩 배워 나가는 순서로 진행됩니다.

보세요!

1. 우리가 배울 핵심 주제를 선정한 후 우선순위별로 나열합니다.

자바스크립트 DOM

jQuery DOM

자바스크립트 Ajax

jQuery Ajax

실전활용1

실전활용2

실전활용3

컥!

자바스크립트 핵심 메서드와 프로퍼티

노드 추가, 삭제, 찾기, 이동

속성 추가, 수정, 값 구하기

스타일 다루기

자~죽욱!

자바스크립트 DOM 조각 나누기입니다.

2. 배우기 쉽도록 작은 조각으로 나눕니다.

Ajax를 실전 업무에 사용하기 위해 반드시 알아둬야 할 내용은 다음과 같습니다.

1. XMLHttpRequest 객체 생성

2. Ajax 작업을 위한 환경설정

3. GET 방식으로 데이터 보내고 서버에서 동기식으로 CSV 형식의 데이터 응답 받기

4. POST 방식으로 데이터 보내고 서버에서 비동기식으로 CSV 형식의 데이터 응답 받기

5. POST 방식으로 데이터 보내고 서버에서 비동기식으로 XML 형식의 데이터 응답 받기

6. POST 방식으로 데이터 보내고 서버에서 비동기식으로 JSON 형식의 데이터 응답 받기

7. 외부 XML 파일 읽기

8. 외부 JSON 파일 읽기

이번 장의 핵심 내용은 1장과 2장에 비해 그렇게 많지 않습니다. 개수만 놓고 보자면 왠지 아주 가벼운 마음으로 진행할 수 있을 듯한 느낌까지 듭니다. 그렇죠?

그런데 "정말 이것만 할 줄 알면 Ajax를 확실히 정복할 수 있다는 게 사실인가요? 시중에서 판매되는 Ajax 책을 보면 내용이 상당히 많던데 정말 이것만 알면 되는 건가요?"라고 질문할 분도 있을 것 같습니다. 이런 생각이 드는 것은 당연합니다. 하지만 Ajax 책을 자세히 들여다보면 Ajax에 관련된 프로그래밍보다 구글 맵 연동이나 검색어 자동 완성과 같은 오픈 API 활용과 관련된 내용으로 많이 채워져 있습니다.

그렇다면 자바스크립트 DOM과 jQuery DOM을 힘겹게 넘어 이제 막 Ajax를 시작한 여러분에게 A4 용지로 몇 십 장 되는 덩치 큰 프로젝트의 소스 코드를 한 줄씩 분석하는 방법이 다음 단계로 가는 가장 효과적인 방법일까요? 물론 이것도 좋은 방법일 수 있지만 현재 시점에서 가장 필요한 것은 바로 핵심 내용 길잡이에서 배운 Ajax를 좀더 확실히 이해하는 데 도움이 되는 간단하면서도 핵심적인 내용이 담긴 예제일 것입니다. 이런 예제를 이용해 Ajax를 하나씩 알아간다면 커다란 Ajax 프로젝트도 스스로 이해하며 학습할 수 있을 것입니다. 그래서 이번 장에서는 핵심 예제를 살펴보면서 내용을 진행하겠습니다.

또한 이번 장에서 다루는 내용쯤은 알고 있어야 아직 접하지 못한 오픈 API 관련 기능을 활용하는 데 구애받지 않을 것입니다. 그러니 이번 장에 나온 내용 역시 1장과 2장에서 해온 것처럼 순서대로 하나씩 이해해 나간다면 자바스크립트 Ajax를 아주 쉽게 정복할 수 있을 것입니다.

지금까지의 예제는 웹 브라우저에서 모든게 테스트 가능했습니다. 하지만 이번 장부터 등장하는 Ajax 예제는 대부분 서버와 통신을 해서 데이터를 받아오고 외부 파일을 읽어 데이터로 사용하는 예제이기 때문에 일반적인 방법으로는 실행할 수 없으며 반드시 웹 서버와 서버스크립트의 도움을 받아야 합니다.

이 책에서는 이를 위해 웹 서버로 아파치(Apache)를 사용할 것이며 서버 측 스크립트 언어로는 PHP를 사용할 것입니다.

2-1. 서버 환경 구축

사실 아파치를 설치하고 아파치에서 PHP가 실행하도록 설정해주는 일은 여간 번거로운 일이 아닐 수 없습니다. 여기에 DB 서버까지 설정해야 한다면 이러한 작업에 익숙하지 않은 사용자에게는 더더욱 복잡한 일이 되곤 합니다. 다행히 이런 번거로운 작업을 한꺼번에 해결해주는 프로그램이 있으니 그 이름은 바로 APMSETUP입니다. APMSETUP을 이용하면 여러분이 만든 웹 콘텐츠를 실제 서비스할 웹 서버에서 올리기 전에 여러분의 컴퓨터에서 다양하게 테스트해 볼 수 있습니다.

이 책에서는 APMSETUP 프로그램을 이용해 아파치 웹서버와 PHP를 동시에 설치하겠습니다. 설치 방법은 다음과 같습니다.

APMSETUP 프로그램 다운로드

http://www.apmsetup.com 또는 포탈 검색을 이용해 apmsetup7 프로그램을 찾아 내려받습니다.

APMSETUP 설치

APMSETUP.EXE 파일을 실행하면 맨 처음 다음과 같은 화면이 나타납니다. 언어에서 Korean를 선택한 후 OK 버튼을 누릅니다.

다음으로 설치를 시작한다는 화면이 나옵니다. 다음 버튼을 눌러줍니다.

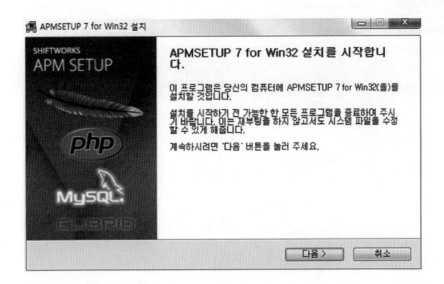

사용권 계약에 동의할 것인지 물어보는 화면이 나타납니다. 동의함 버튼을 눌러줍니다.

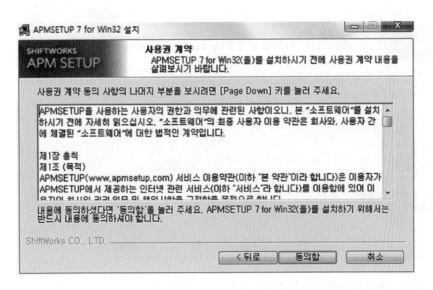

구성 요소 선택 화면이 나오면 아래 화면과 같이 항목을 체크한 후 다음 버튼을 누릅니다.

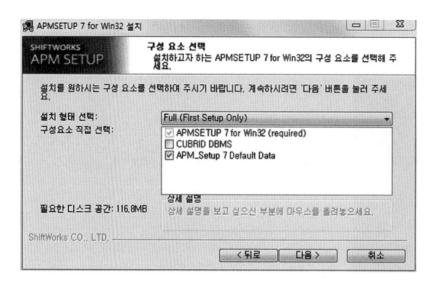

설치 위치 선택 화면입니다. 여러분 컴퓨터에 APMSETUP을 설치할 위치를 지정한 다음 설치
버튼을 눌러 줍니다.

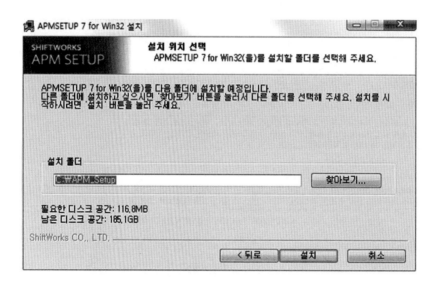

아무런 문제없이 설치가 정상적으로 끝났다면 다음과 같이 설치 완료 화면을 볼 수 있을 것입
니다.

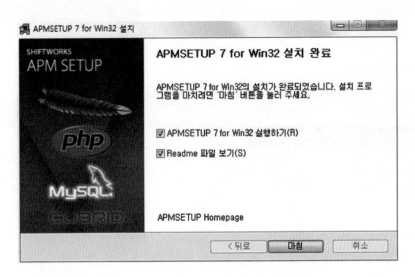

APMSETUP이 정상적으로 설치됐는지 확인하기 위해 마침을 누른 후 브라우저 주소 입력란에 http://localhost라고 입력합니다. 정상적으로 설치됐다면 다음과 같은 화면을 볼 수 있습니다.

이제 APM SETUP 설치가 끝났습니다.

APMSETUP 환경 설정

아파치 홈 디렉토리 설정

APMSETUP 프로그램을 실행합니다.

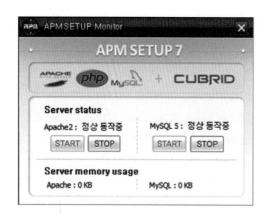

윈도우 트레이 아이콘 목록을 보면 APMSETUP 아이콘이 보입니다. 이때 아이콘에서 오른쪽
마우스크를 클릭하면 다음과 같은 콘텍스트 메뉴가 나오는데, "서버 환경 설정"을 선택합니다.

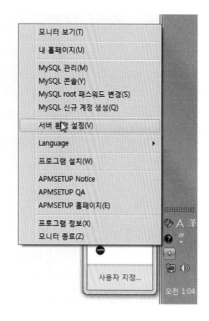

Apache 설정 탭을 선택하면 홈 디렉토리와 서버 주소, 그리고 포트 번호 등 각종 아파치 설정을 변경할 수 있는 화면이 나타납니다. 여기서는 디렉토리를 변경하지 않고 현재 설정돼 있는 홈 디렉토리를 그대로 사용하겠습니다.

홈 디렉토리 밑으로 book이라는 폴더를 만든 후 책 예제를 모두 book 폴더에 복사해 줍니다.

이렇게 해서 Ajax 테스트를 위한 서버 환경 설정 작업이 끝났습니다.

예제 테스트 방법

예를 들어 3장의
C:\APM_Setup\htdocs\book\3_js_ajax\2_keypoint\key3_async_get_csv\
key3_async_get_csv.html
를 실행한다면

웹브라우저의 주소 입력란에

http://localhost/book/3_js_ajax/2_keypoint/key3_async_get_csv/key3_async_get_
csv.html

라고 입력합니다.

바로 이런 식으로 Ajax 예제를 실행하면 됩니다.

XMLHttpRequest 객체 생성

Ajax의 시작은 항상 XMLHttpRequest 객체를 생성하는 것부터 시작합니다.
XMLHttpRequest 객체를 생성하는 방법은 핵심 내용 길잡이에서 다룬 내용 말고도 주로 사용
하는 방법이 한 가지 더 있는데, 이 내용은 앞 절에서 다룬 내용을 먼저 살펴본 다음 알아보겠
습니다.

방법1 • 3_js_ajax/2_keypoint/key1_create/key1_create_XMLHTTPRequest1.html

```
<script>
    window.onload=function({
        var xmlHttp = createXMLHTTPObject();
    }

    // 1. 실제 XMLHttpRequest 객체를 생성하는 함수입니다.
    function createXMLHTTPObject(){
        var xhr = null;

        if(window.XMLHttpRequest){
            // IE7 버전 이상 크롬, 사파리, 파이어폭스, 오페라 등 거의 대부분의
            // 브라우저에서는 XMLHttpRequest 객체를 제공합니다.
            xhr = new XMLHttpRequest();
        }
        else{
            // IE5, IE6 버전에서는 다음과 같은 방법으로 XMLHttpRequest 객체를
            // 생성해야 합니다.
            xhr = new ActiveXObject("Microsoft.XMLHTTP");
        }
        return xmlHTTP;
    }
</script>
```

역시 한번 본 코드라 그런지 약간 익숙한 느낌이 듭니다. 간단하게 다시 한번 설명하자면 IE6 사용자보다 IE7 또는 그 외의 브라우저를 사용하는 사람들이 많기 때문에 이러한 브라우저에서 공통적으로 지원하는 XMLHttpRequest 객체를 먼저 생성하는 구문을 작성했으며, 이 객체를 브라우저에서 지원하지 않는 경우는 IE5, IE6 버전이므로 이 두 브라우저에서 XMLHttpRequest 객체를 생성하기 위해 공통으로 지원하는 ActiveXObject("Microsoft. XMLHTTP")라는 구문을 작성했습니다. 자주 사용하는 두 번째 방법은 아래 코드와 같습니다.

방법2 • 3_js_ajax/2_keypoint/key1_create/key1_create_XMLHTTPRequest2.html

```
<script>
    window.onload=function({
        var xmlHttp = HTTP.createXMLHTTPObject();
    }

    var HTTP = {};

    // 1. 브라우저에 따른 XMLHttpRequest 객체 생성 함수인 팩토리 함수를 만들어
    // 배열에 저장합니다.
    HTTP._factories = [function(){return new XMLHttpRequest()},      // 표준 생성 방법
        // 인터넷 익스플로러 버전별 생성 방법
        function(){return new ActiveObject("Msxml12.XMLHTTP")},
        function(){return new ActiveXObject("Msxml13.XMLHTTP")},
        function(){return new ActiveXObject("Miscrosoft.XMLHTTP")}
    ];

    // 2. 실제 XMLHttpRequest 객체를 생성하는 함수입니다.
    HTTP.createXMLHTTPObject=function(){
        var xmlHTTP = null;

        // 2. 1번에서 만들어 둔 배열 정보를 하나씩 꺼내어 실행해 현재 브라우저에서
        // 생성하는 방법으로 XMLHttpRequest 객체를 생성합니다.
        for(var i=0;i<HTTP._factories.length;i++){
            try{
                xmlHTTP = HTTP._factories[i]();
            }
            catch(e){
                // XMLHttpRequest 객체를 생성할 수 없다면 catch 영역으로 진입하며,
                // 이때 continue 문이 실행되어 for 문이 계속해서 실행됩니다.
                continue;
            }
            // 성공하는 경우라면 break 문이 실행되어 for 문이 멈춥니다.
            break;
        }
        return xmlHTTP;
    }
</script>
```

첫 번째 방법보다 훨씬 복잡하다는 느낌이 듭니다. 약간 복잡한 이 방법은 첫 번째 방법에 현재 사용자가 사용하는 브라우저가 IE일 경우 IE 버전에 따른 좀더 정확한 XMLHttpRequest 객체를 생성하는 방법이 추가된 코드입니다.

코드를 간단히 설명하자면 먼저 HTTP라는 리터럴 객체를 만든 후 이곳에 각 브라우저에 따른 XMLHttpRequest 객체 생성 함수인 팩토리 함수를 배열에 넣어 준비합니다. 이후 createXMLHTTPObject( ) 함수에서는 배열 정보에 들어 있는 팩토리 메서드를 하나씩 실행하면서 객체 생성을 시도합니다. 해당 팩토리 메서드에서 생성하려는 객체를 브라우저에서 제공한다면 정상적으로 생성되며 생성된 객체가 반환됩니다.

물론 이 두 가지 방법 모두 결과는 같습니다. "그럼 둘 중 어떤 방법을 주로 사용하나요?"라는 질문이 여기저기서 쏟아지는 듯한 느낌이 드는군요. 이 질문의 답은 이미 앞 절에서도 언급한 것처럼 IE6 버전의 사용률이 점점 떨어지는 시점이기 때문에 두 번째 방법처럼 복잡한 구조로 XMLHttpRequest 객체를 생성하기보다 첫 번째 방법으로 생성하는 편이 더 효율적이라는 것입니다. 다만 서비스를 사용하는 주 사용층이 IE6 또는 그 이하 버전을 사용하는 경우 아래처럼 위치를 바꿔 window.ActiveXObject를 이용해 XMLHttpRequest 객체를 생성하는 방법을 사용하길 바랍니다.

```
function createXMLHTTPObject(){
    var xhr = null;

    if(window.ActiveXObject) {
        // IE5, IE6 버전에서는 다음과 같은 방법으로 XMLHttpRequest 객체를
        // 생성해야 합니다.
        xhr = new ActiveXObject("Microsoft.XMLHTTP");
    }
    else{
        // IE7 버전 이상 크롬, 사파리, 파이어폭스, 오페라 등 거의 대부분의
        // 브라우저에서는 XMLHttpRequest 객체를 제공합니다.
        xhr = new XMLHttpRequest();
    }
    return xmlHTTP;
}
```

참고로 앞으로 다룰 내용에서는 모두 첫 번째 방법으로 XMLHttpRequest 객체를 생성해서 사용하겠습니다. 기껏 XMLHttpRequest 객체 하나 생성하는 데 너무 많은 내용을 설명하는 것

같아 약간 복잡해 보일 수도 있지만 그래도 일단 반드시 알고 있어야 하는 내용이니 한번쯤 코드를 직접 작성하면서 실행된 화면을 눈으로 확인하길 적극 권장합니다.

핵심내용 02 Ajax 작업을 위한 개발 환경 설정

브라우저에 맞게 XMLHttpRequest 객체를 만드는 법을 배웠다면 다음으로 알아야 할 내용은 Ajax를 사용하기 위한 기본 뼈대를 만드는 것입니다. 따라서 여기서는 "Ajax를 이용한 클라이언트와 서버 간의 데이터 연동를 위한 일반적인 작업 순서"를 실제 코드로 작성해 보겠습니다. 참고로 여기서 작성한 코드는 다음 내용의 뼈대로 계속 사용됩니다.

소스 • 3_js_ajax/2_keypoint/key2_ajax_config/key2_ajax_config.html

```
<script>
    var xmlHttp;
    window.onload=function(){
        // 1. 브라우저에 따른 XMLHttpRequest 생성
        xmlHttp = createXMLHTTPObject();

        // 2. 요청에 대한 응답 처리 이벤트 리스너 등록
        xmlHttp.onreadystatechange=on_ReadyStateChange;

        // 3. 서버로 보낼 데이터 생성
        var data="key1=value1&key2=value2";

        // 4. 클라이언트 <-> 서버 간의 연결 요청 준비(open() 메서드 이용)
        // 4-1. 서버로 보낼 데이터 전송 방식 설정(GET, POST 중 선택)
        // 4-2. 서버 응답 방식 설정(동기, 비동기 중 선택)

        // 5. 실제 데이터 전송(send())

        // T. 동기/비동기 실행 테스트를 위한 부분
        alert("전송 시작!");
    }

    // 1. 브라우저에 따른 XMLHttpRequest 생성
    function createXMLHTTPObject(){
        varxhr= null;
        if (window.XMLHttpRequest) {
            // IE7 버전 이상, 크롬, 사파리, 크롬, 오페라등 거의 대부분의 브라우저에서는
            // XMLHttpRequest 객체를 제공합니다.
            xhr = new XMLHttpRequest();
        }
        else {
            // IE6, IE5 버전에서는 다음과 같이 XMLHttpRequest 객체를 생성해야 합니다.
            xhr = new ActiveXObject("Microsoft.XMLHTTP");
        }

        return xhr;
    }

    // 6. 응답 처리
    function on_ReadyStateChange(){
        // 4=데이터 전송 완료.(0=초기화 전, 1=로딩 중, 2=로딩됨, 3=대화 상태)
        if(xmlHttp.readyState==4){
            // 200은 에러 없음.(404=페이지가 존재하지 않음)
            if(xmlHttp.status==200){
                // 7. 이제 이 부분에서 서버에서 보내오는 데이터 타입(XML, JSON, CSV)에
                // 따라 사용하면 된답니다.

            }
            else{
                alert("처리중 에러가 발생했습니다.");
            }
        }
    }
</script>
```

이곳에는 아래 네 가지 중 하나가 들어갑니다.

```
1. GET 방식으로 데이터 보내고 동기로 받기
xmlHttp.open("GET", "login.php?"+data, false);
xmlHttp.send(null);

2. GET 방식으로 데이터 보내고 비동기로 받기
xmlHttp.open("GET", "login.php?"+data, true);
xmlHttp.send(null);

3. POST 방식으로 데이터 보내고 동기로 받기
xmlHttp.open("POST", "login.php", false);
xmlHttp.send(data);

4. POST 방식으로 데이터 보내고 비동기로 받기
xmlHttp.open("POST", "login.php", true);
xmlHttp.send(data);
```

이곳에는 다음 두 가지 중 하나가 들어갑니다.

```
1. CSV, JSON인 경우
xmlHttp.responseText를 사용하는 소스

2. XML인 경우
xmlHttp.responseXML을 사용하는 소스
```

일반적인 Ajax 작업 순서를 나타내는 이 코드는 공식 그 자체입니다. Ajax를 이용해 어떤 작업을 하든 그곳에는 항상 이 코드가 공통으로 들어가게 되며 여러분은 요구사항에 맞게 4, 5, 7번을 채우기만 하면 됩니다. 더 놀라운 것은 이 부분도 이미 공식처럼 정해져 있다는 것입니다.

좀더 자세히 살펴보면 4, 5번 부분은 다음의 네 가지 유형으로 구성됩니다.

1. 데이터를 GET 방식으로 보내고 동기로 받기

```
xmlHttp.open("GET", "login.php?"+data, false);
xmlHttp.send(null);
```

2. 데이터를 GET 방식으로 보내고 비동기로 받기

```
xmlHttp.open("GET", "login.php?"+data, true);
xmlHttp.send(null);
```

3. 데이터를 POST 방식으로 보내고 동기로 받기

```
xmlHttp.open("POST", "login.php", false);
xmlHttp.send(data);
```

4. 데이터를 POST 방식으로 보내고 비동기로 받기

```
xmlHttp.open("POST", "login.php", true);
xmlHttp.send(data);
```

아울러 7번 영역도 다음과 같은 두 가지 유형으로 구성됩니다.

1. CSV, JSON인 경우 responseText 프로퍼티를 사용

2. XML인 경우 responseXML 프로퍼티를 사용

이 시점에서 혹시 "왠지 Ajax를 사용하기 위한 그림 맞추기 퍼즐 조각이 모두 모였으니 상황에 맞게 조각만 선택하면 되겠군!"과 같은 생각을 떠올릴지도 모르겠습니다. 이런 분이 있다면 저자의 의도를 제대로 파악하고 있다고 생각하며 뿌듯해 해도 될 것 같습니다.

이제 앞으로 다룰 내용은 Ajax를 사용할 때 그림 맞추기 퍼즐의 조각으로 사용하는 작은 조각에 관한 내용입니다.

GET 방식으로 데이터 보내고 서버에서 동기식으로 CSV 형식의 데이터 응답 받기

알림

웹 서버를 실행하고 아래 경로의 파일을 여세요.

- 로컬 경로 : C:\APM_Setup\htdocs\book\3_js_ajax\2_keypoint\key3_sync_get_csv\key3_sync_get_csv.html
- 서버 경로 : http://localhost/book/3_js_ajax/2_keypoint/key3_sync_get_csv/key3_sync_get_csv.html

클라이언트 소스 • 3_js_ajax/2_keypoint/key3_sync_get_csv/key3_sync_get_csv.html

```
<script>
    var xmlHttp;
    window.onload=function(){
        // 1. 브라우저에 따른 XMLHttpRequest 생성
        xmlHttp = createXMLHTTPObject();

        // 2. 요청에 대한 응답 처리 이벤트 리스너 등록
        xmlHttp.onreadystatechange=on_ReadyStateChange;

        // 3.서버로 보낼 데이터 생성
            var data = "data1=ddandongne&data2=sample";

        // 4. GET 방식으로 데이터를 보내고 응답은 동기로 클라이언트와
        // 서버 간의 연결 요청 준비
        xmlHttp.open("GET", "data.php?"+data, false);

        // 5. 실제 데이터 전송
        xmlHttp.send(null);

        // T. 동기/비동기 실행 테스트
        alert("전송 시작!");
    }

    // 1. 브라우저에 따른 XMLHttpRequest 생성
    function createXMLHTTPObject(){
        var xhr = null;
        if (window.XMLHttpRequest) {
            // IE7 버전 이상, 크롬, 사파리, 파이어폭스, 오페라 등
            // 거의 대부분의 브라우저에서는
            // XMLHttpRequest 객체를 제공합니다.
            xhr = new XMLHttpRequest();
        } else {
```

```
        // IE5, IE6 버전에서는 다음과 같은 방법으로 XMLHttpRequest 객체를
        // 생성해야 합니다.
        xhr = new ActiveXObject("Microsoft.XMLHTTP");
    }
    return xhr;
}

// 6. 응답 처리
function on_ReadyStateChange()
{
    // 4=데이터 전송 완료(0=초기화 전,1=로딩 중,2=로딩됨,3=대화 상태)
    if(xmlHttp.readyState==4){
        // 200은 에러 없음(404=페이지가 존재하지 않음)
        if(xmlHttp.status==200) {
            // 서버에서 받은 값
            alert("서버에서 받은 원본 데이터 : "+xmlHttp.responseText);

            // 7. 데이터 처리
            parseData(xmlHttp.responseText);
        }
        else{
            alert("처리 중 에러가 발생했습니다.");
        }
    }
}

// 7. CSV 형식의 데이터 처리
function parseData(strText){
    var aryData = strText.split("|");
    var objResult = {};
    for(var i=0;i<aryData.length;i++){
        var keyValue = aryData[i].split("=");
        objResult[keyValue[0]] = keyValue[1];
    }
    alert("파싱한 데이터: "+objResult);
}
</script>
```

서버 소스

```php
<?php
    $data1 = $_GET["data1"];
    $data2 = $_GET["data2"];
    // |를 구분자로 사용해 key=value 형태의 값을 하나의 긴 문자열로 만들어
    // 클라이언트로 응답을 보냅니다.
    echo("data1=".$data1."|data2=".$data2);
?>
```

실행 결과

```
서버에서 받은 원본 데이터 :  data1=ddandongne|data2=sample
파싱한 데이터:
    Object
        data1: "ddandongne"
        data2: "sample"
    전송 시작!
```

소스 설명

설명을 시작하기에 앞서 이미 여러분은 이 예제를 해석하는 데 필요한 내용을 모두 배운 상태라서 어렵지 않게 코드를 이해할 수 있을 것입니다. 만약 예제 코드에서 잘 기억나지 않는 부분이 있다면 자책하거나 부끄러워하지 말고 학습 내용 길잡이를 참고해 가면서 내용을 이해하시길 바랍니다.

이번에 다룰 예제는 GET 방식으로 데이터를 서버에 보내고 서버 응답을 동기식으로 받는 예제입니다. 예제는 예고한 대로 두 번째 핵심 내용인 "Ajax 작업을 위한 개발 환경설정 하기"의 소스로 시작하며 4, 5, 7번만이 새로 등장하는 코드입니다.

소스를 설명하기에 앞서 이해를 돕고자 이번 주제를 좀더 자세히 설명하겠습니다. GET 방식으로 데이터를 보낸다는 의미는 요청 URL에 서버에 보낼 데이터를 함께 보낸다는 의미이며, 서버 응답을 동기식으로 받는다는 것은 서버 응답이 올 동안 다음 작업을 바로 실행하지 않고 멍하니 기다리겠다는 의미입니다.

즉, "4. 클라이언트와 서버 간의 연결 요청 준비"에서는 URL에 매개변수와 값을 실어서 보내고 응답은 동기로 받기 때문에 open( ) 메서드를 다음과 같이 호출하면 되고

```
xmlHttp.open("GET", "data.php?"+data ", false);
```

"5. 실제 데이터 전송"에서는 GET 방식으로 데이터를 보내기 때문에 send( ) 메서드 인자에 null을 넣어 send(null)과 같이 메서드를 호출하면 됩니다.

그리고 "7. 응답 처리"에서 서버에서는 클라이언트 요청에 대한 응답을 "|"를 구분자로 써서 key=value|key=value와 같은 형태로 데이터를 연결해 하나의 기다란 문자열을 만들어 CSV 형식으로 보내줍니다.

반면 클라이언트에서는 하나로 연결돼 있는 각 정보를 가공해 분리해야 합니다. 분리할 때 역시 구분자를 기준으로 문자열을 쪼갭니다. 이를 종합하면 바로 다음과 같은 코드가 만들어집니다.

```
var aryData = strText.split("¦");
var objResult = {};
for(var i=0;i<aryData.length;i++){
    var keyValue = aryData[i].split("=");
    objResult[keyValue[0]] = keyValue[1];
}
```

이미 "핵심 내용 길잡이"에서 대부분 다룬 내용이기에 크게 어렵게 느껴지지는 않을 것입니다.

이번 예제에 대한 코드 설명은 여기가 끝입니다. 그리고 방금 "Ajax 작업을 위한 개발 환경 설정"에서 만들어 놓은 퍼즐 뼈대에 "GET"과 "동기식", 그리고 "CSV 형식의 데이터"라는 조각을 추가해 "데이터를 GET 방식으로 보내고 서버에서 동기식으로 CSV 형식의 데이터 응답 받기"라는 하나의 완전한 퍼즐을 완성해봤습니다.

나머지 핵심 내용에서도 이와 똑같이 "Ajax 작업을 위한 개발 환경 설정"에 다른 그림 조각을 맞춰 퍼즐을 완성하게 됩니다.

POST 방식으로 데이터 보내고 서버에서 비동기식으로 CSV 형식의 데이터 응답 받기

알림

웹 서버를 실행하고 아래 경로의 파일을 여세요.

• 로컬 경로 : C:\APM_Setup\htdocs\book\3_js_ajax\2_keypoint\key4_async_post_csv\key4_async_post_csv.html

• 서버 경로 : http://localhost/book/3_js_ajax/2_keypoint/key4_async_post_csv/key4_async_post_csv.html

클라이언트 소스 • 3_js_ajax/2_keypoint/key4_async_post_csv/key4_async_post_csv.html

```
<script>
    var xmlHttp;
    window.onload=function(){
```

```javascript
    // 1. 브라우저에 따른 XMLHttpRequest 생성
    xmlHttp = createXMLHTTPObject();

    // 2. 요청에 대한 응답 처리 이벤트 리스너 등록
    xmlHttp.onreadystatechange=on_ReadyStateChange;

    // 3. 서버로 보낼 데이터 생성
    var data = "data1=ddandongne&data2=sample";

    // 4. POST 방식으로 데이터 보내기. 응답은 비동기로 클라이언트와 서버 간의 연결 요청 준비
    xmlHttp.open("POST", "data.php", true);
    xmlHttp.setRequestHeader("Content-Type","application/x-www-form-urlencoded");

    // 5. 실제 데이터 전송
    xmlHttp.send(data);

    // T. 동기/비동기 실행 테스트
    alert("전송 시작!");
}

// 1. 브라우저에 따른 XMLHttpRequest 생성
function createXMLHTTPObject(){
    var xhr = null;
    if (window.XMLHttpRequest) {
        // IE7 버전 이상, 크롬, 사파리, 파이어폭스, 오페라 등 거의 대부분의 브라우저에서는
        // XMLHttpRequest 객체를 제공합니다.
        xhr = new XMLHttpRequest();
    }
    else {
        // IE5, IE6 버전에서는 다음과 같은 방법으로 XMLHttpRequest 객체를 생성합니다.
        xhr = new ActiveXObject("Microsoft.XMLHTTP");
    }
    return xhr;
}

// 6. 응답 처리
function on_ReadyStateChange(){
    // 4=데이터 전송 완료.(0=초기화 전,1=로딩 중,2=로딩됨,3=대화 상태)
    if(xmlHttp.readyState==4){
        // 200은 에러 없음.(404=페이지가 존재하지 않음)
        if(xmlHttp.status==200){
            // 서버에서 받은 값
            alert("서버에서 받은 원본 데이터 : "+ xmlHttp.responseText);

            // 7. 데이터 처리
            parseData(xmlHttp.responseText);
        }
```

```
            else{
                alert("처리 중 에러가 발생했습니다.");
            }
        }
    }

    // 7. CSV 형식 데이터 처리
    function parseData(strText){
        var aryData = strText.split("|");
        var objResult = {};
        for(var i=0;i<aryData.length;i++){
            var keyValue = aryData[i].split("=");
            objResult[keyValue[0]] = keyValue[1];
        }

        alert("파싱한 데이터 : ", objResult);
    }
</script>
```

서버 소스

```php
<?php
    $data1 = $_POST["data1"];
    $data2 = $_POST["data2"];
    // |를 구분자로 사용해 key=value 값을 하나의 긴 문자열로 만들어
    // 클라이언트로 응답을 보냅니다.
    echo("data1=".$data1."|data2=".$data2);
?>
```

실행 결과

```
전송 시작!
서버에서 받은 원본 데이터:  data1=ddandongne|data2=sample
파싱한 데이터:
    Object
        data1: "ddandongne"
        data2: "sample"
```

소스 설명

이번 예제는 클라이언트의 정보를 GET 방식 대신 POST 방식으로 보낸다는 점과 동기대신 비동기로 응답을 받는다는점을 제외하면 "데이터를 GET 방식으로 보내고 서버에서 동기식으로 CSV 형식의 데이터 응답 받기"에서 다룬 내용과 실행 결과를 포함해 모든 내용이 동일합니다.

이번에도 내용 이해를 돕고자 용어를 좀더 자세히 설명하자면 POST 방식으로 데이터를 보내는 경우는 주로 데이터의 양이 많거나 중요한 데이터인 경우에 해당합니다. 이때 서버로 데이

터를 보내려면 send( ) 메서드의 인자로 전송할 데이터를 지정하면 됩니다. 그리고 서버 응답을 비동기식으로 받는다는 것은 서버 응답이 올 동안 멍하니 기다리지 않고 다음 작업을 바로 실행하겠다는 의미입니다.

자세한 내용은 코드를 가지고 설명해보겠습니다. 우선 코드를 보면 알겠지만 앞의 내용과 거의 일치합니다. 유일하게 다음과 같은 부분을 제외하면 이전 예제 코드와 완벽하게 일치합니다.

1. 4단계에서 open( )의 첫 번째 매개변수에 GET 대신 POST 입력하고, 두 번째 매개변수에는 서버로 보낼 데이터를 제외하고 오직 호출 URL만 입력해줍니다. 그리고

    xmlHttp.open("POST", "data.php", true);

    끝으로 POST 요청을 의미하는 콘텐츠 타입을 아래와 같이 추가해줍니다.

    xmlHttp.setRequestHeader("Content-Type","application/x-www-form-urlencoded");

2. 5단계에서는 서버로 보낼 데이터를 send( ) 메서드에 전달 해줍니다.

3. 서버 측 스크립트에서도 GET 대신 POST로 클라이언트에서 보내온 데이터에 접근 합니다.

이렇게 해서 또 하나의 그림 퍼즐을 완성했습니다.

POST 방식으로 데이터 보내고 서버에서 비동기식으로 XML 형식의 데이터 응답 받기

알림

웹 서버를 실행하고 아래 경로의 파일을 여세요.
- 로컬 경로 : C:\APM_Setup\htdocs\book\3_js_ajax\2_keypoint\key5_async_post_xml\key5_async_post_xml.html
- 서버 경로 : http://localhost/book/3_js_ajax/2_keypoint/key5_async_post_xml/key5_async_post_xml.html

이번에는 앞에서 살펴본 핵심 내용에서 서버에서 응답으로 보내는 데이터를 CSV 형식이 아닌 XML 형식으로 바뀐 점을 제외하면 모두 동일한 내용입니다. 이 정도 힌트면 충분히 여러분이 직접 코드를 작성할 수 있을 것입니다. 그래서 이번에는 약간 스타일을 바꿔 아래 핵심 내용 풀이를 참고하지 말고 여러분이 직접 코드를 완성해 보는 식으로 진행하겠습니다.

그럼 저자는 소스 설명 부분에서 여러분을 기다리고 있겠습니다.

```
<script>
    var xmlHttp;
    window.onload=function(){
        // 1. 브라우저에 따른 XMLHttpRequest 생성
        xmlHttp = createXMLHTTPObject();

        // 2. 요청에 대한 응답 처리 이벤트 리스너 등록
        xmlHttp.onreadystatechange = on_ReadyStateChange;

        // 3.서버로 보낼 데이터 생성
        var data = "data1=ddandongne&data2=sample";

        // 4. POST 방식으로 데이터 보내기. 응답은 비동기로 클라이언트와
        // 서버 간의 연결 요청 준비
        xmlHttp.open("POST", "data.php", true);
        xmlHttp.setRequestHeader("Content-Type","application/x-www-form-urlencoded");

        // 5. 실제 데이터 전송
        xmlHttp.send(data);

        // T. 동기/비동기 실행 테스트
        alert("전송 시작!");
    }

    // 1. 브라우저에 따른 XMLHttpRequest 생성
    function createXMLHTTPObject(){
        var xhr = null;
        if (window.XMLHttpRequest) {
            // IE7 버전 이상, 크롬, 사파리, 파이어폭스, 오페라 등 거의
            // 대부분의 브라우저에서는 XMLHttpRequest 객체를 제공합니다.
            xhr = new XMLHttpRequest();
        }
        else {
            // IE5, IE6 버전에서는 다음과 같은 방법으로
            // XMLHttpRequest 객체를 생성해야 합니다.
            xhr = new ActiveXObject("Microsoft.XMLHTTP");
        }
        return xhr;
    }

    // 6. 응답 처리
    function on_ReadyStateChange(){
        // 4=데이터 전송 완료(0=초기화 전, 1=로딩 중, 2=로딩됨, 3=대화 상태)
        if(xmlHttp.readyState==4){
            // 200은 에러 없음(404=페이지가 존재하지 않음)
            if(xmlHttp.status==200){
                // 서버에서 받은 값
```

```
            alert("서버에서 받은 원본 데이터: "+ xmlHttp.responseText);

            // 7. 데이터 처리
            parseData(xmlHttp.responseXML);
        }
        else{
            alert("처리 중 에러가 발생했습니다.");
        }
    }
}


// 7. XML 형식의 데이터 처리(자바스크립트 DOM을 이용한 데이터 처리)
function parseData(xmlInfo){
    var data1 = xmlInfo.getElementsByTagName("data1")[0].firstChild.nodeValue;
    var data2 = xmlInfo.getElementsByTagName("data2")[0].firstChild.nodeValue;

    alert("파싱한 데이터: data1="+data1+", data2="+data2);
}

// 7. XML 형식의 데이터 처리(jQuery를 이용한 데이터 처리)
/*
function parseData(xmlInfo){
    var data1 = $(xmlInfo).find("data1").text();
    var data2 = $(xmlInfo).find("data2").text();
    alert("파싱한 데이터: data1="+data1+", data2="+data2);
}
*/
</script>
```

서버 소스

```php
<?php
// XML로 보낼 때는 이렇게 header에 XML 형식이라고 추가해야 합니다.
header("Content-Type:text/xml; charset=utf-8");

$data1 = $_POST["data1"];
$data2 = $_POST["data2"];

$xmlResult = "<result>";
$xmlResult.= "    <data1>$data1</data1>";
$xmlResult.= "    <data2>$data2</data2>";
$xmlResult.= "</result>";

// 클라이언트로 보낼 응답을 XML 형식으로 문자열을 만들어 보냅니다.
echo($xmlResult);
?>
```

실행 결과

```
전송 시작!
서버에서 받은 원본 데이터: <result>     <data1>ddandongne</data1>  <data2>sample</
data2></result>
파싱한 데이터:  data1=ddandongne data2=sample
```

코드를 모두 완성했나요? 혹시 완성한 분이 있다면 저자가 작성한 코드와 비교해 보세요. 아마 여러분이 작성한 코드와 저자가 작성한 코드가 거의 같을 것입니다. 아무튼 코드를 완성하지 못한 분이든 완성한 분이든 문제를 푸느라 모두 수고가 많았습니다. 아마도 이번 소스 코드에 대한 풀이는 앞에서 설명한 바와 내용이 크게 다르지 않으므로 이해하기가 훨씬 쉽지 않을까 생각합니다.

소스 설명

이번에 작성한 코드는 기존 소스와 일부만 제외하고 동일하므로 똑같은 부분은 제외하고 새롭게 등장한 내용에 대해서만 설명하겠습니다.

"6. 응답 처리"에서는 바로 다음과 같은 부분이 눈에 들어오는군요.

```
parseData(xmlHttp.responseXML);
```

이전까지는 모두 서버에서 클라이언트로 CSV 방식으로 응답을 보냈기 때문에 responseText 프로퍼티에 접근해 데이터를 처리했습니다. 이와 달리 XML 형식으로 응답을 보내는 경우에는 responseXML 프로퍼티를 사용합니다.

"7. XML 형식의 데이터 처리"에서는 CSV에서 데이터를 파싱해 변수의 값을 가져온 것처럼 responseXML의 노드에서 원하는 노드를 찾은 후 텍스트 값을 구합니다. 노드를 찾아 노드의 텍스트 값을 구하는 부분은 이미 1장과 2장에서 다룬 내용인데, 이제 이런 DOM 컨트롤에 익숙할 것입니다. 물론 아래처럼 jQuery를 이용해 좀더 쉽게 데이터 값을 구하는 방법도 있습니다.

```
function parseData(xmlInfo) {
    var data1 = $(xmlInfo).find("data1").text();
    var data2 = $(xmlInfo).find("data2").text();
    alert("파싱한 데이터: data1="+data1, "data2="+data2);
}
```

이렇게 해서 POST 방식으로 데이터 보내고 서버에서 비동기 방식으로 XML 형식의 데이터를 응답으로 받는 방법을 알아봤습니다.

POST 방식으로 데이터 보내고 서버에서 비동기 방식으로 JSON 형식의 데이터 응답 받기

알림

웹 서버를 실행하고 아래 경로의 파일을 여세요.

· 로컬 경로 : C:₩APM_Setup₩htdocs₩book₩3_js_ajax₩2_keypoint₩key6_async_post_json₩key6_async_post_json.html

· 서버 경로 : http://localhost/book/3_js_ajax/2_keypoint/key6_async_post_json/key6_async_post_json.html

짐작하고 있겠지만 이번에도 어려운 내용은 전혀 없습니다. 그래도 일단 소스를 먼저 살펴보겠습니다.

클라이언트 소스 · 3_js_ajax/2_keypoint/key6_async_post_json/key6_async_post_json.html

```
<script>
    var xmlHttp;
    window.onload=function(){
        // 1. 브라우저에 따른 XMLHttpRequest 생성
        xmlHttp = createXMLHTTPObject();

        // 2. 요청에 대한 응답 처리 이벤트 리스너 등록
        xmlHttp.onreadystatechange=on_ReadyStateChange;

        // 3.서버로 보낼 데이터 생성    var data = "data1=ddandongne&data2=sample";

        // 4. POST 방식으로 데이터 보내기. 응답은 비동기로 클라이언트와
        // 서버 간의 연결 요청 준비
        xmlHttp.open("POST", "data.php", true);
        xmlHttp.setRequestHeader("Content-Type","application/x-www-form-urlencoded");

        // 5. 실제 데이터 전송
        xmlHttp.send(data);

        // T. 동기/비동기 실행 테스트
        alert("전송 시작!");
    }
```

```
// 1. 브라우저에 따른 XMLHttpRequest 생성
function createXMLHTTPObject(){
    var xhr = null;
    if (window.XMLHttpRequest) {
        // IE7 버전 이상, 크롬, 사파리, 파이어폭스, 오페라 등 거의 대부분의
        // 브라우저에서는 XMLHttpRequest 객체를 제공합니다.
        xhr = new XMLHttpRequest();
    }
    else {
        // IE5, IE6 버전에서는 다음과 같은 방법으로 XMLHttpRequest 객체를 생성합니다.
        xhr = new ActiveXObject("Microsoft.XMLHTTP");
    }

    return xhr;
}

// 6. 응답 처리
function on_ReadyStateChange(){
    // 4=데이터 전송 완료(0=초기화전, 1=로딩중, 2=로딩됨, 3=대화 상태)
    if(xmlHttp.readyState==4){
        // 200은 에러 없음(404=페이지가 존재하지 않음)
        if(xmlHttp.status==200){
            // 서버에서 받은 값
            alert("서버에서 받은 원본 데이터: "+xmlHttp.responseText);

            // 7. 데이터 파싱 처리
            parseData(xmlHttp.responseText);
        }
        else{
            alert ("처리 중 에러가 발생했습니다.");
        }
    }
}


// 7. JSON 형식의 데이터 처리
function parseData(strInfo){
    var objResult = {};
    objResult = eval("("+strInfo+")");
    alert("파싱한 데이터: ", objResult);
}
</script>
```

```php
<?php
    $data1 = $_POST["data1"];
    $data2 = $_POST["data2"];

    $strResult = '{';
    $strResult.= '"data1":"'.$data1.'",';
    $strResult.= '"data2":"'.$data2.'"';
    $strResult.= "}";

// 클라이언트로 보낼 응답을 JSON 형식의 문자열로 만들어 보냅니다.
echo $strResult;
?>
```

실행 결과

```
전송 시작!
서버에서 받은 원본 데이터:  {"data1":"ddandongne","data2":"sample"}
파싱한 데이터:
    Object
        data1: "ddandongne"
        data2: "sample"
```

소스 설명

이번에도 XML 예제와 똑같은 방식으로 변경된 부분을 위주로 살펴보겠습니다. 먼저 "6. 응답 처리"에서는 다음과 같은 코드가 나오는데,

```
parseData(xmlHttp.responseText);
```

JSON 형식의 데이터는 CSV처럼 responseText 프로퍼티를 통해 접근합니다. 이곳에는 JSON 형식으로 된 문자열이 들어 있습니다.

이어서 "7. JSON 형식의 데이터 처리"에서는 다음과 같이 JSON 형식의 문자열을 자바스크립트 객체로 변환하는 부분이 나옵니다.

```
// 7. JSON 형식의 데이터 처리
function parseData(strInfo){
    var objResult = {};
    objResult = eval("("+ strInfo +")");
}
```

보다시피 eval("(" +jsonString +")")와 같이 eval( ) 함수를 이용해 문자열을 자바스크립트 객체로 변환합니다. 그러고 나면 자바스크립트에서 리터럴 방식으로 생성한 객체의 프로퍼티에 접근하는 것처럼 objResult.data1와 같이 데이터에 접근할 수 있습니다.

역시 JSON은 세 가지 방법 중 가장 간단한 방법입니다.

 ## 외부 XML 파일 읽기

알림

웹 서버를 실행하고 아래 경로의 파일을 여세요.
- 로컬 경로 : C:\APM_Setup\htdocs\book\3_js_ajax\2_keypoint\key7_loadXML\key7_ loadXML.html
- 서버 경로 : http://localhost/book/3_js_ajax/2_keypoint/key7_loadXML/key7_loadXML.html

앞 절에서 다룬 예제를 살펴보면 공통점을 발견할 수 있습니다. 바로 서버 측 스크립트에서 보낸 데이터를 사용하는 예제라는 것입니다. 이와 달리 이번 예제와 다음 예제에서는 서버 측 스크립트의 도움 없이 XML 파일을 직접 읽어들이는 예제를 살펴보겠습니다.

먼저 기존 예제와 어떤 차이점이 있는지 아래 코드를 살펴보겠습니다.

클라이언트 소스 • 3_js_ajax/2_keypoint/key7_loadXML/key7_loadXML.html

```
<script>
    var xmlHttp;
    window.onload=function(){
        // 1. 브라우저에 따른 XMLHttpRequest 생성
        xmlHttp = createXMLHTTPObject();

        // 2. 요청에 대한 응답 처리 이벤트 리스너 등록
        xmlHttp.onreadystatechange = on_ReadyStateChange;

❶       // 3. 서버로 보낼 데이터 생성

❷       // 4. GET 방식으로 데이터 보내기, 응답은 비동기로 클라이언트와
        // 서버 간의 연결 요청 준비
        xmlHttp.open("GET", "menu.xml ", true);

        // 5. 실제 데이터 전송
        xmlHttp.send(null);
```

```
            // T. 동기/비동기 실행 테스트
            alert("전송 시작!");
        }

          // 1. 브라우저에 따른 XMLHttpRequest 생성
        function createXMLHTTPObject(){
            var xhr = null;
            if (window.XMLHttpRequest) {
                // IE7 버전 이상, 크롬, 사파리, 파이어폭스, 오페라 등 거의 대부분의 브라우저에서는
                // XMLHttpRequest 객체를 제공합니다.
                xhr = new XMLHttpRequest();
            }
            else {
                // IE5, IE6 버전에서는 다음과 같은 방법으로 XMLHttpRequest 객체를 생성합니다.
                xhr = new ActiveXObject("Microsoft.XMLHTTP");
            }
            return xhr;
        }

        // 6. 응답 처리
        function on_ReadyStateChange(){
            // 4=데이터 전송 완료(0=초기화 전, 1=로딩 중, 2=로딩됨, 3=대화 상태)
            if(xmlHttp.readyState==4){
                // 200은 에러 없음(404=페이지가 존재하지 않음)
                if(xmlHttp.status==200){
                    // 서버에서 받은 값
                    alert("서버에서 받은 원본 데이터: "+ xmlHttp.responseText);

                    // 7. 데이터 처리
                    parseData(xmlHttp.responseXML);
                }
                else{
                    alert("처리 중 에러가 발생했습니다.");
                }
            }
        }

❸  // 7. XML 형식의 데이터 처리(자바스크립트 DOM을 이용한 데이터 처리)
    function parseData(xmlInfo){
        var menuItems = xmlInfo.getElementsByTagName("menuitem");
        alert("메뉴 아이템 개수는?  "+ menuItems.length);
    }
</script>
```

```xml
<?xml version="1.0" encoding="utf-8" ?>
    <menu>
        <menuitem>
            <img>images/menu_1.png</img>
        </menuitem>
        <menuitem>
            <img>images/menu_2.png</img>
        </menuitem>
        <menuitem>
            <img>images/menu_3.png</img>
        </menuitem>
        <menuitem>
            <img>images/menu_4.png</img>
        </menuitem>
        <menuitem>
            <img>images/menu_5.png</img>
        </menuitem>
    </menu>
```

실행 결과

```
전송 시작!
서버에서 받은 원본 데이터:  <?xml version="1.0" encoding="utf-8" ?>
    <menu>
        <menuitem>
            <img>images/menu_1.png</img>
        </menuitem>
        <menuitem>
            <img>images/menu_2.png</img>
        </menuitem>
        <menuitem>
            <img>images/menu_3.png</img>
        </menuitem>
        <menuitem>
            <img>images/menu_4.png</img>
        </menuitem>
        <menuitem>
            <img>images/menu_5.png</img>
        </menuitem>
    </menu>
    메뉴 아이템 개수는?    5
```

소스 설명

Ajax를 이용하면 외부 파일도 쉽게 읽어서 사용할 수 있습니다. 여기서도 앞에서 견고하게 만들어 놓은 뼈대를 그대로 사용했습니다. 그럼 이번에도 새로 등장한 코드를 위주로 살펴보겠습니다.

❶ 서버로 보낼 데이터를 생성하는 부분에서는 전과 달리 외부 파일을 직접 읽기 때문에 서버로 보낼 데이터를 만들지 않아도 됩니다.

❷ 서버로 보낼 데이터가 없기 때문에 GET 방식과 POST 방식 중 아무거나 선택해도 됩니다. 그래도 굳이 권장하자면 외부 데이터를 읽어들일 때 POST 방식의 경우에는 xmlHttp.setRequestHeader("Content-Type","application/x-www-form-urlencoded");를 추가해야 하기 때문에 한 줄이라도 덜 코딩하는 GET 방식을 더 많이 사용합니다(물론 큰 차이는 없습니다).

❸ send() 메서드가 실행되어 클라이언트와 서버 간의 통신이 에러 없이 정상적으로 끝나면 8단계가 실행되어 이때부터는 "데이터를 GET 방식으로 보내고 서버에서 비동기식으로 XML 형식의 데이터 응답 받기"에서 했던 것처럼 responseXML 프로퍼티에 접근해 데이터를 처리하면 됩니다.

```
var menuItems = xmlInfo.getElementsByTagName("menuitem");
```

아마도 이후 진행되는 작업은 메뉴 개수만큼 엘리먼트를 생성한 후 이벤트를 등록하는 등 실제 메뉴가 동작하게 만드는 구문을 작성할 것입니다. 이런 작업은 미션과 실전 활용 예제 만들기에서 본격적으로 다루겠습니다.

외부 JSON 파일 읽기

알림

웹 서버를 실행하고 아래 경로의 파일을 여세요.

- 로컬 경로 : C:\APM_Setup\htdocs\book\3_js_ajax\2_keypoint\key8_loadJson\key8_loadJson.html
- 서버 경로 : http://localhost/book/3_js_ajax/2_keypoint/key8_loadJson/key8_loadJson.html

드디어 마지막 내용을 살펴볼 차례입니다. 이번에는 외부 XML 파일 읽기에 이어 외부 JSON 파일을 읽어들이는 예제입니다. 먼저 소스를 살펴보겠습니다.

```
<script>
    var xmlHttp;
    window.onload=function(){
        // 1. 브라우저에 따른 XMLHttpRequest 생성
        xmlHttp = createXMLHTTPObject();

        // 2. 요청에 대한 응답 처리 이벤트 리스너 등록
        xmlHttp.onreadystatechange = on_ReadyStateChange;

        // 3. 서버로 보낼 데이터 생성

        // 4. GET 방식으로 데이터 보내기. 응답은 비동기로 받고 클라이언트와 서버 간의 연결 요청 준비
        xmlHttp.open("GET", "menu.json ", true);

        // 5. 실제 데이터 전송
        xmlHttp.send(null);

        // T. 동기/비동기 실행 테스트
        alert("전송 시작!");
    }

    // 1. 브라우저에 따른 XMLHttpRequest 생성
    function createXMLHTTPObject(){
        var xhr = null;
        if (window.XMLHttpRequest) {
            // IE7 버전 이상, 크롬, 사파리, 파이어폭스, 오페라 등 거의 대부분의 브라우저에서는
            // XMLHttpRequest 객체를 제공합니다.
            xhr = new XMLHttpRequest();
        }
        else {
            // IE5, IE6 버전에서는 다음과 같은 방법으로 XMLHttpRequest 객체를 생성합니다.
            xhr = new ActiveXObject("Microsoft.XMLHTTP");
        }
        return xhr;
    }

    // 6. 응답 처리
    function on_ReadyStateChange(){
        // 4=데이터 전송 완료(0=초기화 전, 1=로딩 중, 2=로딩됨, 3=대화 상태)
        if(xmlHttp.readyState==4){
            // 200은 에러 없음(404=페이지가 존재하지 않음)
            if(xmlHttp.status==200){
                // 서버에서 받은 값
                alert("서버에서 받은 원본 데이터 : "+xmlHttp.responseText);

                // 7. 데이터 처리
                parseData(xmlHttp.responseText);
```

```
                }
                else{
                    alert("처리 중 에러가 발생했습니다.");
                }
            }
        }


    // 7. JSON 형식의 데이터 처리
    function parseData(strInfo) {
        var menuItems = eval("("+strInfo+")").menuItems;

        alert("메뉴 아이템 개수는?  "+ menuItems.length);
    }
</script>
```

소스 • menu.json 파일

```
{"menuItems":[
    "images/menu_1.png",
    "images/menu_2.png",
    "images/menu_3.png",
    "images/menu_4.png",
    "images/menu_5.png"
]}
```

실행 결과

```
전송 시작!
서버에서 받은 원본 데이터:  {"menuItems":[
    "images/menu_1.png",
    "images/menu_2.png",
    "images/menu_3.png",
    "images/menu_4.png",
    "images/menu_5.png"
]}
메뉴 아이템 개수는?   5
```

소스 설명

먼저 "외부 XML 파일 읽기" 예제와 다른 부분을 찾아보겠습니다. 먼저 xmlHttp.
open("GET", "menu.xml", true);로 돼 있던 부분을 xmlHttp.open("GET", "menu.
json", true);로 변경했습니다. 여기서 menu.json 파일은 menu.xml을 그대로 JSON 형식으
로 바꾼 것이며 내용은 동일합니다.

이후 응답이 도착하면 다음과 같은 코드가 실행되어 JSON 형식의 문자열을 자바스크립트 객체로 만들어 줍니다.

```
// 8. JSON 형식의 데이터 처리
var menuItems = eval("("+strInfo+")").menuItems;
```

그러면 이 객체에 담긴 메뉴 정보에 일반 자바스크립트 객체처럼 접근해서 사용하기만 하면 됩니다.

이렇게 해서 Ajax를 사용하는 데 필요한 핵심 내용을 모두 알아봤습니다. 이어서 다음 단계인 "미션 도전"으로 넘어가기 전에 잠시 휴식을 취하면서 지금까지 배운 Ajax 관련 내용을 다시 한번 복습해 보길 바랍니다.

03. 미션 도전!!!

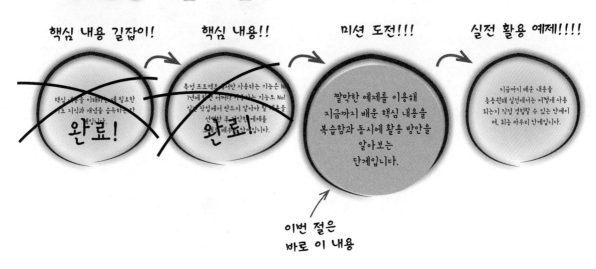

핵심 내용 길잡이!

핵심 내용!!

미션 도전!!!

실전 활용 예제!!!!

핵심 내용을 이해하는 데 필요한 기초 지식과 개념을 습득하는 단계입니다.

완료!

특정 프로젝트에서만 사용하는 기능은 No! 1년에 한번 어쩌다 사용하는 기능도 No! 실무 작업에서 반드시 알아야 할 내용을 선별한 후 여러 단계 예제로 배우는 단계입니다.

완료!

짤막한 예제를 이용해 지금까지 배운 핵심 내용을 복습함과 동시에 활용 방안을 알아보는 단계입니다.

지금까지 배운 내용을 응용원해 실전에서는 어떻게 사용되는지 직접 경험할 수 있는 단계이며, 최종 마무리 단계입니다.

이번 절은
바로 이 내용

Ajax를 활용한 동적 이미지 노드 생성(XML 버전)

이번 미션에서는 Ajax를 활용해 간단한 웹 콘텐츠를 만들어보겠습니다. 또한 이번 미션은 여러분이 Ajax를 활용해 웹 콘텐츠를 제작하는 데 가장 핵심적이고 기본이 되는 Ajax 통신 방법을 숙지한 상태인지 확인하는 관문이기도 합니다. 지금까지 다룬 Ajax 관련 내용을 다시 한번 떠올리며 미션에 도전해보길 바랍니다. 여러분이라면 충분히 해결할 수 있을 것입니다.

사용자 요구사항

"이미지 정보 읽어들이기" 버튼이 클릭되면 images.xml 파일을 읽어들여 다음과 같이 images.xml에 담긴 〈img〉 태그 엘리먼트의 수만큼 이미지 패널을 동적으로 생성 해주세요.

결과물

실행 전 화면

실행 후 화면

```
<body>
    <div>
        <button id="btn_load">이미지 읽어들이기</button>
    </div>

    <div id="image_container">
        <!-- 1. 이곳에 이미지를 넣어주세요-->
    </div>

    <!-- 2. 이 내용은 이미지 패널 템플릿입니다. -->
    <div style="display:none;" id="image_panel_template">
        <div class="image_panel">
            <img >
            <p class="title"></p>
        </div>
    </div>
</body>
```

```
<body>
    <div>
        <button id="btn_load">이미지 읽어들이기</button>
    </div>

    <div id="image_container">
        <div class="image_panel">
            <img src="images/1.png">
            <p class="title">이미지1</p>
        </div>
        <div class="image_panel">
            <img src="images/2.png">
            <p class="title">이미지2</p>
        </div>
        <div class="image_panel">
            <img src="images/4.png">
            <p class="title">이미지4</p>
        </div>
        <div class="image_panel">
            <img src="images/5.png">
            <p class="title">이미지5</p>
        </div>

    </div>

    <!-- 2. 이 내용은 이미지 패널 템플릿입니다. -->
    <div style="display:none;" id="image_panel_template">
        <div class="image_panel">
            <img >
            <p class="title"></p>
        </div>
    </div>
</body>
```

어떤가요? 요구사항을 보고 어떤 식으로 풀어 나갈지 머릿속에 대충 그려지지 않나요? 그러면 지금부터 미션을 풀어보겠습니다. 참고로 여러분이 미션에만 집중할 수 있게 이미지 정보가 담긴 images.xml과 출력 화면 레이아웃을 미리 만들어 뒀으니 이를 바탕으로 풀이를 시작해보길 바랍니다.

더불어 풀이를 좀더 쉽게 이해할 수 있게 힌트를 주자면 앞으로 만나게 될 미션은 모두 "Ajax 작업을 위한 개발 환경 설정"의 내용을 토대로 진행되며 여러분이 변경해야 할 부분도 정해져 있다는 것입니다.

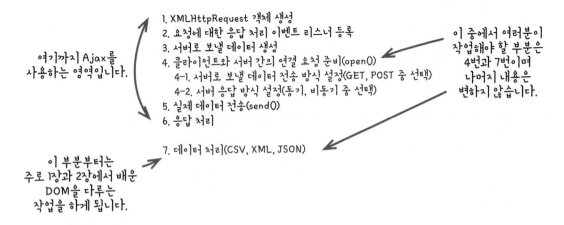

이러한 내용을 다시 한번 언급하는 이유는 바로 Ajax가 하는 일은 외부의 데이터를 가져오는 역할만 할 뿐 이외의 작업은 1장과 2장에서 배운 DOM 다루기와 관련된 내용이 대부분을 차지하기 때문입니다. 미션 풀이에서는 2장에서 배운 jQuery를 이용해 DOM을 다루는 것이 더 편리할 것입니다. 물론 1장에서 배운 자바스크립트 DOM을 이용해도 상관없습니다. 이 둘은 어디까지나 툴일 뿐 각자 편한 툴을 선택해서 사용하면 됩니다.

그럼 저자는 잠시 후 여러분이 직접 작성한 소스와 비교해볼 수 있는 미션 풀이란에서 만나겠습니다.

단계 #1 – 화면 레이아웃 구성

소스 • 3_js_ajax/3_mission/mission1/step_1.html

```html
<html>
<head>
<meta http-equiv="Content-Type" content="text/html; charset=UTF-8">
<title></title>
<style>
    .image_panel{
        border:1px solid #eeeeee;
        text-align:center;
        margin:5px;
    }
    .image_panel .title{
        font-size:9pt;
        color:#ff0000;
    }
</style>
</style>
<script type="text/javascript" src="../libs/jquery-1.7.1.min.js"></script>
<script>
    window.onload=function(){

    }
</script>
</head>

<body>
    <div>
        <button id="btn_load">이미지 정보 읽어들이기</button>
    /div>
    <div id="image_container">
    <!-- 1. 이곳에 이미지를 넣어주세요-->
    </div>

    <!-- 2. 이 내용은 이미지 패널 템플릿입니다. -->
    <div style="display:none;" id="image_panel_template">
        <div class="image_panel">
            <img >
            <p class="title"></p>
        </div>
    </div>
</body>
</html>
```

소스 • **images.xml**

```xml
<?xml version="1.0" encoding="utf-8" ?>
    <image_list>
    <image>
        <title>이미지1</title>
        <url>images/img1.jpg</url>
    </image>
    <image>
        <title>이미지2</title>
        <url>images/img2.jpg</url>
    </image>
    <image>
        <title>이미지4</title>
        <url>images/img4.jpg</url>
    </image>
    <image>
        <title>이미지5</title>
        <url>images/img5.jpg</url>
    </image>
</image_list>
```

소스 설명

이번 미션 풀이부터는 앞 장에서 진행한 미션과 다르게 진행 방법을 약간 바꿔서 실전 활용 예제를 진행했던 방식을 그대로 적용해서 풀이를 설명해 나가겠습니다. 이 방식에 대해 다시 한번 잠깐 설명하자면 "단계별" 접근법으로서 커다란 눈사람을 만들기 위해 주먹만 한 눈으로 시작해 서서히 커다란 눈덩이를 만들 듯 기능을 하나씩 완성해 나가는 방식입니다. 아마 미션 풀이를 이해하기가 좀더 쉬울 거라 확신하며 풀이를 진행해 나가겠습니다.

먼저 이번 미션은 다음과 같이 총 5개의 조각으로 나누어 진행됩니다.

단계 #1 – 화면 레이아웃 구성(완료)

단계 #2 – jQuery, Ajax개발 환경 설정

단계 #3 – 〈img〉 태그 엘리먼트의 개수 파악

단계 #4 – 첫 번째 이미지 패널 생성

단계 #5 – 3번째 작업을 image 노드의 개수만큼 반복

단계 #2- Ajax 작업을 위한 개발 환경 설정

알림

웹 서버를 실행하고 아래 경로의 파일을 여세요.

- 로컬 경로 : C:₩APM_Setup₩htdocs₩book₩3_js_ajax₩3_mission₩mission1₩step_2.html
- 서버 경로 : http://localhost/book/3_js_ajax/3_mission/mission1/step_2.html

우선 Ajax를 사용하는 곳이면 어디서든 볼 수 있는 "Ajax 작업을 위한 개발 환경 설정"의 내용을 그대로 구현하는 것으로 시작합니다. 이미 코드가 어떻게 동작하는지 알고 있을 테니 "Ajax 작업을 위한 개발 환경 설정"의 내용을 그대로 복사해서 재사용해도 됩니다. 가장 먼저 다음과 같은 코드를 작성할 것입니다.

소스 • 3_js_ajax/3_mission/mission1/step_2.html

```
❶
<script  type="text/javascript"  src="../libs/jquery-1.7.1.min.js"></script>
<script>
    var xmlHttp;
    window.onload=function(){
❷
        $("#btn_load").click(function(){
            startLoadFile();
        });

    }
❸
function startLoadFile(){
    // 1. 브라우저에 따른 XMLHttpRequest 생성
    xmlHttp = createXMLHTTPObject();

    // 2. 요청에 대한 응답 처리 이벤트 리스너 등록
    xmlHttp.onreadystatechange=on_ReadyStateChange;

    // 3. 서버로 보낼 데이터 생성

    // 4. 데이터를 GET 방식으로 보내기. 응답은 비동기로 전달되며 클라이언트와
    // 서버 간의 연결 요청 준비
    xmlHttp.open("GET", "images.xml", true);

    // 5. 실제 데이터 전송
    xmlHttp.send(null);
}
```

```
// 1. 브라우저에 따른 XMLHttpRequest 생성
function createXMLHTTPObject(){
    var xhr = null;
    if (window.XMLHttpRequest) {
        // IE7 버전 이상, 크롬, 사파리, 파이어폭스, 오페라 등 거의 대부분의
        // 브라우저에서는 XMLHttpRequest 객체를 제공합니다.
        xhr = new XMLHttpRequest();
    }
    else {
        // IE5, IE6 버전에서는 다음과 같은 방법으로 XMLHttpRequest 객체를 생성합니다.
        xhr = new ActiveXObject("Microsoft.XMLHTTP");
    }

    return xhr;
}


// 6. 응답 처리
function on_ReadyStateChange(){
    // 4=데이터 전송 완료(0=초기화 전, 1=로딩 중, 2=로딩됨, 3=대화 상태)
    if(xmlHttp.readyState==4){
        // 200은 에러 없음(404=페이지가 존재하지 않음)
        if(xmlHttp.status==200){
            // 서버에서 받은 값
            alert("서버에서 받은 원본 데이터 : "+xmlHttp.responseText);

            // 7. 데이터 처리
            createImages(xmlHttp.responseXML);
        }
        else{
            alert("처리 중 에러가 발생했습니다.");
        }
    }
}

// 7. XML 형식의 데이터 처리
function createImages(xmlInfo){

}
</script>
```

소스 설명

❶ 먼저 jQuery를 이용해 DOM을 다룰 것이므로 jQuery 라이브러리를 추가합니다.

❷ "이미지 정보 읽어들이기" 버튼이 클릭되면 startLoadFile( ) 함수를 실행합니다.

❸ startLoadFile( ) 함수에서는 XMLHttpRequest 객체 생성을 시작으로 open( ), send( ) 메서드가 차례로 실행되며 images.xml 파일을 읽어오는 구문이 들어 있습니다. 이후 XML 파일을 정상적으로 읽을 경우 createImages( ) 메서드에 읽어들인 XML DOM을 매개변수로 전달합니다. 이 코드에서는 서버에 어떠한 데이터도 보내지 않기 때문에 GET 방식과 POST 방식 둘 중에 어떤 것을 사용해도 무관합니다. 여기에서는 GET 방식을 사용했습니다.

자, 이렇게 해서 Ajax 및 jQuery 사용을 위한 개발 환경 설정이 모두 마무리되었습니다.

단계 #3- 이미지 정보 개수 파악

알림

웹 서버를 실행하고 아래 경로의 파일을 여세요.
- 로컬 경로 : C:₩APM_Setup₩htdocs₩book₩3_js_ajax₩3_mission₩mission1₩step_3.html
- 서버 경로 : http://localhost/book/3_js_ajax/3_mission/mission1/step_3.html

사실 단계 #3부터는 Ajax와는 거리가 멀어집니다. 이미 Ajax를 이용해 외부 파일에 들어 있는 XML 정보를 createImages( ) 함수로 받은 상태입니다. 아쉽지만 Ajax과의 인연은 여기서 모두 끝납니다.

이번 단계부터는 createImages( ) 함수로 전달된 images.xml의 정보를 바탕으로 이미지 패널을 생성합니다. 이 작업에서 가장 먼저 해야 할 작업은 읽어들인 images.xml에 〈image〉 노드가 몇 개인지 알아내는 것입니다. 그래야 이 개수만큼 이미지 패널을 만들 테니까요.

소스 • 3_js_ajax/3_mission/mission1/step_3.html

```
// 8.XML 형식의 데이터 처리
function createImages(xmlInfo){
    // 1. 데이터에 접근하기 쉽게 XML 정보를 jQuery로 변경
    var $images =$(xmlInfo).find("image");
    alert("이미지 노드 개수는? "+ $images.length);
}
```

소스 설명

xmlInfo는 Document 객체입니다. 1장에서 배운 것처럼 여기서도 DOM을 활용해 노드를 다룰 수 있다고 했습니다. 이는 jQuery를 활용해 노드를 다룰 수 있다는 의미이며, 소스에서처럼 xmlInfo를 jQuery로 변환해 사용할 수 있습니다. (혹시 이 내용이 생소하게 느껴진다면 1장과 2장을 다시 한번 복습해보길 권장합니다.)

위 코드를 실행하면 결과 이미지 노드의 개수가 4로 나올 것입니다. 그럼 다음 단계로 나아가 겠습니다.

단계 #4 – 첫 번째 이미지 패널 생성

알림

웹 서버를 실행하고 아래 경로의 파일을 여세요.

- 로컬 경로 : C:₩APM_Setup₩htdocs₩book₩3_js_ajax₩3_mission₩mission1₩step_4.html
- 서버 경로 : http://localhost/book/3_js_ajax/3 _mission/mission1/step_4.html

모든 일에는 순서가 있는 법! 하나를 생성할 수 있어야 여러 개를 생성할 수 있듯이 여기서는 앞에서 알아낸 이미지 노드 개수만큼 이미지 패널을 만들기 위해 먼저 이미지 노드의 첫 번째 정보를 가지고 이미지 패널을 만들어보겠습니다. 이 작업을 성공적으로 마치고 나면 반복문을 이용해 여러 개의 이미지 패널을 생성하는 작업은 한결 손쉽게 해결될 것입니다.

소스 • 3_js_ajax/3_mission/mission1/step_4.html

```
// 7. XML 형식의 데이터 처리
  function createImages(xmlInfo){
      // 1. 데이터에 접근하기 쉽게 XML 정보를 jQuery로 변경
      var $images = $(xmlInfo).find("image");
      //alert("이미지 노드 개수는 ? "+ $images.length);
❶
      // 2. 첫 번째 이미지 정보 구하기
      var $image = $images.eq(0);
❷
      // 3. 첫 번째 이미지 패널 생성
      var strDOM = "";
      strDOM += '<div class="image_panel">';
      strDOM += '    <img src="'+$image.find("url").text()+'">';
      strDOM += '    <p class="title">'+$image.find("title").text()+'</p>';
      strDOM += '</div>';
❸
      // 4. 이미지 컨테이너에 3번째에서 생성한 이미지 패널 추가
      var $imageContainer = $("div.image_container");
      $imageContainer.append(strDOM);
  }
```

소스 설명

❶ 전체 이미지 노드 정보를 담고 있는 $images에서 첫 번째 이미지 정보를 구합니다. jQuery의 eq( ) 함수를 사용하면 되겠죠?

❷, ❶ 영역에서 구한 이미지 정보에는 〈url〉 노드와 〈title〉 노드가 들어 있습니다. 이 노드의 정보에 접근해 이미지 패널의 DOM을 만듭니다. 이로써 문자열이긴 하지만 이미지 패널의 DOM이 완성된 상태가 됩니다.

이 방법 말고도 이미지 패널 DOM을 생성하는 방법은 여러 가지지만 대표적으로 문자열로 만드는 방법과 HTML 문서에 포함돼 있는 이미지 패널 템플릿을 복사해 쓰는 방법도 자주 이용합니다.

❸, ❷ 영역까지 생성한 내용은 단지 문자열로 된 DOM일 뿐입니다. 화면에 나타나려면 실제 노드로 만들어 #image_container의 자식 노드로 추가해 줘야 합니다.

이를 위해 먼저 #image_container 노드를 찾아 지역 변수인 $imageContainer에 담아둡니다. 이후 ❷ 영역에서 생성한 "첫 번째 이미지 패널 DOM 문자열"을 jQuery의 appendTo( ) 메서드의 매개변수로 전달해 컨테이너의 자식 노드로 추가합니다. 그러면 다음과 같은 화면이 나타납니다.

드디어 뭔가 화면에 나타나기 시작했군요. 계속해서 나머지 단계를 진행해 보겠습니다.

단계 #5 – 이미지 정보 개수만큼 이미지 패널 생성

알림

웹 서버를 실행하고 아래 경로의 파일을 여세요.
- 로컬 경로 : C:₩APM_Setup₩htdocs₩book₩3_js_ajax₩3mission₩mission1₩step_5.html
- 서버 경로 : http://localhost/book/3_js_ajax/3_mission/mission1/step_5.html

시작이 있으면 끝이 있는 법! 이번 미션도 어느덧 종점에 다다르고 있습니다. 이번 단계에서는 앞 단계에서 진행한 "첫 번째 이미지 패널 생성"을 그대로 활용해 이미지 정보 개수만큼 이미지 패널을 생성해보겠습니다.

어렵지 않게 4단계까지 따라온 분이라면 아마도 5단계 소스가 대략 어떨지 짐작할 수 있을 것입니다.

소스

3_js_ajax/3_mission/mission1/step_4.html

```
// 7. XML 포맷 데이터 처리
function createImages(xmlInfo)
{
    // 1. 데이터에 접근하기 쉽게 XML 정보를 jQuery로 변경
    var $images = $(xmlInfo).find("image");

    // 2. 첫 번째 이미지 정보 구하기
    var $image = $images.eq(0);

    // 3. 첫 번째 이미지 패널 생성하기
    var strDOM = "";
    strDOM += '<div class="image_panel">'
    strDOM += '<img src="'+$image.find("url").text()+'">';
    strDOM += '<p class="title">'+$image.find("title").text()+'</p>';
    strDOM += '</div>';

    // 4. 이미지 컨테이너에 3번째에서 생성한 이미지 패널을 추가
    var $imageContainer = $("#image_container");
    $imageContainer.append(strDOM);
}
```

3_js_ajax/3_mission/mission1/step_5.html

```
// 7. XML 형식의 데이터 처리
function createImages(xmlInfo)
{
    // 1. 데이터에 접근하기 쉽게 XML 정보를 jQuery로 변경
    var $images = $(xmlInfo).find("image");

    var strDOM= "";
    for(var i=0;i<$images.length;i++){
        // 2. N번째 이미지 정보 구하기
        var $image = $images.eq(i);

        // 3. N번째 이미지 패널 생성하기
        strDOM += '<div class="image_panel">'
        strDOM += '<img src="'+$image.find("url").text()+'">';
        strDOM += '<p class="title">'+$image.find("title").text()+'</p>';
        strDOM += '</div>';
    }

    // 4. 이미지 컨테이너에 3번째에서 생성한 이미지 패널을 추가
    var $imageContainer = $("#image_container");
    $imageContainer.append(strDOM);
}
```

소스 설명

뭔가 바뀌긴 한 것 같은데 코드는 4단계와 아주 비슷한 구조입니다. 4단계와 다른 점이라면 4단계에서는 이미지 패널 하나를 만든 반면 5단계에서는 반복문으로 이미지의 개수만큼 패널을 만들고 첫 번째 이미지 패널 DOM의 문자열만이 아닌 모든 이미지 패널 DOM을 한꺼번에 문자열로 만들어 이미지 컨테이너에 추가한다는 것입니다.

자, 그럼 여기까지 미션1을 여러분과 함께 모두 풀어봤습니다. 아마 여러분들도 모두 어렵지 않게 이번 미션풀이를 이해했을 거라 믿으며 미션1에서 배운 내용을 그대로 살려 미션2로 이어가겠습니다.

Ajax를 활용한 동적 이미지 노드 생성(JSON 버전)

요구사항

"이미지 정보 읽어들이기" 버튼이 클릭되면 images.json 파일을 읽어들여 다음과 같이 images.json에 담긴 이미지 노드의 개수만큼 이미지 패널을 동적으로 생성 해주세요.

결과물

실행 전 화면　　　　　　실행 후 화면

```
<body>
    <div>
        <button id="btn_load">이미지 읽어들이기</button>
    </div>

    <div id="image_container">
        <!-- 1. 이곳에 이미지를 넣어주세요-->
    </div>

    <!-- 2. 이 내용은 이미지 패널 템플릿입니다. -->
    <div style="display:none;" id="image_panel_template">
        <div class="image_panel">
            <img >
            <p class="title"></p>
        </div>
    </div>
</body>
```

```
<body>
    <div>
        <button id="btn_load">이미지 읽어들이기</button>
    </div>

    <div id="image_container">
        <div class="image_panel">
            <img src="images/1.png">
            <p class="title">이미지1</p>
        </div>
        <div class="image_panel">
            <img src="images/2.png">
            <p class="title">이미지2</p>
        </div>
        <div class="image_panel">
            <img src="images/4.png">
            <p class="title">이미지4</p>
        </div>
        <div class="image_panel">
            <img src="images/5.png">
            <p class="title">이미지5</p>
        </div>

    </div>

    <!-- 2. 이 내용은 이미지 패널 템플릿입니다. -->
    <div style="display:none;" id="image_panel_template">
        <div class="image_panel">
            <img >
            <p class="title"></p>
        </div>
    </div>
</body>
```

미션 2의 결과는 미션 1과 똑같습니다. 다른 점이라면 외부 XML 파일 대신 외부 json 파일을 이용한다는 것입니다. 즉, 이번 미션의 목적은 여러분이 JSON 형식을 만들 수 있고, 상황에 맞게 JSON 형식의 정보에 접근해 활용할 수 있는지 확인하는 데 있습니다. 그럼 지금부터 여러분 스스로 미션을 진행해보길 바랍니다.

풀이

먼저 시작하기에 앞서 어떤 순서로 작업할지 간단하게 단계부터 나눠 보겠습니다.

단계 나누기

단계 #1 - XML 형식에서 JSON 형식으로 변경(준비 작업)

단계 #2 - jQuery, Ajax개발 환경 설정

단계 #3 - 이미지 정보 개수 파악

단계 #4 - 첫 번째 이미지 패널 생성

단계 #5 - 2단계의 작업을 이미지 정보 개수만큼 반복 진행 순서는 미션1과 거의 같습니다. 그래서 많은 부분이 중복되어 등장할 것입니다. 이 중에서 눈여겨봐야 할 부분은 바로 XML 형식의 데이터를 활용하는 부분이 JSON 형식의 데이터를 활용하는 것으로 바뀌는 부분입니다.

참고로 이번 미션은 XML과 관련된 부분을 JSON으로 바꾸는 작업을 단계 나누기 순서대로 하나씩 진행할 것이므로 먼저 미션 1의 최종 소스 코드를 그대로 복사해 미션 2의 파일로 만들어 주시기 바랍니다.

모든 준비가 마무리되면 단계 #2번부터 시작해보겠습니다.

단계 #1 – XML 형식을 JSON 형식으로 변경

이 단계에서는 다음과 같이 XML 형식으로 담긴 이미지 정보를 JSON 형식으로 변경합니다.

```
{"rows":[
    {"title":"이미지1","url":"images/img1.jpg"},
    {"title":"이미지2","url":"images/img2.jpg"},
    {"title":"이미지4","url":"images/img4.jpg"},
    {"title":"이미지5","url":"images/img5.jpg"}
]}
```

역시 XML 형식보다 JSON 형식이 훨씬 간결해 보입니다. 그럼 다음 단계로 이동합니다.

단계 #2 – jQuery, Ajax 개발 환경 설정

알림

웹 서버를 실행하고 아래 경로의 파일을 여세요.

• 로컬 경로 : C:\APM_Setup\htdocs\book\3_js_ajax\3_mission\mission2\step_2.html
• 서버 경로 : http://localhost/book/3_js_ajax/3 _mission/mission2/step_2.html

미션 2에서는 미션 1을 그대로 복사해 사용하기 때문에 jQuery와 Ajax를 사용하기 위해 또 다시 개발환경을 구성할 필요가 없습니다. 다만 Ajax 개발 환경과 관련된 소스 중에서 XML과 관련된 부분을 찾아 JSON에 맞게 변경해야 합니다.

미션1 소스
```
function startLoadFile()
{
    . . . .
    // 4. GET 방식으로 데이터 보내기, 응답은 비동기로
    // 클라이언트와 서버 간의 연결 요청 준비
    xmlHttp.open("GET", "images.xml", true);
    . . . .
}

// 6. 응답 처리
function on_ReadyStateChange()
{
    . . . .
    // 7. 데이터 파싱 처리
    createImages(xmlHttp.responseXML);
    . . . .
}

// 7. XML 형식의 데이터 처리
function createImages(xmlInfo)
{
    . . . .
}
```

미션2 소스
```
function startLoadFile()
{
    . . . .
    // 4. GET 방식으로 데이터 보내기, 응답은 비동기로
    // 클라이언트와 서버 간의 연결 요청 준비
    xmlHttp.open("GET", "images.json", true);
    . . . .
}

// 6. 응답 처리
function on_ReadyStateChange()
{
    . . . .
    // 7. 데이터 처리
    createImages(xmlHttp.responseText);
    . . . .
}

// 7. JSON 형식의 데이터 처리
function createImages(strInfo)
{
    . . . .
}
```

소스 설명

1. 먼저 startLoadFile( ) 함수에서 xmlHttp.open("GET", "images.xml", true);로 돼 있는 부분을 찾아 xmlHttp.open("GET", "images.json", true);로 변경합니다.

2. send( )로 images.json 파일을 모두 정상적으로 읽어들였다면 xmlHttp.onreadystatechange 이벤트에 등록한 on_ReadyStateChange( ) 함수가 실행됩니다. 이때 XML 파일인 경우에는 XMLHttpRequest 의 responseXML 프로퍼티에 담긴 내용을 사용하지만 JSON 파일인 경우에는 reponseText 프로퍼티 에 담긴 내용을 사용해야 합니다. 그러므로 reponseXML로 된 부분을 reponseText로 변경합니다.

3. createImages( ) 함수로 전달되는 값 역시 XML 형식이 아닌 JSON 형식의 문자열이므로 매개변수의 이 름도 xmlInfo에서 strInfo로 변경합니다.

단계 #3 - 이미지 정보 개수 파악

알림

웹 서버를 실행하고 아래 경로의 파일을 여세요.

- 로컬 경로 : C:₩APM_Setup₩htdocs₩book₩3_js_ajax₩3_mission₩mission2₩step_3.html
- 서버 경로 : http://localhost/book/3_js_ajax/3_mission/mission2/step_3.html

소스 • 3_js_ajax/3_mission/mission2/step_3.html

```
// 7. JSON 형식의 데이터 처리
function createImages(strInfo)
{
    // 1. JSON 형식의 문자열을 자바스크립트 객체로 변경
    var objImageInfo = eval("("+strInfo+")");
    var images = objImageInfo.rows;

    alert("이미지 노드 개수는? "+images.length);
}
```

소스 설명

미션 1에서는 createImages( ) 메서드로 전달되는 데이터 자체가 문자열이 아닌 XML이었으므로 이미지 정보에 쉽게 접근하고자 XML을 jQuery로 변경해서 사용했습니다.

하지만 JSON의 경우 createImages( ) 메서드로 전달되는 데이터는 JSON 형식으로 돼 있는 문자열이므로 바로 접근해서 사용할 수 없습니다. 그래서 여기서는 eval( ) 함수를 이용해 JSON 형식의 문자열을 자바스크립트 객체로 변환하는 작업을 합니다. 여기까지 진행했다면 이제 이미지 개수를 알아내는 건 시간 문제일 것입니다.

단계 #4 - 첫 번째 이미지 패널 생성

알림

웹 서버를 실행하고 아래 경로의 파일을 여세요.

- 로컬 경로 : C:₩APM_Setup₩htdocs₩book₩3_js_ajax₩3_mission₩mission2₩step_4.html
- 서버 경로 : http://localhost/book/3_js_ajax/3_mission/mission2/step_4.html

```
// 7. JSON 형식의 데이터 처리
function createImages(strInfo)
{
    // 1. JSON 형식의 문자열을 자바스크립트 객체로 변경
    var objImageInfo = eval("("+strInfo+")");
    var images = objImageInfo.rows;

    // 2. 첫 번째 이미지 정보 구하기
    var image = images[0];
    // 3. 첫 번째 이미지 패널 생성
    var strDOM = "";
    strDOM += '<div class="image_panel">';
    strDOM += '    <img src="'+image.url+'">';
    strDOM += '    <p class="title">'+image.title+'</p>';
    strDOM += '</div>';

    alert(strDOM);
    // 4. 이미지 컨테이너에 3단계에서 생성한 이미지 패널 추가
    var $imageContainer = $("#image_container");
    $imageContainer.append(strDOM);
}
```

소스 설명

JSON의 가장 큰 특징은 자바스크립트 객체 자체라서 CSV, XML보다 좀더 나은 접근성을 지원한다는 것입니다. 첫 번째 이미지 정보를 구하는 방법 역시 일반 배열처럼 접근한 후 프로퍼티에 바로 접근해 원하는 데이터를 얻을 수 있습니다. 이런 특성을 활용하면 코드에서 볼 수 있듯이 더욱 간결하게 이미지 패널 생성을 위한 문자열을 만들 수 있습니다. 이렇게 해서 만들어진 첫 번째 이미지 패널 문자열을 jQuery의 append( ) 메서드를 이용해 추가하면 미션 1과 똑같은 결과를 얻을 수 있습니다.

단계 #5 – 3단계의 작업을 이미지 정보 개수만큼 반복

알림

웹 서버를 실행하고 아래 경로의 파일을 여세요.

- 로컬 경로 : C:₩APM_Setup₩htdocs₩book₩3_js_ajax₩3_mission₩mission2₩step_5.html
- 서버 경로 : http://localhost/book/3_js_ajax/3_mission/mission2/step_5.html

3_js_ajax/3_mission/mission2/step_4.html

```
// 7. JSON 형식의 데이터 처리
function createImages(strInfo)
{
    // 1. JSON 형식의 문자열을 자바스크립트 객체로 변환
    var objImageInfo = eval("("+strInfo+")");
    var images = objImageInfo.rows;

    // 2. 첫 번째 이미지 정보 구하기
    var image = images[0];

    // 3. 첫 번째 이미지 패널 생성
    var strDOM = "";
    strDOM += '<div class="image_panel">'
    strDOM += '    <img src="'+image.url+'">';
    strDOM += '    <p class="title">'+image.title+'</p>';
    strDOM += '</div>';

    // 4. 이미지 컨테이너에 3번째에서 생성한 이미지 패널을 추가
    var $imageContainer = $("div.image_container");
    $imageContainer.append(strDOM);
}
```

3_js_ajax/3_mission/mission2/step_5.html

```
// 7. JSON 형식의 데이터 처리
function createImages(strInfo)
{
    // 1. JSON 형식의 문자열을 자바스크립트 객체로 변환
    var objImageInfo = eval("("+strInfo+")");
    var images = objImageInfo.rows;

    var strDOM = "";
    for(var i=0;i<images.length;i++){
        // 2. N번째 이미지 정보 구하기
        var image = images[i];

        // 3. N번째 이미지 패널 생성
        strDOM += '<div class="image_panel">'
        strDOM += '    <img src="'+image.url+'">';
        strDOM += '    <p class="title">'+image.title+'</p>';
        strDOM += '</div>'
    }

    // 4. 이미지 컨테이너에 3번째에서 생성한 이미지 패널 추가
    var $imageContainer = $("#image_container");
    $imageContainer.append(strDOM);
}
```

소스 설명

최종 코드를 실행하면 이미지 정보의 개수만큼 이미지 패널 DOM이 생성됩니다. 이렇게 생성된 내용을 이미지 컨테이너에 추가하면 목표로 삼은 실행 결과과 같은 결과물이 나타납니다. 아울러 JSON의 간결함 덕분에 미션 2의 코드가 더욱 깔끔해 보입니다.

이 부분만 놓고 보면 실행 속도면에서도 JSON이 빠를 수밖에 없습니다. XML의 경우 for 문 내부에 url과 title 정보를 구하기 위해 jQuery의 find( ) 메서드를 계속해서 호출하는 구문이 들어 있습니다. 반면 JSON의 경우에는 객체의 프로퍼티에 바로 접근하므로 특별히 부수적으로 처리해야 할 사항이 존재하지 않습니다.

그렇다고 "모든 내용을 JSON으로 처리하세요"라는 의미는 아닙니다. 상황에 맞게 적절한 형식을 선택해서 사용해야 합니다.

이렇게 미션2도 마무리되었습니다. 그럼 잠시 쉬면서 미션 1, 2의 내용을 정리해보겠습니다.

미션 1, 2를 진행하면서 아마 "그런데 지금까지 작업한 내용을 살펴보면 Ajax를 사용한 것보다 DOM을 다루는 작업이 더 많은 것 같은데..."라고 생각하신 분도 있을 것입니다. 이처럼 Ajax를 이용한 외부 데이터 통신은 간단하며 그 역할은 특정 데이터 형식으로 된 데이터를 읽어들여 내부 자바스크립트 영역으로 가져오는 것입니다.

즉, Ajax의 역할은 여기까지라고 볼 수 있습니다. 이후 클라이언트 내부로 들어온 데이터는 알맞게 가공되어 사용되는데, 주로 이번 미션처럼 화면에 표현되는 데이터로 많이 사용됩니다.

이제 더는 Ajax이니 JSON이니 이런 용어에 두려움을 느끼지는 않을 거라 확신하며 달콤한 휴식을 마무리하고 세 번째 미션에 도전해 보겠습니다.

 **Ajax를 활용한 롤링 배너 제작**

마지막 Ajax 미션은 1, 2장에서 만든 롤링 배너에 Ajax를 적용하는 것입니다.

롤링 배너 – 버전 0.2, 다음과 같이 실행되게 만들어주세요.

사용자 요구사항

이번에 진행할 프로젝트는 쇼핑몰 같은 사이트에서 많이 볼 수 있는 상품 롤링 배너입니다.

1. 저희 쇼핑몰에서 판매하는 제품을 많은 사람들이 볼 수 있게 효과적으로 노출시켜 줬으면 합니다.

2. 상품 목록을 쉽게 변경할 수 있게 만들어 줬으면 합니다.

오랜만에 롤링 배너를 다시 보니 1장을 막 시작했던 때가 떠오릅니다. 사실 이 예제가 다시 등장하는 이유는 아직 해결하지 않고 남겨둔 과제가 있기 때문입니다. 어쩌면 여러분의 기억 속에서 이미 지워졌을지도 모르겠지만 1장 실전 활용 – 롤링 배너 만들기의 사용자 요구사항 가운데 "2. 상품 목록은 손쉽게 변경할 수 있어야 합니다."라는 부분이 있었으며, 이 기능을 어떻게 구현해야 할까? 라고 고민한 적이 있었습니다. 이때는 아쉽게도 Ajax를 몰랐던 시점이라 기능 구현을 하지 못하고 숙제로 남겨 둔 채 지나왔습니다. 그리고 "이 부분은 2부에서 Ajax를 배우고 난 후 만나게 됩니다."라고 남겨뒀는데, 이제 Ajax를 익혔으니 비로소 미해결 숙제를 풀수 있게 되었습니다.

아마 지금까지 열심히 달려온 분이라면 이번 미션도 쉽게 처리할 수 있을 테지만 그래도 힌트를 살짝 드리자면 기존 소스의 내용 중 롤링되는 이미지의 목록이 아래처럼 하드코딩돼 있는 부분을 XML이나 JSON 형식의 데이터로 만든 후(미션 2의 단계 #1에서 했던 것처럼) Ajax를 이용해 이 데이터를 읽어들여 동적으로 이미지 목록을 생성하는 작업이 바로 이번 미션의 핵심 이슈입니다. 자, 그럼 하나씩 살펴보겠습니다.

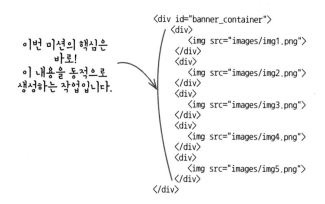

이번 미션의 핵심은 바로!
이 내용을 동적으로 생성하는 작업입니다.

```
<div id="banner_container">
    <div>
        <img src="images/img1.png">
    </div>
    <div>
        <img src="images/img2.png">
    </div>
    <div>
        <img src="images/img3.png">
    </div>
    <div>
        <img src="images/img4.png">
    </div>
    <div>
        <img src="images/img5.png">
    </div>
</div>
```

소스 설명

우선 미션을 어떻게 해결할 것인가에 대한 전체적인 흐름을 살펴보겠습니다.

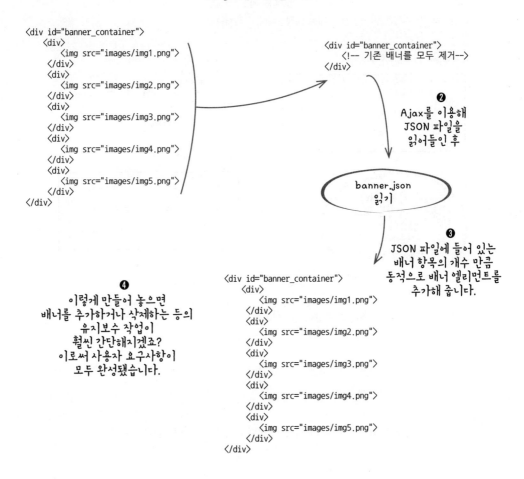

❶ HTML 문서에서
#banner_container의
내용을 모두 지워줍니다.

```html
<div id="banner_container">
    <div>
        <img src="images/img1.png">
    </div>
    <div>
        <img src="images/img2.png">
    </div>
    <div>
        <img src="images/img3.png">
    </div>
    <div>
        <img src="images/img4.png">
    </div>
    <div>
        <img src="images/img5.png">
    </div>
</div>
```

```html
<div id="banner_container">
    <!-- 기존 배너를 모두 제거-->
</div>
```

❷ Ajax를 이용해
JSON 파일을
읽어들인 후

banner.json
읽기

❸ JSON 파일에 들어 있는
배너 항목의 개수 만큼
동적으로 배너 엘리먼트를
추가해 줍니다.

❹ 이렇게 만들어 놓으면
배너를 추가하거나 삭제하는 등의
유지보수 작업이
훨씬 간단해지겠죠?
이로써 사용자 요구사항이
모두 완성됐습니다.

```html
<div id="banner_container">
    <div>
        <img src="images/img1.png">
    </div>
    <div>
        <img src="images/img2.png">
    </div>
    <div>
        <img src="images/img3.png">
    </div>
    <div>
        <img src="images/img4.png">
    </div>
    <div>
        <img src="images/img5.png">
    </div>
</div>
```

보다시피

❶ 롤링하게 될 배너는 이제 JSON 파일에서 불러와 동적으로 생성할 것이므로 기존 jQuery를 활용한 풀이
파일에서 이와 관련된 내용을 제거합니다.

❷ 이 파일에 JSON을 읽어들일 수 있게 지금까지 계속해서 사용해온 Ajax 환경설정 부분을 넣고 JSON 파
일을 불러들입니다.

❸ JSON 파일을 정상적으로 읽어들였다면 JSON 파일에 들어 있는 배너 개수만큼 #banner_container에 배너를 동적으로 생성합니다.

❹ 여기까지 처리하고 나면 #banner_container에는 하드코딩한 배너 목록을 제거했을 때와 똑같아집니다. 그럼 기존에 있었던 소스를 그대로 실행합니다. 아래처럼 말이지요.

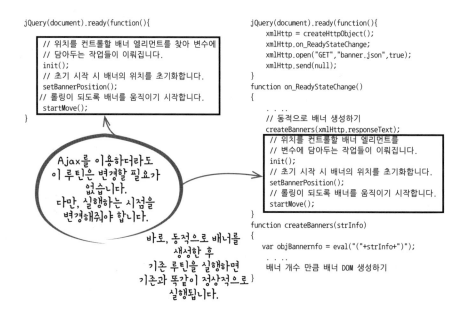

```
jQuery(document).ready(function(){
    // 위치를 컨트롤할 배너 엘리먼트를 찾아 변수에
    // 담아두는 작업들이 이뤄집니다.
    init();
    // 초기 시작 시 배너의 위치를 초기화합니다.
    setBannerPosition();
    // 롤링이 되도록 배너를 움직이기 시작합니다.
    startMove();
}
```

```
jQuery(document).ready(function(){
    xmlHttp = createHttpObject();
    xmlHttp.on_ReadyStateChange;
    xmlHttp.open("GET","banner.json",true);
    xmlHttp.send(null);
}
function on_ReadyStateChange()
{
    . . ..
    // 동적으로 배너 생성하기
    createBanners(xmlHttp.responseText);
    // 위치를 컨트롤할 배너 엘리먼트를
    // 변수에 담아두는 작업들이 이뤄집니다.
    init();
    // 초기 시작 시 배너의 위치를 초기화합니다.
    setBannerPosition();
    // 롤링이 되도록 배너를 움직이기 시작합니다.
    startMove();
}
function createBanners(strInfo)
{
    var objBannernfo = eval("("+strInfo+")");
    . . ..
    배너 개수 만큼 배너 DOM 생성하기
```

Ajax를 이용하더라도 이 루틴은 변경할 필요가 없습니다. 다만, 실행하는 시점을 변경해줘야 합니다.

바로, 동적으로 배너를 생성한 후 기존 루틴을 실행하면 기존과 똑같이 정상적으로 실행됩니다.

어떤가요? 이제 작동 원리에 대한 감이 잡힐 것입니다. 이쯤에서 미션 풀이에 대한 설명을 멈추고 실제 구현을 해보겠습니다.

먼저 어떤 식으로 구현을 진행할지 대략 단계를 나누는 것부터 해보겠습니다.

단계 #1 – 배너 목록을 JSON 형식으로 생성

단계 #2 – jQuery, Ajax 개발 환경 설정

단계 #3 – 배너 정보의 개수 파악

단계 #4 – 첫 번째 배너 패널 생성

단계 #5 – 3단계 작업을 배너 정보의 개수만큼 반복

단계 #6 – 기존 코드 실행

단계 #1 – 배너 목록을 JSON 형식으로 생성

화면에 나타나는 내용은 배너 이미지일 뿐이지만 나중에 타이틀과 같은 정보가 필요할 수도 있으므로 미션2에서 만든 형식을 이번 배너에서도 그대로 사용하겠습니다.

```
{"rows":[
    {"title":"배너1","url":"images/img1.jpg"},
    {"title":"배너2","url":"images/img2.jpg"},
    {"title":"배너3","url":"images/img3.jpg"},
    {"title":"배너4","url":"images/img4.jpg"},
    {"title":"배너5","url":"images/img5.jpg"}
]}
```

단계 #2 – jQuery, Ajax 개발 환경 설정

> **알림**
>
> 웹 서버를 실행하고 아래 경로의 파일을 여세요.
> * 로컬 경로 : C:\APM_Setup\htdocs\book\3_js_ajax\3_mission\mission3\step_2.html
> * 서버 경로 : http://localhost/book/3_js_ajax/3_mission/mission3/step_2.html

이번 단계에서는 기존 코드에 Ajax를 사용하기 위한 개발 환경을 추가합니다. 기존 코드를 완전히 새롭게 다시 만들거나 하진 않고, 단지 Ajax 소스만 추가하는 것에 불과합니다. 그리고 개발 아이디어에서 다룬 내용 중 이전 페이지의 그림에서 본 내용도 이번 단계에서 구현하겠습니다. 완성된 코드는 다음과 같습니다.

```html
<html>
<head>
<meta http-equiv="Content-Type" content="text/html; charset=UTF-8">
<title></title>
<style>
    #banner_container{
        position:relative;
        width:128px;

        height:128px;
        border:1px solid #cccccc;
        top:100px;
        left:100px;
        overflow:hidden;;
    }
```

```
    #banner_container div{
        position:absolute;
        width:128px;
        height:128px;

        top:0;
        background:#ffffff;
    }
</style>

<script  type="text/javascript" src="../libs/jquery-1.7.1.min.js"></script>
<script  type="text/javascript"  src="../libs/jquery.easing.1.3.js"></script>
<script type="text/javascript">
    var ANIMATION_DURATION=500;
    var IMAGE_HEIGHT     =128;

    var $bannerItems;
    var $bannerContainer;

    var nCurrentIndex;
    var nBannerCount;
    var nTimerID;
❸
    window.onload = function(){
        /*
        기존 내용을 모두 제거합니다.
        // 요소 초기화
        this.init();
        // 배너 위치 설정
        this.setBannerPosition();
        // 배너 이동
        this.startMove();
        */
        this.startLoadFile();
    }

❷
    function startLoadFile(){
        // 1. 브라우저에 따른 XMLHttpRequest 생성
        xmlHttp = createXMLHTTPObject();

        // 2. 요청에 대한 응답 처리 이벤트 리스너 등록
        xmlHttp.onreadystatechange = on_ReadyStateChange;

        // 3.서버로 보낼 데이터 생성

        // 4. GET 방식으로 데이터 보내기. 응답은 비동기로 클라이언트와 서버 간의 연결 요청 준비
        xmlHttp.open("GET", "banner.json", true);
```

```
    // 5. 실제 데이터 전송
    xmlHttp.send(null);
}

// 1. 브라우저에 따른 XMLHttpRequest 생성
function createXMLHTTPObject(){
    var xhr = null;
    if (window.XMLHttpRequest) {
        // IE7 버전 이상, 크롬, 사파리, 파이어폭스, 오페라 등 거의 대부분의 브라우저에서는
        // XMLHttpRequest 객체를 제공합니다.
        xhr = new XMLHttpRequest();
    }
    else {
        // IE5, IE6 버전에서는 다음과 같은 방법으로 XMLHttpRequest 객체를 생성합니다.
        xhr = new ActiveXObject("Microsoft.XMLHTTP");
    }
    return xhr;
}


// 6. 응답 처리
function on_ReadyStateChange(){
    // 4=데이터 전송 완료.(0=초기화 전, 1=로딩 중, 2=로딩됨, 3=대화 상태)
    if(xmlHttp.readyState==4){
        // 200은 에러 없음(404=페이지가 존재하지 않음)
        if(xmlHttp.status==200) {
            // 7. 데이터 처리
            createImages(xmlHttp.responseText);
        }
        else{
            alert("처리 중 에러가 발생했습니다.");
        }
    }
}

// 7. JSON 형식의 데이터 처리
function createImages(strInfo){
    alert(strInfo);
}

// 요소 초기화
function init(){
    // 계속해서 사용할 요소이므로 전역변수에 담아 둡니다.
    this.$bannerContainer = document.getElementById("#banner_container");
    this.$bannerItems = $("#banner_container div");
    this.nCurrentIndex = 0;
    this.nTimerID = 0;
    // 전체 배너 개수
    this.nBannerCount = this.$bannerItems.length;
}
```

```
 // 현재 배너와 다음 배너의 위치를 초기화합니다.
 function setBannerPosition(){
     // 모든 배너의 위치값을 출력 영역에서 보이지 않게 만듭니다.
     this.$bannerItems.css({opacity:0, top:IMAGE_HEIGHT});

     // 첫 번째 배너=현재 버너를 화면에 활성화합니다.
     this.$bannerItems.eq(0).css({opacity:1, top:0});
 }

 // 배너 이동
 function startMove(){
     this.nTimerID = setInterval(this.on_StartMove,1000)
 }

 // 다음 배너 계산
 function on_StartMove(){
     if(this.nCurrentIndex+1>=this.nBannerCount)
         this.showBannerAt(0);
     else
         this.showBannerAt(this.nCurrentIndex+1);
 }

 // nIndex에 해당하는 배너를 현재 배너로 활성화
 function showBannerAt(nIndex){
     if(this.nCurrentIndex==nIndex || nIndex<0 || nIndex>=this.nBannerCount)
         return;

     // 현재 배너를 구합니다.
     var $currentBanner = this.$bannerItems.eq(this.nCurrentIndex);
     // 다음 배너를 구합니다.
     var $nextBanner = this.$bannerItems.eq(nIndex);

     // 현재 배너를 위쪽으로 이동
     $currentBanner.animate({top:-IMAGE_HEIGHT,opacit:0},
         ANIMATION_DURATION,
         "easeOutQuint"
     );

     // 다음 배너를 옮기기 전에 다음 배너 위치의 시작 위치를 설정
     $nextBanner.css({top:IMAGE_HEIGHT, opacity:0});

     $nextBanner.animate({top:0,opacity:1},
         ANIMATION_DURATION,
         "easeOutQuint"
     );

     // 현재 배너의 index 값을 업데이트
     this.nCurrentIndex = nIndex;
 }
```

```
</script>
</head>
<body>
❶
    <div id="banner_container" >
    </div>
</body>
</html>
```

소스 설명

❶ 여기서는 먼저 Ajax를 이용해 배너를 동적으로 생성할 것이므로 #banner_container 영역에 있는 내용을 모두 지웁니다.

❷ 이제 이 파일에 JSON을 읽어들일 수 있게 지금까지 계속해서 사용해온 Ajax 환경설정 부분을 추가합니다.

❸ 끝으로 기존 내용을 주석으로 처리한 후 Ajax가 동작하도록 startLoadFile( ) 함수를 실행합니다. 주석으로 처리하는 내용은 배너 항목을 동적으로 생성한 후 위치만 살짝 바꿔서 그대로 실행할 예정이니 지우지 마세요.

```
window.onload=function(){
    /*
    기존 내용을 모두 없애줍니다.
    // 요소 초기화
    this.init();
    // 배너 위치 설정
    this.setBannerPosition();
    // 배너 이동
    this.startMove();
    */
    this.startLoadFile();
}
```

여기까지 기존 소스에 Ajax 소스를 추가해봤습니다. 그럼 정상적으로 실행되는지 확인해봅니다. 실행 결과가 다음과 같다면 올바르게 작업한 것입니다.

단계 #3 – 배너 정보 개수 파악

알림

웹 서버를 실행하고 아래 경로의 파일을 여세요.

- 로컬 경로 : C:\APM_Setup\htdocs\book\3_js_ajax\3_mission\mission3\step_3.html
- 서버 경로 : http://localhost/book/3_js_ajax/3_mission/mission3/step_3.html

소스 • 3_js_ajax/3_mission/mission3/step_3.html:

```
// 7. JSON 형식의 데이터 처리
function createImages(strInfo){
    // 1. JSON 형식의 문자열을 자바스크립트 객체로 변환
    var objBannerInfo = eval("("+strInfo+")");
    var banners = objBannerInfo.rows;
    alert("배너 정보 노드 개수는? "+banners.length);
}
```

소스 설명

이번 단계에서는 읽어들인 banner.json 파일에 배너 정보의 개수가 몇 개인지 알아냅니다. 기존의 createImages( ) 함수에 위에서 보여준 코드를 추가하면 되고, 코드의 내용은 미션 1, 2에서 이미 접해봤으므로 어렵지 않게 이해할 수 있을 것입니다.

단계 #4 – 첫 번째 이미지 패널 생성

알림

웹 서버를 실행하고 아래 경로의 파일을 여세요.

• 로컬 경로 : C:₩APM_Setup₩htdocs₩book₩3_js_ajax₩3_mission₩mission3₩step_4.html
• 서버 경로 : http://localhost/book/3_js_ajax/3_mission/mission3/step_4.html

소스 • 3_js_ajax/3_mission/mission3/step_4.html:

```
// 7. JSON 형식의 데이터 처리
function createImages(strInfo){
    // 1. JSON 형식의 문자열을 자바스크립트 객체로 변환
    var objBannerInfo = eval("("+strInfo+")");
    // 전체 배너 정보 구하기
    var banners = objBannerInfo.rows;

    // 2. 첫 번째 배너 정보 구하기
    var banner = banners[0];

    // 3. 첫 번째 배너 패널을 생성
    var strDOM = "";
    strDOM += '<div>'
    strDOM += '    <img src="'+banner.url+'" alt="'+banner.title+'">';
    strDOM += '</div>';

    // 4. 배너 컨테이너에 3번째에서 생성한 배너 패널 추가
    var $bannerContainer = $("#banner_container");
    $bannerContainer.append(strDOM);
}
```

소스 설명

방금 소스를 확인했다면 왠지 데자뷰를 보는 것처럼 아주 익숙하다는 느낌이 들 것입니다. 맞습니다. 이 내용 역시 미션 1과 미션 2에서 했던 작업입니다. 바로 JSON의 배너 정보의 수만큼 배너를 동적으로 생성하기 전에 준비 단계로 배너 하나를 동적으로 추가하는 작업이지요. createImages( ) 함수에 소스를 입력한 후 실행하면 다음과 같은 화면을 볼 수 있을 것입니다.

실행 결과

HTML 파일 내부에도 다음과 같이 약간의 변화가 생기는 것을 확인할 수 있을 것입니다.

```html
<body>
    <div id="banner_container" >
        <div>
            <img src="images/img1.png">
        </div>
    </div>
</body>
```

단계 #5 – 배너 정보의 수만큼 배너를 동적으로 추가

알림

웹 서버를 실행하고 아래 경로의 파일을 여세요.

• 로컬 경로 : C:₩APM_Setup₩htdocs₩book₩3_js_ajax₩3_mission₩mission3₩step_5.html
• 서버 경로 : http://localhost/book/3_js_ajax/3_mission/mission3/step_5.html

소스

```javascript
// 7. JSON 형식의 데이터 처리
function createImages(strInfo){
    // 1. JSON 형식의 문자열을 자바스크립트 객체로 변환
    var objBannerInfo = eval("("+strInfo+")");
    var banners = objBannerInfo.rows;

    var strDOM = "";
    for(var i=0;i<banners.length;i++){
        // 2.N번째 배너 정보 구하기
        var banner = banners[i];

        // 3. N번째 배너 패널 생성
        strDOM += '<div>'
        strDOM += '    <img src="'+banner.url+'" alt="'+banner.title+'">';
        strDOM += '</div>';
    }

    // 4. 배너 컨테이너에 3단계에서 생성한 배너 패널을 추가
    var $bannerContainer = $("#banner_container");
    $bannerContainer.append(strDOM);
}
```

소스 설명

하나의 배너가 정상적으로 추가된 것을 확인했으니 이를 토대로 배너 정보의 수만큼 배너를 동적으로 추가해도 될 것 같습니다. 우선 JSON에 들어 있는 배너 정보를 읽어 그 수만큼 배너 패널을 생성합니다. 그리고 마지막으로 #banner_container에 생성한 배너 패널을 추가합니다. 여기까지 작업이 마무리되면 이제 정상적으로 동작하는지 실행합니다.

아마 화면에 배너가 정상적으로 추가되긴 했지만 첫 번째 이미지에 가려 나머지 배너가 화면에서 보이지 않을 것입니다. 이럴 때는 아래처럼 스타일에 간단하게 투명값을 추가하면 직접 눈으로 확인할 수 있습니다.

```
#banner_container div{
    position:absolute;
    width:128px;
    height:128px;

    top:0;
    background:#ffffff;
    opacity:0.5;
}
```

단계 #6 - 기존 코드 실행

알림

웹 서버를 실행하고 아래 경로의 파일을 여세요.

- 로컬 경로 : C:₩APM_Setup₩htdocs₩book₩3_js_ajax₩3_mission₩mission3₩step_6.html
- 서버 경로 : http://localhost/book/3_js_ajax/3_mission/mission3/step_6.html

이번 미션도 드디어 마지막 단계에 이르렀습니다. 단계 #5까지 진행한 작업의 결과는 여러분이 직접 확인한 것처럼 처음 미션을 풀기 전에 HTML 파일에 배너 정보가 하드코딩돼 있던 상황과 같습니다. 이는 단계 #2에서 주석으로 처리해둔 기존 코드를 실행하면 정상적으로 실행된다는 의미이기도 합니다.

자! 그럼 기존 코드가 실행되게 작업 해보죠.

먼저 아래 코드에서 주석으로 처리해 둔 부분을 그대로 먼저 복사합니다(주석으로 된 부분은 이제 지워도 됩니다).

```
jQuery(document).ready(function()
{
    /*
    기존 내용을 모두 없애줍니다.

    init();
    setBannerPosition();
    startMove();
    */

    startLoadFile();
});
```

그런 다음 복사한 코드를 on_ReadyStateChange( )의 배너를 생성하는 createImages( ) 함수 뒤에 붙여넣습니다. 마지막으로 정상적으로 붙여넣기가 됐는지 확인한 후 실행합니다. 아래에서 위로 롤링되는 멋진 화면을 다시 확인할 수 있을 것입니다.

```
// 6. 응답 처리
function on_ReadyStateChange(){
    // 4=데이터 전송 완료(0=초기화 전, 1=로딩 중, 2=로딩됨, 3=대화 상태)
    if(xmlHttp.readyState==4){
        // 200은 에러 없음(404=페이지가 존재하지 않음)
        if(xmlHttp.status==200){
            // 7. 데이터 처리
            createImages(xmlHttp.responseText);

            // 기존 코드 실행
            init();
            setBannerPosition();
            startMove();
```

```
        }
        else{
            alert("처리 중 에러가 발생했습니다.");
        }
    }
}
```

banner.json의 배너 정보를 추가하거나 삭제한 후 정상적으로 실행되는지도 테스트 해보세요. 이제 나름 더욱 멋진 롤링 배너 프로그램이 만들어졌습니다. 여기서 좀더 발전한다면 배너목록을 추가하거나 뺄 수 있는 편집기를 만들어 결과를 JSON 파일로 저장할 수 있게 만들면완벽한 롤링 배너 솔루션이 완성됩니다. 아쉽지만 이 부분은 여러분의 몫으로 돌리겠습니다.

04. 실전 활용 예제!!!

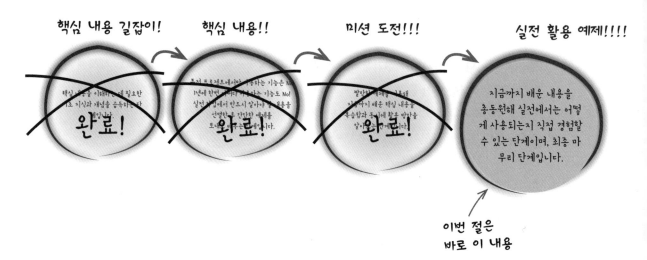

핵심 내용 길잡이!

핵심 내용을 이해하는 데 필요한
기초 지식과 개념을 습득하는 단
계입니다.
완료!

핵심 내용!!

특정 프로젝트에서만 사용하는 기능은 No!
1년에 한번 사용할까 말까하는 기능도 No!
실전 작업에서 반드시 알아야 할 내용을
선별한 후 간단한 예제를
토대로 다룬 예제입니다.
완료!

미션 도전!!!

짤막한 예제를 이용해
지금까지 배운 핵심 내용을
복습함과 동시에 활용 방법을
알아보는 단계입니다.
완료!

실전 활용 예제!!!!

지금까지 배운 내용을
총동원해 실전에서는 어떻
게 사용되는지 직접 경험할
수 있는 단계이며, 최종 마
무리 단계입니다.

이번 절은
바로 이 내용

숨가쁘게 앞만 보고 달려오다 보니 이번 장도 어느덧 마지막 종착점인 실전 활용 예제에 접어
들었습니다. 이번 단계에서는 지금까지 열심히 배운 자바스크립트 Ajax가 실전에서는 과연 어
떻게 사용될 수 있는지 여러분의 눈높이에 맞는 예제를 작성해 보겠습니다. 이번 장에서 만들
실전 활용 예제는 다음과 같습니다.

1. 외부 페이지 연동

2. 1단 메뉴 만들기

그럼 먼저 외부 페이지 연동하기부터 진행해보겠습니다.

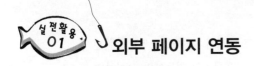

외부 페이지 연동

동적으로 page1.html, page2.html 파일을 읽어서 #page_container의 자식으로 추가해
주세요. 단 오직 한번씩만 추가되어야 합니다.

> 읽어들인 페이지는 이곳에 넣어주세요.
>
> ### Page 1
>
> 페이지 첫 번째 내용입니다. 이 페이지는 동적으로 추가 되었습니다.
>
> ### Page 1
>
> 페이지 두 번째 내용입니다. 이 페이지는 동적으로 추가 되었습니다.

사용자는 회사 외부 사람이 될 수도 있으며 또는 같은 부서의 팀장이 될 수도 있습니다. 이번
내용은 여러분의 나고수(가명) 팀장이 모바일 프로젝트를 진행하기 전 가장 기본이 되는 외부
페이지 로딩 기능을 구현하라는 특명을 내렸다는 가정하에 진행합니다. 혹시 지금부터 벌써 긴
장되고 그러진 않으시죠? 괜찮습니다. 이런 예제를 하나씩 완성하다 보면 머지않아 여러분도
자신감을 가질 수 있을 것입니다. 자! 그럼 시작해볼까요?

사용자 요구사항

"이번에 나초보(바로 여러분입니다) 사원이 진행했으면 하는 부분은 모바일 프로젝트를 진행
하기 전에 가장 기본이 되는 기능으로서 외부 페이지를 읽어들여 화면에 나오게 만드는 것입니
다. 단 똑같은 페이지가 두 번 이상 들어가지 않게 만들어주세요." 여기까지가 나고수 팀장의
요구사항이었습니다.

요구사항 분석 및 기능 정의

아무리 간단한 거라도 일단 어떤 요구사항 및 기능정의가 있는지 자세히 살펴봐야 합니다. 돌
다리도 두들겨 보고 건너라는 속담이 있듯 그 누구도 구현할 수 없는 왠지 SF 영화에나 나올법
한 허황된 내용으로 된 사용자의 요구사항이 어딘가에 꽁꽁 숨겨져 있을지 모르기 때문이지요.

이번 요구사항은 완성된 뭔가를 구현하는 것이 아니라 테스트 목적이 강하므로 UI와 관련된 동작 방식에 대해서는 따로 결정할 사항이 없을 듯하고, 일단 구현하려는 기능에만 충실하면 될 것 같습니다.

요구사항을 정리하면 다음과 같이 동작하는 웹 페이지를 구현해야 합니다.

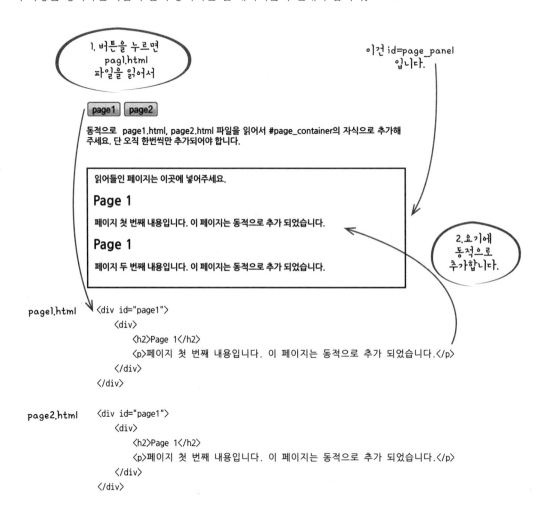

핵심 기능 및 구현 방법 찾기

이번 예제를 제작하는 데 가장 이슈가 될 만한 부분은 아마 외부 HTML 페이지를 읽어오는 방법일 것입니다. 기존 미션을 통해 XML 파일과 JSON 파일은 쉽게 읽어들였는데 이번에는

HTML 파일도 이 방식으로 읽어들일 수 있는지 확인해봐야 할 것입니다. (특정 프로젝트를 진행하기 위해 반드시 해결해야 하는 문제들! 바로 이런 것이 핵심 이슈에 해당됩니다.) 이를 위해 여러분 스스로 간단하게 샘플을 만들어 테스트를 해보길 바랍니다.

. . .

잠시 후

자! 테스트 해보셨나요? 네 여러분이 직접 확인해본 것처럼 이 경우 XMLHttpRequest 객체의 open( ) 메서드에 원하는 HTML 파일명을 매개변수로 전달한 후 send( ) 메서드를 호출하면 응답 내용이 담기는 responseText 프로퍼티에 HTML 페이지가 문자열로 들어갈 것입니다.

이렇게 해서 가장 큰 고민이었던 핵심 이슈도 해결했습니다.

단계 나누기

결국 모든 작업은 저자가 아닌 여러분이 직접 할 줄 알아야 하는 것이니만큼 실제 프로젝트를 진행한다는 마음으로 단계를 나눠 보길 바랍니다. 그런 다음 저자가 나눈 아래 내용과 비교해 보세요.

단계 #1
페이지 레이아웃 잡기(완료)

단계 #2
읽어들일 외부 페이지의 파일명 정보 가져오기(20분)

단계 #3
JS Ajax 구현을 위한 환경설정 구성(10분)

단계 #4
외부 페이지 로드(10분)

단계 #5
읽어들인 페이지를 화면에 추가(20분)

단계 #6
페이지 존재 여부 판단 후 페이지가 존재하지 않는 경우에만 페이지 추가(20분)

자바스크립트 Ajax와 관련된 내용은 이미 수차례 진행해본 경험과 기존에 사용하던 소스 코드까지 있으니 이번 작업은 아주 빠르게 진행될 것 같은 느낌이 듭니다. 참고로 원활하게 진행할 수 있게 기존에 작업한 내용 가운데 여기서도 이용하게 될 내용을 미리 뽑아 준비해둔 다음 진행하는 방법도 좋습니다.

참고로 기본적인 페이지 레이아웃이 담긴 파일을 미리 준비해 뒀으니 이 파일을 바탕으로 단계별 내용을 하나씩 밟아 나가면서 내용을 진행하면 됩니다. 자! 그럼 출발하죠.

구현

단계 1 – 페이지 레이아웃 잡기

소스 • 3_js_ajax/4_ex/ex1/step_1.html

```html
<html>
<head>
<meta http-equiv="Content-Type" content="text/html; charset=UTF-8">
<title> </title>

<style>
body{
    font-size:9pt;
}

#page_container{
    border: 1px solid #000000;
    margin-top:30px;
    padding:10px;
}
</style>

<script  type="text/javascript"  src="../libs/jquery-1.7.1.min.js"> </script>
<script>
    $(document).ready(function(){
    });
</script>
</head>

<body>
    <div>
        <p>
            <button data="page1.html" >page1</button>
            <button data="page2.html" >page2</button>
        </p>
```

```
        </div>
        <div>
            동적으로 page1.html, page2.html파일을 읽어서 #panel_panel의
            자식으로 추가해 주세요. 단 오직 한 번씩만 추가돼야 합니다.
        </div>
        <div id="page_container">
            이곳에 넣어주세요.
        </div>
    </body>
</html>
```

소스 설명

페이지 내용을 모두 확인해보셨나요? 네, 맞습니다. 이 페이지는 바로 여러분을 위해 저자가
미리 준비한 페이지 레이아웃 파일입니다. 내부에는 DOM을 다룰 때 사용할 jQuery 라이브러
리를 추가해둔 상태입니다.

실행 결과

```
page1  page2
```

동적으로 page1.html, page2.html 파일을 읽어서 #panel_panel의 자식으로 추가해
주세요. 단 오직 한번씩만 추가되어야 합니다.

```
┌─────────────────────────────────────────────────┐
│ 이곳에 넣어주세요.                                    │
└─────────────────────────────────────────────────┘
```

단계 #2 - 읽어들일 외부 페이지의 파일명 가져오기(20분)

소스 • 3_js_ajax/4_ex/ex1/step_2.html

```
<script>
    $(document).ready(function(){
        $("button").click(function(e){
        alert("읽어들일 페이지 " +$(this).attr("data"));
    });
});
</script>
```

소스 설명

여기서는 화면에서 page1과 page2 버튼을 클릭하면 버튼과 연결된 페이지가 로딩되도록 구현해야 합니다. 이 작업을 진행하는 첫 번째 단계는 연결된 외부 페이지의 파일명을 알아내는 것입니다. 바로 이 내용이 이번 단계에서 진행할 내용입니다.

이 정보는 여러 방식으로 존재할 수 있지만 이번 예제에서는 다음과 같이 버튼에 껌딱지처럼 data라는 속성으로 찰싹! 이 정보를 붙여뒀습니다. 아래처럼 말이지요.

```
<button data="page1.html">page1</button>
```

그러면 이제 클릭된 버튼에서 불러올 외부 페이지의 이름을 뽑아내야 합니다. 여기서는 $(this).attr("data")라는 구문을 이용할 것이며, 소스를 모두 입력한 후 실행해서 page1 버튼을 클릭하면 다음과 같은 화면이 나타날 것입니다.

실행 결과

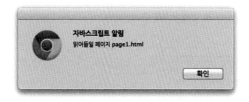

첫술에 배부를 수 없는 법! 큰 프로젝트도 이처럼 하나씩 작업하다 보면 어느새 완성된 결과물을 만들 수 있을 것입니다. 이게 바로 단계 나누기의 위력입니다.

단계 #2-1 리팩토링 – 코드 구조화

이미 1장과 2장을 통해 리팩토링을 여러 번 경험한 적이 있을 것입니다. 혹시 처음 듣는 용어라고 생각하진 않으리라 확신하며 이번 단계에서 할 내용을 설명하겠습니다.

단계 #2에서는 사실 테스트 목적으로 구현한 소스라서 일단 최대한 빨리 동작하는 화면을 보기 위해 아래 구문을 무작정 작성해둔 상태였습니다.

```
$(document).ready(function(){
        . . .
});
```

이제 원하는 대로 동작하는 모습을 확인했으니 코드의 가독성 및 앞으로 닥칠 유지보수를 위해서라도 소스를 다듬어야 합니다. 비록 아주 간단한 소스이긴 하지만 티끌 모아 태산이 되듯 소스 코드를 틈 날 때마다 계속해서 다듬어 주세요.

소스

```
$(document).ready(function(){

    $("button").click(function(e){
        alert("읽어들일 페이지 "+$(this).attr("data"));
    });

});
```

```
$(document).ready(function(){
    initEventListener();
});
```

```
// 이벤트 리스너를 등록합니다.
function initEventListener(){
    $("button").click(function(e){
        alert("읽어들일 페이지 "+$(this).attr("data"));
    }
}
```

소스 설명

먼저 기존 코드에 initEventListener( ) 함수를 만든 다음 이 함수 내부로 이벤트와 관련된 코드를 모두 옮깁니다. 그리고 원래 코드가 있던 자리에서 initEventListener( ) 함수를 실행합니다. 이렇게 수정한 후 다시 한번 코드를 실행해 정상적으로 동작하는지 확인해보세요.

어떤가요? 왠지 깔끔해진 느낌이 들지 않나요? 이후 이벤트 리스너를 등록해야 한다거나 등록한 이벤트가 어떤 건지 알고 싶다면 소스 이곳저곳을 기웃거릴 필요 없이 initEventListener( ) 함수를 찾기만 하면 됩니다.

단계 #3 – JS Ajax 구현을 위한 환경 설정 구성(10분)

드디어 이번 장에서 지겹게 봐온 Ajax 부분이 등장합니다. 이제 여러분은 Ajax 관련 코드라면 눈 감고도 작성할 수 있을 만큼 익숙해져 있을 것입니다. 정리해 보면 바로 다음과 같은 내용이죠.

1. XMLHttpRequest 객체 생성

2. 요청에 대한 응답 처리 이벤트 리스너 등록

3. 서버로 보낼 데이터 생성

4. 클라이언트와 서버 간의 연결 요청 준비(open( ) 메서드 이용)

    4-1. 서버로 보낼 데이터 전송 방식 설정(GET, POST 중 선택)

    4-2. 서버 응답 방식 설정(동기, 비동기 중 선택)

5. 실제 데이터 전송(send( ) 메서드 이용).

6. 응답 처리

7. 데이터 처리(CSV, XML, JSON 중 선택).

참고로 이곳에서 구현한 코드를 이해하려면 한 가지 주의해야 할 사항이 있습니다. 기존에는
이 순서가 모두 연속으로 실행된 반면 이번 예제에서는 page1과 page2 버튼을 클릭했을 때 로
딩해야 하기 때문에 순서가 약간 나뉜 상태로 실행된다는 것입니다. 이 점만 각별히 주의한다
면 어렵지 않게 코드를 이해할 수 있을 것입니다.

소스 · 3_js_ajax/4_ex/ex1/step_3.html

```html
<script>

    var xmlHttp;
❶
    $(document).ready(function(){
        initEventListener();
        initXMLHttpRequest();
    });



    // 버튼에 이벤트를 리스너를 등록합니다.
    function initEventListener(){
        $("button").click(function(e){
❷
            // 버튼이 눌러지는 경우 페이지를 로딩합니다.
            loadPage($(this).attr("data"));
        });
    }


❸
    // XMLHttpRequest를 미리 생성해 둡니다.
    function initXMLHttpRequest(){
        // 1. 브라우저에 따른 XMLHttpRequest 생성
        xmlHttp = createXMLHTTPObject();

        // 2. 요청에 대한 응답 처리 이벤트 리스너 등록
        xmlHttp.onreadystatechange=on_ReadyStateChange;

    }
❹
    // 1. 브라우저에 따른 XMLHttpRequest 생성
```

```
        function createXMLHTTPObject(){
            var xhr = null;
            if (window.XMLHttpRequest) {
                // IE7 버전 이상, 크롬, 사파리, 파이어폭스, 오페라 등 거의 대부분의
                // 브라우저에서는 XMLHttpRequest 객체를 제공합니다.
                xhr = new XMLHttpRequest();
            }
            else {
                // IE5, IE6 버전에서는 다음과 같은 방법으로 XMLHttpRequest 객체를 생성합니다.
                xhr = new ActiveXObject("Microsoft.XMLHTTP");
            }
            return xhr;
        }
```

❺
```
    // 페이지를 로딩하는 함수입니다.
    function loadPage(strPage){
        // 3. 서버로 보낼 데이터 생성
        // 4. GET 방식으로 데이터 보내기, 응답은 비동기로 클라이언트와 서버 간의 연결 요청 준비
        // 5. 실제 데이터 전송
    }
```

❻
```
    // 6. 응답 처리
    function on_ReadyStateChange(){
        // 4=데이터 전송 완료(0=초기화 전, 1=로딩 중, 2=로딩됨, 3=대화 상태)
        if(xmlHttp.readyState==4){
            // 200은 에러 없음(404=페이지가 존재하지 않음)
            if(xmlHttp.status==200){
                // 서버에서 받은 값
                alert("서버에서 받은 원본 데이터: "+xmlHttp.responseText);
```
❼
```
                // 7. 데이터 처리
                addPage(xmlHttp.responseText);
            }
            else{
                alert("처리 중 에러가 발생했습니다.");
            }
        }
    }
```

❽
```
    // 7. JSON 형식의 데이터 처리
    function addPage(strInfo){
        alert(strInfo);
    }

</script>
```

소스 설명

❸, ❹, ❻, ❼, ❽번 영역에 먼저 기존 소스에 Ajax를 사용하기 위한 코드를 대거 추가합니다.

❶ ready 영역 마지막 부분에 initXMLHttpRequest( ) 함수 호출을 추가해줍니다. initXMLHttpRequest( ) 함수에서는 "Ajax 구현을 위한 환경 설정"중 아래와 같이 두 단계의 내용을 실행합니다.

    1. XMLHttpRequest 객체 생성

    2. 요청에 대한 응답 처리 이벤트 리스너 등록

❷ 버튼이 클릭되면 Ajax를 이용한 페이지가 로딩되게끔 단계 #2에서 작성한 내용에서 alert($(this).attr("data")) 대신 loadPage($(this).attr("data"));를 호출하도록 변경했습니다.

❺ loadPage( ) 함수는 아직 비어 있지만 나중에 페이지를 읽어들이는 책임을 맡게 됩니다.

이 함수에서는 "Ajax 구현을 위한 환경 설정"중 아래와 같이 세 단계의 내용을 실행할 것입니다.

    3. 서버로 보낼 데이터 생성

    4. 클라이언트와 서버 간의 연결 요청 준비(open( ) 메서드 이용)

      1. 서버로 보낼 데이터 전송 방식 설정(GET, POST 중 선택)

      2. 서버 응답 방식 설정(동기, 비동기 중 선택)

    5. 실제 데이터 전송(send( ) 메서드 이용)

이 작업은 다음 단계에서 진행하겠습니다.

단계 #4 – 외부 페이지 로드(10분)

알림

웹 서버를 실행하고 아래 경로의 파일을 여세요.

- 로컬 경로 : C:\APM_Setup\htdocs\book\3_js_ajax\4_ex\ex1\step_4.html
- 서버 경로 : http://localhost/book/3_js_ajax/4_ex/ex1/step_4.html

```
// 페이지를 불러오는 함수입니다.
function loadPage(strPage){
    // 3. 서버로 보낼 데이터 생성

    // 4. GET 방식으로 데이터 보내기. 응답은 비동기로 클라이언트와
    // 서버 간의 연결 요청 준비
    xmlHttp.open("GET", strPage);
    // 5. 실제 데이터 전송
    xmlHttp.send(null);
}
```

소스 설명

이번에는 비어 있는 loadPage( ) 함수에 생명을 불러넣는 코드를 추가했습니다. 버튼
이 클릭되면 버튼에 껌딱지처럼 붙어있는 외부 페이지의 이름을 떼어내서 loadPage( ) 함
수의 매개변수 값으로 전달합니다. 그러면 jQuery 코드가 처음 실행될 때 미리 만들어둔
XMLHttpRequest 객체의 메서드인 open( ) 메서드와 send( ) 메서드가 순서대로 실행되어
실제 외부 페이지가 읽힙니다. 외부 페이지를 읽은 결과는 responseText 프로퍼티에 담겨 다
음과 같이 addPage( ) 함수의 매개변수 값으로 다시 전달됩니다.

```
// 7.JSON 형식의 데이터 처리
function addPage(strInfo){
    alert(strInfo);
}
```

이와 동시에 Ajax의 역할이 끝나고 다음 단계부터는 DOM을 자유자재로 다룰 수 있는 기
술이 필요합니다. 다시 말해, 잠시 뒷 주머니에 꽂아두었던 jQuery DOM을 활용할 때가
된 것입니다.

단계 #5 - 읽어들인 페이지를 화면에 추가(20분)

알림

웹 서버를 실행하고 아래 경로의 파일을 여세요.

- 로컬 경로 : C:₩APM_Setup₩htdocs₩book₩3_js_ajax₩4_ex₩ex1₩step_5.html
- 서버 경로 : http://localhost/book/3_js_ajax/4_ex/ex1/step_5.html

소스 • 3_js_ajax/4_ex/ex1/step_5.html

```
// 7. JSON 형식의 데이터 처리
function addPage(strInfo){
    $("#page_container").append(strInfo);
}
```

소스 설명

읽어들인 페이지를 #page_container에 추가하는 작업은 jQuery를 이용하면 위의 코드처럼 단 한 줄로 해결할 수 있습니다. 좀더 설명을 덧붙이자면 읽어들인 페이지가 page1.html이라면 Ajax를 이용해 통신이 최종적으로 끝난 후 이 페이지의 내용은 모두 문자열로 변환되어 responseText에 담기고 addPage( )의 매개변수 값으로 전달됩니다.

```
page1.html
<div id="page1">
    <div>
        <h2>Page 1</h2>
        <p>페이지 두 번째 내용입니다. 이 페이지는 동적으로 추가되었습니다.</p>
    </div>
</div>
```

참고로 위 부분은 DOM 엘리먼트가 아닌 DOM 정보로 된 문자열이라는 점을 다시 한번 알아두길 바랍니다. 따라서 이 정보를 그대로 append( )에 매개변수 값으로 전달하면 DOM 엘리먼트로 변환되어 #page_container에 추가됩니다.

끝으로 작성한 코드를 실행합니다. 버튼을 누를 때마다 버튼과 연결된 페이지가 #page_container에 계속해서 추가되는 모습을 확인할 수 있습니다. 그런데 이렇게 계속해서 추가되면 안 되고, 요구사항에도 언급돼 있듯이 오직 한 번만 추가되도록 만들어야 합니다.

단계 #6 – 페이지 존재 여부 판단 후 페이지가 존재하지 않는 경우에만 페이지 추가(20분)

알림

웹 서버를 실행하고 아래 경로의 파일을 여세요.

- 로컬 경로 : C:₩APM_Setup₩htdocs₩book₩3_js_ajax₩4_ex₩ex1₩step_6.html
- 서버 경로 : http://localhost/book/3_js_ajax/4_ex/ex1/step_6.html

소스 • 3_js_ajax/4_ex/ex1/step_6.html

```
// 7. JSON 형식의 데이터 처리
function addPage(strInfo) {
    var $newPage = $(strInfo);
    var strID = $newPage.attr("id");

    if($("#"+strID).size()==0)
        $("#page_container").append(strInfo);
    else
        alert("이미 "+strID+"페이지가 존재합니다.");
}
```

소스 설명

드디어 마지막 단계입니다. 이번 단계에서는 똑같은 페이지가 계속해서 추가되지 않도록 만듭니다. 이를 위해 기존처럼 페이지를 바로 붙이지 않고 먼저 읽어들인 페이지 문자열을 DOM으로 변환합니다. 이후 속성 값에서 ID를 구한 다음 $("#"+strID).size( ) 구문을 이용해 이 ID값이 지정된 DOM 엘리먼트가 이미 존재 하는지 확인합니다. 이때 반환값이 0이면 아직 생성된 것이 아니므로 #page_container에 추가하고 그렇지 않다면 이미 페이지가 생성돼 있다는 의미이므로 알림 메시지로 이 사실을 알려줍니다.

이 방법 말고도 중복 처리는 목적에 따라 구현도 다양합니다. 가령 지금까지 구현한 내용은 페이지의 id를 이용하기 때문에 똑같은 페이지를 다시 한번 로딩해야 한다는 문제가 있습니다. 만약 똑같은 페이지를 읽지 않고 필요한 페이지를 이미 불러들였는지 알 수 있다면 훨씬 효과적일 것입니다. 이외에 다른 방법은 여러분의 몫으로 남겨두겠습니다.

1단 메뉴 만들기

드디어 이 책의 주제와 맞는 예제가 등장하기 시작했습니다. 이번 예제에서는 바로 jQuery와 Ajax를 활용해 사용자의 시선을 끌 수 있는 인터랙티브한 콘텐츠를 만들어 보겠습니다. 지금까지 정적인 웹 콘텐츠만 제작해온 여러분에게 색다른 재미를 줄 수 있을 거라 확신하며 지금부터 인터랙티브한 콘텐츠의 세계로 빠져들어보겠습니다.

기존 플래시로 된 1단 메뉴를 웹으로 만들어 주세요.

메뉴1 menu2 menu3 menu4 menu5

사용자 요구사항

이번에 진행할 프로젝트는 기존에 플래시로 만들어진 1단 메뉴를 요즘 유행에 따라 아이패드에서도 메뉴가 동작하도록 지금까지 배운 jQuery와 Ajax를 이용해 똑같이 만드는 작업입니다. 먼저 사용자가 원하는 바가 무엇인지 핵심적인 내용 위주로 알아보겠습니다.

1. 기존에 플래시로 만들어진 메뉴에 적용돼 있는 인터랙티브한 효과를 그대로 구현해 주세요.

2. 메뉴 목록의 경우 현재 XML로 독립적으로 돼 있어서 메뉴 아이템을 쉽게 추가하거나 삭제할 수 있게 돼 있는데, 이 부분도 그대로 이용할 수 있게 만들어줬으면 합니다.

요구사항 분석 및 기능 정의

사용자 요구사항을 통해 사용자가 정확히 뭘 요구하는지 알게 됐습니다. 이번에는 이 내용을 바탕으로 앞으로 만들어야 할 메뉴의 동작 방식에 대해 자세히 알아보겠습니다.

출력 효과

• 플래시로 만들어진 메뉴에서 메뉴 아이템의 효과를 살펴보면 메뉴 아이템 위로 마우스를 올렸을 때 일반 상태에서 오버 상태로 부드럽게 바뀝니다. 이 정도면 우리가 배운 jQuery로도 충분히 구현할 수 있을 것 같습니다. 이 외의 메뉴 아이템과 관련된 동작 및 효과는 아래에서 좀더 자세히 다루겠습니다.

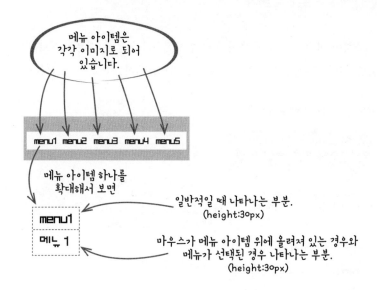

- 메뉴 아이템의 각 아이템은 텍스트가 아닌 이미지로 돼 있습니다. 아마도 시스템 폰트가 아니라서 웹 폰트 대신 이미지로 텍스트를 만들어서 사용한 것 같습니다. 저희도 이미지를 그대로 사용하겠습니다.

- 모션 효과의 속도는 그리 큰 문제가 아니므로 작업을 진행하면서 조절하겠습니다.

메뉴 아이템 외부 연동

이건 요구사항대로 기존에 만들어져 있는 XML을 Ajax로 읽어 메뉴 아이템을 동적으로 만들면 됩니다.

기존 menu.xml 파일의 내용

```xml
<?xml version="1.0" encoding="utf-8" ?>
<menu>
    <menuitem>
        <img>images/menu_1.png</img>
    </menuitem>
    <menuitem>
        <img>images/menu_2.png</img>
    </menuitem>
    <menuitem>
        <img>images/menu_3.png</img>
    </menuitem>
```

```
    <menuitem>
        <img>images/menu_4.png</img>
    </menuitem>
    <menuitem>
        <img>images/menu_5.png</img>
    </menuitem>
/menu>
```

용어 정리

 우선 원활한 의사소통이 이뤄질 수 있게 용어 정리를 하겠습니다. 같은 내용을 서로 다르게 이야기할 때가 있으므로 용어 통일은 협업을 해야 하는 프로젝트에서는 더욱 중요합니다.

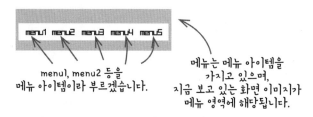

1. 메뉴 및 메뉴 영역, 그리고 메뉴 아이템

menu1, menu2 등을
메뉴 아이템이라 부르겠습니다.

메뉴는 메뉴 아이템을
가지고 있으며,
지금 보고 있는 화면 이미지가
메뉴 영역에 해당됩니다.

2. 메뉴 아이템 텍스트 이미지

menu_1.png

메뉴 아이템 텍스트 이미지는
아웃 텍스트 이미지와
오버 텍스트 이미지으로
구성돼 있습니다.

3. 오버 스타일, 선택 스타일

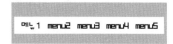

메뉴1로 표현된 상태를 오버 스타일이라 부르겠습니다.
선택 스타일은 특정 메뉴 아이템이 선택된 상태를 말하며
이번 프로젝트에서는 이 둘의 효과가 동일합니다.

메뉴 동작

인터랙티브한 메뉴는 정적인 효과를 지닌 메뉴와 달리 연출하려는 상호작용에 따라 구현하는 방법과 구조가 완전히 달라지므로 각 상황에 따른 움직임이 어때야 하는지 정확히 알고 있어야 합니다.

1. 처음 메뉴가 실행됐을 때 -> 마우스를 메뉴 아이템에 올려놓는 경우 다음과 같이 동작해야 합니다.

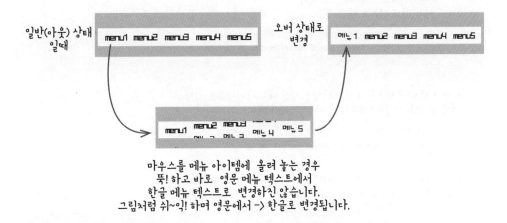

마우스를 메뉴 아이템에 올려 놓는 경우
뚝! 하고 바로 영문 메뉴 텍스트에서
한글 메뉴 텍스트로 변경하진 않습니다.
그림처럼 쉬~익! 하며 영문에서 -> 한글로 변경됩니다.

2. 1번과 반대로 마우스가 메뉴 아이템을 벗어나는 경우 평소 상태로 서서히 변경되게 만들어야 합니다.

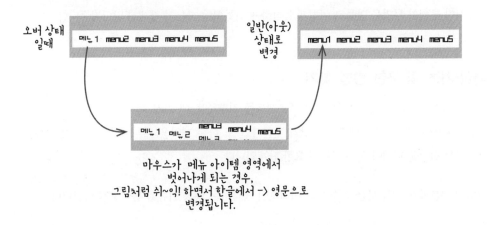

마우스가 메뉴 아이템 영역에서
벗어나게 되는 경우,
그림처럼 쉬~익! 하면서 한글에서 -> 영문으로
변경됩니다.

2-3. 선택된 메뉴 아이템이 있는 상태에서 마우스가 메뉴 영역 밖으로 나가는 경우

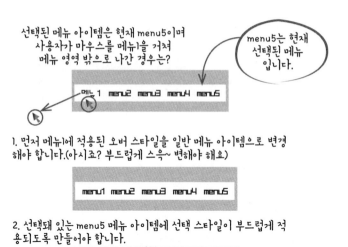

여기까지 우리가 무엇을 만들고 어떻게 동작하게 만들어야 하는지 자세히 알아봤습니다.

핵심 기능 및 구현 방법 찾기

이번 단계는 마지막 사전 작업으로서 프로젝트를 진행하는 데 가장 핵심이 될 이슈와 그것의 해결책을 찾는 것입니다. 해결책을 찾지 못한다면 또 다른 대안을 제시한다거나 특정 기능을 포기하는 결정을 내려야 하는 아주 중요한 단계입니다.

그럼 여러분에게 잠시 시간을 줄 테니 여러분이 생각하는 핵심 이슈를 뽑아보길 바랍니다.

잠시 후...

여러분은 어떤 내용을 핵심 이슈로 뽑았나요? 참고로 핵심 이슈는 실제 개발자의 역량에 좌우되므로 단 하나의 해답이란 존재하지 않습니다. 여러분이 작성한 내용이 곧 해답이며, 혹시 핵심 이슈를 뽑지 못한 분들은 지금부터 저와 함께 찾아보겠습니다.

먼저 메뉴 아이템에 대한 외부 연동의 경우 이번 장에서 수없이 반복해서 설명한 Ajax로도 처리할 수 있으므로 이슈까지 될 것 같지 않습니다. 그리고 메뉴 동작을 처리하는 부분도 jQuery

와 jQuery의 animate( ) 메서드를 이용해 조건에 맞게 하나씩 구현해 나간다면 이 역시 큰 어려움이 없을 것 같습니다.

그렇다면 핵심 이슈가 될 만한 것으로는 과연 뭐가 있을까요? 문제는 바로 메뉴 아이템에 인터랙티브한 효과를 구현하기 위해 어느 영역에 마스크를 씌워 보이지 않게 하고 어떤 것을 움직일지 선택해야 한다는 것입니다. 물론 기존 플래시를 이용해 이러한 인터랙티브한 콘텐츠를 제작한 경험이 있다면 단지 개발환경이 플래시에서 웹으로 변했을 뿐 똑같은 아이디어를 적용해 해결할 수 있을 것이므로 핵심 이슈에 해당하지 않을 것입니다.

즉, 이번 프로젝트의 가장 큰 핵심 이슈는 플래시 콘텐츠와 같은 움직임을 주는 데 가장 적합한 레이아웃을 잡는 것입니다.

핵심 이슈 해결책 찾기

핵심 이슈를 해결하는 방법은 무수히 많겠지만 결론적으로 이야기하자면 아마 여러분이 선택하게 될 레이아웃은 다음과 비슷한 구조일 것입니다(물론 다를 수도 있습니다).

레이아웃 잡기 – 첫 번째

메뉴 아이템에 마우스가 오버됐을 때와 메뉴 아이템에서 벗어났을 때 등장할 내용이 합쳐진 이미지가 있습니다. 하나의 크기가 30px으로 돼 있으니 총 높이는 60px가 되겠군요. 참고로 여기서는 메뉴 아이템의 텍스트가 거의 변경되지 않을 것으로 가정했으므로 텍스트를 이미지로 만들어 사용했습니다. 만약 메뉴 아이템의 텍스트가 자주 바뀌는 경우라면 이미지 대신 동적으로 텍스트를 바꿀 수 있는 구조로 만드는 것이 더 효과적입니다.

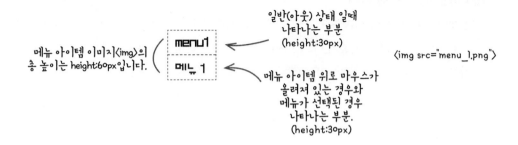

레이아웃 잡기 – 두 번째

여기서는 메뉴 아이템 텍스트인 〈img〉 태그를 직접 움직이지 않고 이 내용을 〈div〉 태그로 감싸서 위아래로 움직일 것입니다. 혹시 "그냥 〈img〉 태그를 직접 움직이면 안 되나요?"라는 묻는 분도 있을 텐데, 물론 이 경우에는 〈img〉 태그를 움직여도 상관없습니다. 다만 앞의 첫 번째에서도 잠깐 언급했듯이 경우에 따라서는 각기 따로 이미지를 만들어야 하는 경우도 있으며 이에 따라 〈img〉 태그를 두 개 추가해야 할 수도 있습니다.

즉, 다음과 같이 이미지로 메뉴 아이템 텍스트를 나타내거나

```
<img src="menu_1_out.png">
<img src="menu_1_over.png">
```

아래처럼 〈span〉 태그를 이용해 메뉴 아이템 텍스트를 나타낼 수도 있습니다.

```
<span class="out">menu1</span>
<span class="over">메뉴1</span>
```

이러한 경우 움직임을 주기 위해 오버 상태와 아웃 상태 정보가 담긴 태그를 각기 다뤄야 되는 경우가 발생합니다. 이와 달리 한번 감싼 내용을 움직이면 내부에 무엇이 들어 있든 상관없이 내용을 수정하지 않고도 똑같은 결과를 낼 수 있습니다. 바로 이러한 이유로 〈img〉 태그를 한 번 감싼 것입니다.

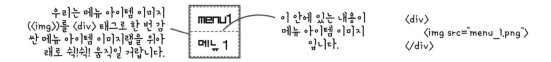

레이아웃 잡기 – 세 번째

초반 실행 결과는 "오버 텍스트 이미지"가 숨겨진 상태에서 "아웃 텍스트 이미지"가 삐쳐나온 상태여야 합니다. 이것은 일종의 마스크 처리로서, 이렇게 하려면 메뉴 아이템의 높이를 30px로 지정한 후 스타일 속성 중 overflow를 hidden으로 설정해야 합니다.

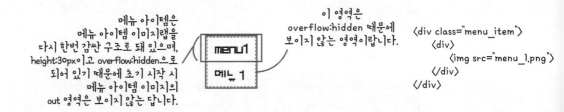

메뉴 아이템은
메뉴 아이템 이미지랩을
다시 한번 감싼 구조로 돼 있으며,
height:30px이고 overflow:hidden으로
되어 있기 때문에 초기 시작 시
메뉴 아이템 이미지의
out 영역은 보이지 않는 답니다.

이 영역은
overflow:hidden 때문에
보이지 않는 영역이랍니다.

```
<div class="menu_item">
    <div>
        <img src="menu_1.png">
    </div>
</div>
```

레이아웃 잡기 – 네 번째

네 번째에 있는 CSS 셀렉터는 최종 결과물입니다.

이제 남은 것은 메뉴 아이템에 마우스가 오버되는 경우 "오버 텍스트 이미지"가 보일 수 있게 메뉴 아이템 이미지 랩을 위로 자연스럽게 올라가게 만들고, 아웃되는 경우에는 다시 "아웃 메뉴 텍스트"가 보일 수 있게 메뉴 아이템 이미지 랩을 아래로 자연스럽게 내려주면 됩니다.

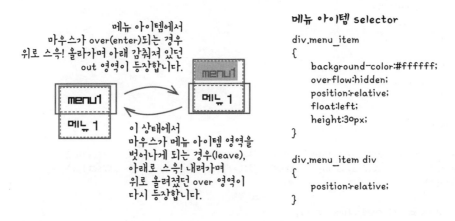

메뉴 아이템에서
마우스가 over(enter)되는 경우
위로 스윽! 올라가며 아래 감춰져 있던
out 영역이 등장합니다.

이 상태에서
마우스가 메뉴 아이템 영역을
벗어나게 되는 경우(leave),
아래로 스윽! 내려가며
위로 올려졌던 over 영역이
다시 등장합니다.

메뉴 아이템 selector

```
div.menu_item
{
    background-color:#ffffff;
    overflow:hidden;
    position:relative;
    float:left;
    height:30px;
}

div.menu_item div
{
    position:relative;
}
```

여기까지 설명한 내용을 모두 정리하면 다음과 같은 소스가 완성될 것입니다. 먼저 앞의 설명을 참고해가면서 아래 코드를 살펴보세요.

소스 • 3_js_ajax/4_ex/ex2/step_0_preview.html

```
<html>
<head>
<meta http-equiv="Content-Type" content="text/html; charset=UTF-8">
<title></title>

<style>
    *{
```

```css
            margin:0;
            padding:0;
        }

    ul.menu{
            background-color:#cccccc;
            width:700px;
            height:60px;
            position:absolute;
            left:50px;
            top:50px;
            overflow:hidden;
            padding-left:20px;
        }

    ul.menu li{
            margin-top:15px;
            background-color:#ffffff;
            overflow:hidden;
            height:30px;
            float:left;
        }

    ul.menu li div{
            position:relative;
        }

</style>

<script  type="text/javascript"  src="../libs/jquery-1.7.1.min.js"> </script>
<script  type="text/javascript"  src="../libs/jquery.easing.1.3.js"></script>
<script>

    $(document).ready(function(){
        var $menuItem = $("ul.menu li");

        $menuItem.bind("mouseleave",function(){
            var $overItem = $(this).find("div");
            $overItem.stop();
            $overItem.animate({
                top: 0},
                200,"easeOutQuint");
        });

        $menuItem.bind("mouseenter",function(){
            var $overItem = $(this).find("div");
            $overItem.stop();
            $overItem.animate({
```

```
                    top: -30,},
                    200,"easeOutQuint");
            });
        });

    </script>

    </head>

    <body>
        <ul class="menu">
            <li>
                <div><img src="images/menu_1.png"></div>
            </li>
            <li >
                <div><img src="images/menu_2.png"></div>
            </li>
            <li>
                <div><img src="images/menu_3.png"></div>
            </li>
        </ul>
    </body>
    </html>
```

소스 코드에 들어 있는 jQuery 관련 코드는 모두 이미 앞에서 배운 내용이므로 이 부분에 대해
서는 다시 설명하지 않겠습니다. 이제 작성한 코드가 어떻게 동작하는지 직접 실행해 봅시다.
그러면 다음과 같은 화면이 나타날 것입니다.

실행 결과

메뉴 아이템에 마우스를 올려보세요. 뭔가 그럴듯하게 움직입니다. 참고로 여러분이 사용하는
브라우저의 실행 속도에 따라 움직임이 다룰 수 있으니 이럴땐 애니메이션 속도를 적절하게 조
절하면 됩니다.

이렇게 해서 실제 개발을 위한 모든 준비가 마무리됐습니다. 다음 단계로 넘어가기 전에 잠시
휴식을 취하겠습니다.

아마도 여기까지 진행하면서 "그냥 개발하면 되지 또 무슨 핵심 이슈와 해결책을 찾는 거지? 개발하기도 전에 지쳐서 쓰러지겠군!"라는 푸념을 하는 분이 있을지도 모르겠습니다. 하지만 모름지기 목표가 뚜렷해야 하는 법! 목표 없이 무작정 달리는 건 무의미합니다. 현재 만들고 있는 것이 어떻게 동작해야 하는지도 모르면서 개발한다는 것은 드넓은 바다 수평선 위에 놓인 갈 곳을 잃은 배와도 같습니다. 특히 인터랙티브한 콘텐츠를 만들려면 더더욱 이러한 사전 작업이 중요합니다. 이 점을 꼭 숙지하길 바라며 이제 다음 주제로 넘어가겠습니다.

단계 나누기

드디어 마지막 사전 작업 단계에 접어들었습니다. 이번 단계는 개발을 대략 어떤 식으로 진행할지 일종의 계획표를 짜는 단계입니다. 그렇다고 해서 머리를 쥐어짜면서 고민에 고민을 거듭할 필요는 없습니다. 그냥 "이런 순서로 한번 해볼까?"라는 가벼운 마음으로 여러분의 머릿속에서 떠오르는 것을 그냥 목록으로 작성하기만 하면 됩니다.

잠시 후 . . .

저는 대략 다음과 같이 잡아봤습니다. 여러분이 작성한 목록과 비교해 보세요.

> 단계 #1 – 메뉴 구조 잡기
>
> 단계 #2 – 메뉴 아이템 오버 효과 구현
>
> 단계 #3 – 메뉴 아이템 선택 처리
>
> 단계 #4 – Ajax 적용

누차 이야기하지만 이 순서는 실제 작업하면서 변경되거나 또는 미처 생각지 못한 내용이 추가될 수도 있으니 여러분이 작성한 내용과 제가 작성한 내용이 다르다고 해서 잘못 잡았다라고 생각할 필요는 없습니다.

100m를 전력질주하기 위해 신발끈을 고쳐 매듯 이제 실제 코드를 작성할 만발의 준비가 끝났습니다. 그럼 마음을 가다듬고 단계 #1부터 하나씩 진행하겠습니다.

아참! 깜빡 하고 안내를 못한 내용이 있었군요.

이번 프로젝트도 여러분이 원활하게 진행할 수 있도록 단계 #1–메뉴 구조 잡기 부분을 미리 만들어놨습니다.

구현

단계 #1 - 메뉴 구조 잡기

소스 • 3_js_ajax/4_ex/ex2/step_1.html

```html
<html>
<head>
<meta http-equiv="Content-Type" content="text/html; charset=UTF-8">
<title></title>
<style>
    *{
        margin:0;
        padding:0;
    }
    ul.menu{
        background-color:#cccccc;
        width:700px;
        height:60px;
        position:absolute;
        left:50px;
        top:50px;
        overflow:hidden;
        padding-left:20px;
    }

    ul.menu li{
        margin-top:15px;
        background-color:#ffffff;
        overflow:hidden;
        height:30px;
        float:left;
    }

    ul.menu li div{
        position:relative;
    }

</style>

</head>
```

```
<body>
    <ul class="menu">
        <li>
            <div><img src="images/menu_1.png"></div>
        </li>
        <li>
            <div><img src="images/menu_2.png"></div>
        </li>
        <li>
            <div><img src="images/menu_3.png"></div>
        </li>
        <li>
            <div><img src="images/menu_4.png"></div>
        </li>
        <li>
            <div><img src="images/menu_5.png"></div>
        </li>
    </ul>
</body>
</html>
```

소스 설명

이 페이지는 독자를 위해 제가 미리 작성해 놓은 것입니다. 코드를 둘러보면 알겠지만 하드코
딩된 메뉴 태그와 CSS가 작성돼 있습니다. 그리고 jQuery와 jQuery 애니메이션 플러그인을
함께 사용할 것이므로 이 둘의 스크립트도 링크를 추가해둔 상태입니다.

처음에는 이렇게 하드코딩된 메뉴 아이템이 인터랙티브하게 동작하도록 만들어 나가겠습니다.
이제 여러분은 마음만 먹으면 Ajax를 이용해 동적으로 메뉴 아이템을 추가하는 기능은 적용할
수 있을 테니 모든 구현이 마무리되면 이때 하드코딩된 메뉴 아이템을 걷어내고 동적으로 메뉴
아이템을 생성해서 추가하겠습니다.

단계 #2 – 메뉴 아이템 오버 효과 구현

덩치가 커다란 기능도 자세히 보면 여러 개의 작은 조각으로 구성돼 있듯이 이번 단계에서 구
현할 기능도 좀더 쉽고 효율적으로 구현하기 위해 세 개의 작은 조각으로 나눠보겠습니다.

단계 #2-1: 메뉴 아이템에 이벤트 리스너 등록

단계 #2-2: 오버 효과 구현

단계 #2-3: 중복 적용되는 오버 스타일 처리

단계 #2-1 - 메뉴 아이템에 이벤트 리스너 등록

소스 • 3_js_ajax/4_ex/ex2/step_2_1.html

```
<script>
    // 메뉴 아이템을 담을 변수
    var $menuItems;

❶  $(document).ready(function(){

        // 재사용할 메뉴 아이템 목록을 변수에 담아놓기
        $menuItems = $("ul.menu li");
❷
        // 메뉴 아이템에 마우스 이벤트 추가
        $menuItems.mouseenter(function(e){
            alert("메뉴 안으로 들어왔군요. "+$(this).index());
        });
        $menuItems.mouseleave(function(e){
            alert("메뉴 밖으로 나갔네요. "+$(this).index());
        });
    });
</script>
```

소스 설명

메뉴 아이템의 오버 효과를 구현하려면 먼저 메뉴 아이템에 마우스 이벤트가 발생했을 때 효과를 담당하는 함수를 실행할 수 있게 먼저 마우스 이벤트 리스너를 등록해야 합니다. 이를 위해 다음과 같은 로직을 추가합니다.

❶ HTML 엘리먼트에서 메뉴 아이템을 찾아 $menuItems에 담아 놓은 후

❷ 마우스가 메뉴 아이템에 진입할 때 발생하는 mouseenter 이벤트와 마우스가 메뉴 아이템 밖으로 나갈 때 발생하는 mouseleave 이벤트에 인라인 이벤트를 등록해 정상적으로 실행되는지 확인

그런데 여기서 한 가지 주의할 점이 있는데, 왜 mouseover와 mouseout 대신 mouseenter와 mouseleave를 사용했을까요? 언뜻 보면 둘 다 똑같이 동작하는 이벤트처럼 보이지만 메뉴와 같은 콘텐츠를 만들려면 이 둘의 차이점을 반드시 알고 있어야 합니다. 예를 들어, 소스 코드가 다음과 같이 구현돼 있을 경우

```
<head>
<script>
    $(document).ready(function(){
        var $parent = $("#parent");
        $parent.mouseenter(function(e){
            alert(e.target.id+"안으로 들어옴");
        });
```

```
        $parent.mouseleave(function(e){
            alert(e.target.id+"밖으로 나감");
        });
    });
</script>
</head>

<body>
    <div id="parent">
        parent
        <div id="child">
            child
        </div>
    </div>
</body>
```

다음 그림과 같이 마우스를 움직이면 표에 나온 내용대로 이벤트가 발생합니다.

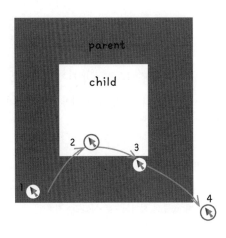

동작순서	mouseover, mouseout	mouseenter, mouseleave
1	parent 안으로 들어옴.	parent 안으로 들어옴.
2	parent 밖으로 나감. child 안으로 들어옴.	이벤트 발생 안 함.
3	child 밖으로 나감. parent 안으로 들어옴.	이벤트 발생 안 함.
4	parent 밖으로 나감.	parent 밖으로 나감.

이처럼 똑같이 보여도 완전히 다르게 동작하는 이벤트이므로 구현하려는 내용에 따라 적절하게 사용해야 합니다. 이제 mouseover와 mouseout 대신 mouseenter와 mouseleave를 사용한 이유를 알겠죠?

단계 #2-2 – 오버 효과 구현

소스 • 3_js_ajax/4_ex/ex2/step_2_2.html

```
<script>
    // 메뉴 아이템을 담을 변수
    var $menuItems;
    // 오버된 메뉴 아이템을 담을 변수
    var $overMenuItem;

    $(document).ready(function(){

        // 재사용할 메뉴 아이템 목록을 변수에 할당
        $menuItems = $("ul.menu li");

        // 메뉴 아이템에 마우스 이벤트 추가
        $menuItems.mouseenter(function(e){
            //alert("메뉴 안으로 들어왔군요. "+$(this).index());

❷
            // 오버 효과 실행
            setOverMenuItem($(this));
        });
    });

❶
    // 오버 효과 실행
    function setOverMenuItem($newMenuItem){
        // 기존에 오버된 메뉴 아이템이 있다면 원래 메뉴 스타일(아웃 상태)로 만든다.
        if(this.$overMenuItem){
            var $overItem = this.$overMenuItem.find("div");
            $overItem.animate({
                top: 0, },
                200,"easeOutQuint"
            );
        }

        // 새롭게 오버된 메뉴 아이템을 오버 스타일로 만든다.
        var $newItem = $newMenuItem.find("div");
        $newItem.animate({
            top:-30},
            200,"easeOutQuint"
        );
```

```
            // 나중에 오버 스타일을 없애주기 위해 저장해 둬야 합니다.
            this.$overMenuItem = $newMenuItem;
      }
</script>
```

소스 설명

메뉴 아이템에 마우스 이벤트가 정상적으로 등록된 것을 확인했으니 이번에는 오버 효과를 구현할 차례입니다.

❶ 먼저 setOverMenuItem( )라는 함수를 새로 만들고 여기에 앞 절에서 만든 핵심 이슈 풀이를 그대로 복사한 후 조금 수정했습니다. 참고로 오버 효과에 대해서는 이미 핵심 이슈에서 자세히 다뤘기 때문에 다시 설명하지 않겠습니다.

❷ 이제 멋진 오버 효과가 실행되도록 이 함수를 실행합니다. 이를 위해 단계 #2-1에서 만든 소스 가운데 mouseenter( )에 등록한 이벤트 함수의 마지막 부분에 setOverMenuItem($this)를 추가합니다.

이번 단계의 작업은 여기까지입니다. 소스 코드를 모두 작성했다면 정상적으로 동작하는지 실행해 봅시다. 메뉴에 마우스를 올리면 위쪽으로 메뉴 아이템에 들어 있는 이미지가 움직이는 효과를 볼 수 있습니다. 정상적으로 동작하는지 다른 메뉴 아이템에도 마우스를 올려보세요.

하지만 아쉽게도 테스트를 해본 분이라면 어딘지 모르게 이상하게 동작하는 부분을 발견했을 것입니다. 발견하지 못한 분은 메뉴 아이템에 마우스를 올려놓고 좌우로 빠르게 마구 움직여 보세요. 계속해서 마우스를 움직이다가 마우스를 메뉴 밖으로 휙!하고 빼보세요.

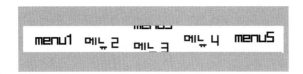

어떤가요? 마우스가 멈췄음에도 불구하고 메뉴 아이템에 오버 효과가 잔상처럼 계속해서 일어나는 현상을 볼 수 있을 것입니다. 왜 그럴까요? 과연 어떤 이유 때문에 이런 증상이 발생하는 것일까요? 해결책은 없는 걸까요? 이 문제는 다음 단계에서 자세히 다뤄보겠습니다.

단계 #2-3 – 단계 #2-2의 문제 해결

사실 기억날지 모르겠지만 단계 #2-2에서 일어나는 문제의 해법은 이미 2장 jQuery의 핵심 내용 3번째에서 언급한 적이 있습니다.

소스 • 3_js_ajax/4_ex/ex2/step_2_3.html

```
// 오버 효과 실행
function setOverMenuItem($newMenuItem){
    // 기존에 오버된 메뉴 아이템이 있다면 원래 메뉴 스타일로 만든다.
    if(this.$overMenuItem){
        var $overItem = this.$overMenuItem.find("div");
❶
        $overItem.stop();
        $overItem.animate({
            top: 0},
            200,"easeOutQuint"
        );
    }

    // 새롭게 오버된 메뉴 아이템을 오버 스타일로 만든다.
    var $newItem = $newMenuItem.find("div");
❷
    $newItem.stop();
    $newItem.animate({
        top:-30},
        200,"easeOutQuint"
    );

    // 나중에 오버 스타일을 없애기 위해 저장해 둬야 합니다.
    this.$overMenuItem  = $newMenuItem;
}
```

소스 설명

일단 원인은 오버 효과에서 사용한 animate( ) 함수 때문입니다. 이 함수는 mouseenter와 mouseleave 이벤트가 발생할 때마다 실행되는데, 이때 animate( ) 함수도 계속 실행됩니다. 그리고 이 메서드가 실행될 때마다 새로 애니메이션이 계속해서 만들어집니다. 즉, 마우스를 빠르게 움직이면 이미 생성된 애니메이션이 끝나기도 전에 새로운 애니메이션이 생성되어 마치 도미노가 일어나는 듯한 현상이 발생하는 것입니다.

이 문제를 해결하는 방법은 간단합니다. 바로 애니메이션을 실행하기 전에 기존에 생성된 애니메이션을 멈추고 실행하면 됩니다. stop( ) 함수를 이용해 말이지요.

❶, ❷

그럼 문제가 있는 곳에 stop( )을 끼워 넣은 후 파일을 저장한 다음 실행해보죠. 쟤! 어떤가요? 깔끔하게 해결됐죠?

단계 #2-4 – 중복 적용된 오버 스타일 처리

소스 • 3_js_ajax/4_ex/ex2/step_2_4.html

```
// 오버 효과 실행
function setOverMenuItem($newMenuItem){
```
❶
```
    // 현재 오버된 메뉴가 새롭게 오버된 메뉴라면 나머지 내용을 실행이 되지 않게 함.
    // 주의 : jQuery 확장 요소는 실행 시 새로 생성되므로
    //       $newMenuItem == $overMenuItem를 비교해서는 안 됨
    if(this.$overMenuItem!=null && $newMenuItem.index()==
      this.$overMenuItem.index())
        return;

    // 기존에 오버된 메뉴 아이템이 있다면 원래 메뉴 스타일로 만든다.
    if(this.$overMenuItem){
        var $overItem = this.$overMenuItem.find("div");
        $overItem.stop();
        $overItem.animate({
            top: 0,},
            200,"easeOutQuint"
        );
    }

    // 새롭게 오버된 메뉴 아이템을 오버 스타일로 만든다.
    var $newItem = $newMenuItem.find("div");
    $newItem.stop();
    $newItem.animate({
        top:-30},
        200,"easeOutQuint"
    );

    // 나중에 오버 스타일을 없애기 위해 저장해 둬야합니다.
    this.$overMenuItem = $newMenuItem;
}
```

소스 설명

모든 것이 계획대로 진행될 순 없는 법! 뜻하지 않은 단계 #2-3을 추가하면서 단계 #2-3이 단계 #2-4로 바뀌었습니다. 이런 일은 항상 일어나는 일이니 혹시 이런 일을 겪게 되면 절대 긴장하지 말고 이런 식으로 유연하게 대처하면 됩니다.

이번에 구현할 내용은 오버 효과를 구현하는 데 큰 영향을 주는 내용도 아니고 어떻게 보면 없어도 되는 내용입니다. 다만 좀더 깔끔하게 구현될 수 있게 하는 내용임에는 분명합니다. 일단 소스 설명을 위해 이미 첫 번째 메뉴 아이템에 오버 스타일이 적용돼 있다고 가정하겠습니다. 이때 마우스를 메뉴 영역 밖으로 옮긴 후 다시 첫 번째 메뉴 아이템에 마우스를 올려보세요. 기존 소스는 첫 번째 메뉴가 이미 오버 상태로 되어 있음에도 불구하고 오버 스타일을 제거한 후 다시 오버 스타일을 적용하는 작업을 굳이 하지 않아도 되게 만들어져 있습니다.

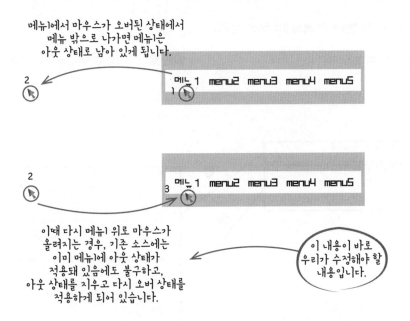

물론 새로 오버 스타일이 적용되는 메뉴 아이템이 첫 번째가 아니라면 정상적으로 실행되는 것입니다. 바로 setMenuItem( )의 ❶에 추가된 내용이 이렇게 중복으로 오버 스타일이 적용되지 않게 만드는 구문입니다.

이렇게 해서 메뉴 아이템 오버 효과를 모두 마무리했습니다. 지금까지 진행하면서 이해하기 힘든 부분이 있다면 다시 한번 각 단계를 따라 천천히 진행해보길 바랍니다.

이어서 진행할 내용은 3단계의 기능을 구현하는 것입니다. 물론 커다란 조각이 완료된 이상 바로 3단계로 건너뛰어도 됩니다. 하지만 지금처럼 시간적인 여유가 있다면 지금까지 작업한 내용을 리팩토링하는 시간을 가져야 합니다. 소스 코드에 주석도 달고 중복되는 부분이 있으면 중복을 없애고 덩치가 커다란 함수도 알맞게 쪼개어 나중에 쓰나미처럼 들이닥칠 요구사항 변경에 대비해야 합니다.

이런 이유로 여기서는 3단계로 가기 전에 리팩토링하는 시간을 가져보겠습니다. 과연 지금까지 작성한 코드가 어떤 식으로 정리될 수 있는지에 초점을 맞춰서 다음 단계를 눈여겨보길 바랍니다.

단계 #2-5 – 첫 번째 리팩토링(소스 정리)

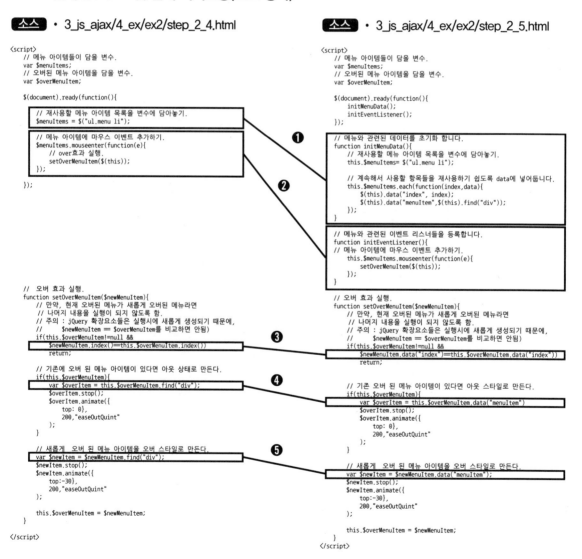

소스 • 3_js_ajax/4_ex/ex2/step_2_4.html
소스 • 3_js_ajax/4_ex/ex2/step_2_5.html

```
<script>
    // 메뉴 아이템들이 담을 변수.
    var $menuItems;
    // 오버된 메뉴 아이템을 담을 변수.
    var $overMenuItem;

    $(document).ready(function(){
        // 재사용할 메뉴 아이템 목록을 변수에 담아놓기.
        $menuItems = $("ul.menu li");

        // 메뉴 아이템에 마우스 이벤트 추가하기.
        $menuItems.mouseenter(function(e){
            // over효과 실행.
            setOverMenuItem($(this));
        });

    });

    // 오버 효과 실행.
    function setOverMenuItem($newMenuItem){
        // 만약, 현재 오버된 메뉴가 새롭게 오버된 메뉴라면
        // 나머지 내용을 실행이 되지 않도록 함.
        // 주의 : jQuery 확장요소들은 실행시에 새롭게 생성되기 때문에,
        //       $newMenuItem == $overMenuItem를 비교하면 안됨)
        if(this.$overMenuItem!=null &&
            $newMenuItem.index()==this.$overMenuItem.index())
            return;

        // 기존에 오버 된 메뉴 아이템이 있다면 아웃 상태로 만든다.
        if(this.$overMenuItem){
            var $overItem = this.$overMenuItem.find("div");
            $overItem.stop();
            $overItem.animate({
                top: 0},
                200,"easeOutQuint"
            );
        }

        // 새롭게 오버 된 메뉴 아이템을 오버 스타일로 만든다.
        var $newItem = $newMenuItem.find("div");
        $newItem.stop();
        $newItem.animate({
            top:-30},
            200,"easeOutQuint"
        );

        this.$overMenuItem = $newMenuItem;
    }
</script>
```

```
<script>
    // 메뉴 아이템들이 담을 변수.
    var $menuItems;
    // 오버된 메뉴 아이템을 담을 변수.
    var $overMenuItem;

    $(document).ready(function(){
        initMenuData();
        initEventListener();
    });

    // 메뉴와 관련된 데이터를 초기화 합니다.
    function initMenuData(){
        // 재사용할 메뉴 아이템 목록을 변수에 담아놓기.
        this.$menuItems= $("ul.menu li");

        // 계속해서 사용할 항목을 재사용하기 쉽도록 data에 넣어둡니다.
        this.$menuItems.each(function(index,data){
            $(this).data("index", index);
            $(this).data("menuItem",$(this).find("div"));
        });
    }

    // 메뉴와 관련된 이벤트 리스너들을 등록합니다.
    function initEventListener(){
        // 메뉴 아이템에 마우스 이벤트 추가하기.
        this.$menuItems.mouseenter(function(e){
            setOverMenuItem($(this));
        });
    }

    // 오버 효과 실행.
    function setOverMenuItem($newMenuItem){
        // 만약, 현재 오버된 메뉴가 새롭게 오버된 메뉴라면
        // 나머지 내용을 실행이 되지 않도록 함.
        // 주의 : jQuery 확장요소들은 실행시에 새롭게 생성되기 때문에,
        //       $newMenuItem == $overMenuItem를 비교하면 안됨)
        if(this.$overMenuItem!=null &&
            $newMenuItem.data("index")==this.$overMenuItem.data("index"))
            return;

        // 기존 오버 된 메뉴 아이템이 있다면 아웃 스타일로 만든다.
        if(this.$overMenuItem){
            var $overItem = this.$overMenuItem.data("menuItem")
            $overItem.stop();
            $overItem.animate({
                top: 0},
                200,"easeOutQuint"
            );
        }

        // 새롭게 오버 된 메뉴 아이템을 오버 스타일로 만든다.
        var $newItem = $newMenuItem.data("menuItem");
        $newItem.stop();
        $newItem.animate({
            top:-30},
            200,"easeOutQuint"
        );

        this.$overMenuItem = $newMenuItem;
    }
</script>
```

소스 설명

왼쪽은 단계 2-4까지의 코드이며, 오른쪽은 단계 2-4를 리팩토링한 코드입니다. 코드의 양으로 보면 리팩토링한 소스가 더 많아 보여서 언뜻 보면 기존보다 뭔가 더 안 좋아진 것처럼 보일 수 있습니다. 이런 의문은 이번 단계의 마지막 부분에서 저절로 해결되니 고민은 잠시 미뤄두는 것도 좋을 것 같습니다.

❶, ❸, ❹, ❺ 먼저 ready 영역에 존재하는 ❶과 ❸, ❹, ❺ 코드는 이번 리팩토링의 핵심이며 반드시 수정해야 할 내용입니다. ❸, ❹, ❺의 소스는 메뉴 아이템에서 mouseenter 이벤트가 발생할 때마다 실행되며 이미지를 감싸고 있는 메뉴 아이템 내부의 〈div〉 태그를 찾기 위해 jQuery의 find( ) 함수와 index( ) 함수를 계속해서 실행합니다. 즉, 똑같은 내용을 찾고 또 찾고 한다는 의미입니다. 만약 find( )에서 사용하는 셀렉터(selector)가 좀 복잡하다면 루틴이 실행될 때 상황에 따라 약간의 과부하가 걸릴 수도 있습니다. 그렇다고 컴퓨터가 버벅댈 정도는 아니겠지만 좀더 나은 방법으로 해결하는 방법이 있다면 방치하는 것보다 수정하는 편이 훨씬 좋을 것입니다.

여러 해결책 가운데 그래도 가장 쉽고 효과적으로 사용할 수 있는 방법이 바로 변경 후 소스인 ❶ 영역의 내용입니다. 설명하자면 프로젝트가 실행되면 먼저 ❸, ❹, ❺ 내용처럼 프로젝트에서 계속 사용할 내용을 미리 찾아 저장해 두는 방식으로서 저장할 때는 주로 jQuery의 data( ) 메서드를 이용합니다.

이렇게 저장된 요소는 필요할 때 다시 data( ) 메서드를 이용해 꺼낼 수 있기 때문에 실행할 때마다 수많은 반복문을 동반하는 find( )를 매번 실행하는 것보다 훨씬 빠르게 루틴을 처리할 수 있습니다.

이 팁은 앞으로 유용하게 자주 활용되니 꼭 알아두길 바랍니다.

❷ 두 번째로 메뉴와 관련된 이벤트 처리도 진입점에 해당하는 ready( )에 덩그러니 있는 것보다 변경 후 ❷ 영역처럼 initEventListener( ) 함수로 포장해 담아 두는 편이 훨씬 낫습니다. 이후 앞으로 추가할 이벤트 처리는 모두 이곳에서 담당하게 됩니다.

단계 #2-6 - 두 번째 리팩토링

소스 • 3_js_ajax/4_ex/ex2/step_2_5.html

```
// 오버 효과 실행.
function setOverMenuItem($newMenuItem){
    // 만약, 현재 오버된 메뉴가 새롭게 오버된 메뉴라면
    // 나머지 내용을 실행이 되지 않도록 함.
    // 주의 : jQuery 확장요소들은 실행시에 새롭게 생성되기 때문에,
    //        $newMenuItem == $overMenuItem를 비교하면 안됨)
    if(this.$overMenuItem!=null &&
        $newMenuItem.index()==this.$overMenuItem.index())
        return;

    // 기존에 오버 된 메뉴 아이템이 있다면 아웃 상태로 만든다.
    if(this.$overMenuItem){
        var $overItem = this.$overMenuItem.find("div");
        $overItem.stop();
        $overItem.animate({
            top: 0},
            200,"easeOutQuint"
        );
    }

    // 새롭게  오버 된 메뉴 아이템을 오버 스타일로 만든다.
    var $newItem = $newMenuItem.find("div");
    $newItem.stop();
    $newItem.animate({
        top:-30},
        200,"easeOutQuint"
    );

    this.$overMenuItem = $newMenuItem;
}
```

소스 • 3_js_ajax/4_ex/ex2/step_2_6.html

```
// 오버 효과 실행.
function setOverMenuItem($newMenuItem){
    // 만약, 현재 오버된 메뉴가 새롭게 오버된 메뉴라면
    // 나머지 내용을 실행이 되지 않도록 함.
    // 주의 : jQuery 확장요소들은 실행시에 새롭게 생성되기 때문에,
    //        $newMenuItem == $overMenuItem를 비교하면 안됨)
    if(this.$overMenuItem!=null &&
        $newMenuItem.data("index")==this.$overMenuItem.data("index"))
        return;

    // 기존에 오버 된 메뉴 아이템이 있다면 아웃 상태로 만든다.
    if(this.$overMenuItem)
        this.removeOverMenuItemStyle(this.$overMenuItem);

    // 새롭게  오버 된 메뉴 아이템을 오버 스타일로 만든다.
    this.setOverMenuItemStyle($newMenuItem);

    this.$overMenuItem = $newMenuItem;
}
```

❶
```
// 메뉴를 오버 상태로 만든다.
function setOverMenuItemStyle($menuItem){
    // 신규 메뉴를 어바 상태로 만든다.
    var $menuItem = $menuItem.data("menuItem");

    $menuItem.stop();
    $menuItem.animate({
        top:-30},
        OVER_ANIMATION_TIME,"easeOutQuint"
    );
}
```

❷
```
// 메뉴에 적용되어 있는 오버 상태를 제거한다.(아웃 상태가 됨)
function removeOverMenuItemStyle($menuItem){
    // 신규 메뉴 아이템을  오버 상태로 만든다.
    var $menuItem = $menuItem.data("menuItem");

    $menuItem.stop();
    $menuItem.animate({
        top:0},
        OUT_ANIMATION_TIME,"easeOutQuint"
    );
}
```

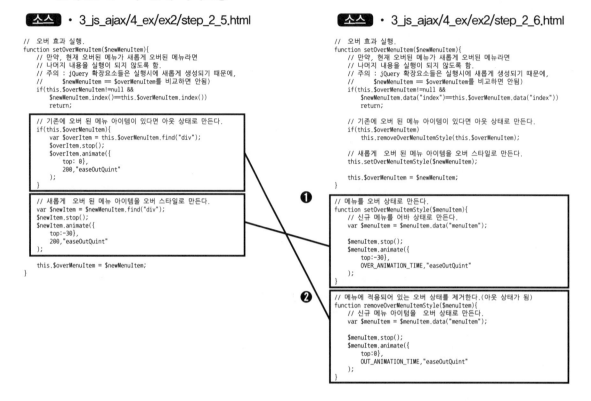

소스 설명

리팩토링을 하기 위해 소스를 살피던 중 setOverMenuItem( )의 덩치가 너무 크다는 생각이
들었습니다. 아마도 각 함수로 쪼개어 포장해 놓으면 일단 보기도 더 좋을 것 같고 나중에 재사
용할 수 있는 기회가 많이 생길 것 같은 기대감마저 듭니다. 그럼 먼저 setOverMenuItem( )
함수를 나누려면 내부가 어떤 구조로 돼 있는지 분석해야 합니다.

분석을 마치고 나면 setOverMenuItem( ) 함수가 다음과 같은 두 부분으로 구성돼 있다는 사
실을 확인할 수 있습니다.

- 기존 오버 스타일이 적용된 메뉴 아이템을 아웃 스타일로 만드는 부분
- 새롭게 오버된 메뉴 아이템을 오버 스타일로 만드는 부분

이제 이 내용을 바탕으로 다음과 같이 코드를 수정합니다.

❶ 기존 오버 스타일이 적용된 메뉴 아이템을 아웃 스타일로 만드는 부분은 removeOverMenuItemStyle()로 추출

❷ 새롭게 오버된 메뉴 아이템을 오버 스타일로 만드는 부분은 setOverMenuItemStyle()에 추출

리팩토링이 마무리되면 정상적으로 동작하는지 실행합니다. 여기서도 알 수 있듯이 리팩토링을 한다고 해서 루틴 자체가 바뀌거나 하진 않습니다.

아울러 animate() 함수에 적용하는 애니메이션 시간과 같은 상수 값은 주로 소스의 가장 최상단에 다음과 같이 정의한 후 사용합니다.

```
// 애니메이션 시간을 상수로 설정합니다.
var OVER_ANIMATION_TIME =200;
var OUT_ANIMATION_TIME =200;
```

여기까지가 단계 #2-메뉴 아이템의 오버 효과 구현하기였습니다.

단계 #3 – 메뉴 아이템 선택 처리

이번에 구현할 내용은 메뉴 아이템 선택 처리로서 요구사항 분석 및 기능 정의에서 살펴본 것처럼 아래 그림과 같이 동작하도록 만드는 것입니다.

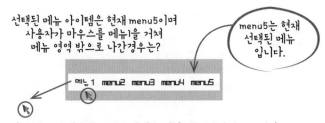

선택된 메뉴 아이템은 현재 menu5이며
사용자가 마우스를 메뉴1을 거쳐
메뉴 영역 밖으로 나간경우는?

menu5는 현재
선택된 메뉴
입니다.

메뉴1 menu2 menu3 menu4 menu5

1. 먼저 메뉴에 적용된 오버 스타일을 일반 메뉴 아이템으로 변경해야 합니다.(아시죠? 부드럽게 스윽~ 변해야 해요)

menu1 menu2 menu3 menu4 menu5

2. 선택돼 있는 menu5 메뉴 아이템에 선택 스타일이 부드럽게 적용되도록 만들어야 합니다.

menu1 menu2 menu3 menu4 메뉴5

이 기능 역시 한 번에 모두 처리하기에는 제법 규모가 있으므로 다음과 같은 순서로 나눠서 진행하겠습니다.

단계 #3
- 메뉴 아이템 선택 처리

단계 #3-3
- 메뉴 영역에서 마우스가 오버 또는 아웃될 때 선택 메뉴 아이템 처리
- 메뉴 아이템 선택 처리 완료

단계 #3-2
- 선택된 메뉴 아이템에 선택 스타일 적용

단계 #3-1
- 마우스가 메뉴 영역을 나가는 경우 오버돼 있는 메뉴 아이템의 오버 스타일을 제거해 일반 메뉴 아이템 스타일로 만들기

단계 #3-1 마우스가 메뉴 영역을 나가는 경우 오버돼 있는 메뉴 아이템의 오버 스타일을 제거해 일반 메뉴 아이템 스타일로 만들기

소스 • 3_js_ajax/4_ex/ex2/step_3_1.html

```
// 메뉴와 관련된 데이터 초기화
func tion initMenuData(){

❶
    // 재사용할 메뉴를 변수에 담아놓기
    this.$menu = $("ul.menu");

    // 재사용할 메뉴 아이템 목록을 변수에 담아놓기
    this.$menuItems = $("ul.menu li");

    . . . .
}

// 메뉴와 관련된 이벤트 리스너 등록
function initEventListener(){
❷
    // 마우스가 메뉴 영역을 나가는 경우 오버돼 있는 메뉴 아이템의 오버 스타일을 제거
    this.$menu.bind("mouseleave",function(e){
        if($overMenuItem){
            // 오버 스타일 제거
            removeOverMenuItemStyle($overMenuItem)
            $overMenuItem = null;
        }
    });
```

```
            // 메뉴 아이템에 마우스 이벤트 추가
            this.$menuItems.mouseenter(function(e){
                setOverMenuItem($(this));
            });
        }
```

소스 설명

메뉴 아이템 선택 처리를 위해 가장 먼저 구현할 내용은 마우스가 메뉴 영역을 벗어나는 경우 오버돼 있는 메뉴 아이템에 적용된 오버 스타일을 제거하는 것입니다. 만약 제거하지 않으면 오버된 메뉴 아이템과 선택된 메뉴 아이템이 화면에 동시에 나타나게 되어 원하는 결과물을 얻을 수 없습니다.

이를 위해는 다음과 같은 부분을 수정합니다.

❶ 먼저 #menu 엘리먼트가 전체적으로 사용되므로 initMenuData( ) 메서드에 #menu 엘리먼트를 미리 찾아 전역 변수인 $menu에 담아 둡니다.

❷ menuItem이 아닌 메뉴 자체에 mouseleave 이벤트 리스너를 추가해 마우스가 메뉴 영역을 벗어났는지 확인하는 루틴을 추가합니다. 이제 메뉴 영역에서 마우스가 벗어나면 기존 오버 메뉴 아이템에 적용된 오버 스타일을 제거하기 위해 removeOverMenuItemStyle( ) 함수를 실행합니다. 그리고 더는 오버 메뉴 아이템이 존재하지 않는다는 의미로 $overMenuItem=null을 넣어주는 것도 빠트려서는 안 됩니다.

코드를 모두 수정했다면 정상적으로 실행되는지 확인합니다.

단계 #3-2 선택된 메뉴 아이템에 선택 스타일 적용

소스 • 3_js_ajax/4_ex/ex2/step_3_2.html

```
    // 메뉴와 관련된 이벤트 리스너를 등록합니다.
    function initEventListener(){
        // 마우스가 메뉴 영역을 나가는 경우 오버돼 있는 메뉴 아이템의 오버 스타일을
        // 제거합니다.
        this.$menu.bind("mouseleave",function(e){
            if($overMenuItem){
                // 오버 스타일 제거
                removeOverMenuItemStyle($overMenuItem)
                $overMenuItem = null;
❷
                // 선택된 메뉴 아이템을 선택 스타일로 만듭니다.
                setSelectMenuItemStyle($selectMenuItem);
            }
        });
```

```
        // 메뉴 아이템에 마우스 이벤트 추가
        this.$menuItems.mouseenter(function(e){
            setOverMenuItem($(this));
        });

❶
        // 메뉴 아이템이 클릭되는 경우 선택 메뉴로 등록
        this.$menuItems.bind("click",function(e){
            selectMenuItem($(this));
        });
    }
❸
    // 메뉴 선택 처리
    function selectMenuItem($menuItem){
        this.$selectMenuItem = $menuItem;
    }
❹
    // 선택 메뉴 스타일 적용
    function setSelectMenuItemStyle($menuItem){
        if($menuItem)
            this.setOverMenuItemStyle($menuItem);
    }
❺
    // 선택 메뉴 스타일 제거
    function removeSelectMenuItemStyle($menuItem){
        if($menuItem)
            this.removeOverMenuItemStyle($menuItem);
    }
```

소스 설명

단계 #3-1을 거쳐 선택 메뉴 아이템 처리를 위한 기초 공사가 마무리됐습니다. 이번에 할 작업
은 특정 메뉴 아이템이 클릭되는 경우 클릭된 메뉴 아이템을 선택 메뉴 아이템으로 만드는 것
입니다. 선택 메뉴 아이템은 메뉴에 마우스가 벗어나 있는 상태에서 "나 선택됐어요~"라는 상
태로 바뀌는 메뉴를 말합니다.

정리하자면 특정 메뉴 아이템을 클릭한 후 마우스가 메뉴 영역을 벗어났을 때 선택 스타일을
적용하는 것까지가 이번 단계에서 할 일입니다.

❶ 먼저 initEventListener( ) 함수의 끝부분에서는 메뉴 아이템에 click 이벤트 리스너를 등록한 후 클릭한 메
뉴 아이템을 선택 메뉴 아이템으로 등록하는 selectMenuItem( ) 함수를 실행합니다.

❷ 이후에 마우스 커서가 메뉴 영역을 벗어나는 것을 감지하기 위해 아래 코드의 끝부분에서 setSelectMenuIt emStyle($selectMenuItem);를 실행합니다.

```
$menu.bind("mouseleave",function(e){
    ..
}
```

❸ selectMenuItem( ) 함수는 선택된 메뉴 아이템을 선택 메뉴 아이템으로 설정하는 역할을 합니다.

❹ setSelectMenuItemStyle( ) 함수는 현재 선택된 메뉴 아이템에 선택 스타일을 적용하는 역할을 합니다.

❺ removeSelectMenuItemStyle( ) 함수는 현재 선택된 메뉴 아이템에 적용돼 있는 선택 스타일을 제거하는 역할을 합니다.

이렇게 코드 수정을 마무리했다면 실행해 봅니다. 그러면 예상하는 시나리오대로 동작하는 모습을 확인할 수 있습니다.

단계 #3-3 – 메뉴 영역에서 마우스가 오버 또는 아웃될 때 선택된 메뉴 아이템 처리

소스 · 3_js_ajax/4_ex/ex2/step_3_3.html

```
❶
    // 선택된 메뉴 아이템이 있는지 여부를 담을 변수
    var bSelectActive;
    // 메뉴와 관련된 데이터 초기화
    function initMenuData(){
        . . . .
❷
        this.bSelectActive = false;
    }

    // 메뉴와 관련된 이벤트 리스너 등록
    function initEventListener(){
        // 마우스가 메뉴 영역을 나가는 경우 오버돼 있는 메뉴 아이템의 오버 스타일을 제거
        this.$menu.bind("mouseleave",function(e){
        if($overMenuItem){
❸
            bSelectActive = false;
        }
    });

    // 메뉴 아이템에 마우스 이벤트 추가
    this.$menuItems.mouseenter(function(e){
❹
        // 초기 메뉴 아이템에서 오버되는 경우 기존 선택된 메뉴 아이템이 있으면
        // 선택 스타일을 제거한다.
```

```
        if(bSelectActive==false){
            removeSelectMenuItemStyle($selectMenuItem);
            bSelectActive = true;
        }
        setOverMenuItem($(this));
    });
}
```

소스 설명

예를 들어, 첫 번째 메뉴 아이템이 선택돼 있을 경우 마우스가 영역 밖으로 나가면 선택된 메뉴
아이템에는 선택 스타일이 적용돼 있어야 합니다. 이후 마우스 포인터가 메뉴 영역으로 다시
들어오면서 세 번째 메뉴 아이템에 올려진 상태라면 첫 번째 메뉴 아이템에 적용된 선택 스타
일이 제거되면서 세 번째 메뉴 아이템에는 오버 스타일이 적용돼야 합니다.

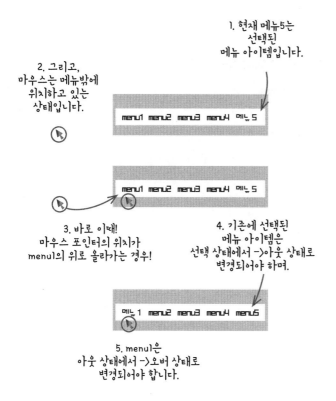

바로 이 내용이 이번 단계에서 작업할 내용입니다.

❶ 먼저 메뉴 아이템이 선택된 상태에서 마우스가 메뉴 영역으로 들어오는 경우 조건에 따라 선택 스타일을 제거하고 오버 스타일을 적용합니다. 여기서는 마우스 포인터가 밖에서 내부로 들어온 후 가장 처음으로 특정 메뉴 아이템에 위치할 때 이 작업을 할 것입니다. 그리고 이 작업은 다시 마우스가 메뉴 밖으로 나가지 않는 이상 딱 한 번만 하면 되며, 이를 위해 bSelectActive라는 일종의 스위치 변수를 뒀으며,

❷ 초기 처음 시작할 때 이 값은 아직 선택 처리가 활성화되지 않았다는 의미로 false를 기본값으로 적용해줍니다.

❸ 마우스가 메뉴 영역 밖으로 나가면 bSelectActive는 다시 false가 됩니다. 그래야 다시 메뉴 영역으로 마우스가 들어오는 경우 선택된 스타일을 제거할 수 있습니다.

❹ 마우스가 메뉴 밖에서 안으로 들어온 후 다시 특정 메뉴 아이템으로 마우스 커서가 위치하면 기존에 선택돼 있는 메뉴 아이템에서 removeSelectMenuItemStyle( ) 메서드를 이용해 적용된 선택 스타일을 제거합니다. 그리고 이 루틴은 딱 한 번만 실행돼야 하기 때문에 bSelectActive를 true로 만듭니다.

여기까지 작업한 소스 코드를 저장한 후 실행해 보길 바랍니다. 기존에 플래시로 만든 메뉴와 구분이 안 갈 정도로 훌륭하게 작동하는 메뉴를 확인할 수 있을 것입니다.

이렇게 해서 3단계도 마무리됐습니다. 드디어 이번 장에서 얻은 비장의 최신 무기인 Ajax가 등장할 때가 된 것 같군요.

✳ 메모

결과물은 가급적 플래시 개발자에게 보여주지 마세요. 아마도 충격에 휩싸일지 모르니깐요. 그리고 어떤 사람들은 종종 "이거 플래시로 만들었네!"라며 마우스를 빼앗아 여러분이 만든 메뉴에서 마우스 오른쪽 버튼을 클릭하며 플래시 메뉴가 뜨지 않는걸 보고 "깜짝"놀랄지도 모릅니다. 이럴 때는 그냥 덤덤히 입가에 미소를 살짝 띄우며 지긋이 그들의 얼글을 바라만 보세요.

단계 #4 – Ajax 적용

이번 단계에서는 기존의 플래시 메뉴에서 사용한 메뉴 아이템 정보가 담긴 menu.xml 파일을 읽어들여 메뉴 아이템의 수만큼 동적으로 생성하는 작업을 하겠습니다. 이번에도 여러분이 쉽게 이해할 수 있게 두 단계로 나눠서 작업을 진행하겠습니다.

단계 #4-2
- XML 파일 정보에 담긴 메뉴 정보를 참고해 동적으로 메뉴 아이템 생성

단계 #4-1
- Ajax 개발 환경 구축

단계 #4-1 – Ajax 개발 환경 구축

알림

웹 서버를 실행하고 아래 경로의 파일을 여세요.

- 로컬 경로 : C:₩APM_Setup₩htdocs₩book₩3_js_ajax₩4_ex₩ex2₩step_4_1.html
- 서버 경로 : http://localhost/book/3_js_ajax/4_ex/ex2/step_4_1.html

소스 • 3_js_ajax/4_ex/ex2/step_3_3.html

```
$(document).ready(function(){
    initMenuData();
    initEventListener();
});
```

```
// 메뉴와 관련된 데이터를 초기화 합니다.
function initMenuData(){
    // 재사용할 메뉴를 변수에 담아놓기.
    this.$menu = $("ul.menu");

    // 재사용할 메뉴 아이템 목록을 변수에 담아놓기.
    this.$menuItems= $("ul.menu li");


    // 계속해서 사용할 항목들을 재사용 하기 쉽도록 data에 넣어둡니다.
    this.$menuItems.each(function(index,data){
        $(this).data("index", index);
        $(this).data("menuItem",$(this).find("div"));
    });

    this.bSelectActive= false;

}

// 메뉴와 관련된 이벤트 리스너들을 등록합니다.
function initEventListener(){
    // 마우스가 메뉴 영역을 나가는 경우, 오버되어 있는 메뉴 아이템의
    // 오버 스타일을 제거한다.
    this.$menu.bind("mouseleave",function(e){
        if($overMenuItem){
            // 오버 스타일을 제거.
            removeOverMenuItemStyle($overMenuItem);
            $overMenuItem = null;
            // 선택된 메뉴 아이템을  선택 스타일로 만들어줍니다.
            setSelectMenuItemStyle($selectMenuItem);

            bSelectActive = false;
        }
    });

    // 메뉴 아이템에 마우스 이벤트 추가하기.
    this.$menuItems.mouseenter(function(e){
        // 초기 메뉴 아이템에서 오버 되는 경우, 기존 선택된 메뉴 아이템이 있는경우
        // 선택스타일을 제거한다.

        if(bSelectActive==false){
            removeSelectMenuItemStyle($selectMenuItem);
            bSelectActive=true;
        }
        setOverMenuItem($(this));
    });

    // 메뉴 아이템이 click되는 경우 선택 메뉴로 등록시키기.
    this.$menuItems.bind("click",function(e){
        selectMenuItem($(this));
    });
}
```

소스 • 3_js_ajax/4_ex/ex2/step_4_1.html

❶

```
$(document).ready(function(){
    /*
    initMenuData();
    initEventListener();
    */
    loadMenuXML();
});
```

❸ 신규 추가 내용

```
// XMLHttpRequest를 미리 생성해 놓습니다.
function loadMenuXML(){
    // 1. 브라우저에 따른 XMLHttpRequest생성하기.
    this.xmlHttp = this.createXMLHTTPObject();

    // 2. 요청에 대한 응답처리 이벤트 리스너 등록.
    this.xmlHttp.onreadystatechange = function(){
        on_ReadyStateChange();
    }

    // 3.서버로 보낼 데이터 생성.

    // 4. GET 방식으로 데이터 보내기, 응답은 비동기로 클라이언트<->서버간의
    // 연결 요청준비.
    this.xmlHttp.open("GET", "menu.xml", true);

    // 5. 실제 데이터 전송.
    this.xmlHttp.send(null);
}

// 1. 브라우저에 따른 XMLHttpRequest생성하기.
function createXMLHTTPObject(){
    var xhr = null;
    if (window.XMLHttpRequest) {
        // IE7버전 이상, 크롬, 사파리, 파이어폭스, 오페라등 거의 대부분의
        // 브라우저에서는 XMLHttpRequest객체를 제공합니다.
        xhr = new XMLHttpRequest();
    }
    else {
        // IE5, IE6 버전에서는 아래와 같이 XMLHttpRequest객체를 생성해야 합니다.
        xhr = new ActiveXObject("Microsoft.XMLHTTP");
    }

    return xhr;
}

// 6. 응답처리.
function on_ReadyStateChange(){

    // 4=데이터 전송 완료.(0=초기화전,1=로딩중,2=로딩됨,3=대화상태)
    if(this.xmlHttp.readyState==4){
        //200은 에러 없음.(404=페이지가 존재하지 않음)
        if(this.xmlHttp.status==200){
            //7. 데이터 파싱처리.
            this.createMenuItems(this.xmlHttp.responseXML);
```

❹
```
            this.initMenuData();
            this.initEventListener();
```
```
        }
        else{
            alert("처리 중 에러가 발생했습니다.");
        }
    }
}
```

❺

❹

```
// 7. XML포멧 데이터 처리. 동적으로 메뉴아이템 생성하기.
function createMenuItems(xmlInfo){
    // 이곳에 메뉴 아이템을 동적으로 생성하는 소스가 위치하게 됩니다.
}

// 메뉴와 관련된 데이터를 초기화 합니다.
function initMenuData(){
    . . . .
}

// 메뉴와 관련된 이벤트 리스너들을 등록합니다.
function initEventListener(){
    . . . .
}
```

소스 설명

이번에는 메뉴 아이템을 동적으로 생성하기 전까지의 사전 작업으로 Ajax를 사용할 작업 환경을 구축하고 이를 이용해 menu.xml를 읽어들이는 부분까지 구현해보겠습니다.

❶ 이제 모든 메뉴 아이템은 menu.xml에 들어 있는 노드 개수만큼 동적으로 생성되므로 메뉴와 관련된 데이터를 초기화하는 함수와 이벤트를 등록하는 함수가 더는 ready( ) 안에 있어서는 안 됩니다. 그렇다고 이와 관련된 함수가 필요없어진 것은 절대 아닙니다. 다만 실행 순서가 바뀌어 동적으로 메뉴 아이템이 모두 만들어진 후인 ❹에서 두 함수를 호출할 것입니다.

일단 이 두 함수가 실행되지 않게 주석으로 처리하고(지워도 됩니다) Ajax를 이용해 menu.xml 파일을 읽어들이는 loadMenuXML( ) 함수를 호출하는 구문을 넣어줍니다.

❷ Ajax로 메뉴 정보를 불러와 동적으로 채울것이기 때문에 먼저 아래와 같이 메뉴 영역(〈ul class="menu"〉)를 깨끗이 비워줍니다.

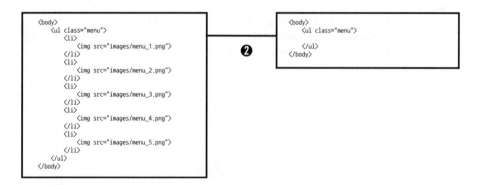

❸ 이 영역부터 나오는 내용은 우리가 꾸준히 사용해온 Ajax 관련 처리 루틴입니다. 아마 이 부분은 아주 익숙할 것입니다. ❶에서는 loadMenuXML( ) 함수가 호출되고 open( ) 메서드와 send( ) 메서드가 차례대로 실행되면서 menu.xml을 불러올 것입니다.

Ajax를 이용한 menu.xml 읽기가 정상적으로 끝나면 XMLHttpReqeust.resonseXML에는 우리가 원하는 결과가 담겨 있을 것입니다. 여기에 들어 있는 내용을 메뉴 아이템 생성을 전담하는 createMenuItems( )에 전달합니다. 물론 아직 내부는 비어 있습니다. 이 부분은 다음 단계에서 채워 넣을 예정입니다.

❹ 메뉴 아이템이 동적으로 만들어지면 Ajax를 사용하기 전과 똑같은 구조가 됩니다. 바로 이 시점에 1번에서 주석으로 처리했던 initMenuData( ) 함수와 initEventListener( ) 함수를 호출합니다.

❺ 이 영역부터 나오는 내용은 이전 단계까지의 소스입니다. Ajax 관련 루틴이 들어가면서 아래로 밀렸을 뿐 바뀐 부분은 전혀 없습니다.

이로써 동적으로 메뉴 아이템을 추가할 준비가 모두 끝났습니다. 이제 비어 있는 메뉴를 메뉴 아이템으로 가득 채워 보겠습니다.

단계 #4-2: XML 파일에 담긴 메뉴 정보를 토대로 동적으로 메뉴 아이템 생성

알림

웹 서버를 실행하고 아래 경로의 파일을 여세요.

- 로컬 경로 : C:₩APM_Setup₩htdocs₩book₩3_js_ajax₩4_ex₩ex2₩step_4_2.html
- 서버 경로 : http://localhost/book/3_js_ajax/4_ex/ex2/step_4_2.html

소스 • 3_js_ajax/4_ex/ex2/step_4_2.html

❶
```
// 7. XML 형식의 데이터 처리 동적으로 메뉴 아이템 생성
function createMenuItems(xmlInfo){
    // 1. 데이터에 접근하기 쉽게 XML 정보를 jQuery로 변환합니다.
    var $menuItems = $(xmlInfo).find("menuitem");

    var strDOM = "";
    for(var i=0;i<$menuItems.length;i++){
        // 2. N번째 메뉴 아이템 정보를 구합니다.
        var $menuItem = $menuItems.eq(i);

        // 3. N번째 메뉴 아이템 패널을 생성합니다.
        strDOM += '<li>';
        strDOM += '<div><img src="'+$menuItem.find("img").text()+'"></div>';
        strDOM += '</li>';
    }

    // 4. 이미지 컨테이너에 3번째에서 생성한 이미지 패널을 추가합니다.
    var $menuContainer = $("ul.menu");
    $menuContainer.append(strDOM);
}
```

소스 설명

❶ 이 부분은 이번 장을 통해 많이 다뤄본 루틴이라서 별다른 설명이 없어도 쉽게 이해할 수 있을 것입니다. 간단히 요약하면 읽어들인 메뉴 아이템 정보 개수만큼 메뉴 아이템 패널을 문자열로 만든 후 메뉴 영역의 자식 노드로 추가합니다. 그러면 텅 비어 있던 메뉴 영역은 메뉴 아이템으로 꽉 차게 됩니다. 즉, 하드코딩 으로 메뉴 아이템을 생성했을 때와 똑같은 환경이 갖춰지는 셈이죠.

끝으로 정상적으로 동작하는지 실행해 봅니다. 기존의 플래시 메뉴와 거의 구분할 수 없을 정
도로 거의 똑같이 동작할 것입니다. 바로 이 결과물이 그 동안 플래시에 밀려 개척하지 않았던
웹 기술의 신 개척지입니다.

이렇게 해서 길고 긴 1단 메뉴 프로젝트가 끝났습니다. 참고로 현재 여러분이 위치한 곳은 다음
과 같습니다.

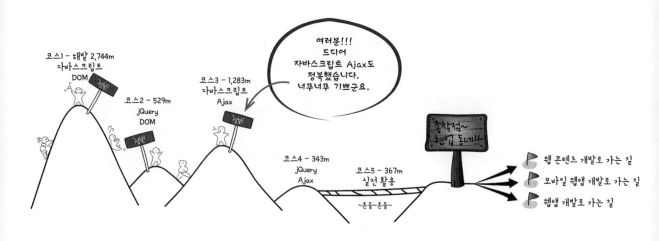

Part IV
jQuery Ajax

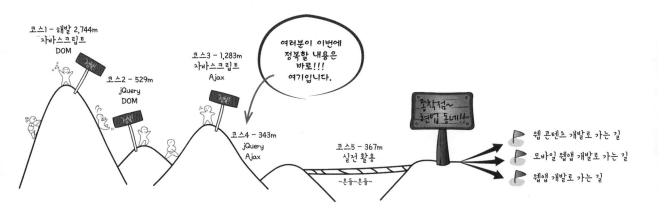

코스1 - 해발 2,744m
자바스크립트
DOM

코스2 - 529m
jQuery
DOM

코스3 - 1,283m
자바스크립트
Ajax

여러분이 이번에
정복할 내용은
바로!!!
여기입니다.

코스4 - 343m
jQuery
Ajax

코스5 - 367m
실전 활용

~흔들~흔들~

종착점~
현업 동네!!

웹 콘텐츠 개발로 가는 길

모바일 웹앱 개발로 가는 길

웹앱 개발로 가는 길

자바스크립트 Ajax
핵심 내용 길잡이

• jQuery Ajax를 사용하는 이유는?
• jQuery Ajax를 이용한 클라이언트(↔)서버 간의
  데이터 연동 처리를 위한 일반적인 작업 순서
• jQuery Ajax에서 반드시 알아야 할 핵심 메서드

익숙해진 3장의 자바스크립트 Ajax 버전 내용을
그대로 jQuery Ajax 버전으로 변경하며,
jQuery에서 알아야 할 핵심 내용을
아주 쉽게 정복할 것입니다.

자바스크립트
Ajax 버전

jQuery
Ajax 버전

핵심 내용

• XMLHttpRequest 객체 생성
• Ajax 작업을 위한 개발 환경 설정
• GET 방식으로 데이터 보내고 서버에서
  동기식으로 CSV 형식의 데이터 응답 받기
• POST 방식으로 데이터 보내고 서버에서
  비동기식으로 CSV 형식의 데이터 응답 받기
• POST 방식으로 데이터 보내고 서버에서
  비동기식으로 XML 형식의 데이터 응답 받기
• POST 방식으로 데이터 보내고 서버에서
  비동기식으로 JSON 형식의 데이터 응답 받기
• 외부 XML 파일 읽기
• 외부 JSON 파일 읽기

핵심 내용

• XMLHttpRequest 객체 생성
• Ajax 작업을 위한 개발 환경 설정
• GET 방식으로 데이터 보내고 서버에서
  동기식으로 CSV 형식의 데이터 응답 받기
• POST 방식으로 데이터 보내고 서버에서
  비동기식으로 CSV 형식의 데이터 응답 받기
• POST 방식으로 데이터 보내고 서버에서
  비동기식으로 XML 형식의 데이터 응답 받기
• POST 방식으로 데이터 보내고 서버에서
  비동기식으로 JSON 형식의 데이터 응답 받기
• 외부 XML 파일 읽기
• 외부 JSON 파일 읽기

미션 도전

• 미션1-Ajax를 활용한 동적으로
  이미지 노드 만들기: XML버전
• 미션2-Ajax를 활용한 동적으로
  이미지 노드 만들기: JSON 버전
• 미션3-Ajax를 적용한 롤링 배너 만들기.

미션 도전

• 미션1-Ajax를 활용한 동적으로
  이미지 노드 만들기: XML버전
• 미션2-Ajax를 활용한 동적으로
  이미지 노드 만들기: JSON 버전
• 미션3-Ajax를 적용한 롤링 배너 만들기

실전 활용

달랑 레퍼런스만 보고 넘어가면 아무런
의미가 없답니다. 실전에 적용해봐야지요~
그래서 준비했답니다. 다음 단계로 가기 전,
지금까지 배운 내용을 다시 한번 떠올려보며
실전 예제를 만들어 보아요~

실전 활용

달랑 레퍼런스만 보고 넘어가면 아무런
의미가 없답니다. 실전에 적용해봐야지요~
그래서 준비했답니다. 다음 단계로 가기 전,
지금까지 배운 내용을 다시 한번 떠올려보며
실전 예제를 만들어 보아요~

1단메뉴

외부 페이지
연동

1단메뉴

외부 페이지
연동

01. 핵심 내용 길잡이!

새로운 능력을 얻으려면 이에 수반하는 인내와 고통이 따르는 법! 여러분은 지금까지 수많은 고통을 이겨내며 도저히 오를 수 없을 거라 여겼던 자바스크립트 DOM을 넘어 jQuery에 이어 Ajax, JSON, CSV와 같은 생소한 용어로 가득 찬 자바스크립트 Ajax까지 무사히 넘어온 상태입니다. 비록 머릿속이 새로운 것들로 가득 차 서로 엉켜 있겠지만 5장 실전 활용에서 말끔히 정리될 테니 너무 걱정하지 않아도 됩니다.

우리는 이제 수많은 고수로 가득 찬 현업의 세계로 가기 위해 반드시 거쳐야 할 마지막 관문인 jQuery Ajax에 접어들었습니다. 다행인 건 자바스크립트 Ajax를 어느 정도 이해했다면 이번 장의 내용이 그 어느 장보다 쉽게 느껴지리라는 것입니다.

여러분 가운데 눈치가 빠른 분이라면 이미 이번 장이 어떤 식으로 진행되리라는 점을 알고 있을 겁니다. 1장에서 자바스크립트 DOM과 관련해 반드시 알아야 할 핵심 내용 및 용어를 이해한 후 이 내용을 그대로 2장의 jQuery로 변환해보는 식으로 진행했었습니다. 3장과 4장 역시 이 패턴을 그대로 따릅니다. 이로써 이번 4장에서도 2장에서 느꼈던 jQuery DOM의 위력과는 다른 또 다른 jQuery의 위력을 느낄 수 있을 것입니다.

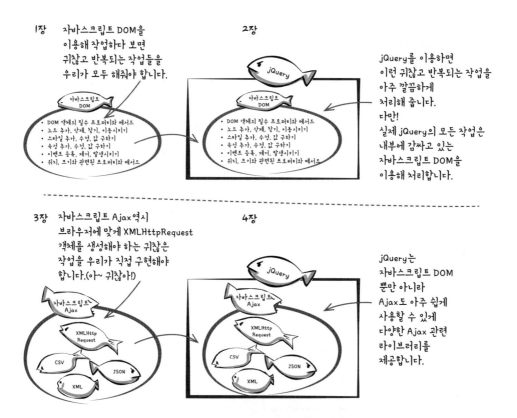

이번 장의 진행 순서 역시 전과 마찬가지로 총 4단계에 걸쳐 진행됩니다.

핵심 내용 길잡이!
핵심 내용을 이해하는 데 필요한 기초 지식과 개념을 습득하는 단계입니다.

핵심 내용!!
특정 프로젝트에서만 사용하는 기능은 No! 1년에 한번 어쩌다 사용하는 기능도 No! 실전 작업에서 반드시 알아야 할 내용을 선별한 후 간단한 예제를 토대로 배우는 단계입니다.

미션 도전!!!
짤막한 예제를 이용해 지금까지 배운 핵심 내용을 복습함과 동시에 활용 방안을 알아보는 단계입니다.

실전 활용 예제!!!!
지금까지 배운 내용을 총동원해 실전에서는 어떻게 사용되는지 직접 경험할 수 있는 단계이며, 최종 마무리 단계입니다.

이번 절은 바로 이 내용

길잡어 01

jQuery Ajax를 사용하는 이유는?

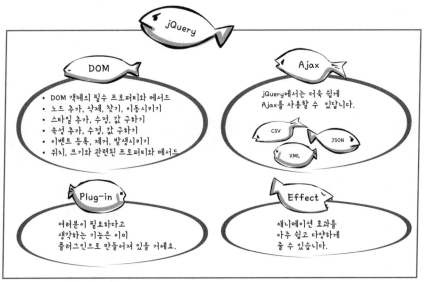

jQuery

DOM
- DOM 객체의 필수 프로퍼티와 메서드
- 노드 추가, 삭제, 찾기, 이동시키기
- 스타일 추가, 수정, 값 구하기
- 속성 추가, 수정, 값 구하기
- 이벤트 등록, 제거, 발생시키기
- 위치, 크기와 관련된 프로퍼티와 메서드

Ajax
jQuery에서는 더욱 쉽게 Ajax를 사용할 수 있답니다.
CSV
JSON
XML

Plug-in
여러분이 필요하다고 생각하는 기능은 이미 플러그인으로 만들어져 있을 거예요.

Effect
애니메이션 효과를 아주 쉽고 다양하게 줄 수 있습니다.

혹시 이 그림 생각나십니까? 조금 오래되어 여러분의 기억 속에서 이미 사라져 버렸을지도 모르지만 이 그림은 우리가 1장의 주제인 자바스크립트 DOM을 모두 배운 후 걸음마 단계에서 jQuery DOM을 배울 때 만났던 내용입니다. 그리고 "jQuery는 크게 4가지 기능을 지원한다"라는 문구도 친절하게 남겨 뒀습니다. 이 4개의 기능 가운데 하나가 바로 jQuery Ajax이며, 이번 장에서 다룰 주제이기도 합니다.

먼저 jQuery Ajax를 자세히 알아보기 전에 jQuery의 막강한 위력을 느낄 수 있었던 2장을 떠올리면서 간단한 예제를 통해 자바스크립트 DOM과 jQuery DOM을 다시 한번 비교해 보겠습니다.

미션1

아래 문서에서 sample이라는 클래스가 적용된 〈div〉 태그 엘리먼트의 자식 노드 중에서 〈p〉 태그 엘리먼트를 모두 찾아 글자 색을 모두 빨간색으로 변경해주세요.

HTML 내용

```
<body>
    <div>
        test1
    </div>
    <div class="sample">
        <div>test2</div>
        <p>test3</p>
        <div>test4</div>
    </div>
    <div class="sample">
        <p>test5</p>
        <div>test6</div>
    </div>
</body>
```

자바스크립트 DOM	jQuery DOM
```var divs = document.getElementsByClassName("sample"); for(var i=0;i<divs.length;i++){ var children = divs[i].children; for(var j=0;j<children.length;j++){ var child = children[j]; if(child.nodeName=="P") child.style.color="#ff0000"; } }```	```$("div.sample p").css("color","#ff0000");```

자바스크립트를 이용한 DOM과는 달리 한 줄로 똑같은 결과물을 얻어낼 수 있는 jQuery만의 쉬우면서도 간결한 jQuery의 마법과도 같은 표현력! 역시! jQuery를 사랑할 수밖에 없는 이

유인 것 같습니다. 이렇게 멋진 단순하면서 강력한 기능을 Ajax에서도 사용할 수 있다면 얼마나 편할까요? "혹시 그렇다면 jQuery Ajax에서 이런 기능을 제공하는 건가요?" 네! 맞습니다. jQuery Ajax에는 여러분이 지금까지 힘겹게 사용해온 자바스크립트 Ajax를 아주 쉽게 사용할 수 있게 만들어주는 기능이 대거 포함돼 있답니다. 궁금하죠? 네 좋습니다. 일단 여러분의 궁금증과 학습 기대치를 높이기 위해 자바스크립트 Ajax로 만들어진 예제를 jQuery Ajax를 이용해 만들게 되는 경우 과연 어떻게 바뀌는지 직접 체험하는 것부터 시작해보겠습니다.

미션2

Ajax를 이용해 외부 XML 파일을 읽어들여 이미지 노드가 몇 개인지 알려주세요.

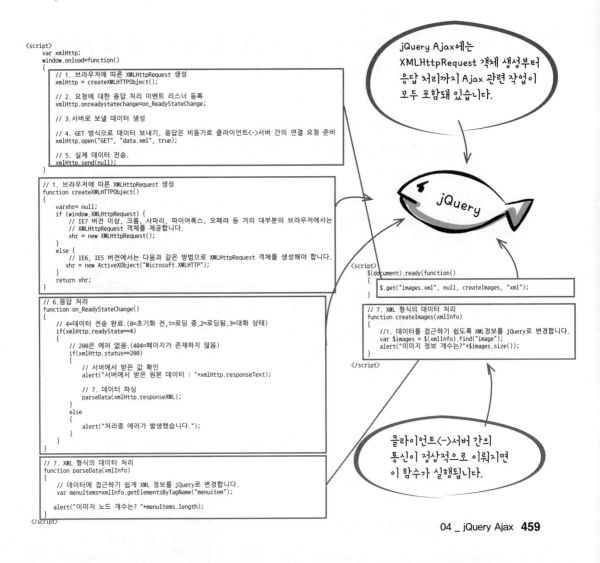

실행 결과

어떤가요? 바로 이게 jQuery의 또 하나의 대표적인 기능인 jQuery Ajax입니다. jQuery Ajax 를 이용하면 브라우저별로 다른 XMLHttpRequest 객체 생성 코드나 응답이 정상적으로 오는 지 검사하는 코드를 더는 작성하지 않아도 됩니다.

왜냐하면 우리가 구현한 코드보다 훨씬 더 훌륭하게 작성된 코드가 jQuery 내부에 캡슐화돼 있기 때문입니다. 따라서 우리는 DOM을 다루는 데 사용한 jQuery DOM 기능처럼 jQuery가 제공하는 기능들을 이용하기만 하면 됩니다. 그리고 우리는 진짜 중요한 코드를 작성하는 데만 소중한 시간을 투자하면 됩니다. 이것이 바로 한번 사용하기 시작하면 거부할 수 없는 jQuery 의 또 다른 매력입니다.

 ## jQuery Ajax를 이용한 클라이언트와 서버 간의 데이터 연동을 위한 일반적인 작업 순서

방금 앞에서 살펴본 것처럼 jQuery Ajax 내부에는 우리가 구현해야 할 Ajax 루틴이 모두 포장 돼 있습니다. 좀더 자세히 살펴보면 jQuery Ajax에는 지금까지 Ajax를 사용하기 위해 작성한 7단계 작업 순서 가운데 7번을 제외한 모든 내용이 포장되어 있습니다. 포장된 루틴은 다음 절 에서 배울 jQuery Ajax 관련 함수를 호출하면 자동으로 실행되며 클라이언트와 서버 간의 통 신이 정상적으로 이뤄지면 결과값을 반환해 줍니다. 바로 이 시점이 7번 "데이터 처리"에 해당 하는 부분이며 여러분이 작성한 코드가 투입되는 시점이기도 합니다.

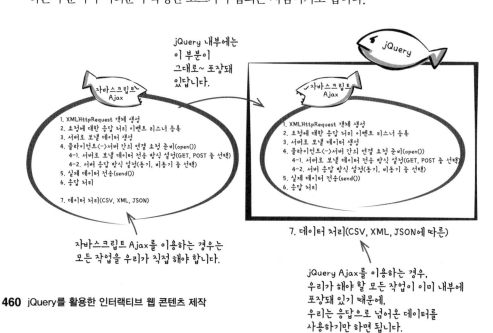

그런데 이 방법을 왜 처음부터 가르쳐주지 않았는지 궁금해 할 분도 있을 것 같습니다. 물론 앞에서 했던 자바스크립트 Ajax 관련 작업은 모두 jQuery Ajax를 이용하면 훨씬 쉽고 빠르게 처리할 수 있습니다. 하지만 자바스크립트 Ajax를 거쳐 jQuery Ajax를 다루는 이유는 자바스크립트를 이용해 DOM 다루기를 배운 후 jQuery DOM 다루기를 배운 이유와 같습니다. 즉, 앞으로 배울 4장의 내용이 어렵지 않게 느껴지는 이유는 이미 3장에서 Ajax 관련 핵심 내용과 용어를 학습했기 때문입니다. 또한 jQuery Ajax는 단지 지금까지 우리가 작성한 자바스크립트 Ajax 코드를 몇 개의 함수로 포장해서 가지고 있는 라이브러리에 불과하며 그 이상도 그 이하도 아닙니다. 아마도 조만간 이 말이 무슨 뜻인지 jQuery Ajax를 보면서 이해할 수 있을 것입니다.

 jQuery Ajax의 핵심 메서드

이제 jQuery Ajax의 실체를 알게 됐으니 좀더 깊숙이 들어가 보겠습니다. 그렇다고 해서 새로운 용어나 전혀 보지 못한 소스가 등장하는 건 아니니 미리 걱정할 필요는 전혀 없습니다. 이는 이미 3장에서 jQuery Ajax를 이해하는 데 필요한 핵심 용어와 개념을 모두 배운 상태이기 때문입니다.

Ajax 관련 핵심 주제

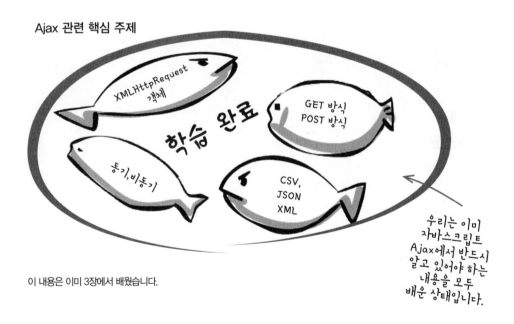

이 내용은 이미 3장에서 배웠습니다.

이 장에서는 자바스크립트 DOM이 jQuery DOM으로 포장된 것처럼 자바스크립트 Ajax가 jQuery Ajax로 어떻게 포장돼 있는지 알기만 하면 됩니다.

방금 언급한 것처럼 jQuery Ajax에는 3장에서 배운 기능이 특정 작업에 따라 사용하기 쉽게 몇 개의 메서드로 나뉘어 포장돼 있습니다. 그러한 메서드 목록은 다음과 같습니다.

- jQuery.get()
- jQuery.getJSON()
- jQuery.post()
- jQuery.ajax()
- jQuery.ajaxSetup()
- .load()

이름만 보고도 어떤 역할을 하는 메서드인지 알 수 있을 듯합니다. 그럼 이러한 메서드가 과연 어떤 소스를 포장하고 있는지 하나씩 알아보겠습니다.

jQuery.get(url, [data,] [success(data, textStatus, jqXHR),] [dataType])

기능

서버에 데이터를 HTTP GET 방식으로 보내고 서버 측 응답을 주로 XML와 CSV 형식으로 받을 때 사용합니다.

사용 예

서버 소스

```
$result = "<result>
$result += "    <success>true</success>"
$result += "</result>"
echo($result);
```

클라이언트 소스

```
var param = {user:"ddandongne", pw:"123456"};
$.get("login.php", param , function(data){
    if($(data).find("success")=="true")
```

```
        alert("정상적으로 처리되었습니다.");
    }).error(fnction(){
        alert("에러입니다.")
    });
```

jQuery.getJSON(url, [data,] [success(data, textStatus, jqXHR)])

기능

서버에 데이터를 HTTP GET 방식으로 보내고 서버 측 응답을 JSON 형식으로 받을 때 사용합니다.

사용 예

서버 소스

```
$result = '{"result":{"success":"true"}}';
echo($result);
```

클라이언트 소스

```
var param = {user:"ddandongne", pw:"123456"};
$.getJSON("login.php", param , function(data){
    if(dat.result.success=="true")
        alert("정상적으로 처리되었습니다.");
}).error(function(){
    alert("에러입니다.")
});
```

jQuery.post(url, [data,] [success(data, textStatus, jqXHR)])

기능

서버에 데이터를 HTTP POST 방식으로 보내고 서버 측 응답을 받을 때 사용합니다.

사용 예

서버 소스

```
$result = '{"result":{"success":"true"}}';
echo($result);
```

```
var param = {user:"ddandongne", pw:"123456"};
$.post("login.php",param, function(data){
    if(data.result.success=="true")
        alert("정상적으로 처리되었습니다.");
}).error(fnction(){
    alert("에러입니다.")
});
```

jQuery.ajax(settings)

기능

사실 방금 전에 살펴본 jQuery.get( ), jQuery.post( ), jQuery.getJSON( )의 실체는 빈 껍데기일 뿐 이 내부에는 모두 ajax( ) 메서드가 존재합니다. 다시 말해, jQuery.get( ) 대신 jQuery.ajax( )을 이용해 똑같은 작업을 할 수 있으며 jQuery.post( )와 jQuery.getJSON( ) 또한 jQuery.ajax( )으로 대체할 수 있다는 뜻입니다. 즉, 이 세 메서드는 특정 작업을 좀더 쉽게 처리하기 위한 일종의 매크로 함수이며 이 모든 처리는 jQuery.ajax( )를 통해 이뤄집니다.

사용 예

jQuery.getJSON( ) 메서드 대신 사용해 보기

```
$result = '{"result":{"success":"true"}}';
echo($result);
```

```
var param = {user:"ddandongne", pw:"123456"};
$.ajax({url:"login.php",
    data:param,
    type:"GET",
    dataType:"json",
    success:function(data){
        if(data.result.success=="true")
            alert("정상적으로 처리되었습니다.");
    },
    error:function(jqXHR,textStatus, errorThrown){
        alert("에러입니다.");
    }
});
```

설명

결과적으로 getJSON( )과 똑같은 코드입니다. getJSON( ) 내부에는 ajax( )을 이용해 GET 방식으로 데이터를 서버에 보내고 이것의 응답을 JSON 형식으로 받겠다, 라는 설정이 미리 되어 있습니다. 직접 코드를 작성하진 않겠지만 이런 원리를 이용하면 post( ) 메서드를 이용한 부분도 ajax( ) 메서드로 대체할 수 있습니다.

그런데 "그럼 ajax( )는 사용할 일이 그렇게 많지 않겠군요?"라고 생각하는 분이 있을지도 모릅니다. 방금 알아본 것처럼 ajax( )에는 수많은 매개변수가 있어서 이것들을 이용하면 서버와의 통신을 좀더 섬세하게 수행할 수 있습니다. 바로 이런 경우에 ajax( )가 사용되곤 합니다.

jQuery.ajaxSetup(properties)

기능

앞 절에서 ajax( ) 함수에 옵션이 아주 많다는 사실을 확인했습니다. 서버로 보내는 데이터만 다르고 호출하는 서버 주소 및 매개변수까지 모두 같은 경우에도 매번 ajax( ) 메서드에 똑같은 내용을 입력해야 합니다. 호출할 때마다 이렇게 똑같은 내용을 작성해야 한다는 것은 여간 귀찮은 일이 아닙니다. 이때 ajaxSetup( )은 ajax( ) 함수의 기본 옵션을 설정하는 기능을 제공합니다.

사용 예

ajaxSetup() 사용 전

```
<script>
    $.ajax({
        type:"POST",
        url:"login.php",
        data:{user:"ddandongne", pw:"123456"},
        success:function(data){
            alert("success결과 데이터 "+ data);
        },
        error:function(jqXHR, textStatus, errorThrown){
            alert("에러입니다.");
        },
    });
    · · · · ·

    $.ajax({
        type:"POST",
        url:"login.php",
```

```
                    data:{user:"jjanga", pw:"abcdef"},
                    success:function(data){
                        alert("success결과 데이터 "+data);
                    },
                    error:function(jqXHR, textStatus, errorThrown){
                        alert("에러입니다.");
                    },
                });
            </script>
```

```
                        <script>
                            $.ajax({
                                type:"POST",
                                url:"login.php",
                                data:{user:"ddandongne", pw:"123456"},
                                success:function(data){
                                    alert("success결과 데이터 "+ data);
                                },
                                error:function(jqXHR, textStatus, errorThrown)   {
                                    alert("에러입니다.");
                                },
                            });

                            . . . . . .

                            $.ajax({
                                type:"POST",
                                url:"login.php",
                                data:{user:"jjanga", pw:"abcdef"},
                                success:function(data){
                                    alert("success결과 데이터 "+ data);
                                },
                                error:function(jqXHR, textStatus, errorThrown){
                                    alert("에러입니다.");
                                },
                            });
                        </script>
```

똑같은 내용이
너무 많죠?

이 중에서
data 부분만
다르답니다.

ajaxSetup() 사용 후

```
        <script>
            // 공통 부분을 모두 ajaxSetup()에 넣어주세요.
            $.ajaxSetup({
                type:"POST",
                url:"login.php",
                success:function(data){
                    alert("success결과 데이터 "+data);
                },
                error:function(jqXHR, textStatus, errorThrown){
                    alert("에러입니다.");
                }
            });
```

```
// url 등을 전혀 지정하지 않았지만 미리 ajaxSetup()에 지정해 뒀기 때문에
// 그냥 사용하면 됩니다.
$.ajax({
    data:{user:"ddandongne", pw:"123456"}
});

$.ajax({
    data:{data1:"jjanga", data2:"abcdef"}
});
</script>
```

중복부분은 모두
ajaxSetup()에
넣어주세요.

```
<script>
    $.ajax({
        type:"POST",
        url:"login.php",
        data:{user:"ddandongne", pw:"123456"},
        success:function(data){
            alert("success결과 데이터 "+ data);
        },
        error:function(jqXHR, textStatus, errorThrown){
            alert("에러입니다.");
        },
    });

    . . . . .

    $.ajax({
        type:"POST",
        url:"login.php",
        data:{user:"jjanga", pw:"abcdef"},
        success:function(data){
            alert("success결과 데이터 "+ data);
        },
        error:function(jqXHR, textStatus, errorThrown){
            alert("에러입니다.");
        },
    });
</script>
```

```
<script>
    $.ajaxSetup({
        type:"POST",
        url:"login.php",
        success:function(data){
            alert("success결과 데이터 "+ data);
        },
        error:function(jqXHR, textStatus, errorThrown){
            alert("에러입니다.");
        },
    });
```

ajaxSetup()에는 다른
부분만 넣어주세요.

```
    $.ajax({
        data:{user:"ddandongne", pw:"123456"}
    });

    . . . . .

    $.ajax({
        data:{user:"jjanga", pw:"abcdef"}
    });
</script>
```

코드 설명

위 예제처럼 중복되는 옵션은 ajaxSetup( )을 이용해 기본값으로 설정해 좀더 깔끔하게 ajax( )
함수를 사용할 수 있습니다.

```
load( url, [data,] [complete(responseText, textStatus, XMLHttpRequest)] )
```

기능

load 함수는 주로 외부 파일에 들어 있는 콘텐츠를 읽어들여 특정 엘리먼트에 추가할 때 자주 사용합니다. 이미 알고 있을지도 모르겠지만 load( )와 비슷한 기능을 이미 3장에서 구현해 봤습니다.

3장의 첫 번째 실전 활용 예제에서는 page1.html과 page2.html이라는 외부 페이지를 읽어들여 #page_container에 추가한 적이 있는데, 바로 이런 작업을 담당하는 메서드가 load( )입니다.

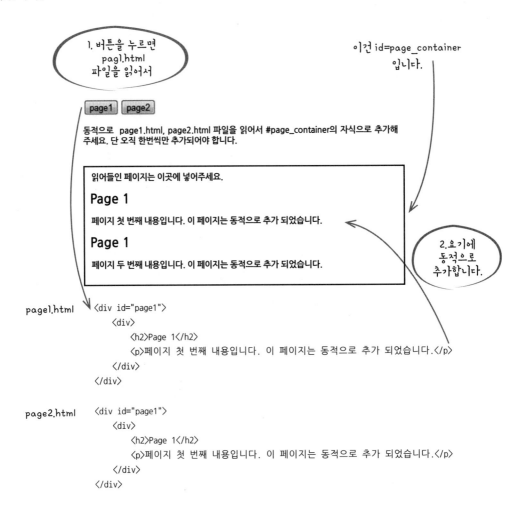

```
page1.html    <div id="page1">
                  <div>
                      <h2>Page 1</h2>
                      <p>페이지 첫 번째 내용입니다. 이 페이지는 동적으로 추가 되었습니다.</p>
                  </div>
              </div>

page2.html    <div id="page1">
                  <div>
                      <h2>Page 1</h2>
                      <p>페이지 첫 번째 내용입니다. 이 페이지는 동적으로 추가 되었습니다.</p>
                  </div>
              </div>
```

사용 예

소스 • page.html

```html
<html>
    <head>
        <title>Jonathan Stark</title>
    </head>
    <body>
        <div id="page1">
            <div>
                <h2>Page 1</h2>
                <p>페이지 첫 번째 내용입니다. 이 페이지는 동적으로 추가되었습니다.</p>
            </div>
        </div>

        <div id="page2">
            <div>
                <h2>Page 2</h2>
                <p>페이지 두 번째 내용입니다. 이 페이지는 동적으로 추가되었습니다.</p>
            </div>
        </div>
    </body>

</html>
```

소스

```javascript
$("#page_container").load("page.html","#page1");
```

코드 설명

load( )가 있는 구문이 실행되면 page.html을 읽어들이기 시작합니다. 이후 페이지를 정상적으로 읽어들인 경우 페이지 데이터의 내용 중 id가 page1인 엘리먼트만을 따로 꺼내어 #page_container에 붙여 넣게 됩니다.

어떤가요? 정말 괜찮은 기능이죠?

여기까지 jQuery Ajax에서 반드시 알고 있어야 할 핵심 용어와 메서드를 알아봤습니다. 이 밖에도 jQuery Ajax에서는 다양한 함수를 제공하는데, 나중에 시간적 여유가 생긴다면 꼭 나머지 함수도 살펴보길 바랍니다.

O2. 핵심 내용!!

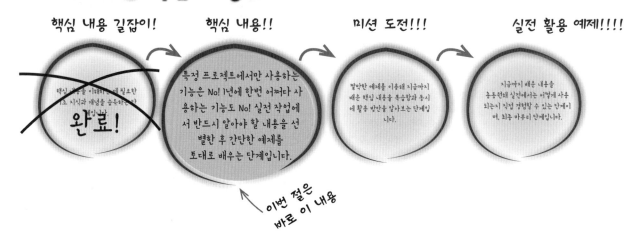

핵심 내용 길잡이!

핵심 내용을 이해하는데 필요로한 기초 지식과 개념을 습득하는 단계입니다.

완료!

핵심 내용!!

특정 프로젝트에서만 사용하는 기능은 No! 1년에 한번 어쩌다 사용하는 기능도 No! 실전 작업에서 반드시 알아야 할 내용을 선별한 후 간단한 예제를 토대로 배우는 단계입니다.

이번 절은 바로 이 내용

미션 도전!!!

짤막한 예제를 이용해 지금까지 배운 핵심 내용을 복습함과 동시에 활용 방안을 알아보는 단계입니다.

실전 활용 예제!!!!

지금까지 배운 내용을 총동원해 실전에서는 어떻게 사용되는지 직접 경험할 수 있는 단계이며, 최종 마무리 단계입니다.

이 장부터 지금까지 배운 jQuery Ajax 핵심 내용 길잡이 내용을 바탕으로 jQuery Ajax에서 반드시 알아야 할 필수 핵심 기초 내용과 실전 업무를 진행하기 위해 반드시 알아야 될 필수 핵심 기능을 배우게 됩니다. 진행 방식은 미리 언급한 것처럼 먼저 선행해야 하는 내용을 우선순위별로 나열한 후 각 요소를 이해하기 쉽게 특정 크기로 조각 낸 다음 하나씩 배워 나가는 순서로 진행됩니다.

보세요!

1. 우리가 배울 핵심 주제를 선정한 후 우선순위별로 나열합니다.

자바스크립트 DOM

jQuery DOM

자바스크립트 Ajax

jQuery Ajax

실전활용1

실전활용2

실전활용3

꺽!

자바스크립트 핵심 메서드와 프로퍼티

노드 추가, 삭제, 찾기, 이동

속성 추가, 수정, 값 구하기

스타일 다루기

자~ 쭈욱!

자바스크립트 DOM 조각 나누기입니다.

2. 배우기 쉽도록 작은 조각으로 나눕니다.

jQuery Ajax를 실전 업무에 사용하기 위해 반드시 알아둬야 할 내용은 다음과 같습니다.

1. jQuery Ajax 작업을 위한 개발 환경 설정
2. 데이터 GET 방식으로 보내고 동기식으로 CSV 형식의 데이터 응답 받기: jQuery Ajax 버전
3. 데이터 POST 방식으로 보내고 비동기식으로 CSV 형식의 데이터 응답 받기: jQuery Ajax 버전
4. 데이터 POST 방식으로 보내고 비동기식으로 XML 형식 데이터 응답 받기: jQuery Ajax 버전
5. 데이터 POST 방식으로 보내고 비동기식으로 JSON 형식의 데이터 응답 받기: jQuery Ajax 버전
6. 외부 XML 파일 읽기: jQuery Ajax 버전
7. 외부 JSON 파일 읽기: jQuery Ajax 버전

핵심 내용 길잡이에서도 알아본 것처럼 jQuery Ajax는 자바스크립트 Ajax를 좀더 쉽게 사용하는 데 도움이 되는 라이브러리의 일종입니다. 그래서 이 둘 중 어떤 것을 사용하더라도 Ajax를 실전 업무에 사용할 때 반드시 알고 있어야 할 핵심 내용은 변하지 않습니다.

다시 한번 언급하자면 이 단계에서는 하루 빨리 jQuery Ajax에 익숙해지는 것이 중요합니다. 이를 위해 앞 절에서 진행한 방식처럼 이번 절에서도 자바스크립트 Ajax로 만든 3장의 핵심 내용을 jQuery Ajax 버전으로 만들어보면서 jQuery Ajax를 익히겠습니다. 이런 방식은 이미 앞에서 몇 번 경험한 적이 있으므로 어떤 식으로 진행될지 잘 알고 있을 겁니다. 자, 그럼 본격적으로 시작하겠습니다.

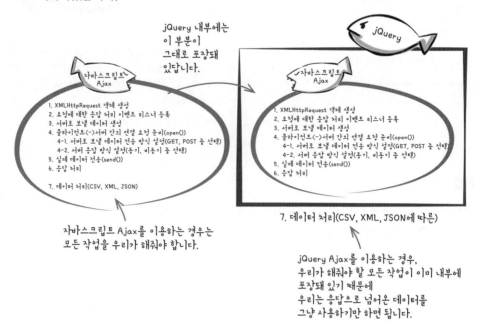

jQuery Ajax 활용을 위한 개발 환경 설정

소스 • 4_jquery_ajax/2_keypoint/key1_create/key1_create_XMLHTTPRequest.html

자바스크립트 Ajax vs. jQuery Ajax

```
<script>
    var xmlHttp;
    window.onload=function()
    {
        // 1. 브라우저에 따른 XMLHttpRequest 생성
        xmlHttp = createXMLHTTPObject();

        // 2. 요청에 대한 응답 처리 이벤트 리스너 등록
        xmlHttp.onreadystatechange=on_ReadyStateChange;

        // 3.서버로 보낼 데이터 생성
        var data = "key1=value1&key2=value2";

        // 4. 클라이언 <-> 서버 간의 연결 요청 준비(open() 메서드 이용)
        // 4-1. 서버로 보낼 데이터 전송 방식 선택, 대부분 GET, POST 중 선택
        // 4-2. 서버 응답은? 동기, 비동기 중 선택

        // 5. 실제 데이터 전송
    }
```

```
// 1. 브라우저에 따른 XMLHttpRequest 생성
function createXMLHTTPObject()
{
    varxhr = null;
    if (window.XMLHttpRequest){
        // IE7 버전 이상, 크롬, 사파리, 파이어폭스, 오페라 등 거의 대부분의 브라우저에서는
        // XMLHttpRequest 객체를 제공합니다.
        xhr = new XMLHttpRequest();
    }
    else{
        // IE6, IE5 버전에서는 다음과 같이 XMLHttpRequest 객체를 생성해야 합니다.
        xhr = new ActiveXObject("Microsoft.XMLHTTP");
    }
    return xhr;
}

// 6.응답 처리
function on_ReadyStateChange()
{
    // 4=데이터 전송 완료.(0=초기화 전,1=로딩 중,2=로딩됨,3=대화 상태)
    if(xmlHttp.readyState=4){
        // 200은 에러 없음.(404=페이지가 존재하지 않음)
        if(xmlHttp.status==200){
            // 7. 이 부분에서 서버에서 보내오는 데이터 타입(XML, JSON, CSV)에 따라
            // 사용하면 됩니다.
        }
        else{
            alert("처리 중 에러가 발생했습니다.");
        }
    }
}
</script>
```

```
<script type="text/javascript" src="jquery.min.js"></script>
<script>
    $(document).ready(function()
    {
        /*
        get(), getJSON(), post(), ajax()와 같은 jQuery Ajax 함수 내부에는
          1. XMLHttpRequest 객체 생성
          2. 요청에 대한 응답 처리 이벤트 리스너 등록
          3. 서버로 보낼 데이터 생성
          4. 클라이언트<->서버 간의 연결 요청 준비(open()).
             4-1. 서버로 보낼 데이터 전송 방식 설정(GET, POST 중 선택)
             4-2. 서버 응답 방식 설정(동기, 비동기 중 선택)
          5. 실제 데이터 전송(send())
          6. 응답 처리
        를 처리하는 루틴이 포장돼 있습니다.
        모든 내용이 정상적으로 실행되면 success로 넘긴 콜백 parseData() 함수가
        실행됩니다.
        */
    });
</script>
```

> jQuery

> jQuery Ajax에는 XMLHttpRequest 객체 생성부터 응답 처리까지 Ajax와 관련된 작업이 모두 포장돼 있습니다.

설명

핵심 내용 길잡이에서 다룬 것처럼 jQuery Ajax 내부에는 클라이언트와 서버 간의 데이터 통신을 위해 지금까지 활용한 작업 순서가 포장돼 있어 이 작업을 더는 하지 않아도 됩니다.

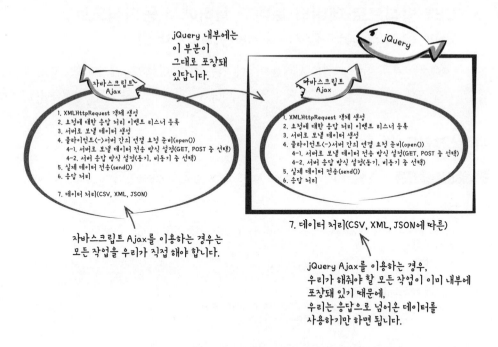

jQuery 내부에는
이 부분이
그대로 포장돼
있답니다.

jQuery

자바스크립트
Ajax

1. XMLHttpRequest 객체 생성
2. 요청에 대한 응답 처리 이벤트 리스너 등록
3. 서버로 보낼 데이터 생성
4. 클라이언트(<->)서버 간의 연결 요청 준비(open())
　　4-1. 서버로 보낼 데이터 전송 방식 설정(GET, POST 중 선택)
　　4-2. 서버 응답 방식 설정(동기, 비동기 중 선택)
5. 실제 데이터 전송(send())
6. 응답 처리

7. 데이터 처리(CSV, XML, JSON)

자바스크립트 Ajax
Ajax

1. XMLHttpRequest 객체 생성
2. 요청에 대한 응답 처리 이벤트 리스너 등록
3. 서버로 보낼 데이터 생성
4. 클라이언트(<->)서버 간의 연결 요청 준비(open())
　　4-1. 서버로 보낼 데이터 전송 방식 설정(GET, POST 중 선택)
　　4-2. 서버 응답 방식 설정(동기, 비동기 중 선택)
5. 실제 데이터 전송(send())
6. 응답 처리

7. 데이터 처리(CSV, XML, JSON에 따른)

자바스크립트 Ajax를 이용하는 경우는
모든 작업을 우리가 직접 해야 합니다.

jQuery Ajax를 이용하는 경우,
우리가 해줘야 할 모든 작업이 이미 내부에
포장돼 있기 때문에,
우리는 응답으로 넘어온 데이터를
사용하기만 하면 됩니다.

그냥 get( ), post( ), ajax( )와 같은 jQuery Ajax 메서드를 이용하면 내부에서 알아서 1~6
번에 해당하는 모든 작업이 실행된 후 통신이 무사히 끝나면 결과물만 반환됩니다. 이런 멋진
jQuery Ajax를 기존 자바스크립트 Ajax 대신 사용하려면 아래의 두 가지 작업만 하면 됩니다.

1. jQuery Ajax를 활용하기 위해 3장에서 만들어 둔 소스 가운데 자바스크립트 Ajax와 관련된 코드를 모두
   제거합니다. 그리고 jQuery Ajax를 사용할 수 있게 다음과 같이 jQuery 라이브러리를 링크합니다.

   ```
   <script type="text/javascript" src="jquery-1.7.1.min.js"></script>
   ```

2. 기존 자바스크립트 Ajax를 대체할 수 있는 jQuery Ajax 메서드(get( ), post( ), getJSON( ), ajax( ))를 상
   황에 맞게 선택해서 사용합니다.

GET 방식으로 데이터 보내고 서버에서 동기식으로 CSV 형식의 응답 받기: jQuery Ajax 버전

이번 예제에서는 기존 자바스크립트 Ajax를 이용해 만든 "GET 방식으로 데이터 보내고 동기식으로 CSV 포맷 데이터 응답 받기"의 핵심 내용을 jQuery Ajax 버전으로 만들어보겠습니다.

자바스크립트 Ajax

클라이언트 소스 • 3_js_ajax/2_keypoint/key3_sync_get_csv/key3_sync_get_csv.html

```
<html>
<head>
    <meta http-equiv="Content-Type" content="text/html; charset=UTF-8">
    <title></title>
    <script>
        var xmlHttp;
        window.onload=function(){
            // 1. 브라우저에 따른 XMLHttpRequest 생성
            xmlHttp = createXMLHTTPObject();

            // 2. 요청에 대한 응답 처리 이벤트 리스너 등록
            xmlHttp.onreadystatechange = on_ReadyStateChange;

            // 3.서버로 보낼 데이터 생성
            var data= "data1=ddandongne&data2=sample";

            // 4. POST 방식으로 데이터 보내기. 응답은 동기로 클라이언트와
            // 서버 간의 연결 요청 준비
            xmlHttp.open("POST", "data.php", false);
            xmlHttp.setRequestHeader("Content-Type",
                                "application/x-www-form-urlencoded");

            // 5. 실제 데이터 전송
            xmlHttp.send(data);

            // T. 동기, 비동기 실행 테스트
            alert("전송 시작!");
        }

        // 1. 브라우저에 따른 XMLHttpRequest 생성
        function createXMLHTTPObject(){
            var xhr = null;
            if (window.XMLHttpRequest) {
                // IE7 버전 이상, 크롬, 사파리, 파이어폭스, 오페라 등 거의 대부분의
                // 브라우저에서는 XMLHttpRequest 객체를 제공합니다.
```

```
                xhr = new XMLHttpRequest();
            }
            else {
                // IE5, IE6 버전에서는 다음과 같은 방법으로 XMLHttpRequest 객체를
                // 생성합니다.
                xhr = new ActiveXObject("Microsoft.XMLHTTP");
            }
            return xhr;
        }

        // 6. 응답 처리
        function on_ReadyStateChange(){
            // 4=데이터 전송 완료(0=초기화 전, 1=로딩 중, 2=로딩됨, 3=대화 상태)
            if(xmlHttp.readyState==4){
                // 200은 에러 없음(404=페이지가 존재하지 않음)
                if(xmlHttp.status==200){
                    // 서버에서 받은 데이터
                    alert("서버에서 받은 원본 데이터 : "+ xmlHttp.responseText);

                    // 7. 데이터 처리
                    parseData(xmlHttp.responseText);
                }
                else{
                    alert("처리 중 에러가 발생했습니다.");
                }
            }
        }

        // 7. CSV 형식의 데이터 처리
        function parseData(strText){
            var aryData = strText.split("|");
            var objResult = {};
            for(var i=0;i<aryData.length;i++){
                var keyValue = aryData[i].split("=");
                objResult[keyValue[0]] = keyValue[1];
            }
            alert("파싱한 데이터 : +objResult);
        }
    </script>
</head>

<body>
</body>
</html>
```

jQuery Ajax

클라이언트 소스 • 4_jquery_ajax/2_keypoint/key2_sync_get_csv/key2_sync_get_csv.html

```
<html>
<head>
    <meta http-equiv="Content-Type" content="text/html; charset=UTF-8">
    <title></title>
❶
    <script  type="text/javascript"  src="../libs/jquery-1.7.1.min.js"></script>

    <script>
        $(document).ready(function(){
❷
            // 동기 설정(jQuery Ajax에서는 기본적으로 비동기로 설정돼 있습니다.)
            $.ajaxSetup({async:false});

❸
            // 서버로 보낼 매개변수
            var param = {data1:"ddandongne", data2:"sample"};
❹
            /*
                get(),getJSON(),post(),ajax()와 같은 jQuery Ajax 함수 내부에는
                다음과 같은 작업을 처리하는 루틴이 포함돼 있습니다.
                    1. XMLHttpRequest 객체 생성
                    2. 요청에 대한 응답 처리 이벤트 리스너 등록
                    3. 서버로 보낼 데이터 데이터 생성
                    4. 클라이언트와 서버 간의 연결 요청 준비(open() 메서드 이용)
                        4-1. 서버로 보낼 데이터 전송 방식 설정(GET, POST 중 선택)
                        4-2. 서버 응답 방식 설정(동기, 비동기 중 선택)
                    5. 실제 데이터 전송(send() 메서드 이용)
                    6. 응답 처리
                모든 내용이 정상적으로 실행되면 success로 전달한 콜백 parseData() 함수가 실행됩니다.
            */
            $.get("data.php",param, parseData);
            alert("전송 시작!");
        })


        // 7. CSV 형식의 데이터 처리
```

```
        function parseData(strText){
            alert("서버에서 받은 원본 데이터  : "+strText);

            var aryData = strText.split("|");
            var objResult = {};
            for(var i=0;i<aryData.length;i++){
                var keyValue = aryData[i].split("=");
                objResult[keyValue[0]] = keyValue[1];
            }
            alert("파싱한 데이터 : "+ objResult);
        }
    </script>
</head>

<body>
</body>
</html>
```

실행 결과

```
서버에서 받은 원본 데이터 : data1=ddandongne|data2=sample
파싱한 데이터:
    Object
        data1: "ddandongne"
        data2: "sample"
    전송 시작!
```

소스 설명

❶ 먼저 3장에서 작성한 소스에서 자바스크립트 Ajax와 관련된 내용을 모두 지우고 jQuery Ajax를 사용하기 위해 jQuery 라이브러리를 링크합니다.

❷ jQuery Ajax는 기본으로 비동기로 설정돼 있어서 동기식으로 서버 응답을 받기 위해 핵심 내용 길잡이에서 배운 ajaxSetup( )을 이용해 동기식으로 설정합니다. ajaxSetup( ) 함수는 이미 앞 절에서 자세히 다뤘으므로 여기서는 다시 언급하지 않겠습니다.

❸ 이 내용은 서버로 보낼 데이터를 만들어 놓은 것으로서 자바스크립트 Ajax에서는 보내려는 데이터를 모두 key=value&key=value와 같은 형태로 연결한 문자열로 보낸 반면 jQuery Ajax에서는 아주 세련되게 객체로 보낼 수 있습니다. 물론 jQuery 내부에서는 우리 대신 이 객체를 문자열로 만들겠지만요.

❹ 이제 모든 준비가 마무리됐으니 데이터를 보낼 차례입니다. GET 방식으로 데이터를 보내야 하므로 get( ) 함수로 보내는 방법과 ajax( ) 함수를 이용해 보내는 방법 중 어떤 것을 사용하는 것이 더 효율적일까요? 이 경우 선택 기준은 의외로 간단합니다. 자세히 뭔가를 설정해야 할 정보가 있다면 ajax( )를 사용하고, 그냥 단순하게 보내도 된다면 get( ) 함수를 사용하면 됩니다. 여기서는 따로 선언해야 할 것이 없으므로 get( )을 이용했습니다.

브라우저에 의해 실제로 get( )이 실행되면 이 함수 내부에는 jQuery 내부에 이미 만들어져 있는 루틴을 통해 XMLHttpRequest가 생성되고 open( ) 메서드와 send( ) 메서드가 차례로 실행된 후 클라이언트와 서버 간의 통신이 이뤄집니다.

이 단계는 3장의 자바스크립트 Ajax에서 계속해서 작성했던 내용 그대로입니다. 이후 모든 통신이 에러 없이 정상적으로 실행되면 서버에서 응답으로 보내온 데이터를 get( ) 함수를 실행할 때 콜백 함수로 전달한 parseData( ) 함수의 매개변수에 담아 반환합니다. 이제 이 데이터를 데이터 형식에 맞게 파싱해서 사용하기만 하면 됩니다. 데이터를 파싱하는 구문은 기존 소스를 그대로 사용했습니다.

이렇게 해서 이번 예제를 jQuery 버전으로 만들어 봤습니다. 역시 jQuery는 우리의 기대를 저 버리지 않는군요. 이런 식으로 나머지 예제를 jQuery Ajax 버전으로 바꾸면 됩니다. 자, 그럼 여러분 스스로 꼭 풀이에 도전해 보길 바랍니다.

POST 방식으로 데이터 보내고 비동기식으로 CSV 형식의 데이터 응답 받기: jQuery Ajax 버전

자바스크립트 Ajax

클라이언트 소스 • 3_js_ajax/2_keypoint/key4_async_post_csv/key4_async_post_csv.htm

```
<html>
<head>
    <meta http-equiv="Content-Type" content="text/html; charset=UTF-8">
    <title></title>
    <script>
        var xmlHttp;
        window.onload=function(){
            // 1. 브라우저에 따른 XMLHttpRequest 생성
            xmlHttp = createXMLHTTPObject();

            // 2. 요청에 대한 응답 처리 이벤트 리스너 등록
            xmlHttp.onreadystatechange = on_ReadyStateChange;

            // 3. 서버로 보낼 데이터 생성
            var data = "data1=ddandongne&data2=sample";

            // 4. POST 방식으로 데이터 보내기. 응답은 비동기로 클라이언트와
            // 서버 간의 연결 요청 준비
            xmlHttp.open("POST", "data.php", true);
            xmlHttp.setRequestHeader("Content-Type","application/x-www-form-urlencoded");
```

```
        // 5. 실제 데이터 전송
        xmlHttp.send(data);

        // T. 동기, 비동기 실행 테스트
        alert("전송 시작!");
}

// 1. 브라우저에 따른 XMLHttpRequest 생성
function createXMLHTTPObject(){
        var xhr = null;
        if (window.XMLHttpRequest) {
                // IE7 버전 이상, 크롬, 사파리, 파이어폭스, 오페라 등 거의 대부분의
                // 브라우저에서는 XMLHttpRequest 객체를 제공합니다.
                xhr = new XMLHttpRequest();
        }
        else {
                // IE5, IE6 버전에서는 다음과 같은 방법으로 XMLHttpRequest 객체를 생성합니다.
                xhr = new ActiveXObject("Microsoft.XMLHTTP");
        }
        return xhr;
}

// 7. 응답 처리
function on_ReadyStateChange(){
        // 4=데이터 전송 완료(0=초기화 전, 1=로딩 중, 2=로딩됨, 3=대화 상태)
        if(xmlHttp.readyState==4){
                // 200은 에러 없음(404=페이지가 존재하지 않음)
                if(xmlHttp.status==200){
                        // 서버에서 받은 데이터
                        alert("서버에서 받은 원본 데이터 : "+xmlHttp.responseText);

                        // 7. 데이터 처리
                        parseData(xmlHttp.responseText);
                }
                else{
                        alert("처리 중 에러가 발생했습니다.");
                }
        }
}

// 7. CSV 형식의 데이터 처리
function parseData(strText){
        var aryData = strText.split("|");
        var objResult = {};
        for(var i=0;i<aryData.length;i++){
                var keyValue = aryData[i].split("=");
                objResult[keyValue[0]] = keyValue[1];
```

```
                }
                alert("파싱한 데이터: "+objResult);
            }
    </script>
    </head>

    <body>
    </body>
    </html>
```

jQuery Ajax

알림

웹 서버를 실행하고 아래 경로의 파일을 여세요.

- 로컬 경로 : C:₩APM_Setup₩htdocs₩book₩4_jquery_ajax₩2_keypoint₩key3_async_post_
  csv₩key3_async_post_csv.html
- 서버 경로 : http://localhost/book/4_jquery_ajax/2_keypoint/key3_async_post_csv/key3_
  async_post_csv.html

클라이언트 소스 • 4_jquery_ajax/2_keypoint/key3_async_post_csv/key3_async_post_csv.html

```html
<html>
<head>
    <meta http-equiv="Content-Type" content="text/html; charset=UTF-8">
    <title></title>
    <script type="text/javascript" src="../libs/jquery-1.7.1.min.js"></script>

    <script>
        $(document).ready(function(){
            // jQuery Ajax에서는 기본적으로 비동기로 설정돼 있어서
            // 따로 설정하지 않아도 됩니다.
            // $.ajaxSetup({async:false});

            // 서버로 보낼 매개변수
            var param = {data1:"ddandongne", data2:"sample"};

            /*
                get() 함수처럼 post() 함수 내부에도 다음과 같은 내용을 처리하는
                루틴이 포장돼 있습니다.
                    1. XMLHttpRequest 객체 생성
                    2. 요청에 대한 응답 처리 이벤트 리스너 등록
                    3. 서버로 보낼 데이터 생성
                    4. 클라이언트와 서버 간의 연결 요청 준비(open() 메서드 이용)
```

```
                    4-1. 서버로 보낼 데이터 전송 방식 설정(GET, POST 중 선택)
                    4-2. 서버 응답 방식 설정(동기, 비동기 중 선택)
                5. 실제 데이터 전송(send() 메서드 이용).
                6. 응답 처리
                모든 내용이 정상적으로 실행되면 success로 전달한
                콜백 parseData() 함수가 실행됩니다.
            */
            $.post("data.php",param, parseData);
            alert("전송 시작!");
        })

        // 8. CSV 형식의 데이터 처리
        function parseData(strText){
            alert("서버에서 받은 원본 데이터: "+strText);
            var aryData = strText.split("|");
            var objResult = {};
            for(var i=0;i<aryData.length;i++){
                var keyValue = aryData[i].split("=");
                objResult[keyValue[0]] = keyValue[1];
            }
            alert("파싱한 데이터: "+objResult);
        }
    </script>
</head>

<body>
</body>
</html>
```

실행 결과

```
전송 시작!
서버에서 받은 원본 데이터:  data1=ddandongne|data2=sample
파싱한 데이터:
    Object
        data1: "ddandongne"
        data2: "sample"
```

소스 설명

이번 예제는 GET 방식이 아닌 POST 방식으로 바뀌었을 뿐 기존 앞절의 예제와 같습니다. 자
바스크립트 Ajax 버전에서는 GET 방식과 POST 방식의 차이점이 다음과 같이 선언 방법 및
데이터를 보내는 방식에 있습니다.

GET 방식

```
xmlHttp.open("GET", "data.php", true);
```

POST 방식

```
xmlHttp.open("POST", "data.php", true);
xmlHttp.setRequestHeader("Content-Type","application/x-www-form-urlencoded");
```

그럼 jQuery Ajax를 이용하면 어떻게 바뀔까요? jQuery Ajax에서는 get( ) 메서드와 post( )
메서드가 매개변수 위치까지 같기 때문에 get( ) 메서드를 이용한 소스를 그대로 둔 상태에서
get( ) 메서드 이름을 post( )로만 바꾸면 됩니다. 정말 간단하죠?

이 예제 역시 post( ) 메서드 대신 ajax( ) 메서드로 대체할 수 있지만 클라이언트와 서버 간의
통신을 위해 자세히 설정할 사항이 없어서 post( )를 사용했습니다.

POST 방식으로 데이터 보내고 비동기식으로 XML 형식의 데이터 응답 받기: jQuery Ajax 버전

자바스크립트 Ajax

클라이언트 소스 • 3_js_ajax/2_keypoint/key5_async_post_xml/key5_async_post_xml.html

```
<html>
<head>
    <meta http-equiv="Content-Type" content="text/html; charset=UTF-8">
    <title></title>
    <script>
        var xmlHttp;
        window.onload=function(){
            // 1. 브라우저에 따른 XMLHttpRequest 생성
            xmlHttp = createXMLHTTPObject();

            // 2. 요청에 대한 응답 처리 이벤트 리스너 등록
            xmlHttp.onreadystatechange = on_ReadyStateChange;
            // 3. 서버로 보낼 데이터 생성
            var data = "data1=ddandongne&data2=sample";

            // 4. POST 방식으로 데이터 보내기. 응답은 비동기로 클라이언트와
            // 서버 간의 연결 요청 준비
```

```
        xmlHttp.open("POST", "data.php", true);
        xmlHttp.setRequestHeader("Content-Type",
                                    "application/x-www-form-urlencoded");

        // 5. 실제 데이터 전송
        xmlHttp.send(data);

        // T. 동기, 비동기 실행 테스트를 위한 부분
        alert("전송 시작!");
}

// 1. 브라우저에 따른 XMLHttpRequest 생성
function createXMLHTTPObject(){
        var xhr = null;
        if (window.XMLHttpRequest) {
                // IE7 버전 이상, 크롬, 사파리, 파이어폭스, 오페라 등 거의 대부분의
                // 브라우저에서는 XMLHttpRequest 객체를 제공합니다.
                xhr = new XMLHttpRequest();
        }
        else {
                // IE5, IE6 버전에서는 다음과 같은 방법으로
                // XMLHttpRequest 객체를 생성합니다.
                xhr = new ActiveXObject("Microsoft.XMLHTTP");
        }
        return xhr;
}

// 6. 응답 처리
function on_ReadyStateChange(){
        // 4=데이터 전송 완료(0=초기화 전, 1=로딩 중, 2=로딩됨, 3=대화 상태)
        if(xmlHttp.readyState==4){
                // 200은 에러 없음(404=페이지가 존재하지 않음)
                if(xmlHttp.status==200){
                        // 서버에서 받은 데이터
                        alert("서버에서 받은 원본 데이터 : "+xmlHttp.responseText);

                        // 7 데이터 처리
                        parseData(xmlHttp.responseXML);
                }
                else{
                        alert("처리 중 에러가 발생했습니다.");
                }
        }
}
```

```
        // 7. XML 형식의 데이터 처리(자바스크립트 DOM을 이용한 처리)
        function parseData(xmlInfo){
            var data1 = xmlInfo.getElementsByTagName("data1")[0].firstChild.nodeValue;
            var data2 = xmlInfo.getElementsByTagName("data2")[0].firstChild.nodeValue;

            alert("파싱한 데이터 : data1="+data1, "data2="+data2);
        }

    /*
        // 7. XML 형식의 데이터 처리(jQuery를 이용한 처리)

        function parseData(xmlInfo){
            var data1 = $(xmlInfo).find("data1").text();
            var data2 = $(xmlInfo).find("data2").text();
            alert("파싱한 데이터 : data1="+data1, "data2="+data2);
        }
    */
    </script>
</head>

<body>
</body>
</html>
```

jQuery Ajax

알림

웹 서버를 실행하고 아래 경로의 파일을 여세요.

- 로컬 경로 : C:₩APM_Setup₩htdocs₩book₩4_jquery_ajax₩2_keypoint₩key4_async_post_
  xml ₩key4_async_post_xml.html
- 서버 경로 : http://localhost/book/4_jquery_ajax/2_keypoint/key4_async_post_xml /key4_
  async_post_xml.html

클라이언트 소스 • 4_jquery_ajax/2_keypoint/key4_async_post_xml /key4_async_post_xml.html

```html
<html>
<head>
    <meta http-equiv="Content-Type" content="text/html; charset=UTF-8">
    <title></title>
    <script type="text/javascript" src="../libs/jquery-1.7.1.min.js"></script>
    <script>
        $(document).ready(function(){
            // 서버로 보낼 데이터 생성
            var param = {data1:"ddandongne", data2:"sample"};
```

❶

```
            $.post("data.php",param, parseData,"xml");
            alert("전송 시작!");
        })


        // 6. 데이터 처리
        // 자바스크립트 DOM을 이용한 데이터 처리
        function parseData(xmlInfo){
            alert("서버에서 받은 원본 데이터: "+xmlInfo);
            var data1 = xmlInfo.getElementsByTagName("data1")[0].firstChild.nodeValue;
            var data2 = xmlInfo.getElementsByTagName("data2")[0].firstChild.nodeValue;
            alert("파싱한 데이터 : data1="+data1, "data2="+data2);
        }

        // jQuery를 이용한 데이터 처리
        /*
        function parseData(xmlInfo){
            alert("서버에서 받은 원본 데이터  : "+ xmlInfo);
            var data1 = $(xmlInfo).find("data1").text();
            var data2 = $(xmlInfo).find("data2").text();
            alert("파싱한 데이터 : data1="+data1, "data2="+data2);
        }
        */
    </script>
</head>

<body>
</body>
</html>
```

실행 결과

```
    전송 시작!
    서버에서 받은 원본 데이터:  <result>  <data1>ddandongne</data1>   <data2>sample</
data2></result>
    파싱한 데이터:  data1=ddandongne data2=sample
```

소스 설명

❶ 이번 예제는 앞 절의 예제와 비교해 볼 때 서버 응답이 CSV 형식이 아닌 XML 형식으로 바뀌었을 뿐 나머지 내용은 동일합니다. 그래서 3장에서도 request.responseText 대신 request.responseXML으로 바꿨을 뿐 나머지 소스는 그대로였습니다.

이와 동일하게 jQuery Ajax에서도 변경해 줄 부분은 거의 없습니다. 단지 $.post( ) 함수의 마지막 매개변수로 서버 응답으로 받을 내용이 "XML 형식이다."라고만 넣어주면 됩니다.

참고로 서버에서 XML 헤더에 "XML 형식이다."라고 명시해서 보내준다면 jQuery Ajax가 알아서 XML 형식을 처리해 주기 때문에 $.post( ) 함수의 마지막 매개변수 값으로 "xml"을 넣지 않아도 됩니다. 그렇지 않고 그냥 XML 형식의 문자열로만 보낸다면 반드시 "XML 형식이다"라고 명시해야 합니다.

POST 방식으로 데이터 보내고 비동기식으로 JSON 형식의 데이터 응답 받기: jQuery Ajax 버전

자바스크립트 Ajax

클라이언트 소스 • 3_js_ajax/2_keypoint/key6_async_post_json/key6_async_post_json.html

```
<html>
<head>
    <meta http-equiv="Content-Type" content="text/html; charset=UTF-8">
    <title></title>
    <script>
        var xmlHttp;
        window.onload=function(){
            // 1. 브라우저에 따른 XMLHttpRequest 생성
            xmlHttp = createXMLHTTPObject();

            // 2. 요청에 대한 응답 처리 이벤트 리스너 등록
            xmlHttp.onreadystatechange = on_ReadyStateChange;

            // 3. 서버로 보낼 데이터 생성
            var data = "data1=ddandongne&data2=sample";

            // 4. POST 방식으로 데이터 보내기. 응답은 비동기로 클라이언트와
            // 서버 간의 연결 요청 준비
            xmlHttp.open("POST", "data.php", true);
            xmlHttp.setRequestHeader("Content-Type","application/x-www-form-urlencoded");

            // 5. 실제 데이터 전송
            xmlHttp.send(data);

            // T. 동기, 비동기 실행 테스트
            alert("전송 시작!");
```

```
        }

        // 1. 브라우저에 따른 XMLHttpRequest 생성
        function createXMLHTTPObject(){
            var xhr = null;
            if (window.XMLHttpRequest) {
                // IE7 버전 이상, 크롬, 사파리, 파이어폭스, 오페라 등 거의 대부분의
                // 브라우저에서는 XMLHttpRequest 객체를 제공합니다.
                xhr = new XMLHttpRequest();
            }
            else {
                // IE5, IE6 버전에서는 다음과 같은 방법으로 XMLHttpRequest 객체를 생성합니다.
                xhr = new ActiveXObject("Microsoft.XMLHTTP");
            }
            return xhr;
        }

        // 6. 응답 처리
        function on_ReadyStateChange(){
            // 4=데이터 전송 완료(0=초기화 전, 1=로딩 중, 2=로딩됨, 3=대화 상태)
            if(xmlHttp.readyState==4){
                // 200은 에러 없음(404=페이지가 존재하지 않음)
                if(xmlHttp.status==200){
                    // 서버에서 받은 데이터
                    alert("서버에서 받은 원본 데이터 : "+xmlHttp.responseText);

                    // 7. 데이터 처리
                    parseData(xmlHttp.responseText);
                }
                else{
                    alert("처리 중 에러가 발생했습니다.");
                }
            }
        }

        // 7. JSON 형식의 데이터 처리
        function parseData(strInfo){
            var objResult = {};
            objResult = eval("("+strInfo+")");
            alert("파싱한 데이터 : "+objResult);
        }
    </script>
</head>

<body>
</body>
</html>
```

jQuery Ajax

알림

웹 서버를 실행하고 아래 경로의 파일을 여세요.

- 로컬 경로 : C:₩APM_Setup₩htdocs₩book₩4_jquery_ajax₩2_keypoint₩key5_async_post_json ₩key5_async_post_json.html

- 서버 경로 : http://localhost/book/4_jquery_ajax/2_keypoint/key5_async_post_json /key5_async_post_json.html

클라이언트 소스 • 4_jquery_ajax/2_keypoint/key5_async_post_json /key5_async_post_json.html

```html
<html>
<head>
    <meta http-equiv="Content-Type" content="text/html; charset=UTF-8">
    <title></title>
    <script type="text/javascript" src="../libs/jquery-1.7.1.min.js"></script>
    <script>
        $(document).ready(function(){
            // 서버로 보낼 데이터 생성
            var param = {data1:"ddandongne", data2:"sample"};
            // 서버에서 응답을 JSON 형식으로 받게 된다는 사실을 명시하면
            // JSON 형식의 문자열을 자바스크립트 객체로 만들어 성공 콜백 함수로
            // 전달한 parseData에 넘겨줍니다.
            $.post("data.php",param, parseData,"json");
            alert("전송 시작!");
        })

        // 7. JSON 형식의 데이터 처리
        function parseData(objInfo){
            alert("파싱한 데이터: "+objInfo);
        }

    </script>
</head>

<body>
</body>
</html>
```

실행 결과

```
전송 시작!
파싱한 데이터:
    Object
        data1: "ddandongne"
        data2: "sample"
```

소스 설명

클라이언트에서 요청에 대한 응답을 서버에서 JSON 형식으로 보내주는 경우 jQuery Ajax는 더욱 간결해집니다. 기존 자바스크립트 Ajax에서는 서버에서 보내온 JSON 형식(정확히 말하면 JSON 형식의 문자열)을 eval( ) 함수를 이용해 자바스크립트 객체로 만들어서 사용해야 했습니다. 이와 달리 jQuery Ajax 함수는 이러한 변환 작업까지 깔끔하게 처리해서 콜백 함수로 전달해줍니다.

응답을 JSON 형식으로 받는 방법은 간단합니다. 다음과 같이 형식을 나타내는 매개변수에 "json"을 지정하기만 하면 됩니다.

```
$.post("data.php",param, parseData,"json");
```

만약 GET 방식으로 한다면 아래 구문처럼 더욱 간단해집니다.

```
$.getJSON("data.php",param, parseData);
```

 # 외부 XML 파일 읽기: jQuery Ajax 버전

자바스크립트 Ajax

클라이언트 소스 • 3_js_ajax/2_keypoint/key7_loadXML/key7_loadXML.html

```html
<html>
<head>
    <meta http-equiv="Content-Type" content="text/html; charset=UTF-8">
    <title></title>
    <script>
        var xmlHttp;
        window.onload=function(){
            // 1. 브라우저에 따른 XMLHttpRequest 생성
            xmlHttp = createXMLHTTPObject();

            // 2. 요청에 대한 응답 처리 이벤트 리스너 등록
            xmlHttp.onreadystatechange = on_ReadyStateChange;

            // 3. 서버로 보낼 데이터 생성
```

```javascript
        // 4. GET 방식으로 데이터 보내기. 응답은 비동기로 클라이언트와
        // 서버 간의 연결 요청 준비
        xmlHttp.open("GET", "data.xml", true);

        // 5. 실제 데이터 전송
        xmlHttp.send(null);

        // T. 동기/비동기 실행 테스트
        alert("전송 시작!");
}

// 1. 브라우저에 따른 XMLHttpRequest 생성
function createXMLHTTPObject(){
        var xhr = null;
        if (window.XMLHttpRequest) {
                // IE7 버전 이상, 크롬, 사파리, 파이어폭스, 오페라 등 거의 대부분의
                // 브라우저에서는 XMLHttpRequest 객체를 제공합니다.
                xhr = new XMLHttpRequest();
        }
        else {
                // IE5, IE6 버전에서는 다음과 같은 방법으로 XMLHttpRequest 객체를
                // 생성합니다.
                xhr = new ActiveXObject("Microsoft.XMLHTTP");
        }

         return xhr;
}

// 6. 응답 처리
function on_ReadyStateChange(){
        // 4=데이터 전송 완료(0=초기화 전,1=로딩 중, 2=로딩됨, 3=대화 상태)
        if(xmlHttp.readyState==4){
                // 200은 에러 없음(404=페이지가 존재하지 않음)
                if(xmlHttp.status==200){
                        // 서버에서 받은 데이터
                        alert("서버에서 받은 원본 데이터: "+xmlHttp.responseText);
                        // 7. 데이터 처리
                        parseData(xmlHttp.responseXML);
                }
                else{
                        alert("처리 중 에러가 발생했습니다.");
                }
        }
}
```

```
            // 7. XML 형식의 데이터 처리(자바스크립트 DOM을 이용한 파싱 처리)
            function parseData(xmlInfo){
                var menuItems = xmlInfo.getElementsByTagName("menuitem");

                alert("메뉴 아이템 개수는? "+ menuItems.length);
            }
        </script>
    </head>

    <body>
    </body>
</html>
```

jQuery Ajax

알림

웹 서버를 실행하고 아래 경로의 파일을 여세요.

- 로컬 경로 : C:₩APM_Setup₩htdocs₩book₩4_jquery_ajax₩2_keypoint₩key6_loadXML₩
  key6_loadXML.html
- 서버 경로 : http://localhost/book/4_jquery_ajax/2_keypoint/key6_loadXML/key6_loadXML.
  html

클라이언트 소스 • 4_jquery_ajax/2_keypoint/key6_loadXML/key6_loadXML.html

```
<html>
<head>
    <meta http-equiv="Content-Type" content="text/html; charset=UTF-8">
    <title></title>
    <script type="text/javascript" src="../libs/jquery-1.7.1.min.js"></script>
    <script>
        $(document).ready(function(){
            $.post("menu.xml",null, parseData);
            alert("전송 시작!");
        })

        // 7. XML 형식의 데이터 처리(자바스크립트 DOM을 이용한 처리)
        function parseData(xmlInfo){
            alert("서버에서 받은 원본 데이터: "+xmlInfo);
            var menuItems = xmlInfo.getElementsByTagName("menuitem");
            alert("메뉴 아이템 개수는? "+menuItems.length);
        }

    </script>
```

```
    </head>

    <body>
    </body>
    </html>
```

실행 결과

```
전송 시작!
서버에서 받은 원본 데이터: <?xml version="1.0" encoding="utf-8" ?>
    <menu>
        <menuitem>
            <img>images/menu_1.png</img>
        </menuitem>
        <menuitem>
            <img>images/menu_2.png</img>
        </menuitem>
        <menuitem>
            <img>images/menu_3.png</img>
        </menuitem>
        <menuitem>
            <img>images/menu_4.png</img>
        </menuitem>
        <menuitem>
            <img>images/menu_5.png</img>
        </menuitem>
    </menu>
메뉴 아이템 개수는?   5
```

소스 설명

서버에 데이터를 보내는 과정 없이 그냥 외부 XML 파일을 읽어들이는 경우이므로 post( ) 또는 get( ) 가운데 어떤 것을 사용해도 괜찮습니다. 여기서는 post( )를 사용했습니다. 파싱 처리 역시 기존 자바스크립트 Ajax에서 구현한 내용 그대로입니다.

바꾸기 전 그 많던 소스는 다 어디로 간 건지... 역시 jQuery Ajax은 우리의 소중한 친구입니다.

외부 JSON 파일 읽기: jQuery Ajax 버전

자바스크립트 Ajax

클라이언트 소스 • 3_js_ajax/2_keypoint/key8_loadJson/key8_loadJson.html

```html
<html>
<head>
    <meta http-equiv="Content-Type" content="text/html; charset=UTF-8">
    <title></title>
    <script>
        var xmlHttp;
        window.onload=function(){
            // 1. 브라우저에 따른 XMLHttpRequest 생성
            xmlHttp = createXMLHTTPObject();

            // 2. 요청에 대한 응답 처리 이벤트 리스너 등록
            xmlHttp.onreadystatechange = on_ReadyStateChange;

            // 3. 서버로 보낼 데이터 생성

            // 4. GET 방식으로 데이터 보내기. 응답은 비동기로 클라이언트와
            // 서버 간의 연결 요청 준비
            xmlHttp.open("GET", "data.php", true);

            // 5. 실제 데이터 전송
            xmlHttp.send(null);

            // T. 동기, 비동기 실행 테스트
            alert("전송 시작!");
        }

        // 1. 브라우저에 따른 XMLHttpRequest 생성
        function createXMLHTTPObject(){
            var xhr = null;
            if (window.XMLHttpRequest) {
                // IE7 버전 이상, 크롬, 사파리, 파이어폭스, 오페라 등 거의 대부분의
                // 브라우저에서는 XMLHttpRequest 객체를 제공합니다.
                xhr = new XMLHttpRequest();
            }
            else {
                // IE5, IE6 버전에서는 다음과 같은 방법으로 XMLHttpRequest 객체를
                // 생성합니다.
                xhr = new ActiveXObject("Microsoft.XMLHTTP");
            }
            return xhr;
        }
```

```
// 6. 응답 처리
function on_ReadyStateChange(){
    // 4=데이터 전송 완료(0=초기화 전,1=로딩 중,2=로딩됨,3=대화 상태)
    if(xmlHttp.readyState==4){
        // 200은 에러 없음(404=페이지가 존재하지 않음)
        if(xmlHttp.status==200){
            // 서버에서 받은 데이터
            alert("서버에서 받은 원본 데이터 : "+xmlHttp.responseText);

            // 7. 데이터 처리
            parseData(xmlHttp.responseText);
        }
        else{
            alert("처리 중 에러가 발생했습니다.");
        }
    }
}


// 7. JSON 형식의 데이터 처리
function parseData(strInfo){
    var menuItems = eval("("+strInfo+")").menuItems;

    alert("메뉴 아이템 개수는?  "+menuItems.length);
}
</script>
</head>

<body>
</body>
</html>
```

jQuery Ajax

알림

웹 서버를 실행하고 아래 경로의 파일을 여세요.

- 로컬 경로 : C:₩APM_Setup₩htdocs₩book₩4_jquery_ajax₩2_keypoint₩key7_loadJson₩
key7_loadJson.html

- 서버 경로 : http://localhost/book/4_jquery_ajax/2_keypoint/key7_loadJson/key7_loadJson.
html

클라이언트 소스 • 4_jquery_ajax/2_keypoint/key7_loadJson/key7_loadJson.html

```html
<html>
<head>
    <meta http-equiv="Content-Type" content="text/html; charset=UTF-8">
    <title></title>
    <script type="text/javascript" src="../libs/jquery-1.7.1.min.js"></script>
    <script>
        $(document).ready(function(){
            $.getJSON("menu.json",null, parseData);
            alert("전송 시작!");
        })

        // 7. 데이터 처리
        function parseData(objInfo){
            alert("서버에서 받은 원본 데이터: "+ objInfo);
            var menuItems = objInfo.menuItems;
            alert("메뉴 아이템 개수는? "+menuItems.length);
        }
    </script>
</head>

<body>
</body>
</html>
```

실행 결과

```
전송 시작!
서버에서 받은 원본 데이터: {"menuItems":[
    "images/menu_1.png",
    "images/menu_2.png",
    "images/menu_3.png",
    "images/menu_4.png",
    "images/menu_5.png"
]}
메뉴 아이템 개수는? 5
```

소스 설명

어느새 이번 절의 마지막 핵심 내용 예제까지 왔군요.

이번에 살펴본 주제는 외부 JSON 파일 읽기입니다. 그래서 서버에 데이터를 보내지 않아도 됩니다. 그렇다면 get( ), post( ) 가운데 마음에 드는 것을 골라서 사용하면 되겠죠? 아울러 getJSON( )을 이용하면 훨씬 간단하게 외부 JSON 파일을 읽을 수 있습니다. parseData( ) 함수로 전달되는 내용은 자바스크립트 Ajax 버전과는 달리 이미 자바스크립트 객체로 변환된 내용이므로 일반 자바스크립트 객체처럼 접근해서 사용하면 됩니다.

이로써 jQuery Ajax와 관련된 핵심적인 내용까지 알아봤습니다. 지금까지 다룬 많은 예제는 대부분 거의 같은 패턴이므로 그다지 어렵지 않게 이번 단계까지 도달할 수 있었습니다.

03. 미션 도전!!!

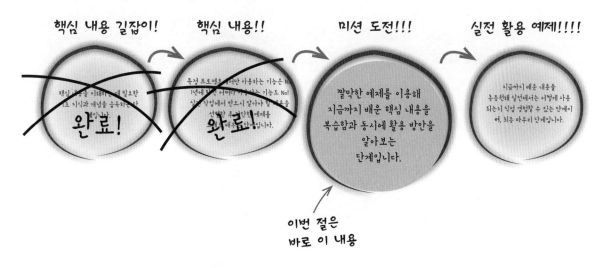

핵심 내용 길잡이!

완료!

핵심 내용!!

완료!

미션 도전!!!

짧막한 예제를 이용해 지금까지 배운 핵심 내용을 복습함과 동시에 활용 방안을 알아보는 단계입니다.

실전 활용 예제!!!!

지금까지 배운 내용을 종합해서 실전에서는 어떻게 사용 되는지 직접 경험할 수 있는 단계이여, 최종 마무리 단계입니다.

이번 절은
바로 이 내용

이번 절에서도 앞 절에 이어 기존 3장에서 멋지게 작성해 둔 자바스크립트 Ajax를 이용한 미션풀이를 jQuery Ajax 버전으로 변경하는 작업을 하겠습니다. 아마 지금까지 계속된 반복 학습의 효과로 여러분 자신도 모르게 무의식적으로 손이 움직여서 자바스크립트 Ajax 코드를 jQuery Ajax로 변경하는 자신을 발견하게 될 것입니다. 자, 그럼 시작하겠습니다.

jQuery Ajax 버전으로 만들기

실행 전 화면

이미지 정보 읽어들이 기

실행 후 화면

이미지 정보 읽어들이기

이미지1

이미지2

이미지4

이미지5

자바스크립트 Ajax • 3_js_ajax/3_mission/mission1/step_5.html

```html
<html>
<head>
    <meta http-equiv="Content-Type" content="text/html; charset=UTF-8">
    <title></title>
    <style>
        .image_panel{
            border:1px solid eeeeee;
            text-align:center;
            margin:5px;
        }
        .image_panel .title{
```

```
            font-size:9pt;
            color:#ff0000;
        }
</style>
<script type="text/javascript"  src="../libs/jquery-1.7.1.min.js"></script>
<script>
    var xmlHttp;
    window.onload=function(){
        $("#btn_load").click(function(){
            startLoadFile();
        });
    }

    function startLoadFile(){
        // 1. 브라우저에 따른 XMLHttpRequest 생성
        xmlHttp = createXMLHTTPObject();

        // 2. 요청에 대한 응답 처리 이벤트 리스너 등록
        xmlHttp.onreadystatechange = on_ReadyStateChange;

        // 3. 서버로 보낼 데이터 생성

        // 4. GET 방식으로 데이터 보내기. 응답은 비동기로 클라이언트와
        // 서버 간의 연결 요청 준비
        xmlHttp.open("GET", "images.xml", true);

        // 5. 실제 데이터 전송
        xmlHttp.send(null);
    }

    // 1. 브라우저에 따른 XMLHttpRequest 생성
    function createXMLHTTPObject(){
        var xhr = null;
        if (window.XMLHttpRequest) {
            // IE7 버전 이상, 크롬, 사파리, 파이어폭스, 오페라 등 거의 대부분의
            // 브라우저에서는 XMLHttpRequest 객체를 제공합니다.
            xhr = new XMLHttpRequest();
        }
        else {
            // IE5, IE6 버전에서는 다음과 같은 방법으로 XMLHttpRequest 객체를
            // 생성해야 합니다.
            xhr = new ActiveXObject("Microsoft.XMLHTTP");
        }

        return xhr;
    }
```

```
        // 6. 응답 처리
        function on_ReadyStateChange(){
            // 4=데이터 전송 완료(0=초기화 전, 1=로딩 중, 2=로딩됨, 3=대화 상태)
            if(xmlHttp.readyState==4){
                // 200은 에러 없음(404=페이지가 존재하지 않음)
                if(xmlHttp.status==200){
                    // 서버에서 받은 값
                    alert("서버에서 받은 원본 데이터 : " + xmlHttp.responseText);

                    // 7. 데이터 처리
                    createImages(xmlHttp.responseXML);
                }
                else{
                    alert("처리 중 에러가 발생했습니다.");
                }
            }
        }

        // 7. XML 형식의 데이터 처리
        function createImages(xmlInfo){
            // 1. 데이터에 접근하기 쉽게 XML 정보를 jQuery로 변경합니다.
            var $images = $(xmlInfo).find("image");

            var strDOM = "";
            for(var i=0;i<$images.length;i++){
                // 2. N번째 이미지 정보를 구합니다.
                var $image = $images.eq(i);

                // 3. N번째 이미지 패널을 생성합니다.
                strDOM += '<div class="image_panel">'
                strDOM += '    <img src="'+$image.find("url").text()+'">';
                strDOM += '    <p class="title">'+$image.find("title").text()+'</p>';
                strDOM += '</div>';
            }
            alert(strDOM);
            // 4. 이미지 컨테이너에 3번째에서 생성한 이미지 패널을 추가합니다.
            var $imageContainer = $("#image_container");
            $imageContainer.append(strDOM);
        }
    </script>
</head>

<body>
    <div>
        <button id="btn_load">이미지 읽어들이기</button>
    </div>
    <div id="image_container">
        <!-- 1. 이곳에 이미지를 넣어주세요-->
```

```
        </div>

        <!-- 2. 이 내용은 이미지 패널 템플릿입니다. -->
        <div style="display:none;" id="image_panel_template">
            <div class="image_panel">
                <img >
                <p class="title"></p>
            </div>
        </div>
    </body>
</html>
```

jQuery Ajax

알림

웹 서버를 실행하고 아래 경로의 파일을 여세요.

- 로컬 경로 : C:\APM_Setup\htdocs\book\4_jquery_ajax\3_mission\mission1\step_5.
html
- 서버 경로 : http://localhost/book/4_jquery_ajax/3_mission/mission1/step_5.html

소스 • 4_jquery_ajax/3_mission/mission1/step_5.html

❶
```
<script  type="text/javascript" src="../libs/jquery-1.7.1.min.js"></script>
<script>
    var xmlHttp;
    window.onload=function(){
        $("#btn_load").click(function(){
            startLoadFile();
        });
    }


    function startLoadFile(){
```
❷
```
        $.get("images.xml",null,this.createImages, "xml");
    }


    // 7. XML 형식의 데이터 처리
    function createImages(xmlInfo){
        // 1. 데이터에 접근하기 쉽게 XML 정보를 jQuery로 변경합니다.
        var $images = $(xmlInfo).find("image");
```

```
            var strDOM =   "";
            for(var i=0;i<$images.length;i++){
                // 2. N번째 이미지 정보를 구합니다.
                var $image = $images.eq(i);

                // 3. N번째 이미지 패널을 생성합니다.
                strDOM  += '<div class="image_panel">'
                strDOM  += '    <img src="'+$image.find("url").text()+'">';
                strDOM  += '    <p class="title">'+$image.find("title").text()+'</p>';
                strDOM  += '</div>';
            }
            alert(strDOM);
            // 4. 이미지 컨테이너에 3번째에서 생성한 이미지 패널을 추가합니다.
            var $imageContainer = $("div.image_container");
            $imageContainer.append(strDOM);
        }
    </script>
```

소스 설명

이번 미션에서 해야 할 부분은 바로 1~6번 영역의 자바스크립트 Ajax로 된 부분을 jQuery Ajax로 바꾸는 작업입니다. 참고로 "7. XML 형식의 응답 처리"는 그대로 재사용됩니다.

❶ 먼저 jQuery Ajax를 사용할 것이므로 jQuery 라이브러리를 링크해야 합니다. 다행히 기존 소스에서 jQuery를 사용했기 때문에 이미 링크가 걸려 있으니 그대로 사용하면 됩니다. 그리고 1~6번에 해당하는 소스를 모두 지웁니다.

❷ 자바스크립트 Ajax가 지워진 자리에 jQuery Ajax를 집어 넣어야 하는데 어떤 함수를 사용할지 선택하려면 먼저 클라이언트 데이터를 서버로 GET 방식으로 보낼지 POST 방식으로 보낼지 또는 서버에서 클라이언트에 대한 응답으로 전해주는 데이터의 형식은 무엇인지 선택해야 합니다.

이번 미션은 단순히 외부 XML 파일을 읽어오는 예제이므로 get( ) 함수를 사용했습니다. 이후 jQuery Ajax는 images.xml 파일을 정상적으로 읽고 나면 XML 정보를 get( ) 메서드를 호출할 때 성공 콜백 함수로 전달했던 createImages( ) 함수에 담아 보내줍니다. 끝으로 createImages( )가 실행되면서 이미지 정보가 화면에 나타나는 것으로 모든 작업이 끝납니다.

이런 방식으로 다음 미션도 바로 진행해보겠습니다.

 **jQuery Ajax 버전으로 만들기**

요구사항

images.json 파일을 읽어들여 이미지 정보를 참고해 다음과 같은 화면이 나오게 한다.

이번 미션에서 만들어야 할 결과물은 다음과 같습니다.

실행 전 화면

이미지 정보 읽어들이기

실행 후 화면

이미지 정보 읽어들이기

이미지1

이미지2

이미지4

이미지5

자바스크립트 Ajax • 3_js_ajax/3_mission/mission2/step_5.html

```html
<html>
<head>
    <meta http-equiv="Content-Type" content="text/html; charset=UTF-8">
    <title></title>
```

```
<style>
    .image_panel{
        border:1px solid eeeeee;
        text-align:center;
        margin:5px;
    }
    .image_panel .title{
        font-size:9pt;
        color:#ff0000;
    }

</style>
<script  type="text/javascript"  src="../libs/jquery-1.7.1.min.js"></script>
<script>
    var xmlHttp;
    window.onload=function(){
        $("#btn_load").click(function(){
            startLoadFile();
        });
    }

    function startLoadFile(){
        // 1. 브라우저에 따른 XMLHttpRequest 생성
        xmlHttp = createXMLHTTPObject();

        // 2. 요청에 대한 응답 처리 이벤트 리스너 등록
        xmlHttp.onreadystatechange=on_ReadyStateChange;

        // 3. 서버로 보낼 데이터 생성

        // 4. GET 방식으로 데이터 보내기. 응답은 비동기로 클라이언트와
        // 서버 간의 연결 요청 준비
        xmlHttp.open("GET", "images.json", true);

        // 5. 실제 데이터 전송
        xmlHttp.send(null);
    }

    // 1. 브라우저에 따른 XMLHttpRequest 생성
    function createXMLHTTPObject(){
        var xhr = null;
        if (window.XMLHttpRequest) {
            // IE7 버전 이상, 크롬, 사파리, 파이어폭스, 오페라 등 거의 대부분의
            // 브라우저에서는 XMLHttpRequest 객체를 제공합니다.
            xhr = new XMLHttpRequest();
        }
        else {
            // IE5, IE6 버전에서는 다음과 같은 방법으로 XMLHttpRequest 객체를
            // 생성합니다.
```

```
            xhr = new ActiveXObject("Microsoft.XMLHTTP");
        }

        return xhr;
    }


    // 6. 응답 처리
    function on_ReadyStateChange(){
        // 4=데이터 전송 완료(0=초기화 전, 1=로딩 중, 2=로딩됨, 3=대화 상태)
        if(xmlHttp.readyState==4){
            // 200은 에러 없음.(404=페이지가 존재하지 않음)
            if(xmlHttp.status==200){
                // 서버에서 받은 값
                alert("서버에서 받은 원본 데이터 : "+xmlHttp.responseText);

                // 7. 데이터 처리
                createImages(xmlHttp.responseText);
            }
            else{
                alert("처리 중 에러가 발생했습니다.");
            }
        }
    }

    // 7. JSON 형식의 데이터 처리
    function createImages(strInfo){
        // 1. JSON 형식의 문자열을 자바스크립트 객체로 변경
        var objImageInfo = eval("("+strInfo+")");
        var images = objImageInfo.rows;

        var strDOM = "";
        for(var i=0;i<images.length;i++){
            // 2. N번째 이미지 정보를 구합니다.
            var image = images[i];

            // 3. N번째 이미지 패널을 생성합니다.
            strDOM += '<div class="image_panel">';
            strDOM += '    <img src="'+image.url+'">';
            strDOM += '    <p class="title">'+image.title+'</p>';
            strDOM += '</div>';
        }
        alert(strDOM);

        // 4. 이미지 컨테이너에 3번째에서 생성한 이미지 패널을 추가합니다.
        var $imageContainer = $("#image_container");
        $imageContainer.append(strDOM);
    }
```

```
            </script>
        </head>

        <body>
            <div>
                <button id="btn_load">이미지 읽어들이기</button>
            </div>
            <div id="image_container">
                <!-- 1. 이곳에 이미지를 넣어주세요-->
            </div>

            <!-- 2. 이 부분은 이미지 패널 템플릿입니다. -->
            <div style="display:none;" id="image_panel_template">
                <div class="image_panel">
                    <img >
                    <p class="title"></p>
                </div>
            </div>
        </body>
    </html>
```

jQuery Ajax

알림

웹 서버를 실행하고 아래 경로의 파일을 여세요.

· 로컬 경로 : C:₩APM_Setup₩htdocs₩book₩4_jquery_ajax₩3_mission₩mission2₩step_5.html
· 서버 경로 : http://localhost/book/4_jquery_ajax/3_mission/ mission2/step_5.html

소스 · 4_jquery_ajax/3_mission/mission2/step_5.html

```
<script  type="text/javascript"  src="../libs/jquery-1.7.1.min.js"></script>
<script>
    var xmlHttp;
    window.onload=function(){
        $("#btn_load").click(function(){
            startLoadFile();
        });
    }

    function startLoadFile(){
❶
        $.getJSON("images.json",null, this.createImages);
    }
```

```
    // 7. JSON 형식의 데이터 처리
    function createImages(objBannerInfo){
        var images = objBannerInfo.rows;

        var strDOM = "";
        for(var i=0;i<images.length;i++){
            // 2. N번째 이미지 정보를 구합니다.
            var image = images[i];

            // 3. N번째 이미지 패널을 생성합니다.
            strDOM   += '<div class="image_panel">'
            strDOM   += '   <img src="'+image.url+'">';
            strDOM   += '   <p class="title">'+image.title+'</p>';
            strDOM   += '</div>';
        }
        alert(strDOM);
        // 4. 이미지 컨테이너에 3번째에서 생성한 이미지 패널을 추가합니다.
        var $imageContainer = $("div.image_container");
        $imageContainer.append(strDOM);
    }
</script>
```

소스 설명

이번 예제는 XML 파일 대신 JSON 파일을 읽어들여 이미지 정보 패널을 생성하는 예제입니다.
이 내용만 다를 뿐 첫 번째 예제와 같습니다. 그럼 변경해보죠.

먼저 jQuery Ajax 코드를 추가하기 위해 기존 코드에서 자바스크립트 Ajax와 관련된 코드를
지웁니다.

지웠나요? 네 좋습니다. 텅 빈 상태군요.

❶ 이제 jQuery Ajax 코드를 추가합니다. 이 예제에는 getJSON( ) 함수를 이용해 JSON 형식의 데이터를
  읽어들이고 JSON 파일을 정상적으로 읽고 나면 이미지 정보 패널을 생성하기 위해 createImages( ) 함
  수를 콜백 함수로 지정합니다.

작업이 모두 끝나면 실행해 봅니다. 실행 결과는 미션2와 같습니다.

Ajax를 적용한 롤링 배너 만들기: jQuery Ajax 버전으로 만들기

Ajax 미션에서 마지막으로 도전할 내용은 1장과 2장에서 다룬 2번째 실전 활용 예제인 롤링 배너 만들기에 Ajax를 적용하는 미션입니다.

롤링 배너 – 버전 0.2, 다음과 같이 실행되게 만들어주세요.

사용자 요구사항

이번에 진행할 프로젝트는 쇼핑몰 같은 사이트에서 자주 볼 수 있는 상품 롤링 배너입니다.

1. 저희 쇼핑몰에서 판매하는 제품을 많은 사람들이 볼 수 있게 효과적으로 노출시켜 줬으면 합니다.
2. 상품 목록을 쉽게 변경할 수 있게 만들어 줬으면 합니다.

자바스크립트 Ajax • 3_js_ajax/3_mission/mission3/step_6.html

```html
<html>
<head>
    <meta http-equiv="Content-Type" content="text/html; charset=UTF-8">
    <title></title>
    <style>
        #banner_container{
            position:relative;
            width:128px;
            height:128px;
            border:1px solid #cccccc;
            top:100px;
            left:100px;
            overflow:hidden;
        }

        #banner_container div{
            position:absolute;
```

```
        width:128px;
        height:128px;
        top:0;
        background:#ffffff;
    }
</style>

<script  type="text/javascript" src="../libs/jquery-1.7.1.min.js"></script>
<script  type="text/javascript" src="../libs/jquery.animation.easing.js"></script>
<script>

    var ANIMATION_DURATION = 500;
    var IMAGE_HEIGHT = 128;
    var $bannerContainer;
    var $bannerItems;

    var nCurrentIndex;
    var imageHeight;
    var nBannerCount;
    var nTimerID;

    jQuery(document).ready(function(){
        startLoadFile();
    });


    function startLoadFile(){
        // 1. 브라우저에 따른 XMLHttpRequest 생성
        xmlHttp = createXMLHTTPObject();

        // 2. 요청에 대한 응답 처리 이벤트 리스너 등록
        xmlHttp.onreadystatechange = on_ReadyStateChange;

        // 3. 서버로 보낼 데이터 생성

        // 4. GET 방식으로 데이터 보내기, 응답은 비동기로 수행하며, 클라이언트와
        // 서버 간의 연결 요청 준비
        xmlHttp.open("GET", "banner.json", true);

        // 5. 실제 데이터 전송
        xmlHttp.send(null);
    }

    // 1. 브라우저에 따른 XMLHttpRequest 생성
    function createXMLHTTPObject(){
        var xhr = null;
        if (window.XMLHttpRequest) {
            // IE7 버전 이상, 크롬, 사파리, 파이어폭스, 오페라 등 거의 대부분의
            // 브라우저에서는 XMLHttpRequest 객체를 제공합니다.
```

```
            xhr = new XMLHttpRequest();
        }
        else {
            // IE5, IE6 버전에서는 다음과 같은 방법으로 XMLHttpRequest 객체를
            // 생성합니다.
            xhr = new ActiveXObject("Microsoft.XMLHTTP");
        }
        return xhr;
    }


    // 6. 응답 처리
    function on_ReadyStateChange(){
        // 4=데이터 전송 완료(0=초기화 전, 1=로딩 중, 2=로딩됨, 3=대화 상태)
        if(xmlHttp.readyState==4){
            // 200은 에러 없음(404=페이지가 존재하지 않음)
            if(xmlHttp.status==200){
                // 서버에서 받은 값
                alert("서버에서 받은 원본 데이터 : "+ xmlHttp.responseText);

                // 7. 데이터 파싱 처리
                createImages(xmlHttp.responseText);

                // 기존 소스 실행
                init();
                setBannerPosition();
                startMove();
            }
            else{
                alert("처리 중 에러가 발생했습니다.");
            }
        }
    }

    // 7. JSON 형식의 데이터 처리
    function createImages(strInfo){
        // 1. JSON 형식의 문자열을 자바스크립트 객체로 변환
        var objBannerInfo = eval("("+strInfo+")");
        var banners = objBannerInfo.rows;

        var strDOM = "";
        for(var i=0;i<banners.length;i++){
            // 2. N번째 이미지 정보를 구합니다.
            var banner = banners[i];

            // 3. N번째 이미지 패널을 생성합니다.
            strDOM += '<div>'
            strDOM += '    <img src="'+banner.url+'" alt="'+banner.title+'">';
            strDOM += '</div>';
```

```
    }
    alert(strDOM);
    // 4. 배너 컨테이너에 3번째에서 생성한 이미지 패널을 추가합니다.
    var $bannerContainer = $("#banner_container");
    $bannerContainer.append(strDOM);
}

// 배너 요소 정보 초기화
function init(){
    this.$bannerContainer = $("#banner_container");
    this.$bannerItems = $("#banner_container div");
    this.nCurrentIndex = 0;
    this.nTimerID = 0;
    this.nBannerCount = this.$bannerItems.length;
}

// 시작 시 배너 위치 초기화
function setBannerPosition(){
    this.$bannerItems.css({opacity:0, top:IMAGE_HEIGHT});
    this.$bannerItems.eq(0).css({opacity:1, top:0});
}

// 자동 롤링을 위한 타이머 시작
function startMove(){
    this.nTimerID = setInterval(on_StartMove,1000)
}

// 타이머 콜백 함수
function on_StartMove(){
    if(nCurrentIndex+1>=nBannerCount)
        showBannerAt(0);
    else
        showBannerAt(nCurrentIndex+1);
}

// nIndex에 해당하는 배너 보이기
function showBannerAt(nIndex){
    if(nCurrentIndex==nIndex || nIndex<0 || nIndex>=nBannerCount)
        return;

    var $objOld = $bannerItems.eq(nCurrentIndex);
    var $objNew = $bannerItems.eq(nIndex);

    $objNew.css({top:IMAGE_HEIGHT, opacity:0});

    $objOld.animate({top:-IMAGE_HEIGHT,opacit:0},
        ANIMATION_DURATION,"quintEaseOut");
```

```
            $objNew.animate({top:0,opacity:1},
                ANIMATION_DURATION,"quintEaseOut");

            nCurrentIndexx = nIndex;
        }

</script>

</head>

<body>
<div>
<h4></h4>
</div>
<div id="banner_container" >
<!-- 기존 배너를 모두 제거했습니다.-->
</div>
</body>
</html>
```

jQuery Ajax

알림

웹 서버를 실행하고 아래 경로의 파일을 여세요.

- 로컬 경로 : C:₩APM_Setup₩htdocs₩book₩4_jquery_ajax₩3_mission₩mission3₩step_6.html
- 서버 경로 : http://localhost/book/4_jquery_ajax/3_mission/mission3/step_6.html

소스 • 4_jquery_ajax/3_mission/mission3/step_6.html

```
<script  type="text/javascript" src="../libs/jquery-1.7.1.min.js"></script>
<script  type="text/javascript" src="../libs/jquery.animation.easing.js"></script>
<script>
    var ANIMATION_DURATION = 500;
    var IMAGE_HEIGHT = 128;
    var $bannerContainer;
    var $bannerItems;

    var nCurrentIndex;
    var imageHeight;
    var nBannerCount;
    var nTimerID;

    jQuery(document).ready(function(){
        startLoadFile();
    });
```

```
        function startLoadFile(){
❶
            $.getJSON("banner.json", true,
                function(objBannerInfo){
                    createImages(objBannerInfo);
                    init();
                    setBannerPosition();
                    startMove();
                }
            );
        }


        // 7. JSON 형식의 데이터 처리
        function createImages(objBannerInfo){
❷
            var banners = objBannerInfo.rows;

            var strDOM = "";
            for(var i=0;i<banners.length;i++){
                // 2. N번째 이미지 정보를 구합니다.
                var banner = banners[i];

                // 3. N번째 이미지 패널을 생성합니다.
                strDOM += '<div>'
                strDOM += '   <img src="'+banner.url+'" alt="'+banner.title+'">';
                strDOM += '</div>';
            }
            alert(strDOM);
            // 4. 배너 컨테이너에 3번째에서 생성한 이미지 패널을 추가합니다.
            var $bannerContainer = $("#banner_container");
            $bannerContainer.append(strDOM);
        }

        function init(){
            this.$bannerContainer = $("#banner_container");
            this.$bannerItems = $("#banner_container div");
            this.nCurrentIndex = 0;
            this.nTimerID = 0;
            this.nBannerCount = this.$bannerItems.length;
        }

        function setBannerPosition(){
            this.$bannerItems.css({opacity:0, top:IMAGE_HEIGHT});
            this.$bannerItems.eq(0).css({opacity:1, top:0});
        }

        function startMove(){
            this.nTimerID = setInterval(on_StartMove,1000)
        }
```

```
        function on_StartMove(){
            if(nCurrentIndex+1>=nBannerCount)
                showBannerAt(0);
            else
                showBannerAt(nCurrentIndex+1);
        }

        function showBannerAt(nIndex){
            if(nCurrentIndex==nIndex || nIndex<0 || nIndex>=nBannerCount)
                return;

            var $objOld = $bannerItems.eq(nCurrentIndex);
            var $objNew = $bannerItems.eq(nIndex);

            $objNew.css({top:IMAGE_HEIGHT, opacity:0});
            $objOld.animate({top:-IMAGE_HEIGHT,opacit:0},
                ANIMATION_DURATION,"quintEaseOut");

            $objNew.animate({top:0,opacity:1},
                ANIMATION_DURATION,"quintEaseOut");

            nCurrentIndex = nIndex;
        }
    </script>
```

소스 설명

이번 미션에서 해야 할 여러분의 임무는 단 하나! 자바스크립트 Ajax로 된 부분을 jQuery Ajax 코드로 변경하는 것입니다. 동작하는 알고리즘 소스에는 절대 신경 쓰지 마세요.

언제나 그렇듯이 가장 먼저 기존 코드에서 자바스크립트 Ajax와 관련된 코드를 제거합니다. 그런 다음 jQuery Ajax 코드를 추가합니다. 그런데 이번 예제도 외부 JSON 파일을 사용하는 것이라서 앞의 예제와 똑같이

❶ getJSON( ) 메서드를 넣고 콜백 함수에 익명의 함수를 넣은 후 아래처럼 함수를 차례로 실행해줍니다.

```
createImages(objBannerInfo);
init();
setBannerPosition();
startMove();
```

❷ JSON 형식에서 자바스크립트 객체로 변환되어 콜백 함수로 넘어온 배너 정보를 사용합니다.

이렇게 해서 미션 단계도 마무리 지었습니다.

04. 실전 활용 예제!!!

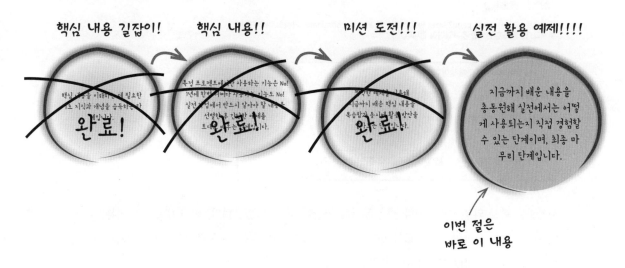

핵심 내용 길잡이!　　핵심 내용!!　　　　미션 도전!!!　　　실전 활용 예제!!!!

핵심 내용을 이해하는 데 필요한
기초 지식과 개념을 습득하는 단계입니다.

완료!

특정 프로젝트에서만 사용하는 기능은 No!
1년에 한번 쓸까말까 사용하는 기능도 No!
실전 작업에서 반드시 알아야 할 내용을
선별한 후 간결한 예제를
토대로 만든 예제입니다.

완료!

짜임새 있게 예제를 이용해
지금까지 배운 핵심 내용을
복습함과 동시에 활용 방안을

완료!

지금까지 배운 내용을
총동원해 실전에서는 어떻게 사용되는지 직접 경험할
수 있는 단계이며, 최종 마
무리 단계입니다.

이번 절은
바로 이 내용

4장의 마지막 단계인 실전 활용 단계에서도 jQuery Ajax에 익숙해지기 위해 3장의 실전 활용
에서 만든 예제를 jQuery Ajax 버전으로 바꿔보겠습니다. 다시 한번 기존에 배운 내용을 떠올
리며 실전 활용 예제를 풀어보겠습니다.

`page1` `page2`

동적으로 page1.html, page2.html 파일을 읽어서 #page_container의 자식으로 추가해
주세요. 단 오직 한번씩만 추가되어야 합니다.

읽어들인 페이지는 이곳에 넣어주세요.

Page 1

페이지 첫 번째 내용입니다. 이 페이지는 동적으로 추가 되었습니다.

Page 1

페이지 두 번째 내용입니다. 이 페이지는 동적으로 추가 되었습니다.

사용자는 회사 외부 사람이거나 같은 부서의 팀장이 될 수도 있습니다. 이번 내용은 여러분의
나고수 팀장이 모바일 프로젝트를 진행하기 전 가장 기본이 되는 외부 페이지 로딩 기능을 구
현하라는 특명을 내렸다는 가정하에 진행하겠습니다.

사용자 요구사항

이번에 진행할 실전 예제는 모바일 프로젝트를 진행하기전 가장 기본이 되는 기능으로서 외부
페이지를 읽어들여 화면에 추가해 주기만 하면 됩니다. 단 똑 같은 페이지가 두 번 들어가지 않
게 해주세요.

자바스크립트 Ajax

소스 • 3_js_ajax/4_ex/step_6.html

```
<html>
<head>
    <meta http-equiv="Content-Type" content="text/html; charset=UTF-8">


    <style>
        body{
            font-size:9pt;
        }
```

```
    #page_container{
        border: 1px solid #000000;
        margin-top:30px;
        padding:10px;
    }
</style>
<script type="text/javascript" src="../libs/jquery-1.7.1.min.js"></script>
<script>
    var xmlHttp;
    $(document).ready(function(){
        initEventListener();
        initXMLHttpRequest();
    });


    // 버튼에 이벤트를 리스너를 등록합니다.
    function initEventListener(){
        $("button").click(function(e){
            // 버튼이 눌리는 경우 페이지를 로딩합니다.
            loadPage($(this).attr("data"));
        });
    }


    // XMLHttpRequest를 미리 생성해 둡니다.
    function initXMLHttpRequest(){
        // 1. 객체 생성
        xmlHttp = createXMLHTTPObject();

        // 2. 요청에 대한 응답 처리 이벤트 리스너 등록
        xmlHttp.onreadystatechange = on_ReadyStateChange;
    }


    // 브라우저에 맞게 XMLHttpRequest 객체를 생성하는 함수입니다.
    function createXMLHTTPObject(){
        var xhr = null;
        if(window.XMLHttpRequest){
            // IE7 버전 이상, 크롬, 사파리, 파이어폭스, 오페라 등 거의 대부분의
            // 브라우저에서는 XMLHttpRequest 객체를 제공합니다.
            xhr = new XMLHttpRequest();
        }
        else{
            // IE5, IE6 버전에서는 다음과 같은 방법으로 XMLHttpRequest 객체를
            // 생성합니다.
            xhr = new ActiveXObject("Microsoft.XMLHTTP");
        }
        return xhr;
    }

    // 페이지를 로딩하는 함수입니다.
```

```
            function loadPage(strPage){
                // 3. 서버로 보낼 데이터 생성
                // 4. GET 방식으로 데이터 보내기. 응답은 비동기로 클라이언트와
                // 서버 간의 연결 요청 준비
                xmlHttp.open("GET", strPage);
                // 5. 실제 데이터 전송
                xmlHttp.send(null);
            }

            // 6. 응답 처리
            function on_ReadyStateChange(){
                // 4=데이터 전송 완료(0=초기화 전, 1=로딩 중, 2=로딩됨, 3=대화 상태)
                if(xmlHttp.readyState==4){
                    // 200은 에러 없음(404=페이지가 존재하지 않음)
                    if(xmlHttp.status==200){
                        // 서버에서 받은 값
                        alert("서버에서 받은 원본 데이터 : "+xmlHttp.responseText);

                        // 7. 데이터 처리
                        addPage(xmlHttp.responseText);
                    }
                    else{
                        alert("처리 중 에러가 발생했습니다.");
                    }
                }
            }


            // 7. JSON 형식의 데이터 처리
            function addPage(strInfo){
                var $newPage = $(strInfo);
                var strID = $newPage.attr("id");

                if($("#"+strID).size()==0)
                    $("#page_container").append(strInfo);
                else
                    alert("이미 "+strID+"페이지가 존재합니다.");
            }
        </script>
    </head>

    <body>
        <div >
            <p><button data="page1.html" >page1</button><button data="page2.html" >page2
            </button></p>
        </div>
        <div>
            동적으로 page1.html, page2.html파일을 읽어서 #page_container의 자식으로 추가해
```

주세요. 단 오직 한 번씩만 추가돼야 합니다.
```
    </div>
    <div id="page_container">
        읽어들인 페이지는 이곳에 넣어주세요.
    </div>
</body>
</html>
```

jQuery Ajax

알림

웹 서버를 실행하고 아래 경로의 파일을 여세요.

- 로컬 경로 : C:\APM_Setup\htdocs\book\4_jquery_ajax\4_ex\ex1\step_6.html
- 서버 경로 : http://localhost/book/4_jquery_ajax/4_ex/ex1/step_6.html

소스 • 4_jquery_ajax/4_ex/ex1/step_6.html

```
<script  type="text/javascript"  src="../libs/jquery-1.7.1.min.js"> </script>
<script>

    $(document).ready(function(){
        initEventListener();
    });

    // 버튼에 이벤트 리스너를 등록합니다.
    function initEventListener(){
        $("button").click(function(e){
            // 버튼이 눌리면 페이지를 로딩합니다.
            loadPage($(this).attr("data"));
        });
    }

    // 페이지를 로딩하는 함수입니다.
    function loadPage(strPage){
        // GET 방식을 활용한 데이터 로딩
        $.get(strPage,null,addPage,"html");
    }


    // 7. JSON 형식의 데이터 처리
    function addPage(strInfo){
        var $newPage = $(strInfo);
        var strID = $newPage.attr("id");

        if($("#"+strID).size()==0)
```

```
        $("#page_container").append($newPage);
      else
        alert("이미 "+strID+"페이지가 존재합니다.");
    }
</script>
```

소스 설명

1단계

1단계에서는 jQuery Ajax 개발 환경을 준비합니다. 먼저 기존 코드를 jQuery Ajax 코드로 대체하기 위해 자바스크립트 Ajax 관련 코드를 모두 지웁니다. 여기서 지워야 할 부분은 다음과 같습니다.

1. XMLHttpRequest 객체 생성

2. 요청에 대한 응답 처리 이벤트 리스너 등록

3. 서버로 보낼 데이터 데이터 생성

4. 클라이언트와 서버 간의 연결 요청 준비(open( ) 메서드 이용)

   4-1. 서버로 보낼 데이터 전송 방식 설정(GET, POST 중 선택)

   4-2. 서버 응답 방식 설정(동기, 비동기 중 선택)

5. 실제 데이터 전송(send( ) 메서드 이용)

6. 응답 처리

2단계

이제 1단계에서 지운 자바스크립트 Ajax 대신 jQuery Ajax 코드를 추가합니다. 그럼 jQuery Ajax 함수 가운데 어떤 함수를 사용할지 판단해야 할 것입니다. 먼저 여기서 로드할 파일은 XML 파일과 JSON 파일이 아닌 HTML 파일입니다. 자바스크립트 Ajax에서는 HTML 파일을 로드해서 사용했지만 jQuery Ajax에서는 로드한 적이 없었습니다. 다행히 HTML 파일이라고 해서 특별히 다른 부분은 없습니다. 아래 구문과 같이 마지막 데이터 타입 인자를 "html"로 지정하기만 하면 됩니다.

```
$.get(strPage,null,addPage,"html");
```

참고로 load( ) 함수를 사용하는 방법도 생각해 볼 수 있는데, load( ) 함수 대신 get( ) 함수를 사용한 이유는 $("#page_container").load(strPage)처럼 실행했을 때 우리의 예상과는 달리 #page_container의 내용을 모두 지운 다음 이곳에 읽어들인 페이지를 붙이는데, 여기서는 두 개의 페이지를 읽어들여 화면에 추가해야 하므로 사용할 수 없습니다.

3단계

get( ) 메서드가 실행되면 get( ) 함수의 첫 번째 인자로 전달한 HTML 페이지를 읽어들이기 시작하면서 정상적으로 페이지를 읽은 경우 콜백 함수로 지정한 addPage( ) 함수가 실행됩니다. 이때 jQuery Ajax는 이 함수에서 읽어들인 HTML 페이지를 넘겨줍니다. 이 데이터는 XML 형식과 달리 JSON 형식처럼 문자열로 전달되는데, 다시 말해 HTML 형식의 문자열에 해당합니다. 여기서는 이 문자열을 좀더 쉽게 제어할 수 있게 jQuery의 도움을 받아 DOM으로 변환해서 사용합니다.

자! 모든 작업이 마무리된 것 같습니다. 끝으로 예제가 정상적으로 실행되는지 확인합니다.

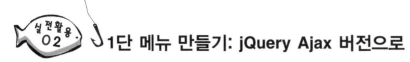

1단 메뉴 만들기: jQuery Ajax 버전으로

기존 플래시로 된 1단 메뉴를 웹으로 만들어 주세요.

```
메뉴1 menu2 menu3 menu4 menu5
```

사용자 요구사항

이번에 진행할 프로젝트는 요즘 유행에 따라 아이패드에서도 메뉴가 나오도록 기존 플래시로
만들어진 1단 메뉴를 jQuery와 Ajax를 이용해 똑같이 만드는 작업입니다. 먼저 사용자 요구사
항 가운데 핵심적인 내용만 알아보겠습니다.

1. 기존 플래시 메뉴에 적용된 인터랙티브한 효과를 그대로 구현합니다.

2. 메뉴 목록의 경우 현재 XML로 분리돼 있어 쉽게 추가하거나 삭제할 수 있습니다. 이 부분을 그대로 이용
   할 수 있게 합니다.

자바스크립트 Ajax

소스 • 3_js_ajax/4_ex/ex2/step_4_2.html

```
<script type="text/javascript" src="../libs/jquery-1.7.1.min.js"> </script>
<script type="text/javascript" src="../libs/jquery.easing.1.3.js"></script>
<script>
    // 애니메이션 시간을 상수로 설정합니다.
    var OVER_ANIMATION_TIME = 200;
    var OUT_ANIMATION_TIME = 200;

    // 메뉴를 담을 변수
    var $menu;

    // 메뉴 아이템을 담을 변수
    var $menuItems;
```

```
// 오버된 메뉴 아이템을 담을 변수
var $overMenuItem;

// 선택된 메뉴 아이템을 담을 변수
var $selectMenuItem;

// 선택된 메뉴 아이템이 있는지 여부를 보관할 변수
var bSelectActive;

// XMLHttpRequest 객체
var xmlHttp;

$(document).ready(function(){
    loadMenuXML();
});

// XMLHttpRequest를 미리 생성해 둡니다.
function loadMenuXML(){
    // 1. 브라우저에 따른 XMLHttpRequest 생성
    xmlHttp = createXMLHTTPObject();

    // 2. 요청에 대한 응답 처리 이벤트 리스너 등록
    xmlHttp.onreadystatechange = on_ReadyStateChange;

    // 3. 서버로 보낼 데이터 생성

    // 4. GET 방식으로 데이터 보내기. 응답은 비동기로 클라이언트와
    // 서버 간의 연결 요청 준비
    xmlHttp.open("GET", "menu.xml", true);

    // 5. 실제 데이터 전송
    xmlHttp.send(null);
}


// 1. 브라우저에 따른 XMLHttpRequest 객체 생성
function createXMLHTTPObject(){
    var xhr = null;
    if (window.XMLHttpRequest) {
        // IE7 버전 이상, 크롬, 사파리, 파이어폭스, 오페라 등 거의 대부분의
        // 브라우저에서는 XMLHttpRequest 객체를 제공합니다.
        xhr = new XMLHttpRequest();
    }
    else {
        // IE5, IE6 버전에서는 다음과 같은 방법으로 XMLHttpRequest 객체를
        // 생성합니다.
        xhr = new ActiveXObject("Microsoft.XMLHTTP");
    }
```

```
            return xhr;
    }


    // 6. 응답 처리
    function on_ReadyStateChange(){
        // 4=데이터 전송 완료(0=초기화 전, 1=로딩 중, 2=로딩됨, 3=대화 상태)
        if(xmlHttp.readyState==4){
            // 200은 에러 없음(404=페이지가 존재하지 않음)
            if(xmlHttp.status==200){
                // 서버에서 받은 값
                alert("서버에서 받은 원본 데이터 : "+xmlHttp.responseText);

                // 7. 데이터 처리
                createMenuItems(xmlHttp.responseXML);

                // 메뉴 정보 초기화
                initMenuData();
                // 메뉴 이벤트 리스너 초기화
                initEventListener();
            }
            else{
                alert("처리 중 에러가 발생했습니다.");
            }
        }
    }


    // 7. XML 형식의 데이터 처리 동적으로 메뉴 아이템 생성
    function createMenuItems(xmlInfo){
        // 1. 데이터에 접근하기 쉽게 XML 정보를 jQuery로 변환합니다.
        var $menuItems = $(xmlInfo).find("menuitem");

        var strDOM = "";
        for(var i=0;i<$menuItems.length;i++){
            // 2. N번째 메뉴 아이템 정보를 구합니다.
            var $menuItem = $menuItems.eq(i);

            // 3. N번째 메뉴에 대한 아이템 패널을 생성합니다.
            strDOM +='<li>';
            strDOM +='   <div><img src="'+$menuItem.find("img").text()+'"></div>';
            strDOM +='</li>';
        }

        // 4. 이미지 컨테이너에 3번째에서 생성한 이미지 패널을 추가합니다.
        var $menuContainer = $("div.menu");
        $menuContainer.append(strDOM);
    }
```

```
            // 메뉴와 관련된 데이터를 초기화합니다.
            function initMenuData(){
                .....
            }

            // 메뉴와 관련된 이벤트 리스너를 등록합니다.
            function initEventListener(){
                .....
            }
            .....

    </script>
```

jQuery Ajax

알림

웹 서버를 실행하고 아래 경로의 파일을 여세요.

- 로컬 경로 : C:\APM_Setup\htdocs\book\4_jquery_ajax\4_ex\ex2\step_4_2.html
- 서버 경로 : http://localhost/book/4_jquery_ajax/4_ex/ex2/step_4_2.html

소스 • 4_jquery_ajax/4_ex/ex2/step_4_2.html

```
<script type="text/javascript" src="../libs/jquery-1.7.1.min.js"> </script>
<script type="text/javascript" src="../libs/jquery.easing.1.3.js"></script>
<script>
    // 애니메이션 시간을 상수로 설정합니다.
    var OVER_ANIMATION_TIME = 200;
    var OUT_ANIMATION_TIME = 200;

    // 메뉴를 담을 변수
    var $menu;

    // 메뉴 아이템을 담을 변수
    var $menuItems;
    // 오버된 메뉴 아이템을 담을 변수
    var $overMenuItem;

    // 선택된 메뉴 아이템을 담을 변수
    var $selectMenuItem;

    // 선택된 메뉴 아이템이 있는지 여부를 보관할 변수
    var bSelectActive;

    $(document).ready(function(){
        loadMenuXML();
    });
```

```
    // XMLHttpRequest를 미리 생성해 둡니다.
    function loadMenuXML(){
        // 3. GET 방식으로 데이터 보내기. 응답은 비동기로 클라이언트와
        // 서버 간의 연결 요청 준비
        $.get("menu.xml",null, this.on_CompleteLoad,"xml");
    }

    function on_CompleteLoad(xmlInfo){
        // 7. 데이터 처리 - 동적으로 메뉴 아이템 생성
        createMenuItems(xmlInfo);

        // 메뉴 정도 초기화
        initMenuData();
        // 메뉴 이벤트 리스너 초기화
        initEventListener();
    }

     // 7. 데이터 처리 - 동적으로 메뉴 아이템 생성
    function createMenuItems(xmlInfo){
        // 1. 데이터에 접근하기 쉽게 XML 정보를 jQuery로 변환합니다.
        var $menuItems = $(xmlInfo).find("menuitem");

        var strDOM = "";
        for(var i=0;i<$menuItems.length;i++){
            // 2. N번째 메뉴 아이템 정보를 구합니다.
            var $menuItem = $menuItems.eq(i);

            // 3. N번째 메뉴 아이템 패널을 생성합니다.
            strDOM +='<li>';
            strDOM +='    <div><img src="'+$menuItem.find("img").text()+'"></div>';
            strDOM +='</li>';
        }

        // 4. 이미지 컨테이너에 3번째에서 생성한 이미지 패널를 추가합니다.
        var $menuContainer = $("div.menu");
        $menuContainer.append(strDOM);
    }

    // 메뉴와 관련된 데이터를 초기화합니다.
    function initMenuData(){
        .....
    }

    // 메뉴와 관련된 이벤트 리스너를 등록합니다.
    function initEventListener(){
        .....
    }
    .....
</script>
```

소스 설명

이번에 다룬 코드는 기존 예제에 비해 약간 많은 편입니다. 그래도 이미 3장에서 자세히 다룬 내용이라서 어떤 식으로 동작하는지 알고 있을 것입니다. 그럼 이 코드에서 자바스크립트 Ajax로 된 부분을 jQuery Ajax로 변경하겠습니다.

1단계

jQuery Ajax 개발 환경 준비

기존 소스에서 자바스크립트 Ajax와 관련된 부분을 모두 지웁니다.

2단계

지운 자바스크립트 Ajax 대신 jQuery Ajax를 넣습니다. 단순히 XML 파일을 읽기만 하면 되니 이번에도 가장 사용하기 쉬운 $.get( ) 함수를 이용합니다.

3단계

정상적으로 XML 파일을 읽어들이고 나서 다음과 같은 작업을 수행합니다.

- 동적으로 메뉴 생성: createMenuItems( ) 함수 이용
- 메뉴에서 사용하는 데이터를 초기화: initMenuData( ) 함수 이용
- 메뉴 관련 이벤트 리스너 초기화: initEventListener( ) 함수 이용
- 각 작업과 관련된 함수를 절차에 맞게 호출 : on_CompleteLoad( ) 함수 이용

그럼 더는 변경할 부분이 없으므로 변경한 내용이 정상적으로 동작하는지 실행해 봅니다. 현재 여러분이 위치한 곳은 다음과 같습니다.

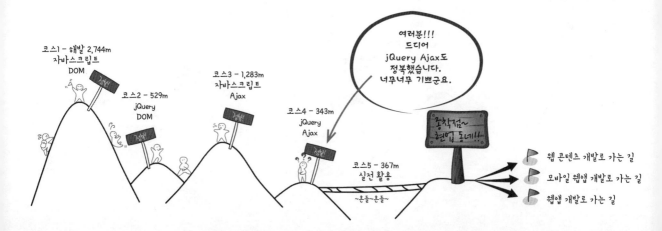

Part V
실전 활용 예제 만들기

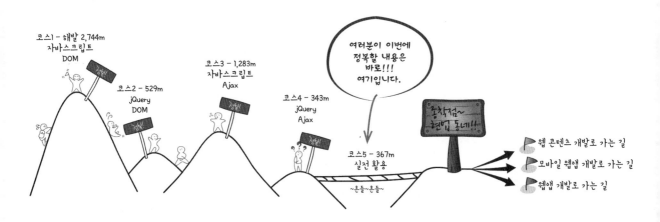

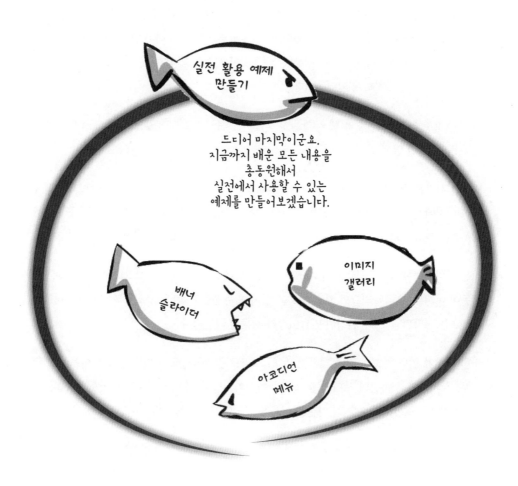

90년대 중반 즈음 웹의 발달로 사람들은 단순한 텍스트 형태가 아닌 좀더 다이나믹한 뭔가를 원하기 시작했으며 그 흐름에 맞춰 인기를 얻었던 것 중에 하나가 바로 자바 애플릿이었습니다. 자바 애플릿의 등장은 지금까지 웹에서 볼 수 없었던 동적이면서도 화려한 웹 콘텐츠 제작을 가능하게 했으며 자바 언어의 든든한 지원하에 가히 하늘을 찌를듯한 인기를 얻을 수 있었습니다. 허나 모든 건 영원할 수 없는 법! 고리타분한 프로그래밍 언어를 힘겹게 배우지 않아도 아주 쉽게 인터랙티브한 콘텐츠를 만들 수 있는 도구가 등장했으니 그건 바로 어도비 플래시였습니다. (이 당시에는 매크로미디어사의 플래시였습니다.) 플래시의 위력은 핵폭탄만큼 폭발적이었으며 자바 애플릿이 차지하고 있던 영역을 하루가 다르게 하나 둘씩 잠식해 나갔습니다. 그리고 어느덧 사람들의 기억 속에서 자바 애플릿이 서서히 잊혀져 갔으며 그 자리에는 플래시가 완전히 자리를 차지하게 되었습니다.

이후 근 10년이 흐른 현재의 웹 세상은 또 다른 변화를 예고하고 있습니다. 그 주인공은 바로 천덕꾸러기로만 알고 있던 순수 웹 기술입니다.

변화의 시작은 작게는 기존 플래시만의 전유물로 여겨졌던 인터랙티브한 웹 콘텐츠, 예를 들어 웹 페이지에서 쉽게 볼 수 있는 롤링 배너나 메뉴, 갤러리부터 시작해 크게는 제법 규모가 있는 RIA(Rich Internet Application)까지 순수 웹 기술만을 이용해 만들어지고 있습니다.

이는 아마도 하드웨어와 웹 브라우저의 발달로 인해 기존에는 구현하고 싶어도 할 수 없었던 것들이 이제는 다른 플러그인 기술의 도움 없이 표준 웹 기술만으로도 충분히 인터랙티브한 웹 콘텐츠를 제작할 수 있는 환경이 만들어졌기 때문일 것입니다.

또한 하루가 멀다 하고 수많은 태블릿 PC와 스마트폰의 등장으로 한번 만들면 아무런 변환 없이 모든 기기에서 똑같이 보여지는 요구가 이슈화되면서 기존 플래시가 담당했던 인터랙티브한 웹 콘텐츠도 서서히 순수 웹 기술을 이용해 만들어지고 있습니다.

이번 장에서는 이런 시대적 배경에 맞춰 기존 플래시 콘텐츠를 웹 콘텐츠로 만드는 작업을 진행하겠습니다. 아마도 이 프로젝트가 끝날 때 즈음이면 여러분은 웹의 또 다른 모습을 볼 수 있을 것입니다.

5-1. 실전 활용 예제 만들기 I
배너 슬라이더

이번에 만들 실전 활용 예제는 쇼핑몰 사이트에 흔히 볼 수 있는 배너 슬라이더입니다.

위의 이미지에서처럼 실행되는 모습은 약간씩 다르지만 기본 구조는 거의 같습니다. 그럼 먼저 여기서 만들어볼 배너 슬라이더를 살펴보겠습니다.

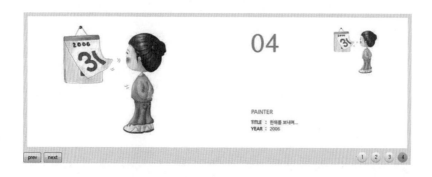

사용자 요구사항

이번 프로젝트인 배너 슬라이더 역시 앞에서 만든 1단 메뉴처럼 플래시로 이미 만들어져 있는 상태입니다. 하지만 클라이언트는 아이패드에서도 똑같은 화면을 보기를 원합니다. 사용자 요구사항을 정리하면 다음과 같습니다.

1. 아이패드에서도 기존에 플래시로 만들어진 것처럼 똑같이 동작해야 합니다.

2. 다른 제품으로 전환되는 슬라이드 효과가 자연스럽게 연출돼야 합니다.

요구사항 분석 및 기능 정의

이번 프로젝트는 이미 플래시로 만들어져 있는 배너 슬라이더를 그대로 구현하는 것이므로 UI 기능 정의 등을 따로 할 필요 없이 그대로 똑같이 구현하기만 하면 됩니다. 그럼 먼저 기존 배너 슬라이더가 어떻게 동작하는지 알아보겠습니다.

동작

1. 일반적으로 배너는 시작과 동시에 2초 정도에 한 번씩 자동으로 왼쪽에서 오른쪽으로 부드럽게 슬라이드 되며 마지막 배너에 도달할 경우 첫 번째 배너로 이동합니다.

2. 자동으로 슬라이드되는 기능은 마우스 커서가 배너 슬라이더에 머물러 있으면 멈추고 다시 밖으로 나가면 다시 실행됩니다.

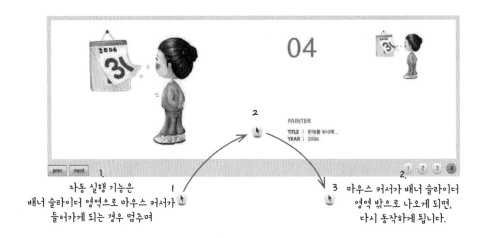

3. 이전이나 다음 버튼을 누르면 좌우로 배너가 슬라이딩됩니다.

4. 인덱스 버튼 위에 마우스를 올리면 해당 배너가 슬라이딩되며 나타납니다.

용어 정리

원활한 진행을 위해 용어 정리는 필수입니다.

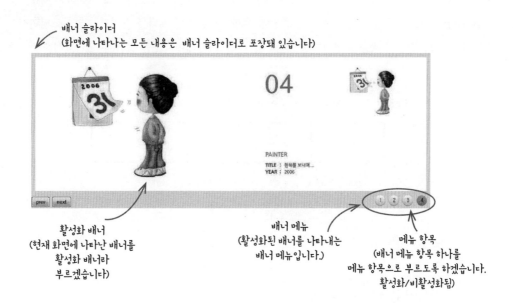

배너 슬라이더
(화면에 나타나는 모든 내용은 배너 슬라이더로 포장돼 있습니다)

활성화 배너
(현재 화면에 나타난 배너를
활성화 배너라
부르겠습니다)

배너 메뉴
(활성화된 배너를 나타내는
배너 메뉴입니다.)

메뉴 항목
(배너 메뉴 항목 하나를
메뉴 항목으로 부르도록 하겠습니다.
활성화/비활성화됨)

핵심 기능 및 구현 방법 찾기

기능 정의를 통해 본 배너 슬라이더는 저자가 생각하기에 지금까지 배운 내용을 이용한다면 그리 큰 어려움 없이 구현이 가능할 것 같다는 생각이 듭니다. 허나 이것은 저자의 생각일 뿐 실제 프로젝트를 진행하게 될 여러분의 생각과는 다를 수 있습니다. 아울러 콘텐츠를 제작해본 분이나 진행하는 데 큰 어려움이 없다고 느끼는 분들은 핵심 이슈 자체가 없을 수도 있습니다. 즉, 핵심 이슈가 반드시 있어야 한다는 건 절대 아닙니다.

그럼 저자가 뽑은 핵심 이슈를 살펴보겠습니다. 먼저 배너가 자연스럽게 슬라이드되는 기능은 jQuery의 animate( )를 이용하면 너무 쉽게 구현할 수 있을 것 같고 2초에 한 번씩 자동 슬라이딩되는 기능 역시 지금까지 해온 것처럼 setInterval( )을 이용하면 쉽게 해결될 것 같습니다.

그렇다면 핵심 이슈가 될 만한 내용은 뭘까요? 아마 움직임을 주기 위한 배너 슬라이더의 레이아웃 구조 잡기일 것 같습니다.

핵심 이슈 해결책 찾기

우리가 구현해야 할 배너 슬라이더는 좌측에서 우측으로, 또는 우측에서 좌측으로 슬라이드되며 나타나야 합니다. 예를 들어, 배너가 총 4개라면 1번 배너에서 4번 배너로 이동하는 경우 4번 배너로 바로 이동하는 것이 아닌 그 중간에 존재하는 2, 3번 배너를 거쳐서 슬라이드되면서 나타나야 합니다. 이 내용을 정리하면 다음과 같은 구조로 레이아웃을 잡을 수 있습니다.

1. 배너를 이렇게 쭈~욱! 나열한 #banner_content를 생성합니다.

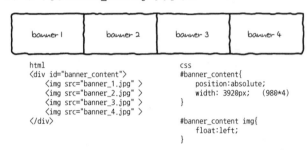

```
html
<div id="banner_content">
    <img src="banner_1.jpg" >
    <img src="banner_2.jpg" >
    <img src="banner_3.jpg" >
    <img src="banner_4.jpg" >
</div>
```

```
css
#banner_content{
    position:absolute;
    width: 3920px;    (980*4)
}

#banner_content img{
    float:left;
}
```

2. #banner_content를 감싸고 있는 #banner_container에 마스크(overflow:hidden)를 씌웁니다. 그럼 나머지는 모두 가려지고 첫 번째 배너만 보이겠죠?

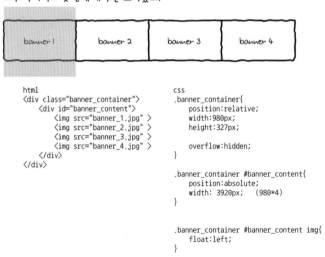

```
html
<div class="banner_container">
    <div id="banner_content">
        <img src="banner_1.jpg" >
        <img src="banner_2.jpg" >
        <img src="banner_3.jpg" >
        <img src="banner_4.jpg" >
    </div>
</div>
```

```
css
.banner_container{
    position:relative;
    width:980px;
    height:327px;

    overflow:hidden;
}

.banner_container #banner_content{
    position:absolute;
    width: 3920px;    (980*4)
}

.banner_container #banner_content img{
    float:left;
}
```

3. 마스크를 씌운 상태에서, #banner_content를 좌측에서 우측(-)으로, 또는 우측에서 좌측으로((-)
부드럽게 움직이면 우리가 원하는 슬라이드 효과가 나타납니다.

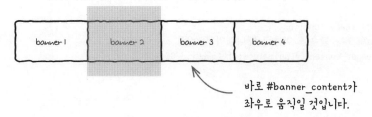

바로 #banner_content가
좌우로 움직일 것입니다.

여기서 스크롤을 위해 사용하는 방법은 position:absolute로 한 후 left값에 변화를 주는 것입니다. 참고로 이 방법 외에도 주로 사용되는 방법 중 HTMLElement 객체의 scrollLeft 프로퍼티를 이용해 스크롤하는 방법도 있으니 기회가 된다면 도전해 보길 바랍니다.

일단 여기까지는 어디까지나 떠오르는 생각을 정리한 내용일 뿐입니다. 이를 과연 생각대로 구현할 수 있는지 간단하게 예제를 만들어 핵심 이슈 풀이를 시험해 보겠습니다.

소스 • 5_ex/ex1_banner/step_0_preview/index.html

```html
<html>
<head>
    <meta http-equiv="Content-Type" content="text/html; charset=UTF-8">
    <title></title>

    <style>
        .banner_menu .banner_container{
            position:relative;
            width:980px;
            height:327px;

            margin:10px;

            overflow:hidden;
            border:0px solid #ff0000;
        }
        .banner_menu .banner_container #banner_content{
            position:absolute;
            /* 980*4 */
            width: 3920px;
        }

        .banner_menu .banner_container #banner_content img{
            float:left;
        }
</style>
```

```
<script  type="text/javascript" src="../libs/jquery-1.7.1.min.js"></script>
<script  type="text/javascript" src="../libs/jquery.easing.1.3.js"></script>
<script>
    $(document).ready(function(){
        // animate() 함수를 이용한 애니메이션 실행
        $("#banner_content").animate({left:-980},3000);
    });
</script>
</head>

<body>
    <div class="banner_menu">
        <div class="banner_container">
            <div id="banner_content">
                <img src="images/img1.jpg" >
                <img src="images/ img2.jpg" >
                <img src="images/ img3.jpg" >
                <img src="images/img4.jpg" >
            </div>
        </div>
    <div>
</body>
</html>
```

어떤가요? 아주 간단하죠? 여기서 얻고자 하는 내용은 "음... 핵심 이슈를 이렇게 해결하면 되 겠군!"이라는 프로토타입을 만드는 것이지 완벽하게 완성하는 건 아닙니다. 일단 우리가 원하 는 움직임이 나오는지 실행해보죠. 실행 결과을 보면 우측에서 좌측으로 슬라이드되며 두 번째 배너가 등장하는 모습을 확인할 수 있습니다. 이 정도면 우리가 딱 원하는 결과물입니다.

이제 실제 개발 하는 데 있어 걸림돌이 되는 모든 장애물을 걷어냈으니 서둘러 다음 단계인 단 계 나누기로 넘어가겠습니다.

단계 나누기

여러분도 느끼겠지만 이번 프로젝트는 지금까지 만든 프로그램 가운데 구현해야 할 내용이 가 장 많은 프로젝트입니다. 설계도 없이 집을 지을 수 없듯이 프로젝트 역시 무턱대고 시작할 순 없습니다. 이런 경우일수록 무작정 코드를 작성하기보다 대략 어떤 식으로 개발할지 계획을 세 워서 진행하는 것이 효과적이며, 여러분의 정신 건강에도 해롭지 않답니다.

참고로 저자는 단계를 다음과 같이 나눴습니다.

단계 #1 - 배너 슬라이더 구조 잡기(60분)

단계 #2 - 동적으로 #banner_content 너비 적용(10분)

단계 #3 - 이전, 다음 버튼을 클릭하는 경우 배너를 좌우로 슬라이드시키기(20분–핵심 이슈)

단계 #4 - 배너 메뉴와의 연동(20분)

단계 #5 - 배너 메뉴에서 마우스가 오버되는 경우 해당 배너를 나타나게 만들기(1시간)

단계 #6 - 자동 실행 기능 구현(1시간)

물론 계획한 대로 진행될 확률은 그렇게 많진 않습니다. 도중에 단계가 바뀔 수도 있으며 클라이언트가 요구사항을 추가해서 생각지도 못했던 내용이 추가될 수도 있습니다. 하지만 이처럼 뼈대를 만들어서 진행한다면 그나마 돌발 상황에 어느 정도 유연하게 대처할 수 있답니다.

구현

단계 #1 - 배너 슬라이더 구조 잡기

소스 • 5_ex/ex1_banner/step_1/index.html

```html
<html>
<head>
    <meta http-equiv="Content-Type" content="text/html; charset=UTF-8">
    <title></title>

    <link rel="stylesheet" href="banner_slider.css" type="text/css">

    <script type="text/javascript" src="../libs/jquery-1.7.1.min.js"></script>
    <script type="text/javascript" src="../libs/jquery.easing.1.3.js"></script>

    <script type="text/javascript" src="banner_slider.js"></script>
</head>

<body>
    <div class="banner_slider">
        <div class="banner_container">
            <div id="banner_content">
                <img src="images/img1.jpg" >
                <img src="images/img2.jpg" >
                <img src="images/img3.jpg" >
                <img src="images/img4.jpg" >
            </div>
        </div>
```

```
        <div class="banner_nav_container">

            <ul id="banner_nav">
                <li><a href="#" rel="1">1</a></li>
                <li><a href="#" rel="2">2</a></li>
                <li><a href="#" rel="3">3</a></li>
                <li><a href="#" rel="4">4</a></li>
            </ul>
            <div>
                <button id="btn_prev_banner">prev</button>
                <button id="btn_next_banner">next</button>
            </div>
        </div>
    </div>
</body>
</html>
```

소스 • 5_ex/ex1_banner/step_1/banner_slider.css

```css
*{
    margin:0;
    padding:0;
}

a, a:visited{
    text-decoration: none;
    color:#000000;
}

.banner_slider{
    position:absolute;
    width:1000px;
    height:380px;

    top:50px;
    left:50px;

    background-color:#ececec;
}

.banner_slider .banner_container{
    position:relative;
    width:980px;
    height:327px;

    margin:10px;

    overflow:hidden;
```

```css
        border:0px solid #ff0000;
}

.banner_slider .banner_container #banner_content{
        position:absolute;
        /* 980*4(980는 배너 하나의 너비로서 4는 배너 4개를 의미함) */
        width: 3920px;
}

.banner_slider .banner_container #banner_content img{
        float:left;
}

.banner_slider .banner_nav_container{
        position:relative;
        width:100%;
        height:30px;
        border:0px solid #ff0000;
        line-height:30px;
        vertical-align:middle;
        border:0px solid #ff0000;
}

.banner_slider .banner_nav_container #banner_nav{
        position:absolute;
        right:0;
        list-style:none;
        border:0px solid #ff0000;
}

.banner_slider .banner_nav_container ul#banner_nav li{
        display:inline;
        width:35px;
        height:27px;
        float:left;
}

.banner_slider .banner_nav_container ul#banner_nav li a{
        float:left;
        font-size:9pt;
        width:27px;
        height:27px;
        line-height:27px;
        text-align:center;
        vertical-align:middle;
        background:url(images/banner_dot.png) no-repeat;
}

.banner_slider .banner_nav_container ul#banner_nav li a.select{
```

```
        background:url(images/banner_dot.png) no-repeat 0 -27px;
}

.banner_slider .banner_nav_container button{
    height:27px;
    padding: 0 10px;
}
```

소스 • 5_ex/ex1_banner/step_1/banner_slider.js

```
$(document).ready(function(){
    // 여기서부터 소스가 시작합니다.
});
```

소스 설명

먼저 요점 정리를 하자면 레이아웃은 다음과 같은 구조로 돼 있으며, banner_slider.css에는
여기에 맞게 스타일이 정의돼 있습니다.

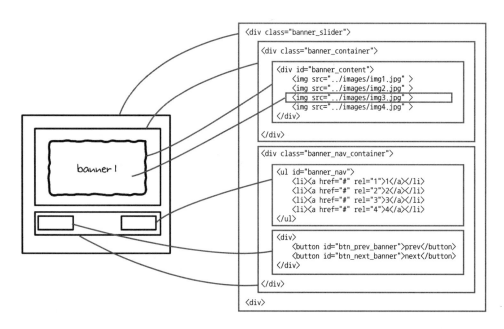

소스를 살펴보면 아직 자바스크립트가 전혀 적용되지 않은 단계라서 소스를 이해하는 데 딱히
어려운 부분은 없을 것입니다. 다만 실전 프로젝트이니만큼 기존 실전 예제와는 좀 달라야겠
죠? 그래서 기존의 경우 하나의 HTML 파일 안에 자바스크립트와 CSS까지 모두 정의한 반면
이번에는 처음부터 HTML, 자바스크립트, CSS 파일을 각기 분리해서 작업했습니다. 참고로

지금까지 하나의 파일에 넣어서 만든 이유는 굳이 빼서 작업할 만한 결과물이 아니었기 때문입니다.

아울러 jQuery를 이용해 DOM을 다룰 것이므로 jQuery 라이브러리를 포함시켰으며, 좀더 쉽게 슬라이드 효과를 적용하고자 jQuery.animate( ) 함수에 사용할 수 있는 jquery.easing 플러그인을 추가로 포함시켰습니다.

약간 지루한 작업이긴 했지만 그래도 이 정도면 모든 준비가 완벽하게 마무리된 것 같습니다. 그럼 이렇게 만들어진 레이아웃에 여러 단계로 나눈 내용을 하나씩 구현해 보겠습니다.

단계 #2 – 동적으로 #banner_content 너비 적용하기(10분)

1단계까지는 배너 이미지가 총 4개지만 상황에 따라 더 추가되거나 삭제될 수 있습니다. 그럴 때마다 CSS에 적용돼 있는 width 속성에 배너(이미지 너비 * 배너 이미지의 수)의 결과값을 적용해야 합니다. 아주 귀찮은 작업은 아니지만 그래도 계속해서 수정해야 하므로 약간 번거로운 작업에 해당합니다.

```
.banner_menu .banner_container #banner_content{
    position:absolute;
    /* 980*4(980는 배너 하나의 너비이며, 4는 배너 4개를 의미함)  */
    width: 3920px;     ← 이 값을 동적으로 설정하는 작업입니다.
}
```

이번 작업은 바로 CSS에 하드코딩된 배너 콘텐츠의 너비를 배너 이미지의 개수에 맞게 자동으로 잡아주는 것입니다.

소스 • 5_ex/ex1_banner/step_2/banner_slider.js

```
<script>

❶
    // 배너 하나의 크기
    var BANNER_WIDTH = 980;

    // 우리가 움직이게 될 배너 콘텐츠 엘리먼트
    var $banner_content;
    var nBannerLength = 0;
```

```
        $(document).ready(function(){
❷
            // 배너 콘텐츠 영역의 크기를 동적으로 늘린다.
            $banner_content = $("#banner_content");
❸
            nBannerLength = $banner_content.children("img").length;
            $banner_content.width(BANNER_WIDTH*$banner_content.children("img").length);
        });
</script>
```

소스 설명

방법은 간단합니다.

❶ 먼저 배너 하나의 너비 값을 수정하기 쉽게 BANNER_WIDTH라는 상수 변수를 만들어 설정해 둡니다.
참고로 이번 프로젝트는 배너 이미지의 너비가 980이라는 가정하에 진행하겠습니다.

❷ 이어서 #banner_content를 jQuery를 이용해 구합니다. 여기서 #banner_content는 슬라이드 효과를
주기 위해 앞으로 계속 접근해서 사용할 요소이므로 전역 변수 $banner_content에 담아둡니다.

❸ jQuery의 width( ) 함수를 이용해 배너 콘텐츠의 너비 값을 동적으로 설정합니다.

이제 배너 이미지의 개수가 바뀌더라도 CSS 파일의 정보를 수정하는 귀찮은 작업을 하지 않아
도 됩니다.

단계 #3 – 이전, 다음 버튼을 클릭할 경우 배너를 좌우로 슬라이드시키기
(20분–핵심 이슈)

소스 • 5_ex/ex1_banner/step_3/banner_slider.js

```
// 배너 하나의 크기
var BANNER_WIDTH = 980;

var SHOW_DURATION = 500;

// 우리가 움직일 배너 콘텐츠 엘리먼트
var $banner_content;

// 배너 전체 개수
var nBannerLength = 0;
// 현재 화면에 보이는 배너의 인덱스
var nCurrentBannerIndex = 0;

$(document).ready(function(){
    // 배너 콘텐츠 영역의 크기를 동적으로 늘린다.
```

```
$banner_content = $("#banner_content");
nBannerLength = $banner_content.children("img").length;
$banner_content.width(BANNER_WIDTH*nBannerLength);
```

❶
```
$("#btn_prev_banner").bind("click",function(){
```

①
```
    // 앞으로 등장할 배너 인덱스 구하기
    var nIndex = nCurrentBannerIndex-1;
```

②
```
    // 앞으로 등장할 배너가 없는 경우 마지막 배너의 인덱스 값으로 설정
    if(nIndex<0)
        nIndex = nBannerLength-1;

    nCurrentBannerIndex = nIndex;
```

③
```
    // 배너 이동
    var nPosition = -BANNER_WIDTH*nCurrentBannerIndex;
```

④
```
    // 슬라이드 효과 시작
    $banner_content.stop();
    $banner_content.animate({
            left:nPosition
        },
        SHOW_DURATION,
        "easeOutQuint"
    );
})
```

❷
```
$("#btn_next_banner").bind("click",function(){
    // 이동할 다음 배너의 인덱스 값 구하기
    var nIndex = nCurrentBannerIndex+1;
    // 다음 배너가 없는 경우 첫 번째 배너의 인덱스 값으로 설정
    if(nIndex>=nBannerLength)
        nIndex = 0;

    nCurrentBannerIndex = nIndex;

    // 배너 이동
    var nPosition = -BANNER_WIDTH*nCurrentBannerIndex;
    $banner_content.stop();
    $banner_content.animate({
            left:nPosition
        },
        SHOW_DURATION,
```

```
                "easeOutQuint"
            );
        })
    });
```

소스 설명

이번 단계에서는 배너 메뉴 영역에 있는 이전, 다음 버튼을 클릭할 경우 배너를 좌우로 슬라이드하도록 만듭니다.

❶ 먼저 jQuery의 bind( ) 함수를 이용해 #btn_prev_banner에 click 이벤트를 등록합니다. 이벤트 리스너로 등록된 함수의 내부에서는 다음과 같은 작업을 합니다.

　① 앞으로 등장할 배너의 인덱스 값을 구합니다.

　② 등장할 배너가 없는 경우 가장 마지막 배너가 등장하게 합니다.

　③ 이렇게 구한 인덱스 값을 이용해 #banner_content의 내부에 위치한 인덱스에 해당하는 배너 위치를 알아냅니다.

　④ animate( ) 함수를 이용해 슬라이드되면서 등장하게 만듭니다.

　예를 들어, 설명하자면 현재 출력된 배너가 세 번째 배너일때(인덱스 값은 2) $btn_prev_banner 버튼이 클릭되는 경우

　①에 의해 인덱스가 1이 되며
　③에서 인덱스가 1인 배너의 위치 값인 −980px를 구하게 됩니다.

❷ #btn_next_banner 역시 1번과 똑같은 방식으로 동작합니다. 단지 다른 점이라면 오른쪽에서 왼쪽으로 슬라이딩이 일어난다는 것입니다.

　이 시점에서 지금까지 작성한 코드가 제대로 동작하는지 실행합니다. 슬라이드가 너무 빠르다고 느껴지면 SHOW_DURATION 상수 값을 조절하면 됩니다.

이렇게 해서 이번 프로젝트의 핵심인 슬라이드 기능까지 구현했습니다. 그런데 뭔지 모를 찜찜한 마음이 드는 건 왜일까요? 이 기분을 저자만이 느끼는 건 아니겠죠? 사실 방금 작성한 코드에는 중복된 요소가 너무나도 많습니다. 자고로 모든 프로그래밍의 가장 기본 원칙은 중복된

코드가 있어선 안 된다는 것입니다. 이는 나중에 수정사항이 발생할 경우 중복된 수만큼 똑같은 작업을 해야 하기 때문입니다. 그리고 중복 코드는 되도록 눈에 띌 때마다 제거해야 합니다.

단계 #3-1 - 리팩토링 첫 번째(중복 코드 제거)

소스

5_ex/ex1_banner/step_3/banner_slider.js

```
$(document).ready(function(){
    // 배너 콘텐츠 영역의 크기를 동적으로 늘리기
    $banner_content=$("#banner_content");
    nBannerLength = $banner_content.children("img").length;
    $banner_content.width(BANNER_WIDTH*nBannerLength);

    // 이전 배너 보이기
    $("#btn_prev_banner").bind("click",function(){
```
```
        // 이동할 이전 배너 인덱스 값 구하기
        var nIndex =nCurrentBannerIndex-1;
        // 이전 내용이 없는 경우 마지막 배너 인덱스 값으로 설정하기

        if(nIndex<0)
            nIndex= nBannerLength-1;
```
```
        // n번째 배너 위치값 구하기
        var nPosition= -BANNER_WIDTH*nCurrentBannerIndex;

        // 슬라이드 시작
        $banner_content.stop();
        $banner_content.animate({
                left:nPosition
            },
            SHOW_DURATION,
            "easeOutQuint"
        );

        //현재 배너 인덱스 업데이트
        nCurrentBannerIndex=nIndex;
    })
    // 다음 배너 보이기
    $("#btn_next_banner").bind("click",function(){
```
```
        // 이동할 다음  배너 인덱스 값 구하기
        var nIndex =nCurrentBannerIndex+1;

        // 다음 내용이 없는 경우, 첫 번째 배너 인덱스 값으로 설정
        if(nIndex>=nBannerLength)
            nIndex= 0;
```
```
        // n번째 배너 위치값 구하기
        var nPosition= -BANNER_WIDTH*nCurrentBannerIndex;

        // 슬라이드 시작
        $banner_content.stop();
        $banner_content.animate({
                left:nPosition
            },
            SHOW_DURATION,
            "easeOutQuint"
        );

        // 현재 배너 인덱스 업데이트
        nCurrentBannerIndex=nIndex;
    })
});
```

5_ex/ex1_banner/step_3_1/banner_slider.js

```
$(document).ready(function(){
    // 배너 콘텐츠 영역의 크기를 동적으로 늘리기
    $banner_content=$("#banner_content");
    nBannerLength= $banner_content.children("img").length;
    $banner_content.width(BANNER_WIDTH*nBannerLength);

    // 이전 배너 보이기
    $("#btn_prev_banner").bind("click", function(){
        prevBanner();
    });

    //다음 배너 보이기
    $("#btn_next_banner").bind("click", function(){
        nextBanner();
    });
});
```

❶

```
//이전 배너 보이기
function prevBanner(){
    // 이동할 이전 배너 인덱스 값 구하기
    var nIndex =this.nCurrentBannerIndex-1;

    // 이전 내용이 없는 경우 마지막 배너 인덱스 값으로 설정하기
    if(nIndex<0)
        nIndex= this.nBannerLength-1;

    // n번째 배너 보이기
    this.showBannerAt(nIndex);
}
```

❷

```
// 다음 배너 보이기
function nextBanner(){
    // 이동할 이전 배너 인덱스 값 구하기
    var nIndex =this.nCurrentBannerIndex+1;

    // 다음 내용이 없는 경우, 첫 번째 배너 인덱스 값으로 설정하기
    if(nIndex>=nBannerLength)
        nIndex= 0;

    // n번째 배너 보이기
    this.showBannerAt(nIndex);
}
```

❸

❹

```
// nIndex에 해당하는 배너 보이기
function showBannerAt(nIndex){
    // n번째 배너 위치값 구하기
    var nPosition= -BANNER_WIDTH*nIndex;

    // 슬라이드 시작
    $banner_content.stop();
    $banner_content.animate({
            left:nPosition
        },
        SHOW_DURATION,
        "easeOutQuint"
    );
    // 현재 배너 인덱스 업데이트
    this.nCurrentBannerIndex=nIndex;
}
```

소스 설명

왼쪽은 3단계까지의 코드이며, 오른쪽 코드는 3-1단계를 리팩토링한 결과입니다. 이번 리팩토링의 대상은

```
$("#btn_prev_banner").bind("click",function(){
    . . . .
}
```

와

```
$("#btn_next_banner").bind("click",function(){
    . . . .
}
```

에 중복된 내용을 없애는 것입니다. 이를 위해 먼저 중복된 부분과 중복되지 않은 부분을 구분해야 합니다. 3단계에서 중복되는 부분은 ❷와 ❹ 부분이며, ❶과 ❸은 중복되지 않은 코드입니다. 중복된 코드를 제거하는 것은 아주 간단합니다. 3-1단계처럼 새로운 함수인 showBannerAt( )을 만든 다음 중복된 코드를 모두 이 함수로 옮기고 기존 코드가 있던 자리에서 showBannerAt( )을 호출하기만 하면 됩니다. 그럼 변경 전과 후의 코드를 잠시 살펴볼까요? 비록 변경 전보다 코드 길이는 약간 길어졌지만 코드의 가독성이 눈에 띄게 좋아진 것을 확인할 수 있습니다.

단계 #3-2 - 리팩토링 두 번째(커다란 함수를 여러 개의 함수로 쪼개기)

소스

5_ex/ex1_banner/step_3_1/banner_slider.js

```
$(document).ready(function()
{
    // 배너 콘텐츠 영역의 크기를 동적으로 늘리기
    $banner_content=$("#banner_content");
    nBannerLength= $banner_content.children("img").length;
    $banner_content.width(BANNER_WIDTH*nBannerLength);


    // 이전  배너 보이기
    $("#btn_prev_banner").bind("click", function(){
        prevBanner();
    });

    // 다음 배너 보이기
    $("#btn_next_banner").bind("click", function(){
        nextBanner();
    });

});
```

5_ex/ex1_banner/step_3_2/banner_slider.js

```
$(document).ready(function()
{
    initMenu();

    initEventListener();
});
```

❶

```
// 메뉴 엘리먼트 관련 초기화
function initMenu()
{
    // 배너 콘텐츠 영역의 크기를 동적으로 늘리기
    $banner_content = $("#banner_content");
    nBannerLength = $banner_content.children("img").length;

    // 배너 콘텐츠의 너비를 배너 하나의 크기 * 배너 개수의 값으로 설정
    $banner_content.width(BANNER_WIDTH * nBannerLength);
}
```

❷

```
// 이벤트 처리
function initEventListener()
{
    // 이전  배너 보이기
    $("#btn_prev_banner").bind("click", function(){
        prevBanner();
    });
    // 다음 배너 보이기
    $("#btn_next_banner").bind("click", function(){
        nextBanner();
    });
}
```

소스 설명

3-1단계에 의해 코드가 어느 정도 깔끔해진 상태가 되었습니다. 그런데 "어디 또 리팩토링해야 할 부분 없나?"라는 생각으로 코드를 살펴보다 자바스크립트의 메인이라고 할 수 있는 ready( )에 작성된 코드가 왠지 산만해 보이는 듯한 느낌을 받았습니다. 작성된 구문을 보니 다음의 두 가지 일을 하고 있다는 사실을 알 수 있습니다.

1. 배너 콘텐츠 영역의 초기화
2. 이벤트 리스너 초기화

그런데 생각해 보니 남아 있는 단계를 구현하면서 초기화해야 할 내용과 이벤트를 계속해서 추가해야 할 텐데 이렇게 진행되면 메인인 ready( ) 함수가 더더욱 지저분해질 것입니다. 바로 이런 부분도 중복 코드처럼 리팩토링의 대상이 됩니다.

그럼 ready( )에 커다랗게 위치한 코드를 조리 있게 나눠보겠습니다. 그렇다고 무턱대고 나눠서는 절대로 안 됩니다. 방법은 생각보다 간단합니다. 함수 내부에서 처리하는 작업의 수만큼 함수를 만들어 쪼개면 됩니다. 앞에서 살펴본 것처럼 ready( ) 내부에서는 크게 두 가지 일을 하고 있다는 사실을 알 수 있습니다.

❶ 우선 initMenu( ) 함수를 만든 후 배너 콘텐츠 영역의 초기화 소스를 모두 이쪽으로 옮깁니다.
❷ 이벤트를 처리하는 부분도 이와 같이 initEventListener( )라는 함수를 만들어 이쪽으로 모두 옮깁니다.

리팩토링이 끝나면 반드시 코드가 정상적으로 실행되는지 확인해야 합니다. 일단 여기까지 마무리했다면 코드를 실행해 봅니다. 어떤가요? 정상적으로 실행되죠? 리팩토링을 하고 나니 쌓여 있던 쓰레기를 모두 치운 것처럼 마음까지 개운해집니다. 아마도 잠시 후에 진행할 나머지 단계 구현에서 리팩토링을 왜 해야 하는지에 대한 이유를 스스로 알게 될 것입니다.

단계 #4 - 배너 메뉴와의 연동(20분)

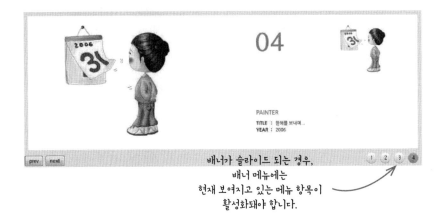

배너가 슬라이드 되는 경우,
배너 메뉴에는
현재 보여지고 있는 메뉴 항목이
활성화돼야 합니다.

소스 • 5_ex/ex1_banner/step_4/banner_slider.js

❶
```javascript
// 메뉴의 위치를 표시할 엘리먼트가 담길 변수
var $banner_dots;

$(document).ready(function(){
    initMenu();
    initEventListener();
});

// 메뉴 엘리먼트 관련 초기화
function initMenu(){
    // 배너 콘텐츠 영역의 크기를 동적으로 늘린다.
    $banner_content = $("#banner_content");
    nBannerLength = $banner_content.children("img").length;

    // 배너 콘텐츠의 너비를 (배너 하나의 크기 * 배너 개수)로 설정
    $banner_content.width(BANNER_WIDTH * nBannerLength);
```

❷
```javascript
    // 메뉴의 위치를 표시할 엘리먼트가 담길 변수
    $banner_dots = $("#banner_nav li a");
    // 메뉴의 위치를 0번째로 초기화
    showBannerDotAt(0);
}

 . . . .

// nIndex에 해당하는 배너 보이기
function showBannerAt(nIndex) {
    // n번째 배너 위치 값 구하기
```

```
    var nPosition = -BANNER_WIDTH*nIndex;

❸
    // 배너 메뉴의 위치 값을 업데이트
    this.showBannerDotAt(nIndex);

    // 슬라이드 시작
    $banner_content.stop();
    $banner_content.animate({
            left:nPosition
        },
        SHOW_DURATION,
        "easeOutQuint"
    );
    // 현재 배너 인덱스를 업데이트
    this.nCurrentBannerIndex = nIndex;
}

❹
// 배너 메뉴의 위치 값을 업데이트
function showBannerDotAt(nIndex) {
    this.$banner_dots.eq(this.nCurrentBannerIndex).removeClass("select");
    this.$banner_dots.eq(nIndex).addClass("select");
}
```

소스 설명

우리는 방금 막 이전, 다음 버튼을 누르면 배너가 슬라이드되는 것까지 구현했습니다. 이번에는 현재 보이는 배너가 몇 번째인지 배너 메뉴에 인덱스 값을 표현해주는 작업을 해보겠습니다.

- ❶, ❷ 먼저 화면에 보이는 배너를 메뉴에 표현해야 하므로 jQuery를 이용해 실제 표현을 담당하는 엘리먼트를 찾아 전역 변수인 $banner_dots에 담아둡니다.

- ❸ n번째 배너가 슬라이드되면서 활성화되면 배너 메뉴에도 n번째에 해당하는 항목이 활성화돼야 합니다. 바로 이곳이 showBannerDotAt( )를 호출할 가장 적절한 위치입니다.

- ❹ 배너 메뉴의 항목 활성화/비활성화 작업은 showBannerDotAt( ) 함수를 만들어 전담시켰습니다. 여기서는 기존에 선택된 메뉴 항목에서 "select" 클래스를 제거하고 새롭게 활성화될 메뉴 항목에 "select" 클래스를 추가합니다.

아울러 다음 코드에서 class="select"는 더는 필요 없으니 지워야 합니다.

```
<ul id="banner_nav">
    <li><a href="#" rel="1">1</a></li>
    <li><a href="#" rel="2" class="select">2</a></li>
```

```
            <li><a href="#" rel="3">3</a></li>
            <li><a href="#" rel="4">4</a></li>
        </ul>
```

그럼 이제 코드가 정상적으로 동작하는지 실행해봅니다.

단계 #5 – 배너 메뉴에서 마우스가 오버되는 경우 해당 배너가 나타나게 만들기 (1시간)

소스 • 5_ex/ex1_banner/step_5/banner_slider.js

```
// 이벤트 처리
function initEventListener(){
    // 이전 배너 보이기
    $("#btn_prev_banner").bind("click", function(){
        prevBanner();
    });

    // 다음 배너 보이기
    $("#btn_next_banner").bind("click", function(){
        nextBanner();
    });

❶
    // 메뉴에서 마우스가 오버되는 경우 오버된 위치에 맞게 배너를 보이게 만들기
    $banner_dots.bind("mouseenter",function(){
❷
        var nIndex = $banner_dots.index(this);
        showBannerAt(nIndex);
    })
}
```

소스 설명

이번에는 배너 메뉴에 마우스가 오버되는 경우 메뉴 항목이 활성화되면서 해당 배너도 슬라이드되면서 활성화되도록 만들어 보겠습니다.

❶ 먼저 모든 메뉴 항목에 mouseenter 이벤트를 등록합니다. 다행히 메뉴 항목은 4단계에서 $banner_dots에 구해 둔 상태라서 이 변수를 그대로 사용하면 됩니다.

❷ 이벤트 리스너 내부에는 mouseenter 이벤트가 발생한 메뉴 항목의 인덱스 값을 찾은 다음 4단계에서 만들어 둔 showBanenrAt( ) 함수의 인자로 전달합니다.

"그런데 끝난 건가요? 정말 이렇게만 해주면 되는 건가요?"라면서 약간 어리둥절한 표정을 짓는 분도 있을 것 같군요. 정 의심스럽다면 실행해보면 되겠죠? 일단 실행해보죠.

어떤가요? 정상적으로 동작되죠? 이 모든 것은 가능한 한 착실하게 리팩토링을 해 놓은 결과일 뿐입니다. "2-6단계 – 리팩토링 두 번째(커다란 함수를 여러 개의 함수로 쪼개기)" 절의 마지막에 적어둔 문장의 의미를 약간이나마 알게 됐을 것입니다.

단계 #5 –1 중복으로 활성화되지 않게 만들기

6단계로 넘어가기 전에 지금까지 진행된 내용을 테스트하던 중 showBannerAt( )에 약간의 문제가 있다는 사실을 발견했습니다. 예를 들면, 현재 0번째 배너가 활성화돼 있는 상황에서 메뉴 항목 0번째에 마우스가 오버되어 showBannerAt( )이 실행되는 경우 굳이 실행하지 않아도 되는 코드가 실행됩니다. 물론 실행하는 데 있어 큰 지장이 있는 건 아니지만 그래도 약간이나마 성능 향상으로 이어질 수 있는 내용이므로 다음 단계로 넘어가기 전에 코드를 살짝 수정해보겠습니다.

소스 • 5_ex/ex1_banner/step_5_1/banner_slider.js

```
// nIndex에 해당하는 배너 보이기
function showBannerAt(nIndex) {
❶
    if (nIndex != this.nCurrentBannerIndex) {
        // 이동시킬 배너 콘텐츠의 위치 값 구하기
        var nPosition = -BANNER_WIDTH * nIndex;

        this.showBannerDotAt(nIndex);

        // 이동 애니메이션 시작
        this.$banner_content.stop();
        this.$banner_content.animate({
            left: nPosition
        }, SHOW_DURATION, "easeOutQuint");

        // 현재 배너 인덱스 업데이트
        this.nCurrentBannerIndex = nIndex;
    }
}
```

소스 설명

방법은 너무너무 간단합니다.

❶ 새로 활성화될 배너의 인덱스 값을 현재 활성화된 인덱스 값과 비교한 후 이 두 인덱스 값이 같지 않은 경우에만 배너를 활성화합니다.

단계 #6-자동 실행 기능 구현(1시간)

소스 • 5_ex/ex1_banner/step_6/banner_slider.js

```
❶
// 자동 실행 타이머 아이디
var autoTimerID;

$(document).ready(function(){
    initMenu();
    initEventListener();

❷
    startAutoPlay();
});

// 메뉴 엘리먼트 관련 초기화
function initMenu(){

    . . . .

    // 메뉴의 위치를 표시할 엘리먼트가 담길 변수
    $banner_dots = $("#banner_nav li a");
    // 메뉴의 위치를 0번째로 초기화
    showBannerDotAt(0);

❸
    // 자동 실행 타이머 아이디 값
    autoTImerID = 0;
}

// 이벤트 처리
function initEventListener(){

    . . . .

❹
    var $banner_slider = $("div.banner_slider");
    // 배너 슬라이더에 마우스 커서가 들어오는 경우 자동 실행 기능을 멈춘다.
    $banner_slider.bind("mouseenter",function(){
        stopAutoPlay();
    });
    // 배너 슬라이더에서 마우스 커서가 밖으로 나가는 경우 다시 자동 실행 기능을 시작한다.
    $banner_slider.bind("mouseleave",function(){
        startAutoPlay();
    });
}
```

❺
```
// 자동 실행 시작
function startAutoPlay(){
    if(this.autoTimerID!=0)
    clearInterval(this.autoTimerID);

    this.autoTimerID = setInterval(function(){
            nextBanner();
        },this.AUTO_PLAY_TIME
    );
}
```

❻
```
// 자동 실행 멈춤
function stopAutoPlay(){
    if(this.autoTimerID!=0)
        clearInterval(this.autoTimerID);

    this.autoTimerID = 0;
}
```

소스 설명

마지막으로 구현할 내용은 요구사항 및 기능 정의에서 본 자동 실행 기능입니다.

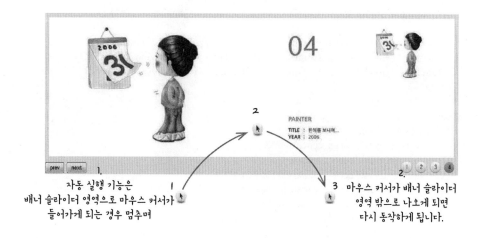

❶, ❸ autoTimerID 변수는 실행 중인 타이머의 아이디를 가지고 있게 되며, 이 아이디는 타이머를 멈추는 데 반드시 필요한 값입니다. 참고로 autoTimerID 변수는 초기에 0으로 설정합니다.

❷ 배너 슬라이더가 실행되자마자 자동 실행 기능이 실행돼야 합니다. 이를 위해 ready( ) 영역의 끝부분에 타이머를 시작하는 함수인 startAutoPlay( )를 추가합니다.

❹ ❷에 의해 실행된 타이머는 배너 슬라이더 영역으로 마우스 커서가 들어오게 될 때 멈춰야 하며, 이
와 반대로 마우스 커서가 배너 슬라이더 영역 밖으로 나가면 다시 동작해야 합니다. 이를 위해 배너 슬
라이더에서 mouseenter 이벤트와 mouseleave 이벤트를 걸어 자동 실행 기능을 실행하는 함수인
startAutoPlay( ) 함수와 자동 실행 기능을 멈추게 하는 함수인 stopAutoPlay( ) 함수를 호출합니다.

❺ startAutoPlay( ) 함수 내부에서는 setInterval( ) 함수를 이용해 AUTO_PLAY_TIME 변수에 선언한 시
간마다 한 번씩 이전 버튼을 눌렀을 때 실행되는 것과 동일한 nextBanner( ) 함수를 실행해 배너가 왼쪽
에서 오른쪽으로 계속 슬라이드되게 만들어줍니다.

❻ setInterval( )로 생성된 타이머를 지우는 기능을 수행하는 clearInterval( ) 이용해 자동 실행 기능을 중지
합니다.

자! 이렇게 해서 모든 작업이 마무리됐습니다. 구현한 내용이 사용자 요구사항에 맞게 실행되
는지 실행해보겠습니다.

최종 소스 • 5_ex/ex1_banner/step_6/index.html

```html
<html>
<head>
    <meta http-equiv="Content-Type" content="text/html; charset=UTF-8">
    <title></title>

    <link rel="stylesheet" href="banner_slider.css" type="text/css">

    <script type="text/javascript" src="../libs/jquery-1.7.1.min.js"></script>
    <script type="text/javascript" src="../libs/jquery.easing.1.3.js"></script>
    <script type="text/javascript" src="banner_slider.js"></script>
</head>

<body>
    <div class="banner_slider">
        <div class="banner_container">
            <div id="banner_content">
                <img src="../images/img1.jpg" >
                <img src="../images/img2.jpg" >
                <img src="../images/img3.jpg" >
                <img src="../images/img4.jpg" >
            </div>
        </div>
        <div class="banner_nav_container">
            <ul id="banner_nav">
                <li><a href="#" rel="1">1</a></li>
                <li><a href="#" rel="2">2</a></li>
                <li><a href="#" rel="3">3</a></li>
```

```
                    <li><a href="#" rel="4">4</a></li>
                </ul>
                <div>
                    <button id="btn_prev_banner">prev</button>
                    <button id="btn_next_banner">next</button>
                </div>
            </div>
        </div>
    </body>
</html>
```

소스 • 5_ex/ex1_banner/step_6/banner_slider.css

```
*{
    margin:0;
    padding:0;
}

a, a:visited{
    text-decoration: none;
    color:#000000;
}

.banner_slider{
    position:absolute;
    width:1000px;
    height:380px;
    top:50px;
    left:50px;
    background-color:#ececec;
}


.banner_slider .banner_container{
    position:relative;
    width:980px;
    height:327px;
    margin:10px;
    overflow:hidden;
    border:0px solid #ff0000;
}

.banner_slider .banner_container #banner_content{
    position:absolute;
    /* 980*4 */
    width: 3920px;
}
```

```css
.banner_slider .banner_container #banner_content img{
    float:left;
}

.banner_slider .banner_nav_container{
    position:relative;
    width:100%;
    height:30px;
    border:0px solid #ff0000;
    line-height:30px;
    vertical-align:middle;
    border:0px solid #ff0000;
}

.banner_slider .banner_nav_container #banner_nav{
    position:absolute;
    right:0;
    list-style:none;
    border:0px solid #ff0000;
}

.banner_slider .banner_nav_container ul#banner_nav li{
    display:inline;
    width:35px;
    height:27px;
    float:left;
}

.banner_slider .banner_nav_container ul#banner_nav li a{
    float:left;
    font-size:9pt;
    width:27px;
    height:27px;
    line-height:27px;
    text-align:center;
    vertical-align:middle;
    background:url(images/banner_dot.png) no-repeat;
}

.banner_slider .banner_nav_container ul#banner_nav li a.select{
    background:url(images/banner_dot.png) no-repeat 0 -27px;
}

.banner_slider .banner_nav_container button{
    height:27px;
    padding: 0 10px;
}
```

소스 • 5_ex/ex1_banner/step_6/banner_slider.js

```javascript
// 배너 하나의 크기
var BANNER_WIDTH = 980;
var SHOW_DURATION = 500;
var AUTO_PLAY_TIME = 2000;

// 우리가 움직이게 될 배너 콘텐츠 엘리먼트
var $banner_content;
// 배너 전체 개수
var nBannerLength = 0;
// 현재 화면에 보이는 배너의 인덱스 값
var nCurrentBannerIndex = 0;

// 배너 메뉴의 위치를 표시할 엘리먼트가 담길 변수
var $banner_dots;

// 자동 실행 타이머 아이디
var autoTImerID;

$(document).ready(function(){
    initMenu();
    initEventListener();

    startAutoPlay();
});

// 메뉴 엘리먼트 관련 초기화
function initMenu(){
    // 배너 콘텐츠 영역의 크기를 동적으로 늘립니다.
    $banner_content = $("#banner_content");
    nBannerLength = $banner_content.children("img").length;

    // 배너 콘텐츠의 너비를 (배너 하나의 크기 * 배너 개수)로 설정
    $banner_content.width(BANNER_WIDTH * nBannerLength);

    // 배너 메뉴의 위치를 표시할 엘리먼트가 담길 변수
    $banner_dots = $("#banner_nav li a");
    // 배너 메뉴의 위치를 0번째로 초기화
    showBannerDotAt(0);

    // autoPlay의 타이머 ID 값
    autoTImerID = 0;
}

// 이벤트 처리
function initEventListener(){
    // 이전  배너 보이기
```

```
$("#btn_prev_banner").bind("click", function(){
    prevBanner();
});
// 다음 배너 보이기
$("#btn_next_banner").bind("click", function(){
    nextBanner();
});

// 배너 메뉴에서 마우스가 오버되는 경우 오버된 위치에 맞게 배너가 보이게 만들기
$banner_dots.bind("mouseenter",function(){
    var nIndex = $banner_dots.index(this);
    showBannerAt(nIndex);
})

var $banner_slider = $("div.banner_slider");
// 배너 슬라이더에 마우스 커서가 들어오는 경우 자동 실행 기능을 멈춘다.
$banner_slider.bind("mouseenter",function(){
    stopAutoPlay();
});
// 배너 슬라이더에서 마우스 커서가 밖으로 나가는 경우 다시 자동 실행 기능을 시작한다.
$banner_slider.bind("mouseleave",function(){
    startAutoPlay();
});
}


// 이전  배너 보이기
function prevBanner(){
    // 이동할 이전 배너의 인덱스 값 구하기
    var nIndex = this.nCurrentBannerIndex-1;
    // 이전 내용이 없는 경우 마지막 배너의 인덱스 값으로 설정
    if(nIndex<0)
        nIndex = this.nBannerLength-1;

    // n번째 배너 보이기
    this.showBannerAt(nIndex);
}

// 다음 배너 보이기
function nextBanner(){
    // 이동할 이전 배너의 인덱스 값 구하기
    var nIndex = this.nCurrentBannerIndex+1;
    // 다음 내용이 없는 경우 첫 번째 배너의 인덱스 값으로 설정
    if(nIndex>=nBannerLength)
        nIndex = 0;

    // n번째 배너 보이기
    this.showBannerAt(nIndex);
```

```
    }

    // nIndex에 해당하는 배너 보이기
    function showBannerAt(nIndex) {
        if (nIndex != this.nCurrentBannerIndex) {
            // n번째 배너 위치 값 구하기
            var nPosition = -BANNER_WIDTH * nIndex;

            // 배너 메뉴의 위치 값을 업데이트
            this.showBannerDotAt(nIndex);

            // 슬라이드 시작
            $banner_content.stop();
            $banner_content.animate({
                    left: nPosition
                }, SHOW_DURATION, "quintEaseOut"
            );
            // 현재 배너의 인덱스 업데이트
            this.nCurrentBannerIndex = nIndex;
        }
    }

    // 배너 메뉴의 위치값을 업데이트
    function showBannerDotAt(nIndex) {
        this.$banner_dots.eq(this.nCurrentBannerIndex).removeClass("select");
        this.$banner_dots.eq(nIndex).addClass("select");
    }

    // 자동 실행 시작
    function startAutoPlay(){
        if(this.autoTimerID!=0)
            clearInterval(this.autoTimerID);

        this.autoTimerID = setInterval(function(){
                nextBanner();
            },this.AUTO_PLAY_TIME
        );
    }

    // 자동 실행 멈춤
    function stopAutoPlay(){
        if(this.autoTimerID!=0)
            clearInterval(this.autoTimerID);

        this.autoTimerID = 0;
    }
```

5-2. 실전 활용 예제 만들기 II
아코디언 메뉴

이번 프로젝트는 여러분의 회사 내에서 진행하는 프로젝트라는 가정하에 진행해보겠습니다.
참고로 저와 여러분이 같은 웹 개발팀에 속해 있다고 가정하겠습니다.

사용자 요구사항

이번에 저희 회사의 사내 홈페이지를 근 2년 만에 리뉴얼하게 되었습니다. 기획팀에서는 어떤
메뉴가 좋을지 고민하던 중 아코디언 스타일의 메뉴로 결정했다고 하네요. 기획팀에서 원하는
핵심요구사항을 정리하자면 다음과 같습니다.

  1. 아이패드와 같은 모바일 기기에서도 일반 데스크톱에서 보는 것처럼 동작해야 합니다.

  2. 사용자의 시선을 끌 수 있는 효과가 나타나야 합니다.

요구사항 분석 및 기능 정의

먼저 기획팀에서 요구하는 내용이 무엇인지 좀더 자세히 살펴보겠습니다.

1. 아이패드와 같은 모바일 기기에서도 일반 데스크톱에서 보는 것처럼 동작해야 합니다.
아이패드에서 실행할 수 있으려면 플래시를 사용해선 안 되겠군요. 그렇다면 순수 웹 기술만을 이용해 만들어야 한다는 결론이 나오는데, 다행히 저희 웹 개발팀에서는 얼마 전부터 자체 스터디를 거쳐 인터랙티브한 웹 콘텐츠를 제작할 수 있는 실력을 갖춘 상태입니다.

2. 사용자의 시선을 끌 수 있는 효과가 나타나야 합니다.
그리고 보니 아코디언 메뉴는 플래시 동네를 왔다갔다하며 많이 본 콘텐츠라 어떻게 동작해야 할지 어느 정도 알고 있는 상태이며, 스터디를 통해 웹으로도 충분히 플래시와 같은 인터랙티브한 효과를 만들 수 있다는 사실을 알고 있습니다. 물론 1단 메뉴와 배너 슬라이더와 같은 실전 경험까지 갖추고 있는 상태입니다.

그럼 우리가 만들 아코디언 메뉴가 어떻게 동작해야 할지 기능 정의를 해보겠습니다.

출력 효과

메뉴 아이템이 비활성화된 상태에서 마우스 커서가 위로 올려지는 경우 메뉴 아이템은 마치 아코디언이 늘어나는 것처럼 활성화 상태로 변경해야 합니다. 이 정도면 충분히 사용자의 시선을 끌 수 있을 것 같습니다.

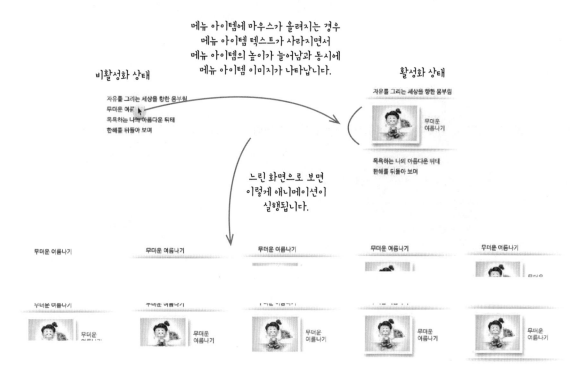

용어 정리

아무개보다는 딴동네와 같은 이름을 불러주는 것이 낫겠죠? 원활한 진행을 위해 앞으로 등장할 요소에 이름을 붙이겠습니다. 이렇게 작성한 용어는 아래 소스 설명에서도 유용하게 사용된답니다.

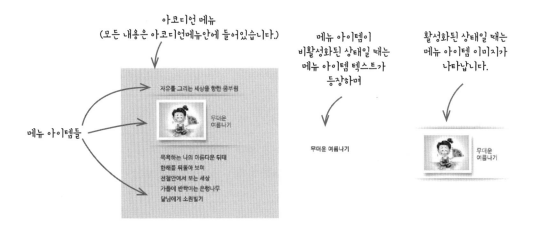

메뉴 동작

처음 시작할 때

처음 시작할 때 아코디언 메뉴는 모두 닫혀 있는 상태인 비활성화 상태로 있어야 합니다.

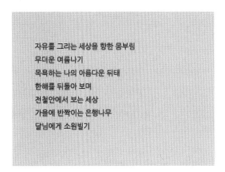

메뉴 아이템에 마우스 커서가 들어오는 경우

메뉴 아이템이 비활성화된 상태에서 메뉴 아이템 영역에 마우스 커서가 들어오는 경우 해당 메뉴 아이템이 활성화돼야 합니다. 아울러 기존에 이미 활성화된 메뉴가 있다면 닫아줘야 합니다.

변경 전

1. 현재 활성화돼 있는
   선택 메뉴 아이템

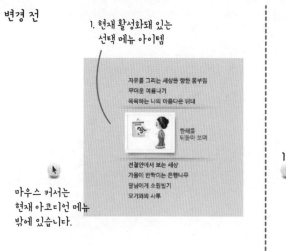

마우스 커서는
현재 아코디언 메뉴
밖에 있습니다.

변경 후

2. 마우스 커서가 특정 메뉴 아이템으로
   이동하게 되는 경우
   선택 메뉴 아이템을 비활성화한 후
   특정 메뉴 아이템을 활성화합니다.

선택 메뉴 아이템이 없는 상태에서 마우스가 메뉴 영역 밖으로 나가는 경우

이 경우에는 기존에 활성화된 메뉴 아이템을 비활성화 상태로 만들어 주기만 하면 됩니다.

변경 전

1.
아코디언 메뉴 밖으로
마우스 커서가
나가는 경우

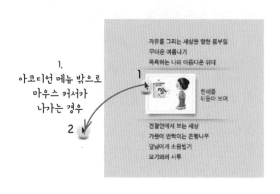

변경 후

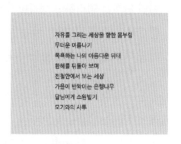

2.
만약, 선택 메뉴 아이템이 없다면,
기존 활성화된
메뉴 아이템만 비활성화 상태로
만들어 주기만 하면 됩니다.

선택 메뉴 아이템이 있는 상태에서 마우스가 메뉴 영역 밖으로 나가는 경우

이 경우에는 기존에 활성화된 메뉴 아이템을 비활성화 상태로 만든 다음 기존에 선택돼 있던 선택 메뉴 아이템을 활성화 상태로 만들어 줍니다.

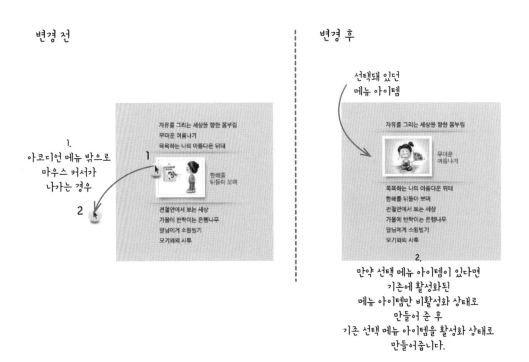

핵심 기능 및 구현 방법 찾기

이번 단계는 여러분이 생각하기에 "이걸 구현하지 않으면 이 프로젝트는 완성될 수 없어!"라고 생각되는 주제, 즉 핵심 이슈를 뽑는 단계입니다. 일단 핵심 이슈를 뽑기 시작해보죠. 여러분도 지금 바로 시작해보길 바랍니다.

결론을 미리 이야기하자면 이번 핵심 내용은 구현하려는 인터랙티브 효과에 따른 메뉴 아이템 레이아웃 잡기입니다. 아마도 정적인 웹 콘텐츠만 제작해온 웹 개발자일수록 이 내용은 더욱 어렵게 느껴질 것입니다. 그렇다고 해서 이건 함수처럼 정해져 있는 프로그래밍 문법이 아니기 때문에 오직 실전 경험을 통해서밖에 얻을 수 없습니다. 바로 이런 이유로 이 책에 실전 예제가 많은 것입니다.

핵심 이슈 해결책 찾기

프로그래밍에 정답은 없습니다. 단지 얼마나 효율적이냐 비효율적이냐의 문제지 가장 중요한 것은 클라이언트가 원하는 결과물을 정해진 시간에 동작하게끔 만드는 것입니다. 핵심 이슈 또한 해결책은 무수히 많을 것입니다. 그 중에서 저자는 다음과 같이 잡아봤답니다.

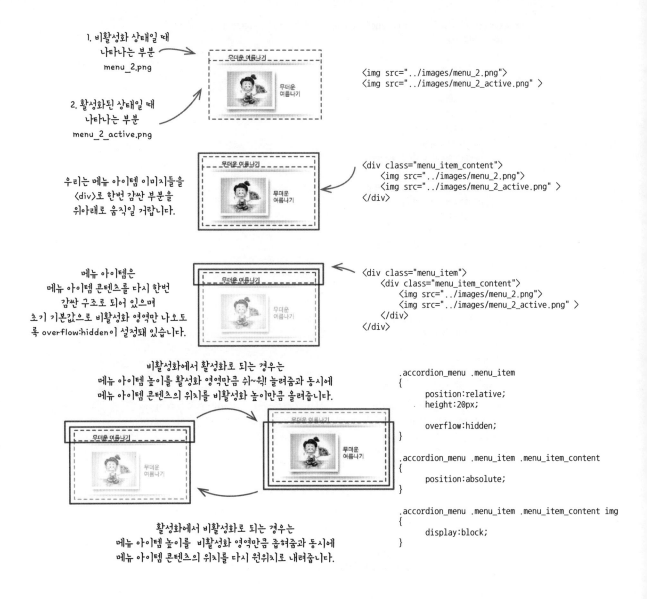

1. 비활성화 상태일 때 나타나는 부분
menu_2.png

2. 활성화된 상태일 때 나타나는 부분
menu_2_active.png

```
<img src="../images/menu_2.png">
<img src="../images/menu_2_active.png" >
```

우리는 메뉴 아이템 이미지들을 <div>로 한번 감싼 부분을 위아래로 움직일 거랍니다.

```
<div class="menu_item_content">
    <img src="../images/menu_2.png">
    <img src="../images/menu_2_active.png" >
</div>
```

메뉴 아이템은 메뉴 아이템 콘텐츠를 다시 한번 감싼 구조로 되어 있으며 초기 기본값으로 비활성화 영역만 나오도록 overflow:hidden이 설정돼 있습니다.

```
<div class="menu_item">
    <div class="menu_item_content">
        <img src="../images/menu_2.png">
        <img src="../images/menu_2_active.png" >
    </div>
</div>
```

비활성화에서 활성화로 되는 경우는 메뉴 아이템 높이를 활성화 영역만큼 쉬~웍! 늘려줌과 동시에 메뉴 아이템 콘텐츠의 위치를 비활성화 높이만큼 올려줍니다.

```
.accordion_menu .menu_item
{
    position:relative;
    height:20px;

    overflow:hidden;
}

.accordion_menu .menu_item .menu_item_content
{
    position:absolute;
}

.accordion_menu .menu_item .menu_item_content img
{
    display:block;
}
```

활성화에서 비활성화로 되는 경우는 메뉴 아이템 높이를 비활성화 영역만큼 좁혀줌과 동시에 메뉴 아이템 콘텐츠의 위치를 다시 원위치로 내려줍니다.

얼추 이 구조로 만들면 우리가 원하는 인터랙티브한 요소를 쉽게 구현할 수 있을 것 같다는 느낌이 듭니다. 과연 정말 그런지 간단하게 테스트 파일을 만들어서 실행해 보겠습니다.

소스 • 5_ex/ex2_accordion_menu/step_0_preview/index.html

```html
<html>
<head>
    <meta http-equiv="Content-Type" content="text/html; charset=UTF-8">
    <title></title>
    <style>
        .accordion_menu{
            position:absolute;
            left:50px;
            top:50px;
            width:300px;
            padding:20px 0;
            background-color:#eeeeee;
        }
        .accordion_menu .menu_item{
            position:relative;
            height:20px;
            overflow:hidden;
            border:1px solid #000000;
        }
        .accordion_menu .menu_item .menu_item_content{
            position:absolute;
        }
        .accordion_menu .menu_item .menu_item_content > img{
            display:block;
        }
    </style>


    <script  type="text/javascript" src="../libs/jquery-1.7.1.min.js"></script>
    <script  type="text/javascript" src="../libs/jquery.easing.1.3.js"></script>
    <script>
        var $currentActiveMenuItem;

        $(document).ready(function(){
            $(".menu_item").bind("mouseenter", function(){
                // 1. 활성화된 메뉴 아이템이 있는 경우 비활성화한다.
                if($currentActiveMenuItem){
                    // 1-1. 메뉴 아이템의 높이 값을 축소
                    $currentActiveMenuItem.stop();
                    $currentActiveMenuItem.animate({height:20},
                        200,
                        "easeOutQuint"
                    );
```

```
                    // 1-2. 메뉴 아이템의 콘텐츠 위치 값을 0으로 만든다.
                    // (메뉴 아이템 비활성화 영역이 보이도록)
                    $currentActiveMenuItem.find("div").stop();
                    $currentActiveMenuItem.find("div").animate({top:0},
                        200,
                        "easeOutQuint"
                    );
                }
                // 활성화된 메뉴 아이템 업데이트
                $currentActiveMenuItem = $(this);

                // 2. 메뉴 아이템을 활성화한다.
                // 2-1. 메뉴 아이템의 높이 값을 메뉴 아이템 이미지만큼 확대
                $currentActiveMenuItem.stop();
                $currentActiveMenuItem.animate({height:93},
                    200,
                    "easeOutQuint"
                );
                // 2-2. 메뉴 아이템 콘텐츠의 위치 값을 -20만큼 이동
                // (메뉴 아이템 활성화 영역이 보이도록)
                $currentActiveMenuItem.find("div").stop();
                $currentActiveMenuItem.find("div").animate({top:-20},
                    200,
                    "easeOutQuint"
                );
            });
        });
    </script>

</head>

<body>
    <div class="accordion_menu">
        <div class="menu_item">
            <div class="menu_item_content">
                <img src="../images/menu_1.png">
                <img src="../images/menu_1_over.png" >
            </div>
        </div>
        <div class="menu_item">
            <div class="menu_item_content">
                <img src="../images/menu_2.png">
                <img src="../images/menu_2_over.png" >
            </div>
        </div>
    </div>
</body>
</html>
```

모든 소스를 작성했다면 빨리 결과물을 확인해보죠. 어떤가요? 이 정도면 플래시로 만들어진 콘텐츠와 비교했을 때 전혀 뒤지지 않겠죠?

앞에서도 몇 번 언급한 적이 있지만 이곳에서 실제 코드를 작성하기 전에 장애물이 될 만한 내용을 모두 찾은 후 장애물을 치우는 방법까지 모두 마련해 둬야 합니다. 그래야 시간 및 개발 여건상 구현하기 힘들다고 판단되는 장애물일 경우 초반에 다른 방법을 모색한다거나 이 부분에 대해 클라이언트와 사전 조율을 할 수가 있습니다. 그렇지 않고 무작정 개발을 시작하면 분명 프로젝트가 한참 진행되고 있는 도중에 장애물에 걸려 프로젝트가 중단되고 말 것입니다. 이 점을 꼭 명심하시기 바랍니다.

단계 나누기

그럼 이번에는 아코디언 메뉴의 기능을 대략 어떤 순서대로 제작할지 나눠보겠습니다. 참고로 저는 개발 예상 시나리오와 개발 예상 완료 시간을 다음과 같이 나눴습니다.

> 단계 #1 – 아코디언 메뉴 구조 잡기(30분)
>
> 단계 #2 – 메뉴 아이템 활성화/비활성화 처리(30분)
>
> 단계 #3 – 선택 메뉴 아이템 처리(30분)

이 시나리오대로라면 약 1시간 30분 정도면 프로젝트가 마무리될 것 같습니다. 물론 어디까지나 예상이지만요. 그리고 총 개발 시간은 1시간 30분에 좀 전에 앞에서 진행한 요구사항 분석 및 기능 정의와 핵심 기능 및 구현 방법을 알아내는 데 소요한 시간도 모두 총 개발 시간에 포함시켜야 된다는 점을 꼭 기억하세요.

이렇게 해서 개발팀이 실제 개발에 필요한 모든 준비가 완료됐습니다. 그럼 방금 나눈 개발 시나리오를 바탕으로 개발을 시작해 보겠습니다.

구현

단계 #1 – 아코디언 메뉴 구조 잡기(30분)

소스 • 5_ex/ex2_accordion_menu/step_1/index.html

```
<html>
<head>
    <meta http-equiv="Content-Type" content="text/html; charset=UTF-8">
    <title></title>
    <link rel="stylesheet" href="accordion_menu.css" type="text/css">

    <script  type="text/javascript" src="../libs/jquery-1.7.1.min.js"></script>
    <script  type="text/javascript" src="../libs/jquery.easing.1.3.js"></script>
    <script  type="text/javascript" src="accordion_menu.js"></script>
</head>

<body>
    <div class="accordion_menu">
        <div class="menu_item">
            <div class="menu_item_content">
                <img src="../images/menu_1.png">
                <img src="../images/menu_1_over.png" >
            </div>
        </div>
        <div class="menu_item">
            <div class="menu_item_content">
                <img src="../images/menu_2.png">
                <img src="../images/menu_2_over.png" >
            </div>
        </div>
        <div class="menu_item">
            <div class="menu_item_content">
                <img src="../images/menu_3.png">
                <img src="../images/menu_3_over.png" >
            </div>
        </div>
        <div class="menu_item">
            <div class="menu_item_content">
                <img src="../images/menu_4.png">
                <img src="../images/menu_4_over.png" >
            </div>
        </div>
    </div>
</body>
</html>
```

소스 • 5_ex/ex2_accordion_menu/step_1/banner_slider.css

```
.accordion_menu{
    position:absolute;
    left:50px;
    top:50px;
    width:300px;
```

```
        padding:20px 0;
        background-color:#eeeeee;
    }

    .accordion_menu .menu_item{
        position:relative;
        height:20px;
        overflow:hidden;
    }

    .accordion_menu .menu_item .menu_item_content{
        position:absolute;
    }

    .accordion_menu .menu_item .menu_item_content  img{
        display:block;
    }
```

소스 • 5_ex/ex2_accordion_menu/step_1/accordion_menu.js

```
$(document).ready(function(){
    // 여기서부터 시작
});
```

소스 설명

이번 프로젝트에서도 html, js, css 파일로 분리해서 작업하겠습니다.

먼저 레이아웃은 위와 같은 구조로 되어 있습니다. 이 내용은 이미 요구사항 분석 및 핵심 이슈
단계에서 자세히 다룬 내용이라서 쉽게 이해할 수 있을 것입니다.

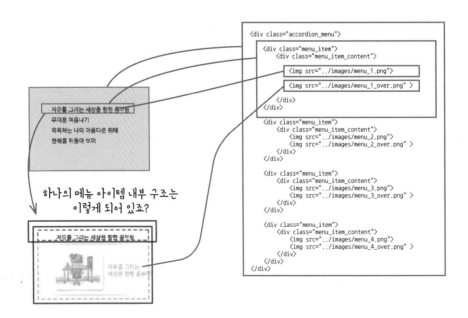

accordion_menu.js 내부에도 여러분에게 아주 익숙한 jQuery와 추가적인 이징 효과 활용과 관련된 내용으로 채워져 있습니다. 그럼 본격적으로 나머지 단계의 내용을 하나씩 구현해보겠습니다.

단계 #2 – 메뉴 아이템의 활성화/비활성화(30분)

소스 • 5_ex/ex2_accordion_menu/step_2/accordion_menu.js

```
var $currentActiveMenuItem;

$(document).ready(function(){

❶
    $(".menu_item").bind("mouseenter", function(){

        //1. 활성화된 메뉴 아이템이 있는 경우 비활성화한다.
        if($currentActiveMenuItem){
            //1-1. 메뉴 아이템의 높이 값을 축소
            $currentActiveMenuItem.stop();
            $currentActiveMenuItem.animate({height:20},
                200,
                "easeOutQuint"
            );

            // 1-2. 메뉴 아이템의 콘텐츠 위치 값을 0으로 만든다.
            // (메뉴 아이템 비활성화 영역이 보이도록)
            $currentActiveMenuItem.find("div").stop();
            $currentActiveMenuItem.find("div").animate({top:0},
                200,
                "easeOutQuint"
            );
        }

        // 활성화된 메뉴 아이템 업데이트
        $currentActiveMenuItem = $(this);

        // 2. 메뉴 아이템을 활성화한다.
        // 2-1. 메뉴 아이템의 높이 값을 메뉴 아이템 이미지만큼 확대
        $currentActiveMenuItem.stop();
        $currentActiveMenuItem.animate({height:93},
            200,
            "easeOutQuint"
        );
        // 2-2. 메뉴 아이템의 콘텐츠 위치 값을 -20만큼 이동.
        // (메뉴 아이템 활성화 영역이 보이도록)
```

```
            $currentActiveMenuItem.find("div").stop();
            $currentActiveMenuItem.find("div").animate({top:-20},
                200,
                "easeOutQuint"
            );
        });
    });
```

소스 설명

상당히 익숙한 코드입니다. 그렇죠? 네, 맞습니다. 바로 이번 단계에서 구현할 내용은 "핵심 이슈 해결책 찾기"에서 심혈을 기울여 만들어 둔 메뉴 아이템 활성화/비활성화 처리 내용을 ❶에 그대로 복사했습니다.

복사한 소스에 대해서는 앞 절의 핵심 이슈 찾기에서 자세히 다룬 내용이므로 다시 설명하진 않겠습니다.

코드 작성이 마무리되면 메뉴 아이템에 아코디언 효과가 정상적으로 동작하는지 실행해봅니다.

단계 #2-1 – 리팩토링

[소스] • 5_ex/ex2_accordion_menu/step_2_1/accordion_menu.js

```
❶
//활성화/비활성화 애니메이션 시간
var ANIMATION_DURATION = 200;
//활성화 영역의 높이
var ACTIVE_HEIGHT = 93;
//비활성화 영역의 높이
var DE_ACTIVE_HEIGHT = 20;

// 현재 활성화돼 있는 메뉴 아이템
var $currentActiveMenuItem;

$(document).ready(function(){
    $(".menu_item").bind("mouseenter", function(){
        // 1. 활성화된 메뉴 아이템이 있는 경우 비활성화한다.
        if($currentActiveMenuItem){
            // 1-1. 메뉴 아이템의 높이값을 축소
            $currentActiveMenuItem.stop();
            $currentActiveMenuItem.animate({height:DE_ACTIVE_HEIGHT},
                ANIMATION_DURATION,
                "easeOutQuint"
            );
```

```
        // 1-2. 메뉴 아이템의 콘텐츠 위치 값을 0으로 만든다.
        // (메뉴 아이템 비활성화 영역이 보이도록)
        $currentActiveMenuItem.find("div").stop();
        $currentActiveMenuItem.find("div").animate({top:0},
            ANIMATION_DURATION,
            "easeOutQuint"
        );
    }

    // 활성화된 메뉴 아이템 업데이트
    $currentActiveMenuItem = $(this);

    // 2. 메뉴 아이템을 활성화
    // 2-1. 메뉴 아이템의 높이 값을 메뉴 아이템 이미지만큼 확대
    $currentActiveMenuItem.stop();
    $currentActiveMenuItem.animate({height:ACTIVE_HEIGHT},
        ANIMATION_DURATION,
        "easeOutQuint"
    );
    // 2-2. 메뉴 아이템 콘텐츠 위치 값을 -20만큼 이동시킨다.
    // (메뉴 아이템 활성화 영역이 보이도록)
    $currentActiveMenuItem.find("div").stop();
    $currentActiveMenuItem.find("div").animate({top:-DE_ACTIVE_HEIGHT},
        ANIMATION_DURATION,
        "easeOutQuint"
    );
    });
});
```

소스 설명

참새가 방앗간을 그냥 지나칠 수 없는 법! 개발자 역시 냄새 나는 코드를 나 몰라라 방치할 수는 없습니다. 물론 가장 중요한 건 정해진 시간 내에 정상적으로 동작하게 하는 것이 우선이지만 이후에는 앞으로 닥치게 될 클라이언트의 수많은 변경사항에 대비하기 위해라도 코드를 반드시 다듬어 놔야 합니다.

1단계에서 작성한 코드를 살펴보면 유독 상수 값이 많이 등장합니다. 대부분 이런 상수 값은 보통 상황에 따라 수없이 수정해서 사용할 것입니다. 바로 이런 상수 값은 하드코딩 대신 ❶ 같은 최상위 영역에 상수 변수로 구성된 그룹을 만들어 사용하는 것이 좋습니다.

구현된 소스를 보면 알 수 있겠지만 1단계의 코드와 내용은 거의 같습니다. 다른 점이라면 일반 상수 값 대신 상수 변수를 사용했다는 점입니다.

이로써 애니메이션 속도를 조절하기 위해 animate( ) 함수를 일일이 수정하지 않아도 됩니다.

단계 #2-2 - 리팩토링 첫 번째(덩치 큰 함수 쪼개기)

소스

5_ex/ex2_accordion_menu/step_2_1/accordion_menu.js

```
// 현재 활성화돼 있는 메뉴 아이템
var $currentActiveMenuItem;

$(document).ready(function(){

    $(".menu_item").bind("mouseenter", function(){

        // 1. 활성화된 메뉴 아이템이 있는 경우 비활성화
        if($currentActiveMenuItem){
            //1-1. 메뉴 아이템의 높이 값을 축소
            $currentActiveMenuItem.stop();
            $currentActiveMenuItem.animate({height:DE_ACTIVE_HEIGHT},
                ANIMATION_DURATION,
                "easeOutQuint"
            );

            // 1-2. 메뉴 아이템의 콘텐츠 위치 값을 0으로 만든다.
            // (메뉴 아이템 비활성화 영역이 보이도록)
            $currentActiveMenuItem.find("div").stop();
            $currentActiveMenuItem.find("div").animate({top:0},
                ANIMATION_DURATION,
                "easeOutQuint"
            );
        }

        // 활성화된 메뉴 아이템 업데이트
        $currentActiveMenuItem= $(this);

        // 2. 메뉴 아이템을 활성화
        // 2-1. 메뉴 아이템의 높이 값을 메뉴 아이템 이미지만큼 확대
        $currentActiveMenuItem.stop();
        $currentActiveMenuItem.animate({height:ACTIVE_HEIGHT},
            ANIMATION_DURATION,
            "easeOutQuint"
        );

        // 2-2. 메뉴 아이템 콘텐츠 위치 값을 -20만큼 이동시킨다.
        // (메뉴 아이템 활성화 영역이 보이도록)
        $currentActiveMenuItem.find("div").stop();
        $currentActiveMenuItem.find("div").animate({top:-DE_ACTIVE_HEIGHT},
            ANIMATION_DURATION,
            "easeOutQuint"
        );
    });
});
```

5_ex/ex2_accordion_menu/step_2_2/accordion_menu.js

```
// 현재 활성화돼 있는 메뉴 아이템
var $currentActiveMenuItem;

$(document).ready(function(){

    $(".menu_item").bind("mouseenter", function(){

        // 1. 활성화된 메뉴 아이템이 있는 경우 비활성화
        if($currentActiveMenuItem){
            deactiveMenuItem($currentActiveMenuItem)
        }

        activeMenuItem($(this));
    });
});

// 메뉴 아이템 비활성화
function deactiveMenuItem($menuItem){
    // 1-1. 메뉴 아이템의 높이 값을 축소
    $menuItem.stop();
    $menuItem.animate({height:DE_ACTIVE_HEIGHT},
        ANIMATION_DURATION,
        "easeOutQuint"
    );

    // 1-2. 메뉴 아이템의 콘텐츠 위치 값을 0으로 만든다.
    // (메뉴 아이템 비활성화 영역이 보이도록)
    $menuItem.find("div").stop();
    $menuItem.find("div").animate({top:0},
        ANIMATION_DURATION,
        "easeOutQuint"
    );
}

// 메뉴 아이템 활성화
function activeMenuItem($menuItem){

    // 2. 메뉴 아이템을 활성화
    // 2-1. 메뉴 아이템의 높이 값을 메뉴 아이템 이미지만큼 확대시켜줌
    $menuItem.stop();
    $menuItem.animate({height:ACTIVE_HEIGHT},
        ANIMATION_DURATION,
        "easeOutQuint"
    );

    // 2-2. 메뉴 아이템 콘텐츠 위치 값을 -20만큼 이동시킨다.
    // (메뉴 아이템 활성화 영역이 보이도록)
    $menuItem.find("div").stop();
    $menuItem.find("div").animate({top:-DE_ACTIVE_HEIGHT},
        ANIMATION_DURATION,
        "easeOutQuint"
    );

    // 활성화된 메뉴 아이템 업데이트
    $currentActiveMenuItem= $menuItem;
}
```

소스 설명

아마도 여러분 가운데 몇 분은 이번 단계에서 mouseenter 이벤트로 등록한 이벤트 리스너 함수를 두 개의 함수로 쪼개는 작업을 하리라는 것을 눈치챈 분들도 있을 것입니다. 왜냐하면 하나의 함수에 다음과 같은 두 가지 일을 하고 있기 때문입니다.

1. 메뉴 아이템 활성화
2. 메뉴 아이템 비활성화

바로 이런 내용이 리팩토링 대상이 된다고 앞에서 몇 번 언급한 적도 있었습니다. 구현된 소스를 보면 느낄 수 있듯이 기존 소스와는 달리 가독성이 개선됐으며 쪼갠 함수는 남아 있는 작업을 구현하면서 분명 재사용하게 될 것입니다.

단계 #2-3 - 리팩토링 세 번째(엘리먼트 재사용하기)

리팩토링은 아직 끝나지 않았습니다. 방금 막 리팩토링을 끝낸 단계 #2-2 소스를 살펴보다 추가로 리팩토링을 해야 할 아주 중요한 부분이 있더군요. 바로 deactiveMenuItem( ), activeMenuItem( ) 함수에 들어 있는 다음과 같은 부분입니다.

```
$menuItem.find("div");
```

이 구문이 실행되면 메뉴 아이템 내부에 들어 있는 메뉴 아이템 콘텐츠를 찾기 위해 find( ) 내부에서는 경우에 따라 for 문을 동원해 자바스크립트 DOM의 함수를 실행하게 될 것입니다. 하지만 find("div")를 이용해 찾게 되는 내용은 실행할 때마다 매번 똑같은 결과를 반환합니다. 결과가 똑같다는 사실을 뻔히 알면서도 계속해서 "찾아주세요. 찾아주세요…"와 같은 식으로 반복 실행되고 있다는 것이 바로 리팩토링을 해야 하는 이유입니다.

그럼 어떻게 하냐고요? 방법은 정말 간단합니다. 상하 움직임 애니메이션의 대상인 메뉴 아이템 콘텐츠를 매번 찾는 것이 아니라 초기 아코디언 메뉴가 실행될 때 미리 메뉴 아이템 콘텐츠를 찾아 변수에 담아서 재사용하는 것입니다.

5_ex/ex2_accordion_menu/step_2_2/accordion_menu.js

```
// 메뉴 아이템 비활성화 처리.
function deactiveMenuItem($menuItem){
    //1-1. 메뉴 아이템의 높이 값을 축소.
    $menuItem.stop();
    $menuItem.animate({height:DE_ACTIVE_HEIGHT},
        ANIMATION_DURATION,
        "easeOutQuint"
    );

    //1-2. 메뉴 아이템의 컨텐츠 위치 값을 0으로 만든다.
    // (메뉴 아이템 비활성화 영역이 보이도록)
    $menuItem.find("div").stop();
    $menuItem.find("div").animate({top:0},
        ANIMATION_DURATION,
        "easeOutQuint"
    );
}


// 메뉴 아이템 활성화 처리.
function activeMenuItem($menuItem){

    //2. 메뉴 아이템을 활성화 시켜준다.
    //2-1. 메뉴 아이템의 높이 값을 메뉴 아이템 이미지만큼 확대시켜줌.
    $menuItem.stop();
    $menuItem.animate({height:ACTIVE_HEIGHT},
        ANIMATION_DURATION,
        "easeOutQuint"
    );

    //2-2. 메뉴 아이템 컨텐츠 위치값을 -20만큼 이동시킨다
    // (메뉴 아이템 활성화 영역이 보이도록)
    $menuItem.find("div").stop();
    $menuItem.find("div").animate({top:-DE_ACTIVE_HEIGHT},
        ANIMATION_DURATION,
        "easeOutQuint"
    );

    // 활성화된 메뉴 아이템 업데이트.
    $currentActiveMenuItem= $menuItem;

}
```

5_ex/ex2_accordion_menu/step_2_3/accordion_menu.js

```
// 메뉴관련 초기화.
function initMenu(){
    $menuItems=$(".menu_item");
    $menuItems.each(function(index){
        var $menuItem= $(this);

        // 메뉴 아이템 컨텐츠를 미리 찾아둠.
        $menuItem.data("content", $menuItem.find("div.menu_item_content"));

    });
}
```

❶

```
// 메뉴 아이템 비활성화 처리.
function deactiveMenuItem($menuItem){
    //1-1. 메뉴 아이템의 높이값을 축소.
    $menuItem.stop();
    $menuItem.animate({height:DE_ACTIVE_HEIGHT},
        ANIMATION_DURATION,
        "easeOutQuint"
    );
```

❷

```
    //1-2. 메뉴 아이템의 컨텐츠 위치값을 0으로만든다.
    // (메뉴 아이템 비활성화영역이 보이도록)
    var $menuItemContent= $menuItem.data("content");
    $menuItemContent.stop();
    $menuItemContent.animate({top:0},
        ANIMATION_DURATION,
        "easeOutQuint"
    );
}
```

```
// 메뉴 아이템 활성화 처리.
function activeMenuItem($menuItem){
    //2. 메뉴 아이템을 활성화 시켜준다.
    //2-1. 메뉴 아이템의 높이값을 메뉴 아이템 이미지만큼 확대시켜줌.
    $menuItem.stop();
    $menuItem.animate({height:ACTIVE_HEIGHT},
        ANIMATION_DURATION,
        "easeOutQuint"
    );
```

❸

```
    //2-2. 메뉴 아이템 컨텐츠 위치값을 -20만큼 이동시킨다
    // (메뉴 아이템 활성화영역이 보이도록)
    var $menuItemContent= $menuItem.data("content");
    $menuItemContent.stop();
    $menuItemContent.animate({top:-DE_ACTIVE_HEIGHT},
        ANIMATION_DURATION,
        "easeOutQuint"
    );
```

```
// 활성화된 메뉴 아이템 업데이트.
$currentActiveMenuItem= $menuItem;

}
```

소스 설명

❶ 먼저 메뉴 아이템과 관련된 요소를 초기화하기 위해 initMenu( )라는 함수를 만들어 줍니다. 이곳에 계속해서 사용할 메뉴 아이템 콘텐츠를 찾아 data( ) 함수를 이용해 해당 메뉴 아이템의 데이터로 저장해 둡니다. 참고로 data( )를 사용하는 방법 대신 모든 메뉴 아이템 콘텐츠

를 담을 객체를 만들어 아래처럼 사용하는 방법도 있습니다.

```
var menuItemContents = {};
$menuItems.each(function(index){
    var $menuItem = $(this);
    menuItemContents[index] = $menuItem.find("div.menu_item_content");
});
```

❷, ❸ 이제 메뉴 아이템 데이터로 저장해둔 메뉴 아이템 콘텐츠를 $menuItem.find("div") 대신 사용합니다.

돌발 질문:

"그런데요! $menuItem.find("div") 대신 $menuItem.data("content")로 바뀌었을 뿐 기존과 똑같이 반복해서 찾는 거 아닌가요?"

답변:

find( ) 함수 대신 data( ) 함수가 호출되는 건 전과 다름없지만 find( )는 find 내부에서 메뉴 아이템 콘텐츠 엘리먼트를 찾는 것이고 data( )는 일종의 변수에 저장돼 있는 값을 얻어오는 것이므로 전혀 다릅니다.

여기까지 작성했다면 이제 initMenu( ) 함수를 호출해야 합니다. 이 함수를 호출하는 시점은 아코디언 메뉴가 막 시작된 시점이어야 하기 때문에 다음과 같이 함수를 호출하는 부분을 넣어줍니다.

```
$(document).ready(function(){
    ....
    initMenu()
});
```

그리고 이왕 이 부분에 손을 대기 시작했으니 이벤트와 관련된 부분을 initEventListener( ) 함수를 만들어 이동하는 것까지 해보겠습니다.

5_ex/ex2_accordion_menu/step_2_2/accordion_menu.js

```
$(document).ready(function(){

    $(".menu_item").bind("mouseenter", function(){
        // 1. 활성화된 메뉴 아이템이 있는 경우 비활성화
        if($currentActiveMenuItem){
            deactiveMenuItem($currentActiveMenuItem)
        }

        activeMenuItem($(this));
    });

});
```

5_ex/ex2_accordion_menu/step_2_3/accordion_menu.js

```
$(document).ready(function(){
    initMenu();
    initEventListener();
});

// 메뉴 관련 초기화
function initMenu(){
    $menuItems=$(".menu_item");
    $menuItems.each(function(index){
        var $menuItem= $(this);

        // 메뉴 아이템 콘텐츠를 미리 찾아둠
        $menuItem.data("content", $menuItem.find("div.menu_item_content"));

    });
}
```

```
// 이벤트 초기화
function initEventListener(){
    $menuItems.bind("mouseenter", function(){
        // 1. 활성화된 메뉴 아이템이 있는 경우 비활성화
        if($currentActiveMenuItem){
            deactiveMenuItem($currentActiveMenuItem)
        }

        // 2. 활성화
        activeMenuItem($(this));
    });
}
```

끝으로 리팩토링이 정상적으로 이뤄졌는지 실행해보죠. 결과는 리팩토링을 하기 전과 같지만 내부적으로는 이전보다 빠르게 동작하는 아코디언 메뉴를 확인했을 것입니다. 이번에 리팩토링한 내용은 jQuery를 좀더 효과적으로 사용할 수 있는 팁이니 앞으로 진행할 프로젝트에 꼭 적용해 보길 바랍니다.

이렇게 해서 2단계인 메뉴 아이템 활성화/비활성화 처리와 관련된 작업을 완료했습니다.

단계 #3 – 선택 메뉴 아이템 처리(30분)

• 5_ex/ex2_accordion_menu/step_3/accordion_menu.js

```
....
var $menu;

$(document).ready(function(){
    initMenu();
    initEventListener();
});
```

```
// 메뉴 관련 초기화
function initMenu(){
    $menuItems = $(".menu_item");
    $menuItems.each(function(index){
        zvar $menuItem = $(this);

        // 메뉴 아이템 콘텐츠를 미리 찾아둠
        $menuItem.data("content", $menuItem.find("div.menu_item_content"));
    });
```
❶
```
    $menu = $(".accordion_menu");
}

// 이벤트 초기화
function initEventListener(){
    ....
```
❷
```
    $menuItems.bind("click", function(){
        // 클릭된 메뉴 아이템을 선택 아이템으로
        selectMenuItem($(this));
    });
```
❸
```
    // 메뉴 영역을 나가는 경우 선택된 메뉴 아이템을 활성화
    $menu.bind("mouseleave",function(){
        // 기존에 활성화돼 있는 메뉴 아이템을 비활성화
        deactiveMenuItem($currentActiveMenuItem);
        $currentActiveMenuItem   = $selectMenuItem;

        // 선택 메뉴 아이템이 있는 경우 활성화
        if($selectMenuItem)
            activeMenuItem($selectMenuItem);
    })
}
```
❹
```
// 메뉴 아이템 선택
function selectMenuItem($menuItem){
    $selectMenuItem = $menuItem;
}
```

소스 설명

이번 단계는 선택 메뉴 아이템 처리입니다. 좀더 자세히 설명하자면 요구사항 분석 및 기능 정
의에서 다룬 다음의 세 가지 경우에 대한 내용을 구현하는 것입니다.

2. 메뉴 아이템에 마우스 커서가 들어오는 경우

3. 선택메뉴 아이템이 없는 상태에서 마우스가 메뉴 영역 밖으로 나가는 경우

4. 선택메뉴 아이템이 있는 상태에서 마우스가 메뉴 영역 밖으로 나가는 경우

❶ 먼저 아코디언 메뉴 엘리먼트를 찾아 변수에 담아둡니다.

```
$menu = $(".accordion_menu");
```

❷ 클릭된 메뉴 아이템을 선택 아이템으로 만듭니다. 여기서 주의할 점은 "선택 메뉴 아이템이다"라고만 저장할 뿐 활성화 상태로는 만들지 않습니다. 선택된 메뉴 아이템이 활성화되는 시점은 마우스가 아코디언 메뉴 영역 밖으로 완전히 벗어난 경우에만 활성화됩니다. ❸ 영역에 소스가 바로 선택 메뉴 아이템을 활성화하는 부분입니다.

❸ 마우스가 아코디언 메뉴 영역 밖으로 벗어난 경우 선택된 메뉴 아이템이 있다면 먼저 현재 활성화된 메뉴 아이템을 비활성화 상태로 만듭니다. 이 상태에서 활성화된 메뉴 아이템은 주로 마우스가 오버되어 있는 메뉴 아이템일 것입니다. 이와 동시에 선택된 메뉴 아이템을 활성화합니다.

❹ 선택 메뉴 아이템으로 저장합니다.

자! 이렇게 해서 모든 작업이 마무리됐습니다. 구현한 내용이 사용자 요구사항에 맞게 실행되는지 실행해보죠.

최종 소스 • 5_ex/ex2_accordion_menu/step_3/index.html

```html
<html>
<head>
    <meta http-equiv="Content-Type" content="text/html; charset=UTF-8">
    <title></title>
    <link rel="stylesheet" href="accordion_menu.css" type="text/css">
    <script  type="text/javascript" src="../libs/jquery-1.7.1.min.js"></script>
    <script  type="text/javascript" src="../libs/jquery.easing.1.3.js"></script>
    <script  type="text/javascript" src="accordion_menu.js"></script>
</head>

<body>
    <div class="accordion_menu">
        <div class="menu_item">
            <div class="menu_item_content">
                <img src="../images/menu_1.png">
                <img src="../images/menu_1_over.png" >
            </div>
        </div>
```

```
        <div class="menu_item">
            <div class="menu_item_content">
                <img src="../images/menu_2.png">
                <img src="../images/menu_2_over.png" >
            </div>
        </div>
        <div class="menu_item">
            <div class="menu_item_content">
                <img src="../images/menu_3.png">
                <img src="../images/menu_3_over.png" >
            </div>
        </div>
        <div class="menu_item">
            <div class="menu_item_content">
                <img src="../images/menu_4.png">
                <img src="../images/menu_4_over.png" >
            </div>
        </div>
        <div class="menu_item">
            <div class="menu_item_content">
                <img src="../images/menu_5.png">
                <img src="../images/menu_5_over.png" >
            </div>
        </div>
        <div class="menu_item">
            <div class="menu_item_content">
                <img src="../images/menu_6.png">
                <img src="../images/menu_6_over.png" >
            </div>
        </div>
        <div class="menu_item">
            <div class="menu_item_content">
                <img src="../images/menu_7.png">
                <img src="../images/menu_7_over.png" >
            </div>
        </div>
    </div>
</body>
</html>
```

소스 • 5_ex/ex2_accordion_menu/step_3/accordion_menu.css

```
.accordion_menu{
    position:absolute;
    left:50px;
    top:50px;
    width:300px;
    padding:20px 0;
```

```
        background-color:#eeeeee;
    }

    .accordion_menu .menu_item{
        position:relative;
        height:20px;
        overflow:hidden;
    }

    .accordion_menu .menu_item  .menu_item_content{
        position:absolute;
    }

    .accordion_menu .menu_item  .menu_item_content  img{
        display:block;
    }
```

소스 • 5_ex/ex2_accordion_menu/step_3/accordion_menu.js

```
// 활성화/비활성화 애니메이션 시간
var ANIMATION_DURATION = 500;
//활성화 영역 높이
var ACTIVE_HEIGHT = 93;
//비활성화 영역 높이
var DE_ACTIVE_HEIGHT = 20;


// 현재 활성화돼 있는 메뉴 아이템
var $currentActiveMenuItem;
var $menuItems;
var $selectMenuItem;
var $menu;

$(document).ready(function(){
    initMenu();
    initEventListener();
});

// 메뉴 관련 초기화
function initMenu(){
    $menuItems =$(".menu_item");
    $menuItems.each(function(index){
        var $menuItem = $(this);

        // 메뉴 아이템 콘텐츠를 미리 찾아둠
        $menuItem.data("content", $menuItem.find("div.menu_item_content"));
    });
```

```
        $menu = $(".accordion_menu");
}

// 이벤트 초기화
function initEventListener(){
    $menuItems.bind("mouseenter", function(){
        // 1. 활성화된 메뉴 아이템이 있는 경우 비활성화
        if($currentActiveMenuItem){
            deactiveMenuItem($currentActiveMenuItem)
        }

        // 2. 활성화 처리
        activeMenuItem($(this));
    });

    $menuItems.bind("click", function(){
        // 클릭된 메뉴 아이템을 선택 아이템으로 설정
        selectMenuItem($(this));
    });

    // 메뉴 영역을 나가는 경우 선택된 메뉴 아이템을 활성화
    $menu.bind("mouseleave",function(){
        // 기존 활성화돼 있는 메뉴 아이템을 비활성화
        deactiveMenuItem($currentActiveMenuItem);
        $currentActiveMenuItem = $selectMenuItem;

        // 선택 메뉴 아이템이 있는 경우 활성화
        if($selectMenuItem)
            activeMenuItem($selectMenuItem);
    })
}

// 메뉴 아이템 비활성화 처리
function deactiveMenuItem($menuItem){
    // 1-1. 메뉴 아이템의 높이 값을 축소
    $menuItem.stop();
    $menuItem.animate({height:DE_ACTIVE_HEIGHT},
        ANIMATION_DURATION,
        "quintEaseOut"
    );

    // 1-2. 메뉴 아이템의 콘텐츠 위치 값을 0으로 만든다
    // (메뉴 아이템 비활성화영역이 보이도록).
    var $menuItemContent = $menuItem.data("content");
    $menuItemContent.stop();
    $menuItemContent.animate({top:0},
        ANIMATION_DURATION,
        "quintEaseOut"
```

```
        );
    }

    // 메뉴 아이템 활성화
    function activeMenuItem($menuItem){
        // 2. 메뉴 아이템을 활성화
        // 2-1. 메뉴 아이템의 높이 값을 메뉴 아이템 이미지만큼 확대
        $menuItem.stop();
        $menuItem.animate({height:ACTIVE_HEIGHT},
            ANIMATION_DURATION,
            "quintEaseOut"
        );

        // 2-2. 메뉴 아이템 콘텐츠 위치 값을 -20만큼 이동시킨다.
        // (메뉴 아이템 활성화 영역이 보이도록)
        var $menuItemContent = $menuItem.data("content");
        $menuItemContent.stop();
        $menuItemContent.animate({top:-DE_ACTIVE_HEIGHT},
            ANIMATION_DURATION,
            "quintEaseOut"
        );

        // 활성화된 메뉴 아이템 업데이트
        $currentActiveMenuItem = $menuItem;
    }

    // 메뉴 아이템 선택
    function selectMenuItem($menuItem){
        $selectMenuItem = $menuItem;
    }
```

5-3. 실전 활용 예제 만들기 Ⅲ
이미지 갤러리

이번 프로젝트에서는 홈페이지 개편에 따라 새롭게 추가된 내용으로서 회사 분위기를 물씬 느낄 수 있는 다양한 사진을 한눈에 알아보기 쉽게 만들어주는 이미지 갤러리를 제작하는 것입니다. 먼저 우리가 만들게 될 이미지 갤러리를 보여드리겠습니다.

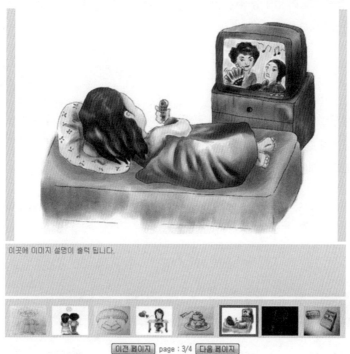

사용자 요구사항

디자인 팀에서 잡은 레이아웃을 보니 어디서 많이 본 듯한 느낌이 듭니다. 그러고 보니 현재 홈페이지에 들어 있는 플래시로 만든 이미지 갤러리와 똑같은 구조로 되어 있군요. 과연 어떻게 된 영문인지 기획팀에서 생각하고 있는 이미지 갤러리의 핵심 요구사항을 알아보겠습니다.

- 기존 플래시로 만들어진 이미지 갤러리를 아이패드와 같은 모바일 기기에서도 일반 데스크톱에서 보는 것처럼 동작해야 합니다.
- 기존 플래시에서 동작할 때 나타나는 효과가 그대로 나타나야 합니다.

요구사항 분석 및 기능 정의

이번에 만들 콘텐츠 역시 앞 절에서 만든 배너 아코디언 메뉴와 마찬가지로 아이패드와 같은 모바일 기기에서 보여질 수 있게 만들어야 합니다. 다행이라면 이번 프로젝트의 사용자 인터페이스는 기존에 플래시로 만들어져 있는 이미지 갤러리를 그대로 따르기 때문에 이미 제작해 둔 디자인을 그대로 사용할 수 있다는 것입니다.

그럼 여기서 만들 이미지 갤러리가 어떻게 동작하는지 기존에 플래시로 만들어진 버전을 하나씩 살펴보는 것부터 시작하겠습니다.

출력 효과

먼저 구현해야 할 애니메이션 효과에 따라 레이아웃과 구현 방법이 완전히 달라지기 때문에 가장 먼저 해야 할 작업은 이미지 갤러리 곳곳에 숨겨진 애니메이션 효과를 모두 찾아보는 것입니다. 이 가운데 가장 대표적인 내용을 뽑자면 다음과 같습니다.

• 이미지가 로딩된 후 이미지가 이미지 컨테이너 영역을 벗어나지 않으면서 가로/세로 비율에 맞게 위치 및 크기가 부드럽게 애니메이션 효과를 내면서 변경됨.

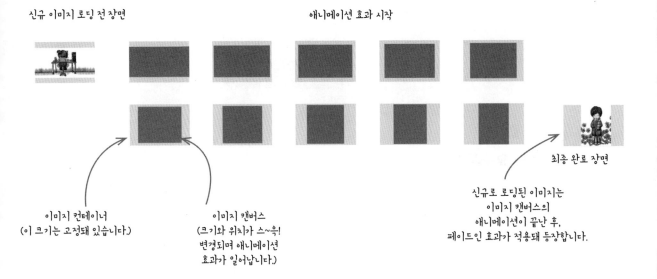

신규 이미지 로딩 전 장면   애니메이션 효과 시작

최종 완료 장면

이미지 컨테이너
(이 크기는 고정돼 있습니다.)

이미지 캔버스
(크기와 위치가 스~윽!
변경되며 애니메이션
효과가 일어납니다.)

신규로 로딩된 이미지는
이미지 캔버스의
애니메이션이 끝난 후,
페이드인 효과가 적용돼 등장합니다.

특정 썸네일을 클릭하는 순간 해당 이미지가 로딩되어 화면에 나타나게 되는데, 이때 그냥 떡하니 신규 이미지로 교체되는 것이 아니고 로딩된 이미지의 크기에 맞게 배경 영역(이미지 캔버스)이 먼저 부드럽게 변경된 후 이미지가 등장합니다. 이미지 등장 역시 그냥 나타나는 것이 아닌 페이드인 효과가 적용돼 서서히 나타나게 되어 있습니다. 왠지 약간 복잡해 보이는 느낌이 들지만 구현하기는 그리 어렵지 않을 것 같다는 느낌이 듭니다. 혹시 여러분도 보셨나요? 읽어들인 이미지의 실제 크기가 이미지 컨테이너 영역보다 훨씬 큰데도 불구하고 이미지 컨테이너 안에 모두 보여지고 있습니다. 이것은 아마 이미지가 컨테이너 영역보다 큰 경우에는 비율에 맞게 줄어들도록 구현돼 있기 때문일 것입니다. 왠지 모르게 핵심 이슈가 될 것 같은 냄새가 스멀스멀 납니다.

정리하자면 신규 이미지가 로딩된 경우 다음과 같은 일이 일어납니다.

1. 현재 활성화된 이미지는 제거되고 이미지 캔버스만 남게 됨.
2. 이미지 캔버스의 크기를 이미지 컨테이너의 비율에 맞게 신규 이미지의 크기로 부드럽게 변경됨.
   (이때 애니메이션 효과가 일어남)
3. 애니메이션 효과가 나타난 후 새 이미지가 이미지 캔버스 내부에 페이드인 효과를 내면서 나타남.

혹시 지금까지 설명한 동작 방식이 이해가 가지 않는 분은 최종 결과물을 미리 실행해 보세요.

위아래로 움직이는 페이지 전환 효과

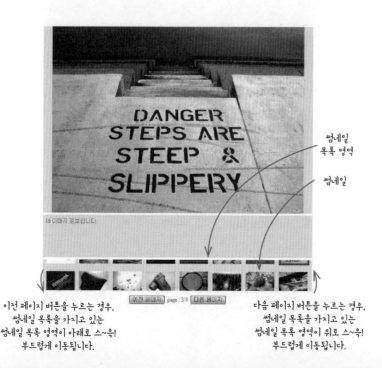

페이지가 전환될 때도 부드럽게 전환됩니다. 이건 가장 처음에 만든 롤링 배너와 비슷한 느낌입니다.

용어 정리

용어 정리는 함께 개발을 진행할 개발자뿐 아니라 다른 팀과의 협업을 위해도 반드시 필요한 요소입니다. 예를 들면, "이 부분을 위 아래로 움직이게 해주고요, 저건 천천히 등장하게 해주세요"라는 말보다 "썸네일 목록 영역에는 슬라이드 업다운 효과를 적용해 주시고요. 활성화된 이미지에는 페이드인 효과를 적용해 주시면 좋을 것 같네요"처럼 미리 약속한 표현을 이용하면 의사전달을 명확하게 할 수 있습니다.

이번 프로젝트에서도 의사소통이 원활해지도록 용어 정리를 해보겠습니다. 참고로 아래 화면의 내용 가운데 설명하지 않은 부분은 나중에 레이아웃을 설명할 때 자세히 다루겠습니다.

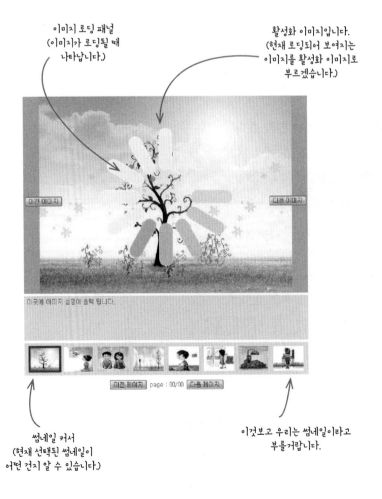

이미지 로딩 패널
(이미지가 로딩될 때 나타납니다.)

활성화 이미지입니다.
(현재 로딩되어 보여지는 이미지를 활성화 이미지로 부르겠습니다.)

썸네일 커서
(현재 선택된 썸네일이 어떤 건지 알 수 있습니다.)

이것보고 우리는 썸네일이라고 부를거랍니다.

메뉴 동작

이번에는 사용자 인터페이스가 사용자 행동에 어떻게 반응해야 할지 알아볼 텐데, 여러분의 수고를 덜기 위해 기존에 플래시로 만들어진 이미지 갤러리를 자세히 분석한 후 이 중에서 대표적인 내용을 위주로 정리했습니다.

처음 시작할 때

이미지 갤러리가 처음으로 실행되면 가장 첫 번째 이미지가 활성화된 상태여야 하며, 썸네일 커서 역시 썸네일 목록의 첫 번째 위치에 있어야 합니다.

썸네일 선택이 변경되는 경우

썸네일 목록에서 특정 썸네일이 선택되면 썸네일 커서는 선택된 썸네일이 놓인 곳으로 부드럽게 이동해야 합니다. 이와 동시에 선택된 썸네일에 해당하는 이미지도 로딩되어 이미지 캔버스 안에 활성화돼 보여야 합니다. 이미지가 변경될 때는 "이미지 로딩 완료 후 이미지의 크기를 비율에 맞게 부드럽게 변경하는 효과 구현"에서 자세히 살펴본 출력 효과가 적용되게 해야 합니다.

변경 전

변경 후

기존 활성화된
이미지

3. 2번과 동시에 선택된
썸네일에 해당하는
이미지도 보여지게
됩니다.

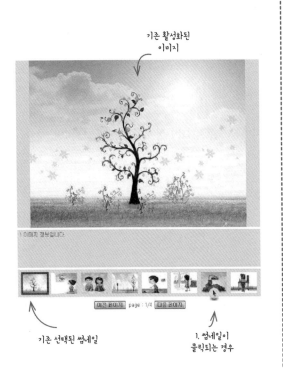

기존 선택된 썸네일

1. 썸네일이
클릭되는 경우

2. 썸네일 커서가 새로 선택된
썸네일로 쉬~익! 이동 됩니다.

이전 페이지, 다음 페이지가 클릭되는 경우

이 경우에는 "위아래로 부드럽게 움직이는 페이지 전환 효과"에서 살펴본 것처럼 이전 페이지 버튼이 눌리는 경우 썸네일 목록 영역이 아래로 부드럽게 이동하면서 페이지 정보도 변경되어야 합니다. 이와 반대로 다음 페이지 버튼이 눌리는 경우에는 썸네일 목록 영역이 위로 부드럽게 이동해야 합니다. 마찬가지로 페이지 정보도 변경돼야 합니다.

참고로 이동한 페이지가 첫 번째 페이지인 경우에는 이전 페이지 버튼을 숨기거나 눌러지지 않게 하거나 마지막 페이지인 경우에는 다음 페이지 버튼을 숨기거나 눌러지지 않게 하는 것이 일반적이지만 여기서는 첫 페이지와 마지막 페이지인 경우에도 이전, 다음 페이지 버튼을 숨기지 않고 계속해서 보이게 하겠습니다. 다만 이 상태에서 이전, 다음 페이지 버튼이 클릭되는 경우 페이지를 호출하는 작업이 실행되지 않게 하겠습니다.

이미지 컨테이너 영역으로 마우스 커서가 들어오는 경우

이 경우에는 현재 활성화된 이미지의 이전 이미지와 다음 이미지로 이동할 수 있는 이미지 메뉴가 활성화됩니다.

이전 이미지와 다음 이미지 버튼이 눌리는 경우

이미지 메뉴가 활성화된 상태에서 이전 이미지 버튼이 눌리는 경우 이전 이미지가 로딩되어 활성화됨과 동시에 썸네일 커서도 이전 위치로 이동합니다. 이후 이미지 버튼이 눌리는 경우 이와 반대로 동작하게 됩니다. 이 경우에는 추가적으로 처리해야 할 작업이 하나 더 있는데, 예를 들어 현재 활성화된 페이지가 1이고 8번째 이미지가 활성화돼 있다고 할 때 다음 이미지 버튼이 클릭되면 이때는 3번의 다음 페이지 버튼이 클릭되는 효과와 동시에 커서는 2번째 페이지의 첫 번째 썸네일 이미지에 위치하도록 구현해야 합니다.

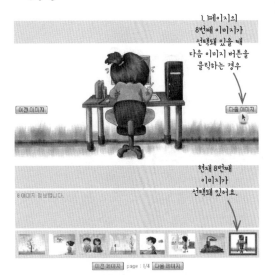

변경 전

1. 1페이지의
8번째 이미지가
선택돼 있을 때
다음 이미지 버튼을
클릭하는 경우

현재 8번째
이미지가
선택돼 있어요.

변경 후

3. 2페이지의 1번째 이미지가 선택됩니다.

2. 페이지는 1페이지에서
2페이지로 변경되고

실제 프로젝트를 진행하는 데 필요한 요구사항 분석 및 기능 정의는 이 정도면 충분할 것 같습니다. 역시 덩치가 큰 프로젝트라 기존에 진행한 내용에 비해 처리해야 할 내용도 많군요. 이외에도 여기서 언급하지 않은 내용이 몇 가지 있지만 이 내용은 실제로 작업을 진행하면서 알아보겠습니다.

그럼 이번 절에서 파악한 요구사항 분석 및 기능 정의를 토대로 핵심이 될 만한 이슈를 뽑아보겠습니다.

핵심 기능 및 구현 방법 찾기

이번 단계는 개발자에게 가장 중요한 부분인 핵심 이슈를 뽑는 것입니다. 핵심 이슈는 이 프로젝트를 실제 개발하게 될 개발자가 갖춘 능력에 따라 달라진다고 몇 번 언급한 바 있습니다.

그럼 먼저 여러분이 실제 작업을 진행할 개발자라는 가정하에 여러분 나름대로 핵심 이슈를 뽑아보길 바랍니다.

잠시후...

모두 한 번씩 뽑아보셨나요? 핵심 이슈 뽑기가 귀찮아서 그냥 지나쳐오신 분도 계시군요. 이런, 그러면 안 됩니다. 모든 건 익숙해지는 데 시간과 노력이 필요한 법입니다. 사실 처음에만 귀찮지, 몇 번 하다 보면 습관이 되어 좀더 쉽고 빠르게 개발을 진행할 수 있을 뿐더러 핵심 이슈를 뽑기 위해 다시 한번 프로젝트를 분석하게 되기 때문에 프로젝트 구조를 확실히 이해할 수 있게 됩니다.

참고로 다음과 같은 부분은 지금까지 진행해 오면서 수없이 구현한 내용이라 이슈로 뽑지 않았을 것입니다.

1. 페이지 전환 효과
2. 이미지 메뉴 활성화
3. 이전 페이지 이동
4. 다음 페이지 이동

그럼 핵심 이슈는 무엇일까요? 바로 "이미지 로딩 완료 후 이미지가 이미지 컨테이너 영역을 벗어나지 않으면서 가로/세로 비율에 맞게 위치 및 크기가 부드럽게 변하게 하기"에서 "가로/세로 비율에 따른 이미지 크기 및 위치 설정"이지 않을까요? 네? 아직 어떤 내용인지 모르겠다고요? 좋습니다. 그럼 아래 내용을 가지고 자세히 설명해보겠습니다.

핵심 이슈 해결책 찾기

먼저 핵심 이슈는 이미지의 크기를 비율에 맞게 위치와 크기를 조절하는 것입니다. 여기서는 가운데 정렬을 위한 위치 값은 비교적 쉽게 구할 수 있으니 크기를 구하는 내용 먼저 진행해 보겠습니다. 크기를 구하는 방법은 먼저 다음과 같이 총 네 가지 경우를 생각해봐야 합니다.

1) 컨테이너.width 〉 이미지.width && 컨테이너.height 〉 이미지.height인 경우

2) 컨테이너.width 〈 이미지.width && 컨테이너.height 〉 이미지.height인 경우

3) 컨테이너.width 〉 이미지.width && 컨테이너.height 〈 이미지.height인 경우

4) 컨테이너.width 〈 이미지.width && 컨테이너.height 〈 이미지.height인 경우

이제 이 네 가지 경우에 대해 하나씩 알아볼 텐데, 여기서는 문제를 해결하는 데 필요한 간단한 수학식이 등장하게 된답니다. 수학식이라고 해서 부담스러워하는 분도 있을 텐데요, 여기에 나오는 수학식은 여러분이 코흘리개 시절에 배운 아주 간단한 비율식이라서 이때 배운 내용을 어렴풋이 떠올려 보면 그리 어렵지 않게 이해할 수 있을 것입니다.

1) 컨테이너.width 〉 이미지.width && 컨테이너.height 〉 이미지.height인 경우

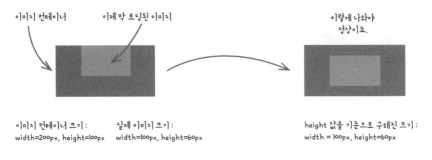

이미지 컨테이너   이제 막 로딩된 이미지   이렇게 나와야
                                                                         정상이죠.

이미지 컨테이너 크기 :   실제 이미지 크기 :   height 값을 기준으로 구해진 크기 :
width=200px, height=100px   width=100px, height=60px   width = 100px, height=60px

----

이 경우는, 크기 변경 없이 이미지의 위치를 가운데로 정렬만 시켜 주면 됩니다.

2) 컨테이너.width 〈 이미지.width && 컨테이너.height 〉 이미지.height인 경우

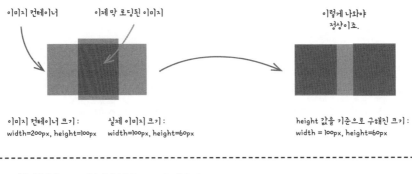

이미지 컨테이너   이제 막 로딩된 이미지   이렇게 나와야
                                                                         정상이죠.

이미지 컨테이너 크기 :   실제 이미지 크기 :   height 값을 기준으로 구해진 크기 :
width=200px, height=100px   width=100px, height=60px   width = 100px, height=60px

----

로딩된 이미지의 height 값이 컨테이너의 height 값보다 큰 경우는,
이미지의 height 값을 컨테이너의 height 값으로 한 상태에서 비율값을 구하면 된답니다.

구하는 방법

　　새로운 이미지.width = ?(X) ←─ 우리가 구해야 할 값.
　　새로운 이미지.height = 컨테이너.height (100px)

　　X(새로운이미지.width) : 컨테이너.height = 이미지.width : 이미지.height 이기 때문에
　　X*이미지.height = 컨테이너.height*이미지.width
　　X = (컨테이너.height*이미지.width)/이미지.height
　　가 됩니다.

　　수를 대입하면
　　x= (100*100)/200 =50
　　즉, 새로운 이미지.height= 50이라는 거죠.

　　최종적으로, 이미지의 크기는
　　width:50px, height:100px으로 변경해주면 된답니다.

만약,
width 값을 기준으로
값을 구하면
이렇게 이상한
값을 얻게 됩니다!

width값을 기준해서 구해진 크기 :
width = 200px, height=300px

3) 컨테이너.width 〉 이미지.width && 컨테이너.height 〈 이미지.height인 경우

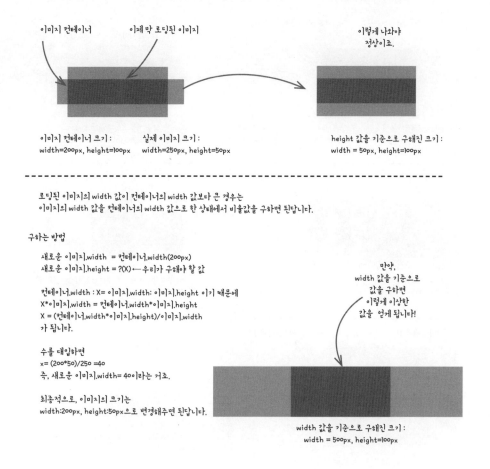

이미지 컨테이너

이제 막 로딩된 이미지

이렇게 나와야
정상이죠.

이미지 컨테이너 크기 :
width=200px, height=100px

실제 이미지 크기 :
width=250px, height=50px

height 값을 기준으로 구해진 크기 :
width = 50px, height=100px

로딩된 이미지의 width 값이 컨테이너의 width 값보다 큰 경우는
이미지의 width 값을 컨테이너의 width 값으로 한 상태에서 비율값을 구하면 된답니다.

구하는 방법

새로운 이미지.width = 컨테이너.width(200px)
새로운 이미지.height = ?(X) ←우리가 구해야 할 값

컨테이너.width : X= 이미지.width : 이미지.height 이기 때문에
X*이미지.width = 컨테이너.width*이미지.height
X = (컨테이너.width*이미지.height)/이미지.width
가 됩니다.

수를 대입하면
x= (200*50)/250 =40
즉, 새로운 이미지.width= 40이라는 거죠.

최종적으로, 이미지의 크기는
width:200px, height:50px으로 변경해주면 된답니다.

만약,
width 값을 기준으로
값을 구하면
이렇게 이상한
값을 얻게 됩니다!

width 값을 기준으로 구해진 크기 :
width = 500px, height=100px

4) 컨테이너.width < 이미지.width && 컨테이너.height < 이미지.height인 경우

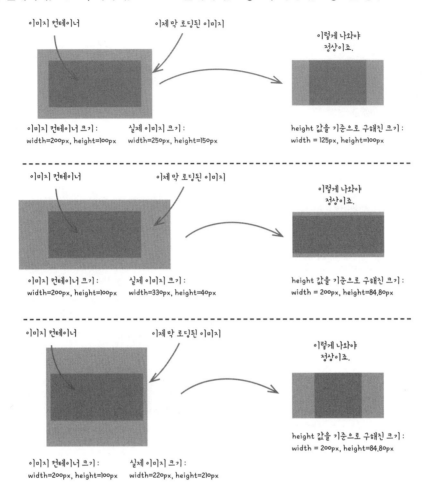

이미지 컨테이너

이제 막 로딩된 이미지

이렇게 나와야
정상이죠.

이미지 컨테이너 크기 :
width=200px, height=100px

실제 이미지 크기 :
width=250px, height=150px

height 값을 기준으로 구해진 크기 :
width = 125px, height=100px

이미지 컨테이너

이제 막 로딩된 이미지

이렇게 나와야
정상이죠.

이미지 컨테이너 크기 :
width=200px, height=100px

실제 이미지 크기 :
width=330px, height=40px

height 값을 기준으로 구해진 크기 :
width = 200px, height=84.80px

이미지 컨테이너

이제 막 로딩된 이미지

이렇게 나와야
정상이죠.

height 값을 기준으로 구해진 크기 :
width = 200px, height=84.80px

이미지 컨테이너 크기 :
width=200px, height=100px

실제 이미지 크기 :
width=220px, height=210px

첫 번째부터 세 번째까지는 그리 어렵지 않게 적용하는 방법을 알아냈습니다. 허나 네 번째 경우에는 기준으로 잡을 단서가 명확히 보이질 않는데, 다행히 이럴 때 적용할 수 있는 멋진 식이 있습니다.

구하는 방법

먼저 아래처럼 값을 구합니다.
W = 컨테이너.width / 이미지. width
H = 컨테이너.height / 이미지.height
이 두 값 중 큰 값을 기준값으로 한 상태에서 비율값을 구하면 된답니다.

```
if(H<W)
{
        새로운 이미지.width  = 컨테이너.width(200px)←기준값
        새로운 이미지.height = (컨테이너.width*이미지.height)/이미지.width←우리가 구해야 할 값
}
else
{
        새로운 이미지.width  = (컨테이너.height*이미지.width)/이미지.height←우리가 구해야 할 값
        새로운 이미지.height = 컨테이너.height (100px)←기준값
}
```

오랜만에 비율식을 접하신 분이라면 지금쯤 혼돈에 빠져 있지 않을까 상상이 됩니다. 그럼 정리하는 마음으로 2, 3, 4번째에서 만든 수식을 나열해보겠습니다.

2) 컨테이너.width 〈 이미지.width && 컨테이너.height 〉 이미지.height인 경우

새로운이미지.width = 컨테이너.width

새로운이미지.height = (컨테이너.width*이미지.height)/이미지.width

3) 컨테이너.width 〉 이미지.width && 컨테이너.height 〈 이미지.height인 경우

새로운이미지.width = 컨테이너.height*이미지.width)/이미지.height

새로운이미지.height = 컨테이너.height

4) 컨테이너.width 〈 이미지.width && 컨테이너.height 〈 이미지.height인 경우

W=컨테이너.width/이미지.width

H= 컨테이너.height/이미지.height

```
if(H/W)
{
    새로운이미지.width = 컨테이너.width
    새로운이미지.height = (컨테이너.width*이미지.height)/이미지.width
}
else
```

```
    {
        새로운이미지.width = 컨테이너.height*이미지.width)/이미지.height
        새로운이미지.height = 컨테이너.height
    }
```

이렇게 보니 조금 정리되는 듯한 느낌이 듭니다. 이제 이 식대로만 코딩하면 비율에 맞게 이미지 크기를 조절할 수 있습니다. 그런데 아직도 복잡한 느낌이 든다고 생각하는 분도 있을 듯합니다. 사실 여러분 가운데 몇 분은 눈치챘을 수도 있겠지만 이 수식을 좀더 간결하게 줄일 수 있습니다. 좀더 자세히 설명하자면

이 경우는
"두 번째, 컨테이너.width < 이미지.width && 컨테이너.height > 이미지.height 인 경우"
와 같습니다.

```
if(H<W)
{
    ┌─────────────────────────────────────────────────────────────────────┐
    ┊ 새로운 이미지.width = 컨테이너.width(200px)                            ┊
    ┊ 새로운 이미지.height = (컨테이너.width*이미지.height)/이미지.width ← 우리가 구해야 할 값 ┊
    └─────────────────────────────────────────────────────────────────────┘
}
else
{
    ┌─────────────────────────────────────────────────────────────────────┐
    ┊ 새로운 이미지.width = (컨테이너.height*이미지.width)/이미지.height ← 우리가 구해야 할 값 ┊
    ┊ 새로운 이미지.height = 컨테이너.height (100px)                         ┊
    └─────────────────────────────────────────────────────────────────────┘
}
```

이 경우는
"세 번째, 컨테이너.width > 이미지.width && 컨테이너.height < 이미지.height 인 경우"
와 같습니다.

네 번째 경우를 처리하는 부분에는 두 번째와 세 번째 경우에서 처리해야 할 내용이 들어 있다는 사실을 알 수 있습니다. 더욱 놀라운 사실은 다음과 같은 경우

W=컨테이너.width/이미지.width

H= 컨테이너.height/이미지.height

if(H<W) 구문은 두 번째의 if (컨테이너.width<이미지.width)을 대신 사용할 수 있으며

if(H>W) 구문과 세 번째의 if (컨테이너.height<이미지.height)을

대신 사용할 수 있다는 것입니다.

즉, 두 번째와 세 번째 식을 따로 만들 필요 없이 네 번째 식을 그대로 사용하면 된다는 뜻입니다. 1~4번 경우가 모두 통합된 식은 다음과 같습니다.

```
var 새로운이미지.width = 0;

var 새로운이미지.height = 0;

// 첫 번째 경우

if(컨테이너.width>이미지.width && 컨테이너.height> 이미지.height){

    새로운이미지.width = 이미지.width;

    새로운이미지.height = 이미지.height;

}

else{

    // 두 번째, 세 번째, 네 번째 경우

    var W  = 컨테이너.width/이미지.width

    var H  = 컨테이너.height/이미지.height

    if(H/W){

        새로운이미지.width = 컨테이너.width

        새로운이미지.height = (컨테이너.width*이미지.height)/이미지.width

    }else{

        새로운이미지.width = 컨테이너.height*이미지.width)/이미지.height

        새로운이미지.height = 컨테이너.height

    }

}
```

가운데로 위치 조절하기

다음으로 해결해야 할 내용은 새로운 이미지의 너비와 높이를 적용한 이미지를 가운데로 정렬하는 것입니다. 방법은 너무나도 간단합니다. 바로 다음과 같은 구문을 적용하면 이미지를 가운데로 정렬할 수 있습니다.

```
새로운이미지.left = (컨테이너.width-새로운이미지.width)/2;

새로운이미지.top = (컨테이너.height-새로운이미지.height)/2;
```

이제 더 이상 설명은 필요 없을 것 같습니다. 과연 읽어들인 이미지가 이미지 컨테이너 영역을 벗어나지 않으면서 가로/세로 비율에 맞게 크기가 조절되는지 간단하게 예제를 만들어 핵심 내용을 테스트해 보겠습니다.

예제 파일:

예제 파일은 방금 전 핵심 이슈에서 다룬 총 네 가지 경우를 모두 테스트할 수 있게 만든 일종의 시뮬레이터입니다.

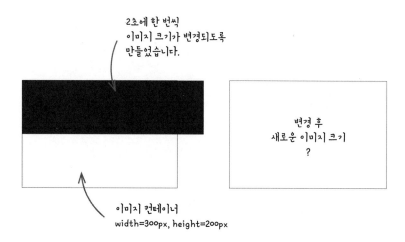

소스 • 5_ex/ex3_image_gallery/step_0_preview/index.html

```html
<html>
<head>
    <meta http-equiv="Content-Type" content="text/html; charset=utf-8">
    <title></title>
    <style>
        body{
            font-size:9pt;
        }
        #real_image_container{
            position:absolute;
            width:300px;
            height:200px;
            top:100px;
            left:100px;
            border:1px solid #ff0000;
```

```
    }
    #real_image_container #real_image{
        position:absolute;
        background:#000000;
        opacity:0.8;
    }
    #image_container{
        position:absolute;
        width:300px;
        height:200px;
        top:100px;
        left:500px;
        border:1px solid #ff0000;
    }
    #image_container #image_canvas{
        position:absolute;
        background:#eeeeee;
    }
    #image_info{
        position:absolute;
        top:80px;
        left:100px;
    }
</style>
<script type="text/javascript" src="../libs/jquery-1.7.1.min.js"></script>
<script type="text/javascript" src="../libs/jquery.easing.1.3.js"></script>
<script>
    var $imageContainer;
    var $imageInfo;
    var nContainerWidth;
    var nContainerHeight;
    var $imageCanvas;
    var $realImage;
    window.onload = function(){
        // 기본 정보 초기화
        init();
        // 테스트 시작
        startTimer();
    }

    // 기본 정보 초기화
    function init(){
        // 이미지 컨테이너를 재사용하기 위해 미리 찾아 변수에 담아놓기
        this.$imageContainer = $("#image_container");

        // 이미지 컨테이너의 너비와 높이 구하기
        this.nContainerWidth = this.$imageContainer.width();
        this.nContainerHeight = this.$imageContainer.height();
```

```
            // 이미지 캔버스 역시 계속 사용하기 때문에 미리 찾아 변수에 담아 둠
            this.$imageCanvas = $("#image_canvas");

            // 이미지 캔버스의 크기를 이미지 컨테이너 크기로 초기화
            this.$imageCanvas.width(this.nContainerWidth);
            this.$imageCanvas.height(this.nContainerHeight);

            // 구해지는 이미지 정보를 확인하기 위한 임시 엘리먼트
            this.$imageInfo = $("#image_info");

            // 실제 이미지 크기를 나타낼 엘리먼트
            this.$realImage = $("#real_image");
    }


// 타이머 시작
function startTimer(){
    // 2초에 한 번씩 이미지 리사이징 실행
    setInterval(randomResizing, 2000);
}

// 가로/세로 비율에 따른 이미지 크기 조절
function randomResizing(){
```
❶
```
    // 이미지의 너비와 높이 값을 무작위로 구함
    var nWidth = 100+Math.floor(Math.random()*300);
    var nHeight = 50+Math.floor(Math.random()*250);

    // 실제 이미지 엘리먼트의 크기를 설정
    this.$realImage.width(nWidth);
    this.$realImage.height(nHeight);
```
❷
```
    /* 이미지 조절 */
    // 이미지 컨테이너: 신규 이미지 가로/세로 비율에 따른 이미지 크기와 위치 값 구하기
    var sizeInfo = this.getImageResizingInfo(nWidth, nHeight);
```
❸
```
    // 컨테이너 크기에 벗어나지 않고 비율에 맞게 이미지 크기와 위치를 부드럽게 조절
    this.$imageCanvas.animate(sizeInfo,300, "easeOutQuint", function(){

        // 이곳에는 애니메이션이 끝나면 로드한 이미지를 서서히 나오도록
        // fadeIn 효과(opacity 값을 0 -> 1)를 구현할 예정입니다.
    } );

    // 알아낸 리사이징 정보 출력
    $imageInfo.html("realWidth="+nWidth+",realHeight="+nHeight+",newWidth="+sizeIn-
    fo.width+", newHeight="+sizeInfo.height+",newLeft="+sizeInfo.left+",newTop="+-
```

```
            sizeInfo.top);
}

// 이미지 리사이징 정보 구하기
function getImageResizingInfo(nImageWidth, nImageHeight){
    var objSizeInfo = {
        width: 0,
        height: 0,
        top:0,
        left:0
    };
    // 이미지 너비, 높이가 모두 컨테이너 너비, 높이보다 작은 경우
    if (this.nContainerWidth > nImageWidth && this.nContainerHeight > nImageHeight)
    {
        // 이미지 위치만 업데이트
        objSizeInfo.width = nImageWidth;
        objSizeInfo.height = nImageHeight;
    }
    else {
        // 이미지 너비와 높이가 모두 컨테이너의 너비와 높이보다 큰 경우
        // 기준이 되는 프로퍼티를 결정하기 위해 너비와 높이의 비율값을 구함
        var nTempWidth = this.nContainerWidth / nImageWidth;
        var nTempHeight = this.nContainerHeight / nImageHeight;

        // 너비, 높이 비율 값 가운데 큰 값이 기준이 되며 나머지는 비율 값에 따른 값을 구함
        if (nTempHeight <= nTempWidth) {
            // 기준 값을 컨테이너 높이로 하고 이때 비율에 따른 이미지 너비 값을 구한다.
            objSizeInfo.width = this.getImageWidth(this.nContainerHeight,
                            nImageWidth, nImageHeight);
            objSizeInfo.height = this.nContainerHeight;
        }
        else {
            // 기준 값을 컨테이너 너비로 하고 이때 비율에 따른 이미지 높이 값을 구함
            objSizeInfo.width = this.nContainerWidth;
            objSizeInfo.height = this.getImageHeight(this.nContainerWidth,
                            nImageWidth, nImageHeight);
        }
    }

    // 이미지가 가운데로 정렬되도록 위치 값을 구함
    objSizeInfo.left = Math.floor((this.nContainerWidth-objSizeInfo.width)/2);
    objSizeInfo.top = Math.floor((this.nContainerHeight-objSizeInfo.height)/2);

     return objSizeInfo;
}

// 비율에 따른 이미지 너비 값 구함
function getImageWidth(nContainerHeight, nImageWidth, nImageHeight){
```

```
        /*
            공식 구하기
            X(새로운 이미지의 width) : 컨테이너.height = 이미지.width: 이미지.height이므로
            X*이미지.height = 컨테이너.height*이미지.width
            X = (컨테이너.height*이미지.width)/이미지.height가 됨.
        */
        return Math.floor((nContainerHeight*nImageWidth)/nImageHeight);
    }

    // 비율에 따른 이미지 높이값 구하기
    function getImageHeight(nContainerWidth, nImageWidth, nImageHeight){
        /*
            공식 구하기
            컨테이너.width : X(새로운 이미지의 height) = 이미지.width: 이미지.height 이므로
            X(새로운이미지.height)*이미지.width = 컨테이너.height*이미지.width
            X = (컨테이너.width*이미지.height)/이미지.width가 됨.
        */
        return Math.floor((nContainerWidth*nImageHeight)/nImageWidth);
    }
</script>
</head>

<body>
    <div id="real_image_container">
        <div id="real_image">
        </div>
    </div>
    <div id="image_container">
        <div id="image_canvas">
        </div>
    </div>
    <div id="image_info"></div>
</body>
</html>
```

소스 설명

❶ 핵심 이슈 해결을 위한 예제 파일은 2초에 한 번씩 무작위로 이미지 크기를 만들어 냅니다. 생성되는 크기
는 이미지 캔버스의 크기보다 큰 width = 100~400px, height = 50~300px 사이의 값이 됩니다.

이렇게 생성된 너비와 높이는 실제 코드에서 로딩해서 사용할 이미지의 너비와 높이를 의미하며, 시뮬레이
션을 위해 변경 전 영역의 #real_image 엘리먼트의 크기로 설정합니다.

❷ 이제 테스트할 대상이 만들어졌으니 핵심 이슈 내용을 적용해 봐야겠죠? getImageResizingInfo( ) 함수
에는 핵심 이슈 풀이에서 다룬 내용이 모두 구현돼 있습니다. 이 함수에서 반환하는 값은 이미지 컨테이너
영역을 벗어나지 않으면서 가로/세로 비율에 맞게 조절된 크기 및 위치 값이 포장돼 있는 하나의 객체입
니다.

```
{
    width:?,
    height:?,
    left:?
    top:?
}
```

❸ 이렇게 구한 정보를 jQuery의 animate( ) 함수의 첫 번째 매개변수 값으로 넣어 크기와 위치 값이 부드럽
게 변경될 수 있게 실행합니다.

소스 설명은 여기까지입니다. 소스를 실행하면 다음과 같은 화면을 볼 수 있을 것입니다.

실행 결과

첫 번째 경우

realWidth=219, realHeight=55,newWidth=219,newHeight=55,newLeft=40,newTop=72

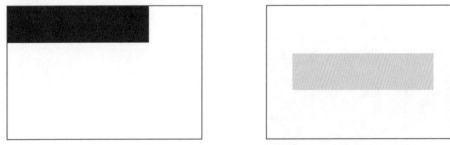

두 번째 경우

realWidth=368, realHeight=52,newWidth=300,newHeight=42,newLeft=0,newTop=79

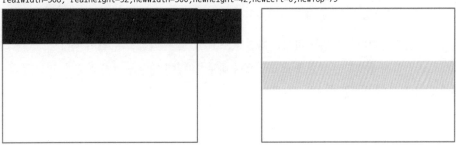

세 번째 경우

realWidth=270, realHeight=298,newWidth=181,newHeight=200,newLeft=59,newTop=0

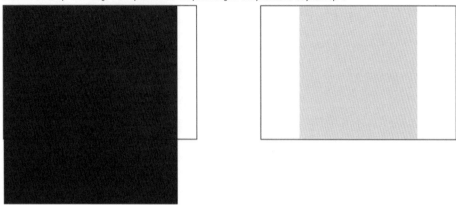

네 번째 경우

realWidth=307, realHeight=227,newWidth=270,newHeight=200,newLeft=15,newTop=0

지금 여러분도 2초마다 한 번씩 바뀌는 화면을 보고 있죠? 논리적 오류 없이 우리가 그렸던 그림대로 깔끔하게 실행되는 모습을 보고 있으니 바로 이 맛에 개발을 하지 않을까, 라는 생각이 문득 듭니다.

이렇게 해서 핵심 기능 및 구현 방법 찾기까지 이미지 갤러리를 제작하기 위한 모든 준비를 마쳤습니다. 긴 여정이었던 만큼 다시 한번 이번 장의 내용을 살펴보시기 바랍니다. 저는 다음 단계인 단계 나누기에서 기다리고 있겠습니다.

단계 나누기

이번 단계는 커다란 이미지 갤러리를 어느 쪽부터, 어떤 순서로, 얼마간의 시간을 들여, 어떻게 처리할지 간단하게 로드맵을 잡는 단계입니다. 진행 방식은 앞에서 이미 여러 번 해봤으니 어떻게 해야 할지 알고 계실 겁니다. 이번에도 잠시 시간을 줄 테니 여러분만의 개발 예상 시나리오와 개발 예상 완료 시간을 잡아보시길 바랍니다. 참고로 저자는 다음과 같이 나눴습니다.

- 단계 #1 - 레이아웃 잡기(3시간)
- 단계 #2 - 페이징 처리(2시간)
- 단계 #3 - 선택된 이미지 활성화(5시간: 핵심 기능이 적용되는 부분)
- 단계 #4 - 선택된 썸네일에 썸네일 커서 이동(1시간)
- 단계 #5 - 이미지 내비게이션 처리(2시간)
- 단계 #6 - 외부 데이터 연동(2시간)
- 단계 #7 - 이미지 코멘트 정보 출력(1시간)

저자가 잡은 시나리오대로라면 이번 프로젝트는 약 16시간 정도 후면 완성될 것 같습니다. 일로 환산하면 이틀 정도 소요되는 셈이군요. 모든 프로젝트가 그렇듯 진행 도중에 생각지도 못했던 돌발 사태가 생길 수도 있으니 이를 감안해 최종 테스트까지 해야 할 시간까지 포함하면 최종 목표 일정을 약 3일 정도로 잡으면 적당할 것 같습니다.

일단 여기까지가 저자가 생각하는 시나리오였습니다. 그럼 이렇게 나눈 개발 시나리오를 바탕으로 실제 개발을 진행해보겠습니다.

구현

단계 #1 - 레이아웃 잡기(3시간)

소스 • 5_ex/ex3_image_gallery/step_1/index.html

```
<html>
<head>
    <meta http-equiv="Content-Type" content="text/html; charset=utf-8">
    <title></title>

    <link rel="stylesheet" href="image_gallery.css" type="text/css">
    <script  type="text/javascript" src="../libs/jquery-1.7.1.min.js"></script>
    <script  type="text/javascript" src="../libs/jquery.easing.1.3.js"></script>
```

```
        <script type="text/javascript" src="image_gallery.js"></script>
    </head>

    <body>
        <div class="image_gallery">
            <div class="image_container">
                <div id="image_canvas">
                    <!-- 테스트를 위해 추가된 값입니다. -->
                    <img src="../img/10.jpg" style="left:150px; height:100%">
                </div>
                <!-- 이미지 메뉴는 시작할 때 화면에 보이지 않습니다. -->
                <div id="image_menu">
                    <button id="prev_image">이전 이미지</button>
                    <button id="next_image">다음 이미지</button>
                </div>
                <!-- 로딩 패널은 이미지가 로딩될 때만 보이게 됩니다. -->
                <div id="loading_panel">
                    <img src="../images/loading.gif" >
                </div>
            </div>
            <div id="image_comment">
                이곳에 이미지 설명이 출력됩니다.
            </div>
            <div class="page_container">
                <div class="thumb_container">
                    <div id="thumb_list">
                        <div id="thumb_cursor"></div>
                            <img src="../img/thumb/thumb_1.jpg">
                            <img src="../img/thumb/thumb_2.jpg">
                            <img src="../img/thumb/thumb_3.jpg">
                            <img src="../img/thumb/thumb_4.jpg">
                            <img src="../img/thumb/thumb_5.jpg">
                            <img src="../img/thumb/thumb_6.jpg">
                            <img src="../img/thumb/thumb_7.jpg">
                            <img src="../img/thumb/thumb_8.jpg">
                            <img src="../img/thumb/thumb_9.jpg">
                            <img src="../img/thumb/thumb_10.jpg">
                            <img src="../img/thumb/thumb_11.jpg">
                            <img src="../img/thumb/thumb_12.jpg">
                            <img src="../img/thumb/thumb_13.jpg">
                            <img src="../img/thumb/thumb_14.jpg">
                            <img src="../img/thumb/thumb_15.jpg">
                            <img src="../img/thumb/thumb_16.jpg">
                            <img src="../img/thumb/thumb_17.jpg">
                            <img src="../img/thumb/thumb_18.jpg">
                            <img src="../img/thumb/thumb_19.jpg">
                            <img src="../img/thumb/thumb_20.jpg">
                            <img src="../img/thumb/thumb_21.jpg">
                            <img src="../img/thumb/thumb_22.jpg">
                            <img src="../img/thumb/thumb_23.jpg">
```

```
                          <img src="../img/thumb/thumb_24.jpg">
                          <img src="../img/thumb/thumb_25.jpg">
                      </div>
                  </div>
              <div class="page_menu">
                  <button id="prev_page">이전 페이지</button>
                  <label id="page_info">page : 00/00</label>
                  <button id="next_page">다음 페이지</button>
              </div>
          </div>
      </div>
  </body>
</html>
```

소스 • 5_ex/ex3_image_gallery/step_1/image_gallery.css

```css
body{
    background-color:#ffffff;
    font-size:9pt;
    color:#999999;
}

button{
    font-size:9pt;
    color:#666666;
}

/* 겔러리 메인 */
div.image_gallery{
    width:600px;
    background-color:#ffffff;
    padding:20px;
}

/* 로딩 이미지와 관련된 요소 */
div.image_gallery div.image_container{
    width:100%;
    height:400px;
    position:relative;
    background-color:#eeeeee;
}

/* 로딩 이미지가 출력될 영역 */
div.image_gallery div.image_container #image_canvas{
    position:absolute;
    background-color:#cccccc;
    width:100%;
    height:100%;
}
```

```css
div.image_gallery div.image_container #image_canvas img{
    position:absolute;
}

/* 이미지 메뉴의 이전, 다음 이미지 버튼 */
div.image_gallery div.image_container  #image_menu{
    position:absolute;
    width:100%;
    height:100%;
    visibility:visible;
}

div.image_gallery div.image_container  #image_menu #prev_image{
    position:absolute;
    left:0;
    top:50%;
}

div.image_gallery div.image_container  #image_menu #next_image{
    position:absolute;
    right:0;
    top:50%;
}

/* 이미지가 로딩될 때 나타나게 되는 로딩 패널 */
div.image_gallery div.image_container #loading_panel{
    position:absolute;
    width:100%;
    height:100%;
    line-height:700px;
    text-align:center;
    vertical-align:middle;
}

/*선택된 이미지 정보 출력 패널 */
div.image_gallery #image_comment{
    height:80px;
    margin-top:5px;
    padding:5px;
    background-color:#eeeeee;
    font-size:9pt;
}

/* 이미지 썸네일 및 페이지 메뉴가 위치하는 컨테이너 */
div.image_gallery div.page_container{
    width:100%;
    margin-top:5px;
}
```

```
/* 이미지 썸네일이 담길 영역 */
div.image_gallery div.page_container .thumb_container{
    position:relative;
    height:66px;
    padding-left:8px;
    overflow:hidden;
    background-color:#eeeeee;
}

div.image_gallery div.page_container .thumb_container #thumb_list{
    position:absolute;
    top:0;
}

/*
 하나의 썸네일 이미지는 64*50
 * */
div.image_gallery div.page_container .thumb_container #thumb_list img{
    width:64px;
    height:50px;
    float:left;
    margin-top:8px;
    margin-bottom:8px;
    margin-right:10px;
}

/* 썸네일 커서 */
div.image_gallery div.page_container .thumb_container #thumb_list #thumb_cursor{
    position:absolute;
    top:0;
    width:60px;
    height:46px;
    margin-top:6px;
    margin-bottom:8px;
    margin-right:10px;
    border:4px  solid  #ff0000;
}

/* 페이지 메뉴 */
div.image_gallery div.page_container .page_menu{
    text-align:center;
    line-height:40px;
    vertical-align:middle;
}
```

소스 • 5_ex/ex3_image_gallery/step_1/image_gallery.js

```
$(document).ready(function(){
    // 여기서부터 소스가 시작한답니다.
});
```

소스 설명

레이아웃은 다음과 같은 구조로 돼 있으며 image_gallery.css에는 여기에 맞게 스타일이 정의
돼 있습니다.

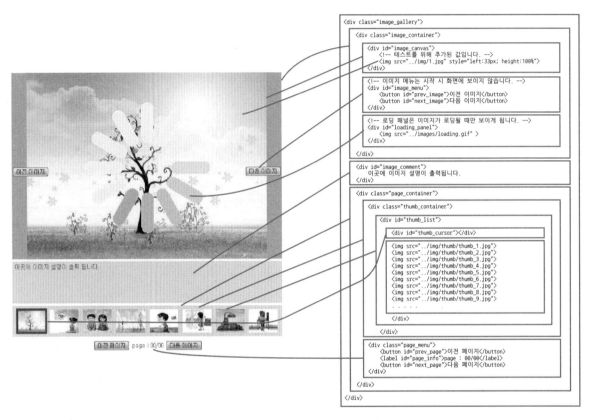

이미지 갤러리의 구조는 다음과 같이 총 3개의 영역으로 나뉩니다.

1. 로딩된 이미지가 출력되는 컨테이너와 이미지 메뉴가 포함돼 있는 이미지 컨테이너(.image_container)

2. 추후 Ajax에 의해 얻게 되는 정보 가운데 이미지 설명이 출력될 이미지 설명 영역(#image_comment)

3. 썸네일과 페이지 메뉴가 포함돼 있는 페이지 컨테이너(.page_container)

여기서 주의 깊게 봐야 될 부분은 HTML 페이지의 엘리먼트 요소 가운데 id 속성을 가지고 있
는 엘리먼트입니다. 이 엘리먼트는 나중에 자바스크립트로 접근해서 다루게 될 주요 대상임을
의미합니다.

그리고 1단계에서 실행 결과에는 #loading_panel, #image_menu 엘리먼트가 화면에 보이게 돼 있는데요, 이번 단계에서는 테스트 목적으로 잠시 보이게 해둔 것입니다. 2단계에서는 기본적으로 보이지 않게 됩니다.

레이아웃 제작은 이 정도로 마무리하고, 지금부터 멈춰 있는 엘리먼트에 하나씩 생명을 불어넣는 작업을 해보겠습니다.

단계 #2 – 페이징 처리(2시간)

이번 단계에서 진행할 내용은 "위아래로 부드럽게 움직이는 페이지 전환 효과"에서 살펴본 페이징 처리를 구현하는 작업입니다. 한 번에 처리하기에는 약간 커다란 작업이므로 다음과 같이 두 개의 조각으로 나누어 완성해보겠습니다.

단계 #2-1. 페이지 정보 구하기

단계 #2-1. 페이지 전환 시 슬라이드업, 슬라이드다운 효과 적용

단계 #2-1. 페이지 정보 구하기

소스 • 5_ex/ex3_image_gallery/step_2_1/image_gallery.js

```
$(document).ready(function(){
❶
    // 기본값으로 현재 페이지 정보를 0로 한다.
    var nCurrentPageIndex = 0;
    // 썸네일 목록을 가지고 전체 페이지 개수를 구한다.
    var $thumbs = $("#thumb_list img");
    var nPageLength = Math.ceil($thumbs.size()/8);

    alert("페이지 개수 "+nPageLength );

❷
    // 페이지 정보를 출력한다.
    var $pageInfo = $("#page_info");
    $pageInfo.html("page : "+(nCurrentPageIndex+1)+"/"+nPageLength);
```

❸

```
   // 이전 페이지 구하기
   $("#prev_page").bind("click",function(){
①
      nCurrentPageIndex--;
②
      if(nCurrentPageIndex<0)
         nCurrentPageIndex = 0;
③
      $pageInfo.html("page : "+(nCurrentPageIndex+1)+"/"+nPageLength);
});
```

❹

```
   // 다음 페이지 구하기
   $("#next_page").bind("click",function(){
①
      nCurrentPageIndex++;
②
      if(nCurrentPageIndex>=nPageLength)
         nCurrentPageIndex = nPageLength-1;
③
      $pageInfo.html("page : "+(nCurrentPageIndex+1)+"/"+nPageLength);
   });
});
```

소스 설명

소스를 보자마자 뭔가 반복되는 부분이 많다는 느낌을 받았을 것입니다. 이 내용은 나중에 다시 다룰 테니 잠시 뒤로 미뤄두고 일단 구현에 집중해서 봐주시기 바랍니다.

이번 단계에서 진행할 내용은 페이지를 실제 전환하기 위한 기초 작업을 하는 것입니다. 이 기초 작업은 우선 총 페이지 개수를 구한 후 이전 페이지 버튼과 다음 페이지 버튼이 클릭되는 경우 이에 맞게 페이지 인덱스 값을 구해 페이지 정보 창인 #page_info에 출력하는 작업입니다.

❶ 페이지 개수 구하기

페이지를 구하는 공식은 다음과 같습니다.

페이지 개수 = Math.ceil(전체 이미지(여기서는 썸네일 이미지 개수)/한 페이지에 출력되는 썸네일 개수)

❷ 페이지 정보 출력

처음에 시작할 때 1번 영역에서 구한 페이지 전체 개수와 현재 보여지는 페이지 인덱스 값을 사용자가 확인할 수 있게 #page_info에 출력합니다. 참고로 페이지 인덱스 값은 0부터 시작해 전체 페이지 개수 − 1까지입니다.

❸ 이전 페이지 이동

jQuery의 bind( ) 함수를 이용해 #prev_page에 click 이벤트를 등록했습니다. 이벤트 리스너 내부에는

① 이전 페이지의 인덱스 값을 구하는 구문이 들어 있으며,

② 이전 페이지가 없는 경우에는 페이지 인덱스 값이 0인 첫 번째 페이지에 머물게 해줍니다.

③ 끝으로 페이지 정보가 변경됐으니 사용자에게 이 사실을 알려줘야겠죠?

#page_info에 출력된 정보를 업데이트합니다.

❹ 다음 페이지 이동

이전 페이지로 이동하는 과정과 방향만 반대일 뿐 처리되는 내용은 모두 동일합니다.

일단 여기까지 소스를 확인했다면 정상적으로 동작하는지 실행해봐야겠죠? 그럼 바로 이어서 페이지 인덱스에 맞는 페이지 화면이 나오도록 구현해보겠습니다.

단계 #2-2. 페이지 전환 시 슬라이드업 슬라이드다운 효과 적용

1. 이전 페이지 버튼을 누르는 경우,
썸네일 목록을 가지고 있는
썸네일 목록 영역이 아래로
부드럽게 이동됩니다.

2. 다음 페이지 버튼을 누르는 경우,
썸네일 목록을 가지고 있는
썸네일 목록 영역이 위로
부드럽게 이동됩니다.

```
$(document).ready(function(){
    . . . . .
    // 페이지 정보를 출력
    var $pageInfo = $("#page_info");
    $pageInfo.html("page : "+(nCurrentPageIndex+1)+"/"+nPageLength);

❶  var $thumbList = $("#thumb_list");

    // 이전 페이지 구하기
    $("#prev_page").bind("click",function(){

        nCurrentPageIndex--;
        if(nCurrentPageIndex<0)
            nCurrentPageIndex = 0;

        $pageInfo.html("page : "+nCurrentPageIndex+"/"+nPageLength);

❷      $thumbList.animate({top:-((nCurrentPageIndex)*66)},
            300,
            "easeOutQuint"
        );
    });

    // 다음 페이지 구하기
    $("#next_page").bind("click",function(){
        nCurrentPageIndex++;
        if(nCurrentPageIndex>=nPageLength)
            nCurrentPageIndex = nPageLength-1;

        $pageInfo.html("page : "+(nCurrentPageIndex+1)+"/"+nPageLength);

❸      $thumbList.animate({top:-((nCurrentPageIndex)*66)},
            300,
            "easeOutQuint"
        );
    });
```

소스 설명

❶ 우리가 움직임을 줄 대상은 썸네일이 가득 들어 있는 #thumb_list 엘리먼트입니다. 일단 #thumb_list를 찾아 변수에 담아둡니다.

❷ 1단계에서 잡은 레이아웃에 따라 한 페이지의 높이는 66px으로 돼 있으며, 여기에 현재 페이지의 인덱스 값을 곱하면 #thumb_list를 이동시킬 위치 값을 구할 수 있습니다.

예를 들어, 현재 페이지의 인덱스 값이 3(네 번째 페이지)일 때 이전 페이지 버튼이 클릭되면 현재 페이지는 2가 되어 2*66=132, 즉 132px라는 위치 값을 얻게 됩니다.

이렇게 구한 값을 #thumb_list 엘리먼트의 스타일 속성인 top에 부드럽게 적용될 수 있게 animate( ) 함수를 이용합니다. 즉, 아래에서 위로 이동하는 슬라이드업 효과를 방금 막 구현한 상태입니다.

❸ ❷번과 동일한 소스이지만 위에서 아래로 이동하는 슬라이드다운 효과가 실행됩니다.

소스를 모두 추가했다면 정상적으로 동작하는지 실행해 보면 페이지가 위아래로 부드럽게 이동하는 모습을 확인할 수 있습니다. 슬라이드업, 슬라이드다운 효과가 너무 빠르게 느껴진다면 여러분의 취향에 맞게 animate( ) 함수의 매개변수 중 duration 값을 적절하게 조절하면 됩니다.

이렇게 해서 페이징 처리 효과를 모두 구현해봤습니다. 그런데 다음 단계로 가기 전에 급하게 작성해 둔 코드에서 중복된 부분과 덩치가 커다란 함수 등의 냄새 나는 코드를 찾아 리팩토링을 해야 합니다. 이러한 작업은 수시로 해주는 것이 좋습니다.

단계 #2-3 – 리팩토링

2-2단계에서 작성한 코드는 정말 야생의 코드 그 자체입니다. 이런 코드를 만나면 다음과 같은 리팩토링을 해줍니다.

A. 가장 먼저 중복되는 코드를 찾아 하나의 함수로 캡슐화합니다.

B. 다음으로 덩치가 큰 함수를 찾아 하나의 작은 단위로 뽑아낼 수 있는 구문을 찾아 함수로 독립시켜 줍니다.

C. A번과 B번이 진행되면 자동으로 지역변수와 전역 변수로 구분할 대상이 나뉩니다. 또한 의미 있는 숫자는 상수 변수에 담아 소스 코드의 최상단에 위치시켜 줍니다.

이번에는 이러한 리팩토링 순서를 그대로 적용해 냄새 나는 코드를 제거해보겠습니다.

5_ex/ex3_image_gallery/step_2_2/image_gallery.js

5_ex/ex3_image_gallery/step_2_3/image_gallery.js

```javascript
$(document).ready(function(){
    // 현재 페이지 인덱스를 0으로 초기화
    var nCurrentPageIndex= 0;

    // 전체 페이지 개수를 구함
    var $thumbs= $("#thumb_list img");

    var nPageLength= Math.floor($thumbs.size()/8);
    if($thumbs.size()%8)
        nPageLength++;

    // 페이지 정보를 출력
    var $pageInfo= $("#page_info");

    $pageInfo.html("page : "+(nCurrentPageIndex+1)+"/"+nPageLength);

    var $thumbList= $("#thumb_list");

    // 이전 페이지 구하기
    $("#prev_page").bind("click",function(){

        nCurrentPageIndex--;
        if(nCurrentPageIndex<0)
            nCurrentPageIndex=0;

        $pageInfo.html("page : "+nCurrentPageIndex+"/"+nPageLength);

        $thumbList.animate({top:-((nCurrentPageIndex)*66)},
            300,
            "quintEaseOut");
    });

    // 다음 페이지 구하기
    $("#next_page").bind("click",function(){

        nCurrentPageIndex++;
        if(nCurrentPageIndex>=nPageLength)
            nCurrentPageIndex=nPageLength-1;

        $pageInfo.html("page : "+(nCurrentPageIndex+1)+"/"+nPageLength);

        $thumbList.animate({top:-((nCurrentPageIndex)*66)},
            300,
            "quintEaseOut");
    });

});
```

❶
```javascript
// 한 페이지에 들어가는 썸네일 이미지 개수
var PAGE_THUMB_COUNT=8;
// 한 페이지 높이
var PAGE_HEIHGT=64;
// 페이지 애니메이션 진행 시간
var PAGE_ANIMATION=300;

var nCurrentPageIndex;
var nPageLength;
var $pageInfo;
var $thumbs;
var $thumbList;
```

❷
```javascript
$(document).ready(function(){
    // 이미지 갤러리와 관련된 정보 초기화
    init();
    // 썸네일 이미지 정보 설정
    updateThumbnailImages();
    //전체 페이지 개수 구하기
    calculatePageLength();
    // 페이지 정보 업데이트
    updatePageInfo();
    // 이벤트 초기화
    initEventListener();
});
```

❸
```javascript
// 이미지 갤러리와 관련된 정보 초기화
function init(){
    // 현재 페이지 인덱스를 0으로 초기화
    this.nCurrentPageIndex= 0;
    this.nPageLength= 0;

    this.$pageInfo= $("#page_info");

    this.$thumbList= $("#thumb_list");
}
```

❹
```javascript
// 썸네일 이미지 정보 설정
function updateThumbnailImages(){
    this.$thumbs= $("#thumb_list img");
}
```

❺
```javascript
// 전체 페이지 개수 구하기
function calculatePageLength(){
    this.nPageLength= Math.floor(this.$thumbs.size()/PAGE_THUMB_COUNT);
    if(this.$thumbs.size()%PAGE_THUMB_COUNT)
        this.nPageLength++;
}
```

❻
```javascript
// 페이지 정보 업데이트
function updatePageInfo(){
    // 페이지 정보를 출력한다.
    this.$pageInfo.html("page : "+(this.nCurrentPageIndex+1)+"/"+this.
nPageLength);
}
```

❼
```javascript
// 이벤트 초기화
function initEventListener(){
    // 이전 페이지로 이동.
    $("#prev_page").bind("click",function(){
        prevPage();
    });

    // 다음 페이지로 이동
    $("#next_page").bind("click",function(){
        nextPage();
    });
}
```

소스 설명

A. 중복 코드 제거

먼저 중복된 코드를 찾아 하나의 함수로 캡슐화해야 합니다(❻ 참고).

B. 덩치가 큰 함수 쪼개기

기존 코드의 ready( ) 영역에 들어 있는 요소 가운데 독립적으로 빼낼 수 있는 부분을 모두 찾아냅니다. 여기서 가장 눈에 띄는 부분은 전체 페이지 개수를 구하는 구문입니다. 코드를 분리하려면 먼저 적절하게 어울리는 함수의 이름을 지어준 다음 코드를 그대로 복사해줍니다. 이어서 코드를 다듬으며 전역 변수와 지역 변수, 그리고 상수로 뺄 부분을 모두 골라 선언합니다(❶, ❸, ❹, ❺, ❼ 참고).

이 순서를 거쳐 완성된 내용을 실행하는 위치가 바로 ❷ 영역의 코드입니다.

이런 식으로 페이지 처리하는 부분도 리팩토링하면 다음과 같이 코드를 수정할 수 있습니다.

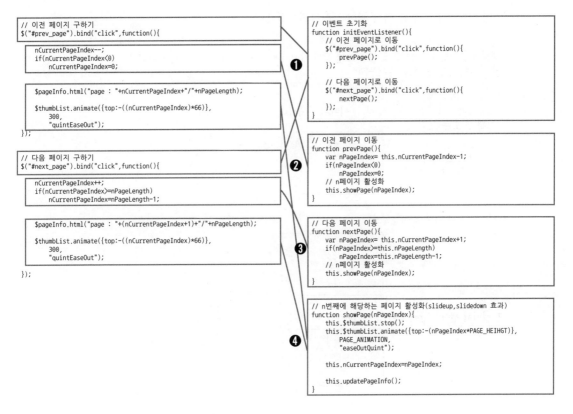

❶ 먼저 이벤트를 등록하는 부분을 모두 찾아 initEventListener( ) 함수로 독립시킵니다.

❷ 이전 페이지를 구하는 부분만 따로 독립시켜 줍니다.

❸ 다음 페이지를 구하는 부분만 따로 독립시켜 줍니다.

❹ 리팩토링을 하기 전의 코드에서 보면 애니메이션을 구현하는 부분이 중복돼 있습니다. showPage( ) 함수를 만들어 중복된 코드를 모두 걷어 이곳에 넣어줍니다.

자! 여기까지 리팩토링 작업을 진행해봤습니다. 모 방송사의 "우리 아이가 달라졌어요"라는 프로그램처럼 지독한 냄새를 풍기던 코드가 몰라볼 정도로 달라졌다는 사실을 여러분도 지금 느끼고 있을 것입니다.

리팩토링을 완료했으니 정상적으로 실행되는지 확인해봐야겠죠?

단계 #3 - 선택된 이미지 활성화(5시간: 핵심 기능이 적용된 부분)

드디어 이번 프로젝트의 하이라이트인 선택된 이미지 활성화 단계에 접어들었습니다. 핵심 이슈 풀이 내용도 이곳에서 제작하며 작업할 내용도 아주 많습니다. 그럼 이번 단계에서 구현해야 할 내용이 무엇인지 좀 더 구체적으로 살펴보겠습니다.

썸네일이 클릭된다든지 앞으로 만들게 될 이전 이미지 버튼, 다음 이미지 버튼이 클릭되어
해당 이미지가 활성화되는 순서는?!!!

0. 실행 전 모습

이미지 컨테이너

활성화 이미지
(이미지 캔버스
내부에 위치)

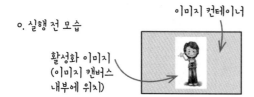

1. 이미지 로딩 패널 표시(활성화)

2. 이미지 캔버스 안에 들어 있는 기존 이미지 제거

3. 이미지 로딩 시작

내부에서는
new Image()처럼
Image 객체가 생성되어
선택된 이미지가 로드되기 시작합니다.

~~~~
이미지가 모두 로딩 완료되기를
기다리게 됩니다.
~~~~

이미지 로딩이 정상적으로 이루어진 후

4. 이미지 로딩 패널 숨기기(비활성화)

5. 이미지 컨테이너 : 이미지 가로/세로 비율에 따른 이미지 크기와 위치 값 구하기
   (핵심 이슈에서 했던 내용입니다.)

로딩한 원본
이미지

크기가 조정된
이미지

width:300px, height:200px

width:178px, height:120px

6. 이미지 캔버스에 애니메이션 적용

쉬~익!

7. 캔버스에 크기가 조정된 이미지 추가

추가는 됐지만 opacity:0이라서
화면에는 아직 보이질 않습니다.

8. 이미지에 페이드인 효과 적용

쉬~익!

opacity 값을 0에서 1로 서서히 증가시켜
페이드인 효과를 구현합니다.

생각보다 만들어 할 분량이 많아 보입니다. 이런 걸 한 번에 끝내려고 덥석 물었다가는 배탈나기 십상입니다. 이럴 때는 생각할 것도 없이 무조건 작은 조각으로 나눠야 합니다. 그런데 아직 어떻게 작은 조각으로 나눠야 할지 모르겠다고요? 괜찮습니다. 모든 건 적응하는 데 시간이 필요한 법. 우선 저자가 안내하는 순서대로 진행하며 서서히 감을 익히는 걸로 하겠습니다.

단계 #3-1

- 선택 이미지 로드

단계 #3-2

- 이미지 로딩 패널 보이기/숨기기

단계 #3-3

- 핵심 이슈 적용

이제야 한 번에 처리할 수 있는 규모가 됐네요. 그럼 하나씩 구현해 보겠습니다.

단계 #3-1 선택 이미지 로드

그런데 이미지가 활성화되는 순서대로라면 8단계 중 첫 번째 단계인 이미지 패널 표시부터 시작해야 하는 거 아니냐고 생각하는 분들이 있을지도 모르겠습니다. 참고로 여기서 3단계부터 시작하는 이유는 일종의 뼈대를 세울 필요성이 있어서라고 보면 됩니다. 일단 뼈대를 만들고 나면 나머지 단계의 작업은 쉽게 해결됩니다. 좀더 자세한 내용은 실제 프로젝트를 진행하면서 살펴보겠습니다.

소스 • 5_ex/ex3_image_gallery/step_3_1/image_gallery.js

```
// 로딩 이미지가 출력될 영역
var $imageCanvas;

// 이미지 갤러리와 관련된 정보 초기화
function init(){
    . . . .
❶
    this.$imageCanvas = $("#image_canvas");
}

    // 이벤트 초기화
  function initEventListener(){
    . . . .
```

❷
```
    // 썸네일이 클릭되는 경우 썸네일에 해당하는 이미지 읽기
    this.$thumbs.bind("click",function(){
        var nIndex = $thumbs.index($(this));
        loadImage(nIndex)
    })
}
```

❸
```
// nIndex에 해당하는 이미지 읽기
function loadImage(nIndex){
    // 2. 이미지 캔버스 안에 들어 있는 기존 이미지 제거
    $imageCanvas.empty();

    var imageLoader = new Image();
    imageLoader.addEventListener("load", function(){
        alert("width "+ imageLoader.width+ ", height ="+imageLoader.height)
        $imageCanvas.append(imageLoader);
    });
    // 3. 이미지 로딩 시작
    imageLoader.src = "../img/"+(nIndex+1)+".jpg";
}
```

소스 설명

이번 단계에서 할 작업은 아주 간단합니다. 일단 특정 썸네일이 클릭되면 이에 맞는 원본 이미지를 로드해서 이미지 캔버스 영역에 붙이기만 하면 됩니다. 이미지 효과를 어떻게 주고, 비율을 계산하는 구문을 어디에 작성할 것인지 등의 생각은 과감히 버리세요. 오직 이미지를 로딩하는 데만 집중하면 됩니다. 왜냐하면 이미지가 로딩돼야 비로소 다른 단계의 작업이 이뤄지기 때문입니다.

새로 추가된 소스를 설명하면 다음과 같습니다.

❶ 로드한 이미지가 위치할 #image_canvas 엘리먼트를 전역 변수에 담아둡니다.

❷ initEventListener( ) 함수의 가장 아래에 click 이벤트를 등록한 후 내부에 새롭게 만든 loadImage( ) 함수를 호출해 이미지가 로딩되도록 구문을 작성해 줍니다.

❸ loadImag( )는 이미지 로딩을 전문으로 하는 함수로서 이번 단계에 새롭게 만들어진 함수입니다. 이미지를 로드하기 전에 #image_canvas 안에 있는 이미지를 제거합니다. 그런 다음 이미지를 로드하고자 이미지를 로드할 수 있는 기능을 제공하는 Image( ) 객체를 생성합니다. 그리고 이미지 로드를 시작하기 전에 이미지 로딩이 완료되면 발생하는 load 이벤트의 리스너를 추가하고, 이 리스너 안에 로드한 이미지를 이미지 캔버스에 추가하는 구문을 넣습니다.

이제 이미지를 로드할 모든 준비가 끝났습니다. 로드할 이미지의 이름을 Image 객체의 src 프로퍼티에 대입하면 즉시 이미지가 로드되기 시작합니다.

정말 이미지가 로드되는지 실행해볼까요? 아마 로드된 이미지가 클 경우 캔버스 영역을 뚫고 나와 이미지 갤러리를 모두 뒤덮어버리는 모습을 보고 깜짝 놀랄지도 모르겠습니다. 괜찮습니다. 앞에서 언급한 것처럼 일단 이렇게 뼈대를 만들어두고 하나씩 다듬어 나가면 됩니다.

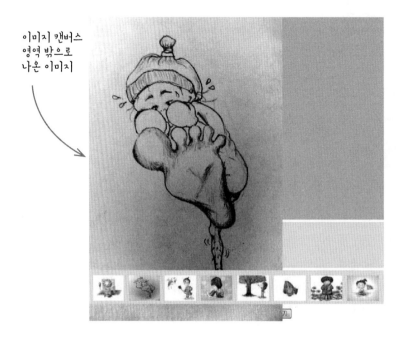

이미지 캔버스
영역 밖으로
나온 이미지

정리해보면 이미지를 활성화하는 작업은 현재 다음과 같이 진행된 상태입니다.

1. 이미지 로딩 패널 표시(활성화)

2. 이미지 캔버스 안에 들어 있는 기존 이미지 제거(완료)

3. 이미지 로딩 시작(완료)

4. 이미지 로딩 패널 숨기기(비활성화)

5. 이미지 컨테이너: 이미지의 가로/세로 비율에 따른 이미지 크기와 위치 값 구하기(핵심 이슈 내용)

6. 이미지 캔버스에 애니메이션 적용

7. 캔버스에 리사이징된 이미지 추가

8. 이미지에 페이드인 효과 적용

단계 #3-2 이미지 로딩 패널 보이기/숨기기

소스 • 5_ex/ex3_image_gallery/step_3_2/image_gallery.js

```javascript
// 이미지 로딩 패널
var $imageLoadingPanel;

// 이미지 갤러리와 관련된 정보 초기화
function init(){
    . . . .
    this.$imageCanvas = $("#image_canvas");

❶
    this.$imageLoadingPanel = $("#loading_panel");
}

    // nIndex에 해당하는 이미지 읽기
function loadImage(nIndex){
❸
    // 1. 로딩 패널 활성화
    this.showLoadingPanel(true);

    // 2. 이미지 캔버스 안에 들어 있는 기존 이미지 제거
    this.$imageCanvas.empty();

    var imageLoader = new Image();
    imageLoader.addEventListener("load", function(){
        alert("width "+ imageLoader.width+", height ="+imageLoader.height)
❹
        // 로딩 패널 비활성화
        showLoadingPanel(false);

        $imageCanvas.append(imageLoader);
    });

    // 3. 이미지 로딩 시작
    imageLoader.src = "../img/"+(nIndex+1)+".jpg";
}

❷
// 로딩 중 패널 표시/숨기기 처리
function showLoadingPanel(bShow){
    if(bShow)
        this.$imageLoadingPanel.css("visibility", "visible");
    else
        this.$imageLoadingPanel.css("visibility", "hidden");
}
```

소스 설명

이미지 로딩은 사용자의 네트워크 환경에 따라 다소 오랫동안 지연될 수도 있습니다. 이를 위해 이미지가 로딩되는 동안에 대부분 "이미지가 로딩되고 있으니 잠시만 기다려 주세요."라는 메시지 또는 로딩 이미지를 화면에 보여줍니다. 바로 이 내용이 이번에 해야 할 작업입니다.

❶ 이미지가 로딩되는 동안 사용자에게 보여줄 내용은 #loading_panel 안에 들어 있습니다. 이를 위해 이 엘리먼트를 사용하기 쉽게 시작 시에 미리 찾아 변수에 담아둡니다.

❷ 일단 로딩 패널의 활성화/비활성화 처리를 전담하는 showLoadingPanel( ) 함수를 만듭니다. 이후 로딩 패널을 활성화할 때는 showLoadingPanel(true)를, 비활성화할 때는 showLoadingPanel(false)를 실행하면 됩니다.

❸ 바로 이 영역에 showLoadingPanel(true)를 실행하고

❹ 이미지가 모두 로딩 완료된 후 로딩 이미지를 이미지 캔버스에 붙이기 전에 showLoadingPanel(false)를 실행해 로딩 패널을 비활성화합니다.

끝으로 작성한 소스가 정상적으로 실행되는지 테스트합니다. 참고로 테스트를 로컬에서 하는 경우 이미지 로딩이 순식간에 일어나게 되어 로딩 패널이 나타났다 바로 사라지는 현상이 발생할 수 있습니다. 그래서 제대로 동작하지 않는다고 판단할 수 있으니 이 점을 참고해서 테스트하기 바랍니다.

정상적으로 실행되는 것을 확인했으면 이번 단계에서 진행한 내용을 정리하겠습니다.

~~1. 이미지 로딩 패널 표시(활성화)~~

~~2. 이미지 캔버스 안에 들어 있는 기존 이미지 제거(완료)~~

~~3. 이미지 로딩 시작(완료)~~

~~4. 이미지 로딩 패널 숨기기(비활성화)~~

5. 이미지 컨테이너: 이미지의 가로/세로 비율에 따른 이미지 크기와 위치 값 구하기(핵심 이슈 내용)

6. 이미지 캔버스에 애니메이션 적용

7. 캔버스에 리사이징된 이미지 추가

8. 이미지에 페이드인 효과 적용

이제 딱 절반이 진행됐습니다. 그런데 남은 내용이 어디서 많이 본 듯한 내용 같지 않나요? 네, 맞습니다. 바로 핵심 이슈에서 다룬 내용입니다.

단계 #3-3 핵심 이슈 적용

소스 • 5_ex/ex3_image_gallery/step_3_3/image_gallery.js

```javascript
var $imageContainer;
// 컨테이너의 너비와 높이
var nContainerWidth;
var nContainerHeight;

// 이미지 갤러리와 관련된 정보 초기화
function init(){
    . . .
❶
    // 이미지 컨테이너의 너비와 높이를 미리 구해 놓는다.
    this.$imageContainer = $("div.image_container");
    this.nContainerWidth = this.$imageContainer.width();
    this.nContainerHeight = this.$imageContainer.height();
}

// nIndex에 해당하는 이미지 읽기
function loadImage(nIndex){
    // 1. 로딩 패널 활성화
    this.showLoadingPanel(true);

    // 2. 이미지 캔버스 안에 들어 있는 기존 이미지 제거
    this.$imageCanvas.empty();

    var imageLoader = new Image();
    imageLoader.addEventListener("load", function(){

        // 4. 로딩 패널 비활성화
        showLoadingPanel(false);

❷
        // 이미지 업데이트
        updateImageCanvas(imageLoader);
    });

    // 3. 이미지 로딩 시작
    imageLoader.src = "../img/"+(nIndex+1)+".jpg";
}
```

```
// 로딩 중 패널 표시/숨기기
function showLoadingPanel(bShow){
    if(bShow)
        this.$imageLoadingPanel.css("visibility", "visible");
    else
        this.$imageLoadingPanel.css("visibility", "hidden");
}

// 이미지 업데이트
function updateImageCanvas(image){
❸
    // 5. 이미지 컨테이너: 이미지의 가로/세로 비율에 따른 이미지 크기와 위치 값 구하기
    var sizeInfo = this.getImageResizingInfo(image.width, image.height);

❹
    // 6. 이미지 캔버스에 애니메이션 적용
    this.$imageCanvas.stop();
    this.$imageCanvas.animate(sizeInfo,RESIZING_ANIMATION, "easeOutQuint", function(){

❺
        // 이미지 정보 초기화
        var $image = $(image);
        $image.css({
            opacity: 0,
            width: sizeInfo.width,
            height: sizeInfo.height
        });

❻
        // 7. 캔버스에 리사이징된 이미지 추가
        $imageCanvas.append($image);

❼
        // 8. 이미지에 페이드인 효과 적용
        $image.animate({opacity: 1},
            FADEIN_ANIMATION,
            "easeInQuint"
        );
    });
}

// 이미지 리사이징 정보 구하기
function getImageResizingInfo(nImageWidth, nImageHeight){
    var objSizeInfo = {
        width: 0,
        height: 0,
        top:0,
```

```
            left:0
        };
        // 이미지 너비, 높이가 모두 컨테이너 너비, 높이보다 작은 경우
        if (this.nContainerWidth > nImageWidth && this.nContainerHeight > nImageHeight) {
            // 이미지 위치만 업데이트
            objSizeInfo.width = nImageWidth;
            objSizeInfo.height = nImageHeight;
        }
        else {
            // 이미지 너비, 높이가 모두 컨테이너 너비, 높이보다 큰 경우
            // 기준이 되는 프로퍼티를 결정하기 위해 너비와 높이의 비율 값을 구함
            var nTempWidth = this.nContainerWidth / nImageWidth;
            var nTempHeight = this.nContainerHeight / nImageHeight;

            // 너비, 높이 비율 값 중 큰 값이 기준이 되며, 나머지는 비율 값에 따른 값을 구함
            if (nTempHeight <= nTempWidth) {
                // 기준 값을 컨테이너 높이로 하고 이때 비율에 따른 이미지 너비 값을 구한다.
                objSizeInfo.width = this.getImageWidth(this.nContainerHeight,
                                    nImageWidth, nImageHeight);
                objSizeInfo.height = this.nContainerHeight;
            }
            else {
                // 기준 값을 컨테이너 너비로 하고 이때 비율에 따른 이미지 높이 값을 구한다.
                objSizeInfo.width = this.nContainerWidth;
                objSizeInfo.height = this.getImageHeight(this.nContainerWidth,
                                    nImageWidth, nImageHeight);
            }
        }

        // 이미지가 가운데로 정렬되도록 위치값을 구한다.
        objSizeInfo.left = Math.floor((this.nContainerWidth-objSizeInfo.width)/2);
        objSizeInfo.top  = Math.floor((this.nContainerHeight-objSizeInfo.height)/2);

        return objSizeInfo;
    }


// 비율에 따른 이미지 너비 값 구하기
function getImageWidth(nContainerHeight, nImageWidth, nImageHeight){
    /*
        공식 구하기
        X(새로운이미지.width) : 컨테이너.height = 이미지.width: 이미지.height
        이므로
        X*이미지.height = 컨테이너.height*이미지.width
        X = (컨테이너.height*이미지.width)/이미지.height가 됩니다.
    */
    return Math.floor((nContainerHeight*nImageWidth)/nImageHeight);
}
```

```
// 비율에 따른 이미지 높이 값 구하기
function getImageHeight(nContainerWidth, nImageWidth, nImageHeight){
    /*
        공식 구하기
        컨테이너.width : X(새로운이미지.height)= 이미지.width: 이미지.height
        이므로
        X(새로운이미지.height)*이미지.width = 컨테이너.height*이미지.width
        X = (컨테이너.width*이미지.height)/이미지.width가 됩니다.
    */
    return Math.floor((nContainerWidth*nImageHeight)/nImageWidth);
}
```

소스 설명

이번 단계에서 새로 추가된 내용은 정성 들여 만들어 둔 핵심 이슈 풀이 내용이며, 이 소스에는
다음과 같은 내용이 모두 포함돼 있습니다.

5. 이미지 컨테이너: 이미지의 가로/세로 비율에 따른 이미지 크기와 위치 값 구하기(핵심 이슈 내용)

6. 이미지 캔버스에 애니메이션 적용

7. 캔버스에 리사이징된 이미지 추가

8. 이미지에 페이드인 효과 적용

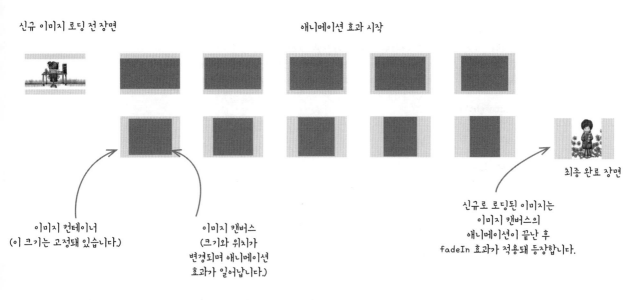

신규 이미지 로딩 전 장면

애니메이션 효과 시작

최종 완료 장면

이미지 컨테이너
(이 크기는 고정돼 있습니다.)

이미지 캔버스
(크기와 위치가
변경되며 애니메이션
효과가 일어납니다.)

신규로 로딩된 이미지는
이미지 캔버스의
애니메이션이 끝난 후
fadeIn 효과가 적용돼 등장합니다.

❶ 먼저 리사이징 처리를 위해 항상 고정 값인 이미지 컨테이너의 너비와 높이를 전역 변수에 담아 둡니다.

❷ 5~8단계의 내용은 이미지가 모두 로딩되고 난 후 updateImageCanvas( ) 함수가 실행되면서 진행됩니다.

❸ 5단계 작업인 이미지 컨테이너: 이미지의 가로/세로 비율에 따른 이미지 크기와 위치 값을 구합니다.

❹ 5단계에서 구한 값을 바탕으로 6단계인 이미지 캔버스에 애니메이션을 적용합니다.

❺ 리사이징 애니메이션이 완료되면 로딩된 이미지의 너비와 높이, 그리고 투명도 값을 0으로 만듭니다.

❻ 7단계 작업인, 이미지 캔버스에 리사이징된 이미지를 추가합니다. 투명도 값이 0이라서 아직까진 눈으로 확인할 수 없습니다.

❼ 8단계 작업인 페이드인 효과가 실행되면 드디어 로드한 이미지를 화면에서 볼 수 있게 됩니다.

자! 여기까지 마무리 지었다면 과연 어떻게 실행되는지 확인해보세요. 어떻습니까? 멋지게 실행되지 않나요? 정상적으로 실행되는 것을 확인했다면 나머지 4개 항목에도 과감하게 줄을 그으면서 해냈다는 만족감을 느껴보시기 바랍니다.

1. 이미지 로딩 패널 표시(활성화)

2. 이미지 캔버스 안에 들어 있는 기존 이미지 제거(완료)

3. 이미지 로딩 시작(완료)

4. 이미지 로딩 패널 숨기기(비활성화)

5. 이미지 컨테이너 : 이미지 가로/세로 비율에 따른 이미지 크기와 위치 값 구하기(핵심 이슈 내용)

6. 이미지 캔버스에 애니메이션 적용

7. 캔버스에 리사이징된 이미지 추가

8. 이미지에 페이드인 효과 적용

줄을 긋고 나니 비로소 모든 작업이 완료됐다는 것이 느껴지는군요. 이렇게 해서 3단계 – 선택된 이미지 활성화 단계를 마무리하겠습니다.

너무 긴 여정이었던 만큼 잠시 쉬면서 지금까지 작업한 내용을 다시 한번 하나씩 살펴보시기 바랍니다. 그럼 잠시 후에 다음 단계에서 만나겠습니다.

단계 #4 썸네일 선택 시 커서 이동

소스 • 5_ex/ex3_image_gallery/step_4/image_gallery.js

```
$(document).ready(function(){
    . . . .
❶
    // 시작 시 첫 번째 이미지를 선택된 이미지로 만듦
    loadImage(0);
});

    // 이미지 갤러리와 관련된 정보 초기화
function init(){
    . . . .

❷
    // 썸네일 커서
    this.$thumbCursor = $("#thumb_cursor");
}

❸
// 선택된 썸네일 위치에 커서 이동
function moveThumbCursor(nIndex){
    // nIndex에 해당하는 썸네일을 구한다.
    var $thumb = this.$thumbs.eq(nIndex);

    // nIndex에 해당하는 썸네일 위치로 썸네일 커서를 이동시킨다.
    this.$thumbCursor.stop();
    this.$thumbCursor.animate({left:$thumb.position().left, top:$thumb.position().top},
        300,
        "easeOutQuint"
    );
}

// nIndex에 해당하는 이미지 읽기
function loadImage(nIndex){
    . . . .

❹
    // 썸네일 커서 이동
    this.moveThumbCursor(nIndex);
}
```

소스 설명

이번 단계에서 작업할 내용은 사용자에게 "현재 선택된 썸네일은 이거랍니다."라고 알려주는
의미로서 선택된 썸네일에 썸네일 커서를 이동하는 작업입니다.

변경 전

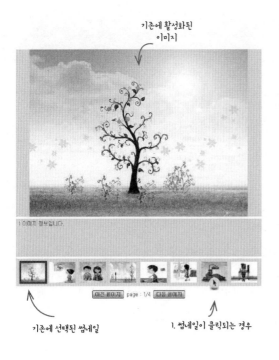

기존에 활성화된
이미지

1 이미지 정부입니다.

이전 페이지 page : 1/4 다음 페이지

기존에 선택된 썸네일

1. 썸네일이 클릭되는 경우

변경 후

3. 선택된 썸네일에
해당하는
이미지도 나타납니다.
(2-1-1. display 효과 적용)

7 이미지 정부입니다.

이전 페이지 page : 1/4 다음 페이지

2. 썸네일 커서가 새로 선택된
썸네일로 이동됨과 동시에

❶ 먼저 커서를 이동하기 전에 3-3단계까지 진행한 내용을 활용해 처음에 시작할 때 나타날 이미지를 로딩합니다.

❷ 썸네일 커서를 계속해서 제어해야 하므로 #thumb_cursor 엘리먼트를 미리 찾아 변수에 담아둡니다.

❸ 먼저 moveThumbCursor( )라는 새로운 함수를 만들어 N번째 썸네일 위치로 커서가 이동할 수 있게 구현합니다.

❹ 마지막으로 moveThumbCursor( )를 호출할 가장 적절한 위치를 찾아야 합니다. 가장 먼저 떠오르는 부분은 아래처럼 click 이벤트 리스너입니다. 하지만 ❶에 추가한 loadImage(0) 함수를 호출하는 부분이 있어서 moveThumbCursor(0)를 호출하는 구문을 추가로 넣어줘야 합니다. 이 외에도 다음 단계에서 진행할 이전 이미지 버튼과 다음 이미지 버튼을 클릭할 때도 이렇게 넣어야 하니 약간 번거로울 듯합니다.

```
function initEventListener(){
    . . . .

    // 썸네일이 클릭되는 경우 썸네일에 해당하는 이미지 읽기
    this.$thumbs.bind("click",function(){
```

```
            var nIndex = $thumbs.index($(this));
            loadImage(nIndex)

            moveThumbCursor(nIndex)
        })
    }
```

그래서 선택한 최선의 방법은 loadImage( ) 함수의 마지막 부분에 moveThumbCursor(nIndex)를 추가하는 방법입니다.

자, 그럼 작업을 마무리하고 커서가 정상적으로 이동하는지 실행합니다. 아! 그리고 ❶에 추가한 loadImage(0) 대신 loadImage(N)을 넣어 이때도 커서가 N번째 썸네일에 위치하는지 확인하세요.

단계 #5 이전, 다음 이미지 처리

이번 작업은 2. 요구사항 분석 및 기능 정의에서 알아본 내용 중 메뉴 동작에서 다음의 두 가지 항목에 해당하는 내용입니다.

4. 이미지 컨테이너 영역으로 마우스 커서가 들어오는 경우

변경 전

마우스 커서가 이미지 컨테이너 영역 안으로 들어오는 경우

이 영역이 이미지 컨테이너 영역

변경 후

이전, 다음 이미지로 이동할 수 있는 이미지 메뉴가 활성화됩니다. 이후 마우스 커서가 이미지 컨테이너 영역 밖으로 나가는 경우 이미지 메뉴가 사라집니다.

5. 이전 이미지와 다음 이미지 버튼이 눌리는 경우

변경 전

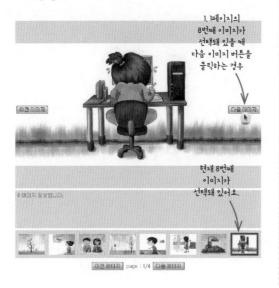

변경 후

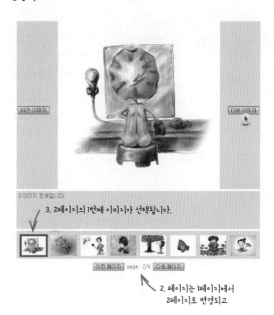

우선 내용을 분석한 결과, 이번에는 세 개의 작은 단계로 나눠서 진행해보겠습니다.

단계 #5-1. 이미지 메뉴 활성화

"4. 이미지 컨테이너 영역으로 마우스 커서가 들어오는 경우"를 처리하는 부분을 구현합니다.

단계 #5-2. 이전, 다음 이미지 활성화

단계 #5-3. 이전, 다음 이미지 활성화에 따른 페이지 처리

위의 두 단계에서는 "5. 이전 이미지와 다음 이미지 버튼이 눌러지는 경우"를 처리하는 부분을 구현합니다.

단계 #5-1. 이미지 메뉴 활성화

소스 • 5_ex/ex3_image_gallery/step_5_1/image_gallery.js

```javascript
// 이전, 다음 이미지 버튼이 담겨 있는 이미지 메뉴
var $imageMenu;

// 이미지 갤러리와 관련된 정보 초기화
function init(){
```

```
        . . . .
    //이미지 메뉴

❶
    this.$imageMenu = $("#image_menu");
}


❷
// 이전, 다음 이미지 버튼이 있는 이미지 메뉴 활성화/비활성화
function activeImageMenu(bActive){
    this.$imageMenu.stop();
    if (bActive) {
        this.$imageMenu.css("visibility","visible");
        this.$imageMenu.animate({opacity:1},
            500,
            "easeOutQuint"
        );
    }
    else{
        this.$imageMenu.animate({opacity:0},
            500,
            "easeOutQuint",
            function(){
                $imageMenu.css("visibility","hidden");
            }
        );
    }
}


// 이벤트 초기화
function initEventListener(){
    . . . .
❸

    // 이미지 메뉴 활성화/비활성화
    this.$imageContainer.bind("mouseenter",function(){
        activeImageMenu(true);
    });

    this.$imageContainer.bind("mouseleave",function(){
        activeImageMenu(false);
    });
}
```

소스 설명

이번 단계에서 구현할 내용은 앞 이미지처럼 이미지 컨테이너 영역 안으로 마우스 커서가 들어오는 경우 이전 이미지 버튼, 다음 이미지 버튼이 들어 있는 이미지 메뉴를 활성화하는 작업입니다.

❶ 먼저 #image_menu 엘리먼트를 찾아 전역 변수에 담아 둡니다.

❷ 그러고 나서 activeImageMenu( )라는 새로운 함수를 만든 다음 내부에 이미지 메뉴를 부드럽게 등장시키는 효과(FadeIn)와 부드럽게 사라지게 하는 효과(FadeOut)를 animate( ) 함수를 이용해 구현합니다.

❸ initEventListener( ) 함수의 가장 끝부분에 mouseenter 이벤트 리스너를 추가한 후 이미지 메뉴가 활성화되도록 activeImageMenu(true)를 실행합니다. 이와 반대로 mouseleave 이벤트 리스너에는 이미지 메뉴가 비활성화되도록 activeImageMenu(false)를 실행합니다.

물론 아래처럼 hover를 이용하는 방법도 있습니다.

```
this.$imageContainer.hover(function(){
        activeImageMenu(true);
    }, function(){
        activeImageMenu(false);
    }
);
```

단계 #5-2. 이전, 다음 이미지 활성화

소스 • 5_ex/ex3_image_gallery/step_5_2/image_gallery.js

```
// 현재 활성화된 이미지 인덱스 값
var currentActiveImageIndex;

/ 이미지 갤러리와 관련된 정보 초기화
function init(){
    . . . .
❶
    // 아직 활성화된 이미지가 없다는 의미로 -1을 넣어줌
    this.currentActiveImageIndex =-1;
}

// nIndex에 해당하는 이미지 읽기
function loadImage(nIndex){
    . . . .
```

❷
```
    // 현재 활성화된 이미지 인덱스 값 업데이트
    this.currentActiveImageIndex = nIndex;
}
```

❸
```
// 이전 이미지 활성화
function prevImage(){
    var nIndex = this.currentActiveImageIndex - 1;
    if (nIndex >= 0) {
        this.loadImage(nIndex);
    }
}
```

❹
```
// 다음 이미지 활성화
function nextImage(){
    var nIndex = this.currentActiveImageIndex + 1;
    if (nIndex < this.$thumbs.size()) {
        this.loadImage(nIndex);
    }
}
```

```
// 이벤트 초기화
function initEventListener(){
    . . . .
```

❺
```
    // 이전 이미지 활성화
    $("#prev_image").bind("click",function(){
        prevImage();
    })

    // 다음 이미지 활성화
    $("#next_image").bind("click",function(){
        nextImage();
    })
}
```

소스 설명

이번 단계에서는 활성화된 이미지 메뉴에서 이전 이미지 버튼이 클릭되는 경우 현재 활성화된 이미지의 이전 위치에 있는 이미지를 로딩한 후 활성화되게 만드는 것입니다. 다음 이미지 버튼이 클릭되는 경우에는 이와 반대로 다음 이미지를 로딩한 후 활성화하면 됩니다.

❶ 먼저 현재 활성화된 이미지가 몇 번째인지 알 수 있게 currentActiveImageIndex라는 이름으로 전역 변수를 만든 후 init( ) 함수의 마지막 부분에 아직 활성화된 이미지가 없다는 의미로 −1을 대입합니다.

❷ 현재 활성화된 이미지의 인덱스 값을 계속해서 업데이트하고자 loadImage( ) 함수의 마지막 부분에 loadImage( ) 함수로 전달된 값인 nIndex를 전역 변수인 currentActiveImageIndex 변수에 대입합니다.

❸ 이전 이미지 활성화를 전담하는 prevImage( ) 함수를 만든 다음 내부에 현재 활성화된 이미지 인덱스를 기준으로 −1 위치에 있는 이미지 인덱스 값을 구한 후 이미지가 활성화될 수 있게 loadImage( ) 함수를 호출합니다.

❹ ❸ 영역과 반대되는 기능으로서 nextImage( ) 함수를 만든 후 현재 활성화된 이미지 인덱스를 기준으로 +1 위치에 있는 이미지 인덱스 값을 구한 후 이미지가 활성화될 수 있게 loadImage( ) 함수를 호출합니다.

❺ 끝으로 initEventListener( ) 함수의 끝부분에 이전 이미지 버튼과 다음 이미지 버튼에 click 이벤트 리스너를 추가한 후 prevImage( )와 nextImage( ) 함수가 호출되도록 만들어줍니다.

여기까지 진행했다면 모든 기능이 정상적으로 동작하는지 실행해 봅니다.

"그런데… 8번째 이미지가 활성화돼 있을 때 다음 이미지를 누르면 썸네일 커서가 사라져 버려요! 이거 잘못된 것 같은데요" 너무 앞서가셨군요. 이 부분은 다음 단계에서 진행할 내용이랍니다.

단계 #5-3. 이전, 다음 이미지 활성화에 따른 페이지 처리

5-2단계의 마지막 부분에서 잠깐 언급한 것처럼 이번 단계는 이전, 다음 이미지 이동에 따른 페이지 처리입니다. 예를 들어, 한 페이지에 썸네일이 8개씩 보여진다는 가정하에 썸네일이 총 31개 있다면 페이지는 총 4페이지가 만들어집니다. 이때 만약 현재 활성화된 이미지가 2번째 페이지의 8번째 이미지가 활성된 상태에서 다음 이미지 버튼을 누른다면 페이지는 3번째 페이지로 이동해야 하고 썸네일 커서는 3번째 페이지의 첫 번째 썸네일, 즉 17번째 썸네일에 위치해야 합니다. 또한 이미지 캔버스에도 17번째(인덱스 값으로는 16) 이미지가 활성화돼 있어야 합니다.

그리고 만약 현재 활성화된 이미지가 3번째 페이지의 1번째 이미지가 활성화된 상태에서 이전 이미지 버튼을 누른다면 페이지는 2번째 페이지로 이동해야 하고 썸네일 커서는 2번째 페이지의 8번째 썸네일, 즉 16번째 썸네일에 위치해야 합니다. 또한 이미지 캔버스에도 16번째(인덱스 값으로는 15) 이미지가 활성화돼 있어야 합니다.

아래가 바로 방금 설명한 내용을 구현한 코드입니다.

소스 • 5_ex/ex3_image_gallery/step_5_3/image_gallery.js

```
❶
// 이전, 다음 이미지 이동에 따른 페이지 이동 처리
function updatePageIndex(nImageIndex){
    // nImageIndex 값이 몇 페이지에 속하는 이미지인지 알아낸다.
    var nPageIndex = Math.floor(nImageIndex/this.PAGE_THUMB_COUNT);

    if(this.nCurrentPageIndex!=nPageIndex)
        this.showPage(nPageIndex);

}

// 이전 이미지 활성화
function prevImage(){
    var nIndex = this.currentActiveImageIndex - 1;
    if (nIndex >= 0) {
        this.loadImage(nIndex);
❷
        this.updatePageIndex(nIndex);
    }
}

// 다음 이미지 활성화
function nextImage(){
    var nIndex = this.currentActiveImageIndex + 1;
    if (nIndex < this.$thumbs.size()) {
        this.loadImage(nIndex);
❸
        this.updatePageIndex(nIndex);
    }
}
```

소스 설명

❶ 먼저 이전, 다음 이미지 이동에 따른 페이지 이동 처리를 전담할 updatePageIndex( ) 함수를 만듭니다. 그리고 nImageIndex에 해당하는 이미지의 페이지 인덱스 값을 구한 후 이 값과 현재 페이지 인덱스 값을 비교하는 구문을 추가합니다. 다른 페이지에 있는 이미지라면 showPage( ) 함수를 이용해 앞에서 구한 페이지를 활성화합니다.

❷ 이전 이미지 버튼이 클릭되어 prevImage( ) 함수가 호출될 때마다 페이지가 변경돼야 할지 반영하고자 updatePageIndex( ) 함수를 실행합니다.

❸ 다음 이미지 버튼이 클릭되어 nextImage( ) 함수가 호출될 때마다 페이지가 변경돼야 할지 반영하고자 updatePageIndex( ) 함수를 실행합니다.

이렇게 해서 단계 5단계의 기능 구현도 모두 마무리됐습니다.

단계 #6. Ajax를 이용한 외부 데이터 연동 처리

처리해야 할 내용이 너무 많아 끝나지 않을 것 같던 이번 프로젝트도 중반을 넘어 어느새 마지막 단계에 이르렀습니다. 이번 단계에서는 5단계까지 진행한 내용 가운데 이미지 URL, 썸네일 이미지 URL을 모두 걷어낸 후 이 자리를 외부 데이터로 채우는 작업을 하겠습니다. 외부 데이터에는 아직 등장하지 않은 이미지 코멘트 내용도 들어 있습니다.

이번 단계도 비교적 덩치가 큰 기능이므로 다음과 같이 총 2개의 조각으로 나눠서 진행해보겠습니다.

> 단계 #6-1. image_gallery.xml 파일 작성
>
> 단계 #6-2. 동적으로 썸네일 목록 생성

단계 #6-1. image_gallery.xml 파일 작성

외부 파일로 데이터를 만들 때 일반적으로 XML 방식과 JSON 방식 가운데 하나를 사용하곤 합니다. 여기서는 이 가운데 XML 파일을 이용하겠습니다.

XML에 있어야 할 필수 항목은 다음과 같습니다.

1. 이미지 캔버스에 활성화돼야 할 큰 이미지 URL

2. 큰 이미지를 미리 볼 수 있는 썸네일 이미지 URL

3. 이미지에 대한 간단한 설명

자! 그럼 이를 바탕으로 우리가 만들고 있는 이미지 갤러리에 맞는 XML 형식을 여러분이 직접 설계해보길 바랍니다. 참고로 저자가 만들어본 XML 형식은 다음과 같습니다.

```
<?xml version="1.0" encoding="utf-8"?>
<image_list>
```

```
<image>
    <source>../img/1.jpg</source>
    <thumb>../img/thumb/thumb_1.jpg</thumb>
    <comment>1 이미지 정보입니다.</comment>
</image>
<image>
    <source>../img/2.jpg</source>
    <thumb>../img/thumb/thumb_2.jpg</thumb>
    <comment>2 이미지 정보입니다.</comment>
</image>
. . . . . . . .

<image>
    <source>../img/31.jpg</source>
    <thumb>../img/thumb/thumb_31.jpg</thumb>
    <comment>31 이미지 정보입니다.</comment>
</image>
    </image_list>
```

이렇게 해서 Ajax 연동에서 사용할 가장 기본적인 준비물이 만들어졌습니다.

단계 #6-2. 동적으로 썸네일 목록 생성

이번 단계에서는 Ajax를 이용해 XML 파일을 읽어들인 후 여기에 들어 있는 썸네일 개수만큼 썸네일 목록을 동적으로 만들어보겠습니다. 여기서 가장 먼저 해야 할 작업은 HTML 페이지를 열어 썸네일 목록을 모두 제거하는 것입니다. 아래처럼 말이지요.

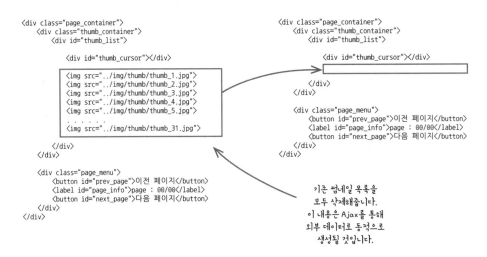

HTML 페이지에서 썸네일 이미지 태그를 모두 지우셨나요? 네, 좋습니다. 그럼 이번에는 Ajax 를 이용해 6-1단계에서 작성한 image_gallery.xml 파일을 읽어들여 이 정보만큼 썸네일이 있던 자리에 동적으로 썸네일을 생성할 텐데, 이 작업은 이미 3장과 4장에서 다룬 예제에서 다룬 적이 있습니다. 즉, 모든 기능이 동작하게 만든 후 가장 마지막 단계에 Ajax를 이용해 외부 데이터를 연동했던 방식입니다. 간단히 요약하자면 다음과 같은 순서로 작업을 진행하게 됩니다.

Ajax 적용 전 실행 순서

Ajax 적용 후 실행 순서

1. 이미지 갤러리 정보 관련 초기화 – init()

2. 외부 데이터 연동 처리
   2-1. 로딩 패널 보이기
   2-2. Ajax를 이용한 image_gallery.xml 파일 읽기
         로딩 완료 후
   2-3. 전역 변수에 읽어들인 외부 데이터 보관
   2-4. 동적으로 썸네일 이미지 생성
   2-5. 로딩 패널 숨기기

1. 이미지 갤러리 정보 관련 초기화 – init()
2. 썸네일 이미지 정보 구하기 – updateThumbnailImages()
3. 페이지 정보 구하기 – calculatePageLength()
4. 이벤트 초기화 – initEventListener()
5. 첫 번째 이미지를 화면에 보이기 – loadImage(0)

새로 추가된 내용

3. 썸네일 이미지 정보 구하기 – updateThumbnailImages()
4. 페이지 정보 구하기 – calculatePageLength()
5. 이벤트 초기화 – initEventListener()
6. 첫 번째 이미지를 화면에 보이기 – loadImage(0)

알림

웹 서버를 실행하고 아래 경로의 파일을 여세요.

- 로컬 경로 : C:\APM_Setup\htdocs\book\5_ex\ ex3_image_gallery\step_6_2/\index. html
- 서버 경로 : http://localhost/book/5_ex/ex3_image_gallery/step_6_2/index.html

Ajax 적용 전 실행 순서

5_ex/ex3_image_gallery/step_6_1/image_gallery.js

```javascript
$(document).ready(function(){

    // 이미지 갤러리와 관련된 정보 초기화
    init();

    // 썸네일 이미지 정보 설정
    updateThumbnailImages();
    //전체 페이지 개수 구하기
    calculatePageLength();
    // 페이지 정보 업데이트
    updatePageInfo();
    // 이벤트 초기화
    initEventListener();

    // 시작 시 첫 번째 이미지를 선택된 이미지로 만듦
    loadImage(0);

});
```

Ajax 적용 전 실행 순서

5_ex/ex3_image_gallery/step_6_2/image_gallery.js

```javascript
// 읽어들인 외부 데이터 정보가 저장될 변수
var $imageModel;

$(document).ready(function(){

    // 이미지 갤러리와 관련된 정보 초기화
    init();

    // image_gallery.xml 파일 읽기
    loadData("image_gallery.xml");
});


// image_gallery.xml 읽어들이기
function loadData(strFileName){

    // 로딩 패널 보이기
    this.showLoadingPanel(true);

    $.get(strFileName, null, function(data){

        // 동적으로 썸네일 목록 생성
        createThumbnaiList(data);

        // 로딩 패널 숨기기
        showLoadingPanel(false);

        // 이미지 갤러리 시작
        start();

    });
}

// 썸네일 리스트 생성
function createThumbnaiList(strData){

    // 이미지 데이터 저장
    this.$imageModel = $(strData).find("image");

    // 문자열로 thumb <img> 태그 목록 생성
    var strImageList = "";
    this.$imageModel.each(function(index){
        strImageList += "<img src='" + $imageModel.eq(index).find("thumb").text() + "'>";
    });

    // 생성한 썸네일 목록 문자열을 썸네일 영역에 추가
    this.$thumbList.append(strImageList);
}

function start(){

    // 썸네일 이미지 정보 설정
    updateThumbnailImages();
    // 전체 페이지 수 구하기
    calculatePageLength();
    // 페이지 정보 업데이트
    updatePageInfo();
    // 이벤트 초기화
    initEventListener();
    // 시작 시 첫 번째 이미지를 선택된 이미지로 만듦
    loadImage(0);
}
```

소스 설명

Ajax를 적용하기 전후에서도 알 수 있듯이 기존 소스와 달라진 점이라면 Ajax 관련 코드가 들어갔다라는 점입니다. 간단히 살펴보자면

❶ 먼저 .ready()에서 init()만을 남겨두고 나머지 내용은 일단 주석처리합니다.

❷ .ready() 영역에 xml파일을 읽어들이는 loadData()함수 호출을 추가해 줍니다.

❷-❶ loadData( ) 함수가 실행되면 우선 사용자에게 "지금 외부 데이터를 읽고 있답니다"라는 의미로 로딩 패널을 활성화합니다.

❷-❷ jQuery Ajax함수 가운데 get( ) 함수를 이용해 image_gallery.xml 파일을 읽습니다. 물론 post( ), ajax( ) 함수를 대신 사용해도 됩니다.

❷-❸ XML 파일 로딩이 완료되면 동적으로 썸네일 목록을 생성하는 전담함수인 createThumbnailList( ) 를 만든 후 읽어들인 XML 정보를 매개변수 값으로 해서 호출해 줍니다.

❷-❹ createThumbnailList( ) 함수에서는 먼저 이미지 정보가 들어 있는 〈image〉 노드를 찾아 전역 변수 인 $imageModel에 저장합니다. 그 다음, 동적으로 방금 찾은 〈image〉 노드 개수만큼 썸네일 이미지 태그를 #image_list 엘리먼트 영역에 생성합니다. 여기까지 실행되면 HTML에서 썸네일 목록을 지우 기 전과 똑같아집니다.

❷-❺ 모든 작업이 완료됐으니 로딩 패널이 보이지 않게 showLoadingPanel(false) 함수를 호출합니다.

❸, ❹, ❺, ❻ 이렇게 Ajax를 이용한 외부 데이터 연동이 모두 끝나면 start( )라는 함수를 새로 만들어 이곳에 기존 내용과 똑같이 3번~6번 단계의 내용이 실행되게 해줍니다.

단계 #7. 이미지 코멘트 정보 출력

알림

웹 서버를 실행하고 아래 경로의 파일을 여세요.

• 로컬 경로 : C:₩APM_Setup₩htdocs₩book₩5_ex₩ ex3_image_gallery₩step_7/₩index.html
• 서버 경로 : http://localhost/book/5_ex/ex3_image_gallery/step_7/index.html

소스 • 5_ex/ex3_image_gallery/step_7/image_gallery.js

```
// 이미지 정보가 출력될 엘리먼트
var $imageComment;

// 이미지 갤러리와 관련된 정보 초기화
function init(){

❶
    this.$imageComment = $("#$image_comment");
}

❷
// 외부에서 읽어들인 이미지 외부 데이터에서 코멘트 정보를 읽어 #imageComment에 출력
function updateImageComment(nImageIndex){
```

```
    this.$imageComment.html(this.$imageModel.eq(nImageIndex).find("comment").text());
}

// nIndex에 해당하는 이미지 읽기
function loadImage(nIndex){
    . . . . .

❸
    // comment 정보 업데이트
    this.updateImageComment(nIndex);

    // 현재 활성화된 이미지 인덱스 값 업데이트
    this.currentActiveImageIndex = nIndex;
}
```

소스 설명

마지막으로 구현할 내용은 이미지에 대한 간단한 코멘트(comment) 정보를 화면의 #image_ comment 엘리먼트에 출력하는 작업입니다. 참고로 이미지 설명은 앞에서 만든 XML의 〈image〉 노드마다 들어 있습니다.

```
<image>
    <source>../img/1.jpg</source>
    <thumb>../img/thumb/thumb_1.jpg</thumb>
    <comment>1 이미지 정보입니다.</comment>   <-- 바로 이 내용입니다.
</image>
```

그리고 이 정보는 이미 Ajax에 의해 읽혀져 전역 변수인 $imageModel에 모두 보관돼 있는 상태입니다. 여기서 코멘트 정보를 찾아 #image_comment 엘리먼트에 출력하면 됩니다.

❶ 그러자면 먼저 이미지의 간단한 설명이 출력될 #image_comment 엘리먼트를 찾아 전역 변수인 $imageComment에 담아둡니다.

❷ 이후 자바스크립트 문서의 끝부분에 updateImageComment( ) 함수를 추가한 후 N번째에 해당하는 이미지 코멘트 정보가 #image_comment 엘리먼트에 출력되도록 만들어 줍니다.

❸ 이미지가 모두 로딩되어 화면에 나타날 때 코멘트 정보가 함께 나오도록 loadImage( ) 함수가 끝나는 부분에서 updateImageComment( ) 함수를 호출합니다.

모든 작업이 마무리되면 정상적으로 실행되는지 확인합니다. 이렇게 해서 길고 긴 이미지 갤러리 프로젝트가 드디어 마무리됐습니다.

모두 수고하셨습니다.

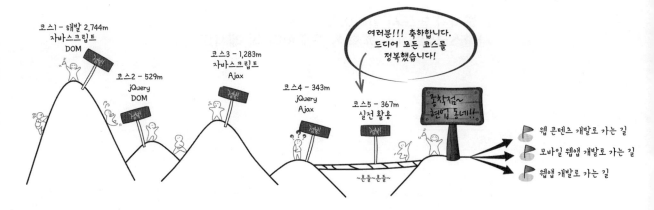

마치며

모든 건 시작이 있으면 끝이 있나 봅니다. 가장 험난했던 자바스크립트 DOM을 시작으로 마법 과도 같던 jQuery를 만났으며, 어렵게만 느껴졌던 Ajax도 모두 다뤘습니다. 그리고 실전에서 사용하는 다양한 예제도 차근차근 배우면서 마침내 이 책의 종착점에 도달했습니다.

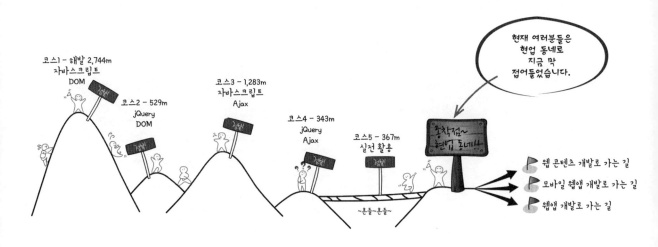

이제 헤어져야 할 시간입니다. 여러분이 어떤 분야에서 웹 개발을 하든 이 책에서 다룬 내용은 가장 유용한 도구가 될 것입니다. 그럼 인연이 된다면 다른 책에서 다시 만날 수 있기를 바라 며, 지금까지 이 책을 끝까지 읽어주신 독자분들께 감사하다는 말을 남기며 이 책을 끝마치겠 습니다.

분류	번호	핵심내용	핵심 프로퍼티 & 메서드
노드 다루기	1	문서에서 특정 태그 이름을 지닌 노드 찾기	document.getElementsByTagName("태그이름")
	2	특정 노드의 자식 노드에서 특정 태그 이름을 지닌 노드 찾기	element.getElementsByTagName("태그이름")
	3	문서에서 특정 클래스가 적용된 노드 찾기	document.getElementsByClassName("클래스이름")
	4	문서에서 특정 ID를 가진 노드 찾기	document.getElementById("아이디")
	5	전체 자식 노드 찾기	node.childNodes
	6	특정 자식 노드 접근	node.childNodes[N]
	7	첫 번째 자식노드 접근	node.firstChild node.childNodes[0] node.childNodes.item(0)
	8	마지막 자식노드 접근	node.lastChild node.childNodes[node.childNodes.length-1] node.childNodes.item(node.childNodes.length-1)
	9	부모 노드 찾기	node.parentNode
	10	이전 형제 노드 찾기	node.previousSibling
	11	다음 형제 노드 찾기	node.nextSibling
	12	노드 생성하기	document.createElement(노드이름) HTMLElement.innerHTML="〈노드이름〉...〈/노드이름〉" node.cloneNode( )
	13	노드 추가	node.appendChild(추가노드) 부모노드.insertBefore(추가노드,대상노드)
	14	노드 삭제하기	node.removeChild(지우려는 노드)
	15	노드 이동시키기	node.appendChild(이동노드) 부모노드.insertBefore(이동노드,대상노드)
	16	텍스트 노드 생성	node.createTextNode("텍스트")
	17	텍스트 노드 추가	var textNode = node.createTextNode("텍스트"); node.appendChild(textNode)
	18	텍스트 노드 변경	node.firstChild.nodeValue="새로운 텍스트"

분류	번호	핵심내용	핵심 프로퍼티 & 메서드
스타일 다루기	19	스타일 속성값 구하기	node.style.스타일속성
	20	스타일 속성값 설정하기	node.style.스타일속성="값"
	21	스타일 속성 제거하기	node.style.removeProperty("스타일속성")
속성 다루기	22	속성값 구하기	node.getAttribute("속성이름")
	23	속성값 설정하기	node.setAttribute("속성이름", "속성값")
	24	속성 제거하기	node.removeNamedItem("속성이름")
이벤트 다루기	25	이벤트 리스너 추가하기	element.addEventListener("이벤트이름",이벤트 리스너,false)
	26	이벤트 리스너 삭제하기	element.removeListener("이벤트이름",이벤트 리스너,false)

	27	이벤트 발생시키기	// 이벤트 객체 생성
			var mouseEvent = document.createEvent("MouseEvent")
			// 이벤트 초기화
			mouseEvent.initEvent("click", false, false);
			// 이벤트 발생
			mouseEvent.dispatchEvent(mouseEvent)

	28	사용자 정의 이벤트 만들기	// 이벤트 객체 생성
			var customEvent = document.createEvent("eEvent")
			// 이벤트 초기화
			customEvent.initEvent("myEvent", false, false);
			// 이벤트 발생
			mouseEvent.dispatchEventcustomEvent)

초보자가 반드시 알아야할
자바스크립트 DOM & jQuery DOM 핵심 프로퍼티 및 메서드

분류	핵심내용	자바스크립트 DOM 핵심 프로퍼티 및 메서드	jQuery DOM 핵심 프로퍼티 및 메서드
노드 다루기	문서에서 특정 태그 이름을 지닌 노드 찾기	document.getElementsByTagName("태그이름")	$("태그이름"), $("선택자")
	특정 노드의 자식 노드에서 특정 태그 이름을 지닌 노드 찾기	element.getElementsByTagName("태그이름")	$("선택자"), 예) $("div:eq(0) div")
	문서에서 특정 클래스가 적용된 노드 찾기	document.getElementsByClassName("클래스이름")	$(".클래스이름")
	문서에서 특정 ID를 가진 노드 찾기	document.getElementById("아이디")	$("선택자")
	전체 자식 노드 찾기	node.childNodes	$("선택자").contents( ) = 텍스트 노드 포함 전체 자식 노드 찾기 $("선택자").children( ) = 텍스트 노드 제외한 전체 자식 노드 찾기
	특정 자식 노드 접근	node.childNodes[N]	$("선택자").children( ).eq(N)
	첫번째 자식노드 접근	node.firstChild node.childNodes[0] node.childNodes.item(0)	$("선택자").contents( ).first( ) $("선택자").contents(":first") $("선택자").contents( ).eq(0) $("선택자").contents(":eq(0)")
	마지막 자식노드 접근	node.lastChild node.childNodes[node.childNodes.length−1] node.childNodes.item(node.childNodes.length−1)	$("선택자").contents( ).last( ) $("선택자").contents(":last")
	부모 노드 찾기	node.parentNode	$("선택자").parent( ) = 바로 위의 부모 $("선택자").parents( ) = 모든 부모 $("선택자").parents("부모노드를 가리키는 선택자") = 부모중 선택자에 해당하는 부모 찾기
	이전 형제 노드 찾기	node.previousSibling	$("선택자").prev( )
	다음 형제 노드 찾기	node.nextSibling	$("선택자").next( )
	노드 생성하기	document.createElement("노드") HTMLElement.innerHTML="〈노드〉...〈/노드〉"node.cloneNode( )	$("노드") $("선택자").html("〈노드〉...〈/노드〉") $("노드").clone( )
	노드 추가	node.appendChild(추가노드) node.insertBefore(추가노드,기준노드)	$기준노드.append($추가노드) = $추가노드.appendTo($기준노드) $추가노드.insertBefore($기준노드)=$기준노드.before($추가노드) $추가노드.insertAfter($기준노드)=$기준노드.after($추가노드)

분류	핵심내용	자바스크립트 DOM 핵심 프로퍼티 및 메서드	jQuery DOM 핵심 프로퍼티 및 메서드
노드 다루기	노드 삭제하기	node.removeChild(지우려는 노드)	$("선택자").remove( )
	노드 이동시키기	node.appendChild(이동노드) node.insertBefore(이동노드,기준노드)	$기준노드.append($이동노드) = $이동노드.appendTo($기준노드) $이동노드.insertBefore($기준노드)=$기준노드.before($이동노드) $이동노드.insertAfter($기준노드)=$기준노드.after($이동노드)
	텍스트 노드 생성	node.createTextNode("텍스트")	$("텍스트")
	텍스트 노드 추가	var textNode = node.createTextNode("텍스트"); node.appendChild(textNode)	$기준노드.append("텍스트")
	텍스트 노드 변경	node.firstChild.nodeValue="새로운 텍스트"	$기준노드.text("새로운 텍스트")
스타일 다루기	스타일 속성값 구하기	node.style.스타일속성	$("선택자").css("스타일속성")
	스타일 속성값 설정하기	node.style.스타일속성="값"	$("선택자").css("스타일속성","값")
	스타일 속성 제거하기	node.style.removeProperty("스타일속성")	없음
속성 다루기	속성값 구하기	node.getAttribute("속성이름")	$("선택자").attr("속성이름")
	속성값 설정하기	node.setAttribute("속성이름","속성값")	$("선택자").attr("속성이름","속성값")
	속성 제거하기	node.removeNamedItem("속성이름")	$("선택자").removeAttr("속성이름")
이벤트 다루기	이벤트 리스너 추가하기	element.addEventListener("이벤트이름",이벤트 리스너,false) element.이벤트이름=이벤트 리스너"	$("선택자").bind("이벤트이름", 이벤트 리스너) $("선택자").이벤트이름(이벤트 리스너)
	이벤트 리스너 삭제하기	element.removeListener("이벤트이름",이벤트 리스너,false)	$("선택자").unbind("이벤트이름", 이벤트 리스너)

	이벤트 발생시키기	// 이벤트 객체 생성
		var event = document.createEvent("이벤트객체")
		// 이벤트 초기화
		event.initEvent("이벤트이름", false, false);
		// 이벤트 데이터 설정
		event.데이터키=값;
		// 이벤트 발생
		element.dispatchEvent(event)
			// 이벤트 객체 생성
			var event = jQuery.Event("이벤트이름")
			// 이벤트 데이터 설정
			event.데이터키=값;
			// 이벤트 발생
			$(선택자).trigger(event)

	사용자 정의 이벤트 만들기	// 이벤트 객체 생성
		var customEvent = document.createEvent("Event")
		// 이벤트 초기화
		customEvent.initEvent("myEvent", false, false);
		// 이벤트 데이터 설정
		customEvent.data1="데이터 입니다.";
		// 이벤트 발생
		element.dispatchEvent(customEvent)
			// 이벤트 객체 생성
			var customEvent = jQuery.Event("myEvent")
			// 이벤트 데이터 설정
			customEvent.data1="데이터 입니다."
			// 이벤트 발생
			$(선택자).trigger(customEvent)

찾아보기

[Symbols]

$() 185

.hide() 250

.show() 250

1단 메뉴 420, 522

[A – Z]

ActiveXObject 324

addClass() 263

addEventListener 81

after() 218

Ajax(Asynchronous JavaScript and XML) 309

Ajax를 이용한 웹 페이지의 통신 312

animate() 255

APMSETUP 342

append() 219

appendChild() 63

appendTo() 219

Asynchronous 333

attachEvent 81

attr() 230

attributes 37

Attribute 객체 37

availheight 91

availWidth 91

before() 218

bind 235

bubbling 77

cancelable 78

CDN 194

childNodes 51

children() 210

className 34, 70

clientHeight 87

clientLeft 87

clientTop 87

clientWidth 87

clientX 92

clientY 92

clone() 221

cloneNode() 64

contents() 210

createElement() 60

createEvent 82

createTextNode() 67

css() 262

CSSStyleDeclaration 73

CSV 336

currentTarget 78

detachEvent 82

die 235

Document 객체 34, 90, 245

DOM 20

DOM Level 0 80

DOM Level 2 80

DOM 객체 26

DOM 객체 간의 관계 39

DOM과 HTML 페이지와의 관계 26

easing 플러그인 248

easing 함수 248

elementFromPoint 90

Element 객체 31

eval 366

Event 78

eventPhase 78

Event 객체 78

fadeIn() 252

fadeOut() 252

firstChild 51

form—urlencoded 331

get() 190

getBoundingClientRect() 87

getCSS2Property() 71

getElementById() 50

getElementsByClassName() 49

getElementsByTagName() 47, 48

GET 방식 328

height() 242

html() 220

HTML5 308

HTMLBodyElement 33

HTMLDivElement 33

HTMLDocument 객체 35

HTMLElement 객체 32, 86

HTMLImageElement 33

IDL 24

initEvent 82

innerHeight 89

innerHeight() 242

innerHTML 63

innerWidth 89

innerWidth() 242

InsertAfter() 218

insertBefore() 63, 218

item() 47

jQuery 174

jQuery.ajax 464

jQuery Ajax 179, 456

jQuery.ajaxSetup 465

jQuery DOM 179

jQuery Easing Plugin 248

jQuery.get 462

jQuery.getJSON 463

jQueryMobile 179

jQuery와 CSS와의 관계 181

jQuery의 기능 178

jQuery 카테고리 180

jQuery 플러그인 179

jQuery 효과 179, 247

JSON 338

JSTweener 156

lastChild 51

length 47

live 235

MouseEvent 78, 247

MouseEvent 객체 92

NamedNodeMap 37

next() 215

nextSibling 57

NodeList 객체 47

nodeType 31

nodeValue 68

Node 객체 30

offsetHeight 87

offset().left 242

offsetLeft 87

offsetParent 87

offsetParent() 241

찾아보기

offset().top 242

offsetTop 87

offsetWidht 87

offsetX 92

offsetY 92

one 235

onreadystatechange 326

open 325

outerHeight 89

outerHeight() 241

outerWidth 89

outerWidth() 241

pageX 92

pageXOffset 89

pageY 92

pageYOffset 89

parent() 213

parentNode 56

parents() 213

position().left 241

position().top 241

POST 방식 330

prev() 215

preventDefault() 78

previousSibling 57

PUT 328

ready() 194

remove() 221

removeAttr() 231

removeChild() 65

removeClass() 263

removeEventListener 82

removeNamedItem() 75

removeProperty() 73

responseText 326

responseXML 326

RIA 530

Screen 246

screen.height 92

screenLeft 89

screenTop 89

screen.width 92

screenX 89, 92

screenY 89, 92

Screen 객체 91

scrollBy 89

scrollHeight 87, 90

scrollLeft 87

scrollLeft() 241

scrollTo 89

scrollTop 87

scrollTop() 241

scrollWidth 87, 90

send 325

setAttribute() 74

setInterval() 103

setRequestHeader 331

slideDown() 253

slideToggle() 253

slideUp() 253

status 326

statusText 326

stop() 257

stopPropagation() 78

style 72

style 프로퍼티 70

Synchronous 332

tagName 34

Text 객체 36

toggle 250

TRACE 328

Tweener 157

type 78

unbind 235

W3C DOM 24

W3C DOM 인터페이스 22

width() 242

window 객체 244

Window 객체 89

XML 337

XMLHttpRequest 322

[ㄱ - ㅎ]

객체지향 프로그래밍 40

경품 추첨기 127, 295

기본 행동 79

기존 웹 페이지의 통신 방식 311

나타나고 사라지는 효과 250

내부 스타일 69

노드 27

노드 다루기 46, 196

노드 삭제 65, 221

노드 생성 60, 216, 264

노드와 DOM 객체와의 관계 27

노드 이동 66, 222

노드 제거 100, 101, 266

다음 이미지 처리 634

다음 이미지 활성화 637

동기/비동기 331

동적으로 썸네일 목록 생성 642

동적 이미지 노드 생성 373, 384

레퍼런스 42

롤링 배너 142, 391, 508

롤링 배너 만들기 300

리스너 삭제 81, 235

리스너 추가 80, 231

리팩토링 127

마우스 이벤트 76

메뉴 아이템 비활성화 575

메뉴 아이템 활성화 575

배너 메뉴와의 연동 548

배너 슬라이더 531

배너 슬라이더 구조 잡기 537

버블(Bubble) 단계 77

버블링 79

부모 노드 찾기 55, 212

비율식 593

사각형 영역에서 이미지 움직이기 121, 287

사용자 정의 이벤트 76, 84, 239

사용자 정의 효과 254

상속 40

서버 환경 구축 342

선택된 이미지 활성화 620

선택 메뉴 아이템 처리 578

속성(Attribute) 73

속성값 설정 74, 230

속성값 알아내기 74, 229

속성 다루기 73, 229

찾아보기

속성 변경 263

속성 제거 75, 231

스타일 그룹 변경 262

스타일 다루기 69, 225

스타일 변경 261

스타일 속성값 설정 72, 228

스타일 속성값 알아내기 71, 226

스타일 속성 제거 73, 229

슬라이드다운 253

슬라이드업 253

썸네일 선택 시 커서 이동 632

아코디언 메뉴 560

아파치(Apache) 342

애니메이션 중지 257

엘리먼트 고유 이벤트 76

외부 JSON 파일 읽기 369

외부 XML 파일 읽기 366

외부 스타일 69

외부 페이지 연동 407, 516

응답 이벤트 처리 326

이미지 갤러리 585

이미지 메뉴 활성화 635

이미지 변경 273

이미지 변경하기 106

이미지 스크롤 115, 282

이벤트 다루기 75, 231

이벤트 단계 77

이벤트 발생 82, 236

이벤트 종류 76

이전 634, 637

인라인 스타일 69

인터페이스 22

자동 실행 기능 구현 552

자바스크립트BOM(Browser Object Model) 19

자바스크립트Core 19

자바스크립트DOM(Document Object Model) 19

자바 애플릿 530

자식 노드 찾기 51, 208

캡처(Capture) 단계 77

크로스 브라우징 라이브러리 174

키보드 이벤트 76

타겟(Target) 단계 77

태그 이름을 지닌 노드 찾기 46

텍스트 노드 36

텍스트 노드 내용 변경 68

텍스트 노드 생성 67, 223

텍스트 노드의 내용 변경 224

특정 ID를 지닌 노드 찾기 50, 201

특정 노드 찾기 46

특정 영역에서 이미지 움직이기 109, 276

특정 클래스가 적용된 노드 찾기 49, 200

팩토리 기능 34

페이드아웃 252

페이드인 252

페이지 전환 효과 587

페이지 정보 구하기 613

페이징 처리 613

페이징 처리 효과 617

플래시 콘텐츠 530

핵심 DOM 객체 28

형제 노드 찾기 57, 214

확장 집합 185

확장 집합 내부의 노드에 접근하기 189